食品科学与工程系列教材

园艺产品贮藏运销学

秦　文　王明力　主编

科 学 出 版 社
北　京

总　　序

食品问题直接关系公众健康，确保食品安全是体现以人为本的基础。可以说，食品问题既是民生问题、政治经济问题，也是社会科学发展问题。随着经济的发展、生产技术的改进、生物技术的发展、工业化的推进，食品行业得到快速发展。与此同时，消费者对食品质量安全的重视和认知程度也越来越高，食品的质量、营养和卫生安全更受关注。

为提高食品的质量安全水平，世界各国政府纷纷制定严格的食品安全技术法规和标准，增强对食品生产各个环节的控制，加强对食品质量安全的监管，广泛实施从“农田到餐桌”的全程质量管理。作为经济转型中的发展中国家，我国需要在一段时期内应对和处理食品领域的各种问题。这就要求食品领域的各方人员紧密协作，发挥整体优势，提高食品安全管理水平。

作为培养食品领域专业人才的院校，应积极调整培养方案，以适应学科和行业发展。为了适应和促进食品科学与工程领域的发展，科学出版社依托有关的知名专家支持，凭借科学出版社在学术出版界的品牌启动了《食品科学与工程系列规划教材》的编写工作。丛书中每一分册皆选择具有深厚的教学经验、科学研究功底的作者进行编写，相信通过各位编者、丛书审定委员会及科学出版社的通力合作，将会产生一套兼顾高等学校教材理论性、系统性并更加贴近我国食品工业实际新内容的教材。这将对培养从事食品生产技术管理、品质控制、产品开发、科学研究、工程设计等方面工作的食品科学与工程学科的高级工程技术人才具有极好的参考意义和指导价值。

审定委员会

2012．6

前　言

我国地域辽阔，果蔬花卉资源丰富，是世界上许多果蔬的发源中心之一。目前我国水果约占世界总产量的14%左右，蔬菜占世界蔬菜总产量的49%，成为世界果蔬第一生产大国，但采后处理技术和能力不足，损失严重，已成为制约产业健康发展的瓶颈问题。重视园艺产品产前、产中和产后的管理技术和相应的设备，加强采后生理病理学的基础研究，对保持收获后新鲜原料的品质，延长贮藏期，从而获得应有的经济效益具有重要意义。

《园艺产品贮藏运销学》为高等院校食品科学与工程专业和园艺专业的必修课程，是建立在多学科基础上的应用科学，是以研究采收以后的园艺产品食用器官的生命活动过程及其与环境条件关系的采后生理学为基础，以园艺产品在产后贮、运、销过程中的保鲜技术为重点，以市场为导向，以提高园艺产品的竞争力为突破口，以少投入、高效益为目标，系统研究园艺产品采后商品化处理理论与技术的一门综合性交叉学科。

本教材由四川农业大学的秦文和贵州大学的王明力担任主编，负责主要章节的写作以及全书的统稿工作；陕西师范大学的张有林、福建农林大学的陈继承，塔里木大学的郭东起任副主编，参与本教材编写工作的还有陕西师范大学的张润光，重庆大学的李正国，塔里木大学的向延菊、王文华，内蒙古农业大学的杨杨，四川农业大学的邓群仙、何利、李素清。

编写人员尽管有多年的教学和实践经验，编写过程中倾注了大量心血，但本书涉及的学科多、内容广、产业发展快，加之时间仓促和编者水平所限，书中难免存在疏漏、错误和不妥之处，恳请使用本教材的师生及同行专家批评指正。

本教材的编写得到贵州大学、河南农业大学、福建农林等高校师生们的热情帮助，在编写审稿过程中，编者听取了不少同行学者的宝贵意见，谨此表示衷心感谢。

编　者

2012.5

前言

目　录

绪　论

园艺产品（horticultural products）包括果品、蔬菜和花卉等，它们在人们的日常生活中扮演着非常重要的角色。其中果蔬是人类食物的重要组成部分，含有人体需要的碳水化合物、维生素、矿物质、蛋白质和可食性纤维等各种物质，有很高的营养价值，而且对于丰富食物种类，满足各种食物喜好，增加食物的美学价值都有非常重要的意义。花卉在美化环境、美化生活方面有着举足轻重的作用。随着人们生活水平的不断提高和对身体健康的日益重视，果品、蔬菜和花卉的生产量和消费量也在逐年增加。

园艺产品贮藏运销学研究园艺产品流通领域各有关部门的经济活动规律，既具有很强的理论性与实践性，又具有一定的技术性与艺术性，并且还涉及社会学、政治学、关系学和美学等领域。实际上园艺产品贮藏运销学是从自然科学、技术科学、社会科学、经济科学等各个方面研究园艺产品的使用价值和观赏价值，既为发展园艺产品生产服务，又为市场经济发展服务。

一、园艺产品贮藏运销的意义

我国地域辽阔，果蔬花卉资源丰富，是世界上许多果蔬的发源中心之一。新中国成立以来，我国水果总产量1949年为120万t，2009年为栽培面积为1.6亿亩（1亩=666.7 m^2），产量1.2亿t，增长100倍，其中1952年全国苹果产量为11.8万t，2008年的产量为2984万t，增长252倍；柑橘由1952年的20万t增长到2008年的2331万t，增长115倍。2008年我国水果和蔬菜产量分别占全球总产量的20%和49%，总产值约1500亿美元，是全球最大的果蔬生产国。2009年我国蔬菜播种面积达1800万hm^2，产量6.02亿t，蔬菜净产值8800多亿元人民币，蔬菜对全国9亿多农民人均纯收入的贡献额达800元人民币，解决了9460多万人的就业问题，蔬菜运销和加工为城乡居民解决了9900多万人的就业。2009年我国花卉种植面积82.4万hm^2，花卉市场突破3000个，种植面积3hm^2以上或年营业额500万元以上的企业达9000多家，有花农130多万户，花卉从业人员430多万，花卉出口额达4亿多美元，我国已成为全球最大的花卉生产国。

果品、蔬菜和花卉的生产属于劳动密集型产业，单位种植面积所得经济效益高于一般谷类作物。我国劳动力资源丰富，价格低廉，在广大农村发展园艺产品种植具有竞争优势。我国园艺产业产值约占种植业总产值的45%，江苏、山东等地已达到70%。我国园艺产品出口贸易持续增长，尽管2004年以后我国农产品进出口贸易逆差扩大到100多亿美元，但是园艺产业每年顺差可达70亿～80亿美元。近年来，我国园艺产业规模扩大，集约化程度也大幅度提高。我国加入世界贸易组织以来，园艺产品的出口量和创汇额都在增加，2007年果品出口477.3万t，同比增长28.9%；蔬菜出口817.3万t，同比增长11.6%。因此，在当前的农业产业化发展中，园艺产品生产是发展最快的产业之一，园艺产品销售收入是农民家庭收入的重要组成部分。在市场经济的推动下，我国园艺产业将朝着区域化、集约化、规模化的方向快速发展。

成熟果品、新鲜蔬菜和五颜六色的花卉产品的共同特点是：产品鲜嫩易腐、采收时期难把握、采后处理工序多、易受到机械损伤和病原微生物侵害。大多数园艺产品采收时呼吸强度高，南方园艺产品采收季节往往高温多雨，而北方地区异常干燥，这些因素很容易导致园艺产品采后生理失调。据不完全统计，发达国家园艺产品采后损失一般在10%～20%，发展中国家高达20%～40%，这些损失主要发生在流通环节。美国等发达国家的园艺产业采前生产投入不足30%，采后处理和深加工的投入占70%以上；而我国用于采前的园艺产业投入约90%。可见，园艺产品采后处理和销售过程中增值的空间还很大。

果品、蔬菜和花卉在采收之后，仅是初级的农产品，只有经过分级、包装等商品化处理后变为商品到达消费者手中，才能实现其生产价值或采后增值。据发达国家经验，蔬菜采后商品化处理可增值40%～60%，精（深）加工可增值2～3倍。发达国家的蔬菜商品化处理包装率几乎达到100%，精（深）加工率大多在40%以上，而我国蔬菜商品化处理包装率仅为25%，精（深）加工率不足10%。我国蔬菜采后商品化处理程度低、冷链设施匮乏、贮运保鲜技术落后，带来蔬菜商品质量差、运耗大、食用不便等诸多问题。改革开放30多年来，我国园艺产品的运输和销售渠道呈现多元化，从传统的走街串巷的小商贩到集约化、规模化的现代企业均有涉足园艺产品贮藏运销行业，这使得园艺产业的产业链得到充分完善和延伸。传统的“重采前，轻采后”的观念正在发生改变，园艺产业的从业人员也由传统的种植拓展到贮藏、保鲜、运输、销售等领域。贮藏运销的发展不仅实现了园艺产品的提档升级，同时也带动了一批相关产业的蓬勃发展，如山东和陕西的苹果、山东寿光的蔬菜、云南的花卉等在贮藏运销领域都创造了辉煌的成就，为产业的可持续发展注入了新的活力。因此，园艺产品贮运学的发展对于促进我国园艺产业的持续发展，增强我国园艺产品在国际市场的竞争力，增加园艺产业的经济效益，满足人民群众日益提高的物质生活需求都有非常重要的意义。

“园艺产品贮藏运销学”是一门应用科学，知识面涉及很广，它是以植物学、采后生理学、微生物学、化学、物理、食品化学、食品工程原理、食品工厂设计、制冷学、建筑工程学及食品机械设备等学科为基础。要搞好园艺产品的贮藏运输，并使之不断提高与发展，就必须具备这些学科的基本知识，关注它们的发展动态，重视最新研究成果的应用。尤其近些年，随着科学技术的不断进步，各学科的相互渗透，新技术、新方法不断出现和应用，园艺产品贮藏学的深度和广度也在不断发展。因此，在这门学科里不仅要学习基本理论、基本技术，还应掌握各相关学科的发展，以及这门学科的新技术、新产品等知识，并学会能与生产实践相联系，应用所学知识解决生产中的实际问题，真正为实现我国园艺产品贮藏技术赶超世界先进水平打下扎实基础。

二、园艺产品贮藏运销现状

我国园艺产品贮运业在长期的生产实践中，取得了许多宝贵的生产经验，创造了一系列成熟完善的贮藏加工技术。在贮藏保鲜方面，改革开放以前，我国广大的农村产地主要以沟藏、埋藏、窖藏、土窑洞贮藏等简易方式进行贮藏保鲜；而销地则主要以商业、供销部门修建的通风贮藏库和少数的机械冷藏库贮藏为主，这些都在当时的城镇居民淡季鲜果菜的供应上发挥了很大的作用。但改革开放以后，随着国民经济的大力发展，生产技术的不断日新月异，过去的贮藏保鲜设施及保鲜效果等已远远不能满足现代人的需要。因此，在我国科技人员的不懈研究努力下，初步形成了产地与销地、简易贮藏库、机械冷库与气调贮藏库同步发展的新格局。通风贮藏库由于投资少、节省能源，目前在我国北方自然冷源比较丰富的地区仍不失为一种有效的贮藏方式；大中型机械冷藏库在我国仍呈良好的发展态势，机械冷藏量在我国占贮藏果蔬总量的1/3左右。我国的气调贮藏虽然起步较晚，从1978年第一座试验性气调库在北京诞生以来，现在商业性的大型气调库已在山东、陕西、河北、新疆、河南、广州、沈阳等许多地区建成，并获得了显著的经济效益和良好的贮藏效果。

由于化工工业的进步，塑料薄膜和硅橡胶膜在园艺产品保鲜中得到了广泛应用，各种类型的塑料包装小袋或大帐，作为自发气调贮藏的主要设备发挥了积极作用。各种化学保鲜剂的研制及应用近些年在我国发展也很快，目前已有多种化学防腐剂、生物活性调节剂及生物涂膜类等防腐保鲜剂在贮藏保鲜中推广使用，对提高贮藏效果具有明显的辅助促进作用。从保鲜包装材料的研究发展趋势看，未来将注重包装材料及其结构的多功能性。利用微孔制造刀工艺，结合防水材料、防腐材料、生理调节材料、半导体、陶瓷材料以及利用不同材料的特征进行复合，以提高现有保鲜包装材料的耐湿性、透湿性、防结露性以及防腐保鲜性能。在结构方面将注重提高使用强度、透湿性、防结露性、与防腐保鲜剂的巧妙结合性以及适应现代化搬运的托盘化包装的连结性等。在可食涂被保鲜方面，未来将注重与生物保鲜剂的结合，注重脂类、碳水化合物、蛋白质类的复合。天然涂被剂的MA气调将更注重分子调节、厚度调节、裂缝调节、浓度调节和亲水与疏水性调节。

某些前沿高新技术技术等正逐步研究应用于园艺产品贮运领域。其中较先进的保鲜技术主要有临界低温高湿保鲜、细胞间水结构化气调保鲜、臭氧气调保鲜、低剂量辐射预处理保鲜、高压保鲜、基因工程保鲜、细胞膨压调控保鲜、涂膜保鲜、气调保鲜等。在保鲜剂的研究方面，未来将更注重微胶囊缓释理论和技术的研究，并强调环境启动释入、添加剂控制、并兼用包装调控释放的三控理论以及两段释放控制理论，在应用方面注重保鲜剂的组装结合、保鲜剂的复配以及天然保鲜剂的应用。产后农产品保鲜技术正向着综合控制的方向发展，其中包括物理控制、化学控制、农业控制和生物技术控制。标准化、自动化和配套化以及有机（绿色）农产品贮运保鲜技术正代表着一个时代的特征和发展趋势。无污染保护环境的制冷和气调技术；与农产品保鲜处理自动化控制有关的光电子学技术和计算机控制技术；与提高农产品的耐贮运性，提高抗病和抗冷性，控制完熟和衰老，最终提高保鲜效果有关的转基因分子生物学技术；与保护环境有关的空气放电技术和真空减压技术；与利用原子能有关的辐射保鲜技术等都是正在发展而且需要进一步发展的高新技术。

运输是商品实现跨地区、跨国界流通的唯一途径。按照园艺产品在运输途中所处的环境温度，可以将运输分为常温运输和低温运输两种方式。常温运输常用于一年四季中的短距离运输（如从产地到当地市场的运输）、短时间运输（如航空运输）和冬季的长距离运输（如冬季苹果、柑橘的长距离铁路和公路运输），在我国园艺产品运输中仍然发挥着非常重要的作用。低温运输是园艺产品现代化的运输方式，是园艺产品采后处理冷链系统中一个重要的环节，也是西方发达国家园艺产品运输的主要途径。装有机械制冷系统的卡车、火车、轮船是低温运输的主要工具，包装箱内加冰（如花椰菜、荔枝的运输）、车箱内加冰（如甜玉米的运输）、预冷后隔热运输（如葡萄经过冷库预冷后，用隔热材料包装运输）也是常见的低温运输方式。随着我国高速公路网的建成和冷藏运输车、冷藏集装箱等设施的发展，冷藏运输将逐步成为园艺产品重要的运输形式。

由于我国道路建设没有跟上，园艺产品冷藏运输工具和专用冷库严重不足，我国的园艺产品冷藏链还很不完善，加之经营管理的各种因素，我国每年有 3000 万 t 园艺产品腐烂变质，损失十多亿元。按这个损失计算，可建 12 万 t 以上容量的冷库，或购置机械冷藏列车 1000 辆，是现有铁路运输能力的 1/7。

我国政府有关部门已定制出计划，将在今后的 10 年里加快建设铁路、公路、内陆水运和空运。特别是非常重视对“农田、饲养场直到餐桌”的全程食品安全运输管理，园艺产品从生产地－零售商店－家庭的冷藏链已经形成，随着人民生活水平的提高，对园艺产品的卫生、营养、新鲜、方便性等方面的要求也日益提高，冷藏链的发展前景将非常广阔。

中国园艺产品贮运业的发展突飞猛进，但长期以来人们将重点放在采前栽培、病虫害的防治等方面，对于采后的保鲜与运输重视不够，再加上产地基础设施和条件匮乏，不能很好地解决产地园艺产品分选、分级、清洗、预冷、冷藏、运输等问题，致使园艺产品在采后流通过程中的损失相当严重。另一方面园艺产品缺少规格化、标准化管理，销售价格只有国际平均价格的一半。除此之外，品种结构不合理，品种单一，早熟、中熟、晚熟品种比例不当，缺乏耐贮的优质原料品种，这些都严重制约着园艺产品贮运业的发展。

三、园艺产品贮运业发展对策

中国园艺产品生产已开始形成较合理的区域化分布，为适应区域化和规模化的产业发展需求，我国对园艺产业的发展布局进行了统一规划。农业部关于我国柑橘优势区域布局规划（2008～2015 年）明确了我国柑橘四大优势产业带：长江上中游柑橘带，湘西、鄂西柑橘带，赣南－湘南－桂北柑橘带和浙南－闽西－粤东柑橘带。全国蔬菜重点区域发展规划（2009～2015 年）中指出，长江上中游冬春蔬菜重点区域：地处长江上中游，北纬 25°～32°，包括四川、重庆、云南、湖北、湖南、江西 6 省市，属中亚和北亚热带，冬春季节气候温和，1月份平均气温≥4℃，可进行喜凉蔬菜露地栽培，在低海拔河谷地区也可进行喜温蔬菜露地生产。本重点区域到2015年，92个基地县蔬菜播种面积达到3000万亩，产量超过7000万t，调出比例超过55%，产品安全质量达到无公害食品要求，商品化处理程度达到65%以上。我国花卉也形成了四大主要产品的优势区域：以云南、北京、上海、广东、四川、河北为主的切花生产区域，以山东、江苏、浙江、四川、广东、福建、海南为主的苗木和观叶植物生产区域，以江苏、广东、浙江、福建、四川、湖北为主的盆景生产区域，以四川、云南、上海、辽宁、陕西、甘肃为主的种球（种苗）生产区域。经过进一步的产业结构战略性调整，特别是通过加速西部大开发的步伐，中国园艺产品产业“西移”已现端倪。切实抓住园艺产品贮藏产业转移的机遇，积极推进西部地区园艺产品贮藏加工业的发展，为西部大开发作出贡献。

根据全国蔬菜重点区域发展规划（2009～2015年）纲要，在未来五年内我国蔬菜重点区域的工作重点为以下几方面：

（1）实行标准化生产与管理，提高产品质量安全水平。无公害蔬菜生产过程就是标准化实施过程。只有按产品标准和生产技术规程组织生产，才能确保蔬菜质量安全。实行标准化生产，一是要完善标准体系。按照产品质量标准、等级标准和生产、贮运技术规程相配套，初级产品标准与加工产品标准相配套，种植、加工、销售相衔接，农艺和工艺相协调，既能与国际接轨又具有中国特色的原则，逐步完善我国蔬菜标准体系。二是推广标准化生产技术。各地要因地制宜地解读已经制定的产品标准和无公害生产技术规程，建立标准化生产示范基地，组织培训农民，指导农民切实按照无公害蔬菜生产技术规程进行田间管理和采后处理，推进无公害蔬菜生产过程标准化。

建立从田头到市场的全程质量控制体系，对基地环境、投入品、生产过程、产品检测等关键环节进行监督管理，切实保障无公害蔬菜的质量安全。严格禁止销售和使用高毒农药；规范农药使用技术，解决加大农药使用剂量和不严格执行安全间隔期造成农药超标等问题。无公害蔬菜生产企业、专业合作经济组织要坚持采前自检、安全期采收、产地准出制度，做到不合格不采收，使质量问题解决在萌芽状态。各级农业部门要加强对产地环境和基地产品的例行监督和检测，对出现问题的基地要限期整改。建立档案管理制度，做到初级产品生产者有农事作业档案，蔬菜制品生产者有原料来源和工艺流程档案，蔬菜运销者有货源和流向档案，并逐步建立无公害蔬菜产加销全过程的质量追溯制度。

（2）推行商品化处理与加工，提高产品采后产值。采后商品化处理和加工是现代商品蔬菜生产的重要环节。今后要下大力气推行商品化处理和加工，彻底改变我国蔬菜产品“统货+散货”的现状。首先要从改良品种着手，推广外观形状好、整齐一致、耐贮运、货架期长的鲜食和加工专用优良品种，特别是出口专用品种，并发展标准化生产，提高产品档次。二是加强蔬菜采后分级、包装等商品化处理以及贮运设备和技术的研发和推广，提高商品化处理率和处理水平，改善产品外观质量。三是加强蔬菜加工设备和生产工艺研究与推广，促进蔬菜加工业向深加工、精加工方向发展，提高加工转化率，增加产品附加值。

（3）完善市场和信息服务体系建设，促进产销衔接。建设一批重点产区产地批发市场和销区批发、零售市场，发展现代物流业，构建蔬菜生产、市场信息网络，充分发挥批发市场的交易拉动和信息引导功能。蔬菜产销服务机构应加强信息搜集和研究，发布蔬菜生产、供求和价格近期状况以及中长期预测、预警，以便为政府和菜农组织蔬菜生产和销售提供决策依据，避免盲目性。加强市场管理，规范市场行为。加强经纪人队伍建设，提高经纪人队伍素质，规范从业行为。

（4）发展产业化经营与品牌，提高产业整体效益。扶持壮大蔬菜龙头企业、专业合作经济组织、专业市场和经纪人队伍，充分发挥他们纽带和桥梁作用，把一家一户的小规模农民有效地组织起来，实行专业化、规模化、标准化生产和商品化加工、品牌化销售，提高我国蔬菜产业的整体效益和国际竞争力。要完善企业与生产者的利益联结机制，建立企业与生产基地、科研单位间长期共生的合作关系。引导和培育蔬菜合作经济组织，实现农村人力资源和耕地资源的市场化配置，提高参与市场竞争的能力。加强蔬菜产业协会建设，充分发挥产业协会在规范生产经营行为、维护产业及其业主利益等方面的作用。

第1章 影响园艺产品贮藏特性的采前因素

【内容提要】 水果、蔬菜和花卉等园艺产品的种类、品种、植株生长状态、收获产品的着生位置、大小等不同会形成产品采后贮藏特性的差异；生长发育中的温度、光照、降雨、土壤及地理条件等环境因素也影响产品的贮运性能；整形修剪、施肥、灌溉、病虫害防治及植物生长调节剂施用等采前农艺措施均会影响产品的质量、质地，进而影响产品的抗病性和耐贮性。

【学习目标】 通过学习，充分认识水果、蔬菜和花卉等园艺产品的耐贮性受采前产品内部的生物学特性、外界生态环境因素和生产管理技术等各种因素综合影响，这些因素在很大程度上决定了产品采后耐贮性的强弱，造成种类、品种、产地、个体等之间的贮藏特性差异，而这些差异是采后贮运条件和技术无法改变和控制的。

【重要概念及关键词】 采前因素 产品成熟度 外观品质 营养品质 贮藏品质 人工环境 化学诱导剂 植物生长调节剂

园艺产品的品质与耐贮性是在产品采收之前形成的生物学特性，所以，园艺产品的贮藏是根据果品、蔬菜、花卉等采前及采后生理特性，运用良好的贮藏条件和技术措施，推迟和延缓产品采后成熟与衰老，最大限度地保持其良好的商品质量，降低损耗率，延长产品贮藏时间和货架期。

水果、蔬菜、花卉等园艺产品采前的外观品质和内在品质对其采后的贮藏特性有着重要的影响。园艺产品的品质是在其生长发育过程中逐渐形成的，因而，产品质量受内部的生物因素、外界生长发育的环境条件和所采用的农业技术措施综合影响。生物因素包括种类、品种、砧木、植株田间生育状态及产品成熟度等。生长发育的环境条件即生态因素，包括温度、光照、水分、土壤、纬度、海拔及灾害性天气等。农业技术措施包括栽培密度、施肥、灌溉、修剪、病虫害防治及植物生长调节剂的使用等。

因此，为了保持园艺产品采后良好的商品质量，提高贮藏效果，综合控制采前生长发育和采后贮藏运输条件，结合采前管理与采后贮藏非常重要。

1.1 生物因素

1.1.1 种类和品种

1. 种类（species）

水果、蔬菜、花卉等园艺产品种类品种繁多，而且采收的器官各异，不同种类及器官具有不同的组织结构和新陈代谢方式，因此其商品性状与贮藏特性差异很大。一般而言，产自热带地区或高温季节成熟的园艺产品，由于组织结构不致密，采收后呼吸旺盛，蒸腾失水快，体内物质消耗多，易被微生物侵染而腐烂变质，不耐贮藏，如香蕉、芒果、菠萝、荔枝、龙眼、黄瓜、番茄、茄子、青椒、菜豆、卡特兰等。而产自温带地区或低温冷凉季节成熟及生长发育期较长的园艺产品，体内营养物质积累多，采收后产品新陈代谢水平低，一般具有较好的贮藏性，如苹果、梨、蒜薹、菠菜、洋葱、芹菜、土豆、菊花等。组织结构较为硬实、表皮蜡质层厚的产品较耐贮藏，而软质或浆质的产品耐藏性较差。例如，温带水果中的桃、杏、李、梅、樱桃和草莓不耐贮藏，热带鲜切花中鹤望兰、花烛耐贮运，瓶插寿命长，而温带鲜切花中的芍药、月季、百合瓶插寿命较短。因此，只有了解不同种类园艺产品的生物特性，才能有针对性对产品作出合理的贮藏安排，从而获得最佳的贮藏保鲜效果。

对于水果来说，其收获和食用的产品器官主要为果实，果品的贮藏性除与原产地、成熟季节有关外，还与果实的组织结构和生理特性有关。原产北方的落叶果树较原产南方的常绿果树果实耐贮运。例如，原产温带的仁果类（苹果和梨）及坚果类（板栗、核桃）耐贮性好，但核果类（樱桃、桃、李、杏、梅等）由于在夏季成熟，果实生长发育期短，果皮薄，收获季节气温高，果品采后呼吸作用强，因而耐贮性较差。原产亚热带的常绿果树柑果类中的柚类、甜橙较宽皮柑橘耐贮藏。柚果属于非呼吸跃变型果实，采后呼吸代谢缓慢，没有明显的后熟作用，同时果皮较厚，果皮含水量达90%以上，果皮脆，适度失水后富有弹性，因此果实耐贮性好，常温下可贮藏2～4个月。浆果类（如草莓、树莓、蓝莓、葡萄、猕猴桃、无花果等）果实由于果肉组织软、水分含量高而不耐贮运。

蔬菜种类繁多，可食部分为根、茎、叶、花、果实和种子，由于这些器官的结构和新陈代谢方式不同，采后的耐贮性有很大差异。耐贮顺序依次为根菜类、茎菜类＞果菜类＞花菜类＞叶菜类。

叶菜类蔬菜指以菜叶和叶柄为食用部分的蔬菜，它是我国栽培品种最多、消费量最大的一类蔬菜，分为结球叶菜（如大白菜、结球甘蓝等）和绿叶蔬菜（如菠菜、生菜等）两大类。这类蔬菜具有叶表面积大、含水量高、组织脆嫩等特点，收获后水分蒸发快，易受机械损伤，呼吸作用旺盛，呼吸热产生量大，故常发生黄化、脱帮和腐烂而难以包装贮藏。结球叶菜类食用器官为植物的营养贮藏器官，由于采收时其营养生长已经停止，产品新陈代谢有所降低，所以比较耐贮藏。绿叶蔬菜如小白菜、菠菜、叶用芥菜、苋菜等极不耐贮藏。

花菜类所食用的部分是植物的繁殖器官，新陈代谢比较旺盛，而且在生长、成熟及衰老过程中还会形成乙烯加剧其衰老，缩短贮藏寿命，因而很难贮藏，如新鲜的黄花菜，花蕾采收后1天就会开放，并很快腐烂，极不耐贮藏，必须干制。但花椰菜是成熟的变态花序，蒜薹是花梗，并且它们均较耐寒，所以在低温下可做较长期的贮藏。

果菜类包括瓜、果和豆类，如番茄、青椒、黄瓜、茄子、菜豆等，它们大多原产于热带和亚热带地区，不耐寒，贮藏温度低于8～10℃会发生冷害。由于其食用部分为幼嫩果实，表层保护组织发育不完善，采收后果实新陈代谢旺盛，容易失水和遭受微生物侵染。同时，采后果实生长和养分的转化，导致果实容易变形和发生组织纤维化，如黄瓜变成大头瓜、豆荚变老等，因此很难贮藏。但对于充分成熟才采收的南瓜、冬瓜等瓜类蔬菜，由于果实新陈代谢强度已经下降，同时，表层保护组织已充分发育，瓜皮上形成了厚厚的角质层、蜡粉或茸毛等保护组织，因而比较耐贮藏。

根菜类和块茎、鳞茎、球茎、根茎等茎菜类蔬菜的食用部分属于植物营养贮藏器官，采后产品新陈代谢最弱。其中，有些种类还具有明显的休眠期，所以可通过改变环境条件，将其控制在强迫休眠状态，从而使其新陈代谢降低到最低水平，所以根菜类和茎菜类蔬菜都较耐贮藏。

不同种类的鲜切花和切叶采后贮运和瓶插寿命差异也很大。一般来说，组织结构致密、硬实的切花和切叶含水量少，采收后不易蒸腾失水，材料新鲜度维持时间长，耐贮运和瓶插。例如，花器官干膜质化的补血草、麦秆菊、千日红等极耐贮运，瓶插寿命长，还可做干花。旅人蕉科的鹤望兰、黄丽鸟蕉，天南星科的花烛等鲜切花，由于其花梗、苞片、花被片均坚挺厚实，因而耐贮运，室温清水瓶插寿命可达20～40天，但同为天南星科的马蹄莲由于花梗水分多而且中空，主要观赏部位——佛焰苞质薄多水，因而不耐贮运，室温清水瓶插寿命仅为5～9天。在世界五大鲜切花中，菊花由于对乙烯和水分胁迫的敏感性相对于香石竹、月季、唐菖蒲、非洲菊而言较小，所以是最耐贮运的鲜切花，室温清水瓶插的寿命可达7～20天。月季由于对脱水和乙烯非常敏感而不耐贮运，贮运和瓶插中易出现弯头、蓝变（红色品种）或褐变（黄色、白色品种），室温清水瓶插寿命仅为3.5～7天。对于切叶而言，草本切叶比木本切叶、纸质切叶比革质切叶不耐贮运和瓶插。

2. 品种（variety）

同一种类不同品种的园艺产品，由于组织结构、生理生化特性、成熟收获时期不同，品种间的耐贮性也有很大差异。一般来说，晚熟品种较耐贮藏，中熟品种次之，早熟品种不耐贮藏。表皮组织较厚而致密，密被茸毛、蜡质、蜡粉等保护层，产品内质较硬、致密、营养物质含量高、水分含量低的品种耐贮运。晚熟品种生长期长，营养物质积累丰富，外部保护组织发育完好，一般有较强的氧化系统，对低温的适应性好，在贮藏中能保持正常的生理代谢作用，防止微生物侵染和抵抗机械损伤能力强。

柑橘中柠檬、柚类耐贮性强，甜橙次之，宽皮柑橘类最差。但温州蜜柑、蕉柑是较耐贮藏的品种。温州蜜柑中早熟品种不耐贮运，中、晚熟品种较耐贮运。甜橙一般可贮藏3～4个月，锦橙、雪柑、血橙、香水橙、大红甜橙可贮藏5～6个月。柠檬果实属于非呼吸跃变型，果皮组织结构紧密，中心柱较小，果皮中的精油和维生素C具较强的氧化还原能力，在贮藏中能抵抗病原菌侵入；果汁中柠檬酸含量高，能保持较长时期内代谢需要。因而柠檬果实10～11月份采收后可贮藏至次年4～5月份。由于单果大小、生长环境、成熟期等的差异，不同柚类品种果实的贮藏性有其自身的特点，如沙田柚、玉环柚、苍南四季柚采后可贮藏4～6个月，垫江白柚久贮易枯水，龙都早香柚贮藏40天后易粒化，安江香柚10月份中下旬采收后贮至12月份易粒化。

白梨系统的品种是我国栽培品种中最好的，大多数品种果大质优，耐贮藏，如鸭梨、雪花梨、茌梨、砀山酥梨、栖霞大香水梨、库尔勒香梨、黄县长把梨、金川雪梨等。砂梨系统中多数品种果实贮藏性不如白梨系统。砂梨系统中的日韩早熟品种如二宫白、丰水、新世纪以及国内早熟品种翠冠等不耐贮藏；而国内中早熟品种绿宝石、西子绿等较耐贮藏。20℃条件下丰水梨只能贮放5～6天，黄金梨可贮放20天，新世纪梨在18℃条件下贮藏品质最佳期为7～10天。日韩梨晚熟品种爱宕、新高、大果水晶、秋黄、甘泉、长十郎等耐贮性较好，在冷藏条件下可贮藏6个月以上。秋子梨系统中多数品种果实必须经过存放后熟方能食用，其多数品种的果实不耐贮藏，如南果梨、京白梨，但安梨、尖把梨、甜秋子梨等品种果实极耐贮藏，且能冻藏。西洋梨系统果实经过后熟，肉变软方能食用，其果实不耐贮运，如巴梨、茄梨、考密斯等品种。

苹果品种间耐藏性差异很大。早熟品种如黄魁、红魁、旭光、祝光、丹顶等不耐贮藏，采收后应及时上市销售，不宜长期贮藏。极早熟新品种早霞苹果采后常温放置5天后，果实硬度显著降低，绵化严重。早熟新品种秦阳、华玉常温下也仅贮藏10～15天。元帅系、金冠、津轻、嘎啦等中熟品种较早熟品种耐贮藏，在常温下可贮藏1～2个月，在冷藏条件下有效贮藏期为3～4个月；富士系、王林、秦冠、粉红女士、小国光、胜利、青香蕉晚熟品种最耐藏，在我国西北地区窑窖式果库中贮藏3～4个月仍然具有良好的商品性状，在冷藏条件下的贮藏期更长，一般能达到6个月左右。近年来，我国选育出许多耐贮运的优质的中晚熟苹果新品种，如早熟富士王、玉华早富、望山红、丰富1号、金钟等果实于9～10月份成熟，自然条件下可贮藏到春节前后。

桃和李均为呼吸跃变型果实，且多数品种的采收期集中在高温季节，因此采后会迅速进入呼吸高峰期，极易衰老、腐烂而不利于贮藏。但桃、李贮藏性因品种不同而有差异。早熟、软溶质品种耐贮性差，中晚熟、硬溶质品种耐贮性较好。油桃比水蜜桃耐贮藏。砂子早生、雨花露、五月鲜、玉露桃等桃品种，蜜思李、艳红李、青脆李、紫琥珀等李品种，常温下只能贮藏1周左右。晚熟品种如大久保、中华寿桃、冬桃、脆蜜桃、肥城桃，奈李、黑宝石李、安哥诺李等较耐贮运。冬雪王桃10月份下旬采收，常温下可贮藏至1月份，冷库贮藏可至春节。美国杏李鲜果常温下可贮藏1个月，2～5℃低温下可贮藏达6个月。

柿果为呼吸跃变型果实，而且对乙烯较敏感，采后易软化，给贮藏、加工、运销等带来很大困难。柿果品种的耐贮性相差悬殊。成熟最早的七月早（9月份下旬采收）最不耐贮藏，不到1个月全部变质；而成熟较晚的磨盘柿、干帽盔等，可贮藏5～6个月。硬果期以火柿、干帽盔柿贮藏寿命最短，不到半个月便全部软化。软化后的柿果实，贮藏能力也不相同，如七月早、雁过红等只能贮藏 20～30 天，而马奶头、磨盘柿等品种能贮藏 5 个月左右；一般柿品种能贮藏 2～3 个月。

蔬菜中，叶菜类中的大白菜是北方地区冬春两季市场上的主要蔬菜。大白菜中，直筒形比圆球形的品种耐贮藏、青帮系统的品种比白帮系统的耐贮藏，晚熟的品种比早熟的耐贮藏，如小青口、青麻叶、抱头青、核桃纹等的生长期都较长，结球坚实，抗病耐寒耐贮运。菠菜主要采用冻藏方法。尖叶菠菜品种耐寒适宜冻藏，圆叶菠菜虽叶厚高产，但耐寒性差，不耐贮藏。用于贮藏的芹菜必须选用叶柄粗，实心的品种，如天津的白庙芹菜、陕西的实秆绿芹、北京的棒儿芹等品种。叶柄细，植株瘦小，空秸品种不宜贮藏。

同一种类不同品种的鲜切花耐贮性差异较大。花茎健壮、花瓣质地厚实的鲜切花品种，因抗机械损伤能力较强和含有较多的呼吸基质而较耐贮运，瓶插寿命长。鲜切花月季品种康菲迪、阿维兰采后室温清水瓶插的盛花期和瓶插寿命均可达 20 天以上，米兰诺、金斯莱克、玛瑞林、亚玛逊、卡尔红等品种瓶插寿命为 15～17 天，红衣主教、阿班斯、黑魔术、因卡、萨曼莎、金奖章、贝拉米、红柏林、娜瑞吉等品种花朵瓶插寿命为 11～14 天，妮达斯、金徽章和亚非拉等品种采后开放速度较快，盛花期短，瓶插天数较短，不耐贮运。研究表明，非洲菊金黄品种 Sondance 清水瓶插寿命为 3 天，弯颈率为 100％；非洲菊粉红品种 Fiona 清水瓶插寿命为 5 天，弯颈率仅为 37.5％。非洲菊不易弯颈品种比易弯颈品种具有较多的穿孔，且不易弯颈品种的导管直径、薄壁细胞面积较大，易弯颈品种导管则多含有侵填物，导致这两个品种采后贮藏保鲜期间的弯颈率和耐贮性不同。

总之，园艺产品的贮藏保鲜在很大程度上取决于种类和品种的遗传性，而遗传性又是一个很难改变的生物属性。因此，选择产品的种类和品种，是做好园艺产品贮藏保鲜的基础。

1.1.2　田间生长发育状况

园艺产品在田间的生长发育状况，如砧穗组合、树龄、树势、植株负载量、个体大小及产品成熟度等，都会对园艺产品采后的贮藏性产生影响。

1. 砧木（rootstock）

国内外许多报道表明，砧木对接穗品种的影响因砧木、接穗及土壤不同而表现出不同的结果。砧木通过影响接穗植株的生长发育、生理代谢过程及其对环境的适应性，进而影响接穗的外观品质、营养品质及贮藏品质。只有了解砧木对园艺产品品质和耐贮性的影响，在选择苗木时，实行砧穗配套，才能从根本上提高园艺产品的品质，以利于采后产品的贮藏和保鲜。

Antio 报道，果实成熟度和果实 Ca^{2+} 浓度会影响苹果的耐贮性，并且这两个因素均受到根砧的作用。苹果矮化砧 M9 可使 Katja 的果肉硬度相对提高；以 B146 和 PB04 作砧木时乔纳金苹果果实中可溶性固形物含量在各砧木间的差异并不显著，但果实中 Ca^{2+} 浓度高。山西果树研究所的试验表明，红星苹果嫁接在保德海棠上，果实色泽鲜红，最耐贮藏；嫁接在武乡海棠、沁源山定子和林檎砧木上，果实耐贮性也较好。有研究表明，3 种中间砧木（M26，M9，MM106）对金冠和新红星苹果果实品质的影响不同。从果实硬度、可溶性固形物、总糖含量和糖酸比值等项目综合分析，表明 MM106 与新红星苹果砧穗组合的综合品质最好，但 MM106 与金冠苹果砧穗组合的果实品质表现最差。

以酸橙为砧木的华盛顿脐橙和伏令夏橙，比以甜橙为砧木的果实大而且品质好。嫁接在枳壳、红橘和香柑等砧木上的甜橙，果实耐贮性好；以酸橘、香橙和沟头橙作砧木的甜橙果实，耐贮性也较强，到贮藏后期其品质也较好。藤稔葡萄嫁接在 SO4、5BB、华佳 8 号上，接穗长势旺盛，早果丰产，果粒增大、含糖量增加、果实硬度提高、抗旱性、耐涝性、耐瘠性、耐热性均增强。

许多研究表明，嫁接不仅提高了西瓜、甜瓜、茄子植株对土传病害的抗性，还能增强其对其他病虫害的抵抗能力。以黑籽南瓜为砧木的嫁接西瓜和甜瓜，植株抗枯萎病效果最好。嫁接对瓜类品质的影响较为复杂，与所选择的砧木有很大关系。野生西瓜作砧木的西瓜果实含糖量要高于自根苗。有试验表明，南瓜砧嫁接对西瓜的增产效果强于瓠瓜砧，但瓠瓜砧嫁接后可使西瓜含糖量提高、改善其品质风味。而采用日本瓠瓜作砧木的西瓜，与普通瓠瓜砧木相比，植株抗病能力增强，而且果实耐贮性显著提高。以白籽南瓜 A2、B1 和 B3 为砧木的嫁接黄瓜，果实营养品质优于黑籽南瓜砧的嫁接黄瓜。以白籽南瓜圣砧一号为砧木嫁接的玉美人薄皮甜瓜，果实在贮藏后第 4 天才出现乙烯高峰，较自根苗果实推迟了 2 天。同时，在贮藏初期，嫁接苗果实淀粉含量和果实硬度大于自根苗。

许多优良切花月季品种通常扦插生根能力差，根系发育比较弱，吸收能力差，对病虫害的抗性也弱，难以适应地上部分高强度剪花对营养的需求，最终制约切花产量和质量的提高。欧美的研究者大都认为，大多数月季品种的嫁接苗用于地栽或基质栽培时，都有明显的增产优势，即多数试验结果表明，嫁接苗优于月季自根苗。自根月季的产量主要取决于其品种本身，而嫁接苗因砧穗的相互作用，使其产量与抗性有显著的提高。砧木种类也影响切花月季生产，Koal 等使用月季品种 Madelon 嫁接在 27 种砧木上，结果表明，不同砧木极大地影响切花产量。日本和波兰研究者对几种砧木进行对比试验，认为多花蔷薇作砧木时切花月季植株长势最好，切花鲜重最大，从 3～4 年生嫁接苗的产量上看，以多花蔷薇作砧木的切花月季比狗蔷薇砧木的高。有报道，月季品种 Happiness 嫁接在无刺的多花蔷薇上比嫁接在有刺的多花蔷薇和狗蔷薇上所长出的花朵更大。

2. 植株年龄（age of plant）和长势（growth potential）

对于园艺植物而言，植株生长势不同，产品的外观品质、营养品质和贮藏品质均有明显差异。对于多年生园艺植物，尤其是木本植物，产品的外观品质、营养品质和贮藏品质还与植株生育年龄有关。

生长健壮的植株，有效功能叶比例高，植株净光合速率高，光合同化产物丰富，产品的外观品质、营养品质和贮藏品质均比长势过旺或过弱的植株好。研究表明，云南红豆杉实生苗对光环境和水分环境的适应能力优于扦插苗，实生苗的生长量、生物量和光合生理指标都优于扦插苗。

一般来说，幼龄植株和老龄植株不如处于盛产期的中龄植株的产品耐贮。这是因为幼龄植株营养生长旺盛，消耗光合同化产物多，开花结果少，产品（果实、花朵）大小不一，组织疏松，含钙少，氮含量高，贮藏期间呼吸旺盛，失水较多，品质变化快，易感染病原物和发生生理病害；而老龄植株营养生长缓慢，衰老退化严重，根部吸收营养物质能力减弱，地上部分光合同化能力降低，所结产品（果实、花朵）偏小，干物质含量少，着色差，其耐贮性和抗病性均减弱。研究表明，中龄美国山核桃树发育充分，光合速率大且稳定，光合能力强，其果实的生长能促进叶片的光合作用；幼年树尚未发育完全，生理还未成熟，光合速率较低；老年树已处衰退阶段，光合能力弱，光合速率低。15年生磨盘柿树的净光合速率明显高于8年生柿树。研究报道，幼树上的曙光苹果，贮藏中60%～70%的果实发生苦痘病。广东省汕头焦柑树的调查结果表明，2～3年生焦柑树上的果实，营养品质差，而且果实贮藏中易受冷害而发生水肿病；而5～6年生树上的果实，营养品质好，耐贮性较好。

3. 果实大小（fruit size）与结果部位（fruiting part）

对于水果和果菜类而言，同一种类、同一品种、同一植株的产品，由于大小不同其耐贮性也存在较大差异。一般来说，大个果实的耐贮性不如中等大小的果实。研究发现，苹果采后生理病害的发生与果实直径大小呈正相关关系。大个苹果在贮藏期间发生虎皮病、苦痘病和低温伤害比中等大小的果实严重，硬度下降也快。这种现象也同样表现在梨、柑橘果实上，大个的鸭梨、鸭梨、雪花梨采后容易出现果肉褐变与黑心；大个的焦柑往往皮厚、汁少，在贮藏中容易发生水肿和枯水病。

浆果耐压力和果柄耐拉力是衡量葡萄果实耐贮性的两个重要指标。研究表明，果肉较软的巨峰葡萄的浆果耐压力和果柄耐拉力最小；同为脆肉型的3个葡萄品种中，以果粒较大的红地球葡萄浆果耐压力最大，果粒最小的秋黑葡萄浆果耐压力最小，秋红葡萄浆果耐压力介于二者之间。说明果粒越大，耐压力越强，这不仅表现在同一类型的不同品种间，也表现在同一果穗中不同大小的果粒上。但不同类型葡萄品种之间浆果耐压力、果柄耐拉力与果粒质量无明显关系。

此外，在果菜贮藏中，大个番茄肉质易粉质化，大个的萝卜和胡萝卜易糠心；大个的黄瓜采后易脱水变糠，瓜条易变形呈棒槌状等。

同一植株上不同部位着生的果实，由于其附近叶片光合同化能力不同，因而果实大小、着色和营养成分也不同，采后的耐贮性也有很大的差异。研究表明，美国山核桃树基部的叶片小，光合速率偏低；中部和中上部的叶片发育充分，光合速率较大且有较强的稳定性，是整个光合作用的主要贡献者；近顶端的叶片发育晚，发育不充分，故光合速率较低。一般来说，向阳面或树冠外围的苹果果实着色好，干物质、总酸、还原糖和总糖含量高，风味佳，肉质硬，贮藏中不易萎蔫皱缩。但有试验表明，向阳面的果实中钾和干物质含量较高，而氯和钙的含量较低，发生苦痘病的比例较内膛果实高。焦柑、椪柑、温州蜜柑树冠顶部果实的皮较粗厚，囊瓣中汁液偏少，贮藏中易出现枯水、浮皮。研究梨花序不同序位座果与果实发育及品质的关系的结果显示，黄花梨、砀山酥梨和丰水梨果形指数、果实硬度均随座果序位的升高而升高，石细胞含量随座果序位的升高而减少，而果实可溶性糖含量最高分别为2～4、1～3、3～5序位果。研究表明，各品种最佳座果部位如下：黄花梨2～4序位，砀山酥梨2～3序位、丰水梨3～4序位，生产中多数梨品种疏果时建议以留第3序位果较为稳妥。

番茄、茄子、辣椒等果菜类蔬菜具有从下向上陆续开花、连续结果的习性。实践中发现，植株下部和顶部果实的商品质量及贮藏性均不及中部的果实。瓜类也有类似的情况，生长在瓜蔓基部和顶部的瓜类果实也不如生长在中部的个大、风味好、耐贮藏。不同部位果实的生长发育和贮藏性的差异，是田间光照、温度、空气流动以及植株生长阶段的营养状况等不同所致。因此，果实的着生部位也是选择贮藏果实时不可忽视的因素。

4. *产品成熟度*（product maturity）

产品成熟度是评判水果及许多蔬菜成熟状况的重要指标。在园艺产品的个体发育或者器官发育过程中，未成熟的果实、幼嫩的蔬菜和没有开放的花朵的呼吸旺盛，各种新陈代谢比较旺盛。同时，这一时期园艺产品表皮的保护组织尚未发育完全，或者结构还不完整，组织内细胞间隙也比较大，便于气体交换，体内干物质的积累也比较少。因而生育期中的幼嫩产品贮藏性差。随着园艺产品的成熟或者发育年龄增大，干物质积累不断增加，新陈代谢强度相应降低，表皮组织如蜡质层、角质层加厚并且变得完整，有些果实如葡萄、番茄在成熟时细胞壁中胶层溶解，组织充满汁液而使细胞间隙变小，从而阻碍气体交换而使呼吸水平下降。苹果、葡萄、李、冬瓜等随着发育成熟，表皮的蜡质层才明显增厚，果面形成白色细密的果粉。对于贮藏的园艺产品来说，这不仅使其外观色彩更鲜艳，更重要的意义在于它的生物学保护功能，即对园艺产品的呼吸代谢、蒸腾作用、微生物侵染等产生抑制、防御作用，因而有利于园艺产品的贮藏。当产品达到生理成熟时，产品内含物的代谢分解增加，质地软化，贮运性能降低。因此，完全成熟的产品不耐贮运。

园艺产品的种类和品种很多，每种园艺产品都有其适宜的成熟收获期，收获过早或者过晚，对其商品质量及贮藏性都会产生不利的影响，只有达到一定成熟度的园艺产品，收获后才会具有良好的品质和贮藏性能。适宜收获成熟度的确定，应根据各种园艺产品的生物学特性、采后用途、市场距离、贮运条件等因素综合考虑。

一般就地销售的产品可以适当晚些采收，而作为长期贮藏和远距离运输的产品则应该适当早些采收。凡是那些离开母体植株后可以完成后熟的果实，应该在绿熟阶段采收，如香蕉、芒果、蕃茄等，而那些采收后不能进行后熟的果实则应该待果实风味、色泽充分形成后再采收，如葡萄。用普通货车运送西瓜，运程在10天以上的，可采收成熟度为7.5～8.5的瓜（10为完全成熟）；运程为5～7天的，可采收成熟度为8.5～9的瓜；运程在5天以下的，可于成熟度为9～9.5成熟时采收；当地销售的，可于成熟度为9～10成熟时采收。新疆鄯善地区黄皮9818哈密瓜在雌花开放后42天、果实九成熟为适宜采收期。

随着采收成熟度的提高，枇杷总酸含量下降，总糖和可溶性固形物含量上升，硬度下降；九成熟的枇杷鲜果柔软多汁，酸甜适口，风味较好；8～10℃低温保鲜的枇杷以八成熟采收为佳，MAP保鲜的枇杷以九成熟采收为宜。石硖和古山二号龙眼果实最适贮藏的采收成熟度均为 8.5～9 成熟，即为花后 90～95 天；随着成熟度的提高，果实质量损失率下降，贮藏后好果率也下降。八成熟是大久保桃采摘的最佳时期。在四川金堂，翌年 2 月中旬是不知火桔橙贮藏果适宜采收期，果实具有 60 天以上中长期贮藏的价值；翌年 3 月采摘的果实适宜 30 天以内的短期贮藏。

采收时期对切花品质影响很大。采收过早，由于发育不充分，花朵甚至不能正常开放；采收太晚，会缩短切花寿命。适宜在花蕾显色期采收的切花有唐菖蒲、芍药、牡丹等，唐菖蒲当花茎伸长、花序中最下端的 1～2 朵小花着色，或小花从苞叶间出现时为最佳采收期。多数种类的切花采收期均属于花朵初开时采收期，如六出花适宜在花序上有 4～5朵花开放时采收。适宜盛开时采收的切花应是花期持久的种类，如花烛、红鹤芋等。各切花依据不同颜色的品种采收时间不一致，如切花月季的红色与粉色品种当最外层 2 片花瓣展开时即可采收，黄色品种略早，白色品种略迟。大花型菊花一般是完全盛开时采收，而小花型则是当主枝上花盛开、侧枝上有少量花开放时采收。

1.2　生态因素

1.2.1　温度

温度通过影响园艺植物的各项生理活动、生化反应、生长发育等成为生命活动中最基本的生态因子。园艺植物只有在一定的温度条件下才能生存、生长发育，达到一定的产量和品质。每种园艺植物的生长发育都有其适宜的温度范围和积温要求，同一植物的不同生长阶段对温度也有不同要求。在适宜的温度范围内，园艺产品的生长发育随温度升高而加快。在园艺植物生长发育过程中，温度过高或过低都会对其生长发育、产量、品质和耐贮性产生影响，出现极端温度（低温或高温）时，甚至会导致植物死亡。在园艺植物生长发育期若温度偏高，植株生长快，产品组织幼嫩，营养物质积累少，表皮保护组织发育不良，营养品质和贮藏品质均降低；如温度偏低，根系吸收能力减弱，叶片叶绿素的生物合成受阻，植株水分平衡失调，光合作用降低，有机物积累减少，产品质量差。对于果菜类、观花类和果树植物，如开花期连续出现数日低温，会引起授粉受精不良，落花、落果严重，使产量降低，并影响果实的品质和耐贮性，如苹果果实易患苦痘病，番茄果实则易出现畸形果。此外，昼夜温度在植物生命活动适宜范围内，温度日差较大，即白天温度较高，夜间温度较低，有利于增强植物白天的光合作用和减弱植物的夜间呼吸消耗，从而有利于提高净光合作用和有机物的积累，产品质量好，耐贮性增强。

有关夏季温度对苹果品质的影响很早就有报道。美国学者 Shaw 指出，夏季温度是决定苹果果实化学成分和耐贮性的主要因素。他通过对 165 个苹果品种的研究后认为，不同品种的苹果都有其适宜的夏季平均温度，绝大多数品种 3～9 月份的平均适宜温度为 12～15.5℃，偏离这一适宜温度，就会引起果实化学成分的变化，从而降低果实的营养品质和贮藏寿命。夏季温度过高的地区，苹果果实成熟早，色泽和品质差，不耐贮藏。

酷热干旱的夏季能促使苹果发生水心病和红玉斑点病。采前温度和采收季节也会对果实的品质和耐贮性产生重要影响。Remy 和 West 认为，苹果采前 4~6 周的天气条件（气温、昼夜温差和降雨）是影响果实大小、色泽、风味和贮藏性的关键因素。有报道称，苹果采前 6~8 周昼夜温差大，果实着色好，含糖量高，组织致密，品质好，耐贮藏；梨在采前 4~5 周生长在相对凉爽的气候条件下，可以减少贮藏期间的果肉褐变与黑心病。

桃是耐夏季高温的果树。如果夏季适当高温，有利于果实糖、酸的积累，果实含酸量高，耐贮藏性提高。但黄肉桃在夏季温度超过 32℃时，则会影响果实的色泽和大小，品质下降。如果夏季低温高湿，果实着色和成熟度差，也不耐贮运。

柑橘属于亚热带果树，其生长发育处于比落叶果树更为温暖的环境中，温度对果实的质量和贮藏性影响很大。冬季温度尤为重要，温度太高时果实颜色淡黄不鲜艳，但温度低于 0℃时，果实因受冷冻而不耐贮藏。冬季持续而且适宜的低温，有利于提高柑橘果实的质量和贮藏性。秋季昼夜温差大的产区，柑橘果实含糖量高，着色好，持续 34℃以上的高温或者 7℃以下的低温，均会影响果实的正常着色。相关分析表明，在 8 月份以前，昼夜温差的大小对脐橙果实含糖量的影响不显著。只有进入 8 月份以后，昼夜温差才显著影响果实含糖量。越接近成熟期，昼夜温差对糖的积累影响就越大。

同一种类或品种的蔬菜在不同年份、不同季节、不同地区种植，由于温度条件不同，产品的组织结构和化学成分也不同，因而耐贮性也不同。秋季收获的产品比夏季收获的耐贮藏。例如，秋末收获的番茄较夏季收获的容易贮藏，夏天采收的甜椒比秋季采收的对低温更敏感，贮藏时较易发生冷害。北方栽培的大葱可露地冻藏，缓慢解冻后可以恢复新鲜状态；而在温度较高的南方种植的大葱不耐贮运，不能在北方露地冻藏。甘蓝耐贮性在很大程度上取决于生长期间的温度和降雨量，低温下（10℃）生长的甘蓝，戊聚糖和灰分较多，蛋白质较少，叶片的汁液冰点较低，耐贮藏。大蒜在贮藏中，蒜瓣常出现局部下陷，淡黄色，严重时变成透明状；青椒表皮出现革质现象，都是其生长季节高温所致。

研究发现，在同一光照强度下，随温度的增加，番茄叶片光合速率增加，在 30℃时番茄植株光合作用最强，超过 30℃后番茄叶片光合速率会随温度上升而逐渐下降。番茄果实中番茄红素形成的适宜温度为 20~25℃，开花结果期如果长时间持续在 30℃以上的气候条件下生长，则果实着色不良，品质下降，贮藏效果不佳；低于 15℃，花粉萌发及花粉管伸长受阻，易造成座果差，甚至落花落果，同时会抑制番茄红素及其他色素的形成，影响果实着色和品质。开花结果期合理的昼夜温差较其他时期更为重要，番茄开花结果期白天最适宜温度为 24~28℃，夜间为 15~20℃，番茄在开花结果期适宜的昼夜温差为 10℃左右。

温度对花卉的生长发育十分重要，各种花卉由于原产地的气候不同，对温度的要求也不同。在冬季，喜高温的花卉在低温的环境里就会受冻害；喜低温的花卉，温度过高时，会因不能充分休眠而消耗大量养分，进而影响正常开花结果和采后贮运寿命。高温下温室观叶植物的叶片会出现褪绿或出现褐斑；观花植物花期缩短，花瓣焦萎，花蕾不能开放。Biran 和 Halevy（1974）研究表明，温度低于 15℃时开黄色花的 Golden Wave 月季花色变为绿色，原因是叶绿体不能彻底转化为有色体；温度高于 30℃时花色素合成受阻而使花色变淡。月季正常采前 3 周，温度由 21～24℃升到 27℃或降到 12～15℃都会缩短月季切花的观赏寿命。研究表明，与较适宜温度（昼温 25℃，夜温 21℃）相比，微型盆栽月季微粉在高温（昼温 32℃，夜温 26℃）条件下，花枝变短，节间数变少，开花提前，花径变小，瓶插时间变短，花的质量下降，叶面积变小，单株鲜重及干重均明显降低。栽培在 25℃条件下的香石竹比栽培在 20℃条件下的切花瓶插寿命短。

1.2.2 光照

光照是园艺植物生长发育获得良好品质的重要条件之一。在光照作用下，植物表现出光合效应、光形态建成和光周期效应，使之能自身制造有机物，得以生存和正常发育。

光照强度直接影响植株的光合效率和组织器官的形态建成。同时，光照强度还与植物的色素形成密切相关，尤其是黄酮类、花青素类、甜菜红类等酚类色素，它们在植物体内是与糖类以糖苷键结合成糖苷存在的。因此，光照强度会影响产品的外观、营养和贮藏品质。绝大多数的园艺产品都属于喜光植物，特别是果树、观花类、彩叶类、果菜类园艺植物，必须有一定的光照强度和充足的光照时间。光照不足，植株光合效率低，同化产物积累少，产量下降，着色差，品质降低，抗性减弱，贮藏中容易衰老。研究报道，13 年生红灯甜樱桃，透光树冠果实分布均匀，产量高（是郁闭树冠的 2.55 倍），着色好，品质佳；而郁闭树冠果实分布差异较大，主要在树冠的外围和上部。红灯甜樱桃果实单果质量、果实硬度、果实可溶性固形物含量、可滴定酸含量、固酸比最佳的相对光照强度值分别为 76.52%、46.84%、100.00%、41.63%和 75.77%。苹果生长季节如遇连续的阴雨天，果实糖和酸形成受影响，贮藏期间果实容易发生生理病害，缩短贮藏寿命。红色品种的苹果在光照好的条件下，红色鲜艳，而树冠内膛的果实由于光照少，果实虽然成熟但不显红色或者色调不浓，同时，易发生虎皮病，贮藏中衰老快，果肉易粉质化。

蔬菜生长期间如光照不足，往往会导致叶片生长大而薄，贮藏中容易失水萎蔫和衰老。西瓜、甜瓜如果光照不足，则会导致含糖量低，贮藏期短。大白菜和洋葱在不同光照强度下，收获产品的含糖量和鳞茎大小差异明显。如果生长期间阴天多，光照时间少，光照强度弱，蔬菜的产量就会下降，其干物质含量低，贮藏期短。大萝卜在生长期间如有 50%的遮光，则生长发育不良，糖分积累少，贮藏中易糠心。赵玉萍等（2010）的研究表明，在同一温度条件下，随光照强度增加，番茄叶片净光合速率增加，番茄果实中维生素 C、可溶性糖、可溶性固性物含量和糖酸比增加，有机酸含量降低。

水仙为阳生植物，光照对水养漳州水仙花的品质有极显著的影响。室外自然光照水养法的花葶数最多、花苞总数最多、花径最大、花期最长；室内光照水养法花葶最长、花苞总数最少、花径最小、花期最短；人工光照水养法的花葶质量和花期介于两者之间。白天提供平均光照强度为 29430 lx 的媚娘香石竹，植株侧芽数、侧芽长度及粗壮程度、植株粗壮程度、抗倒伏能力均高于白天平均光照强度为 15170 lx 和 7820 lx 的香石竹。种植在光照充足环境中的香石竹和菊花，切花采后瓶插寿命比光照不足环境下的要长。低光照条件下种植的月季，着色不良，花茎易徒长，不健壮充实，导致切花采后易出现折断和弯颈，缩短瓶插寿命。花卉同一种类不同品种，对光照强度的需求也会不同。催花后期采用不同光照强度对 3 种观赏凤梨的观赏品质进行对比试验，结果表明，丹尼斯凤梨在上市前 4 周，以平均 10000 lx 光照强度处理的效果最佳，植株高、花序长、冠径大、花色红、品质最好；而巨富星凤梨以平均 12000 lx、可利剑凤梨以平均 8000 lx 的光照强度处理效果最佳。

但是，光照过强对于园艺植物的生长发育、品质形成及产品耐贮性也有危害。番茄、茄子、青椒、西瓜、甜瓜、南瓜等在炎热的夏天受强烈日照后，会产生日灼病，不能进行贮藏；元帅、秦冠、富士、红玉等苹果品种受强日照后易患水心病等。柑橘树冠上部外围的果实，多表现为果皮粗厚，橘瓣汁液少，贮藏中枯水病发生早而且严重。特别是在干旱季节或年份，光照过强对园艺产品造成的危害将更为严重。

在光质中，蓝光对叶片厚度、叶面积，以及 N、P 含量增长有利，有矮化作用，还可促进花青苷的形成而有利于着色。蓝紫光和紫外光促进植物花青苷等色素合成，有利于产品着色。红光增强碳代谢，有利于同化产物积累。红橙光被叶绿素吸收最多，促进干物质积累和块根、叶球、鳞茎等形成。但红光抑制苯丙氨酸解氨酶（PAL）的活性和黄酮合成，因而不利于着色。黄光促进新梢生长发育，抑制细胞内花青苷合成而不利于产品着色。光照充足，昼夜温差大，是花青苷形成的最重要的环境因素。陕西渭北地区和甘肃天水地区的元帅、富士等品系的苹果红色浓艳，品质极佳，与当地良好的光照、温度条件密切相关。

此外，紫外光还有利于水果、蔬菜维生素 C 的合成，提高产品品质。例如，温室栽培的黄瓜和番茄果实因缺少紫外光，果实维生素 C 的含量往往没有露地栽培的高。

1.2.3 水分

水分包括土壤水分和空气湿度，直接影响园艺植物的生存和生长发育，从而影响产品的抗性、营养品质和贮藏特性。自然降雨是露地栽培园艺植物获得水分的主要来源，而温室栽培的园艺植物必须通过人工灌溉满足其对水分的需求。在园艺植物生产中，干旱或者水分过多常常是制约生产的重要因素。土壤水分缺乏时，园艺产品的正常生长发育受阻，表现为个体小，着色不良，品质不佳，成熟期提前，容易产生生理病害。例如，生长在干旱年份的苹果容易发生苦痘病，大白菜容易发生烧心病，萝卜容易出现糠心等。苹果、葡萄、石榴、大枣、柑橘、番茄等水果和果菜类植物，降雨不均衡或久旱骤雨，会造成果实大量裂果和落果。

降雨或浇水过多，土壤通气不良，易造成叶片失绿及植株萎蔫。在产品成熟期水分过多，则组织含水量高，结构疏松，内含物质含量低，采后易失水或腐烂，不耐贮藏。在多雨年份，除水生蔬菜和花卉外，大多数种类园艺植物的产品质量和贮藏性降低，贮藏中易发生多种生理病害和寄生病害。例如，生长在潮湿地区或多雨年份的苹果，果实可溶性固形物和维生素 C 含量较低，贮藏中易发生虎皮病、苦痘病、轮纹病和炭疽病等病害。柑橘生长期雨水过多，果实成熟后着色不好，表皮细胞中精油含量减少，果汁中糖和酸含量降低。此外，高湿有利于真菌的生长，容易引起产品腐烂。马铃薯采前遇雨，土壤中水分多时，块茎迅速膨大、其上的皮孔扩张破裂，故表皮特别粗糙，不但降低商品质量，而且不耐长期贮藏，采后腐烂增加。洋葱、大蒜等鳞茎类蔬菜，成熟前后由于降雨而长时间处于潮湿的土壤中，容易使外层膜脂质化鳞片腐烂而增加病害侵染。

在阳光充足又有适宜水量的年份或地区，生产的园艺植物产品着色好，品质佳，耐贮运。在树莓的整个生育期内，当土壤水分控制在田间持水量的50%～60%时，树莓果实品质最佳。梨枣果实膨大期与开花座果期是影响果实品质与经济效益的关键需水时期，适当灌溉可以明显改善果实的风味品质与营养品质，并显著提高梨枣树的果实单果重与产量，但灌水过多，品质下降。研究结果表明，任何时段水分亏缺均会降低温室青茄的耗水量，温室青茄果实大小、座果数以及最终产量均随水分亏缺程度的增大而减小。自然光及遮阴30%条件下，随着土壤含水率增加，辣椒叶、茎干物质量增加，而根干物质量则呈下降趋势，辣椒果实果长、果径及单果质量增加，但土壤含水率超过田间持水率70%～85%时，果实生长呈下降趋势。

切花生长期间，若水分条件失衡，会直接影响切花的质量，缺水会使花朵变小，切花易于衰老；水分过量，会使切花易于感病和不耐贮藏。研究表明，水分胁迫降低了东方百合索邦叶片的净光合速率，影响百合干物质的积累；合理的灌溉才能保证百合在生长过程中得到充足的水分，以此确保切花百合的品质。

近年来，国内在草莓、樱桃番茄和番茄上的研究表明，亏缺灌溉能够明显改进果实的品质，提高果实内糖、有机酸、维生素C等可溶性固形物的含量以及干物质含量。开花期如土壤水分过多会提前授粉及衰败，因此观花类植物花期应适当少浇水以延长花期。天彭牡丹抗旱能力较强，研究表明，随着花期干旱胁迫强度的增加和时间的延长，其花期变长，但花朵大小逐渐变小。因此，适度的干旱有利于天彭牡丹延长花期、保持鲜艳的花色，提高观赏价值。

1.2.4　土壤

土壤的理化性状、营养状况、地下水位等直接影响到园艺植物的生长发育、组织结构，进而影响到园艺植物产品的营养品质和耐贮性。不同种类的园艺植物对土壤的要求不同，但大多数种类适合于生长在土质疏松、酸碱适中、养分充足、湿度适宜的壤土中。

沙土，质地较粗，通气性和透水性好，但保肥和保水力差，土壤昼夜温差大，在其中种植的园艺植物，早期生长快，外观美丽，但根部老化快，植株易早衰，抗病、耐寒、耐热性都较弱，产品品质差，味淡，不耐贮。壤土，质地均匀，物理性能好，通气排水良好，能保水保肥，土温较稳定，种植的产品品质和耐贮性都好。黏土，质地黏重，结构致密，保水保肥力强，但通气性和透水性差，土壤昼夜温差小，其中种植的植株生长迟缓，形小不美观，但植株根部不易老化，产品成熟迟，耐病、耐寒、耐热性强，产品品质好，味浓，耐贮藏。例如，种植在轻沙土壤中的西瓜，果皮坚韧，耐贮运能力强。在排水和通气不良的黏性土壤中栽培的萝卜，贮藏中失水较快。莴苣与萝卜相反，在沙质土壤中栽培的失水快，而在黏质土壤中栽培的失水较慢。苹果适合种植在质地硫松、通气良好、富含有机质的中性到酸性壤土中，在沙土中栽植的苹果容易发生苦痘病。黏重土壤中种植的香蕉，风味和品质比沙质土壤中种植的好，而且耐贮藏。研究表明，龙眼葡萄单粒重与0～60 cm土层内细砂粒含量呈显著正相关关系，与物理性黏粒（小于0.01 mm）含量呈显著负相关关系；可溶性固形物与细粉粒含量呈显著负相关关系，与物理性黏粒含量呈显著或极显著负相关关系；固酸比与粗砂粒含量呈显著或极显著正相关关系。优质葡萄采样区土壤质地在0～60 cm土层内均为轻壤土，品质差的葡萄采样区土壤质地在0～60 cm土层内均为重壤土或中壤土。

多数花卉喜排水良好、富含有机质、土层深厚的壤土。非洲菊、菊花以沙质壤土为佳。球根花卉对土壤要求严格，一般以下层沙砾土、表层沙壤土为理想，但水仙、风信子、郁金香、百合、石蒜、马蹄莲等则以黏壤土为宜。

1.2.5 地理条件

园艺植物栽培的纬度、地形、地势、海拔等地理条件与其生长发育的温度、光照强度、降雨量、空气湿度是密切相关的，地理条件通过影响园艺植物的生长发育条件而对园艺产品的品质和贮藏性能产生影响。山地或高原地区，海拔高、日照强，特别是紫外线强，昼夜温差大，有利于花青苷的形成和糖分的积累，产品中的色素、糖、酸、维生素C、蛋白质等都比平原地区有明显增高，表面保护组织也较发达，所以果实的色泽、风味和耐贮性都好。

苹果属于温带水果，在我国长江以北广泛栽培，多数中、晚熟品种较耐贮藏，但因生长纬度、海拔的不同，果实的耐贮性也有差别。生长在河南、山东一带的苹果，不如生长在陕西、辽宁、山西、甘肃的苹果耐贮性强。同一品种的苹果，在高纬度地区生长的比在低纬度地区生长的耐贮性要好。山地果园的脐橙具有果皮光滑，外观好，果汁率高的特点，但含酸量也高，并且海拔越高，果实越酸，耐贮性越好。如随着海拔升高(500～900 m)，朋娜脐橙全糖下降，可滴定酸和维生素C含量增加，果实在常温下可贮藏90～120天。由于柑橘果实含酸量与海拔呈极显著的正相关关系，而海拔对果实含糖量和可溶性固形物含量的影响不显著，因此海拔与果实糖酸比和固酸比呈极显著的负相关关系。一般认为，山地建脐橙园的海拔以不超过600 m为宜，否则，果实的含酸量偏高，影响品质。研究表明，产于700 m海拔地区的猕猴桃果实，果皮木栓组织（5～7个细胞层）普遍厚于100 m海拔地区1～2个细胞层（4～5个细胞层），而且栓内层细胞的排列较低海拔地区的整齐紧密。高海拔地区的猕猴桃果实在相同贮藏条件下比低海拔地区的果实耐贮2～3个月。

同样，生长在山地或高原地区的蔬菜内含物质丰富，着色好，品质好，耐贮藏。例如，生长在高海拔地区的番茄比生长在低海拔地区的品质好，耐贮性强。在高海拔地区生长的甘蓝，其维生素C含量和过氧化氢酶活性（CAT）都增高，有利于贮藏。

随海拔的上升（40～1200 m），东方百合和麝香百合各品种的花期延长，色泽度增加，花枝长度逐步下降，花蕾数也有不同程度的增加，鳞茎淀粉含量增加。其中，在海拔为800 m左右的地区生长的东方百合商品性状表现最好，麝香百合可选择海拔为400～800 m的地区种植。

1.2.6 人工环境

广义的人工环境（artificial environment）包括人工种植的园艺植物的生长环境和野生园艺植物群落的一些人为控制、防治措施等。人为的环境污染、干扰和资源破坏，也是人工环境的一个方面。狭义的人工环境是指人工控制下的园艺植物生长环境，如山、林、路的综合治理，地形改造、土壤改良以及各种设施栽培（如温室大棚栽培、地膜覆盖、生草覆盖、果实套袋）等。大部分研究发现，果园生草可使果树根系下扎，提高果树蒸腾效率和光合速率，延长光合作用时间，有助于提高树体的碳素营养水平，果树长势强，枝长而粗，叶大而厚，果大型正，单果质量、产量及品质等方面都有所提高。地膜覆盖能提高果实固形物与固酸比，地膜覆盖在果实成熟期间起到保护树体，避免土壤受过多降水引起的土壤肥料渗漏，以及降低干旱季节土壤表面的水分蒸发、预防土壤板结等作用，从而保证肥水供应，促进果实品质的形成，对提高果实贮藏性能有一定效果。

果实套袋不仅可防病、防虫，保持果面光洁度，减少农药施用，而且能提高果实的耐贮性。采前套袋处理的梨枣，在贮藏期果实多聚半乳糖醛酸酶（PG）活性和过氧化物酶（POD）活性显著低于不套袋果实，并维持较高的果肉硬度和较低的果实腐烂率，延缓了果实的衰老，增强了果实的抗病性，有利于枣果保鲜。

园艺植物的生存、生长发育、组织形态建成、品质形成是受温度、光照、水分、土壤、地理条件、人工环境等因素的综合影响。因此，园艺植物产品贮运特性是生态因素综合作用的结果。生态因素对甜樱桃果实品质有显著影响，其中气象因素对甜樱桃果实品质综合影响程度为果实可滴定酸＞可溶性固形物＞单果重；土壤各因素和海拔对果实品质综合影响程度为果实单果重＞可溶性固形物＞果实可滴定酸。适度遮阴和降低土壤含水率利于辣椒果实品质提高，遮阴 30%、土壤相对含水率 55%～70%为结果期辣椒较优遮阴和土壤水分组合。对于矮脚黄和绿星两个不结球白菜品种，在较强和中等强度光照下，基质含水量为最大持水量的 80%时，植株生长及品质较好，而在较弱光照下则以 60%基质含水量植株生长及品质较好。番茄生长发育期如气温超过 30℃，随光照强度增加净光合速率降低，叶绿素含量随着光照强度的增加而有所降低，果实品质降低。西北地区早春茬温室番茄适宜的平均温光条件分别是 26.6℃和 395 μmol/（m^2·s）。

1.3 农业技术因素

栽培管理中的农业技术因素如施肥、灌溉、病虫害防治、整形修剪、疏花疏果、植物生长调节处理等对园艺植物的生长发育、质量状况及贮藏性有显著影响。其中许多措施与生态因素的影响有相似之处，两者常常表现为联合、互补或者相克的关系。只有适宜的生态条件与良好的农业技术措施配合，才能达到园艺产品丰产、优质、耐贮藏的目的。

1.3.1 施肥

施肥对园艺植物的品质和耐贮性有很大影响。在园艺植物生长发育中除适量地施用氮肥外，还应注意增施有机肥和复合肥，特别应适当增施磷、钾、钙肥和硼、锰、锌肥等。

氮是园艺植物生长发育最重要的营养元素，是获得高产的必要条件。氮对园艺产品品质的影响，不仅取决于其绝对含量的多少，还取决于其他矿质元素的配比平衡关系。氮肥施入量过多，会导致营养生长旺盛，组织内矿物质营养平衡失调，产品着色差，质地疏松，呼吸强度增大，成熟衰老加快，对产品的质量及贮藏性产生一定程度的消极影响。例如，番茄施氮肥过多，会降低果实干物质和维生素C的含量；过量地施用氮肥将缩短切花瓶插寿命，增加病害感染的可能性，尤其会引发灰霉病。苹果氮肥施入过量时，果实的含糖量低而风味不佳，果面着色差而易发生虎皮病，肉质疏松而较快地粉质化，氮钙比增大而易发生水心病、苦痘病等生理性病害。

磷是植物体内能量代谢的主要物质，对细胞膜结构具有重要作用。低磷果实的呼吸强度高，冷藏时组织易发生低温崩溃，果肉褐变严重，腐烂病发生率高。适当增施磷肥，可提高果实含糖量，促进着色。磷酸二氢钾与尿素配合喷施可有效改善食用百合兰州百合植株的生长性状，茎秆粗壮，提高鳞茎产量。

适量施用钾肥，不仅能使果实增产，还能促进园艺产品着色和提高芳香气味，并对营养品质和贮藏性产生积极影响。例如，钾能促进花青苷的形成，增强果实组织的致密性和含酸量，增大细胞的持水力，部分抵消高氮产生的消极影响。切花缺钾对采后新鲜度有很大的影响。但是，过多地施用钾肥，会降低植株对钙的吸收率，导致组织中矿质营养的平衡失调，使缺钙性生理病害和某些真菌性病害发生的可能性增大，如苹果容易发生苦痘病和果心褐变，钾含量与苦痘病的发生呈正相关关系。切花生产中，在花蕾显色之前一般要少施或停施氮肥，同时适量施用钾肥，可以增加花枝的耐折性和同化物质的输送能力，延长切花瓶插寿命。钾肥种类中，含硫肥料能够促进东方百合——索邦的生长发育，提高品质，具有一定的抗病能力；含氯化肥不适合百合生长发育。施用钾肥能够增加小南瓜叶片的叶绿素含量，提高叶片光合速率；使茎秆粗壮，明显提高小南瓜的产量，延长小南瓜采收后的贮藏时间，提高贮藏品质。

采前钙处理，可提高产品硬度和结合态钙含量，降低膜透性，有效地抑制产品衰老过程中细胞壁和细胞膜解体，延长产品的贮藏期。同时，减轻贮藏期的生理病害。这在猕猴桃、樱桃、芒果、桃、香梨、葡萄等许多果树上得到了证实。采前1周喷施0.25%的$CaCl_2$溶液不仅对提高木洞杨梅果实品质有明显效果，而且钙处理降低了贮藏期间果实的腐烂率和损失率，减缓果肉营养成分的变化，抑制了果实膜透性和丙二醛（MDA）含量的增加，从而延缓果实成熟衰老进程，提高木洞杨梅果实的耐贮藏性。丰香草莓在二茬果果实增大期，喷施一定浓度（10 g/L和15 g/L）的醋酸钙溶液，可显著地抑制草莓贮藏中果实果胶甲脂酶（PME）、多聚半乳糖醛酸酶（PG）、纤维素酶（CE）、多酚氧化酶（PPO）和过氧化物酶（POD）的活性，从而延长贮藏寿命。幼果期至采收前喷施

3次离子钙、螯合钙和纳米钙，能均有效抑制冬枣贮藏期间果实的褐变、硬度的变化以及维生素的消耗。此外，采前21天喷施4%的$CaCl_2$溶液可以延长芍药切花的瓶插寿命2天。

有机肥料和矿物质的含量、种类、配合比例、施肥时间等对果树、蔬菜、花卉的产量、质量和贮藏性都有显著的影响。只有合理施肥，才能提高产品品质，增加耐贮性和抗病性。例如，猕猴桃生产中，采用氮肥+磷肥+农家肥相结合的施肥方式可显著延长猕猴桃果实贮藏期（后熟期），并可显著提高猕猴桃果实的食用和营养品质。在龙眼假种皮发育期间，树冠分别喷施0.3%的KH_2PO_4+1%的$CaCl_2$和0.3%的KH_2PO_4+0.2%的H_3BO_3溶液，可显著增大成熟龙眼果实，提高果实鲜重，增加果实的可食率、果肉可溶性固形物和糖含量，并促进果实组织对Ca、B的吸收积累，显著提高果实组织K含量，降低贮藏期间果实失重率，提高好果率，减缓果肉营养成分含量的下降。采前15天喷施1.5%的$Ca(NO_3)_2$+0.3%的KH_2PO_4溶液，能够抑制贮藏期间红灯甜樱桃果实多聚半乳糖醛酸酶（PG）和过氧化物酶（POD）的活性，减缓膜质过氧化物（MDA）在细胞中的积累，延缓在贮藏期间品质劣变速度，有效提高甜樱桃果实的品质和耐贮性能。

不同的切花种类，生长发育对矿质营养的需求量和平衡比例有不同的要求。通常观花和观果类切花应增加磷、钾的比例以及硼和锌等微量元素的施用，而观叶切花可适当增加氮的施用量。

1.3.2 灌溉

灌溉与降雨下雪一样，能够增加土壤的含水量。土壤水分的供给对果树、蔬菜、花卉的生长、发育、品质及耐贮性有重要的影响。园艺产品在生长发育期中雨水不足时灌溉是必需的，但灌溉应适当，尤其是产品收获前如果大量灌水，虽有增加产量的效果，但收获后园艺产品的含水量高，干物质含量低，易遭受机械损伤而引起腐烂，呼吸代谢强度大，蒸腾失水速度快，对园艺产品的质量和贮藏性产生极为不利的影响。洋葱在生长期如果过分灌溉会在贮藏期间加重颈腐、黑腐、基腐和细菌性腐烂病的发生。大白菜、洋葱、油菜采前1周不要浇水，否则耐贮性下降。温州蜜柑、葡萄采前1周灌水，果实采后腐烂率高，耐贮性降低。

土壤中水分供应不足，园艺产品的生长发育受阻，产量减少，质量降低。例如，桃在整个生长过程中，只要采收前几周缺水，果实就难长大，果肉坚韧呈橡皮质，产量低，品质差。但是，如果灌水太多又会延长果实的生长期，果实着色差，风味淡，采后容易腐烂。在干旱缺雨的的年份或轻质土壤中栽培的萝卜，贮藏中容易糠心，而在黏质土中栽培的以及在水分充足年份或地区生长的萝卜，糠心较少、出现糠心的时间也较晚。大白菜蹲苗期，土壤干旱缺水，易发生干烧心病。花卉的水分管理是切花采前栽培管理的内容之一。花期土壤中水分过量或水分不足均会引起植株的生理压力，最终缩短切花的瓶插寿命。可见，只有适时合理的灌溉，才能既保证园艺产品的质量，又有利于提高其贮藏保鲜性能。

1.3.3 修剪、疏花疏果

适当的整枝、修剪可以调节园艺植物营养生长和生殖生长的平衡，减轻或克服生产中的大小年现象，增加树冠透光面积和结果部位，使产品在生长期间获得足够的营养，从而影响产品的营养品质和贮藏品质，因此，整枝和修剪可间接地影响产品的耐贮性。有研究表明，与传统的短枝修剪技术相比，经过长枝修剪后的 NJC19 黄桃树体叶面积增大，净光合速率提高；徒长枝比例降低，优质果枝率增加；一年生枝条的可溶性糖和淀粉含量均提高，树体营养状况得到改善；果实的可溶性固形物含量和可滴定酸含量均得到提高，果实着色更加均匀。宋凯等（2010）研究报道，重剪、轻剪均明显改善了红富士树冠内部光照条件，降低果实可滴定酸的含量，提高果皮花青苷含量、果实单果重、硬度和可溶性固形物含量。从产量和品质两方面分析，认为轻剪是目前苹果密植园改造比较理想的方式。宋军阳等（2001）进行了切花月季——红衣主教不同部位和不同粗度的修剪试验，综合分析认为，在枝条的七叶中部修剪，新发枝条的开花天数较短，花枝长度和粗度最大，是最佳修剪部位。同时，只有在直径大于 5.85 mm 以上的枝条上施剪，才能形成符合质量标准的切花。在番茄、茄子、西瓜等蔬菜生产中，也要定期进行去蔓、打杈，及时摘除多余的侧芽，其目的也是协调营养生长和生殖生长的平衡，以期获得优质耐贮的蔬菜产品。

对于多年生木本果树和花卉来说，如果冬季修剪过重，来年营养生长旺盛，树冠透光性能差，果实或花卉着色不好，含钙少，产品在贮藏中易发生生理病害。对于草本和木本花卉而言，生长季节的摘心次数过多过晚，则会导致营养生长过旺不利于花芽分化，也会延迟花期。因此，只有根据树龄、树势、产量、肥水条件等因素进行合理的修剪，才能确保园艺植物高产、稳产、优质、耐贮。

疏花疏果是许多种果树、蔬菜、花卉生产中采用的技术措施，目的是保证叶、果的适当比例，使叶片光合作用制造的养分能够满足果实或花蕾正常生长发育的需要，从而使果实或花朵具有一定的大小和优良的品质。疏花措施应尽量早进行，以减少植株体内营养物质的消耗。疏果措施一般应在果实细胞分裂高峰期之前进行，这样可增加果实中的细胞数。疏果较晚，只能使果实细胞膨大有所增加；疏果过晚，对果实大小影响不明显。疏花疏果影响到细胞的数量与大小，也就决定着果实体积的大小，在一定程度上也就影响到果实的品质及贮藏性。不论何种园艺产品，只要掌握好疏花疏果的时间和疏除量，最终对产量、质量以及贮藏性都会产生积极的影响。研究表明，对苹果进行适当的疏花疏果，可以提高果实含糖量，不仅有利于花青素的形成，同时也会减少虎皮病的发生，使耐贮性增强。吴万兴等（2004）报道，田中枇杷疏花后可有效减少养分消耗，使座果率提高 10.2%；枇杷疏果以每穗留 3～5 个果为宜，疏果后可使平均单果重和商品果率提高，锈斑果率、日灼果率和裂果率降低，同时可提高枇杷果实的可食率、可溶性固形物含量、总糖含量和糖酸比，有效改善果实品质、口感风味、色泽和贮藏性能。

1.3.4 病虫害防治

在果树、蔬菜、花卉栽培中，病虫害不仅会造成产品产量降低，而且对园艺产品的外观品质、营养品质和贮藏品质也有不良影响，因此，田间病虫害防治是保证园艺植物优质高产的重要措施之一。许多病害在田间侵染，采后条件适宜时表现症状或扩大发展，贮藏中，产品抗病能力下降，造成腐烂。贮藏前，有明显症状的产品容易被挑选出来，但症状不明显或者发生内部病变的产品却往往被人们忽视，它们在贮藏中发病、扩散，从而造成损失。例如，苹果、香蕉、西瓜和甜瓜等多种园艺产品贮运期间发生的炭疽病，病原菌一般是在生长期间潜伏浸染，当果实成熟时才在田间或者采后在贮运、销售过程中陆续发病。如果在病原菌侵染阶段（花期或果实发育期）喷洒对炭疽病原菌有效的杀菌剂，就可以预防潜伏侵染，并可减少附着在产品表面的孢子数量，降低采后的发病率。葡萄在采前每周喷一次波尔多液，可减少果实遭受田间病害的侵染。茄子和辣椒采前喷波尔多液，可减少病原菌在采摘中侵染造成的损失。虫害对园艺产品造成的影响是多方面的，虫伤会降低产品外观品质，昆虫蛀食及其排泄物影响食用，同时，蛀食伤口为病原菌的侵染打开了通道。可见，田间喷药既能控制害虫对园艺产品造成的直接影响，也可减少腐烂病害的发生。但长期使用化学杀菌剂不但会导致病原菌产生抗药性，而且会增加药物残留量，并对环境造成污染。因此，寻找安全有效的方法来代替化学杀菌剂控制病害已成为当前生产中亟待解决的问题。

化学诱导剂及其代谢产物能改变植物与病原菌的相互作用，使植物具有不亲和互作的表现型，能诱导植物产生至少对一种或部分病原菌的抗性，具有非专化性、系统性和无公害等特点，同时具有稳定病原菌群体的作用，现已成为植物病害防治的重要手段并得到广泛应用。2，2，2-三氟乙基苯并［1，2，3］噻二唑-7-甲酸酯（TBTC）、苯并噻二唑（BTH）、水杨酸（SA）、β-氨基丁酸（BABA）、草酸（OAA）等可诱导黄瓜幼苗对霜霉病产生抗性。苯并噻二唑、水杨酸、草酸、硅酸钠均能显著诱导甜瓜对白粉病的抗性。采前喷施水杨酸、柠檬酸、草酸、苹果酸等有机酸，可提高果实抗氧化能力，从而减缓采后鸭梨果心褐变、荔枝果皮褐变、苹果梨黑皮病的发生。张帆等（2010）报道，采前 6 天和 3 天喷施两次水杨酸，可提高采摘时树莓果实花青素、总酚和总黄酮的含量，以及总抗氧化能力、羟自由基和 DPPH 自由基清除能力，而显著降低过氧化氢含量。同时，水杨酸处理可提高树莓果实采后贮藏期间的过氧化氢、总黄酮含量和清除 DPPH 自由基的能力，降低花青素和总酚含量，以及总抗氧化能力和清除羟自由基能力。采前壳寡糖处理在延缓果蔬贮藏过程中水分、营养成分的损失，增加好果率、降低腐烂率以及改善果蔬风味方面具有比较明显的作用。邓丽莉等（2009）报道，脐橙第二次生理落果后喷施 3 次 1.5%的壳寡糖溶液，可以提高果实采收时的单果重，降低烂果率和落果率，对采后贮藏中果实失重率、硬度、可溶性蛋白、可溶性固形物和可滴定酸等贮藏品质具有显著的影响。

新型乙烯竞争性抑制剂——1-甲基环丙烯（1-MCP）已在许多研究中被发现能够明显抑制乙烯的合成及其作用的发挥，延缓由乙烯诱导的切花采后衰老进程。近年来，在果树、蔬菜上也有使用。例如，采前 8 天喷施 1-甲基环丙烯（1-MCP）溶液对果实着色影响较小，可以有效地防治泰山早霞苹果采后绵化，明显抑制货架期果实硬度下降，延缓乙烯的释放，延缓可滴定酸和可溶性固形物的升高。西兰花采前 5 天和 2 天喷洒和浇灌 400 μl/L 的 1-MCP 水溶液能减少其采后失重，降低可溶性固形物和糖的损失，抑制叶绿素和维生素 C 的降解，降低细胞膜相对透性和过氧化物酶（POD）的活性，可有效地延缓衰老和延长贮藏时间。

1.3.5 植物生长调节剂处理

植物生长调节剂的广泛应用对园艺产品采后质量和商品性有重要影响，也是增强园艺产品耐贮性的辅助措施之一。植物生长调节剂有的具有抑制和延缓植物成熟衰老功能，有的则促进成熟衰老。在园艺植物生长季节里喷施植物生长调节剂，应用得当不但能达到促进生长的目的，还能对采后贮藏产生良好效果；反之，则会对生长和贮藏都产生不利影响。因此，在使用植物生长调节剂时，一定要注意使用时间和使用浓度。

1. 生长素

生长素与园艺产品的衰老、糖分积累、酶活性等生理作用密切相关，如吲哚乙酸（IAA）、萘乙酸（NAA）和 2，4-二氯苯氧乙酸（2，4-D）等物质可促进果蔬的生长，防止落花、落果，同时也促进果蔬的成熟。采前 7～10 天喷施 10～20 mg/L 的萘乙酸溶液或 5～20 mg/L 的 2，4-二氯苯氧乙酸溶液，可以防止苹果、葡萄、枣和柑橘采前落果。例如，红星苹果采前 1 个月喷洒 20～40 mg/L 的萘乙酸溶液，能有效地控制采前落果，而且促进果实着色，但果实后熟衰老快而不利于贮藏。大白菜收获前 3～5 天喷洒 50 mg/L的 2，4-二氯苯氧乙酸溶液，可以有效防止贮运期间脱帮。萝卜播种后 25～30 天和 35～40 天，各喷 1 次 10 mg/L 的萘乙酸溶液，以防止生长期糠心；采前 10 天左右再喷 1 次，可减少萝卜贮藏期糠心。番茄、茄子的植株喷洒 2，4-二氯苯氧乙酸溶液，可防止早期落花落果，促进果实膨大，形成少籽或无籽果实，但番茄的成熟期提早了 10 天左右。花椰菜采前喷洒 100～500 mg/L 的 2，4-二氯苯氧乙酸溶液，可以减少贮藏中保护叶的脱落。

2. 赤霉素、细胞分裂素

赤霉素促进细胞的伸长，具有促进园艺植物生长和抑制成熟衰老的作用。袁平成等（2006）报道，在麝香百合采收期前 24 h 喷施 120 mg/L 的赤霉素（GA_3），切花贮藏时间比对照延长了近 13 天。马培恰等（2008）研究表明，采前 30 天和 20 天分别对贡柑树冠喷施 20 mg/L 的溶液和 20 mg/L 的 GA_3＋0.5％的 $CaCl_2$ 溶液均能显著降低贮藏期果实的腐烂率、果皮细胞膜透性及膜脂过氧化作用产物丙二醛（MDA）的积累，延缓果实蔗糖、有机酸及维生素 C 的降解，从而抑制贡柑果实的衰老。用 20～40 mg/L 的 GA_3 溶液浸蒜薹基部，可以防止苔苞膨大，延缓衰老。细胞分裂素可促进细胞分裂，诱导细胞膨大，促进园艺植物生长和抑制成熟衰老。用 6-苄氨基腺嘌呤（6-BA）处理甘蓝、花椰菜、芹菜、莴苣、菠菜、萝卜等都能有效地保持采收后的新鲜状态，对提高品质和商品价值十分有利。结球莴苣采前喷洒 10 mg/L 的 6-BA 溶液，采后在常温下贮藏，可明显延缓叶片变黄。

3. 乙烯

由于乙烯本身是气体，难以直接使用，在实际应用中多用能释放乙烯的乙烯利(2-氯乙基膦酸，Ethrel)。乙烯利几乎对所有的跃变型果实都有催熟作用。苹果在采前1～4周喷洒 200～250 μL/L 的乙烯利，可以使果实的呼吸高峰提前出现，促进成熟和着色。经乙烯利处理的早熟苹果，其风味和芳香更浓郁。经乙烯利处理的柑橘果实，除加速叶绿素降解外，还可以促进类胡萝卜素积累，增强呼吸，并诱导果蒂离层形成和内源乙烯的生成，但不能改善果实内在品质。乙烯利用于香蕉催熟和柿子脱涩等方面也有显著效果，但是用乙烯利处理过的香蕉和柿子果实不能进行中长期贮藏。苹果洋葱收获前 14 天叶部喷施 200 mg/kg 的乙烯利溶液，贮藏期间鳞茎发芽率降低 20.00%。

4. 其他

青鲜素（马来酰肼，MH）也具有延缓生长的作用。青鲜素对防止马铃薯、洋葱、大蒜在贮藏期发芽十分有效。据报道，洋葱在收获前 10～15 天，用 1500 μL/L 的青鲜素溶液处理，可明显延长采后的休眠期，贮藏 6 个月后腐烂率仅为 13%，发芽率仅为 15%。大蒜鳞茎在采前 2～3 周用 2500 μL/L 的青鲜素溶液喷洒叶面，可使鳞茎贮藏 8 个月不发芽。苹果洋葱收获前 14 天叶部喷施 1200 μL/L 的青鲜素溶液，贮藏期间鳞茎发芽率降低 14.08%。多效唑（对氯丁唑，PP333）是一种抑制赤霉素合成的植物生长抑制剂，除能抑制营养生长外，对花芽形成和座果率提高均有促进作用，它还具有杀菌作用。苹果、梨采前用多效唑喷洒，果实着色好，硬度大，减少了贮藏过程中某些生理病害(如虎皮病和苦痘病等）的发生。

猕猴桃花后 10～15d，用 5～20 mg/L 的吡效隆（CPPU）药液浸幼果 1 次，果实增重明显，药剂处理的绿果率、畸形果率明显高于对照，经药剂高浓度（20 mg/L）处理过的果实对贮藏性能有一定影响，但中、低浓度影响不明显。烯效唑（S3307）能抑制水仙的营养生长，使株高矮化，叶片挺拔，防止倒伏，使初花期延后，花期延长，花朵直径增大，明显提高水仙的观赏价值。100～500 mg/L 的矮壮素（2-氯乙基三甲基氯化铵，CCC）加 1 mg/L 的赤霉素在花期处理花穗，可提高葡萄座果率，增加果实含糖量，减少裂果。

【复习思考题】

1. 影响园艺产品贮藏性能的采前因素有哪些？各类采前因素是如何影响园艺产品采后贮藏寿命的？

2. 为什么说园艺产品采前因素是提高园艺产品质量、搞好园艺产品采后贮藏保鲜的关键？

3. 如何应用本章所学内容指导园艺产品贮藏生产实践？

第 2 章　园艺产品采后生理

【内容提要】　主要阐述园艺产品采后生理的相关概念、基本理论以及生理变化的相关过程。系统地解释了园艺产品采后呼吸速率、蒸腾作用、成熟与衰老过程、乙烯生物合成等因素与园艺产品贮藏保鲜的相关性，以延长园艺产品采后贮藏保鲜期，提高园艺产品的商品性，减少采后园艺产品贮运的损失。

【学习目标】　掌握园艺产品采后生理的相关概念；理解园艺产品采后生理的相关基本理论；学习和了解园艺产品采后生理变化的相关过程；了解园艺产品采后贮藏保鲜的相关技术。

【主要概念及关键词】　呼吸作用　蒸腾作用　衰老　后熟　呼吸强度　细胞色素氧化酶　抗坏血酸氧化酶　酚氧化酶　跃变型果实　非跃变型果实

2.1　园艺产品采后呼吸生理

植物各种生命活动所需要的能量都来自呼吸作用，呼吸是生活细胞的共同特征，也是采后园艺产品生命的基本特征，呼吸停止，也意味着生命的终止。园艺产品采收后，仍是一个生命有机体，具有较高的营养价值和商品价值，呼吸是采后园艺产品生命的保证，为生命的正常代谢提供能量，但它也是影响采后园艺产品营养价值和商品价值的重要因素，因为在呼吸代谢过程中需消耗产品自身的营养物质，随着营养物质的不断消耗，其商品价值也逐渐丢失。呼吸伴随着生命代谢活动的整个过程，它与采后园艺产品的品质变化、成熟衰老进程、贮藏寿命、生理性病害等都有着密切关系。它制约与影响其他生理生化过程。

2.1.1　呼吸作用及呼吸生理的相关概念

1. 呼吸作用

呼吸作用（respiration）是指在酶的参与下，生活细胞内的有机物逐渐氧化分解成为简单的物质，并释放出二氧化碳（CO_2）和能量的过程。采收后的园艺产品具有生理活动的重要标志是进行呼吸作用。呼吸作用是其采收后最主要的代谢过程，它制约与影响其他生理生化过程。

呼吸作用根据呼吸过程中是否有氧气（O_2）的参与，将其分为有氧呼吸（aerobic

respiration）和无氧呼吸（anaerobic respiration）两种类型。园艺产品在采后贮藏过程中，通过有氧呼吸维持其正常的生命代谢活动，在进行无氧呼吸时，则会产生一些酒精等不利产物，影响产品贮藏品质。

有氧呼吸是指在 O_2 参与下，生活细胞内的某些有机物质被彻底氧化分解，形成 CO_2 和 H_2O，并释放能量的过程。例如，以葡萄糖作为呼吸底物为例，可以用下式表示：

$$C_6H_{12}O_6+6O_2 \longrightarrow 6H_2O+6CO_2+\Delta G'$$

其中，$\Delta G'$是指 pH 为 7 时的标准自由能的变化，$\Delta G'=-2870$ kJ/mol。

园艺产品采后贮藏过程中，随着有氧呼吸的进行，一部分能量以热的形式释放到环境中，贮藏环境的温度不断提高，对采后园艺产品的贮藏品质有一定的影响，在贮藏过程中要多加注意。

无氧呼吸是指在无氧条件下，生活细胞内的某些有机物分解成为不彻底的氧化产物，并释放能量的过程。例如，以葡萄糖作为呼吸底物为例，可以用下式表示：

$$C_6H_{12}O_6 \longrightarrow 2C_2H_5OH+2CO_2+24\ \text{kcal}$$

$$C_6H_{12}O_6 \longrightarrow 2CH_3CHOHCOOH+18\ \text{kcal}$$

采后园艺产品贮藏过程中，如苹果、木瓜、香蕉等进行无氧呼吸会产生酒精，散发出一股酒味，对园艺产品起到毒害作用，影响产品的贮藏品质和贮藏时间，故在利用各种保鲜技术时，要特别注意无氧呼吸的产生。

2. 呼吸强度

呼吸强度即呼吸速率（respiratory rate），是常用的代表呼吸强弱的生理指标，以单位时间单位质量的植物组织 O_2 的消耗量和 CO_2 的释放量表示。采后园艺产品的贮藏寿命与呼吸强度成反比，呼吸强度越大，表明呼吸代谢越旺盛，营养物质消耗越快。呼吸强度大的园艺产品，成熟衰老较快，贮藏寿命也较短，而呼吸强度又受到温度因素的影响。例如，苹果分别贮藏在 2.5℃、10℃、22.5℃的条件下，呼吸高峰时的呼吸强度在高温条件下是低温下的 6.4 倍，是 10℃时的 3.6 倍，贮藏寿命比低温处理短 4.1 倍，比 10℃时短 1.4 倍。不同的园艺产品在不同温度下的呼吸强度可参考表 2-1。

采后园艺产品常用的呼吸强度测定方法有氧电极测氧装置测定 O_2 吸收量、红外线 CO_2 分析仪测定 CO_2 释放量、广口瓶法（小篮子法）、气流法、微量呼吸检压法等。

红外线 CO_2 分析仪法：红外线 CO_2 分析仪是专门测定 CO_2 浓度的仪器。其基本原理是把红外线 CO_2 分析仪与样品室连接，样品室中放入待测的样品，把样品室中的气体用气泵输入红外线 CO_2 分析仪，样品室中的 CO_2 浓度就能被红外线 CO_2 分析仪测定和记录。因此，用红外线 CO_2 分析仪测定流经样品前后气流中 CO_2 浓度差可计算叶片的 CO_2 释放量，再测定放入样品室中的叶片的质量或面积便可计算出该样品的呼吸速率。

氧电极法：氧电极测氧仪是专门测定 O_2 浓度的仪器，其基本原理是用银丝或银片为参比电极（阳极），用铂丝或铂片为阴极，外表用一层透氧的薄膜覆盖，溶液中的氧可透过薄膜进入电极在铂阴极上还原，同时在极间产生扩散电流，电流强弱与溶解氧的浓度成正比。把氧电极与反应杯连接，反应杯溶液中放入组织或细胞，氧电极测氧仪就能测定组织或细胞因呼吸作用引起溶液中氧含量的减少值，由此来计算呼吸耗氧速率。

微量呼吸检压法（瓦氏呼吸计法）：其基本原理是在一密闭的、定温定容的系统中进行样品气体变化的测定。当气体被吸收时，反应瓶中气体分子减少，压力降低；反之，产生气体时，压力上升，此压力的变化可在测压计上表现出来，由此可计算出产生 CO_2 或吸收 O_2 的量。

广口瓶法（小篮子法）：在密闭容器中植物材料呼吸放出的 CO_2 被容器中的碱性溶液（如 $Ba(OH)_2$）所吸收，而后用标准的草酸溶液滴定剩余碱液，可计算出呼吸过程中 CO_2 的释放量。

表 2-1　不同温度下园艺产品的呼吸强度　　单位：$mgCO_2/(kg \cdot h)$

产品 \ 呼吸强度 \ 温度	0℃	4~5℃	10℃	15~16℃	20~21℃	25~27℃
夏苹果	3~6	5~11	14~20	18~31	20~41	—
秋苹果	2~4	5~7	7~10	9~20	15~25	—
杏	5~6	6~9	11~19	21~34	29~52	—
香蕉（青）	—	—	—	21~23	33~35	—
成熟香蕉	—	—	21~39	25~75	33~142	50~245
草莓	12~18	16~23	49~95	71~62	102~196	169~211
甘蓝	4~6	9~12	17~19	20~32	28~49	49~63
花椰菜	16~19	19~22	32~36	43~49	75~86	84~140
柠檬	—	—	11	10~23	19~25	20~28
橘子	2~5	4~7	6~9	13~24	22~34	25~40
黄瓜	—	—	23~29	24~33	14~48	19~55
芒果	—	10~22	—	45	75~151	120
甜椒	—	10	14	23	44	55
绿熟番茄	—	5~8	12~18	16~28	28~41	35~51
成熟番茄	—	—	13~16	24~29	24~44	30~52

3. 呼吸商

呼吸商（respiratory quotient）是指植物组织在一定时间内放出 CO_2 的量与吸收 O_2 的量的比值。通常，植物组织的呼吸底物是碳水化合物、脂肪、蛋白质及有机酸等，呼吸底物种类不同，呼吸商也不同。当以葡萄糖作为呼吸底物时，呼吸商为 1；以柠檬酸为呼吸底物时，呼吸商为 1.33；以苹果酸为呼吸底物时，呼吸商为 2.3；以棕榈酸作为呼吸底物时，呼吸商小于 1。

4. 呼吸热

呼吸热（respiratory heat）是指在呼吸作用的过程中以热量的形式释放出的一部分能量。在冷库贮藏采后园艺产品时，需要注意这部分热量，并将其计入制冷量里，以取得更好的贮藏保鲜效果。不同种类的园艺产品，最适贮藏温度不同，释放的呼吸热不同，在贮藏过程中需多加注意。

5. 呼吸高峰

呼吸跃变型（respiration climacteric）园艺产品采后成熟衰老的进程中，在产品进入完熟期或衰老期时，其呼吸强度骤然升高，随后趋于下降，呈明显的峰型变化，这个峰即为呼吸高峰（kespiratory peak）。同时，这也代表着园艺产品进入衰老期，因此，在对采后呼吸跃变型园艺产品贮藏保鲜时应尽量延迟呼吸高峰出现的时间，以延长贮藏保鲜时间，取得较好的贮藏保鲜效果。常见的呼吸跃变型园艺产品（图2-1）有苹果、梨、杏、李、柿、桃、荔枝、番木瓜、无花果、芒果、番茄、甜瓜、西瓜、香石竹、满天星、香豌豆、月季、唐菖蒲、风铃草、金鱼草、蝴蝶兰、紫罗兰等。非呼吸跃变型（non-respiration climacteric）园艺产品（图2-2）有柠檬、柑橘、葡萄、菠萝、草莓、黄瓜、菊花、芦笋（石刁柏）、千日红等。但后一类产品在一定条件下（如用乙烯处理）也可能出现呼吸跃变现象。

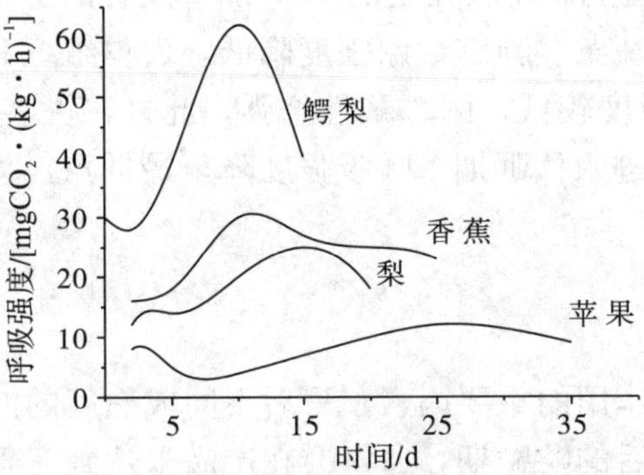

图2-1　呼吸跃变型果实呼吸强度曲线

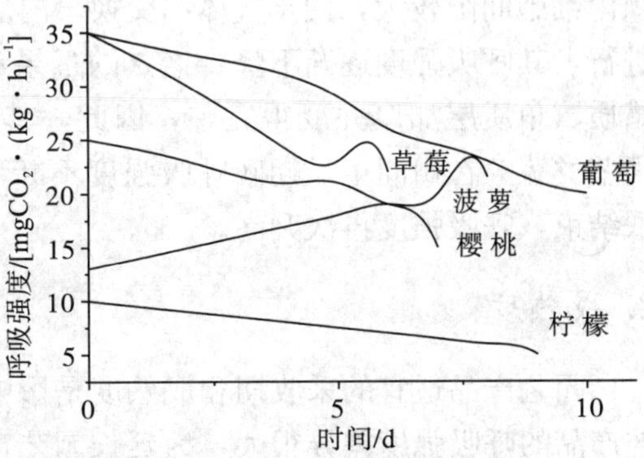

图2-2　非呼吸跃变型果实呼吸强度曲线

6. 呼吸温度系数

呼吸温度系数（respiratory temperature coefficient）是指在环境温度每提高10℃时，采后园艺产品所增加的呼吸强度。不同种类、品种的园艺产品，其呼吸温度系数不同，如在0～10℃时，草莓（哈瓦多17）的呼吸温度系数为3.45，而桃（加尔曼）的为3.05，柠檬（尤力克）的为3.95。同一园艺产品，在不同温度范围内，呼吸温度系数也不相同，如桃（阿尔巴特）在0～10℃和11～21℃时，呼吸温度系数分别为4.10、3.15，葡萄柚（佛罗里达实生种）分别为3.35和2.00。

2.1.2　呼吸作用的影响因素

园艺产品采后的呼吸作用，除受自身的品种、种类、代谢、发育特性、成熟度等内部因素影响外，还受到外界因素如温度、湿度、环境气体及其他因素的影响，而外界因素的影响仍是通过内部生理代谢的变化产生作用的。

1. 种类、品种因素

不同种类和品种的园艺产品，其代谢类型、生育特性、生理状况和呼吸强度均有很大的差异。一般而言，凡是生长快的植物呼吸强度就高，生长慢的植物呼吸强度就低。例如，细菌和真菌繁殖较快，其呼吸强度高于高等植物，在高等植物中，小麦、蚕豆的呼吸强度又比仙人掌高得多。通常喜温植物（玉米、柑橘等）的呼吸强度高于耐寒植物（小麦、苹果等），草本植的呼吸强度物高于木本植物。高温季节采收的产品的呼吸强度比低温季节采收的高。就种类而言，浆果的呼吸强度较高，柑橘类和仁果类果实的较低；蔬菜中叶菜类的呼吸强度最高，果菜类次之，作为贮藏器官的根和块茎蔬菜（如马铃薯、胡萝卜等）的呼吸强度相对最低，也较耐贮藏。花卉中，月季、香石竹、菊花的呼吸强度依次降低，贮藏寿命依次增大。同一器官的不同部位，其呼吸强度也不同，如蕉柑的果皮和果肉的呼吸强度差异较大。这主要是由其遗传特性所决定的。

在园艺产品个体发育的整个过程中，在幼龄时期，其呼吸强度最高，这是因为其正处于生长最旺盛的阶段，各种代谢活动均十分活跃，且表皮保护组织尚未发育完全，组织内细胞间隙较大，便于气体的交换，内层组织也能获得较充足的 O_2，随着发育的不断进行，其呼吸强度逐渐下降。老熟的瓜果和其他蔬菜，新陈代谢强度降低，表皮组织和蜡质、角质层加厚并变得完整，因此，其呼吸强度较低，耐贮藏性增强。此外，块茎、鳞茎类蔬菜在田间生长期间呼吸强度不断下降，进入休眠期，呼吸强度降至最低点，休眠结束，呼吸强度再次升高。

2. 成熟度

园艺产品适宜的采收期和成熟度是影响呼吸作用的重要因素。采后不同成熟度的园艺产品的呼吸强度差异很大，为延长园艺产品采后的贮藏期，通常会在产品未达到完熟时期前进行采收，以延长园艺产品的贮藏保鲜时间。不同成熟度的瓜果，呼吸强度差异很大，以青果食用的瓜果，呼吸强度高，贮藏时间长，成熟食用的瓜果，呼吸强度低，贮藏时间短，如梨在青色时采收，其呼吸强度高，贮藏时间长，而在黄色时采收，其呼吸强度低，贮藏时间短。一般而言，跃变型果实的贮藏性与成熟度关系极为密切，如番茄、香蕉、菠萝、苹果、梨、甜瓜、西瓜等果实，充分成熟时已处于呼吸跃变后期，进入衰老阶段，这时已不耐贮藏。因此，贮藏或长途运输的这类果实应在成熟阶段完成以前的适当时候采收。而非跃变型果实对成熟度的要求相对不严格，如柑橘、葡萄、冬瓜、南瓜等果实，可在老熟时采收，此时在生理上尚未进入明显的衰老阶段，在较高成熟度时，保护组织发达，有利于贮藏。

3. 温度

园艺产品采后呼吸强度越低，物质消耗也就越慢，贮藏寿命便越长。因此，贮藏园艺产品的普遍措施，就是尽可能维持较低的温度，将其呼吸作用抑制到最低限度。

温度是影响采后园艺产品呼吸作用的主要环境因素。温度的变化与园艺产品呼吸作用有一定的关系，一般每升高 10℃呼吸强度就增加 1 倍，当贮藏温度在 0～35℃范围内时，随着贮藏温度的不断升高，酶活性逐渐增强，呼吸强度也会逐渐增强。当贮藏温度高于 35℃时，呼吸强度在短时间内可能会急剧增加，但很快呼吸强度就会急剧下降，这是因为一方面温度过高导致酶的钝化或失活，另一方面过高温度条件下，在小环境内 O_2 的供应量不能满足组织对 O_2 消耗的需求，且 CO_2 的过度积累抑制了呼吸作用的进行，导致呼吸强度的急剧下降。适宜的低温，可以显著降低产品的呼吸强度，并推迟呼吸跃变型园艺产品呼吸跃变高峰的出现，甚至不表现呼吸跃变。但温度过低时，也不利于园艺产品的贮藏保鲜，因为当温度低于适宜的园艺产品的贮藏温度时，会造成产品的低温伤害和冷害。因此，在一定温度范围内，呼吸强度与温度呈正相关关系。

4. 湿度

湿度是影响呼吸作用的又一重要因素。但与温度相比，湿度对呼吸的影响较为次要，由于不同种类的园艺产品对湿度的反应不同，因此无法得出两者之间的确切关系，但湿度对呼吸强度仍具有一定的影响。采后园艺产品贮藏环境的相对湿度对其失水有重要作用，贮藏环境相对湿度高，园艺产品失水较轻，相对湿度低，失水较重，这都会影响到产品内部的酶的活性及其他代谢活动，从而影响到园艺产品的呼吸强度。一般来说，园艺产品采收后经轻微干燥后比湿润条件下更有利于降低呼吸强度，这种现象在温度较高时表现得更为明显。例如，大白菜、菠菜等采后稍微晾晒，使产品轻微失水，有利于降低呼吸强度。柑橘类果实，较湿润的环境条件对其呼吸作用有所促进，过湿的条件由于果肉部分生理活动旺盛，果汁很快消失，此时果肉的水分和其他成分向果皮转移，果实的外表表现为较饱满、鲜艳、有光泽，但果肉干缩，风味淡薄，食用品质较差，形成所谓“浮皮”果实，严重者可引起枯水病。

此外，湿度过低对香蕉的呼吸作用和完熟也有影响。呼吸跃变型果实香蕉在相对湿度低于80%时，果实无呼吸跃变现象，不能正常后熟；相对湿度大于90%时，呼吸作用表现为正常的跃变模式，果实正常后熟（图2-3）（Haard等，1969）。

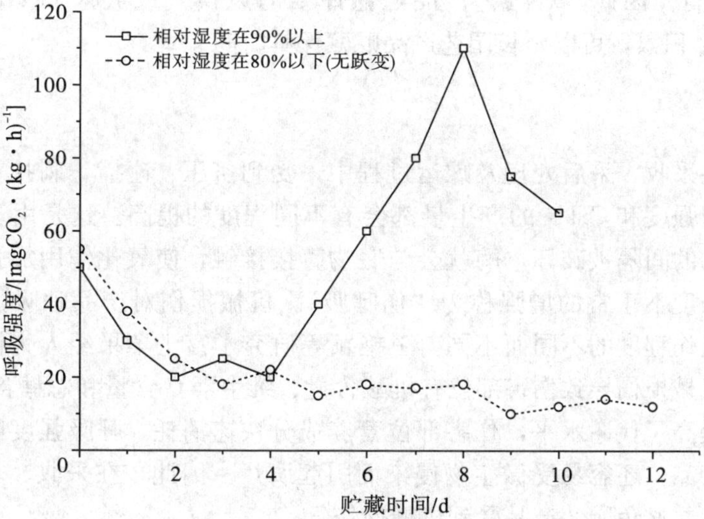

图2-3　相对湿度对香蕉果实后熟进程中呼吸作用的影响

注：温度为24℃。

5. 环境气体成分

正常的空气中，O_2 约占 20.9%，CO_2 约占 0.03%，从呼吸作用的总反应式可知，环境 O_2 和 CO_2 浓度的变化，对呼吸作用有直接的影响。在不干扰组织正常呼吸代谢的前提下，适当降低贮藏环境 O_2 浓度或适当增加 CO_2 浓度，可有效地降低呼吸强度和延缓呼吸跃变的出现，减少呼吸消耗，并且可抑制乙烯的生物合成，延长园艺产品的贮藏寿命，更好地维持产品的品质，这也是气调贮藏的基本原理和理论依据。

环境中 O_2 和 CO_2 浓度的变化，对呼吸作用有直接的影响。O_2 是进行有氧呼吸的必要条件，当 O_2 浓度降到 20%以下时，植物的呼吸强度便开始下降，当浓度低于 10%时，无氧呼吸就开始出现并逐步增强，有氧呼吸迅速下降。当 O_2 浓度降至 5%左右时，无氧呼吸也将停止，一般把无氧呼吸停止进行时所对应的 O_2 含量点称为无氧呼吸消失点。在一定范围内，虽然降低 O_2 浓度可抑制呼吸作用，但 O_2 浓度过低，无氧呼吸会增强，就会过多消耗体内养分，甚至产生酒精中毒和异味，缩短贮藏寿命。在 O_2 浓度较低的情况下，呼吸强度（有氧呼吸）随 O_2 浓度的增大而增强，但 O_2 浓度增至一定程度时，对呼吸就不会再有促进作用，一般把此时所对应的 O_2 浓度最高点称为氧饱和点。此外，提高 CO_2 浓度可抑制呼吸作用，但 CO_2 浓度过高，可导致某些园艺产品出现异味，如苹果、黄瓜的苦味，西红柿、蒜薹的异味等。

乙烯（C_2H_4）是一种成熟衰老植物激素，它可以增强呼吸强度。园艺产品采后贮运过程中，由于组织自身代谢可以释放 C_2H_4，并在贮运环境中积累，这对于一些 C_2H_4 敏感产品的呼吸强度有较大的影响。园艺产品在贮藏过程中不断产生 C_2H_4，并使贮藏场所的 C_2H_4 浓度增高，园艺产品在高 C_2H_4 浓度的环境中贮藏时，空气中的微量 C_2H_4 又能促进呼吸强度增强，从而加快产品的成熟和衰老。一般来说，0.1 g/L 是一个阈值，即果实内部气体中 C_2H_4 的浓度在 0.1 g/L 以上才显现出其的生理作用。果实的呼吸跃变与 C_2H_4 形成相平行。因此，对园艺产品贮藏库要通风换气或放入 C_2H_4 吸收剂，排除 C_2H_4，防止过量积累，可以延长园艺产品贮藏保鲜时间。

6. 机械损伤

园艺产品在采收、采后处理及贮运过程中，受到挤压、碰撞、刺扎、划伤等任何机械损伤后，呼吸强度和 C_2H_4 的产生量都会有不同程度的提高。这是由于组织受到机械损伤，酶与底物的间隔被破坏，酶就会与底物直接接触，使氧化作用加强。组织因受伤而引起的呼吸强度不正常的增强称为“伤呼吸”。机械损伤对产品呼吸强度的影响因种类、品种以及受伤程度的不同而不同。王艳颖等研究了富士苹果经人为机械损伤后的变化，结果表明机械损伤导致伤害部位有机酸含量、维生素 C 含量和总糖含量等迅速下降，说明受伤组织提高了代谢水平，伤害部位营养成分快速消耗，呼吸强度明显增强。受机械损伤的园艺产品，还容易受微生物侵染而引起腐烂。因此，在采收、分级、包装、运输和贮藏过程中要避免园艺产品受到机械损伤。

7. 化学物质

园艺产品在采收前后和贮藏期间进行各种化学药剂处理，如青鲜素（MH）、矮壮素（CCC）、6-苄氨基腺嘌呤（6-BA）、赤霉素（GA）、2，4-D、重氮化合物、脱氢醋酸钠、一氧化碳等，对呼吸强度都有不同程度的抑制作用，其中一些也可作为园艺产品保鲜剂的重要成分。

8. 其他因素

园艺产品在采收前后，还有许多因素会影响呼吸作用，如呼吸底物的含量、矿物质元素的含量、环境中病原菌的含量、人为因素等。

2.1.3 呼吸代谢的途径

高等植物中存在多条呼吸代谢途径，采后园艺产品是离体后的高等植物，因此，它也存在多条呼吸代谢途径。目前已有充分实验证明，植物的呼吸途径主要有糖酵解途径、三羧酸循环和戊糖磷酸途径等。高等植物的呼吸代谢途径是糖酵解及丙酮酸在缺氧条件下进行的酒精发酵和乳酸发酵，采后园艺产品一般只进行酒精发酵，而不进行乳酸发酵，其次是丙酮酸在有氧条件下进行降解的三羧酸循环和戊糖磷酸，还有脂肪酸氧化分解的乙醛酸循环和一条乙醇酸氧化（图 2-4）。它们在方向上、空间上、时间上相互连接、相互交错、相互交替，既分工又合作，构成不同代谢类型，执行不同的生理功能，相互调节，相互制约。

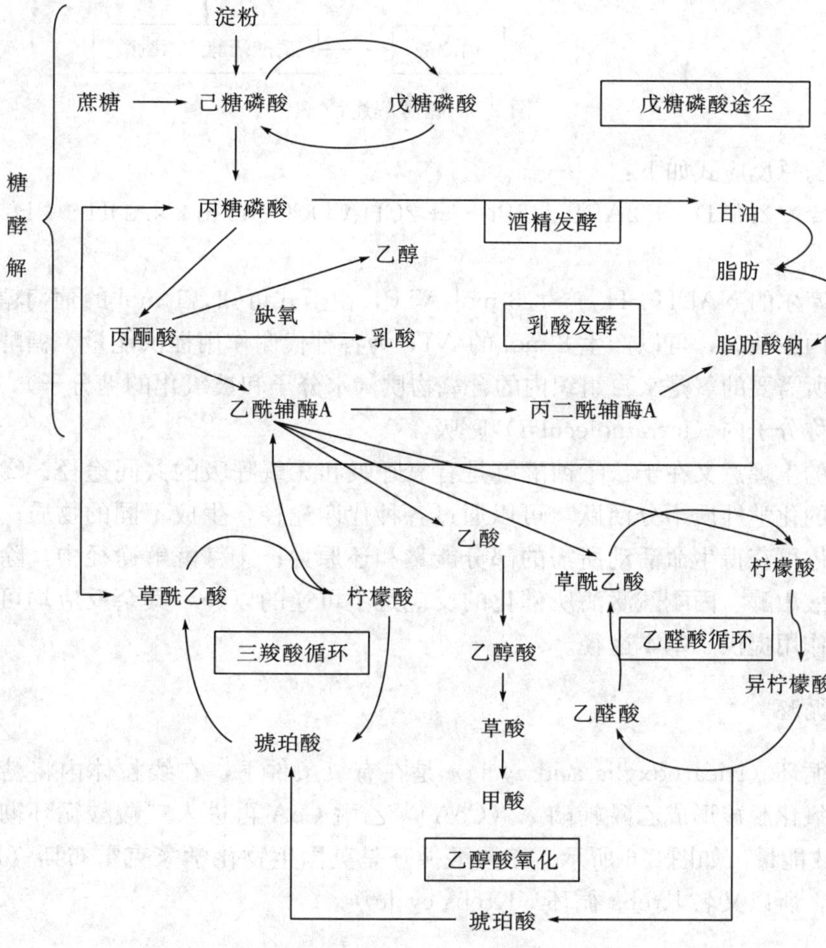

图 2-4 植物体内主要呼吸代谢途径相互关系示意图

1. 糖酵解

己糖在细胞质中分解成丙酮酸的过程称为糖酵解（glycolysis）。整个糖酵解化学过程于1940年得到阐明。为纪念在研究这一途径中有突出贡献的三位生物化学家：G. Embden，O. Meyerhof和J. K. Parnas，又把糖酵解途径称为Embden Meyerhof Parnas途径，简称EMP途径。糖酵解的化学过程包括己糖活化；1，6-二磷酸果糖裂解成两分子的三碳糖；3-磷酸甘油醛氧化脱氢形成磷酸甘油酸，再经脱水脱磷酸形成丙酮酸，并伴随ATP和NADH+H^+的生成，其反应程序简图如图2-5所示。

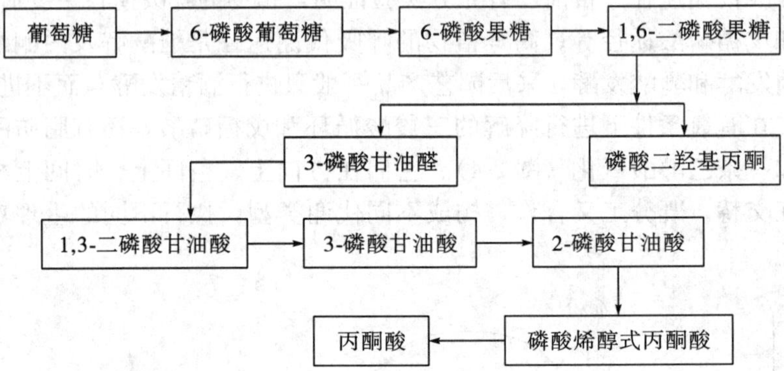

图2-5 糖酵解途径

糖酵解的总反应式如下：

$$C_6H_{12}O_6 + 2NAD^+ + 2ADP + 2Pi \longrightarrow 2CH_3COCOOH + 2NADH + 2H^+ + 2ATP + 2H_2O$$

由于每摩尔的NADH+H^+产生3 mol ATP，由上式可知，1 mol的葡萄糖，通过糖酵解氧化为丙酮酸时，可以产生8 mol的ATP为各种代谢作用提供能量。糖酵解中的糖的氧化分解所需要的氧是来自组织内的含氧物质（水分子和被氧化的糖分子），因此，糖酵解途径也称分子内（intramolecular）呼吸。

糖酵解的生理意义在于：①糖酵解是有氧呼吸和无氧呼吸的共同途径；②糖酵解的产物丙酮酸的化学性质十分活跃，可以通过各种代谢途径，生成不同的物质；③通过糖酵解，生物体可获得生命活动所需的部分能量和还原力；④糖酵解途径中，除由己糖激酶、果糖磷酸激酶、丙酮酸激酶所催化的反应是不可逆的以外，其余反应均可逆转，这就为糖异生作用提供了基本途径。

2. 三羧酸循环

三羧酸循环（tricarboxylic acid cycle）是在有氧条件下，在线粒体内将糖酵解的产物丙酮酸经氧化脱羧形成乙酰辅酶A（CoA），乙酰CoA再进入三羧酸循环彻底氧化成CO_2，并释放能量，如图2-6所示。三羧酸循环是英国生物化学家克雷布斯（H. Krebs）首先发现的，所以又名Krebs循环（Krebs cycle）。

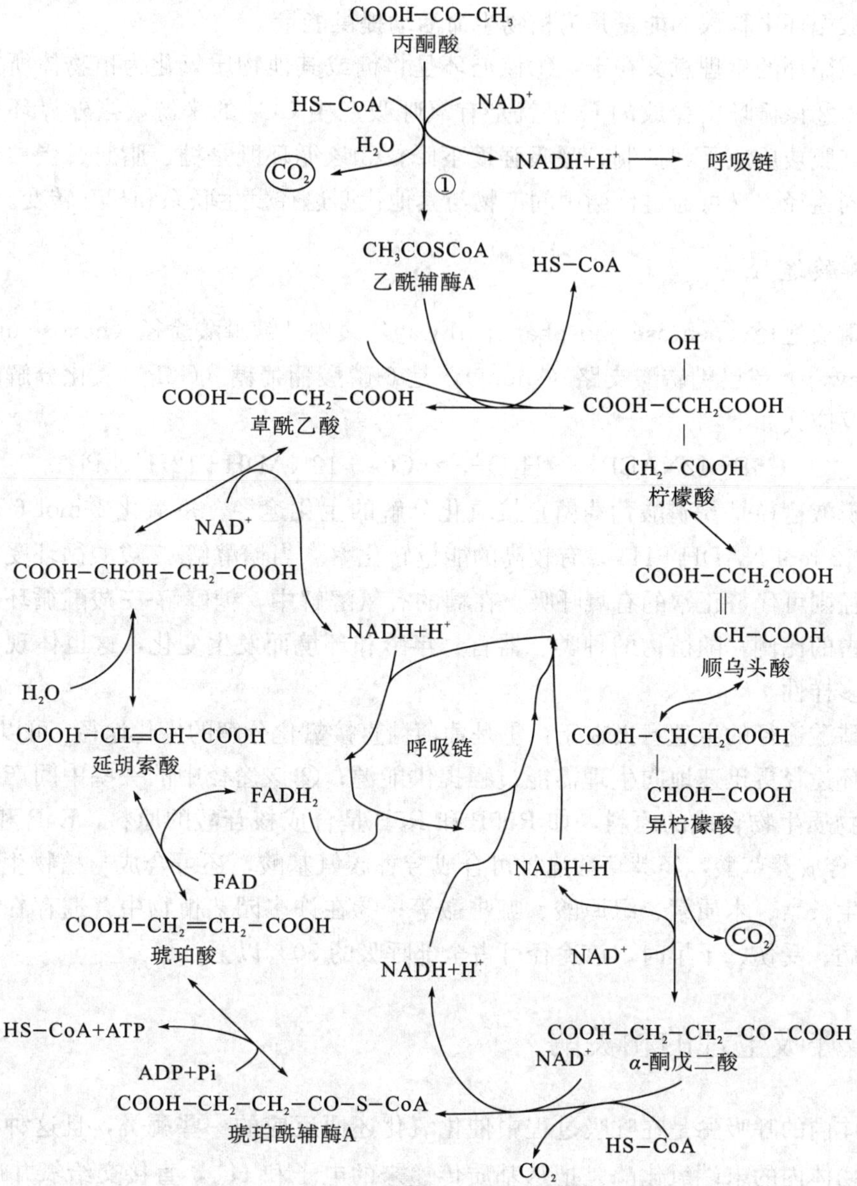

图 2-6　三羧酸循环

三羧酸循环是糖、脂肪和蛋白质三大类物质的共同氧化途径，是生物利用糖和其他物质氧化获得能量的主要途径。每氧化 1 mol 分子丙酮酸可得到 15 mol ATP，2 mol 的丙酮酸共得到 30 mol ATP，加上糖酵解途径得到的 8 mol ATP，因此每分解 1 mol 的葡萄糖总共可得到 38 mol ATP。完全氧化 1 mol 葡萄糖可以释放 2815.83 kJ 的热量，1 mol ATP 最少可以释放出 33.47 kJ 的热量，因此 38 mol ATP 最少可以将 1271.86 kJ 的能量储存起来，占总释放能量的 45.2%，其余的 1543.97 kJ 能量以热的形式释发出来，约占总释放能量的 54.8%，这部分热量称为呼吸热。总反应式可写成：

$$2CH_3COCOOH+8NAD^+\ 2ADP+2Pi+2UQ+4H_2O \longrightarrow 6CO_2+8NADH+8H^+ + 2ATP+2UQH_2$$

三羧酸循环中释放的能量是为植物生命活动提供能量。

三羧酸循环的生理意义在于：①该循环是将糖或其他物质氧化为植物体所需能量的有效途径；②该循环中释放的 CO_2 就是有氧呼吸产生 CO_2 的来源，当外界环境中 CO_2 浓度高时，脱羧反应受到抑制，呼吸强度下降；③该循环既是糖、脂肪、蛋白彻底氧化分解的共同途径，又可通过代谢中间产物与其他代谢途径发生联系和相互转变。

3. 戊糖磷酸途径

戊糖磷酸途径（pentose phosphate pathway）又称己糖磷酸途径（hexose monophosphate pathway）或己糖磷酸支路（shunt），是6-磷酸葡萄糖（G6P）氧化分解的一种方式。其总反应式如下：

$$G6P+12NADP^{+}+7H_2O \longrightarrow 6CO_2+12NADH+12H^{+}+Pi$$

戊糖磷酸途径是6-磷酸葡萄糖直接氧化分解的生化途径，每氧化1 mol 6-磷酸葡萄糖可产生12 mol $NADH+H^{+}$，有较高的能量转化率。当糖酵解-三羧酸循环受阻时，戊糖磷酸途径则可代替正常的有氧呼吸。在糖的有氧酵解中，糖酵解-三羧酸循环与戊糖磷酸途径所占的比例，随植物的种类、器官、年龄和环境而发生变化，这也体现了植物呼吸代谢的多样性。

戊糖磷酸途径的生理意义在于：①是葡萄糖直接氧化分解的生化途径，可以比EMP、三羧酸循环途径更迅速地向生理需能过程提供能源；②该途径中的一些中间产物是许多重要有机物质生物合成的原料，如Ru5P和R5P是合成核苷酸的原料，E4P和EMP中的PEP可合成莽草酸，经莽草酸途径可合成芳香族氨基酸，还可合成与植物生长、抗病性有关的生长素、木质素、绿原酸、咖啡酸等；③在许多园艺植物中普遍存在，特别是在植物感病、受伤、干旱时，该途径可占全部呼吸的50%以上。

2.1.4 呼吸生理的相关酶

植物体内的呼吸酶是在呼吸过程中催化氧化还原反应的一些酶类，且这种酶的种类繁多。植物体内的末端氧化酶是把从基质传递来的电子和 H^{+}，直接交给氧并产生 H_2O 或 H_2O_2。植物体内末端氧化酶的多样性和呼吸作用的多样性有密切关系，并具有适应意义。植物体内的末端氧化酶主要有细胞色素氧化酶（cytochrome oxidase）、抗坏血酸氧化酶（ascorbic acid oxidase）、酚氧化酶（phenol oxidase）等。园艺产品采后的贮藏保鲜过程中，因为这些酶和产品的呼吸作用及品质有密切关系，所以也成为园艺产品采后贮藏保鲜过程中所要考核的重要指标。

1. 细胞色素氧化酶

细胞色素氧化酶是植物体内最主要的末端氧化酶，承担细胞内约80%的耗氧量，该酶在植物组织中普遍存在，且在幼嫩组织中较为活跃，与氧的亲和力极高，易受氰化物、CO的抑制。

2. 抗坏血酸氧化酶

抗坏血酸氧化酶可以催化分子氧将抗坏血酸氧化并生成 H_2O，因此，它与呼吸作用有密切关系。抗坏血酸又叫做维生素 C，是采后园艺产品的重要的营养指标，因此，抗坏血酸氧化酶与产品的品质也有重要关系。抗坏血酸氧化酶定位于细胞质中，在植物中普遍存在，以蔬菜和果实中较多，它与氧的亲和力低，受氰化物抑制，但对 CO 不敏感。

3. 多酚氧化酶

多酚氧化酶（polyphenol oxidase）如儿茶酚氧化酶（catechol oxidase）均含铜，存在于质体和微体中，它可催化分子氧对多种酚的氧化，酚氧化后变成醌，并进一步聚合成棕褐色物质，这也是园艺产品采后在贮藏保鲜过程中产生褐变现象的原因。多酚氧化酶与植物的"愈伤反应"有密切关系。植物组织受伤后呼吸作用增强，这部分呼吸作用成为"伤呼吸"（wound respiration）。伤呼吸把伤口处释放的酚类氧化为醌类，而醌类往往是对微生物有毒的，这样就可避免感染，但对采后园艺产品的长时间贮藏保鲜却是不利的。当苹果或马铃薯被切伤后，伤口迅速变褐，就是多酚氧化酶的作用。在没受伤的组织细胞中，酚类大部分都在液泡中，与氧化酶类不在一处，所以酚类不被氧化。多酚氧化酶对氧的亲和力中等，易受氰化物和 CO 的抑制。

园艺产品采后贮藏保鲜过程中，为延长产品的贮藏寿命，需控制园艺产品的呼吸作用，而与呼吸相关的酶则显得十分重要，对呼吸相关酶有一定了解可以更好地调控采后园艺产品的呼吸作用，有效的延长园艺产品的贮藏寿命。

2.1.5　呼吸作用的生理意义

呼吸作用对采后园艺产品的生命活动具有十分重要的意义，主要表现在以下几个方面。

1. 为采后园艺产品生命活动提供能量

采后园艺产品仍是一个有机的生命体，其生命活动所需的能量都来源于呼吸作用。呼吸作用将有机物质生物氧化，使其中的化学能以 ATP 的形式储存起来。当 ATP 在 ATP 酶作用下分解时，便将储存的能量释放出来，以不断满足采后园艺产品体内各种生理过程对能量的需要，未被利用的能量就转变为热能散失掉。

2. 为采后园艺产品体内合成重要有机物质提供原料

呼吸作用在分解有机物质过程中产生许多中间产物，其中一些中间产物化学性质十分活跃，如丙酮酸、苹果酸等，它们是进一步合成产品体内新的有机物的物质基础。呼吸作用在园艺产品体内的碳、氮和脂肪等代谢活动中起着枢纽作用。

3. 在植物抗病免疫方面有着重要的作用

在植物和病原微生物相互作用时，植物依靠呼吸作用氧化分解病原微生物所分泌的毒素，以消除其毒害。受侵染的部位呼吸速率急剧升高，而植物通过旺盛的呼吸，促进伤口愈合，加速伤口的木质化和栓质化，以阻止病原微生物继续侵染。呼吸作用的加强还可促进具有杀菌作用的绿原酸、咖啡酸等的合成，以增强植物的免疫能力。

2.2 园艺产品采后失水和调控

新鲜的园艺产品组织中一般含有85%～95%的水分，而这些水分也是采后园艺产品各项生命活动的基础。水分对园艺产品起着重要的作用，细胞汁液充足，细胞膨压大，组织器官便呈现坚挺、饱满的状态，且具有光泽和弹性，表现出新鲜健壮的优良品质。如果园艺产品组织水分损失较严重，细胞膨压降低，组织萎蔫、疲软、皱缩、光泽消退，表观失去新鲜状态，产品的商品价值降低甚至消失。

园艺产品采收后失去母体和土壤供给的营养和水分补充，而其蒸腾作用却在继续进行，这也是采后园艺产品失水的重要原因。蒸腾失水通常不能得到补充，如贮藏环境不适宜，采后园艺产品蒸腾旺盛，不断失水，逐渐失去新鲜度，并产生一系列不良反应，影响园艺产品的贮藏保鲜寿命。由于采后园艺产品离开母体，得不到营养和水分的补充，是一个单项失水的过程，所以采后园艺产品的蒸腾作用也成为其生理上的一大特征。

2.2.1 蒸腾作用及失重的相关概念

植物体散失水分的方式一般有两种：一种是少量水分以液体状态通过吐水的方式散失到体外；另一种是蒸腾失水，主要是由于蒸腾作用所导致的组织水分以气体状态散失，它也是植物体主要的失水方式。

蒸腾作用（transpiration）是指植物体内的水分以气体状态，通过植物体的表面气孔，从体内散发到大气中的现象。与物理学的蒸发过程不同，蒸腾作用不仅受外界环境条件的影响，而且还受植物本身的调节和控制，因此它是一种复杂的生理过程。

蒸腾作用的方式也有两种：一种是通过角质层的蒸腾，称为角质蒸腾（cuticular transpiration）；另一种是通过气孔和皮孔蒸腾，称为自然孔道蒸腾。气孔是植物叶片表皮组织的小孔，也是植物进行体内外气体交换的重要门户，水蒸气、CO_2、O_2 共用气孔，气孔的开闭会影响植物的蒸腾、光合、呼吸等生理过程。幼嫩叶子的角质蒸腾可达总蒸腾量的1/3～1/2。一般植物成熟叶片的角质蒸腾，仅占总蒸腾量的3%～5%。植物长大后，茎枝形成木栓，这时茎枝上的皮孔可以蒸腾，为木本植物所特有。但是皮孔蒸腾量极小，约占0.1%。植物的蒸腾作用绝大部分是在叶片上进行的。因此，气孔蒸腾是园艺产品采后蒸腾作用的主要方式。蒸腾作用的强弱，根据园艺产品种类、品种有所不同，同时也受到环境温度等多种因素的影响。

失重（weight loss）又称自然损耗，是指贮藏器官的蒸腾失水和干物质损耗所造成的质量减少。干物质消耗是呼吸作用所导致的细胞内贮藏物质的消耗，而蒸腾失水是蒸腾作用所导致的组织水分散失，因此，贮藏器官的失重是由蒸腾作用和呼吸作用共同引起的，且失水是贮藏器官失重的主要原因。柑橘贮藏过程中的失重，3/4是由蒸腾作用所导致的，1/4是由呼吸作用所导致的。一般而言，当贮藏失重占贮藏器官总质量的5%时，就呈现出明显的萎蔫和皱缩现象，新鲜度下降。通常在温暖、干燥的环境中几小时，大部分果蔬都会出现萎蔫。有些果蔬虽然没有达到萎蔫的程度，但失水会影响其口感、脆度、硬度、颜色和风味，使营养物质含量降低，从而导致食用品质和商品价值大大降低。

蒸腾速率（transpiration rate）又称蒸腾率或蒸腾强度，是指植物在单位时间内、单位面积上通过蒸腾作用散失的水量。常用单位为g/（m^2·h）、mg/（dm^2·h）。大多数植物白天的蒸腾速率是15～250 mg/（dm^2·h），夜晚是1～20 mg/（dm^2·h）。常用的蒸腾速率的测定方法有植物离体部分的快速称量法、测量质量法、稳态气孔计法、蒸腾仪法及红外线分析仪测定法等。

蒸腾效率（transpiration ratio）是指植物每蒸腾1 kg水时所形成的干物质的克数，常用的单位为g/kg。一般植物的蒸腾效率为1～8 g/kg。

蒸腾系数（transpiration coefficient）又称需水量（water requiremrnt），是指植物每制造1 g干物质所消耗水分的克数，它是蒸腾效率的倒数。大多数园艺产品的蒸腾系数在125～1000，见表2-2。

表2-2 几种园艺产品的蒸腾系数 单位：kg/g

园艺产品	蒸腾系数	园艺产品	蒸腾系数
玉米	174～406	大豆	307～368
甘薯	248～264	马铃薯	167～659
油菜	277	甘蔗	125～350

2.2.2 蒸腾作用的影响因素

1. 自身因素

（1）种类、品种和表面组织结构

不同种类、品种的园艺产品，由于其气孔、皮孔和表皮层的结构、厚薄、数量等不同，蒸腾失水的速率也不同。采后园艺产品的水分蒸腾受其表面组织结构的影响，一般情况下，它是通过自然孔道蒸腾和角质层蒸腾两种方式进行的。自然孔道蒸腾是指通过气孔和皮孔的水分蒸腾，它是园艺产品水分蒸腾的主要途径，只有极少量水分是通过表皮直接扩散蒸腾。

角质层蒸腾与角质层的结构和化学成分有关。角质（cutin）由羟基脂肪酸聚合物组成，并含有少量的酚类物质。蜡质常附于角质层表面或埋在角质层内，由脂肪酸和相应的醇构成的酯或它们的混合物组成，其中还可能混有碳原子数相同的石蜡等物质。角质层本身不易让水通过，但角质层中间夹杂有吸水能力较强的果胶质，同时角质层还有细微的孔隙，可使水分自由透过。角质层蒸腾在蒸腾中所占的比重与角质层的厚薄有关，还与角质层中有无蜡质及其结构、厚薄有关。通常蜡的结构比蜡的厚度对防止失水更为重要。复杂的、重叠片层结构组成的蜡层，要比那些厚但是扁平且无结构的蜡层有更好的防透水性能，主要是由于水蒸气在那些复杂、重叠的蜡层中经过比较曲折的路径才能散发到空气中去。果品的角质层较厚，一般有 3～8 μm，果菜类多在幼嫩时采收，角质层伤未完全发育，一般为 1～3 μm。幼嫩器官表皮层尚未发育完全，主要成分为纤维素，容易透水，随着器官的成熟，角质层加厚，失水速度减慢。

自然孔道蒸腾是在表面进行的，气孔和皮孔是植物水分散失和气体交换的主要通道，气孔的自动启闭可以对此进行调节，它是一个自动反馈系统。通过植物气孔进行的水分蒸腾叫气孔蒸腾（stomatal transpiration）。气孔是植物叶片表皮组织的小孔，一般由成对的保卫细胞（guard cell）组成。保卫细胞四周环绕着表皮细胞，毗连的表皮细胞如在形态上和其他表皮细胞相同，就称之为邻近细胞（neighbouring cell），如有明显区别，则称之为副卫细胞（subsidiary cell）。保卫细胞与邻近细胞或副卫细胞构成气孔复合体。气孔面积很小，多分布在叶面上，主要由它周围的保卫细胞和薄壁细胞的含水程度来调节其开闭，一般叶片的气孔总面积不超过叶面积的 1%，但气孔蒸腾符合小孔扩散规律，因此气孔蒸腾量比同面积自由水面的蒸发量大几十倍。气孔频度、气孔大小、气孔下腔、气孔开度、气孔构造对气孔的蒸腾速率有影响。当气孔频度大时，有利于蒸腾的进行；当气孔孔径、下腔容积、开度大时，内部阻力小，叶内外蒸气压差大，故蒸腾较快；气孔下陷时，扩散层相对加厚，阻力大，蒸腾较慢。光和 CO_2 等环境因子对气孔的关闭也有影响。当温度过低或 CO_2 增多时，气孔不易开放，光照可刺激气孔开放，植物处于缺水条件时，气孔关闭。

通过植物皮孔进行的水分蒸腾叫皮孔蒸腾（lenticular transpiration）。皮孔多分布在茎和根上，不能自由开闭，而是经常开放。苹果、梨的表面也有皮孔，使内层组织的胞间隙直接与外界相通，从而有利于各种气体的交换。但是，皮孔蒸腾量极微，约占总蒸腾量的 0.1%。叶菜极易萎蔫主要是因为叶面上气孔多，保护组织差，成长的叶片中，90%的水分都是通过气孔蒸腾的。

（2）比表面积

比表面积一般是指单位质量的器官所具有的表面积，单位是 cm^2/g。植物蒸腾作用中的水分蒸发是物理过程，它是在植物表面进行的，比表面积越大，相同质量的园艺产品所具有的蒸腾面积就越大，失水就越多。不同园艺产品器官的比表面积差异较大，如叶片的比表面积要比其他器官大得多，因此叶菜类在贮运过程中更容易失水萎蔫，而贮藏器官（块根、地下茎、球根和成熟果实）比表面积较小，蒸腾较缓慢。此外，同一器官，个体越小，比表面积越大，蒸腾失水越重。

（3）机械损伤

园艺产品的机械损伤会加速产品的失水，导致萎缩、腐烂。当产品组织擦伤后，破坏了表面的保护层，使皮下组织曝露在空气中，因而更容易失水。园艺产品组织生长和发育早期，伤口处可形成木栓化细胞愈合伤口，但这种愈伤能力随着产品的成熟而减弱，因此，在园艺产品整个采收和采后过程中，操作时要尽量避免机械损伤。此外，表面组织在遭到虫害和病害时也会造成伤口，增加水分的损失。

（4）细胞的保水力

园艺产品细胞的保水力与细胞中可溶性物质及亲水性胶体的含量有关。原生质中亲水性强的胶体含量越多，可溶性物质含量越高，则细胞具有越高的渗透压，越有利于细胞的保水，阻止水分向外渗透到细胞壁和细胞间隙。洋葱的含水量一般比马铃薯高，但在相同的贮藏条件下失水反而比马铃薯少，这主要与其原生质胶体的保水力和表面保护层的性质有很大的关系。此外，园艺产品胞间隙的大小也是影响水分移动的重要因素，胞间隙小，水分移动时阻力大，移动速度慢，有利于细胞的保水。

2. 外在环境因素

（1）相对湿度

湿度分为绝对湿度和相对湿度。绝对湿度指水蒸气在空气中所占比例的百分数；相对湿度指的是空气中实际所含的水蒸气量（绝对湿度）与当时温度下空气所含饱和水蒸气量（饱和湿度）之比。园艺产品贮藏上，常用空气相对湿度（relative humidity，RH）来表示环境空气的干湿程度，其计算公式如下：

$$RH=\frac{A\text{（绝对湿度）}}{E\text{（饱和湿度）}}\times 100\%$$

园艺产品采后水分蒸发是以水蒸气的状态从产品体内移动到产品体外，水蒸气像其他气体一样，是从高浓度处向低浓度处移动。采后新鲜园艺产品组织内相对湿度在 99％以上，因此，当贮将其藏在一个相对湿度低于 99％的环境中时，水蒸气便会从组织内向贮藏环境移动。在相同的贮藏温度下，贮藏环境越干燥，即相对湿度越低，水蒸气的流动速度越快，组织的失水也越快。可见，园艺产品的蒸腾失水率与贮藏环境中的相对湿度呈显著的负相关关系。贮藏环境中的空气湿度还可以用水蒸气压表示，水蒸气压为单位体积中的水蒸气密度。在一定温度下，组织中蒸气压大于空气实际蒸气压时，水分便开始从植物体内蒸发。在相同的相对湿度条件下，蒸气压随温度的升高而增大。园艺产品含水量越高，组织内的蒸气压也就越大，其水分向环境扩散就越快。猕猴桃果实 0℃贮藏过程的环境相对湿度与失重的关系见表 2-3（McDonald，1990）。

表 2-3　猕猴桃果实 0℃贮藏过程的环境相对湿度与失重的关系

贮藏条件	环境相对湿度/％	失重 1％所需的时间
大帐气调	98～100	3～6 个月
Air-wash 冷藏	95	6 周
普通冷藏	70	1 周

（2）温度

温度与空气的饱和湿度成正比，即温度越高，空气的饱和湿度越大。当环境中的绝对湿度不变而温度升高时，空气的饱和蒸气压增大，可以容纳更多的水蒸气，这就必然导致产品更多地失水。相反，温度下降，饱和蒸气压减小，当饱和蒸气压等于绝对蒸气压时，即发生结露现象，此时产品上会出现凝结水。有研究表明，将果温为 21.1℃和果温降低至 0℃的甜橙置于 0℃的冷库中，假设冷库的相对湿度和甜橙组织内的相对湿度均为 100％，此时，果温为 21.1℃和果温降低至 0℃的甜橙的蒸气压差分别为1890.19 Pa（14.18 mmHg）和 305.26 Pa（2.29 mmHg），前者蒸腾失水远大于后者，这也是贮藏前进行预冷，降低采后园艺产品的温度，维持产品新鲜度的主要理论依据。温度高，水分子移动快，同时由于温度高，细胞液的黏度下降，使水分子所受的束缚力减小，因而水分子容易自由移动，这些都有利于水分的蒸发。

一般贮藏采后园艺产品的冷库中，空气湿度相对较高，库内温度波动很容易造成结露现象，这种现象又被称为“出汗”现象，是由于当空气温度下降至露点以下时，过多的水汽从空气中析出而在产品表面上凝结成水珠。比如，温度为1℃时，空气相对湿度为94.2%，温度降低为0℃时，空气湿度达饱和，0℃就是露点；温度继续下降至−1℃，则空气中就要析出水分，此时的相对湿度仍为100%。园艺产品贮藏过程中，有很多情况会产生结露现象，如当果蔬产品从冷库中直接被转移到温暖的地方，产品表面很快就会有水珠出现，这是由于外界高温空气接触到低温的产品表面时，产品周围空气的温度达到露点以下，空气中的水蒸气就在产品表面凝结成水滴，出现结露现象。又如，当农产品用塑料薄膜袋密封贮藏时，袋内因产品的呼吸和蒸腾，温度和湿度均较外界高，薄膜正好是冷热的交界面，从而使薄膜的内壁有水珠凝结。简易气调用薄膜帐封闭贮藏，帐内温、湿度均高于帐外，薄膜本身处于冷热的界面上，因此薄膜内侧总要凝结一些水珠。块茎、鳞茎、直根类蔬菜堆藏，由于呼吸等代谢活动仍进行，在通风散热不好时，堆内温、湿度均高于堆表面，此时堆内湿热空气运动至堆表面时，与冷面接触，温度下降，部分水气就在冷面上凝成水珠，也会出现结露现象。以上这些情况所产生的凝结水本身是微酸性的，附着或滴落到产品表面上，极有利于病原菌孢子的传播、萌发和侵染，会导致贮藏产品腐烂损失的增加。因此，在贮藏中，要尽可能防止结露现象的出现，主要原则是设法消除或尽量减小温差。

（3）光照

光照对采后园艺产品的蒸腾作用也有一定影响。首先，光照可引起气孔的开放，降低气孔阻力，从而增强蒸腾作用。其次，光照可以提高贮藏环境的温度和产品的体温，增加产品内外蒸气压差，加快蒸腾速率。

（4）风速

贮藏环境中的空气流速是影响采后园艺产品蒸腾、失重的主要原因之一。空气流速对相对湿度的影响主要是改变空气的绝对湿度，将潮湿的空气带走，换之以吸湿力强的空气，使产品始终处于一个相对湿度较低的环境中。在一定的时间内，空气流速越快，产品水分损失越大。

（5）其他因素

在园艺产品采后贮藏过程中，还有一些因素会直接或间接地影响到产品的蒸腾作用，如环境气压、环境中的微生物含量等。

2.2.3 蒸腾失水对采后园艺产品的影响

水是采后园艺产品的重要组成成分。它是原生质的主要组分，如果原生质失水过多，就会引起生物胶体的破坏，导致细胞死亡，即园艺产品生命的停止。有研究认为，组织过度缺水引起脱落酸含量的增加，刺激乙烯的合成，促进器官的衰老和脱落。水直接参与植物体内重要的代谢过程，它是各种生理生化反应的底物之一，它与光合作用、呼吸作用、有机物合成和分解有关，水分的缺失直接会影响到植物的代谢过程；水是许多生化反应和物质吸收、运输的良好介质，它控制这些反应的亲水性酶类，在植物体内的流动，把整个植物体联系起来，构成一个有机整体，因此，水分的缺失对整个有机体的正常运转有一定的影响；水能使采后园艺产品保持固有姿态，采后产品失水，就会引起产品的外观品质下降，引起产品的萎蔫，皱缩，使其丧失商品价值；据 A. H. Onaphh 的研究表明，甜菜的萎蔫程度为 7%、13%、17%、28%时，其腐烂率分别为 37.2%、55.2%、65.8%和 96%。水对采后园艺产品的体温也会起到一定的调节作用。采后园艺产品贮藏过程中，失水不仅会导致产品的外观品质下降，还会影响其内在营养品质及风味变化，因此，在采后贮藏过程中需采用各种保鲜技术，尽量减少水分的散失，以达到延长贮藏保鲜时间的目的。

2.2.4　蒸腾作用的生理意义

对于采后园艺产品来说，蒸腾作用主要有两个方面的生理意义：一方面蒸腾作用为采后园艺产品内部水分运转提供主要动力；另一方面蒸腾作用对采后园艺产品的体温有一定的调节作用。

2.3　园艺产品成熟与衰老生理

2.3.1　成熟及衰老的相关概念

成熟（maturation）与衰老（consenescence）是活的有机体生命过程中的两个阶段。关于成熟的概念，目前还没有统一的结论。供食用的园艺产品有些是成熟的产品，如各种水果和部分蔬菜，有些则是不成熟或幼嫩的产品，在此讨论的成熟是对前者而言。果实（fruit）是由子房或连同花的其他部分发育而成的。果实发育的过程，从开花受精后，完成细胞、组织、器官分化发育的最后阶段通常称为成熟或生理成熟，此时不一定是最佳食用阶段。当果实表现出特有的风味、香气、质地和色泽，达到最佳食用阶段，称为完熟（ripening）。成熟过程是发生在果实停止生长之后进行的一系列的生物化学变化。达到食用标准的完熟可以发生在植株上，也可以在采后，把果实采后呈现特有的色、香、味的成熟过程称为后熟（post-maturation）。

衰老是植物的器官或整个植株体在生命的最后阶段，组织细胞失去补偿和修复能力，胞间的物质局部崩溃，细胞彼此松离，细胞的物质间代谢和交换减少，膜脂破坏，膜的透性增加，最终导致细胞崩溃及整个细胞死亡的过程。衰老总是先于一个器官或个体的死亡，是植物生长发育的正常过程。食用的植物根、茎、叶、花及其变态器官没有成熟问题，但有组织衰老问题。

果实的成熟与衰老都是不可逆的变化过程。因此，有些生理学家很早就认为果实成熟是衰老的开始。生产上把植物组织最佳食用阶段以后的品质劣变或组织崩溃阶段称为衰老。

2.3.2 成熟及衰老的生理生化变化

1. 成熟衰老过程中的物质变化

(1) 碳水化合物

园艺产品中的碳水化合物主要包括葡萄糖、果糖、蔗糖、淀粉、纤维素及果胶物质。不同种类、不同品种的园艺产品，成熟时含糖的种类和数量也有所不同，如仁果类成熟时，果糖含量最高，葡萄糖和蔗糖次之；浆果类成熟时，葡萄糖和果糖含量最高，蔗糖略少；葡萄糖是切花体内的重要物质，如唐菖蒲。切花的含糖量与切花的观赏性和耐插性呈正相关关系，即切花的观赏性、耐插性越高，则含糖量越高，反之，切花的观赏性、耐插性越低，则含糖量越低。糖的种类与甜度也有关系，如以蔗糖甜度为 1，则果糖为 1.03～1.50，葡萄糖为 0.49，其中以果糖最甜，但葡萄糖口感较好。在成熟过程中，各种碳水化合物之间会发生相互转化，以不同的形式存在而导致产品风味及质地的变化。未成熟果实储存许多淀粉，所以早期果实无甜味，到成熟末期，不溶性的淀粉转化为可溶性的葡萄糖、果糖、蔗糖等并积累在细胞液中，使果实变甜。例如，香蕉果实成熟过程中，淀粉由占鲜重的 20%～25%降低到 1%，而可溶性糖则由 10%以下升至 15%～20%，这一变化很快，约为 10 天。采收时不含淀粉或含淀粉较少的品种，在贮藏期间含糖量逐渐减少，如番茄和甜瓜；采收时含淀粉较高（1%～2%）的果实，如苹果贮藏期间淀粉水解，含糖量短暂增加，但达到最佳食用阶段以后，含糖量因呼吸消耗而下降。苹果贮藏过程中淀粉水解，蔗糖也有水解趋势。不同的贮藏条件下淀粉和糖类会互相转化，如马铃薯长期贮藏在 0℃下，淀粉会转化为糖，在 3～5℃下糖又会转化为淀粉。甜玉米和青豌豆在成熟后含糖量较高，若贮藏温度较高，糖很快就会合成淀粉和纤维素，而使产品从甜而柔嫩变得粗糙而无味。在贮藏期间还可观察到某些果蔬组织的糖分转移和再分配情况。西瓜瓜瓤含糖量高于皮层，贮藏初期西瓜瓜瓤与皮层的总含糖量分别为 6.64%和 2.92%，经 50 天贮藏的瓜瓤含糖下降至 3.98%，皮层含糖量增至 5.68%。晚熟结球甘蓝在冬季贮藏前，含糖量内层叶片低，而外层叶片高，贮藏期间外层叶片糖分不断向内层叶片及顶芽转移，到第二年春季，含糖量以中心顶芽最高，内层叶次之，外层叶片最低。

果实变软是果实成熟的一个重要标志。引起果实软化的主要原因是细胞壁物质的降解。未成熟的果实因其初生细胞壁中沉积不溶于水的原果胶，尤其是苹果、梨中的原果胶含量很高，果实很硬。随着果实的成熟，果胶酶和原果胶酶活性增强，把原果胶水解为可溶性果胶、果胶酸和半乳糖醛酸，果肉细胞彼此分离，于是果肉变软。此外，果肉细胞中的淀粉转变为可溶性糖，也是使果实变软的部分原因。

(2) 有机酸

果实一般在发育早期便开始形成有机酸，随着果实的不断成长，有机酸的含量逐渐增加。果实的酸味也是出于有机酸的积累，通常果实发育完成后含酸量最高，然后随着成熟或贮藏期的延长而逐渐下降。但辣椒则例外，随着贮藏期延长，色泽由青转红，可滴定酸反而增加。

果实含酸量一般为0.5%～1.2%，花卉大都低于1%，这些有机酸主要储存在液泡中。柑橘、菠萝柠檬酸含量较多，仁果类和核果类苹果酸含量较多，葡萄中酒石酸含量最多，番茄中柠檬酸、苹果酸较多。有机酸中大多是呼吸代谢的产物，同时也能作为代谢的底物被消耗，因此，有机酸的含量逐渐下降，特别是在氧气不足的情况下，消耗的数量就更多。果实贮藏期间，大多是利用有机酸作为呼吸基质，有机酸的消耗较可溶性糖降低更快。经长期贮藏的果实糖酸比升高，贮藏温度越高有机酸消耗越多，糖酸比也越高。糖酸比是决定果实品质的一个重要因素，糖酸比越高，果实越甜。园艺产品的贮藏条件不同，有机酸含量也不同。一般情况下，贮藏温度较高，果实中有机酸的含量下降较快，反之，低温贮藏有机酸的分解减慢。另外，若将果蔬放在暗处，则果实中的酸度便会上升；放在日光下，酸度就会下降 。有机酸对水果和蔬菜类的风味及产品质量影响较大。仅有甜味的水果，并不受消费者欢迎，受欢迎的一般是酸甜适口的品种，一定的酸味往往也能体现一种果实的特色。因此，在果蔬的贮藏中应尽量减少有机酸的损失。

（3）挥发性物质

成熟的果实及月季、紫罗兰、马蹄莲等许多切花种类都具有本品种特有的香味，这是因为在成熟过程中它们能产生一系列足够数量的挥发性芳香物质的结果。这些挥发性物质的化学成分相当复杂，有200多种，主要是酯、醇、酸、醛和萜烯类等一些低分子化合物。这些物质含量很少，常温下多呈现油状，是成熟或衰老过程的产物，它们对成熟和衰老生理有一定影响，如乙烯、丙烯、乙醇可加速果实的成熟和衰老。苹果中含有乙酸丁酯、乙酸己酯、辛醇等挥发性物质；橘子的香味主要来源于柠檬醛；香蕉的特色香味是乙酸戊酯。呼吸跃变型果实在呼吸高峰后其挥发性物质才明显积累，如甜瓜在呼吸高峰后3～4天才有大量挥发性物质的积累。贮藏条件对挥发性物质的形成也有较大的影响，如把香蕉长期放在10℃以下，低于最适的贮藏温度（15～20℃），这样，香蕉的挥发性成分就受到外界不适宜温度的制约，再放到高温下挥发性成分也不会完全释放出来。

（4）涩味

一般在未成熟的水果中有涩味，如香蕉、李子等，这是因为细胞液中含有单宁（tannin）等物质。单宁是一种不溶性的多酚类物质，可以保护果实免于脱水及病虫侵染。单宁与人口腔黏膜上的蛋白质作用时，使人产生强烈的麻木感和苦涩感。通常，在果实成熟过程中，单宁可被过氧化物酶氧化成过氧化物或凝结成不溶性物质，还有一部分可以水解转化成葡萄糖，从而使涩味消失。

（5）色素

色泽的变化是园艺产品成熟与衰老过程中最重要的外观特征之一。对大多数果实来说，未成熟的果实呈现绿色，这是因为叶绿素的原因，因此最先的成熟特征是绿色的消失。叶绿素的消失可以在果实成熟之前（如橙）、之后（如梨）或与成熟同时进行（如香蕉）。在香蕉和梨等果实中叶绿素的消失与叶绿体的解体相联系，而在番茄和柑橘等果实中则主要是由于叶绿体转变成有色体，使其中的叶绿素失去了光合能力。有的品种在退绿后又显现红色、黄色、橙色、紫色等，这是由于有类胡萝卜素及类黄酮素等色素物质的增加，从而呈现出本品种所固有的色泽特征，这是由遗传基因决定的。香蕉成熟过程中果皮所含有的叶绿素几乎全部消失，但叶黄素和胡萝卜素则维持不变。桃、番茄、红辣椒、柑橘等则经叶绿体转变为有色体而合成新的类胡萝卜素。

色素物质的含量及其采后变化对切花的品质也有重要影响。例如，菊花随着成熟开放时类胡萝卜素和花青苷的增加而显色，随着衰老的进程这些物质含量下降而色泽变淡。另外，一些切花花瓣衰老时变褐、变黑，是黄酮类色素与酚类的氧化作用以及单宁的积聚所致，叶片发黄标志着叶片内核酸、蛋白质、叶绿素的分解和破坏。切花放在高温、黑暗处，变黄更快，如满天星型菊花、微型唐菖蒲、百合等易出现此问题。细胞分裂素（BA）能推迟叶片衰老，贮运前用BA喷布补血草、菊花的叶片，可明显抑制叶片变黄和维持叶片膨压，用低浓度BA浸渍叶片比喷布更为有效。番茄果实主要含叶绿素、番茄红素和β-胡萝卜素三种色素。从绿色期到全红期，叶绿素全部消失，而番茄红素由80 mg/L增加到412 mg/L；β-胡萝卜素在粉红期比番茄红素多1倍，但到全红期时全部消失，见表2-4（D. K. Salunkhe，1984）。

表2-4　番茄果实不同成熟期色素的变化　　单位：mg/100g

色素种类	绿色期	破色期	粉红期	红色期	全红期
叶绿素	45.0	25.0	9.0	0	0
番茄红素	8.0	124.0	230.0	374.0	412.0
β-胡萝卜素	50.0	242.0	443.0	10.0	0

（6）内源激素

园艺产品的种类、品种不同，在成熟和衰老过程中的变化也有所不同。同时，内源激素对采后园艺产品的成熟及衰老也有一定影响。果实在成熟过程中，各种内源激素都有明显的变化。一般在幼果生长时期，生长素、赤霉素、细胞分裂素的含量升高，到了果实成熟时，都下降至最低点，而乙烯、脱落酸含量则升高。苹果果实各生育时期激素的变化如图2-7所示。目前，植物体内的五大内源激素都与植物衰老有关。一般情况是，吲哚乙酸（IAA）、赤霉素（GA）和细胞分裂素（CTK）在植株或器官的衰老过程中含量逐步下降，而脱落酸（ABA）和乙烯（ETH）含量逐步上升。

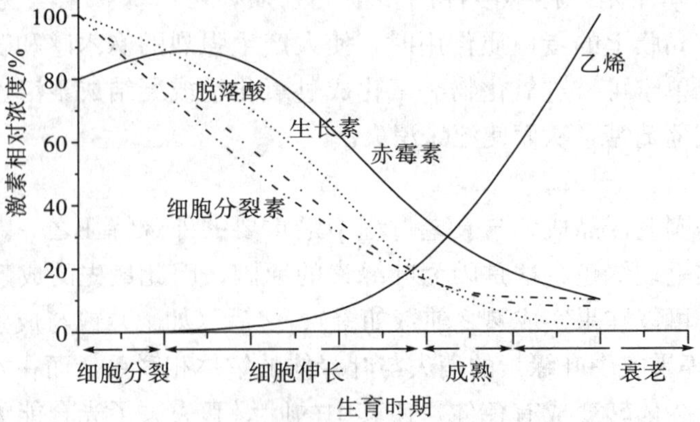

图2-7　苹果果实各生育时期激素的变化

(7) 蛋白质和氨基酸

蛋白质和氨基酸是园艺产品的重要营养物质。不同果实在后熟过程中会大量积累某种氨基酸，蛋白质也有一定的增加。例如，西洋梨积累脯氨酸，番茄积累谷氨酸，香石竹和月季花花瓣衰老过程中游离氨基酸含量上升。大多数切花的蛋白质主要是催化各种代谢反应的酶类，其中相当一部分酶类是维持切花的生命活动所必需的，也有一些酶类（如蛋白酶、过氧化物酶等）在切花采后往往活性提高，并引起切花品质降低。许多资料表明，切花在衰老过程中，伴随着可溶性蛋白质的大量降解，因此蛋白质含量下降被认为是衰老的一个重要指标。例如，香石竹切花衰老过程中花瓣中总蛋白质含量逐渐降低，其中膜蛋白特别明显。在月季切花花瓣中也观察到类似结果，这与切花采后体内蛋白质生物合成减少，降解加强有关。果实中含有丰富的各类维生素，主要是维生素 C，不同果实维生素 C 含量差异很大，以每 100 g 鲜重计算，番茄含维生素 C 为（8～33）mg/100 g，香蕉为（1～9）mg/100 g，红辣椒约为 128 mg/100 g。

2. 成熟衰老过程中细胞组织结构的变化

园艺产品进入成熟衰老期，其细胞和组织结构都将发生许多变化。Butler 和 Simon（1971）在研究观察了多种植物组织后，提出了植物衰老期超微结构变化的一般性概念，认为植物细胞衰老的第一个可见征象是核糖体数目减少以及叶绿体开始崩溃，此后依次发生内质网和高尔基体消失，液泡膜在细胞器彻底解体之前崩溃，线粒体可抗崩溃，可以保持到衰老晚期。细胞核和质膜最后被破坏，细胞发生质膜的崩溃宣告死亡。他们认为，这种变化顺序在许多园艺植物种类和组织中带有普遍性。

Baker（1975）对番茄成熟各阶段果皮细胞进行了电镜观察，发现在即将达到绿熟期的果实中，叶绿体具有发育良好的片层系统，含有大量的淀粉和少量的嗜锇球（osmiophilic globule）。当果实成熟时，淀粉消失而嗜锇球增多并变大。到了绿熟阶段后期，一些基粒不再表现为分离的膜，这可能是因为进入了溶胞作用阶段。在转色期，基粒数目减少，在基质中大类囊体的膜仍然可见，结构很像类囊体丛。到了坚熟期，正值呼吸高峰期，有色体形成，其内膜的“电子致密区”可能是类胡萝素的沉积处。在显微镜下观察新鲜材料中转变的质体，常见到基粒与色素晶体共同存在。在质体近周缘的部位出现大量由质体内膜的内褶作用而形成的泡囊，在未熟绿果和绿熟果的叶绿体内泡囊较少。番茄有色体中这些泡囊的作用还不十分清楚，可能与膜的重组和生长有关。从坚熟期到软熟期的一周内，番茄红素大量增加，同时伴随着基质中膜的减少，与胡萝卜素晶体相联系的“电子致密区”的缩小以及嗜锇球变大和增多，都表明基质在崩溃和溶解。在番茄、辣椒、甜橙、梨等果实中，叶绿体的衰老与有色体的出现是相一致的，因此，似乎可以肯定果实的颜色因有色体发育而发生变化，表明衰老的开始。但有些果实的衰老可以发生在果实变色之前。

成熟与衰老是极为复杂的生理生化过程，在此过程中，细胞内各细胞器也先后不同程度地发生解体或破坏。但可以肯定的是，细胞超微结构的变化并不是启动衰老的原因，而是衰老的结果，成熟和衰老必定是由细胞质发生的生命过程所诱导和启动的。果实成熟包含着复杂的生理生化变化，研究表明，果实成熟是分化基因表达的结果，果实成熟过程中 mRNA 和蛋白质合成发生变化。例如，番茄在成熟期有一组编码 6 种主要蛋白质的 mRNA 含量下降，而另一组编码 4～8 种蛋白质的 mRNA 含量增加。目前，关于衰老的原因主要有 3 种学说。第一种是自由基损伤学说，它是由哈曼（Harman）在 1955 年就提出的，他认为，衰老过程是细胞和组织中不断进行着的自由基损伤反应所导致的，因此自由基又被称为细胞杀手。第二种是蛋白质水解学说，它认为参与蛋白质水解的蛋白质分解酶的连续合成是植物衰老的主要原因。第三种是激素平衡学说，它认为植物体内或器官内各种激素的相对水平不平衡是引起衰老的主要原因。

成熟的果蔬产品细胞的细胞壁由三部分组成，即胞间层、初生壁及次生壁。成长和成熟中，对细胞壁超微结构的变化研究较少，但观察到微纤丝结构随着其间的果胶和半纤维素物质的溶解而变得松弛并软化，不同发育阶段的农产品，细胞壁的结构不同，所形成的细胞和构成的组织也不同。幼嫩的蔬菜柔软多汁，大多为薄壁细胞。随着成熟进程，厚角细胞和厚壁细胞分化增多，使组织坚韧，从而质地发生改变。例如，芹菜多纤维、菜豆荚老化多筋都是硬化细胞增多所导致的。

2.3.3 成熟及衰老的相关酶

果实的成熟衰老是一个十分复杂的发育调控过程，其在化学、物理和代谢方面的变化，导致园艺产品在颜色、质地、风味等方面的变化，这些变化都涉及一系列的酶的作用。例如，苹果、香蕉、芒果、菠萝等在成熟中变软，是由于果胶酯酶和多聚半乳糖醛酸酶活动的结果。下面介绍一些与果实成熟和其他变化有关的酶。

1. 胞壁降解相关酶

（1）多聚半乳糖醛酸酶（polygalacturonase，PG）

果胶类物质是细胞壁的主要组成物质，是由 α-（1-4）连接的 D-半乳糖醛酸组成的线状链，其主要成分是多聚半乳糖醛酸，其中有些半乳糖醛酸的羧基发生了甲基化，并在这种半乳糖醛酸聚糖主链上插入一些鼠李糖和阿拉伯糖单位。果胶类物质是存在于高等植物初生细胞壁和细胞间隙的一组多糖类化合物，在细胞与细胞间起着一种黏结作用，PG 的适宜底物是多聚半乳糖醛酸，按作用方式可将 PG 分为内切 PG（endo-PG）、外切 PG（exo-PG）以及寡聚 PG（oligo-PG）。前者是以内切方式水解断裂多聚半乳糖醛酸链，后两者是以外切方式作用。人们通常说的 PG 即为 endo-PG，且 endo-PG 在果实后熟软化过程中也起作用。

对番茄、芒果、梨、香蕉、桃等果实 PG 活性变化与果实软化关系的研究表明，PG 与果实成熟软化密切相关，研究猕猴桃果实质地变化相关的组织结构特性表明，在果实软化启动阶段，果实细胞间的黏合力下降，引起细胞从中胶层处相互分离，而果实快速软化阶段则与细胞间的黏合力进一步下降以及细胞壁的伸缩性或可塑性增加有关。采后果实 PG 活性的增加与果实硬度下降呈显著的相关性，随着 PG 活性的增加，果胶物质组分发生了明显变化，即总果胶和原果胶含量明显下降，而可溶性果胶含量增加。

（2）果胶酯酶（pectinesterase，PE）

PE 的功能是脱去半乳糖醛酸（galacturonic acid）羧基上的甲醇基，从而有利于 PG 分解多聚半乳糖醛酸链。由于该酶的作用，使组织对 PG 更为敏感。可见 PE 的活动似乎是 PG 发生作用的前提。猕猴桃果实的软化启动与 PE 有关，由于 PE 的诱导，引起细胞壁果胶物质的甲酯化作用，并降解成可溶性果胶，但 PE 与果实的后熟软化可能没有重要的联系。在桃果实的成熟软化过程中，原果胶不断减少，可溶性果胶的甲酯化程度保持在 75%左右；在溶质桃和非溶质桃果实的各个发育时期均可检测出 PE 的活性。

（3）木葡聚糖内糖基转移酶（xyloglucan endo transglycosylase，XET）

木葡聚糖内糖基转移酶（XET）是最近发现的一种能引起细胞壁膨胀松软，并与果实软化相关的酶。木葡聚糖是一种细胞壁的结构多糖，为双子叶植物细胞初生壁中的主要半纤维素，它紧密地结合到纤维素的微纤维上，并通过束缚相邻的微纤维，对细胞壁的膨胀性起限制作用。在研究豌豆茎的生长时发现，木葡聚糖链的酶切断裂，可使细胞壁膨胀松软，从而促进了细胞生长。

XET 具有内切和连接的双重效应，在切开木葡聚糖链后，可将断链转移到另一个受体链上去，即把切口新形成的还原末端与另一个木葡聚糖分子的非还原末端连接起来，这一过程是可逆的，因此，XET 在植物的生长过程中有着重要的作用。

1993 年，Redgwell 和 Fry 研究猕猴桃后熟软化过程中 XET 活性的变化及其与细胞壁膨胀松软的关系发现，外源乙烯处理诱导的果实软化过程，XET 活性快速增加，促进了细胞壁的膨胀松软，该过程果胶物质的溶解与细胞壁的膨胀呈平行变化，认为细胞壁的松动是其他与成熟有关的细胞壁水解活动的必需条件，XET 活性变化与果实软化密切相关，因为乙烯处理后出现伴随果实软化的细胞壁变化，多聚糖和低聚糖间内糖基转移作用，可使细胞壁的固定结构丧失。XET 催化的解聚作用有两种机制：①作为水解酶解聚木葡聚糖；②催化多聚糖和低聚糖间的木葡聚糖内糖基转移作用和木葡聚糖的水解作用促使木葡聚糖的解聚。但 XET 作为最新发现的一种细胞壁松软酶，其对果实后熟衰老过程的作用尚不清楚。

（4）β-半乳糖苷酶（β-galactosidase）

β-半乳糖苷酶在某些种类的果实，如苹果、芒果、木瓜、甜樱桃、鳄梨等的成熟软化过程中起作用。β-半乳糖苷酶可以使细胞壁的一些组分变得不稳定，它可以通过降解具有支链的多聚醛酸促使果胶降解和溶解。许多果实的后熟过程伴随有半乳糖残基从细胞壁上的大量解离，这种半乳糖的水解与 β-半乳糖苷酶活性的变化密切相关，即 β-半乳糖苷酶与果实的后熟软化有关。苹果果实的硬度下降与 β-半乳糖苷酶活性增加和细胞壁中半乳糖组分的减少有关。Dick 等（1984）报道，在苹果果实中存在 β-半乳糖苷酶抑制剂。该抑制剂后来被鉴别为多酚物质，用含有这类抑制剂的苹果组织提取物处理采后苹果，可阻止果实软化，这也说明 β-半乳糖苷酶参与了果实的成熟软化过程。

（5）纤维素酶（cellulolytic enzyme）

纤维素是细胞壁的骨架物质。纤维素水解导致的超微结构改变，并不完全是由于细胞壁纤维素分子的溶解，还与非纤维素组分的降解引起微纤丝组分损失有关。在鳄梨和草莓果实软化过程中，纤维素酶活性增加，并导致细胞壁膨胀松软。在猕猴桃果实采后后熟软化的启动阶段，纤维素酶活性上升较慢，进入快速软化阶段后，其活性迅速上升并达到高峰，同时，伴随着果实后熟软化，纤维素含量逐渐减少。

2. 碳水化合物代谢相关酶

（1）淀粉酶（amylase）

对于一些富含淀粉的果实而言，淀粉的积累和水解与果实后熟软化具有相关性，猕猴桃果实发育后期，淀粉的积累可达果实总干重的50%左右，并对果实细胞起着支撑和维持细胞膨压的作用。果实采后后熟和贮藏过程，淀粉被水解并转化为可溶性糖，从而引起细胞膨胀力下降，导致果实软化。近几年，有关淀粉酶活性变化与果实软化的关系正引起人们的注意。王贵禧等研究表明，在猕猴桃果实软化的启动阶段，淀粉酶活性快速上升，伴随出现淀粉的迅速水解，淀粉含量下降与果实硬度下降呈正相关关系，认为此时的果实硬度下降可能是因为淀粉酶活性的快速上升所引起淀粉迅速水解造成的。当果实成熟时，淀粉酶有相当强的活性，如芒果淀粉酶的活性增加 4 倍，把淀粉水解为葡萄糖。这都表明，淀粉的水解主要是由淀粉酶催化完成的。

（2）蔗糖磷酸合成酶（sucrose phosphate synthase，SPS）

猕猴桃等果实在成熟过程中淀粉水解生成蔗糖和已糖，伴随有 SPS 活性增加，这种淀粉降解和糖含量的增加与 SPS 最大活性值有关，认为 SPS 是上述过程蔗糖合成所需要的。

3. 脂氧合酶（lipoxygenase，LOX）

高等植物的脂肪酸氧化有 4 种途径，即 α 氧化、β 氧化、γ 氧化和 LOX 途径。LOX 是 LOX 途径中的关键酶，1932 年首次报道，它是一种含非血红素铁的酶，是催化细胞膜脂脂肪酸氧化的主要酶，也是启动细胞膜脂过氧化的主要因子。LOX 广泛存在于植物，特别是高等植物体内，植物膜脂组分中的亚油酸和亚麻酸是其主要的反应底物。近年来有关该酶的研究备受人们关注，许多研究表明，LOX 在植物的生长、发育、成熟衰老以及机械伤害、病虫侵染等过程中起调节作用，但该酶的生理功能和果实成熟衰老的调控至今仍未完全清楚。LOX 活性变化与果实成熟衰老密切相关。番茄果实从绿熟期到转红期的进程，伴随有 LOX 活性增加，外源 LOX 处理可增加果实组织的电导率，加速成熟衰老，番茄果实微粒体 LOX 活性从绿熟期到转红期增加了 48%，到红熟期其活性又降至绿熟期水平。番茄采后初期 LOX 活性的增加与果实成熟的启动和成熟衰老伴随的膜功能丧失有关。

2.3.4 成熟及衰老的基因及其表达

随着园艺产品采后生物技术研究的不断深入，人们发现参与调节采后生理代谢的酶是基因表达的结果，园艺产品的成熟衰老过程受基因的调控。Rattanapanone 等于 1978 年最先从番茄果实中分离提取 poly（A）RNA，证明果实成熟过程中 mRNA 发生变化。随后，Grierson 等于 1986 年从成熟果实中提取 mRNA 反转录得到相应的 cDNA，转入细菌质粒 pAT153，然后转化 *E. coli* C600，建立了基因库，并利用分子杂交技术筛选、分类鉴定了 146 个与果实成熟有关的克隆。

1. 细胞壁代谢相关基因及其表达

细胞壁是园艺产品细胞结构的重要组成部分。细胞壁的代谢与园艺产品的硬度、果实软化和贮藏性密切相关。

(1) 多聚半乳糖醛酸酶基因

多聚半乳糖醛酸酶（PG）是果实成熟过程中特异表达的细胞壁水解酶之一，随着果实的成熟而积累，可以催化果胶分子多聚 α-（1，4）-聚半乳糖醛酸的裂解，参与果胶的降解，使细胞壁结构解体，导致果实软化。而 PG 的多基因家族成员在植物发育不同阶段和不同组织中表达，PG 与果实成熟、细胞分离过程（如叶和花的脱落、豆荚开裂、花粉成熟、病原物防御与植物寄主相互作用）有关，还与细胞伸展、发育和木质化有关，因此，PG 一直是人们研究植物发育和果实成熟衰老的热点。在番茄中，PG 的积累与果实的软化之间有密切的关系，三种成熟突变株 Nrr（Never ripe，果实成熟时为暗橙色，纯合情况下存活），Rin（ripening inhibitor，为果实成熟抑制型，果实成熟时绿色转为黄色）和 Nor（non-ripening，不成熟型，果实成熟过程十分迟缓）中的 PG 活性很低，果实软化很慢或根本不软化。一些体外试验表明，用纯化的 PG 处理，未成熟的果实的细胞壁溶解或从分离的细胞壁中释放出溶解的果胶来。PG 是一个受发育调控的具有组织特异性的酶，在果实成熟过程中合成，在转录水平上进行调控，但在叶子、根和未成熟的果实中检测不到它的存在。现在已经证明，PG mRNA 随着果实成熟的开始、乙烯生物合成的增加而大幅度增加，并且在以后的成熟过程中继续积累。在成熟的番茄果实中，PG mRNA 的含量达到总 mRNA 含量的 2%，比成熟前增加了 1000 倍。PG 有三种同工酶：PG1、PG2a 和 PG2b，是由一个单拷贝基因编码，经翻译后产生的。对其蛋白质部分水解产物，体外相互转化和免疫杂交反应的研究表明，三种结果具有形式上的相似性，并且都含有一个 46ku 的多肽。

Slater 等人从成熟番茄果实的 cDNA 文库中用差示杂交（differential hybridization）方法筛选出了 146 个成熟相关的 cDNA 克隆，其中一个被鉴定为 PG cDNA。检测此 cDNA 的全序列发现，它包含一个长 1371bp 的阅读框架和富含 A，T 的非编码区，编码一个 457 个氨基酸的蛋白质。Smith 等利用反义基因技术将 PG cDNA 反向接在 CaMV35S 启动子之后转入番茄，得到的转基因植株的 PG mRNA 水平和酶活性下降 90%，其中 1 株纯合子后代的 PG 活性仅为正常番茄的 1%，果实中果胶的降解受到抑制，而乙烯的生物合成、番茄红素积累以及果胶酯酶的活性没有受到影响（图 2-8），果实仍然正常成熟，并没有像预期地那样推迟软化，这就引起了人们对 PG 在果胶软化中所起作用的怀疑。将 PG 基因插入在一个可被乙烯或丙烯诱导的启动子之后转入番茄成熟突变株 Rin 中，在诱导了 PG 表达之后（PG 活性可达正常番茄的 60%），果胶的溶解性增加，但果实仍然没有变软。

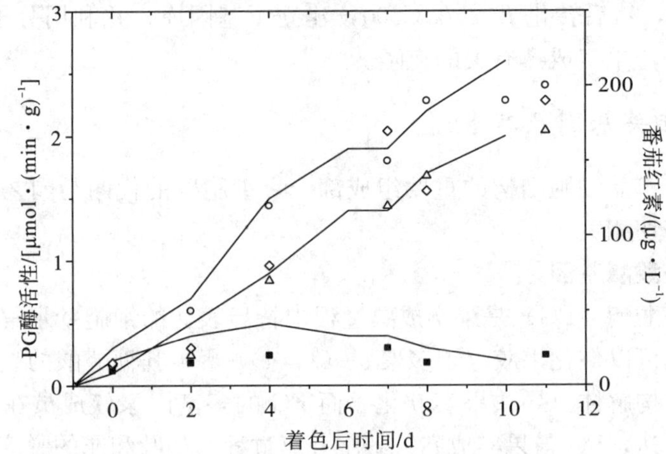

图 2-8 转反义 PG 基因番茄果实的 PG 活性和番茄红素含量的变化

PG 在果实软化中起到的作用根据推测，可能存在四种情况：①果实的软化是一个复杂的过程，并非单基因所能调控；②由于外源基因插入基因组是一个随机过程，位置效应影响了基因的表达程度；③果实软化过程所需的 PG 活性不一定要求达到正常果实的 PG 活性；④PG 在其他果实软化中的作用可能有别于番茄。利用转基因技术达到的反义 PG 番茄具有许多明显的经济价值，如果实采后的贮藏期可延长 1 倍，因而可以减少因过熟和腐烂所造成的损失，果实抗裂、抗机械损伤，便于运输，抗真菌感染。由于果胶水解受到抑制，用其加工果酱可提高出品率。目前已经从桃、猕猴桃、苹果、西洋梨、砂梨、鳄梨、番茄、黄瓜、甜瓜、马铃薯、爪米、水稻、大豆、烟草、甜菜、油菜、拟南芥等植物中克隆得到 PG 的编码基因。

（2）果胶甲酯酶基因

果胶甲酯酶（pectin esterase，PE）能从细胞壁的果胶中去除甲基基团，也是一种细胞壁降解酶，在成熟果实的许多组织和器官中都检测到 PE 的酶活性。桃、番木瓜、番茄、辣椒、西瓜、甜菜、棉花、水稻、拟南芥等植物中都得到其编码基因。用已经得到的 PE cDNA 克隆构建了 35S 启动子控制下的反义基因，此基因的转基因番茄果实中，PE 的活性大大降低，仅为对照的 10%或更低，检测不到 PE 蛋白和 PE mRNA，但对于叶子或根部的酶活性没有影响。转基因果实与普通番茄果实相比，果胶分子量较大，甲酯化程度较高，可溶性固形物含量也较高，有效地改善了番茄果实的品质，但同时也表明，此基因对果实的番茄红素的积累没有影响，成熟时果实仍然变红。

（3）β-半乳糖苷酶基因

不同种类果实的成熟衰老过程中，β-半乳糖苷酶的功能可能有所差异。目前已经从苹果、鳄梨、咖啡、日本梨、猕猴桃、柿、甜樱桃、番茄等果实中分离纯化出 β-半乳糖苷酶，这些从果实中纯化得到的 β-半乳糖苷酶蛋白一般含有分子量为 29～34 ku 和 41～46 ku 的两个亚基，有时还观察到一个分子量 57～80 ku 的亚基（表 2-5）。因此，β-半乳糖苷酶蛋白是一个由两三个亚基组成的复合体。在苹果果实成熟过程，β-半乳糖苷酶 mRNA 的积累与乙烯的自我催化相一致，在石刁柏和康乃馨上也得到相似的结果。但在猕猴桃果实采收时，组织中的 β-半乳糖苷酶 mRNA 最为丰富，随后下降，同时 β-半乳糖苷酶 mRNA 可受外源乙烯诱导而积累，但在果实乙烯跃变期间 β-半乳糖苷酶基因的表达信号无显著变化，这不同于苹果果实成熟过程的表达模式。现已从苹果、番茄、猕猴桃、石刁柏、绿花椰菜、康乃馨等植物组织中克隆到 β-半乳糖苷酶基因。

表 2-5　从不同果实中纯化得到的 β-半乳糖苷酶蛋白多肽分子量

果实种类	多肽分子量/ku	来源
苹果	44，33	Ross 等，1994
鳄梨	54，49，41	De Veau 等，1993
日本梨	80	Kitagawa 等，1995
猕猴桃	67，46，33	Ross 等，1993
甜樱桃	57	Andrews 和 Li，1994
番茄	75，41，30.5，29	Carey 等，1995
咖啡	29	Golden 等，1993
柿子	44，34	Kang 等，1994

(4) 纤维素酶基因

目前已先后从草莓、鳄梨、桃、番茄、菜豆、大豆、辣椒、甜菜、水稻、拟南芥等植物中克隆得到纤维素酶的编码基因。在草莓果实成熟过程中，纤维素酶基因 *Cel* 1 和 *Cel* 2 有着不同的表达模式，*Cel* 2 在绿熟果实中有表达，从绿熟到果实转白过程中，其 mRNA 不断积累，并在果实后熟过程维持稳定增加；相反，在绿熟果实中，检测不到 *Cel* 1 转录本，即使在转白果实中，其表达水平也很低，进入果实后熟期间，*Cel* 1 mRNA 逐渐增加，并在果实完全成熟时达到最高。*Cel* 1 和 *Cel* 2 的这种表达模式在果实后熟软化过程起着重要作用。对鳄梨果实纤维素酶基因（*Cel* 1）的研究也表明，在未成熟果实中 *Cel* 1 mRNA 很低，到果实成熟期间，增加了 37 倍；乙烯处理可以促使桃果实中 *Cel* 1 mRNA 的积累。但 Brummell 等（1999）报道，将纤维素酶基因（*Cel* 2）反义导入番茄植株，在成熟转基因果实中，*Cel* 2 mRNA 水平降低了 95%以上，但其乙烯生成与对照相比无差异，通过抑制纤维素酶基因表达，也没有表现出对后熟过程果实软化和质地变化的影响。

2. 脂氧合酶（lipoxygenase，LOX）基因

LOX 在植物中普遍存在。研究发现，它与园艺产品的成熟衰老密切相关。目前已从猕猴桃、番茄、兵豆、黄瓜、豌豆、土豆、水稻、大豆、小麦、玉米、烟草、大麦、拟南芥等植物中克隆得到 LOX 基因。从番茄中克隆到的 4 种不同 LOX 基因，即从果实中得到的 TomloxA 和 TomloxB，以及从叶片中得到的 TomloxC 和 TomloxD，在不同的组织或同一组织的不同发育阶段，有不同的表达类型。研究发现，TomloxA 在种子和成熟果实中表达，而 TomloxB 只在果实中表达（Ferrie 等，1994）；TomloxC 在成熟果实的转色期和红熟期有表达信号，而在绿熟果中无表达信号；TomloxD 主要在叶片、萼片、花瓣和花的雌性器官中表达，同时其表达可被伤害所诱导，在绿熟果和转色果中也有微弱的表达信号。TomloxB 和 TomloxC 为两种不同的番茄果实成熟特异基因。

植物LOX主要位于原生质体、液泡和细胞质中。反义LOX基因在兵豆原生质体中的表达，抑制了70%的LOX活性，而基因的正义表达则增加了20%的LOX活性。在拟南芥中，转反义LOX-2基因植株的LOX基因表达受到抑制，但一部分表达正义基因植株的LOX基因表达得到加强，而另一部分转正义基因植株的LOX基因表达被抑制。对其中两例转正义基因植株的mRNA和蛋白质水平进行分析，Northern杂交表明，与对照相比，LOX基因在叶片和花序中的表达被强烈抑制，Western杂交显示原生质体中的LOX-2蛋白质不足对照的1/15，虽然在转基因植株的叶片和花序中LOX表达受到严重抑制，茉莉酸（jasmonate acid，JA）的积累也受阻，但植株生长发育与对照无差异。

3. 色素合成相关基因

从成熟番茄cDNA文库中筛选得到一个克隆pTOM5，其核苷酸序列与细菌来源的八氢番茄红素焦磷酸合成酶基因具有同源性。该酶催化八氢番茄红素的合成，而八氢番茄红素是类胡萝卜素合成途径中的一个中间产物。在转反义pTOM5的番茄中，基因代谢产物参与了果实成熟时类胡萝卜素的合成，果实PG mRNA的水平与对照没有差异，但果实中检测不到番茄红素的合成，成熟果实的颜色发黄，花色也变为淡黄色。转基因番茄的这一特点恰好是黄肉番茄突变体的特征。研究还发现，番茄的黄肉基因位于第3条染色体上，而pTOM5位于第2或第3条染色体上。用一系列的基因工程方法使黄肉番茄突变体过量表达pTOM5基因，发现类胡萝卜素和番茄红素的合成能力得到恢复，从而证明黄肉突变体中缺少八氢番茄红素合成酶。

改变花卉的颜色、延缓花卉的衰老以及提高其观赏价值，也是一项具有重要意义的工作。花冠的颜色是由花冠中的色素组成决定的，其中大多数是黄酮类物质，苯基苯乙烯酮合成酶（CHS）是黄酮类色素物质合成途径中的关键酶。在矮牵牛属（*Petunia*）植物中，已经成功地利用反义基因技术抑制CHS基因的表达，使花卉的颜色从野生型的紫色转变为白色，并且因对CHS基因表达的抑制程度的差异而出现了一系列的中间类型花色。

2.3.5 成熟及衰老的理化调控技术

园艺产品成熟与衰老的调控（regulation and control）仅仅只调控环境因子难以取得最佳贮藏效果。因为，贮运环境中病原菌的存在，园艺产品必然会受到侵染，又由于采后园艺产品仍然是一个活体，还在进行一系列的生命活动，这些因素必然会影响园艺产品成熟与衰老的进程。因此，需要采用其他一些理化调控技术，以便在采后园艺产品的贮藏保鲜中取得更好效果。

1. 辐射处理

（1）电离辐射的作用和要求

电离辐射（ionizing radiation）可控制园艺产品的成熟和衰老及蔬菜的发芽，抑制病虫的繁衍和危害，从而延长园艺产品的贮藏寿命或货架寿命。目前，主要应用^{60}Co或^{137}Cs作

为 γ 射线源。这是因为 ^{60}Co 的能量大，使用剂量低，且照射时间也较短，并对产品感官特性和风味的影响不大。

γ 射线穿透能力极强，透过有机体时，会使有机体中的水和其他物质发生电离作用，产生离子，从而影响有机体的新陈代谢。如果照射剂量过大则会杀死生活细胞，并对园艺产品的感官特性和风味造成很大影响，所以园艺产品的防腐保鲜一般用低照射剂量处理。有研究表明，照射剂量不同对园艺产品所起的作用也不相同，剂量在 1 kGy 以下，影响植物代谢，抑制块茎、鳞茎类蔬菜发芽，并对寄生虫有杀灭作用；剂量在 1～10 kGy 范围内，抑制植物代谢，延长水果和蔬菜的贮藏期，控制真菌活动，杀死沙门氏菌；剂量在 10 kGy 以上，彻底灭菌。通常 0.05～0.15 kGy 是抑制发芽的照射剂量；0.1～1.5 kGy是杀死害虫的剂量；1～5 kGy 是抑制部分微生物的照射剂量；5～7 kGy 是脱水蔬菜的照射剂量；15～60 kGy 是完全杀菌的照射剂量。大多昆虫在剂量为 0.05～0.2 kGy 时不育，某些成虫蛾在剂量为 1 kGy 时仍能繁殖，但后代不育。果品的照射剂量在 0.5～2 kGy即足以抑制腐烂微生物的生长，但果品组织常常受到严重伤害。果实的消毒特别是热带水果（番木瓜和芒果）以及花卉和蔬菜用电离辐射是可行的，但处理设备昂贵。昆虫在卵阶段对辐射最敏感，其次为幼虫、蛹和成虫阶段。根据园艺产品的特性和保藏目的不同，最适照射剂量也不同，如用 ^{137}Cs 的 γ 射线处理草莓，1 kGy 可保存 5 天，2 kGy 可保存 9 天。最常见的电离辐射伤害是使果品软化，因而在以后处理和运输过程中更易产生机械损伤，发生腐烂、败坏。

电离辐射保鲜已取得了明显的效果，经验表明，在应用过程中必须达到以下几个标准：①辐射处理必须经卫生部门认可，符合处理产品的卫生要求；②寄主辐射的能力必须超过微生物或造成腐败的代谢系统；③辐射处理必须较其他有效处理的经济效益高或相当。

（2）电离辐射的应用

电离辐射所用的射线一般是指 α 射线、β 射线和 γ 射线，这三种射线具有电离作用，所以它们的杀菌机理在本质上与 X 射线或紫外线不同。α 射线由于其质量较大，穿透能力差，在空气中的射程只有几厘米，故不能作为食品杀菌剂；而 β 射线的穿透力也弱，只能用于食品的表面杀菌；γ 射线是一种穿透力很强的电离射线，可用于食品内部杀菌，而且对大型包装容器的食品也能从外部进行照射，故常用 ^{60}Co 作为 γ 射线源。全世界大约有 60 个国家采用电离辐射保存食品，他们采用这类食品饲喂家畜和啮齿动物，经多年饲养研究表明，电离辐射食品并没有危险性，因为辐射食品本身并不带有放射性，只是维生素稍有损失，但比常规贮藏的损失量少。

低剂量的 γ 射线抑制组织中核酸的代谢，从而抑制发芽，处理的洋葱内芽中，RNA 和 DNA 比对照低，可溶性 RNA 的合成受到抑制，因此生长受阻。用 0.07～0.1 kGy 剂量照射番茄有防腐作用，延长贮藏期 4～12 天，2～4 kGy 的剂量可延迟番茄成熟，但有异味产生。目前，国外对蔬菜使用的最大辐射剂量为 5 kGy。

美国加利福尼亚大学辐射处理水果，发现橘子、番木瓜、菠萝、杨梅、甜樱桃、无花果、梨和油桃用 2～2.5 kGy 的剂量处理后贮藏效果很好。内蒙古农牧学院、广西植物研究所、西南农业大学等多所研究机构都采用电离辐射贮藏保鲜不同种类的园艺产品，并取得了较好效果。辐射处理保鲜园艺产品的研究在国内外取得了许多成就，见表 2-6。

表 2-6 辐射保藏园艺产品效应

水果名称	辐射源	吸收剂量/kGy	照射效果
芒果	^{60}Co γ 射线	0.4	延长贮藏时间 8 天
		0.6～0.8	减少霉烂，营养成分变化小
杨梅	^{137}Cs γ 射线	1.5	完全杀死果实害虫
		1.0	延长贮藏时间 5 天
		2.0	延长贮藏时间 7 天，质量优
桃	^{60}Co、^{137}Cs γ 射线	1.0～3.0	促进乙烯合成，增进色泽风味
橘	0.5～1 MeV 电子射线	1.5～2.5	表面杀菌好，提高保存性能，风味不受影响
甜樱桃	γ 射线	2.0	防止腐烂，延长贮藏时间 3～6 天
无花果	γ 射线	2.0	延长保藏时间 5～60 天
梨	γ 射线	0.1～0.5	不耐辐射，延长保藏时间效果不佳
番茄	γ 射线	3.0～4.0	防止腐烂，延长贮藏时间 4～12 天
甘薯	γ 射线	1.2	抑制发芽
结球甘蓝	^{60}Co γ 射线	1.5	延长贮藏寿命

(3) 电离辐射对园艺产品的影响

①影响园艺产品的生理代谢过程，延长贮藏寿命。有研究表明，不同辐射剂量的辐射，对不同园艺产品所造成的影响不同。Akamine 研究认为 1 kGy 左右的剂量可以推迟番木瓜呼吸高峰的出现，延长贮藏寿命，0.75 kGy 以下的剂量对推迟呼吸高峰的影响不大，番木瓜 1/4 的表皮呈现黄色时，用 1 kGy 以上的剂量照射会导致表皮烫伤和延迟着色，4 kGy 以上的剂量会使果实失去香味，变得淡而无味。对砀山梨、桃子、李、番石榴、人生果、鲜菠萝等进行不同剂量的保鲜试验研究表明，在一定温度和湿度条件下，都能显著延长其贮藏寿命。

②影响园艺产品质量。电离辐射处理只要剂量合适，对园艺产品的营养价值和品质没有不良影响。例如，0.6 kGy 的 γ 射线处理芒果，26.6℃保存 13 天后，β-胡萝卜素的含量基本稳定，维生素 C 损失不大。当辐射剂量从 1 kGy 增加到 2 kGy 时，芒果中多酚氧化酶的活性增强，组织变黑，在贮藏过程中可溶性固形物和蔗糖的增加都比对照慢，可滴定酸和转化糖的减少也较慢。番木瓜用 0.750～1 kGy 的 γ 射线处理，感观品质没有不良影响，但长期贮藏后会产生芳香气味；在 12.7～26.6℃ 温度下贮藏 0.25～1 kGy 剂量照射的番木瓜，都会产生芳香味，维生素 C 含量没有明显的影响。当辐射量用 5 kGy 时，胡萝卜素和隐黄质（cryp-toxanthin）也没有明显的变化，但加速了果胶质的水解，导致果胶酸的增加。因此，番木瓜经照射后，马上轻度软化，但 3～4 天后果胶质又会回到原来的水平，其硬度又会恢复。

③避免腐烂。例如，用 0.2 kGy 的 γ 射线照射草莓，可有效控制灰霉葡萄孢子的生长。用 1.5～2 kGy 的 γ 射线可杀灭蜜柑青霉、绿霉病原菌。用 1.05 kGy 的 γ 射线照射芒果，可显著减少炭疽病的发生。法国用 1.5～2 kGy 的 γ 射线照射各种西洋梨能消灭大部分病原菌。但也有报道，鲜板栗的腐烂与辐射处理剂量的浓度呈正相关关系。

④减少害虫。用 0.5～0.67 kGy 的 γ 射线照射板栗，可杀死果内象鼻虫；用 1.68 kGy 的 γ 射线照射砀山梨，能使钻心虫处于休眠状态，不能为害；用 0.210 kGy 的 γ 射

线照射番木瓜，可消灭果蝇；用 1.2 kGy 的 γ 射线照射芒果，贮藏 3 周后，种子内象鼻虫可全部死亡。

（4） 影响电离辐射效果的因素

①园艺产品的种类、品种影响电离辐射效果。用 0.35 kGy 的 γ 射线处理油梨的不同品种，有的品种延迟 24 天成熟，有的延迟 3～8 天成熟。

②电离辐射的剂量及处理时间影响电离辐射效果。用 1 kGy 的剂量可显著延迟番木瓜呼吸高峰的出现，从而延迟成熟，如果超过 1 kGy 的剂量就会引起表面烫伤。

③园艺产品的成熟度影响电离辐射效果。果实表面已有 1/4 或更大的面积呈黄色的番木瓜，辐射就不能延迟其呼吸高峰的出现。

④贮藏温度影响电离辐射效果。用 0.25 kGy 的 γ 射线照射芒果，分别贮藏于 5℃、10℃、15℃和 20℃四种温度下都比对照延迟成熟，在低温下延迟成熟的效果更好。

2. 化学处理

（1） 延缓成熟和衰老的化合物

在园艺产品成熟和衰老过程有一些细胞激动素化合物可控制成熟和衰老的进程，如 6-苄氨基腺嘌呤（6-BA）及激动素（KT）、植物生长素、赤霉素（GA）、吸收剂、乙烯和蜡等。

细胞激动素是常用的控制成熟和衰老的化合物。它们可以保持青豆类、叶菜类、辣椒、黄瓜等较高的蛋白质含量，从而延缓叶绿素降解，高温下贮藏的效果更明显。用 5～20 mg/kg的 6-BA 处理萝卜、甘蓝、花椰菜、菜豆、结球莴苣、菠菜、石刁柏、青葱、绿花椰菜等，都能延长它们的货架期。KT 延缓莴苣衰老的效果比 6-BA 更好。细胞分裂素与其他生长调节剂混合使用，能增进延缓衰老的效应。6-BA 对延迟花椰菜黄化无效，如果与 2，4-D 混合使用，则效果明显。

赤霉素（GA）可以延迟柑橘果实叶绿素消失，增加果皮的硬度，减缓脐橙积累类胡萝卜素。GA 处理柠檬能提高维生素 C 和可溶性固形物的含量，但对伏令夏橙和葡萄柚无效果。在采前用 GA 处理柿子，能抑制发育、成熟和衰老。采前用 GA 处理蕉柑和椪柑，椪柑没有反应，而蕉柑转色被延缓，并在贮藏期间可避免低温引起冷害。采后的番石榴和香蕉用 GA 处理，显著地延迟成熟。其作用在于降低呼吸强度、推迟呼吸高峰的出现和延迟变色。

生长抑制剂可延缓园艺产品衰老和控制腐烂，如青鲜素（Maleic Hydrazide，MH）、丁酰肼（B_9）和矮壮素（CCC）。MH 可以抑制采后的园艺产品发芽。马铃薯采前 20 天用 3000 mg/kg 的 MH 喷洒，可防止发芽。广西柑橘研究所（1974）用 2000 mg/kg 的 MH 与 0.1%的托布津混合处理采后柑橘果实，贮藏中果实的呼吸强度降低，柠檬酸、单糖和全糖的消耗明显减少，延缓了果实的衰老。用 1500 mg/kg 的 MH 处理采后的芒果也可延迟成熟。B_9 可以稳定园艺产品组织中的叶绿素含量，可延长易腐蔬菜的寿命等。B_9 可抑制蘑菇变色和腐烂，延缓叶用莴苣衰老，但对石刁柏、绿花椰菜的作用较小。苹果采收前喷洒 B_9 可提高果实的硬度，着色好、早熟。用 2000 mg/kg 的 B_9 在元帅苹果采前 60 天、45 天分别喷一次，或用 1000～4000 mg/kg 的 B_9 在采前 45 天喷一次，都能提早果实着色，增强果实硬度，延长贮藏寿命。果实贮藏到翌年 2 月份仍保持较高的硬度。甘肃农业大学报道，果实采收前 45 天和 60 天各喷一次 2000 mg/kg 的 B_9，贮藏期间呼吸高峰出现较迟，呼吸强度比对照低 50%，并且减轻虎皮病的发生，减少失重。采后果实用 2500 mg/kg 的 B_9 处理不起催熟作用。使用 52.7℃的 B_9 水溶液处理芒果可提高其呼吸强度和胡萝卜素的含量，加快成熟的速度，原因是热水能提高果实外部组织的渗透性，活化了胡萝卜素合成酶，但是用 25℃的 B_9 水溶液处理则没有效应。用 CCC 溶液浸或沾叶用莴苣可将货架期延长 1 倍，能推迟绿花椰菜和石刁柏的品质败坏，而对蘑菇的衰老却无抑制作用。

生长素类产品对园艺产品的保鲜都有显著作用，如 2，4-D（2，4-二氯苯氧乙酸）、NAA（萘乙酸）和 IAA（吲哚乙酸）等。柑橘在采前 30 天用 50 mg/kg 的 2，4-D 药液喷果实，保鲜效果好。采后 3 天内用 200 mg/kg 的 2，4-D 药液浸果，能抑制离层形成，保持果蒂新鲜，减少腐烂，延长贮藏寿命，采后及时用药液浸果，保鲜效果更好。采收 3 天后再用药液处理则无效，因为此时离层已经形成。NAA 有推迟番茄完熟的作用，IAA 只在早期对番茄完熟有抑制作用。用 50～100 mg/kg 的 NAA 处理花椰菜与甘蓝，可减少失水。

新陈代谢抑制剂对园艺产品的新陈代谢都有一定的抑制作用，如亚胺环己烷（cycloheximide）、放线菌素-D（actinomycin D）、脱氢醋酸钠（sodium dehydroacetic acid，Na-DHA）和环氧乙烷等。Frenkel 等认为亚胺环己烷在呼吸高峰前使用可抑制梨成熟，随后效果降低，并显著地抑制果肉的软化、叶绿素的降解和乙烯的合成。在果实进入成熟时使用，成熟速度减慢，如在刚进入成熟时处理，则没有效果。用放线菌素-D 处理的效果与此相同，但放线菌素-D 处理对果实的抑制作用不能被乙烯解除。芒果用环氧乙烷处理能延迟成熟，并且果实皮色好，质地优。0.5%的 Na-DHA 可降低草莓的呼吸作用，抑制呼吸酶的活性，延缓草莓的成熟。

乙烯吸收剂对延长贮藏寿命有较好效果。高锰酸钾是实用有效的乙烯吸收剂。Scott 等（1968）用蛭石吸足高锰酸钾溶液，然后与香蕉一起放在密封的塑料保鲜袋内吸收乙烯，保鲜效果好，38 天后效果更加显著，所以高锰酸钾作为乙烯吸收剂能显著地延长贮藏寿命。

代甲烷和甲酸甲酯能控制霉菌的生长，也能抑制芒果成熟，但甲酸甲酯抑制园艺产品成熟的效果比代甲烷好。

（2）促进园艺产品成熟的化合物

乙烯利是一种较为广泛的催熟剂，它通过释放乙烯起催熟作用，用乙烯利催熟香蕉和番茄比乙炔的效应高 100 倍。华中农业大学（1995）用 200 mg/L 的早熟灵或 J-455 在温州蜜柑成熟前 45 天喷施，提早成熟 10 天左右。二已胺二已酸铜（Cu-EDTA）和 BOH、乙炔、抗坏血酸，这些化合物都能诱导乙烯的形成。果实采前喷洒抗坏血酸能诱导乙烯的形成，但用于采后效果差。乙炔可以促进果实成熟，用 10 mg/kg 的乙烯对采后的柠檬和橙处理 2 天比用 500 mg/kg 的乙炔同样处理的效果好，但 1 周后，两者的退绿效果几乎相同，后者的效果也较明显。实际上用 1000 mg/kg 的乙炔处理也可达到 10 mg/kg的乙烯催熟的效应。柿采后喷 75%的乙醇脱涩效果明显，喷后置于塑料薄膜袋内，室温下 4～5 天后果实质软味美，变红略带橙黄。

（3）促进或抑制成熟和衰老的化合物

2，4-D、2，4，5-T 及 2，4，5-TP 对促进或抑制园艺产品的成熟和衰老都有一定的作用。华中农业大学用 2，4-D 处理柑橘果实，无论采前、采后处理均可抑制果蒂形成离层，在贮藏中都能保持果蒂新鲜，有效地控制黑腐和蒂腐病。采前、采后喷施或浸果的药液浓度分别在 70 mg/kg 和 200 mg/kg 左右。100～1000 mg/kg 的 2，4-D 可提高香蕉的呼吸高峰，100 mg/kg 的 2，4-D 处理采后香蕉有促进成熟的作用，但果实之间成熟不一致；用 10～25 mg/kg 的 2，4，5-T 水溶液喷洒 Black Mission 无花果，可使其提早 17 天成熟，但对叶有相当大的损害，同样的剂量使 Calimyra 无花果提早 30～60 天成熟，对叶片仍然有损害。1 mg/kg 的 2，4，5-T 对延缓菠萝的衰老也有较好的效果。夏威夷菠萝研究所用 100 mg/kg 的 2，4，5-T 处理菠萝已获专利。100 mg/kg 的 2，4，5-T 对芒果有延迟成熟的作用，但对皮色无效应。2，4，5-T 和 2，4-D 都可延长柑橘的贮藏寿命，主要表现在脱绿减慢，生理失重少，维生素 C 损失少。2，4，5-TP 可延缓葡萄成熟，但对桃起催熟的作用。其原因是桃和葡萄的过氧化物酶和过氧化氢酶的活性对 2，4，5-TP 的反应差异极大，氧化反应在桃中加强，则在葡萄中受阻。NAA 能控制 Basrai Dwarf 香蕉和 Smooth Cayenne 菠萝成熟。如果用 100 mg/kg 的 NAA 和 4%的蜡乳浊液涂在香蕉上，贮藏在 20.5～28.8℃的条件下 16 天后，酸、可溶性固形物、总糖、还原糖和非还原糖都有所减少，品质不如对照。

2.4　乙烯的生物合成及其对园艺产品的影响

2.4.1　乙烯的发现

我国古书记载：青而涩的果实最好放在密封的米缸里促进成熟；烟熏、焚香和灶房薪烟气体也能促进果实成熟和显色。在西方，Girardin 于 1864 年首次报告渗漏的燃气使法国某城市的树叶变黄。1990 年人们发现用加热器燃烧煤油可以使绿色的加利福尼亚柠檬（California lemon）变黄。1901 年 Neljubow 首次研究表明，乙烯是燃气中的活跃成分。到 1924 年，Denny 发现，在一定的温度下使柠檬褪绿的根本原因是煤油炉产生的乙烯，而不是温度的升高。后来陆续发现和证明多种果实本身具有产生乙烯的能力，乙烯有加快果实后熟和衰老的作用。

1935～1952 年，对于乙烯的作用地位争论非常激烈，直到 1952 年，James 和 Martin 发明了气相色谱（gas chromatographic）并检测出微量乙烯，人们利用这种仪器证明了乙烯的确是促进果实成熟衰老的一种植物激素。1964 年 Lieberman 等提出乙烯来源于蛋氨酸（Methionine，Met），1979 年 Adams 和 Yang 发现 1-氨基环丙烷羧酸（ACC）是乙烯的直接合成前体，并确定了乙烯生物合成的途径：Met（蛋氨酸）→SAM（S-腺苷蛋氨酸）→ACC（1-氨基环丙烷羧酸）→ Ethylene（乙烯），成为乙烯研究的一个里程碑。自 1989 年以来，随着分子生物学的发展和应用，有关乙烯生物合成关键酶的生物化学和分子生物学研究取得了很大进展，利用转基因技术得到了多种乙烯生物合成受抑制的转基因植株，并在生产中得到了应用。

2.4.2 乙烯的结构特点

乙烯（Ethylene，ET，ETH）是一种不饱和烃，其化学结构为 $CH_2=CH_2$，是各种植物激素中分子结构最简单的一种。乙烯在常温下是气体，分子量为 28，轻于空气。乙烯在极低浓度（0.01～0.1 μl/L）时就对植物产生生理效应。种子植物、蕨类、苔藓、真菌和细菌都可产生乙烯。

2.4.3 乙烯的生物合成

乙烯的结构简单，有几百种化合物可以反应生成乙烯。在 20 多年来的研究中，乙烯的生物合成取得了大量的成果。Lieberman 和 Mapson（1964）提出植物乙烯来源于 Ca^{2+}-抗坏血酸化学体系中的蛋氨酸（即甲硫氨酸），但并不清楚其反应的中间步骤。Adams 和 Yang（1979）发现 1-氨基环丙烷羧酸（ACC）是乙烯生物合成的直接前体。目前，对所有微管植物研究发现，乙烯生物合成都经由此途径（潘延云等，2003）。此途径已被证实存在于所有高等植物组织中，是植物体内生物合成乙烯最主要的途径。

1. S-腺苷蛋氨酸（SAM）的生物合成及作用

现已证实植物体内的蛋氨酸，首先在三磷酸腺苷（ATP）参与下，由蛋氨酸腺苷转移酶催化而转变为 S-腺苷蛋氨酸（SAM），SAM 被转化为 1-氨基环丙烷羧酸（ACC）和甲硫腺苷（MTA），MTA 进一步被水解为甲硫核糖（MTR），通过蛋氨酸途径，又可重新合成蛋氨酸。

虽然植物体内的蛋氨酸含量并不高，但不断有乙烯产生，而且没有硫原子释放出来。Adams 和 Yang（1977）在 MTA 中标记硫原子和甲基，结果 MTA 的甲硫基被结合在蛋氨酸上，由此证明了乙烯的生物合成是从蛋氨酸→MTA→蛋氨酸循环，其中形成的甲硫基在组织中可以循环使用。

2. 1-氨基环丙烷羧酸（ACC）的合成

1957 年 Burroughs 分别从成熟的酿酒用苹果、梨果实中分离出 ACC。当时限于测定技术不够灵敏，只知道 ACC 与果实成熟有关，并不清楚其在乙烯生物合成中的地位和作用。直到 1979 年，Adams 和 Yang 的试验结果显示蛋氨酸在空气中很快生成乙烯，在氮气中却无乙烯产生，只积累 MTA 和 ACC，再放回到空气中，ACC 可以很快地转化为乙烯，这说明 SAM 是一个中间产物，在有 O_2 及其他条件满足时，它可形成 ACC 并进一步形成乙烯，同时形成 MTA 及其水解产物 MTR。将 ACC 施加到各种植物组织，如根、茎，叶、花、果实、种子，都能显著增加内源乙烯的产量。从 SAM 转变来的 ACC 被确定为乙烯生物合成的直接前体。

由于 ACC 是乙烯生物合成的直接前体，因此植物体内乙烯合成时从 SAM 转变为 ACC 的过程就显得非常重要，催化这个过程的酶是 ACC 合成酶，这个过程通常被认为是乙烯形成的限速步骤。ACC 合成酶专一地以 SAM 为底物，其分子量为 55000～58000，可能是一种以磷酸吡哆醛为辅基的酶，它强烈地受到磷酸吡哆醛酶类抑制剂，如氨基氧代乙酸（AOA）和氨基乙氧基乙烯基甘氨酸（AVG）的抑制。有人测定了鳄梨、苹果、番茄等果实在跃变期中乙烯产量的变化，发现跃变前乙烯产生速率很低，同时 ACC 合成酶活性和 ACC 含量也很低，而跃变期 ACC 含量迅速上升，与乙烯产量升高一致，此时还观察到 ACC 合成酶活性也相应增加。因此，认为 ACC 合成酶的合成或活化，是果实成熟时乙烯产量增加的关键。外界环境对 ACC 合成有很大的影响，机械损伤、冷害、高温、化学毒害等逆境和成熟等因素均可刺激 ACC 合成酶的活性增强，导致 ACC 合成量的增加。

3. 乙烯的合成

S. F. Yang（1981）根据 ACC 能被次氯酸钠氧化的化学反应，提出 ACC 可能被羟化酶或脱氢酶氧化形成氰甲酸，氰甲酸不稳定迅速分解成对植物有毒的氰化氢（HCN），同时也形成乙烯，如图 2-9 所示。β-氰基丙氨酸合成酶催化 HCN 与半胱氨酸形成 β-氰基丙氨酸，此酶广泛存在于高等植物组织中，因此植物完全有能力处理掉乙烯形成过程中所产生的 HCN。

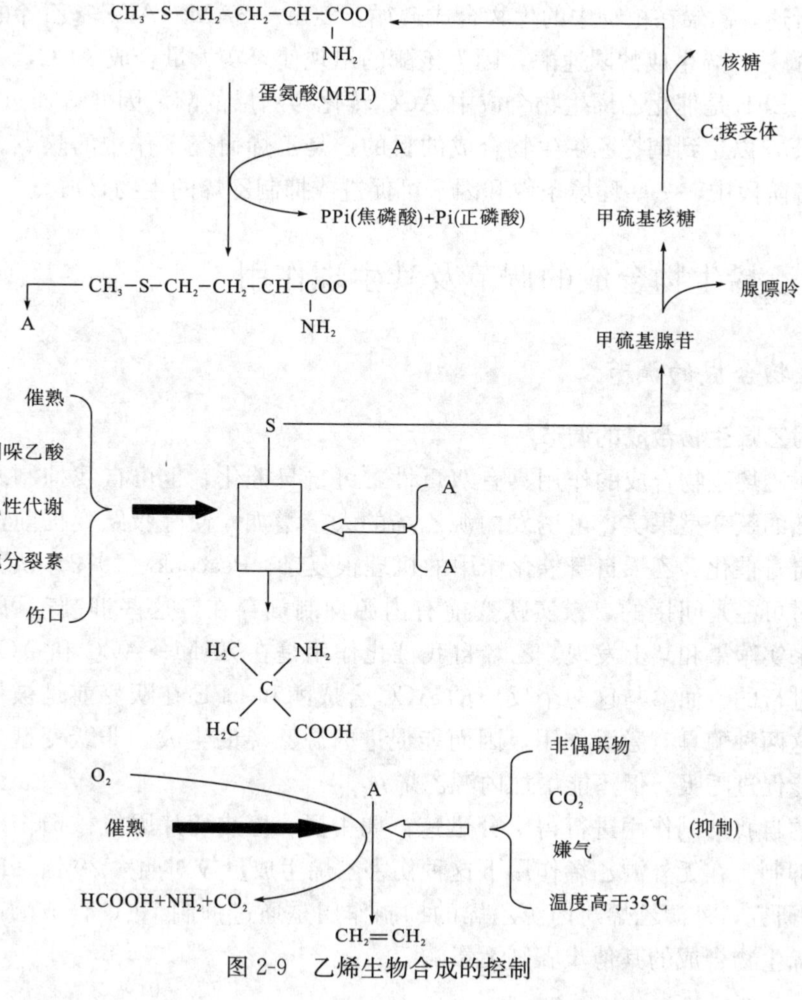

图 2-9　乙烯生物合成的控制

从ACC转化为乙烯是一个酶促反应，是一个需氧的过程，催化此反应的酶为ACC氧化酶（也称乙烯形成酶，EFE），而且解联偶剂（DNP）及自由基清除剂都能抑制乙烯的产生。以细胞匀浆为材料进行试验，发现乙烯的合成停止，但有ACC的累积，这说明细胞组织结构不影响ACC的生成，但对乙烯的合成有影响，从ACC转化为乙烯需要细胞保持结构高度完整的状态下才能完成，EFE可能就位于液泡膜和质膜上。

4. 丙二酰基ACC

Apelbaum和Yang（1981）观察到小麦叶片失水萎蔫时，最初ACC和乙烯的合成都增加，但此后ACC的消失量却大大超过了乙烯的生成量。这种现象在番茄果实和小麦受到机械损伤时也被观察到。由此便对ACC去向产生了新的疑问。Hoffman（1982）发现植物体内游离态ACC除被转化为乙烯以外，还可以转化为结合态的ACC。他们用标记的^{14}C-ACC饲喂失水的小麦叶片后，大部分ACC与体内丙二酸结合形成丙二酰基ACC（MACC），在逆境条件下所产生的MACC，在胁迫因素消失后还能累积在组织中，即植物体内一旦形成MACC后，就不能被逆转为ACC，因而不能用来合成乙烯，MACC的生成可看成是调节乙烯形成的另一条途径。

综上所述，乙烯在植物中的生物合成遵循蛋氨酸→SAM→ACC→乙烯的途径，其中ACC合成酶是乙烯生成的限速酶，因为该酶的出现使果实大量合成ACC，并进一步氧化生成乙烯。EFE是催化乙烯生物合成中ACC转化为乙烯的酶。因此，通过研究ACC合成酶和EFE，以达到调控乙烯生物合成的目的，是乙烯研究工作中的热点。此外，在乙烯合成的各阶段中，一些环境条件和因子可促进或抑制乙烯的生物合成。

2.4.4 乙烯生物合成的调节及其生理作用

1. 乙烯生物合成的调节

（1）乙烯对乙烯生物合成的调节

乙烯对乙烯生物合成的作用具有双重性，可自身催化，也可自我抑制。用少量的乙烯处理成熟的跃变型果实，可诱发内源乙烯的大量增加，使呼吸跃变提前，乙烯的这种作用称为自身催化。乙烯自身催化作用的机理很复杂，Peacock（1972）认为这种启动作用在开始时可能是间接的，果实跃变前有内源抑制剂存在，这些抑制剂可被乙烯破坏。在跃变型果实苹果和梨上发现，乙烯自我催化作用是在SAM→ACC和ACC→乙烯这两步反应中进行的，而参与这两个反应的ACC合成酶和EFE在跃变前是被抑制的，而外源乙烯对这两种酶具有激活作用，因而能促进内源乙烯的生成。非跃变型果实施用乙烯后，虽然能促进呼吸，但不能增加内源乙烯。

乙烯的自我抑制作用进行得十分迅速，如柑橘、橙皮切片因机械损伤产生的乙烯受外源乙烯抑制。在无外源乙烯作用下这种伤害乙烯生成量较对照大20倍（Riov和Yong，1982）。据研究，外源乙烯对内源乙烯的抑制作用是通过抑制ACC合成酶的活性而实现的，对乙烯生物合成的其他步骤则无影响。

（2）胁迫因素导致乙烯的产生

逆境胁迫可促进乙烯的合成。胁迫因素很多，包括机械损伤、电离辐射、高温、低温、病虫害、化学物质等。在逆境胁迫条件下，植物组织产生胁迫乙烯具有时间效应，一般在胁迫发生后 10～30 min 开始产生，此后数小时内达到高峰。但随着胁迫条件的解除，又恢复到正常水平。因此，胁迫条件下生成的乙烯，可看成是植物对不良条件刺激的一种反应。

胁迫因子对乙烯合成作用的促进机理，也是增加 ACC 合成酶的活性。其实验根据是，使用乙烯合成抑制剂 AVG 可抑制胁迫乙烯的产生，前面已经提到 AVG 是乙烯生物合成进程中 SAM→ACC 的专一抑制剂，其抑制点是 ACC 合成酶。胁迫因子刺激内源乙烯生成的实验很多。例如，低温胁迫对一些冷害敏感的植物内源乙烯的合成具有明显促进作用。Wang（1982 年）将黄瓜置于冷害温度（2.5℃）和非冷害温度（13℃）下，在冷害温度下黄瓜内源乙烯释放与 ACC 含量均略高于非冷害温度下的黄瓜，但差异不显著，其 ACC 含量、ACC 合成酶活性和乙烯的生成量都较低，但转移到 25℃的地方，这三种指标迅速增加并显著高于对照，7 h 后，ACC 含量和乙烯释放量达到最高峰，增长约 70 倍。

（3）其他植物激素对乙烯合成的影响

脱落酸、生长素、赤霉素和细胞分裂素对乙烯的生物合成也有一定的影响。

2. 乙烯的生理作用

（1）促进果实成熟

早在公元以前我国劳动人民就发现乙烯能促进果实成熟的现象，但尚不清楚其中的机理。直到气相色谱被研制出来时，才帮助人们了解了果实在成熟过程中所释放乙烯的浓度变化，发现只有当乙烯增加到一定的浓度，果实才会成熟，从而证明了乙烯的确是促进果实成熟的一种生长激素。

曾经有人提出乙烯浓度阈值的概念，认为要启动完熟或呼吸对乙烯产生反应，植物组织中必须积累一定浓度的乙烯。表 2-7 列出了几种果实的乙烯阈值。不同果实的乙烯阈值是不同的，当乙烯的浓度一旦达到阈值就启动果实成熟，随着果实成熟的进程，内源乙烯迅速增加，而且果实在不同的发育期和成熟期对乙烯的敏感度是不同的。一般来说，随着果龄的增大和成熟度的提高，果实对乙烯的敏感性提高，而诱导果实成熟所需的乙烯浓度也随之降低。幼果对乙烯的敏感度很低，即使使用较高浓度的外源乙烯也难以实现催熟。但对于即将进入呼吸跃变期的果实，只需用很低浓度的乙烯处理，就可诱导呼吸跃变的出现。用浓度为 300 mg/L 的乙烯分别催熟不同成熟度的温州蜜柑，在相同的温度条件下，已经开始转黄的果实，处理后 4～5 天完全变黄，而完全青绿的果实，处理后 8～10 天仍未正常变黄。

表 2-7　几种引起果实成熟的乙烯阈值　　单位：mg/m^3

品种	乙烯阈值	品种	乙烯阈值
香蕉	0.1～0.2	梨	0.46
油梨	0.1	甜瓜	0.1～1.0

续表

品种	乙烯阈值	品种	乙烯阈值
柠檬	0.1	甜橙	0.1
芒果	0.04～0.4	番茄	0.5

(2) 乙烯与呼吸作用

果实在成熟过程中随着乙烯的释放，果实的呼吸作用也相应提高。对跃变型和非跃变型两类不同的果实，乙烯对呼吸作用的促进存在着差异。

①跃变型果实与非跃变型果实组织内存在两种不同的乙烯生物合成系统。一种是所有植物组织在生长发育过程中都能合成并释放出微量乙烯，这种乙烯的合成系统称为系统Ⅰ（system Ⅰ）。另一种是非跃变型果实或未成熟的跃变型果实所产生的乙烯，都是来自乙烯合成系统Ⅰ。但是，跃变型果实在完熟期前期合成并释放的大量乙烯，则是由另一个系统产生的，称为乙烯合成系统Ⅱ（system Ⅱ），它既可以随果实的自然完熟而产生，也可被外源乙烯所诱导。

②跃变型果实与非跃变型果实对外源乙烯的刺激反应不同。对跃变型果实说来，外源乙烯只有在呼吸跃变前期施用才有效果，它可引起呼吸作用加强、内源乙烯的自动催化作用以及相应成熟变化的出现，这种反应是不可逆的，一旦反应发生即可自动进行下去，而且在呼吸高峰出现以后，果实就达到完全成熟阶段。非跃变型果实任何时候都可以对外源乙烯发生反应，出现呼吸跃变，但将外源乙烯除去，则由外源乙烯所诱导的各种生理生化反应便停止，呼吸作用又回复到原来的水平，与跃变型果实所不同的是呼吸跃变的出现并不意味着果实已完全成熟。

③跃变型果实与非跃变型果实内源乙烯含量不同。Burg（1962）研究表明，跃变型和非跃变型果实在生长到完熟期间内源乙烯的含量差异很大，一般跃变型果实内源乙烯的含量要高得多，而且在此期间内源乙烯浓度的变化幅度比非跃变型果实大得多。

④跃变型果实与非跃变型果实对外源乙烯浓度的反应不同。不同浓度的外源乙烯对两种不同类型的果实的呼吸强度的影响有所差异。对跃变型果实，提高外源乙烯浓度，果实呼吸跃变提前出现，但跃变峰值的高度不改变。乙烯浓度的改变与跃变期提前的时间大致成对数关系。对非跃变型果实来说，可提高呼吸跃变峰值的高度，但不改变呼吸跃变出现的时间。

(3) 乙烯的其他生理作用

乙烯不仅能促进果实的成熟，而且还有许多其他的生理作用，即可以加速叶绿素的分解，使果蔬产品转黄，降低品质。例如，在1℃下，用10～100 mg/kg的乙烯处理甘蓝，5周后其叶子变黄；在25℃下，用0.5～5 mg/kg的乙烯处理会使黄瓜褪绿变黄，膜透性增加，瓜皮呈现水浸状斑点；0.1 mg/kg的乙烯可使莴苣叶褐变。此外，乙烯可引起园艺产品的质地发生改变，在18℃下用5 mg/kg、30 mg/kg、60 mg/kg的乙烯处理黄瓜3天，可使黄瓜的硬度下降，主要是由于乙烯提高了果胶酶的活性。

3. 乙烯作用的机理

乙烯是一种小分子气体，在植物体中具有很大的流动性。在香蕉的顶端施用乙烯3

小时后，发现茎端释放出大量的乙烯，这说明乙烯在果实内的流动快，作用大。关于乙烯促进植物成熟衰老的机理，目前还不十分清楚，主要有以下几种观点。

（1）乙烯改变细胞膜的透性

这种观点认为乙烯的生理作用是通过影响膜的透性而实现的。乙烯是脂溶性物质，在类脂中的溶解度比在水中大 14 倍，而细胞膜是由蛋白质、脂类、糖类等组成，是磷脂双分子层结构，因此其中的脂质可能是乙烯的作用位点。从细胞水平上看，乙烯的生物合成与细胞原生质膜结构完整性相联系，同时乙烯又增进细胞膜和亚细胞膜的透性，加强了底物与相应酶的接触，使生化反应容易进行。

（2）促进 RNA 和蛋白质的合成

Turkova 等（1965）发现乙烯促进番茄 RNA 的合成，Hulme 等（1976）发现乙烯对呼吸跃变前的果实有增加 RNA 合成的作用，在无花果和苹果中都曾观察到此现象。这一现象表明乙烯可能诱导 RNA 的合成，在蛋白质合成系统的转录阶段起调节作用，导致与成熟有关的特殊酶的合成，促进果实的成熟和衰老。

（3）乙烯对代谢和酶的影响

乙烯诱导高等植物发生各种生理反应。从理论上说，呼吸强度增大和其他生理代谢加强，是由于新酶合成或活化，或两者兼而有之。现已证实呼吸强度增大与糖酵解加强相联系，糖酵解又依赖于磷酸果糖激酶（PFK）和丙酮酸激酶（PK）两种关键酶的活性。

乙烯作用还涉及其他酶活性的影响。许多试验证明，乙烯诱发苯丙氨酸解氨酶（PLA）的活性显著提高，积累酚类物质。甘薯块根的薄片切块置于乙烯中，过氧化物酶、多酚氧化酶、绿原酸酶及苯丙氨酸解氨酶的活性都有所提高。乙烯也刺激各种水解酶活性的提高，如淀粉酶、叶绿素分解酶、纤维素酶等与果实成熟有关的酶都可被乙烯所活化。

（4）乙烯受体

根据激素作用受体的概念，认为在乙烯起生理作用之前，首先要与某种活化的受体分子结合，形成激素受体复合物，然后由这种复合物去触发初始生化反应，后者最终被转化为各种生理效应。乙烯对受体键的作用取决于 CO_2 和 O_2，其中 CO_2 起抑制作用，O_2 则相反。在高浓度 CO_2 条件下贮藏能延迟果实成熟，可能是因为 CO_2 与乙烯竞争受体结合部位的结果。

2.4.5　乙烯受体与信号传递基因

近年来，有关植物组织成熟衰老进程中的乙烯受体和信号转递，成为继乙烯生物合成与调控之后，采后研究领域中的又一个前沿热点。

早期，人们试图通过生物化学方法分离乙烯受体或乙烯结合蛋白，但未获得成功。近年来，人们根据乙烯的“三重反应”在拟南芥（arabidopsis thaliana）中分离出几类乙烯反应突变体，即乙烯不敏感突变体（ethylene-insensitive，EIN）、抗乙烯突变体（ethylene-resistant，ETR）和组成型“三重反应”突变体（constitutive-triple，CTR）。这些结果表明，植物体内存在着一条与这些反应相联系的乙烯信号转导途径，之后得到一些乙烯受体蛋白及其编码基因。

ETRI 蛋白是最早发现的乙烯受体蛋白，它具有感受乙烯的功能，拟南芥 ETRI 基因突变体植株对乙烯不敏感，表明该基因产物在乙烯信号转导中起作用。遗传学研究显示，ETRI 蛋白的作用位于乙烯信号转导途径的上游，在乙烯信号转导的初期起作用。ETRI 是一种跨膜蛋白，N-端含有一个疏水结构域，三个跨膜节段，侧卧在膜的外侧，乙烯结合位点在 N-端疏水结构域；C-端的序列与细菌双组分系统的组氨酸激酶及反应调节器高度同源，其结构域定位在膜的细胞质一侧。细菌双组分系统含有两个保守基元，通常称为传感蛋白和反应调节器，这两个组分配对起作用，控制细菌对专一信号产生反应。传感蛋白定位在细胞膜上，由一个细胞外输入端和一个细胞质组氨酸激酶结构域组成；反应调节器则由一个接受器结构域和一个输出结构域组成。当传感蛋白的氨基末端输入域受到环境信号刺激时，能使保守的组氨酸残基发生自身磷酸化作用，然后这个磷酸基因从组氨酸转移到反应调节器的接受结构域上的天门冬氨酸残基中，接受器的磷酸化状态控制输出结构域，后者又介导下游步骤。很多细菌的输出结构域都是转录调节物。由于 ETRI 结合乙烯的能力及其与细菌传感蛋白具同源性，所以也称 ETRI 为乙烯传感蛋白（ethylene-sensor protein）。

ERS（Ethylene Response Sensor）基因是在拟南芥中克隆到的第二个乙烯受体基因，它是 ETRI 的同源物。ERS 与 ETRI 一样在 C-端区域含有一个推断的组氨酸蛋白激酶结构域，所以结构上也与双组分传感蛋白类似，但它缺乏一个接受器结构域。将 ERS 基因转入正常植株，则表现为对乙烯不敏感。ERS 与 ETRI 一样，也在 CTRI 的上游起作用。

NR 蛋白是在番茄果实中发现的另一个乙烯受体蛋白，与 ETRI 高度相似，由 Nr（Never-ripe）基因编码。Nr 基因在果实成熟阶段被大量诱导，说明该基因可能调控果实成熟阶段对乙烯的敏感性，也可能与呼吸跃变型果实系统Ⅱ中乙烯的形成有关。最近又在番茄果实中发现了 eTAEI 基因，它也与 ETRI 同源。

随着遗传学、生物化学、分子生物学方法的广泛运用，已从园艺植物体内克隆了多个与乙烯合成相关的基因。目前从番茄中克隆了 9 个 ACC 合成酶基因，从甜瓜中克隆了 5 个 ACC 合成酶基因，苹果、黄瓜、香蕉、绿豆、康乃馨、矮牵牛、水稻等植物的 ACC 合成酶基因克隆也有报道。我国科研人员分别在哈蜜瓜、桃、番茄、猕猴桃中克隆了 ACC 氧化酶基因。在基因克隆的基础上，利用反义 RNA 技术控制果实成熟成为可能。1990 年，Hamilto 等采用反义 RNA 技术获得了通过降低 ACC 氧化酶活性控制果实成熟的第一个耐贮藏的转基因番茄品种。此后，1991 年，Olller 等获得转基因番茄；1995 年，Savin 等获得转基因康乃馨；1996 年，Peeh 等获得转基因甜瓜；1995 年，中国农业大学培育的转基因丽春番茄品种获得成功；1999 年，叶志彪等培育得华番 1 号转基因番茄。

目前，乙烯的生物合成途径及合成调控研究得较为深入，但乙烯调控基因表达的机理尚不明确。现在的观点认为，乙烯在植物体内作为信号分子存在，通过信号传导途径间接调控基因表达，但相互作用的机理并不清楚。随着分子生物学、生物化学的飞速发展，乙烯信号传导途径的研究及阐明，将对园艺产品的采后成熟调控提供新的可供操作的基因，并具有广阔的应用前景。

【复习思考题】

1. 简述园艺产品采后与贮藏保鲜的关系。
2. 简述园艺产品采后蒸腾失水与贮藏保鲜的关系。
3. 简述影响园艺产品采后贮藏保鲜的主要因素。
4. 从植物激素调控成熟与衰老的角度，简述园艺产品采后贮藏保鲜的措施。
5. 试述植物呼吸代谢的途径。
6. 简述跃变型果实与非跃变型果实在呼吸代谢上的区别。
7. 简述园艺产品采后呼吸作用和蒸腾作用的生理意义。
8. 试述园艺产品采后乙烯生物合成的途径及其调控。
9. 试述乙烯对呼吸跃变型和非呼吸跃变型果实的呼吸作用促进的差异。
10. 试述园艺产品采后相关酶的作用。
11. 试述园艺产品采后成熟与衰老过程中的相关基因及其表达和对成熟与衰老的调控作用。

第 3 章　园艺产品采后病虫害

【内容提要】　主要阐述园艺产品采后病虫害的相关概念；系统地介绍了采后侵染性病害、生理性病害和虫害的影响因素及防治措施；介绍了主要园艺产品采后病害的防治方法。

【学习目标】　掌握园艺产品采后病虫害的相关概念；理解导致园艺产品采后腐烂的病原微生物及其特征；学习和了解园艺产品腐烂病害的影响因素；掌握园艺产品侵染性病害的综合防治措施；了解主要果蔬的侵染性病害及其防治方法；掌握园艺产品的生理性病害及主要果蔬的生理病害防治措施；掌握园艺产品的虫害及其防治措施。

【主要概念和名词】　侵染性病害　寄主　病原微生物　潜育期　化学防治　天然产物杀菌剂　物理防治　生物防治　拮抗菌　农业防治　商业防治　生理病害　高温伤害　冷害　冻害　低 O_2 伤害　高 CO_2 伤害

园艺产品在采后贮运过程中，病害所造成的损失是相当严重的。如何减少这种损失，是世界性的一个难题。即使在美国这样有先进技术和较完善冷链系统的国家，园艺产品产后损失率仍达 5%～20%，而像我国这样的发展中国家，损失率高达 40%。园艺产品采后损失的原因包括：园艺产品生理失调或衰老；采收及采后环节中引起的机械损伤；病原微生物侵染危害和昆虫危害等方面。这些因素相互影响，相互作用，导致园艺产品采后的腐烂变质，其中园艺产品采后病原微生物侵染和生理失调造成的损失最为严重。

园艺产品采后病害主要是指采收后发病、传播、蔓延的病害，包括田间已被侵染，但尚无明显症状，在采收后才发病或继续危害的病害。采后病害可分为两大类：一类是由病原微生物侵染引起的侵染性病害；另一类是由非生物因素造成的生理性病害。

3.1　园艺产品采后的侵染性病害

3.1.1　病原菌的侵染规律

侵染性病害（infectious diseases）是由病原微生物侵染引起的病害，即通常所说的腐烂（decay or rot）。所有的园艺产品在采后过程中均可发生不同程度的腐烂，严重者几乎全部腐烂。被病原微生物侵染的产品定义为寄主（host），主要包括各类水果、蔬菜和花卉。只有病原微生物、寄主和适宜环境共存的情况下，侵染性病害才会发生。侵染性病害是导致园艺产品采后变质的最重要的因素。因此，掌握侵染性病害的发生原因及其特点，通过有效的措施对其加以防治是园艺产品采后亟须解决的问题。

1. 病原微生物

引起园艺产品采后腐烂的病原微生物包括病原真菌、细菌和病毒，但采后病害的病原微生物绝大多数是真菌和细菌。其中，水果采后的侵染性病害大多由真菌引起，一般认为这与水果组织多呈酸性不宜细菌生长有关；而大多数蔬菜的腐烂多由细菌引起。许多引起采后病害的真菌和细菌来源于田间。

病原微生物侵入园艺产品后有多种摄取营养的方式，只能从活体寄主组织或细胞中吸取营养，而寄主不丧失活性的方式的称为专性寄生；既可以从活体寄主组织或细胞中吸取营养，又可以从死亡的组织或细胞中吸取营养的方式称为兼性寄生；只能从死亡的组织或细胞中吸取营养的方式称为专性腐生。危害采后园艺产品的病原菌中以兼性寄生菌和腐生菌居多。有些采后病害，开始是被一个或多个较专化的病原菌侵染，但接着很容易被那些广谱性的腐败菌危害。这些腐败菌大多致病性很弱，但其所造成的危害有的可能超过第一次入侵的病原菌，如软腐细菌继细菌黑斑病后侵入花椰菜，危害性更大。许多第二次入侵的病原菌本身就是园艺产品正常微生物群落中的一员，条件适合时就造成贮藏期间园艺产品的大量腐烂。

(1) 真菌（fungi）

真菌是生物中一类庞大的群体，其主要特征是，营养体呈丝状分枝的菌丝结构，具有细胞壁和细胞核；生殖主要是以孢子进行的有性或无性繁殖；缺乏叶绿素，不能进行光合作用，属于异养；以分泌酶来分解基物的方式获取营养。园艺产品采后腐烂主要是由病原真菌引起的。真菌的生长发育过程可分为营养阶段（vegetative stage）和繁殖阶段（propagative stage），营养阶段为菌丝体（mycelium），繁殖阶段产生各种类型的有性孢子（sexual spore）和无性孢子（asexual spore）。有性孢子是通过性细胞或性器官结合而产生的，主要有合子（zygote）、卵孢子（oospore）、接合孢子（zygospore）、子囊孢子（ascospore）和担孢子（basidiospore）。大多数真菌的有性孢子是一年产生一次，多发生在田间寄主生长后期，由于有性孢子对不良环境具有较强的适应能力，常常是真菌越冬的器官和第二年病原菌的初次侵染源。无性孢子是直接从营养体上产生的，主要有芽生孢子（blastospore）、粉孢子（oidium）、厚垣孢子（chlamydospore）、游动孢子(zoospore)、孢囊孢子（sporangiospore）和分生孢子（conidium）。无性孢子一年可产生多次，是真菌病害的主要传染源。引起园艺产品采后病害的病原真菌主要有以下几类。

1）鞭毛菌亚门（Mastigomycotina）

鞭毛菌亚门的真菌绝大多数生于水中，少数具有两栖和陆生性。可以通过腐生或寄生获得养料。营养体是单细胞或无隔膜、多核的菌丝体，细胞壁由纤维素组成；无性繁殖形成孢子囊（sporangium），产生有鞭毛的游动孢子，有性繁殖形成卵孢子。该亚门与果蔬产品采后病害有密切关系的病原真菌有以下几种。

腐霉属（*Pythium*）：常见的采后腐霉属病害有西瓜、甜瓜和草莓的絮状泄漏病，病原为瓜果腐霉（*P. aphanidermatun*）、巴特勒腐霉（*P. butler*）和终极腐霉（*P. ultimum*）。症状开始表现为水浸状，扩展迅速，病部出现变色和长出白色的霉状物。腐霉是典型的土壤传染病，可直接侵入瓜果，或通过果瓜茎端切口和伤口侵入，迅速发展，造成贮藏运输期间瓜果严重腐烂。

疫霉属（*Phytophthora*）：园艺产品采后常见的疫霉属病原菌有橘生疫霉（*P. citricola*）、柑橘疫霉（*P. citrophthora*）、恶疫霉（*P. cactorum*）和辣椒疫霉（*P. capsici*）。疫霉除引起柑橘类果实的褐腐病外，还侵染草莓、苹果、梨、番木瓜、甜瓜和马铃薯，引起腐烂。表现的症状为产品病部开始出现水浸状，局部变色，然后扩展使整个瓜果腐烂，长出白霉状物。疫霉病通常是土壤传染病害，能直接与土壤接触的瓜果容易受侵染，在湿润的瓜果表面该菌可直接穿透果皮或通过自然开口侵入。高温、高湿是发病的必要条件，但温度低于4℃时几乎不发病。

霜疫霉属（*Peronophythora*）：常见的霜疫霉菌有引起荔枝采后腐烂的霜疫霉菌（*Peronophythora litchi*）。表现的症状为果蒂开始出现不规则，无明显边缘的褐色病斑，潮湿时长出白色霉层，病斑扩展迅速，全果变褐，果肉发酸成浆，溢出褐水。荔枝霜疫霉病主要以卵孢子在土壤或病残果皮上越冬，次年条件适宜时，卵孢子发芽，产生大量游动孢子侵染树枝和果实。

2）接合菌亚门（Zygomycotina）

接合菌亚门的真菌绝大多数为腐生菌，广泛分布于土壤和粪肥上，只有少数为弱寄生菌，引起水果和蔬菜贮藏期间的软腐病。接合菌的主要特征为菌丝体发达、无隔多核，细胞壁由甲壳质（几丁质）组成；无性繁殖形成孢子囊和产生孢囊孢子；有性繁殖产生接合孢子。本亚门与园艺采后病害有关的病原菌有两个属。

根霉属（*Rhizopus*）：常见的根霉有匍枝根霉（*R. stolonifer*）和米根霉（*R. oryzae*）两种。主要侵染苹果、梨、葡萄、桃、李、樱桃、油桃、香蕉、菠萝蜜、草莓、番木瓜、甜瓜、南瓜、番茄和甘蓝等果蔬，引起软腐。根霉不能直接穿透果蔬表皮，只能通过伤口入侵，或通过自然开孔进入成熟和衰老的组织。成熟果实对根霉极为敏感。症状开始表现为水渍状圆形小斑，逐渐变成褐色，病斑表面长出蓬松发达的灰白色菌丝体，有匍匐丝（stonlon）和假根（rhizoid）。孢囊根丛生，从匍匐丝上长出，顶端形成肉眼可见的针头状子实体，即孢子囊，开始为白色，稍后转变成黑色。病部组织软化，易破，有酸味。贮藏温度对根霉属病原菌的生长影响很大，5℃以下的低温可明显地抑制该病害发生。

毛霉属（*Mucor*）：毛霉没有假根，属孢囊梗单生。主要侵染苹果、梨、葡萄、草莓和猕猴桃，引起毛霉病（mucor rot）。常见的毛霉主要是梨形毛霉（*Mucor piriformis*），病果表皮变成深褐色，焦干状，病斑下的果肉变成灰白或褐色，逐渐变软和水化，但没有臭味。病原菌分布在土壤中，通过伤口入侵，在湿润条件下产生大量黑色孢子囊，贮藏在0℃低温下的果实，也可发现毛霉引起的腐烂。

3）子囊菌亚门（Ascomycotina）

子囊菌亚门属于高等真菌，全部陆生，分为腐生菌和寄生菌。营养体除酵母菌是单细胞以外，子囊菌菌体结构复杂，形态和生活习性差异很大，其主要特征为菌丝体发达有分格和分枝：菌丝细胞通常为单核，也有多核的；无性繁殖主要产生分生孢子；有性繁殖产生子囊和子囊孢子。与果蔬采后病害有密切关系的子囊菌主要有以下两种。

核盘菌属（*Sclerotinia*）：菌丝体可形成菌核，子囊盘产生在菌核上或有寄主组织的假菌核上。主要的核盘菌有菌核软腐菌（*S. scleratiorum*）和小核盘菌（*S. minor*），引起柠檬、甘蓝、大白菜叶球腐烂。病部组织出现水渍状褐色病斑，上面长出棉絮状的白色菌丝，并出现黑色的菌核，病部组织变软，汁液外流，无臭味。同时，核盘菌属也是引起板栗采后黑腐病的病原菌，该菌在板栗采收前或落地后侵入栗果，潜伏在内果皮，不表现任何病症，待果实贮藏1～2个月后，病原菌迅速蔓延，黑色斑块开始出现在栗果尖端或顶部，不断扩大，被侵染的果肉组织松散，由白变灰，最后全果腐烂，变成黑色。核盘菌属在−2℃低温下仍能生长和致病，腐烂果实可通过接触传染。

链核盘菌属（*Monilinia*）：该菌属是引起水果采后褐腐病（brown rot）的重要病原菌，因此又叫褐腐病原菌（brown rot fungi），有果生链核盘菌（*M. fructicola*）、仁果链核盘菌（*M. fructigena*）和核果链核盘菌（*M. laxa*）三种病原菌。褐腐病原菌主要侵染油桃、樱桃、桃、李、苹果、梨等果实，引起果实褐腐病。果实受害初期病部为浅褐色软腐状小斑，数日内迅速扩大至全果，果肉松软，病斑表面长出灰褐色绒状菌丝，上面产生褐色或灰白色孢子，呈同心圆的轮纹状排列。该菌在0℃低温下也生长较快，腐烂的果实可接触传染。

4）半知菌亚门（Deuteromycotina）

半知菌亚门的真菌多为腐生，也有不少寄生菌。在它们的生活史中只发现无性阶段，故称为半知菌或不完全菌。当发现有性阶段时，大多数属于子囊菌，极少数是担子菌，因此子囊菌和担子菌的关系密切。主要特征是，菌丝体发达，分枝分格；无性繁殖产生各种类型的分生孢子；有性阶段尚未发现。半知菌是非专性寄生菌，与水果蔬菜采后病害关系最为密切，最常见的有以下几种。

交链孢菌属（*Alternaria*）：常见的有链格孢（*A. alternaria*）、柑橘链格孢（*A. citri*）、苹果链格孢（*A. mali*）和瓜链格孢菌（*A. cucumis*），分别引起梨、桃、油桃、杏、李、樱桃、葡萄、草莓、番茄、甜椒、茄子、黄瓜等果蔬的黑腐病、柑橘黑心病、苹果心腐病和洋葱的紫斑病。链孢菌通过伤口、衰老组织的自然开孔、冷害损伤等入侵，在采前潜伏侵染，到果实成熟或组织衰老时发病。病斑可以出现在果实的任何部位，病组织的表面有一层橄榄绿孢子的覆盖物。桃、杏、李上的病斑较硬，下陷。甜樱桃的褐色病斑上有大量的白色菌丝。柑橘果实的病斑在果蒂部呈圆形，褐色，病组织变黑，表现为黑腐，黑心，在橘子上表现为褐斑。葡萄被侵染的组织发白，呈水浸状，腐烂处产生黑褐色的孢子，孢子头肉眼可见，孢子成熟时易脱落，腐烂果有酸味。瓜果上病部呈褐色圆斑，稍凹陷，外有淡褐色晕环，逐渐扩大变黑，病斑上有黑褐色霉状物，果肉变黑，坏死，呈海绵状。

葡萄孢霉属（*Botrytis*）：该菌属能侵染上百种植物，并引起果蔬产品的灰霉病(gray mould rot)。在贮藏期间绝大多数新鲜水果和蔬菜都被灰霉病原菌（*Botrytis* spp.）侵染。侵染组织呈浅褐色，病斑软化，迅速扩展，上面产生灰褐色的孢子，有时有黑色的菌核出现。主要病原菌有*Botrytis cinerea*和*Botrytis alii*，病原菌可通过伤口、裂口或自然开口侵入寄主，也可从果蔬表面直接侵染，该菌可以在田间入侵葡萄、草莓、苹果、洋葱和莴苣等果蔬产品，潜伏侵染，直到果实成熟或采收后在贮藏期间才发病。由于该菌对低温有较强的忍耐力，在−4℃下也能生长萌发，产生孢子和致病，常常造成园艺产品采后严重的腐烂损失。

刺盘孢菌属（*Colletotrichum*）和盘圆孢菌属（*Gloeosporium*）：这两个属是引起水果炭疽病的主要病原菌，常合并为一个属。常见病原菌为盘长孢刺盘孢［（*Colletotrichum gloeosporioides*，又名果生盘孢菌（*Gloeosporium frutigerum*）］和香蕉刺盘孢菌（*Gloeosporium musarum*），分别引起苹果、芒果炭疽病和香蕉斑点病。病原菌在田间侵入果实，最主要危害成熟或将成熟的果实，采后发病严重。发病初期果实表面出现浅褐色圆形小斑，迅速扩大，呈深褐色，稍凹陷皱褶，病斑呈同心轮纹状排列，湿度大时，溢出粉红色黏液。果实一旦出现炭疽病斑，迅速扩展腐烂，造成极大的经济损失。

镰刀菌属（*Fusarium*）：该菌属生活在土壤中，分生孢子在空气中传播。主要侵染蔬菜和观赏植物，特别是块茎、鳞茎，或甜瓜、黄瓜和番茄等低位果实常常受害。镰刀菌属主要有木贼镰孢菌（*F. equiseti*）、尖孢镰孢菌（*F. oxysporum*）、黄色镰孢菌（*F. culmorum*）和腐皮镰孢菌（*F. solani*）等，是引起土豆干腐、洋葱和大蒜蒂腐、生姜和甜瓜白霉病的病原菌，这些病原菌可在田间、采收前或采收后入侵寄主，但发病主要在贮藏期间。受害组织开始为淡褐色斑块，上面出现白色的霉菌丝，逐渐变成深褐色的菌丛，病部组织呈海绵软木质状。有粉红色菌丝体和粉红色腐烂组织。生长最适温为25～30℃，5℃以下低温对镰刀菌的生长有明显的抑制作用。

地霉属（*Geotrichum*）：常见的主要是白地霉（*G. candidum*），引起柑橘、番茄、胡萝卜等果蔬酸腐（sour rot）。地霉属菌广泛分布于土壤中，在采前或采收时粘染果蔬表面，从伤口、裂口和茎疤处侵入组织。症状开始为水浸状褐斑，组织软化，逐渐扩大至全果，果皮破裂，病斑表面有一层奶油色黏性菌层，上有灰白色孢子，果肉腐烂酸臭，溢出酸味水状物，产生白霉。在25～30℃的高温、高湿条件下发病迅速，10℃以下低温对该菌的生长有抑制。

青霉属（*Penicillium*）：该属是引起柑橘、苹果、梨、葡萄、无花果、大蒜、甘薯等果蔬产品采后青霉病（blue mould rot）和绿霉病（green mould rot）的重要病原菌。青霉属的种类很多，对寄主有一定的专一性，如指状青霉（*P. digitatum*）和意大利青霉（*P. italicum*）是引起柑橘果实采后腐烂的病原菌，扩展青霉（*P. expansum*）主要侵染苹果、梨、葡萄和核果，多毛青霉（*P. hirsutum*）则入侵大蒜，鲜绿青霉（*P. viridicatum*）只侵染甜瓜。青霉属病原菌主要从伤口入侵，也可通过果实衰老后的皮孔直接进人组织。侵染初期果皮组织呈水渍状，迅速发展，病部先有白色菌丝，上面长出青、绿色孢子。绿霉病原菌的孢子层与菌丝体的边缘有较宽的白色菌丝带，边缘不规则，而青霉病原菌的孢子层与菌丝体的边缘则只有2 mm宽，边缘较清晰。病果是重要的传染源。

拟茎点霉属（*Phomopsis*）：常见的有芒果拟茎点霉菌（*P. mangiferae*）和柑橘拟茎点霉菌（*P. cytosporella*），分别引起芒果和柑橘果实的褐色蒂腐病。病原菌在田间从伤口或直接侵入果实蒂部和内果皮，潜伏到果实成熟或贮藏期间才发病。发病初期蒂部出现褐色病斑，呈水浸状，不规则，病斑迅速扩展至全果，变成暗褐色，果肉软腐，病部表面有许多小黑点，即病原菌的分生孢子器。采后的低温贮藏可延缓病害的发生。

（2）细菌

细菌属原核生物界的单细胞生物，为异养生物。植物病原细菌大多数有鞭毛，可游动。以裂殖方式繁殖，速度快，一般 1 h 分裂一次，条件适宜，有的只需 20 min 就能分裂一次。

大多数病原细菌都为好气性细菌，在中性或微碱性的基物上生长良好。一般 26～30℃为生长适温。同时又耐低温，但对高温敏感，一般致死温度为 50℃左右。

病原细菌大多数腐生，只有部分寄生于植物体内成为病原菌，为非专性寄生。果树上细菌性病害较少，较为重要的果树细菌病害有柑橘溃疡病、桃细菌性穿孔病、果树根癌病等。蔬菜中细菌性病害较多，尤以十字花科和茄科的蔬菜作物上发生的细菌病害较为严重。另外，姜软腐病、马铃薯环腐病、黄瓜细菌性角斑病也是较为严重的病害。

细菌病害症状主要表现为斑点、腐烂、畸形，病症为脓状物。果实上病斑一般呈圆形，柔软多汁的果实感病后，由于细菌分泌果胶酶分解寄主细胞的中胶层，使细胞组织崩溃，造成软腐，同时在腐烂过程中遭受腐败性细菌的侵染，分解蛋白胨产生吲哚类物质而伴有臭味。病组织常呈水渍状，病部透光和常有细菌溢脓等。简单辨别的方法是，切取新鲜受害组织在显微镜下观察有无大量细菌从组织中溢出（益菌现象），以确定是否为细菌病害。

危害园艺产品的细菌主要有欧氏杆菌属、边缘假单胞杆菌属和黄单胞杆菌属。

①欧氏杆菌属（*Erwinia*）：其中危害严重的有软腐病杆菌（*Erwinia carotovora* subsp.）和黑胫病杆菌（*Erwinia carotovora* subsp.）。软腐病杆菌可直接引起多种新鲜蔬菜软腐和如白菜软腐病、萝卜软腐病、辣椒软腐病、生姜腐烂病、洋葱软腐病、莴苣腐烂病等。黑胫病杆菌引起马铃薯黑胫病，还可使多种叶菜败坏，也可危害水果。园艺产品遭受侵染后，若温度、湿度适宜，迅速扩展使产品组织软化腐烂。病原菌主要在采前侵染，采后也可侵染发病。

②边缘假单胞杆菌属（*Pseudomonas*）：侵染芹菜、莴苣、甘蓝等，引起腐败；枯草芽孢杆菌在 30～40℃时引起番茄软腐；多黏芽孢杆菌在 37℃左右时引起马铃薯、洋葱、黄瓜腐烂；一些梭状芽孢杆菌在低温时即可使马铃薯腐烂。

③黄单胞杆菌属（*Xanthomonas*）：危害萝卜、胡萝卜、甘蓝等，造成黑腐。病原菌经伤口侵入，在维管束组织中扩展，发病组织先呈黄色，最后变成黑色。萝卜肉质根和甘蓝根颈部呈黑腐状，甘蓝叶片呈黑线状分布。感病的萝卜直根、甘蓝叶球腐烂前外表正常，不易发现。主要在生长期侵染，收获时造成的伤口也是重要传播侵染途径，所以要注意种子消毒和轮作。

2. 病原菌侵入途径及侵染过程

（1）侵入途径

真菌大都是以孢子萌发以后形成的芽管或以菌丝通过自然孔口或伤口侵入。有些真菌还能穿过表皮的角质层直接侵入；病原细菌可由自然孔口和伤口侵入。有的病原菌既可在采前侵入也可在采后侵入。栽培期间病源过多，病害防治不及时是采前病害侵染的主要原因。采收时造成的切割伤，采收粗放、采后处理中的碰撞、摩擦造成的机械损伤，采后不良环境造成的生理伤害，成熟衰老带来的组织细胞的变化，以及大量产品集中贮藏所产生的群体效应等，都是采后病害侵染的诱因。

①直接侵入：是指病原物直接穿透寄主表皮细胞外缘的角质层和细胞壁侵入。病原物穿透尚未完全角质化的幼嫩组织比穿透已经完全角质化的老熟组织要容易得多。

②自然孔口侵入：园艺产品表面存在着多种自然孔口，如气孔、皮孔、萼孔、裂纹等，可成为病原物侵入的途径，如核果类、瓜类和叶菜类表面的气孔，仁果类表面的皮孔和萼孔。真菌性病原物可通过孢子萌发形成的芽管直接进入自然孔口，细菌性病原物可通过在自然掉落或在自然孔口周围的水膜中泳动的方式进入。

③伤口侵入：生长期间园艺产品表面形成的各类伤口，都可能是病原物侵入的途径。

④生理性伤害处侵入：园艺产品发生生理性病害，如冷害、CO_2 伤害等造成的伤害，降低了蔬菜本身的抗病能力，也为病原菌的侵入提供了通道。

(2) 侵染过程

病原菌从接触、侵入到引致寄主发病的过程称为侵染过程（简称病程）。病程一般分为四个阶段：侵入前期、侵入期、潜育期和发病期。

①侵入前期：从病原菌与寄主接触到病原菌向侵入部位生长或活动，并形成侵入前的某种侵入结构。病原菌通过各种途径（如振动、露珠等）进行传播，与寄主接触，并通过生长活动（如真菌休眠结构或孢子的萌发、芽管或菌丝体的生长、细菌的分裂繁殖等）进行侵入前的准备，并到达侵入部位，侵入前期完成。

侵入前期病原菌除受寄主的影响外，还受到生物的、非生物的环境因素影响。生物因素如园艺产品表面存在的拮抗微生物、寄主分泌物、渗出物等可以明显抑制病原物的活动。非生物因素中以湿度、温度对侵入前期病原菌的影响最大，所以侵入前期是病原菌侵染过程中的薄弱环节，也是防止病原菌侵染的关键阶段。

②侵入期：从病原菌开始侵入起，到病原菌与寄主建立寄生关系。侵入期湿度和温度对病原菌的影响最为关键。湿度可左右真菌孢子的萌发、细菌的繁殖，同时还可以影响园艺产品愈伤组织的形成、气孔的开张度及保护组织的功能；温度则影响孢子萌发和侵入的速度。因此，控制贮藏环境适宜的湿度和低温对于抑制病原菌侵入起着至关重要的作用。

③潜育期：指从病原菌侵入与寄主建立寄生关系开始，到表现明显症状。症状的出现就是潜育期的结束。在一定范围内，潜育期的长短受温度的影响最大，而湿度对其影响此时则显得次要，因为此时病原物已侵入寄主组织内部，可以从寄主获取充足的水分，所以不受外界湿度的干扰。在一定低温下，甚至可以完全抑制某些病原的繁殖扩展，使潜育期无限延长。

有些病原菌侵入寄主后，经过一定程度的发展，由于寄主抗病性强或由于其生理条件不利病原菌的扩展，使病原物在寄主体内潜伏而不表现症状，但当寄主抗病性减弱时，它可继续扩展并出现症状，这种现象称为“潜伏侵染”。最典型的如苹果的炭疽病、霉心病，香蕉的炭疽病等均是潜伏性侵染病害。

病原菌在寄主体内的繁殖扩展与寄主体内的抗病机制的发挥，二者的平衡决定了潜育期的长短。因此，不同的病原菌和寄主，其潜育期不同。一般采前侵入的潜育期较长，而采后侵入的则较短。病原菌中，潜育期较长的有盘长孢（*Gloeosporium*）和刺盘孢（*Colletotrichum*），为30～90天，链格孢（*Alternaria*）为30～60天，灰葡萄孢（*Botrytis*）和镰刀孢（*Fusarium*）为15～30天，青霉（*Penicillium*）较短，为7～10天，而根霉（*Rhizopus*）可短至36～48天。

④发病期：即显症期，从寄主开始表现症状到真菌性病害病部表面产生孢子、细菌性病害病部表面有脓状物溢出的一段时期。进入发病期后，病害的表现就会越来越严重，寄主的抗性也越来越微弱，直至完全被分解破坏。病部新产生的繁殖体又会导致更严重的“二次侵染”的发生。高温和高湿条件均对发病期有利。

3. 侵染循环

病害从前一个贮藏周期开始发病到下一个贮藏周期再度发病的全过程称为病害的侵染循环。它包括两个周期：活动期和休止期；三个环节：病原菌的越冬（越夏）、初侵染和再侵染、传播。

（1）病原菌的越冬（越夏）

大多数的病原菌都来自田间已被侵染的园艺产品，其在越冬（越夏）场所与果园、菜地里发病的病害相似。贮藏库有时可能有烂果存在，成为下一贮藏的病害隐患，但一般贮藏库都经过清扫和消毒，使病原菌在贮藏库内潜伏至下一个贮藏周期的可能性大大减小。

少数病原菌来自贮藏库本身，如引起果实腐烂的匍枝根霉、柑橘青绿霉等一些非专性寄生物。虽然这些寄生物的寄生性极弱，但一旦侵入，造成的危害往往更大。因此，贮藏库的及时清扫和消毒（包括园艺产品完全出库后的清扫和消毒及入库前的清扫和消毒）对于减少菌源、降低菌群基数、防止大量腐烂显得尤为重要。

（2）病害的初侵染和再侵染

病原菌越夏或越冬后对寄主的初次侵染称为初侵染。初侵染发病后所产生的病原体通过传播引起的再次或多次侵染称为再侵染。病原物在寄主个体上通过侵染、扩展、症状出现，就能形成病害，但不一定造成严重危害。大多数病害只有在群体中不断传播、蔓延发生多次侵染，使大量个体发病，才能在经济上造成严重损失。

一些来自田间的侵染病害，如苹果和梨的锈病、轮纹病、炭疽病，苹果霉心病，葡萄白腐病，柿角斑病等在贮藏期间一般无再侵染，贮藏期间发病的程度取决于栽培期间菌源的多少，所以防止侵染病害的关键是在栽培期间加强病虫害防治；而梨黑星病，柑橘溃疡病、疮痂病，枣锈病，桃褐腐病，荔枝霜疫病，草莓灰霉病，葡萄炭疽病，十字花科蔬菜的软腐病，番茄炭疽病、轮纹病，茄子绵疫病等在贮藏期间有再侵染，其发病的程度则不仅取决于栽培期间菌源的多少，也取决于再侵染的次数，所以采前采后的防治同等重要。

许多来自贮藏库本身的弱寄生菌再侵染频繁，这类病原菌往往产孢量大，容易成熟，侵染过程短，适应范围广。再侵染的次数取决于病原菌侵染过程的长短、产孢量大小、产品的成熟度、贮运的环境条件及贮运时间等。其中，贮运条件及温度、湿度、气体成分等的控制是限制再侵染的关键。贮藏中无再侵染特性的病害发生时一般比较稳定，发病率不会继续增加。这类病害的流行，取决于初侵染源的多少和初侵染的效率。有再侵染特性的病害发病初期零星发生，后通过不断的再侵染，使发病面积逐渐扩大，病害数量急剧增加。

(3) 传播途径

了解病原菌的传播途径可以为实施园艺产品采后病虫害防治技术提供重要依据。采后贮运期间病害的主要传播途径有接触传播、气流传播、水滴传播、土壤传播和昆虫传播等。

①接触传播：大量的产品在堆积、装箱、运输、加工过程中互相接触，把病原菌从带病产品传播到健康产品上。

②气流传播：许多小囊菌或半知菌主要靠震动产生气流传播。产品在堆放、装卸、运输过程中不断受到震动，有震动造成的局部小气流使病原菌孢子得以飞散，到处传播，如草莓和葡萄的灰霉菌、许多蔬菜的白粉病原菌和霜霉病原菌等。

③水滴传播：产品在贮运过程中，塑料包装袋内壁产品表面常产生许多水滴，水滴的流动和滴落常将病原菌传播到健康产品上，如炭疽病原菌、荔枝霜疫病原菌、苹果和黄瓜疫病原菌等。

④土壤传播：产品采收不净，特别是蔬菜的块茎、块根产品，表面局部附着病土，使病原菌孢子传播到健康产品上。

⑤昆虫传播：昆虫的口器和足部可黏附细菌和真菌，其活动可将病原菌沾到健康产品上，如荔枝霜疫病与荔枝椿象危害、柑橘酸腐病与吸果夜蛾或果蝇危害都有着密切的关系。

3.1.2 影响发病的因素

1. 机械损伤

园艺产品贮运中的许多腐烂病害，均因组织遭受机械伤害而引起的病原菌侵染所致。园艺产品在采收时所用的工具的种类、人员素质的高低、操作的认真程度都直接关系到产品机械损伤的多少。粗放采收的园艺产品在贮藏中造成的腐烂可达70%～80%，所以无论国内还是国外，用于贮藏运销的园艺产品均要求人工精细采收。采后的分级、打蜡、包装、运输、装卸等也会对产品造成不同程度的损伤，如碰伤、擦伤、压伤等。

2. 温度

温度对病原菌的侵染、萌发、侵入的速度均有明显的影响。适宜的低温环境可强烈抑制真菌孢子萌发和菌丝生长，减少侵染并抑制已形成的侵染组织的发展，如灰葡萄孢在5℃时到第7天旺盛生长，2℃时到第9天旺盛生长，0℃时到第12天旺盛生长，−2℃

时带第 17 天旺盛生长。在 0℃左右时，温度的微小变化对微生物的生长的影响比其他任何范围内温度波动的影响更明显。也可看出，在 0℃左右贮藏可在一定程度上控制病原菌侵染，但并不能完全控制，而且低温贮藏的园艺产品在低温解除后往往腐烂加重，使常温下货期缩短。

低温范围内温度增高将使园艺产品呼吸强度比室温贮藏的成倍增加，园艺产品易衰老，本身抵抗能力下降，同时病原菌在较低温度范围内生长速度的增加要比在较高温度范围内增加快得多。

若温度过低，会造成冷害或冻害，遭受低温伤害后的园艺产品组织抗性大大降低，造成大量腐烂，如蒜薹的灰霉菌、甜椒的灰霉病、番茄的酸腐病、苹果的青霉菌等发病更严重。

适当的高温可杀灭病原菌，如用 38～43℃热风处理洋葱数小时，可杀灭洋葱颈腐病原菌；用 38℃热空气处理（饱和温度下）草莓 8 h，可预防腐烂；用 44℃水蒸气处理草莓 30～60 s，可防治葡萄孢和根霉引起的腐烂病害；用 50～60℃热水浸蘸处理草莓30 s，可有效杀灭有葡萄孢造成的腐烂。但高温处理堆产品的不良影响不能不考虑在内，如过度的热处理会导致草莓花萼受损、风味劣变。

3. 湿度

湿度影响真菌孢子的萌发和侵入。大多数新鲜园艺产品贮藏均要求高湿条件，而大多数真菌孢子的萌发也要求高湿度，尤其在有水滴存在时，萌发最快。此外，细菌的繁殖及游动孢子和细菌游动，都需要在水滴里进行。有时湿度相差不大但产生的效果却不同，如温度为－1.1℃时，灰葡萄孢的分生孢子在 100％相对湿度下能够萌发，而在 97％相对湿度下不能萌发。另外，高湿条件下，园艺产品的膨压加大，容易造成微小的机械损伤，为病原菌侵入打开方便之门。

但近年有研究表明，对有些蔬菜而言，当贮藏的相对湿度饱和时，反而比相对湿度低时腐烂少。认为叶菜类蔬菜如甘蓝、大白菜、芹菜、韭菜等在高温条件下，可推迟叶片的衰老，提高其对灰葡萄孢和其他病原菌的抗性。对水果贮藏也有类似的看法，如甜橙在 30℃下，高湿度（90％～100％）与低湿度（75％）贮藏比较，几天后绿霉病腐烂明显减少，认为高湿度促使果实外皮细胞层中合成木质素及酚类的前体，对贮藏有轻微机械损伤的水果特别重要。

4. 气体成分

一般认为，提高贮藏环境中 CO_2 浓度对某些好气性真菌，如链格孢菌、镰刀菌、灰霉菌和根霉菌等的发育及其菌丝生长有较强的抑制作用，当 CO_2 浓度为 10.4％时，葡萄孢、青霉菌、根霉的菌丝生长和孢子形成均受到抑制，意大利青霉菌丝干物质较对照减少 32％，在 CO_2 浓度达 20％时菌丝干重降低到 78％。但是，当 CO_2 浓度超过 10％时，大部分园艺产品即发生生理损伤，腐烂速度加快。通常高 CO_2 浓度对真菌腐烂的抑制优于对细菌性腐烂的抑制。

降低 O_2 浓度可抑制真菌的生长，O_2 浓度低于 2％时，葡萄孢、链核盘菌和青霉的生长减弱。随着 O_2 浓度由 21%降至零，由根霉造成的草莓腐烂率呈线性减少，但根霉丝并未死亡，一旦恢复正常气体组成又可继续生长。因此，仅仅靠提高 CO_2 或降低 O_2 浓度达到抑制腐烂的目的是不可能的。

5. 采收前田间病源状况

田间栽培管理、病虫害防治状况直接影响到园艺产品带菌的种类及带菌量，尤其对于一些在采后无再侵染的病害如苹果炭疽病和霉心病、葡萄白腐病等，其发病的严重程度取决于田间侵染状况。一些典型的采后病害如青霉病等只能通过伤口侵入园艺产品体内，但如果田间有大量这类病原菌存在，采收时产品表面便会有许多病原菌孢子附着，病原菌就很容易通过采收及采后处理过程中形成的各种伤口侵入产品内部，进而增大引起腐烂的机会。因此，采前田间病害的防治，果园病枝、病果、病叶的有效清除，以及避免果实与土壤的接触均可有效减少果实带菌的数量。

6. 园艺产品的生物学特性

不同种类和品种的园艺产品抗性差异很大，如浆果类和核果类果实易感染腐烂病，而仁果类和柑橘类发病相对较少。苹果霉心病多发生在萼筒张大而且长的元帅系苹果上；萼筒呈漏斗状，萼片长且翻卷的富士系苹果也易发病；而萼筒半张开的金冠苹果发病较轻；萼筒短且几乎闭合的祝光苹果则不发生霉心病。

大部分原产热带、亚热带的园艺产品对低温敏感，贮藏环境中不适宜的低温造成的冷害会使其失去对病原菌的抵抗力；而某些耐低温的园艺产品，如枣、蒜薹等则可以用接近冰点的低温来抑制病原菌。

不同种类的园艺产品在受到机械损伤时，愈伤的能力差别很大。仁果类、瓜类、根茎类蔬菜一般具有较强的愈伤能力，柑橘类、核果类、果菜类愈伤能力较差，浆果类、叶菜类受伤后一般不形成愈伤组织。愈伤能力强的园艺产品在适宜的温度、湿度、通风状况下，轻微受伤部位可形成新的保护组织，抵御病原菌侵入。而愈伤能力弱的园艺产品，受伤后不愈合，伤口易感染病原菌而引起腐烂。

不同成熟度的园艺产品对病原菌的反应也有差异。一般来说，幼果“不抗侵入抗扩展”，而成熟果则“抗侵入不抗扩展”，所以一些潜伏性侵染病害，常常是幼果期感病，成熟期显症。

3.1.3 侵染性病害综合防治措施

侵染性病害的防治是在充分掌握病害发生发展特点的基础上，抓住关键时期，以预防为主，综合防治，多种措施合理配合，以达到防病治病的目的。

1. 化学防治

使用杀菌剂杀死或抑制病原菌，对未发病产品进行保护或对已发病产品进行治疗，或利用植物生长调节剂和其他化学物质，提高园艺产品抗病能力，防治或减轻病害造成损失的方法称为化学防治。低温贮运园艺产品并不能完全抑制某些病原菌的生存和发展，尤其在脱离低温环境后，曾被部分抑制的病原菌以更快的速度发展，化学防治可弥补这一不足。这对于应用简易方法贮藏的产品和对不耐低温的园艺产品的贮运更为重要。

化学防治要掌握病害侵入的关键时期。对于生长期侵入的病害，如苹果炭疽病、霉心病、心腐病，柑橘蒂腐病、褐腐病，香蕉和芒果的炭疽病等具有潜伏侵染特性，病原菌多于幼果期侵入，但由于果实本身的抗性而未发病，其防治关键时期是从花期或座果一周开始发到果实膨大结束时；有些果实病害如褐腐病、黑腐病、酸腐病都是近成熟期才侵染发病的，防治的关键时期是果实着色期；有些病害是生长期感病，但病斑不明显而混入贮藏场所，在采后继续扩展危害，如荔枝霜疫病、柑橘酸腐病，防治的关键时期也在生长期间；也有些病害是因为果面沾染病原菌而进入贮藏场所，条件适宜时便侵染发病，如青霉、灰霉、酸腐菌、镰刀菌及炭疽病原菌等，其防治应采用采前喷药与采后浸药相结合的方法降低带菌量，效果更好。对于采后贮藏期间侵染为主的病害，应注意贮藏环境的消毒。

在采后进行化学防治，可利用防腐剂抑制或杀灭病原菌、利用植物生长调节剂或其他化学物质提高产品的抗病性。利用防腐剂抑制或杀灭病原菌的关键是准确鉴定引发病害的病原菌，以指导科学用药。具体运用防腐剂时要注意：处理的时间越早效果越好，一般要求在采后2天之内进行处理；处理的浓度应使其农药残留保持在许可范围内。另外，利用化学方法防治病害时，应注意病原菌的抗药性问题，如病原菌抗多菌灵，则对其他苯并咪唑类药剂，如硫菌灵、噻菌灵、苯菌灵等也具有抗性，应选择作用机制不同的杀菌剂交替使用或采用混配的方法。

2. 天然产物杀菌剂的应用

天然产物杀菌剂作为一种生防制剂不仅具有低毒、高效、易降解和对环境污染小的特点，而且研发成本相对较低，天然产物（尤其是植物源产物）作为替代化学合成杀菌剂的研究逐渐成为国内外研究的热点。植物提取物用作防腐剂已有几百年的历史，芳香植物提取物的杀菌活性尤为引人关注。不同溶剂的植物提取物对多种采后病害显示出了一定的防治作用。壳聚糖是一类可溶性甲壳素物质，具有高效抑制病原微生物繁殖和生长的作用，还可在较低浓度下诱导植物对病原菌的防御机制。另外，风味化合物、精油、乙酸、茉莉酸类化合物、芥子油苷、蜂胶、植物提取物、壳聚糖、醋酸瓜类萎蔫醇等天然产物在园艺产品采后病害防治中的作用也逐渐显现出来，它们对于延缓园艺产品衰老、提高抗性、减少病原菌侵染起到了一定作用。

天然产物对园艺产品采后病害的防治研究虽处于初始阶段，但其低毒、高效、环境兼容性好等优点日益显现，是生产安全性食品的有效方法。因而，研究天然产物取代化学药剂进行园艺产品采后病害的防治，对减少食品中农药的残留，保护环境，确保人体健康，增加园艺产品出口，都具有深远的意义。

3. 物理防治

改善贮藏环境条件，尤其是控制温度、湿度和空气成分的含量，或应用热力处理，或利用射线辐照处理等方法来防治园艺产品贮运病害，均称为物理防治。物理防治无公害，不污染环境，是研究的重点。

（1）低温贮藏

低温贮藏是在一个适当的冷库（绝缘材料建筑）中，借助机械冷凝系统的作用，使库内的温度降到园艺产品贮藏所要求的实际温度，降低水果的呼吸代谢、病原菌的发病率和果实的腐烂率，达到阻止组织衰老，延长园艺产品贮藏期限的目的。低温贮藏是抑制园艺产品采后病害的有效方法，但低温贮藏需要制冷设备，在广大的发展中国家，已有的冷藏设备往往不能满足大多数水果的需要。另外，有些致病霉菌比较耐低温，在冷藏情况下仍能够在水果上生长，并造成水果腐烂。有些水果，特别是热带亚热带水果不能在低温下贮藏（低温下贮藏冷害严重），只能在亚低温下贮藏，此时致病霉菌繁殖仍然比较快，水果在贮藏期的腐烂比较严重。

（2）气调贮藏

调节气体贮藏（controlled atmosphere storage，CA 贮藏）是人为改变贮藏环境中气体成分的贮藏方法，主要是降低空气中 O_2 浓度和适当提高 CO_2 浓度。严格地说，CA 贮藏中 O_2 和 CO_2 浓度都有一定的指标，并应控制在较小的变动范围之内。另外，限气贮藏（modified atmosphere storage，MA 贮藏）也属于气调贮藏的范畴，是采用薄膜包装贮藏的方法。在 MA 贮藏中 O_2 和 CO_2 浓度变化大，没有一定的指标，多用于短期贮藏，运输以及零售时的临时性贮藏。气调贮藏是冷藏基础上进一步提高贮藏效果的措施，具有冷藏和气调的双重作用，其同时控制了温度、湿度、气体成分等各环境因素，贮藏期显著延长，产品品质保持良好，是当代先进的贮藏技术。近年来，世界各国水果气调贮藏的数量日渐增加，CA 贮藏主要用于苹果、猕猴桃等大宗水果，而 MA 贮藏广泛应用于各类园艺产品的贮藏保鲜。

（3）减压贮藏

减压贮藏（hypobaric storage）是气调贮藏的发展，又称低压贮藏或真空贮藏，被国际上称为 21 世纪的保鲜技术。由于其原理和技术上的先进性，使园艺产品保鲜效果比单纯冷藏和气调技术有了明显的进步，减压贮藏将在易腐烂难贮藏园艺产品保鲜方面发挥巨大作用。它是将园艺产品贮藏在一个密闭和冷却的容器内，用真空泵抽出部分空气，使内部气压降到一定程度，一般降到 1/10 大气压或更低，并在贮藏期间保持恒定的低压。其压力大小根据物品特性及贮温而定。当贮藏室中达到所要求的低压时，新鲜空气不断通过压力调节器和加湿器，使空气的相对湿度接近饱和后进入贮藏室。真空泵不断地工作，园艺产品就不断地得到新鲜、高湿、低压与低氧的空气。因此，减压贮藏能够降低园艺产品呼吸强度，并抑制乙烯的生物合成，从而延缓园艺产品的成熟与衰老。这种方法较好地解决了贮藏园艺产品的失重与萎蔫等问题，不仅贮藏期比一般冷库延长 3 倍，产品保鲜指数大大提高，而且出库后货架期也明显延长。

（4）电离辐射防腐

电离辐射是利用 γ、β、X 射线及电子束对产品进行照射，以达到防腐保鲜目的的一种物理方法。目前以 ^{60}Co 作为辐射源的 γ 射线因其获得相对容易、释放能量大、穿透力强、半衰期较适中而被广泛应用。自 1943 年美国研究人员首次用射线处理汉堡包以来，辐射处理便逐步成为食品加工和贮藏的最有效手段之一。电离辐射不仅能够有效控制园艺产品采后病害，而且还可杀灭检疫性虫害、延缓成熟及衰老和抑制发芽。辐射剂量根据园艺产品品种和辐射目的而定。用于园艺产品保鲜的剂量在 0.03～1.0 kGy，用于杀虫和防虫的剂量在 0.2～4 kGy，用于针对性和选择性杀菌的剂量在 1～10 kGy，用于完全杀菌的剂量在 20 kGy 以上。新鲜园艺产品的辐射处理要选用相对低的剂量，一般小于 3 kGy，否则容易出现果品变软和营养成分大量损失的现象。低剂量辐射预处理保鲜与其他技术（如冷冻、烫洗等）结合使用，可以减少辐射保鲜所要求的辐剂量。

(5) 短波紫外线防腐

短波紫外线（ultraviolet-clight，UV-C，波长为 200～280 nm）作为绿色、安全的传统热力杀菌替代方法，近年来在园艺产品采后流通中的研究与应用日益增多。UV-C 处理能够诱导新鲜农产品提高抗病性，产生功能成分，延缓成熟衰老，抑制病原微生物的生长繁殖，在新鲜农产品采后保鲜和加工过程中产业化应用的可行性逐渐成为讨论和研究的热点。如 UV-C 照射能够增加柑橘中的滨蒿内酯、胡萝卜中的 6-甲氧基蜂蜜曲菌素、葡萄中的白藜芦醇、草莓中的类黄酮和花色素苷、洋葱中的槲皮黄素等抗病物质或者功能物质的含量。处理剂量因果实种类和成熟度而异，如葡萄柚为 1.6～6.4 kJ/m^2，番茄为 1.3～7.5 kJ/m^2，剂量过大将对果实造成伤害。处理番茄以绿熟果实效果最佳，因为成熟度越高，诱发抗性越低。

4. 生物防治

生物防治是由 Smith 在 1919 年提出的。但是这个术语的含义一直到 20 个世纪六七十年代才得以确定。Baker 和 Cook 综合前人的观点为生物防治提出的定义为，生物防治就是自然的或通过对环境、寄主或拮抗体的控制，通过大量引进拮抗体或利用有机体，最终达到降低处于活跃状态或休眠状态的病原体或寄生物的接种体密度或致病活性的目的。生物防治对环境安全，无残留，无污染，不杀伤天敌，成为目前研究和开发的热点，其中利用病原菌的拮抗菌进行生物防治，控制病害的危害是值得深入研究的一条新途径。生物防治是选择对产品以及人体不造成危害的微生物，利用微生物之间的拮抗作用，抑制病原菌生长的一种有效防治采后病害的新途径。尤其用于园艺产品采后贮运过程中，更具有其他方法不可比拟的优点。因为园艺产品贮藏环境小、条件容易控制；没有外界不可控因素，如紫外线、干燥等的破坏作用；产品相对集中，处理容易，成本低，所以利用生物防治技术可对某些病害进行有效的控制。

应用微生物进行园艺产品采后病害的生物防治是生防研究工作的一个新领域，利用的微生物主要有拮抗细菌和拮抗酵母菌两大类。在采后病害的生物防治中，微生物的应用有两种途径：一是通过采前、采后管理措施调节和利用园艺产品表面自然附生的有益微生物；二是通过人工引入大量的拮抗菌群体。目前产后病害的微生物防治多是通过大量引入单一的拮抗菌来实现，相比田间植物病害，产后病害对拮抗菌的要求特别是在防效和安全性方面要求更高。1989 年，Wilson 和 Wisniewski 提出理想的拮抗菌应具备如下特征：遗传上稳定；在较低的接种浓度下也有效；在逆境中存活能力强；抗病谱广；能在廉价的培养基上生长；可制成便于贮存和使用的制剂；不产生对人体可能有害的次生代谢物质；可耐受化学农药及果实产品的各种物理与化学处理措施等。在已报道的拮抗菌中，酵母菌由于具有独特的生物学特点及作用方式而倍受人们关注。

（1）拮抗酵母菌的特点

已有的研究表明，应用于采后病害生防的拮抗酵母菌具有较强的抗逆能力，可在高温与干旱条件下长期定殖于植物叶表；其产生的胞外多糖给其以竞争存活的优势；能利用果实表面的养分迅速扩增；对化学农药具有较强耐性；酵母的遗传学基础研究比较清楚，其遗传转化系统比较完善，具有通过基因工程技术进行遗传改造提高防病效力的潜力；而且许多酵母菌广泛应用于食品加工及酿造工业，与人类生活息息相关，所更易被人们所接受。

（2）拮抗菌的抑菌机理

拮抗菌的抑菌机理是相当复杂的，所以很难断定某一拮抗菌的抑菌机理到底是单一作用，还是综合作用，而且有些机理可能还没有被发现。随着科学家们对采后生物防治研究的不断深入，大家对拮抗菌的抑菌机理的认识也在逐步提高。目前人们发现拮抗菌的抑菌机理主要有以下几个方面：①依靠产生抗菌素抑制病原菌的生长；②与病原菌竞争营养和空间；③直接寄生于病原菌；④诱导寄主产生大量抗病性次生代谢物质，如诱导苯丙氨酸解氨酶（PAL）的活性，在莽草酸途径，该酶催化苯丙氨酸向肉桂酸转化，进一步合成与诱导抗病性有关的酚类物质、植保素和木质素，使园艺产品的抗病性增强。

（3）影响拮抗菌防治效果的因素

利用拮抗菌控制园艺产品采后病害的效果很大程度上取决于拮抗菌和病原菌的相对浓度。拮抗菌的浓度一定时，病原菌的浓度越低，防病效果越好。许多研究证实，越早使用拮抗菌，其控制病害的效果越好；若拖延使用，则防治效果显著下降。因为延迟拮抗菌的使用时间，会使病原菌的基数增加。拮抗菌的最适生长温度、病原菌的最适生长温度及园艺产品贮藏的适温往往是不同的，所以选择适应园艺产品贮藏的最适温度的拮抗菌，才能充分发挥拮抗菌的作用。

5. 农业防治和商业防治

在园艺产品生产中，采用农业措施，创造有利于园艺产品生长发育的环境，增强产品本身的抗病能力，同时创造不利于病原菌活动、繁殖和侵染的环境条件，减轻病害的发生程度，这些方法称为农业防治。农业防治是最基本、最经济的病害防治方法。常用的措施有培育无病苗木、田园卫生、科学施肥、合理修剪、果实套袋与病虫害防治相结合、排灌等。

另外，适期、无伤采收，严格挑选果实入库，合理包装，文明装卸，贮运场所的卫生和消毒，贮藏场所的温度、气体成分的管理等，对防治贮运病害也能起到间接或直接的作用，这些工作可称之为商业防治。

3.1.4 园艺产品主要侵染性病害实例

1. 苹果、梨褐腐病

褐腐病是果实生长后期和采后主要果实病害之一，我国苹果及梨产区均有发生，造成巨大经济损失。除危害苹果和梨外，还危害桃等果树。

(1) 症状

果实受害初期，产生浅褐色软腐状小斑，后迅速向四周扩展，经5～7天即可使整个果实腐烂。病果的果肉松软，呈海绵状，略有弹性，不堪食用。在病斑扩大腐烂过程中，其中央部分形成很多突起的、呈同心轮纹排列的褐色或黄褐色绒球状分生孢子座。病果后期失水干缩成僵果，表面往往有蓝黑色斑块。

(2) 病原菌

该病原菌 *Monilinia fructigena* 属于子囊菌亚门盘菌纲，链核盘菌属，果生链核盘菌。无性态 *Monilinia fructigena* 为半知菌亚门丝孢纲，丛梗孢属，仁果褐腐丛梗孢。

(3) 发病规律

病原菌主要通过各种伤口侵入，也可经过皮孔入侵果实，采后可接触传播或昆虫传播。病害扩展期长短受温度控制，最适发病温度为25℃。不同品种抗病程度不同，苹果中的大国光、小国光为感病品种；晚熟的粗皮梨、莱阳梨、二宫白、康德梨、雪花梨等是感病品种。

(4) 防治措施

适期采收，避免早采，以保证果品的品质和贮藏性能。避免损伤，严格剔除各种伤果和虫果，并进行分级包装。最好用包装纸单果包装，做到快装快运，避免各种挤压伤和碰撞伤。贮藏库最好保持0.5～1℃，90%相对湿度，以控制病害的发生。或实行产地分散贮藏（地沟、窑洞贮藏）以减少运输过程中造成的损伤，贮藏期间要定期检查，发现病果及时处理。

2. 苹果、梨霉心病

苹果、梨霉心病又称“心腐病”、“霉腐病”，引起贮运期果实腐烂。危害严重者，果实采收时便大量发病。贮藏1个月，感病品种的病果率甚至可达60%以上。

(1) 症状

病原菌初以墨绿色霉状菌丝体在果实心室内存活，条件合适时，使果心变褐腐烂，后不规则地向果实外缘扩展。通常首先表现症状的部位是梗洼，整个梗洼从下往上变为褐色湿腐斑，其上部边缘呈放射状扩展；稍后，果实胴部也可见到褐色水渍状不规则病斑。此时剖开病果，即可看到从果心向外呈不整齐扩展腐烂的病状。病组织及其附近果肉味苦，最后全果腐烂，不堪食用。

(2) 病原菌

主要为半知菌亚门丝孢纲链格孢属（*Alternaria* sp.）的真菌。此外，据报道，红粉霉（*Trichothecium roseum*）、镰刀菌（*Fusarium* spp.）等也能引致霉心病。

（3）发病规律

一般认为花期为重点侵染时期，尤其是开花前期，病原菌侵染苹果稍多于果实期，要到果实生长后期或贮藏期才发病，继续霉烂。在贮库中无再侵染。苹果以红星、红冠最易感病，金冠、元帅次之，小国光不感病。凡萼口开张率高、萼筒长与果心相连的品种发病重。

（4）防治措施

花期前后为防治关键时期，从萌芽开始，于蕾期、初花期、盛花期及花后各喷一次内吸性杀菌剂，防止病原菌侵入。喷药时加入0.2%硼砂，效果更好。贮藏时控制温度为0～1℃可抑制病原菌蔓延。

3. 柑橘青霉、绿霉病

柑橘青霉病、绿霉病是柑橘采后危害性很大的两种病害，一般低温下以青霉病为主，较高温度下以绿霉病为主。绿霉病发展较快，7天内便全果腐烂，青霉病14天可使全果腐烂。

（1）症状

两种病状相似，初期为水渍状淡褐色圆形病斑，软腐状。青霉病病部稍陷，表面稍皱缩，指压易破裂；绿霉病则较紧实，不皱缩。病部均先产生白色霉状物，很快转变为青色或绿色粉状霉层，此后病部不断扩大，很快全果腐烂。病果果肉发苦，干燥时可干缩成僵果。通常青霉病在贮藏前期发生，绿霉病在后期发生，青霉病烂果不黏附包果纸而绿霉病黏附。

（2）病原菌

青霉病由意大利青霉引起，绿霉病由指状青霉引起，这两种青霉均属半知菌亚门。

（3）防治措施

病原菌通过各种伤口及果蒂剪口侵入，引起果腐。病部可产生大量分生孢子进行再侵染，病果和伤果接触也可传播病害。

做好贮藏库和用具消毒，切断侵染循环。果实进库前按每立方米用硫黄粉5～10 g进行熏蒸，或用1∶40倍福尔马林液每立方米喷洒30～50 ml，密闭熏蒸2～3天，然后打开窗通气2天，待药味充分散发后，方可入库贮藏。

适期采收和防止果实受伤。下雨时、雨后或重雾、露水未干时不要采果，采收时要防止果实遭受机械损伤，运输过程中要轻装轻卸。

采后可用500～1000 mg/L的多菌灵+200 mg/L的2，4-D浸果1～2 min，浸后稍晾干，再用塑料薄膜单果包装。若连年用此类药剂，药效明显下降时，可用1000 mg/L的特克多或噻菌灵、500 mg/L的抑霉唑替代多菌灵。

单果包装或含药纸包装。用塑料薄膜单果包装要比纸单果包装的防腐保鲜效果好。也可用含有挥发性的联苯药纸，或用以联苯和聚乙烯为原料，经混合加工成的含药薄膜，防腐效果良好。应注意的是，果实内农药残留量不得超过110 mg/L。

控制贮藏环境条件。甜橙的适宜贮藏温度为1～3℃，蕉柑为7～9℃，温州蜜柑、芦柑为7～11℃，柠檬为14℃。空气相对湿度控制在80%～85%，并注意适当通风换气。

4. 柑橘酸腐病

酸腐病是柑橘贮运中最常见、最难防治的病害之一，尤以柠檬、酸橙最易患酸腐病。

（1）症状

酸腐病只危害果实。果实受侵后，出现水渍状斑点，病斑扩展至2 cm左右时便稍下陷，病部产生较致密的菌丝层，白色，有时皱褶呈轮纹状，后表现白霉状，果实腐败，流水，并发出酸味。

（2）病原菌

为半知菌亚门丝孢纲的白地霉（*Geotrichum candidum*）。

（3）发病规律

病原菌广泛分布于土壤内，通过结果部位低的果实与土壤接触，或雨水飞溅孢子、风吹起土粒接触下层果实而传播。病原菌起初常聚积在果蒂萼片下，条件适宜时，侵入受伤果实，特别是伤口深达内果皮的最易发病。贮藏期间，继续接触、震动传播。病原菌致病需要相对较高的温度，15℃以上才引起腐烂，10℃以下腐烂发展很慢。通常，未成熟果实具有抗性，成熟或过熟的果实则易感病。

（4）防治措施

采收时不用尖头剪刀，避免造成伤口。低温贮运，一般果温低于10℃几乎不发生酸腐病。据国外资料，邻苯基酚钠（SOPP）对酸腐病有一定作用，通常以0.8%～1%的溶液浸果1～2 min，该药可在伤口处聚集而阻止病原菌侵入。邻苯基酚钠易产生药害，使果皮变褐，浸果后要用清水冲洗干净才可包装贮藏。抑霉唑也是目前防治酸腐病效果相对较好的药剂，常用500～1000 mg/kg的溶液浸果。

5. 桃、李、杏软腐病

软腐病是采后病害，危害颇大，尤以桃易感染。

（1）症状

危害成熟果实。发病初期，病斑为淡褐色，不规则形，水渍状，而后迅速扩展，全果变褐软腐，表面长出大量白色至灰色的绵毛状物，其上密生点点黑霉，即病原菌的子实体。烂果常有酸味，后期淌水。

（2）病原菌

为接合菌亚门根霉属中的匍枝根霉（*Rhizopus stolonifer*）。

（3）发病规律

病原菌广泛生存于空气中、土壤内，或附在各种工具上，通过伤口侵入成熟果实。病果表面长出的孢子囊和孢囊孢子经各种震动和昆虫活动散布，或者直接接触传病，绵毛状的菌丝体亦可伸展蔓延到邻近健果。果皮擦伤或磨破是最重要的诱因，其次是湿度，高湿使病害迅速发展。

（4）防治措施

小心采收，轻剪轻放，尽量减少伤口。采收后迅速预冷，24 h内使果温降低到0℃。

国外报道，用氯硝胺浸果，效果较好。预冷处理结合低温贮藏，可减少腐烂。单果包装可控制接触传病，若能再结合低温贮运，效果更佳。

6. 葡萄灰霉病

（1）症状

病果初期呈水渍状凹陷小斑，后迅速扩及全果腐烂，同时在病果上长出浓密的灰色霉状物。果梗受害后变黑，病斑形状不定，后期表面常生黑色块状菌核。

（2）病原菌

为半知菌亚门丝孢纲的灰葡萄孢（*Botrytis cinerea Pers.*）。

（3）防治措施

加强果园栽培管理，注意消灭病源。生长期药剂防治应以花前为主，花前7天喷一次药，临近开花时再喷1次，花期停止喷药，花后立刻喷药，以后每10天左右喷一次药，即可控制发病。药液主要用1∶2∶200倍波尔多液，或45％～50％的多菌灵800～1000倍液，或50％的甲基托布津500～600倍液。

葡萄采后应迅速用SO_2熏蒸，第一次SO_2浓度一般为500 μl/L，熏蒸20 min，贮藏期间每隔7～10天用100～200 μl/L的SO_2熏蒸30～60 min。近年来，使用亚硫酸盐或焦亚硫酸盐制成的药片投放到葡萄包装袋内，可抑制灰葡萄孢的生长。为防止SO_2释放速度过快，可在熏蒸药物中添加适量缓释剂，如淀粉、硬脂酸、硬脂酸钙等，效果更佳。应注意的是，FDA（美国食品和药物管理局）和EPA（美国环保局）联合规定，鲜食葡萄SO_2残留允许量为10 mg/kg。

也可用仲丁胺熏蒸，通常每千克果实用0.2～0.25 ml仲丁胺原液。若用克霉灵处理，药量要加倍。浸果用300倍仲丁胺药液浸2 min，或多菌灵1000倍液采后浸果1 min，晾干后贮运，效果较好。

贮藏中温度维持在0～0.5℃。低温结合防腐剂处理，防治病害效果更好。

7. 香蕉炭疽病

香蕉炭疽病属潜伏性侵染病害，是香蕉贮运中的首要病害。

（1）症状

主要在近成熟的果实上显症，初为近圆形暗褐色、凹形圆斑，随果实的成熟衰老，病斑迅速扩展，常在3～5天内全果变黑，果肉腐烂软化。湿度大时病斑上生出许多橙红色黏质粒。有些品种病斑初期细小，但数量较多，甚至布满全果，呈梅花点状，被称为“芝麻点香蕉”或“梅花点香蕉”；有些品种只发生油浸状斑点，其上形成分生孢子盘；有些品种病斑呈梭形，中央开裂。

（2）病原菌

香蕉刺盘孢，为半知菌亚门腔孢纲真菌。

（3）防治措施

炭疽病属典型的潜伏性侵染病害，故应采取以控制田间侵染为主，采后药剂处理为辅的防治措施。

清洁蕉园，集中病枯叶、花、果等烧毁，减少病源；从抽蕾开花起，喷施 4 次1000 mg/L的多菌灵或特克多、苯来特、抑霉唑，间隔时间为 10 天左右，只喷果穗不喷叶片，可有效降低炭疽病危害；果实成熟度为七八成时采收为宜，采后 24 h 内用防腐剂处理，以 0.1%的多菌灵、特克多或抑霉唑浸果，或用 0.05%的扑海因和 0.05%的特克多混合处理；包装袋内可加入乙烯吸收剂，以延缓衰老进程，抑制病害发生。

适宜的贮藏温度为（12±1)℃。温度过低，会产生冷害；温度过高，则成熟加快，使抗病性下降，炭疽病症会提前显现。

8. 菠萝黑腐病

黑腐病是常见的菠萝贮藏病害，田间也可发生。

（1）症状

未成熟或成熟的果实均可受害。感染先出现于果柄切端，靠切口的果面初产生暗色水渍状软斑，后扩大并互相连接，发展至整个果面，呈暗褐色，无明显边缘的大斑块，内部组织变软，水渍状部分与健康组织有明显的分界，果轴及其周围发黑，向上扩展，组织逐渐崩解，发出特殊的芳香味。后期病果大量渗出液体。

（2）病原菌

为半知菌亚门丝孢纲根串珠霉属的异根串珠霉（*Thielaviopsis paradoxa*）。

（3）发病规律

病原菌以菌丝体或厚壁孢子在土壤或病组织中越冬，并借雨水溅射及昆虫传播，遇适当寄主时萌发侵入伤口危害。在采后，则通过接触传染而蔓延至健果上。收获时，果柄的切口是病原菌入侵的主要途径。冬菠萝遭低温霜冻，运输途中鲜果被压伤或抛伤，采收后堆积受日灼等均增加发病。温度为 23～29℃时，果实黑腐发展最快。较甜的品种比较酸的品种病重。

（4）防治措施

根据果实成熟先后，分期分批采收。采收过程中必须轻拿轻放，绝对防止人货混载，野蛮装卸。采后防止日晒。最好 24 h 内将果实运进工厂及时加工，或贮入 7℃冷库内。采收时每割一个菠萝，割刀先在消毒液内浸一下，或在果实基部裂缝处，滴以苯甲酸等消毒液。采后以 1000 mg/kg 的噻菌灵（特克多）浸泡果实 5 min，防治效果良好，或将果柄切面浸渍含 10%苯甲酸的酒精或农药抑霉唑，亦可防治黑腐病。

9. 白兰瓜与哈密瓜软腐病

白兰瓜与哈密瓜极易发生软腐病，采收入库 2～3 天便可发生。扩展极为迅速，造成很大损失。

（1）症状

只危害贮运中的白兰瓜或哈密瓜。病果多自伤口发病，有或无明显的圆斑。果面有时还能龟裂，逐渐水浸状发软，破伤或裂口处常长出浓密或稀疏、白色至灰色的绵毛状物，上有点黑霉，即病原菌的子实体。最终病部淌水，迅速腐烂。

（2）病原菌

由接合菌亚门内多种根霉引起，最主要的是匍枝根霉（*Rhizopus stolonifer*）。

（3）发病规律

病原菌广泛分布在空气中、土壤内及各种残体上，由伤口侵入。贮运中主要靠接触、震动、昆虫传播而再侵染，机械损伤、冷害造成的伤口是病害的重要诱因。未成熟的果实不易被害。贮温为16～20℃时，危害严重。薄膜袋包装的，湿度大，往往造成严重软腐。

（4）防治措施

采收不宜过晚，尽量防止果实碰伤、擦伤、压伤。白兰瓜贮库温度应维持在5～8℃，哈密瓜在3～9℃，相对湿度低于85%，并注意通风换气，定期翻瓜检查。贮运前以750 mg/kg的抑霉唑浸瓜30 s，结合冷藏，效果较好。

10. 十字花科蔬菜软腐病

十字花科蔬菜软腐病又称烂葫芦、水烂等，以白菜产区危害最重，在田间、窖内、运输途中或市场上均能发现。贮藏中会引起全窖腐烂，损失极大。另外，甘蓝、萝卜、花椰菜感染此病也较为严重。

（1）症状

软腐症状因寄主和环境条件不同而略有差异，一般柔嫩多汁的组织开始受害时，呈半透明状，后变褐色，随即变为黏滑软腐状，同时产生不好闻的气味。较坚实少汁的组织受侵染后，也先呈水渍状，逐渐腐烂，最后病部水分蒸发，组织干缩。

白菜、甘蓝等多在包心末期开始发病。先表现在茎基部，出现水渍状，微黄色病斑，随病情发展，白天植株外叶呈萎蔫下垂，但早晚可恢复。几天后，病株外叶萎蔫，平贴地面，或失水变干呈薄纸状，紧贴叶球，叶球外露；严重时叶柄茎或根茎处溃烂，流出黏液，并发出臭味。腐烂发生有的从根髓或叶基部向上蔓延，引起全株腐烂，有的从外叶边缘或心叶顶端开始向下发展，或从叶片虫伤处向四周蔓延，最后造成整个菜球腐烂。

萝卜染病常始于根尖，初呈水渍状褐色软腐，病灶部位明显，常有汁液渗出，逐渐向上扩展，使心部软腐溃烂成一团。

（2）病原菌

为欧氏杆菌属的细菌，学名为*Erwinia carotouoravar* Carotouora。

（3）发病规律

贮藏期间病害多由田间感染而来。因病原细菌在土壤中或随病株在菜窖中越冬，春季通过雨水、灌溉水、带菌肥料、昆虫等传播，一般通过自然孔口和伤口侵入。

（4）防治措施

减少白菜生长后期植株上的伤口，自然伤口、虫伤、病伤和机械损伤均易感染病害。叶柄上的自然裂口处软腐病发病率最高，久旱降雨后多发生纵裂；其次是虫伤，应注意菜虫的防治，减少虫伤发生；建高畦，高畦发病轻，平畦发病较重；选栽抗病品种，直筒品种比外叶粘地的球形和牛心形品种发病轻，柔嫩多汁的白帮品种不如青帮品种抗病，一般抗病毒病和霜霉病的品种也抗软腐病。

3.2　园艺产品的生理性病害

采前和采后环境中的温度、湿度、光照、气体成分、机械损伤、化学药物等都会对园艺产品的生理和生化代谢造成影响，这些因素的极端变化，如温度或气体成分过高或过低、农药使用量过大等就会形成逆境或胁迫（stress），从而影响产品正常的代谢过程，导致成熟衰老加速、品质下降，造成严重的采后损耗。这种由于不适宜的环境条件而引起的果蔬代谢异常、组织衰老以致败坏变质的现象，统称为生理病害（physiological disease）或生理紊乱（physiological disorder）。生理性病害是由非生物因素诱发的病害，无侵染蔓延迹象和病症，只有病状，其病状因害虫的种类而异，大多是在园艺产品表面褐变或凹陷、黑心、异味，不能正常成熟等。生理病害和侵染性病害之间有着密切的园艺产品贮运学关系。生理病害的发生会为病原物的侵入开辟通道，使产品极易被侵染。此外，生理病害还会显著降低产品自身的抗病性。同样，侵染性病害的发生也会明显降低产品对不良环境的抵抗能力，使产品生理病害的发生概率增大。因此，分析病害发生的初始病因及腐坏的进程极其重要。

生理性病害的病因很多，可分为收获前因素和收获后因素。收获前因素包括果实生长发育极端营养失调、栽培管理实施不当、收藏成熟度不当、气候异常等；收获后因素包括贮藏期间的温湿度失调、气体成分不当等。

3.2.1　致病因素

1. 收获前因素

(1) 果实生长发育期间营养失调

营养失调是指营养物质的含量在总体上或果实的某一部分偏高或偏低，以及元素之间的比例失调，平衡关系遭到破坏。

1）钙营养失调

钙营养失调对园艺产品品质的影响最大。钙存在于细胞壁中，与中胶层的果胶酸起作用形成难溶解的果胶酸钙，增加了果实的硬度，还可和草酸、琥珀酸等有害酸结合成盐，解除酸害。

钙与多种金属阳离子发生对抗，缓冲高浓度金属离子对细胞的伤害，增加果实的抗逆性，提高果实对高浓度 CO_2 的耐受性。钙离子有两个电荷，可将生物膜中带负电荷的磷脂和蛋白质结合在一起，这种功能对生物膜的结构完整性具有重要作用，也增强了对其生理功能的稳定性。

钙还作为几种酶的活化剂和抑制剂，如钙是梨糖醇脱氢酶的活化剂，是多酚氧化酶的抑制剂。果实缺钙时，山梨糖醇脱氢酶不能有效将山梨糖醇转化为果糖，而导致苹果水心病；缺钙时多酚氧化酶的活化性不能得到有效的控制，往往导致果实褐变。如钙含量低，N/Ca 比值大，会引起苹果苦痘病、鸭梨黑心病、芹菜褐心病、青椒蒂腐病、莴苣黑心病等。

由于钙参与细胞壁生物膜和功能酶的组成，所以当钙营养失调时便产生组织坏死、粉绵、软腐、变色、开裂等缺钙症。

2）氮素营养失调

氮素超过一定限度时，会使果实成熟推迟，着色差，甜度下降，酸度升高，生理病害严重。如7~8月份重施氮肥，苹果苦痘病严重，梨黑斑病侵染率上升。

氮过量还可使红色发育受到限制，而花青素是多酚类化合物，是天然抗氧化剂，其具有抗乙烯和α-法尼烯氧化的能力，所以着色不良的果实易发生α-法尼烯危害，而且果肉易粉质化，苹果虎皮病是典型的例证。

3）硼营养失调

硼在果实体内含量甚微，但生理功能显著，对细胞壁的形成、核糖核酸的形成、糖的运输均有重要作用。缺硼往往使糖的运转受阻，叶片中糖积累而茎中糖减少，分生组织变质退化，薄壁组织变色、变大，细胞壁崩溃，维管束发育不全，果实发育受阻。表现为果小、畸形、木质化；果实、块茎或肉质根内部出现褐色坏死点、龟裂、维管束变色，茎端枯死，茎梗开裂，叶片增厚，变脆、出现坏死点等。例如，花椰菜褐变病、芹菜裂茎病、苹果缩果病和栓斑病，以及柑橘硬化病等。缺硼还可加重钙营养失调病状的出现。

但硼施入过量，也会造成硼伤害过量症。病症为果实早熟，不耐贮藏，采前落果重，由绿转黄快，红玉水心病加重，坏死增多。

4）钾营养失调

钾对果实的直接作用是使果实肥大，施用合理，可促进花青素的形成，增强果实组织的致密性，增大细胞的持水力，部分抵消高氮产生的消极影响。但钾过多，可降低对钙的吸收率，结果使缺钙性生理病害发生的可能性增大，如使苹果苦痘病发生率增加；含量过低时，抑制番茄红素的生物合成，从而延迟番茄的成熟。

（2）栽培管理措施不当

栽培管理措施如施肥、灌溉、修剪、喷药等不当往往直接或间接地造成营养失调，而引起一些生理病害。

收获前大量灌水或遇阴雨天气，会使果实组织含水量过大，含钙量相对较低，加重苦痘病、果肉褐变等生理病害发生。在土壤长期缺水的情况下，果实因发育不良而个体小，着色不佳，易发生虎皮病；果实中的钙吸收减少，而且钙会随蒸腾拉力的作用而向叶片移动，果实钙含量的减少，易导致发生钙缺乏症。干旱缺水情况下栽培的直根类蔬菜，贮藏中易发生糠心。

果树修剪不当，直接影响树体营养分配，间接对一些生理病害产生影响。修剪过重，可刺激枝叶徒长，从而加剧果实营养失调症，如座果过少、果个过大、果实贪青生长、氮钙比失调，贮藏中易发生缺钙病状或氮素过多病症。适当的疏花疏果使苹果的叶果比值增大，苹果含糖量高，有利于花青素的形成，贮藏中虎皮病发生就少。生产中生长调节剂的应用直接调节了营养的分配，使用得当，增产增收，但应用不当，会使产品耐藏性和抗病性下降，如猕猴桃幼果期用膨大素蘸果，可使果个显著增大，但果实在贮藏中易软化而不易贮藏。

(3) 采收成熟度不当

长期贮藏的园艺产品，如果采收成熟度把握不当，在贮藏中会出现一些生理病害。苹果采收过早易发生虎皮病、果皮易萎蔫发皱；但采收过晚，常常导致水心病、果肉粉绵病等。芹菜收获过晚，叶柄中心组织变软并呈海绵状，严重者叶柄中空，且纤维化程度大。大白菜和甘蓝收获过早，叶球松软，易失水萎蔫甚至干缩，但收获过晚，贮藏中发芽早，易出现叶球开裂现象。

(4) 气候异常

①光照：果实短时间内接受高温强光危害后，很快会出现日灼症。苹果日灼症表现为灼烫状圆形斑，在绿色果面上呈黄白色，在红色果面上呈浅白色，斑块无明显边缘；葡萄表现为在其向阳面形成淡褐色干疤；石榴果面形成浅褐色到深褐色斑，灼伤部分内部子粒呈白色。而光照不足，园艺产品中的可溶性固形物积累减少，着色不良，也会诱发一些生理危害，如苹果内膛果实因光照不足在贮藏中易发生虎皮病，且果肉易粉质化。

②温度：收获前数周酷热干旱可促使苹果发生水心病和红玉斑点病，河北鸭梨、山西大黄梨在成熟采摘期就有营养饥饿、果心褐变或糠心发生。而长时间持续阴雨低温，则使贮藏中苹果虎皮病发生严重。

③降雨：土壤水分缺乏之时，果蔬的正常发育受阻，表现为个体小，着色不良，品质不佳，成熟期提前。干旱年份生长的苹果含钙量低，果实易患苦痘病等缺钙性生理病害。在干旱缺水年份或在轻质壤土中栽培的萝卜，贮藏中容易糠心。降雨不均衡，久旱后遇骤雨或连阴雨，也会发生理性病害，如甜橙旱后遇骤雨，果实短期内猛长，果皮组织变得疏松，枯水病发生就严重。

降雨过多，贮藏中易诱发多种生理病害和侵染性病害，如苹果果肉褐变病、虎皮病、低温伤害和多种腐烂病害。

2. 收获后因素

(1) 高温伤害

园艺产品采后常会遇到高温环境。当温度高于果蔬器官和组织对温度的最大承受能力时，即造成高温伤害（heat injury)。高温会引起细胞膜系统的损伤，常造成呼吸速率增加，后熟衰老速度加快，从而缩短贮运期。对香蕉和番茄来说，大于35℃的持续高温还会减少内源乙烯的释放，使产品不能正常后熟。香蕉表现为不能有效转黄，番茄合成茄红素的能力明显降低。有些果蔬采收以后要进行热水或热蒸汽处理，但如果处理温度过高或时间过长则会导致产品烫伤，表现为表皮不同程度地发生褐变。

(2) 冷害

冷害（chilling injury）是冰点以上的不适宜低温对园艺产品造成的伤害。它是一些冷敏园艺产品在低温采后常见的一种生理病害，造成冷害发生的温度常在0～13℃。多数原产于热带和亚热带的园艺产品，由于系统发育处于高温的环境中，因此，采后在低温环境中极易遭受冷害。一般说来，原产于热带的园艺产品，如香蕉、芒果、菠萝、红薯、番茄、甜椒、茄子、黄瓜、南瓜、冬瓜、菜豆等对低温特别敏感，其冷害临界温度为

10℃左右；原产于亚热带的园艺产品，如柑橘、荔枝、龙眼、佛手瓜等次之，冷害临界温度为5～7℃；温带果实，如桃、苹果、梨的部分品种在0～2℃下也会遭受冷害。

冷害的症状随园艺产品种类而异，主要表现在以下几个方面：①表皮出现凹陷斑；②表面出现水渍状斑点；③表皮和内部组织发生褐变；④不能正常后熟；⑤腐烂。

冷害发生的根本原因是低温导致细胞膜的物理相变。当冷敏园艺产品处于冷害临界温度以下时，细胞膜首先由柔软的液晶态转变为流动性较差的固胶态，构成膜的基本单位——磷脂的脂肪酸链由无序排列变为有序排列，膜的外形和厚度也随之发生变化，使膜收缩，出现裂缝或通道，导致膜透性增大，膜上的酶系统被破坏，膜内可溶性物质和电解质外渗，膜内外离子浓度失衡。

细胞膜的液晶态是细胞维持正常代谢的基本状态，冷敏园艺产品细胞膜之所以会由液晶态转变为固胶态，与其磷脂中含有较多的饱和脂肪酸有关。通常，磷脂中饱和脂肪酸所含比例越高，对冷害也就越敏感。大多数冷敏园艺产品细胞膜中饱和脂肪酸的比例均明显高于抗冷者，而抗冷害园艺产品细胞膜中所含的脂肪酸主要为不饱和脂肪酸。因此，当温度降到0℃甚至更低时，抗冷害园艺产品的细胞膜仍可保持液晶态。但是，当温度下降到冷害临界温度以下时，冷敏园艺产品的细胞膜即转变为固晶态。

由于细胞膜由液晶态转变为固晶态这种初始反应的发生，会导致一系列的次级反应，如提高膜透性、刺激乙烯产生、增加呼吸强度等。如果冷敏园艺产品在冷害低温下所处的时间不长，在重新恢复到室温下后，膜的固晶态又可转变为液晶态，次级反应可能被纠正，一些失调也可能恢复正常。但如果经历的冷害温度时间过长，细胞膜的固晶态变化就不可逆转，导致一系列次级反应的发生，最终出现冷害症状。

（3）冻害

冻害是指园艺产品在冰点以下低温时，由于冻结对园艺产品造成的冰晶体对细胞组织乃至原生质造成的机械损害，同时也造成原生质脱水，破坏了细胞质原生胶体体系，发生不可逆的胶体物质凝固。解冻之后，水分不能被细胞吸收，从而造成大量流汁现象。

不同种类、品种的园艺产品对冻害的敏感性不同。大多数园艺产品不能够在冰点以下进行贮存，而菠菜、芫荽等可用冻藏法贮存，但温度不宜过低，因为过低的温度同样会对产品造成不可逆的损害。

适宜温度冻藏的产品组织虽已冻结，但原生质及组织结构并未受到破坏，缓慢解冻时，原生质还可以吸收解冻水分而恢复正常状态。若解冻过快，融化的水分就来不及被细胞吸收，同样会伤害组织结构，一般在4.5～5℃下解冻较为适宜。但缓慢解冻之前切不可随意搬动，因为已经冻结的产品非常容易遭受机械伤害。

（4）湿度失调

为了保持园艺产品的新鲜度，通常要求85％～95％的高湿条件。湿度过低，将引起生理病害，如苹果、梨果实失水，可使果皮皱缩。鳄梨在高湿条件下，造成外观差，软化不齐，并产生异味，使果实不适口；果皮和果肉都发生黑棕色斑点，甚至使果肉呈橡皮状，果皮出现凹陷症状。荔枝在干燥条件下贮藏，先是小瘤的顶部发生果皮褐变，逐渐向下扩展覆盖鲜红的果面，后期果壳表面会转变为褐色。甜橙在低湿度下果皮失水皱缩，果皮上易产生干疤病。萝卜、胡萝卜在低湿度下容易糠心，叶菜类很容易萎蔫。

但是，对某些园艺产品湿度过高也会诱发生理病害，如宽皮橘类的枯水病，在相对湿度达到 90%以上时发病严重。高湿环境造成果实局部生长现象，是水分和营养转移的结果。相对湿度在 90%以上时对苹果褐斑病也有促进作用。

（5）气体成分伤害

气调中适度的低 O_2 和高 CO_2 逆境可抑制产品的呼吸作用和乙烯的产生，延缓后熟衰老，从而延长贮藏期。但过度的气体浓度就会对果蔬造成低 O_2 和高 CO_2 伤害。此外，果蔬在贮藏中还会受到高浓度的 SO_2 和 NH_3 伤害。

1）低 O_2 伤害

低 O_2 伤害是指在气调贮藏时，由于调节和控制不当，造成 O_2 浓度过低而发生无氧呼吸，导致乙醛和乙醇等挥发性代谢产物的产生和积累，毒害细胞组织，使产品风味和品质恶化。低 O_2 伤害的主要症状是果蔬褐变、软化，不能正常后熟，产生酒精味和异味，表皮组织局部凹陷等。例如，苹果表现为果肉褐变，形式褐色软木斑或空洞，果肉酒精味明显，果皮上呈现界线明显的褐色斑，由小条状向整个果面发展；白梨系统和沙梨系统绝大部分品种在低 O_2 条件下果肉会发生褐变；柑橘产生苦味或浮肿，橘皮由橙色变为黄色，后呈现水渍状；茄子表皮产生局部凹陷；马铃薯髓部发生褐变等。产生低 O_2 伤害的 O_2 临界浓度随产品的种类和贮藏温度不同而变化。例如，菠菜和菜豆的 O_2 临界浓度为 1%，芦笋（石刁柏）为 2.5%，豌豆和胡萝卜为 4%。

2）高 CO_2 伤害

贮藏环境中 CO_2 浓度过高而导致的果蔬生理失调称为高 CO_2 伤害。高 CO_2 伤害的症状与低 O_2 伤害相似，最明显的特征是果蔬表面或内部组织或两者都发生褐变，出现褐斑、凹陷或组织脱水萎蔫等。例如，贮藏后期或已经衰老的苹果对 CO_2 非常敏感，易引起果肉褐变、变苦；马铃薯髓部褐变；柑橘果皮浮肿、果肉变苦和腐烂；叶菜类萎蔫；猕猴桃果实皮色变淡，底色发灰，缺少光泽，果肉从果皮下数层细胞开始至果心组织间有许多分布不规则的较小或较大的空腔，褐色或淡褐色，较为干燥，果肉酸且有异味，严重时有麻味，整个受害果实的硬度偏高，果肉弹性大，手指捏压后无明显压痕，果实不能正常后熟。高 CO_2 伤害的原因主要是高浓度 CO_2 抑制了线粒体中琥珀酸脱氢酶的活性，且其对末端氧化酶和氧化磷酸化也有抑制作用。

不同种类和品种的果蔬对 CO_2 的耐受力差异很大，这与果蔬自身的生理生化特性有关。对 CO_2 比较敏感的果蔬有梨（白梨系统和沙梨系统的绝大部分品种）、莴苣、鲜枣、富士苹果、青椒和菜豆等，如鸭梨和慈梨对 CO_2 非常敏感，贮藏过程中 CO_2 浓度超过 1%时，就会发生伤害，出现内部褐变。能耐受较高浓度 CO_2 的果蔬有樱桃、草莓、青花菜、蒜薹、甜玉米和蘑菇等，如青花菜和蒜薹在短时间内 CO_2 浓度超过 10%也不会发生伤害。果蔬高 CO_2 伤害受 O_2 浓度的制约很大。在 O_2 浓度较高时，即使 CO_2 达到贮藏果蔬的生理极限浓度，也不会发生 CO_2 伤害；相反，在 CO_2 尚未达到生理极限浓度时，如果 O_2 浓度很低，就有可能导致果蔬发生 CO_2 伤害。因此，在气调贮藏时，CO_2 和 O_2 之间存在着相互制约与协同的双重关系。此外，贮藏温度和时间在一定程度上也会影响果蔬对 CO_2 和 O_2 浓度的敏感度。

3）SO_2 伤害

SO_2 常用于贮藏库消毒或将其作为保鲜剂用于葡萄等的贮藏中。SO_2 熏蒸消毒库房时浓度过高或消毒后通风不彻底，易引起入贮园艺产品中毒现象，如出现漂白或变褐，形成水渍斑点、微微起皱，严重时以气孔为中心形成许多坏死小斑点，布满果面，皮下果肉坏死，深约0.5 cm。葡萄保鲜剂的主要成分是焦亚硫酸盐，焦亚硫酸盐遇水会大量释放 SO_2，当贮藏温度波动过大而产生露珠时，常造成 SO_2 的大量释放，使葡萄从果蒂端开始漂白，随贮藏时间的延长，漂白部分逐渐向果实顶部转移。

4）NH_3 伤害

大型商业化冷库多以 NH_3 作为制冷剂，在生产中由于管道腐蚀或接口不严常会发生泄漏。如果冷库内 NH_3 积累到一定程度就会对产品造成伤害，其最为典型的症状就是使产品迅速褐变。例如，NH_3 在几分钟之内就会使百合鳞茎由白色变为浅褐色，随着时间的延长或 NH_3 浓度的增加，浅褐色的鳞茎又会进一步转变成深褐色。

3.2.2 控制病害的措施

控制生理性病害首先要进行正确的判断。生理病害一般表现为较大面积地均匀发生，发病程度由轻到重，没有由点到面（即由发病中心向周围逐步扩大）的过程。

生理性病害表现出来的症状只有症状而没有病征。通常为了确定是否有病征，可取新鲜病组织进行表面消毒并放在25～28℃条件下诱发，若24～28 h后仍无病征出现，即可初步确定该病不是真菌病害或细菌病害，而为生理性病害。还可以进一步解剖检验以确定病原物。用新鲜幼嫩的病组织或剥离表皮的病组织制作切片，并采用染色法处理，然后镜检有无病原物及内部有无病原物及内部组织有无病理变化。镜检时注意排除次生病原物的干扰。确认无病原物后，则可确定为生理性病害。具体病因需结合贮藏环境条件及管理进行判断，主要从病状上分析判断。例如，同样是内部组织变褐，冷害引起的褐变与气体伤害引起的褐变是不同的，因为冷害造成的组织褐变没有 CO_2 中毒的硬度高，与低 O_2 伤害相比缺少绿色。

当生理性病害外观病状十分相似时，诊断时还需要重视分析采前的气候因素、栽培管理措施、采收成熟度及采后的温度、湿度、气体成分的水平和管理，才能最终判断病因。病因确定之后，方可对症治疗。

在贮运过程中出现的生理性病害也可采用人工诱发及排除病因法进行检验，即根据初步分析的可能病因，人为提供类似的发病条件，如用低温、高 CO_2、高 SO_2 等对园艺产品进行处理，观察其是否发病，或采取治疗措施排除病因，观察园艺产品是否可以减轻病害或恢复健康。

化学诊断法：若初步诊断是因为缺素等原因引起的病害，可测定病果中相关成分的含量与正常果相比较，以进一步确定病因。

3.2.3 园艺产品主要生理性病害实例

1. 苹果生理病害

(1) 褐烫病

苹果褐烫病又名虎皮病，是我国苹果贮藏后期发生的一种病害，初期病部果皮呈不明显、不整齐的淡黄色斑块，而后颜色变深，病部稍凹陷且起伏不平。病果的果肉组织变绵，并带有酒味。严重时，病部表皮可成片撕下，皮下数层细胞变为褐色。病斑以不着色的果实阴面较多，仅严重时才扩及阳面。

发生褐烫病的主要原因是果实采收过早，运输及贮藏前期呼吸代谢过旺；其次是贮藏后期的温度过高，通风不良。国光、印度、青香蕉均易发病。

防治褐烫病的关键在于适期采收；防止贮藏后期温度升高，并注意贮库和果窖的通风；果箱内果实要摆布均匀，不宜过度密集，如冷库贮藏，果实出库时应逐渐升温，以免温度骤变而引起发病。用2000～4000 mg/kg 的50%虎皮灵乳剂溶液浸泡苹果，晾干后装箱，防治效果较好。

(2) 苦痘病

苦痘病又称苦陷病，是苹果近熟期和贮藏初期发生的病害。病果的皮下果肉组织首先变褐，并干缩呈海绵状，病部以皮孔为中心的果皮，在红色品种上呈暗红色，在黄色和绿色品种上则呈暗绿色，病斑近圆形，四周有深红色和黄绿色晕圈。随后，病部干缩下陷，变成暗褐色。病斑直径一般为2～4 mm，也有大至1 cm的。剖开病部，可见皮下的坏死果肉组织呈半圆形或圆锥形，深度为2～3 mm或更深，坏死组织也可发生于果肉深处，食之有苦味。贮藏后期，病部被腐生菌危害而变色腐烂。

苦痘病主要由于生理缺钙和氮、钙营养失调所致，防治主要应从降低氮钙比入手。首先，科学施肥，结合根外施钙肥。其次，合理修剪，避免枝条旺长或过度修剪，注意果园排水，保持树势中庸。最后，果实发育的中后期，喷施0.8%的硝酸钙液和0.5%的氯化钙液4～7次，先后间隔20天。红色苹果品种喷施硝酸钙液会抑制着色，延迟成熟，可用氯化钙。

(3) 水心病

水心病又名蜜果病。在高纬度、高海拔、昼夜温差较大的果区，危害十分严重，病果内部组织的细胞间隙充满细胞液而呈水渍状，病部果肉的质地较坚硬，呈半透明状。通常以果心及其附近较多，但也有发生于果实维管束四周和果肉的任何部位的。病组织含酸量，特别是苹果酸的含量较低，并有醇的积累，味稍甜，同时略带酒味。后期，病组织败坏变为褐色。水心病的发生与果实代谢紊乱有关。高氮低钙会加重发病。一般认为，增施磷肥，不施或少施铵态氮肥，采前2个月喷布1000 mg/kg 的丁酰肼可防治苹果水心病。

2. 梨生理病害——黑心病

鸭梨、酥梨雪花梨和长把梨等贮藏过程中，均有黑心病发生，以鸭梨最严重。黑心病分为早期黑心（入库后30～50天）和晚期黑心（翌年3～4月份）两种类型。早期黑心病是因贮温下降过快而引起的，其病状是果肉为白色，果心及周围出现褐色斑块，病果风味劣变，严重影响梨的贮藏寿命，但在外表通常看不到症状，故不易发现。晚期黑心可能与果实组织衰老或CO_2浓度过高有关，其病状是果心及周围果肉变为褐色，果肉组织疏松，果皮色泽暗淡，严重时有酒味。研究发现，钙的含量越高，黑心病的程度越轻，甚至不感病，随钙含量降低及氮钙比增大，黑心病加重。防治上应根据品种特性，确定适宜贮藏期限，生长后期控制氮肥用量，并向树上喷洒钙盐溶液或波尔多液，可减少黑心病发生，适时采收，采后缓慢降温，将贮温降至0℃，是控制前期黑心病的有效措施，严格控制CO_2和O_2浓度，一般CO_2不超过2%，O_2不低于3%，这样有利于抑制后期黑心病的发生。

3. 柑橘生理病害

（1）柑橘水肿病

水肿病是柑橘贮藏期间的主要生理病害之一。初期果皮无光泽，颜色变淡，手按有软绵感，稍有异味。随着病情的发展，果皮转为淡白色，出现不规则半透明水渍状，食之似煤油味。柑橘出现不规则的浅褐色斑点，病情严重时，整个果实呈半透明水渍状，表面肿胀，用手按时柑类感到松浮，橙类感到软绵，白皮层和维管束变为浅褐色，果皮易剥离，食之有浓厚的酒精味。贮藏环境温度偏低，通风不良及CO_2积累较多，均易发生此病。根据柑橘的品种特性，保持适宜贮藏温度，加强通风，排除过多的CO_2和乙烯，使库内CO_2浓度不超过1%，对柑橘水肿病有较好的预防作用。

（2）柑橘枯水病

枯水病是柑橘类果实贮藏后期易发生的病害，宽皮类果实上发生较严重。枯水病在宽皮橘上表现为果皮发泡、皮肉分离、橘瓣沙、失水干缩、质量减轻、糖酸含量下降等症状，逐步失去固有风味，严重者食之如败絮。甜橙果皮出现不正常的饱满、油胞突出、色泽变淡，无光泽，手触坚实无柔软感，失水严重时果实显著变轻，果皮变厚，白皮层疏松，油皮层和白皮层分离，中心柱空隙增大，囊瓣壁变厚变硬，汁胞失水，色由橙黄转为黄白。随枯水加重，果实失去食用价值。其病因尚无定论，目前较一致的看法是，贮藏中果皮的第二次生长，引起果皮增厚、增重和干物质增加，以及果皮细胞分裂是导致果实采后枯水的根本原因。

目前较有效的防治措施是采前20天用10～20 mg/L的赤霉素喷果，或采后用50 mg/L的赤霉素（可与其他非碱性防腐剂混用）浸果；适期采收，采后将果实置于温度为7～8℃，相对湿度为75%～80%的条件下，使其失重3%～4%；控制贮藏环境湿度不要太高。

（3）柑橘褐斑病

褐斑病又称干疤病，是柑橘类果实贮藏中发生的严重生理病害。病变多发生在果蒂周围，初期果皮出现浅褐色不规则斑点，以后病斑扩大，颜色变深。病斑处油囊破裂凹陷干缩，呈硬革质，发病部位仅限于有色皮质，后期斑下白皮层变干，果肉风味变淡。发病果容易受霉菌感染引起腐烂。多数研究认为，褐斑病是低温生理失调病害，低温贮藏的果实较常温贮藏的有较高的发病率。此外，褐斑病的发病与品种、采收成熟度及贮藏湿度也有关。褐斑病对甜橙类危害最严重，柑及柠檬次之，橘最轻。果实成熟度越高，贮藏中褐斑病发病率越高。贮藏环境湿度低，果皮易失水皱缩，是网状、片状等褐斑形成及发病的原因，较高湿度可降低发病率。

目前，较有效的防治措施是保持适宜的贮藏温度和较高的相对湿度，或采用塑料薄膜单果包装等。

4. 香蕉生理病害

(1) 冻害

香蕉对低温极为敏感，冻害的临界温度为 11～13℃。若夜间最低气温为 11～12℃并持续 2～3 天，香蕉即可受轻微冻害。冻害严重时，果皮呈暗绿色，升温后，受冻部位迅速变成暗褐色，水渍状。受冻的香蕉常伴随发生酸腐病，以致病香蕉发酸，腐烂流水，病部长出一层白霉状物，白霉状物主要是酸腐菌的节孢子。

(2) 裂果病

病香蕉凸面的果皮沿心室的交界线纵裂，露出果肉，通常发生于久旱逢雨的蕉园，果皮开裂后易受根霉侵染而腐烂。

(3) CO_2 中毒病

香蕉果皮青绿如常，但内部果肉已软腐，略带酒味，后期果皮变成暗褐色，不能正常催熟，一般发生于密封包装的香蕉。可进一步被镰刀菌侵染，造成严重的冠腐，加速果实软腐，大量流水，以致烂成一堆。

5. 大白菜生理病害

(1) 干烧心病

干烧心病在田间发生，贮藏期间病情加重。患病大白菜，外观无异常，内部自心部向外多层叶片发褐发苦，故名“烧心”。病因国外已确认为缺钙，我国调查认为，除秋季旱情外，还与土壤 pH、过量追施铵态氮、水质碱性等有关。这些因素造成土壤溶液浓度过大，严重阻碍根系对钙的吸收。防治上，单纯的心叶补钙只是应急措施，不能根本解决问题，应从综合防治着手。秋季干旱，增加灌水量，尤其是追肥后要立即灌水；多施农家肥，少施氮素化肥；适当根外补钙，大白菜即将结球时，开始向心叶喷施 0.7%的氯化钙（$CaCl_2 \cdot 2H_2O$）水溶液+150 mg/kg 的萘乙酸，每隔 10 天喷 1 次。

(2) 脱帮

大白菜冬季贮藏 2～3 个月后，叶球外部的叶片会逐渐脱落，叶色变黄，若被微生物侵染会进一步腐烂。贮库（窖）温度变化大，湿度低或通风不良时，更会引起大量外层叶片脱帮。采收前 3～5 天，以 25～50 mg/kg 的 2，4-D 钠盐水溶液喷施大白菜，以外部叶片几乎全湿为准，可防止脱帮发生。

3.3　园艺产品的虫害

园艺产品生产和贮运过程中发生的虫害是引起采后园艺产品商品质量下降和腐烂的

重要原因之一。被害果轻则表面不洁，出现孔眼、疤痕，重则果肉被蛀食一空，降低甚至失去食用价值和商品价值。一些害虫还能传播病害，造成重大损失。园艺产品害虫主要是在生长期侵入或潜入，而在采后继续危害。防治时应将生长期的综合防治与采后处理相结合。

3.3.1 主要害虫的种类及危害

1. 果品主要害虫及危害

(1) 苹果和梨害虫

苹果和梨贮运中发生的虫害很多，危害较严重的有食心虫类、象鼻虫类、卷叶蛾类和介壳虫类。其中，苹果小食心虫、梨小食心虫、桃小食心虫、桃蛀螟、栗实象甲采后危害严重，应加强杀虫处理，并及时清除贮运场所的幼虫及虫果。

①苹果小食心虫：主要寄主有苹果、梨、沙果、山楂、海棠等，俗称干疤虫。幼虫多从果实胴部蛀入，在果皮浅层危害，不深入果心，危害小型果如山楂时可达果心。危害部位果皮变褐、干裂，形成直径约为 1 cm 的圆形干疤，周围有少量细粒虫粪。被害果实虽可食用，但等级降低。

②梨小食心虫：危害梨、苹果、桃、李、杏、山楂等。每年 8~9 月份，幼虫从梗洼或萼洼处蛀入，孔小微凹陷，呈青绿色，果形不变，被害果易腐烂。

③桃小食心虫：该虫寄主广泛，除危害苹果、梨外，还蛀食桃、杏、李、枣、山楂、海棠等多种果品。严重时产区苹果虫果率达 40%～50%，枣、桃达 70%～90%。幼虫蛀果多从萼洼及附近咬破果皮留下蛀孔，孔口流出乳白色果胶。苹果虫果果面凹陷，变成畸形"猴头"果。幼虫入果后，串食呈黄褐色条状虫道，排出的粪便似"豆沙馅"。

④吸果夜蛾：是吸食果汁蛾类的总称，主要有乌嘴壶夜蛾、枯叶夜蛾、平嘴壶夜蛾，属鳞翅目夜蛾科，寄主很杂，主要有苹果、梨、桃、杏、葡萄等。被害果果面出现针尖大的刺孔，孔周围果肉因失水呈海绵状，围绕刺孔开始腐烂。

⑤梨圆蚧壳虫：寄主很多，受害严重的主要有梨、苹果、桃、枣、山楂等，是国际检疫对象。梨圆蚧壳虫多集中在梨和苹果的萼洼和梗洼处吸食果汁。苹果被危害时，围绕蚧壳形成紫红色的晕圈，果面虫口密度大时，紫红色晕圈连成一片。危害梨时，产生黑褐色斑点，严重时果面干燥龟裂。

⑥梨黄粉蚜：又叫膏药顶，是梨树重要害虫，在梨区已成为严重问题。此虫以成虫和若虫危害，受害处产生黑点，严重时引起萼凹处变黑腐烂，果实龟裂，严重影响果实商品价值。

⑦梨椿象：又叫臭椿象、臭板虫等。该虫食性杂，主要危害梨，也危害苹果、桃、杏、李、樱桃。近年一些地区被害虫果达 30%以上。此虫以成虫或虫刺吸食果实汁液，被害部位果肉变褐，发育停止，形成硬疔，果面坑洼不平，果实发育畸形，形成"疙瘩梨"。其排泄物和分泌物常诱发霉菌，污染果面，被害果实食用及商品价值降低。

(2) 柑橘类害虫

柑橘类害虫种类很多，对果实危害较大的有柑橘锈壁虱、吸果夜蛾、蚧类、卷叶蛾等，柑橘大实蝇是柑橘类果实的检疫害虫。

①柑橘大实蝇：是柑橘的毁灭性害虫，为国际重要检疫对象。此虫只危害柑橘类果实，以甜橙危害最重。成虫将卵产于果内，在甜橙、酸橙、红橘果皮上的产卵孔周围呈乳突状隆起，外围出现未熟先黄、黄中带红现象。柚子上一般产卵孔深陷呈褐色。若果内虫少，果实可正常生长，但后期易腐烂，果肉呈糊状。

②柑橘卷叶蛾：危害柑橘果实的卷叶蛾主要有拟小黄卷叶蛾和和褐带长卷叶蛾，均属鳞翅目卷叶蛾科。柑橘卷叶蛾除危害柑橘外，还危害荔枝，龙眼等。以幼虫蛀入果内危害，被害果贮藏时易被病原菌从蛀孔侵染而发生腐烂。

③柑橘锈壁虱：又称锈螨，仅危害柑橘类植物，尤以柑橘、橙、柠檬受害最重，而柚、金柑受害较轻。若虫和成虫刺破果皮吮吸汁液，严重时果面失去光泽似蒙上一层灰尘（脱壳虫体），果皮呈深红色褐色至黑褐色，果皮硬化、木栓化，出现许多纵横交错裂痕，经氧化后变为褐色，果肉质地粗糙，含糖量下降，风味变酸，贮藏时易腐烂。

(3) 其他果实常见害虫

①桃蛀螟：主要危害桃、李、杏、柿、板栗、苹果、梨、石榴、龙眼、荔枝等。幼虫危害栗蓬时排出虫粪，随后蛀入蓬内危害栗果，蛀食种仁成大孔洞，粪便常排至蛀孔外，并以丝互相粘连。桃、杏、李被害时，常从蛀孔流出胶质物，与粪便黏结而附着于表面。

②栗实象甲：又称板栗象鼻虫，是板栗果实的主要害虫，板栗产区的虫果率高达20%～40%。幼虫取食嫩枝和幼果，并在栗蓬皮上咬孔产卵，早期果实受害后易脱落。采后流通、贮运过程中栗果受害，幼虫继续蛀食种仁，并将粪便排泄在种仁内，使受害果丧失商品价值。幼虫脱果后种皮上留有圆孔，易霉烂，不能食用。

③栗实蛾：是蛀食板栗的主要害虫，一些产区栗果受害率达30%～40%，严重影响板栗产量和质量。幼虫咬破栗蓬，蛀入果内取食危害。果外常有白色和褐色颗粒状虫粪堆积。树上危害时常咬伤果柄，使板栗未成熟即脱落。

2. 蔬菜主要害虫及危害

(1) 菜粉蝶

菜粉蝶又称菜白蝶，幼虫称菜青虫，是十字花科蔬菜的重要害虫之一，尤以甘蓝类蔬菜受害最重。幼虫危害叶片时多在叶背面啃食叶肉，使叶面呈孔洞缺刻状，严重时仅剩叶柄和叶脉。幼虫排出虫粪污染菜面、菜心。被害伤口易引起病原菌侵染，导致软腐病发生，致使产量下降，品质变劣。

(2) 小菜蛾

小菜蛾别名小青虫、两头尖。危害甘蓝、花椰菜、白菜、油菜、萝卜等十字花科蔬菜，南北方均有分布。初龄幼虫仅能取食叶肉，留下表皮，在菜叶上形成透明斑；3～4龄幼虫可将菜叶食成孔洞和缺刻，严重时全叶呈网状。苗期集中心叶危害，影响包心。

(3) 菜蚜

菜蚜是危害十字花科蔬菜蚜虫的统称，主要有桃蚜、萝卜蚜和甘蓝蚜。以成虫或若虫群集吸食汁液危害，分泌蜜露诱发煤污病，严重时页面卷曲皱缩，使叶面绿色不匀，发黄。

（4）甜菜夜蛾

甜菜夜蛾危害甘蓝、花椰菜、白菜、萝卜、莴苣、番茄、青椒等多种蔬菜。初孵幼虫群集叶被，吐丝结网，在其内取食叶肉，残留表皮，形成透明小孔。3 龄后可将叶片吃成孔洞缺刻，严重时仅余叶脉和叶柄。

（5）豇豆荚螟

豇豆荚螟别名豇豆螟、豇豆蛀野螟、豆荚野螟、豆野螟等。幼虫危害豆叶、花及豆荚，常卷叶危害或蛀入荚内取食幼嫩的种粒，荚内及蛀孔外堆积粪粒。受害豆荚味苦，不堪食用。

3.3.2 防治害虫的措施

园艺产品害虫主要在生长期侵入危害，部分可在采后继续危害，防治时应贯彻“预防为主，综合防治”的原则。以采前防治为主，结合采后杀虫处理，利用各种经济、安全、有效的技术手段，降低园艺产品的受害程度，提高商品质量，并为采后贮运奠定良好的基础。

害虫防治的措施主要包括植物检疫、农业防治、化学防治、物理机械防治及生物防治。

1. 植物检疫

植物检疫是用法律的手段，禁止或限制危险性病、虫、杂草人为地通过种子、苗木、果实以及包装材料等从国外进入本国，或从本国传到国外，或传入以后限制其在国内传播的一种措施。植物检疫是从根本上杜绝危险性病虫、杂草危害的基本措施之一。果品害虫如桃小食心虫、柑橘大食蝇、柑橘小实蝇、地中海实蝇等是我国对外的检疫对象。

2. 农业防治

农业防治是综合利用各项农业措施，创造不利害虫发生的环境，达到消灭和抑制害虫发生的目的，具有经济、有效、简便等特点。例如，果园中应避免苹果、梨、桃、李的混栽，进行果园冬耕，清扫落叶杂草，刮除老翘树皮，摘除虫果等农业措施，都有减少或消灭田间虫源的作用。实行合理的蔬菜轮作或间作套种，加强田间肥水管理，选择抗虫品种，适时采收等措施，对减轻虫害也有一定作用。

3. 化学防治

尽管化学农药给生态环境带来了不少麻烦，但迄今为止，应用化学杀虫剂仍是防治园艺产品害虫的最重要手段。根据不同果品蔬菜发生的害虫类型、种群特点，选择防治的有利时机和虫态，进行相应化学药剂处理，可减少果园、菜园田间害虫的发生。常用的园艺产品田间杀虫剂有有机磷、氨基甲酸酯类、菊酯类、杀螨剂等。园艺产品采收后，多采用挥发性杀虫剂熏蒸处理，可防止如板栗象鼻虫、栗食蛾和桃蛀螟等贮藏期间幼虫继续在果内蛀食危害。生产上常在贮运前用40～60 g/m^3 的溴甲烷熏蒸，持续3.5～10 h。也可以用40～50 g/m^3 的二硫化碳熏蒸，持续24～48 h，杀虫效果良好。

4. 物理机械防治

用简单机械和各种物理因素（光、热、电、温等）来防治害虫的方法称为物理机械防治，常用的有捕杀、诱杀、阻隔、低温及低氧灭虫等方法。

目前在苹果、桃、葡萄生产上实行的果实套袋，既控制了病虫危害，也减少了农药污染；在果园装黑光灯或糖醋毒液可诱杀桃蛀螟等害虫，利用黑光灯也可诱杀棉铃虫、烟青虫及甘蓝夜蛾；在温室内挂黄色板或在黄色塑料条上涂机油，可诱杀蚜虫、温室白粉虱；将板栗堆垛，罩上塑料薄膜帐，然后充分降氧，使 O_2 浓度降至3%～5%，4天后栗果内害虫全部死亡。

5. 生物防治

生物防治是利用有益微生物或生物的代谢产物来控制害虫种群数量，达到消灭害虫的目的，包括以虫治虫、以菌治虫以及其他生物物质的利用。在蔬菜害虫防治中，常利用微生物农药苏云金杆菌、白僵菌等，对菜青虫、甜菜夜蛾等具有较强毒性的特点来防治。生物防治可以为市场和消费者生产出新鲜优质、无公害的果品蔬菜，是园艺产品害虫防治的发展方向之一。

【复习思考题】

1. 简述引起园艺产品采后腐烂的主要因素。
2. 试述园艺产品侵染性病害的主要防治措施。
3. 试述园艺产品生理性病害的主要影响因素及其防治措施。
4. 简述防治园艺产品虫害的主要措施。
5. 什么是化学防治？什么是生物防治？它们各有什么优缺点？
6. 如何理解侵染循环？

第4章　园艺产品采后生物技术

【内容提要】　将生物技术这一概念贯穿整章，分别从生物技术的概念、与园艺产品采后的相关性以及生物技术未来的发展趋势几个方面进行介绍。

【学习目标】　学习转基因技术、分子标记技术、细胞工程、基因工程及图谱分析等生物保鲜技术与方法，对生物技术有更加深刻的认识。

【重要概念及关键词】　转基因技术　分子标记技术　RFLP技术　RAPD技术　AFLP技术　植物细胞工程　克隆　酶谱　采后褐变　乙烯作用　冷害　仿生保鲜　ACC

4.1　生物技术与园艺产品采后特性的遗传改良

4.1.1　转基因技术

1. 转基因技术的诞生与兴起

地球上的生物是多种多样的，大到恐龙、鲸鱼，小到细菌、病毒，然而它们都有一个共同点，就是都以DNA（或RNA）来储存遗传信息，而且这些生物的DNA基本结构是相同的。在这样的基础上，现代生物工程技术可以使人们像连接不同颜色的绳索一样把不同生物的DNA连接到一起。转基因技术与细胞信息的改变有关，简单地说，就是将一种物种的目标基因人工植入另一物种的细胞内，从而使被植入细胞的原有信息发生部分改变，被植入物种的遗传特性发生变化。

转基因工程有一个很长的历史演变过程。1665年，英国的罗伯特·虎克用一把锋利的刀子在一块软木上切下一片薄片，放在自己制造的一架光学显微镜下进行观察，他惊异地发现，这片用肉眼看起来密实光洁的软木薄片上，有规律地排列着许许多多蜂窝状的小室。虎克记录下了自己的发现，并给这些小室取了个别致的名字——细胞。实际上，虎克当时看到的并不是具有真正活力的生命细胞，而是细胞死亡后留下的细胞壁。他这一偶然的发现为人类揭开生命奥秘打开了一扇窗户。1830年，德国植物学家施来登、动物学家施旺创立了细胞学说。他们通过细胞找到了构筑整个生命大厦的原始建筑材料，地球上所有的生命系统，无论是简单的还是复杂的，都是细胞构成的，细胞是生物体结构和功能的基本单位。几乎在同一个时期，英国生物学家达尔文的进化论，奥地利人孟德尔、丹麦人约翰逊的基因学说相继问世，找到了开启生命微观世界的钥匙。

自 19 世纪孟德尔在奥地利修道院的花圃里用豌豆苗作遗传研究材料，阐明生物的遗传特征之后，人类逐步获知了所有生物的遗传特征，都是隐藏在细胞核里的一种密码——基因所决定的。基因包含在细胞的染色体里，染色体只有在细胞分裂时用高倍显微镜才能看得见，细胞分裂时，首先是染色体的分裂，再导致细胞和细胞核分裂。染色体是由 DNA（脱氧核糖核酸）和蛋白质两种物质组成的，基因就是 DNA 分子长链上具有遗传信息的片断。基因每时每刻向细胞发出各种“命令”，指挥着生物按照一定的方式和程序发育、繁殖、死亡。转基因工程就是人类按照自己的意图，通过改变生物遗传基因，使生物改变原来的性状，获得新的功能。转基因技术的原理就是对某一物种的具有特别性状的基因，进行分离，并把它移植到另一个物种上去，从而使一个物种个体上具有组合基因。由此可见，转基因技术是一项新兴的生物科学。

转基因技术的兴起伴随着现代分子生物学的发展。DNA 双螺旋结构的揭示为人类从分子水平认识基因，对基因进程操作和改造创造了条件。近年来，对于细胞内基因组成的认识已经有了很大的进步，这主要归功于基因实验技术的改进。此技术有两个重要特征：一是确定相对小的 DNA 片段在宿主细胞的复制；二是超越自然种系障碍，将基因从一个生物体转移到另一个非相关宿主细胞的能力。外源性 DNA 成功地插入媒介体即为 DNA 嵌合体，此结构是重组体 DNA 研究的基础，被命名为“分子克隆”。对基因转染和表达的监测能力是转基因技术的一个重要方面。转染 DNA 的存在可用 Southern 印迹分析和 PCR 来检测。转基因的成功可通过 Northern 印迹分析转染 DNA 的 mRNA 产物或逆转录 PCR 来反映。

2. 转基因技术的国际化

国际上转基因技术的研究始于 20 世纪 70 年代，经历了十几年的探索、试验阶段之后，90 年代中期开始进入商业化发展。据国际农业生物技术应用服务组织（ISAAA）公布的数据表明，2010 年转基因作物种植面积为 1.48 亿公顷，种植面积是转基因生物商业化第一年（1996 年）的 87 倍。种植面积最大的主要转基因作物有四种，其中转基因大豆占全球大豆种植面积的 81%，转基因棉花占全球棉花种植面积的 64%，转基因玉米占全球玉米种植面积的 29%，转基因油菜占全球油菜种植面积的 23%。

美国是转基因作物及食品商业化的积极推动者，是在转基因技术研究方面投资最多的国家，同时也是世界上转基因作物播种面积最广的国家。据国际农业生物技术应用服务组织（ISAAA）统计，2010 年美国转基因作物种植面积为 6680 万公顷，居全球首位。阿根廷在采用转基因技术的国家中列第二位。1997 年，其转基因作物的播种面积仅为 140 万公顷，1998 年增加到 550 万公顷，其中 75%的大豆播种面积采用经过改变基因的豆种。加拿大是转基因农业生产发展迅速的国家。其转基因作物播种面积从 1997 年的 130 万公顷增加到 1998 年的 280 万公顷。我国转基因作物及食品研究起步较晚，但截至 2010 年，我国转基因作物种植面积达 350 万公顷，在种植面积超过 100 万公顷的前八个国家中位居第六位。2000 年，巴西、中国、印度、墨西哥、英国、美国以及第三世界科学院全球七大科学院，在华盛顿联合发表白皮书，公开支持转基因技术研究。

3. 转基因技术的应用

(1) 常用的转基因方法

①植物转基因技术。目前该项技术主要采用遗传转化的方法实现。按是否需要通过组织培养再生植株，该方法可分成两大类：一类是需要通过组织培养再生植株，常用的方法有农杆菌介导转化法、基因枪法；另一类是不需要通过组织培养，目前比较成熟的方法主要有花粉管通道法。

②动物转基因技术。目前该项技术主要采用两种方法实现。一是显微注射法。在显微镜下，用一根极细的玻璃针（直径为1～2 μm）直接将DNA注射到胚胎的细胞核内，再把注射过DNA的胚胎移植到动物体内，使之发育成正常的幼仔。用这种方法生产的动物约有十分之一是整合外源基因的转基因动物。二是体细胞核移植法。先在体外培养的体细胞中进行基因导入，筛选获得带转入基因的细胞后，将其移植到去掉细胞核的卵细胞中，生产重构胚胎。重构胚胎经移植到母体中，产生的仔畜均为转基因动物。

(2) 领域应用

转基因技术在农业、林业、畜牧业、医学、花卉业、环境保护等方面，都有广阔的应用前景。下面就转基因技术在畜牧、医学、园艺等重要领域的实际应用作一简单的介绍。

转基因技术在畜牧生产方面的应用起始于Palmiter等（1982）把生长激素基因导入小鼠受精卵获得“巨鼠”以后。所获得的转基因小鼠的血浆中hGH浓度很高，表达hGH的小鼠从3周龄开始生长加速，最终为对照组身体大小的2倍。Palmiter等的研究结果为转基因动物技术在生产中的应用开辟了新的思路，很多学者对此在生产实践中的应用前景产生了极大的兴趣，并潜心研究。将转基因技术用于遗传育种，不仅可以加速改良的进程，使选择的效率提高，改良的机会增多，并且不会受到有性繁殖的限制。应用于动物生产，通过转基因技术，可以促进动物生长、提高畜产品产量、改善品质。

在医学领域方面，建立诊断和治疗人类疾病的动物模型在动物转基因技术问世以前，发现自然突变体是遗传学家获得遗传疾病模型的唯一途径。目前，遗传学家可以通过精确地使某些基因失活或增强某些基因的表达来制作各种各样的研究人类疾病的动物模型，也可以为研究诸如AIDS这样的疾病提供合适的动物模型。与此同时，还可用通过转基因植物生产疫苗。1992年，Arntzen等人首先提出了用转基因植物生产医用疫苗的思路，促成了转基因植物疫苗研究的兴起。转基因植物可表达多种蛋白（如脑啡呔、干扰素、人血清蛋白）以及两种最昂贵药物（即葡糖脑苷脂酶和粒细胞—巨噬细胞群刺激因子）等。

尽管世界花卉市场上已有成千上万的品种，但是消费者仍在不断地寻求新产品，追寻新的颜色，奇异的花型，好闻的香气和更长的瓶插时间，作为种植者则要求品种有更好的农艺特性，这就需要引入转基因技术，以期得到更优品种。把外源基因导入植物的新方法的发展，加上基因鉴别与分离技术方面知识的增长，使我们能够将某一优良品种的单一性状予以特意的改变，不再受植物亲缘关系远近的限制。随着对调控开花过程的分子生物学的兴起，科学家从花顶端组织中分离出一些控制花器官分化的关键基因。现在已详尽了解一些植物的同源异型基因，其中包括拟南芥、金鱼草、矮牵牛。

4.1.2　分子标记技术

近年来，随着植物分子生物学的迅猛发展，诞生了许多直接操作DNA的新技术，分子标记就是其中的一个，它是以植物遗传物质DNA分子的多态性为基础的遗传标记。分子标记技术的出现，使植物育种中的“间接选择”成为可能，大大提高了遗传分析的准确性和选育种的有效性，因而在遗传育种领域越来越受到重视，将二者有机结合是今后育种工作的趋势。

1. 分子标记技术的概念

分子标记技术从广义上来讲，分为同工酶标记和DNA标记，而狭义的分子标记仅指DNA标记。

(1) 同工酶标记

自20世纪70年代以来，同工酶作为一种直接的基因产物，在作物遗传育种中得到了广泛的应用。相对于形态性状标记，它具有一些独特的优点。一是它受环境因素影响较小，表现出相对的稳定性；二是多种同工酶可以在种子或幼苗中表达，有利于进行早期鉴定。但由于翻译后的修饰作用、组织特异性和发育阶段性，特别是相对较少的多态性位点，使其在应用上受到一定的限制，如对于栽培种内酶变化水平较低的植物，想要利用酶鉴定技术进行遗传分析就比较困难，这便需要寻找新的分子标记技术。

(2) DNA分子标记

DNA分子标记是指电泳后能以一定的方法检测到的反映基因组某种变异特征的DNA片段。这种DNA片段可以通过限制性内切酶切割、PCR扩增或两者结合来获得。它可直接检测基因组的遗传变异，因此它避免了用形态或同工酶检测遗传变异所固有的许多问题和倾向。

DNA标记主要包括三大类：基于DNA分子杂交法、基于PCR技术的DNA扩增法和PCR与酶切相结合法。基于DNA分子杂交法主要指限制性片段长度多态性（RFLP），这种方法的优点在于多态性的控制不受组织特异性和发展阶段的影响，探针数量多，具有共显性，其缺点在于DNA需要量较大，需要的仪器设备较多，技术较为复杂；基于PCR技术的DNA扩增法主要有使用随机引物进行扩增（即随机扩增多态性DNA技术，简称RAPD）和采用特定引物或引物对扩增的标记两大类；PCR与酶切相结合的方法主要指AFLP与CAPS两类，其中AFLP标记方法是先酶切，再用特殊设计的引物进行扩增，而CAPS是先扩增，再酶切扩增片段，检测酶切片段的长度多态性。

DNA作为分子标记可以避免用形态和同工酶检测遗传变异所固有的许多问题和倾向，它具有以下好处：①较高的可靠性，因为DNA标记直接检测遗传物质DNA，几乎不受环境因素、取样部位和发育阶段的影响，不影响目的基因的表达，与不良性状无必然的连锁；②DNA标记在数量上几乎没有限制，因而检测出的多态性位点是无限的；③很多分子标记表现为共显性，能鉴别纯合基因型与杂合基因型，提供完整的遗传信息。

因此，DNA 分析技术不仅广泛应用于遗传图谱构建、基因定位等方面，而且在作物种质资源研究中也具有重要意义，被认为是鉴别品种、品系（含杂交种、自交系）及分析种质资源遗传多样性的有利工具。

2. 几种重要的分子标记技术

(1) RFLP 技术

RFLP 技术是用限制性内切酶处理不同生物个体的 DNA 后，通过显示含有同源序列的酶切片段的大小，来检测个体间差异的一门技术。其基本原理为由于酶识别序列内的点突变或由于部分 DNA 片段的缺失、插入、异位和倒位而引起酶切位点的缺失或获得，这种限制性位点的改变使利用限制性内切酶切割 DNA 所得的片段发生变化，从而导致限制性片段的多态性。由于长期进化，植物的种、属间甚至品种间同源 DNA 序列的限制性内切酶识别位点各不相同，因此通过比较 DNA 片段的多态性，可以揭示种、属间甚至品种间的差异及相关性。它是 DNA 分子水平变异的反映，不受显隐性关系、发育阶段和环境条件的影响，具有稳定遗传和特异性的特点。但 RFLP 分析是一项综合技术，技术复杂，所需费用较高，其分析的效率依赖于合适探针及内切酶的获得，又需要使用同位素，从而使它的广泛应用受到限制，因此目前主要局限于理论研究的领域。

(2) RAPD 技术

RAPD 技术是 Williams 和 Welsh 于 1990 年发明的一种较为简便的检测 DNA 多态性的技术。RAPD 分析以一系列随机排列的寡聚核苷酸为引物，以所研究基因组 DNA 为模板进行 PCR 扩增。扩增产物通过聚丙烯酰胺或琼脂糖凝胶电泳分离，经 EB 染色或银染来检测扩增产物 DNA 片段的多态性。这些扩增产物的多态性反应了基因组相应区域的 DNA 多态性。其基本原理是采用合成的较短的单个随机引物（最常用的为 10 个核苷酸），对基因组 DNA 进行 PCR 扩增，模板 DNA 经 92～94℃变性解链后，在较低温度下（一般低于 40℃）与随机引物退火，将有许多位点能与引物互补而形成双链结构。如果某两位点间的距离在可扩增的范围（400～2000 bp）之内，分别位于互补的两条单链上，并且与引物的 3′端相对，就可通过 PCR 得到一个扩增产物。RAPD 分析具有快速、简便、多态性检出率高的优点，其非常适合于研究大规模样品的植物育种、种群遗传学和生物多样性等众多研究领域，在蔬菜等农作物领域得到广泛应用。由于 RAPD 技术是以 PCR 反应为基础，使用的引物又比较短，对反应条件极为敏感，稍有改变便影响扩增产物的重现，因此在实验方法上它存在着重复性差的缺点。

(3) AFLP 技术

AFLP 技术是 PCR 与 RFLP 相结合的一种技术，是 Zabean 等人在 1994 年发明的。它的基本原理是选择性扩增基因组的酶切片段。其检测方法如下：先设计针对某种限制性内切酶的通用接头以及可与接头序列和限制性内切酶酶切位点序列配对的专用引物，通过用限制性内切酶酶解基因组 DNA，再将接头接到限制性片段的两端，用专用引物扩增连接后的限制性片段的混合物，扩增结果通过电泳显示。为了达到选择性扩增的目的，专用引物在酶切位点的序列的 3′端延伸出 1～10 个数量不等的脱氧核苷酸，这些延伸的核苷的碱基组成是随机的，因此，通过调整引物 3′端的选择碱基种类与数目，就可调节

AFLP产物的条带的特异性和数量。由于不同材料的酶切片段存在差异，因而便产生了扩增产物的长度多态性。AFLP标记多态性强，可用于没有任何分子生物学研究基础的物种，其引物在不同物种之间是通用的。因而AFLP非常适合于遗传多样性研究、品种指纹图谱的绘制、连锁遗传图的构建等领域。但通常AFLP技术使用放射性同位素标记，使其利用受到很大限制。

4.1.3 细胞工程

生物技术可以理解为利用生物系统生产某种产品或应用生物学新技术创造新的生物系统。从这个意义上讲，生物技术的内容不仅仅是基因工程（或遗传工程），还包括很广泛的领域，细胞工程就是它的一个重要组成部分。细胞工程技术系运用细胞学和遗传学的方法，按照人们的预先设计，有计划地改造细胞的遗传基础，以期获得人类所需要的具有某些特性和功能的新细胞。它的主要工作内容有细胞培养、细胞融合（体细胞杂交）和基因转移等。本小节重点探讨植物细胞工程。

1. 植物细胞工程的内容

植物细胞工程包括以下三个方面的内容。

(1) 通过组织或细胞培养快速繁殖植物优良品种

我国植物组织培养的研究和技术力量相当雄厚，最近十年内已经使200余种栽培或野生的植物在试管中再生植株，在20余种植物（如葡萄、非洲紫罗兰、荔枝、枇杷、杨树、多种兰花和唐菖蒲等）上能够小规模地用试管植株生产种苗，并进行活跃的技术转让。通过快速繁殖我国特有的野生观赏植物，从国外引进少量优良的水果、蔬菜和花卉种苗，用组织培养方法大量繁殖，加速更新我国现有的品种，通过茎尖培养生产无病毒种苗等途径，可谓最具发展前途。

(2) 利用植物细胞遗传操作技术改良植物品种

在这方面我国已建立起多种互相关联的育种新技术，其中花药培养和单倍体育种技术及其应用已在国际上取得领先地位。我国许多研究单位正在利用各种作物的组织和细胞培养物筛选有经济价值的突变体，已经得到水稻和芦苇的抗盐突变体，水稻抗白叶枯病突变体、甘蔗高含糖量和油菜低芥酸突变体等。预计在5年内可以用这种方法培育出抗逆性强、产量高或质量好的作物新品种。

(3) 利用植物细胞发酵培养生产有用的化学物质

目前国际上已用发酵培养的方法生产和提取毛地黄苷、紫草宁（一种天然色素）和辅酶等。我国现在可以在实验室水平上小规模培养人参、三分三、秋水仙、长春花、甜叶菊等许多种植物细胞，并从中分离出有效物质。

2. 植物细胞工程的若干显著进展

(1) 原生质体培养

原生质体培养是20世纪80年代的一个研究热点。日本和中国在这一领域作出了很大的贡献。日本科学家成功地进行了大约70个植物品种的原生质体培养。我国获得了30个以上品种的原生质体再生植株，其中包括难度较大的重要粮食作物和经济作物，如大豆、水稻、玉米、油菜、马铃薯等。

(2) 细胞融合与体细胞杂交

第一棵体细胞杂种植株是在1972年建立的，美国的Carlson诱导粉蓝烟草和郎氏烟草的原生质体融合并获得了杂种植株。随着而后的发展，用于融合的亲本细胞由最初的品种间进展到种间、属间甚至科间。通过木本植物柑橘类种属间的体细胞杂交，培育出新的柑橘杂交品种；通过马铃薯的栽培品种与野生种的体细胞杂交，得到了抗晚疫病和卷叶病的体细胞杂种；通过白菜型油菜与甘蓝的体细胞杂交，得到了甘蓝型油菜。我国科学家利用烟草与黄花烟草和粉蓝烟草的体细胞杂交开发出新的烟草商品品种。

(3) 单倍体育种

花粉和花药培养技术在育种上的应用研究，亚太地区一直处于领先的地位。我国于1970年开始这方面的研究，并成为一个热点，也取得了很大的成果。培育40种以上植物的花粉或花药发育成单倍体植株，其中小麦、黑麦、小冰麦、玉米、橡胶树、杨树、辣椒、甜菜、白菜、油菜、柑橘、甘蔗、大豆、葡萄和苹果等的单倍体植株为我国首创。通过单倍体育种获得了水稻、小麦、烟草、辣椒和甜椒新品种，如单育1号、2号、3号烟草新品种，京花1号、2号等小麦新品种，中花8号、9号等水稻新品种，总种植面积达1000万亩（1亩=666.7平方米）。玉米获得了100多个纯合的自交系，橡胶获得了二倍体和三倍体植株。

(4) 植物快速繁殖技术

我国快速繁殖和无病毒种苗生产的研究始于20世纪70年代。通过离体培养获得小植株并且具有快速繁殖潜力的植物已有100多科、1000种以上，有的已经发展成为工业化生产的商品。种类也由以观赏植物为主逐渐发展到果树、林木、蔬菜和大田作物。

4.1.4 植物性状功能基因

生物体内的基因数目众多、功能多样，它们相互协同共同完成生命过程。如模式植物拟南芥的基因组约有2.5万个基因、水稻的基因组包含（3～5）万个基因。随着拟南芥、水稻、大豆、玉米等植物全基因组序列图谱的完成，许多重要基因相继被克隆，对其功能也有了较深入的研究。下面着重介绍几种与植物生长发育相关的功能基因。

1. 控制植物分枝的基因

高等植物的分枝是决定株型的重要因素，分枝的特性决定了植物的主要形态。就拿水稻来说，它的分蘖是一种特殊的分枝形式，是与水稻产量密切相关的重要农艺性状。相对于双子叶的模式植物拟南芥，水稻的株型属于顶端优势不明显的类型，更有利于研究分枝的形成机理。同时，分蘖数目也决定了单位面积的产量构成。因此，对于分蘖数目控制机理的研究具有重要的理论意义和应用价值。

2. 穗粒数

穗粒数是与作物产量直接相关的农艺性状，受到多个基因/QTL的调控。Short Panicle 1（SP1）基因编码一个PTR家族的转运蛋白，预测其转运底物为硝酸盐。该基因突变后导致水稻穗枝梗伸长，特别是位于穗下部的小穗枝梗生长发育缺陷，造成穗子变小，穗粒数急剧下降。水稻中细胞分裂素氧化脱氢酶起到降解细胞分裂素的作用。降低细胞分裂素氧化脱氢酶的表达能够引起细胞分裂素在花分生组织的积累，从而使穗粒数增加20%左右，大大提高了水稻的产量。另外一个重要基因——Ghd7，编码一个含CCT结构域的蛋白，不仅影响穗粒数，还是控制株高和抽穗期的主效基因。含有Ghd7基因的纯合重组自交系，穗粒数增加65.8%，抽穗期推迟21.2天，株高增加40%，最终使单株产量提高50%。最近中国和日本科学家分别独立克隆到另一个控制水稻穗粒数的主效基因——OsSPL14。该基因是控制水稻株型的关键基因，并使水稻产量增加。

3. 籽粒大小和粒重

籽粒大小是由颖壳、胚胎、胚乳细胞的分裂生长以及营养提供和分配等多种因素共同决定的，所以籽粒大小受到多个数量性状基因的影响。在拟南芥中APETALA2（AP2）基因对种子大小起着重要的调控作用，AP2编码一个EREBP家族的转录因子，AP2缺失突变体通过影响糖代谢改变了种子的大小。另外，DA1编码一个泛素受体蛋白，通过限制细胞增殖周期来控制果实大小，dal-1与另一个具有E3连接酶活性的基因EOD1的双突变体eod11dal-1具有更大的种子和生殖器官，说明泛素化途径可能在决定种子大小中起到重要作用。

植物的生长、发育、衰老和死亡等生命过程都伴随着复杂的生理生化变化，这是植物体内基因在时空上有序表达和调控的结果。因此，重视植物性状功能基因，对揭示植物的生命活动规律，进行植物种质改良、抗逆和抗病等研究具有重要的理论和实践意义。

4.1.5 生物技术育种与遗传图谱分析

遗传图是指通过遗传重组得到的基因线性排列图。如果将遗传重组值作为基因间的距离，所得到的基因线性排列图就称为连锁图。建立高等生物详细的遗传图一直是遗传学家们研究的目标，也是基因组研究的一项重要内容。这是因为：①有了一张详细的连锁遗传图，人们就可以明确染色体上基因间的距离及它们之间的相互关系，可以对新基因进行定位，并有助于育种家们选择有利基因进行品种间的转移及从野生近缘种中转移一些新基因，在遗传分析中把复杂的多基因控制的性状看做许多简单的孟德尔因子进行分析；②高密度的遗传图可用于图谱克隆，借助于遗传图可快速、经济地分离那些影响发育和控制重要经济性状的基因并进行基因的序列分析；③可以为基因组结构与功能的研究打下基础。因此，世界各国都投入了大量的人力、物力进行与人类生活密切相关的生物遗传图的构建工作。下面介绍两种DNA酶谱的分析方法。

1. 双酶解分析法

此方法是将酶两两组合进行彻底酶解，并与每个酶的单酶彻底降解片断对照，分析片断之间的关系，确定酶切点的相对位置。双酶降解可采用双酶同时降解，先后分别降解，从电泳凝胶中回收一种酶的各片段再用另一种酶降解，以及用这种酶直接降解电泳凝胶中另一种酶的各片段等方法。

2. 根据全序列推测法

一般是先用其他方法制作一个简单的酶谱，然后测定DNA的全序列，再根据全序列推出更详细的酶谱。这种方法的原理是将DNA的全序列和酶的识别序列均输入计算机，让计算机识别各切点的位置。用这种方法得到的酶谱显然更精确和详细。

目前，人们已对大量的生物材料进行了酶谱分析，但还有更多的DNA需要分析。在今后的核酸分子生物学研究中，DNA的酶谱分析将继续发挥它的重要作用，以期对DNA分子的克隆、基因定位、核酸序列的测定以及进化比较等方面的研究产生重要意义。除此之外，还有许多利用分子标记等生物技术图谱法也被广泛应用。

20世纪80年代以来，随着分子生物学技术的发展，新的作图方法不断涌现，有力地推动了遗传图绘制工作的展开，其中最有代表性的是RFLP作图。RFLP是指由限制性酶切位点间的插入、缺失、重排或点突变所引起的基因型间限制性片段长度的变异。1980年，Bortstein提出RFLP的概念并指出RFLP可用于人类基因组作图。由于RFLP标记的遗传方式呈孟德尔遗传，因而它也是一种孟德尔性状，可以同形态标记和同工酶标记一样用于遗传作图。选择两个RFLP有差异的亲本进行杂交，然后在分离世代进行RFLP分析，通过杂交图谱的分析，就可确定重组个体，计算出重组率，从而确定两个RFLP标记间的图距。同时，由于RFLP还具有标记数量大、共显性以及无上位性，不受环境条件影响等特点，因而近年来在人类和高等动植物遗传作图中应用越来越广。据报道，现已发表了30多种重要农作物和植物的遗传图谱，另有30多种植物的遗传图谱正在绘制中。利用RFLP进行连锁分析的原理是建立在探针趋于协同分离的程度上，用大量探针测试作图群体，不断积累资料，这些资料就可以用来构建连锁图。

分子标记技术的迅速发展极大地促进了遗传图谱的构建。目前各主要农作物的RFLP连锁遗传图已基本完成。在植物中，水稻连锁图上标记最多、饱和度最高。在农作物中，许多小作物如谷子、高粱、甘薯等的连锁也都已完成或即将完成。饱和的遗传图将对未来的分子标记育种产生巨大的推动作用。

4.2 生物技术与园艺产品采后特性机理的解析

4.2.1 采后褐变机理

园艺产品采后褐变是其成熟老化生理机能衰退的特征之一。由于发展快，造成园艺产品品质变化，贮藏期缩短，成为贮藏保鲜的主要障碍，也成为果蔬采后研究的热点。引起园艺产品褐变的因素很多，如采摘前的不良气候条件（如日灼、干热天气等），采摘后果实的失水，贮藏期间的冷害或冻害、热处理时引起的热损伤、贮藏期间病原菌的浸染以及果蔬的自然衰老等都能引起果蔬的褐变。总的说来，引起褐变的基本因素可分为内因和外因。褐变的内因主要是果蔬体水分、酶等的作用，而外因即外界环境条件，主要指空气、水分、温度、光照对果蔬的影响。果实褐变以酶促褐变为主，酶促褐变一直是果蔬采后贮藏研究的重点，也是本小节讨论的关键。

对于果蔬酶促褐变的研究，国内外的报道较多，普遍认为果蔬酶促褐变必须具备三个条件，即底物、相关酶和氧气。

1. 酚类物质

植物体内的酚类物质种类多，分布广，含量丰富。该物质主要是由碳水化合物代谢衍生出来的产物。虽然酚类物质种类繁多，但除类黄酮以外，多数酚类物质的生物合成均来自共同的前体物质——苯丙氨酸，其他部分由乙酰-CoA经聚酮酐途径产生。酚类物质作为酶促褐变的底物有很多报道，在苹果、梨、桃、葡萄、草莓、香蕉、荔枝、枣、杏、蘑菇、树莓等果实中已研究证实。鸭梨黑心病是其贮藏过程中经常发生的一种生理性病害，严重影响品质和贮藏期。研究表明，该病也是一种酶促褐变，氧化底物主要是绿原酸，在鸭梨果实内这种物质含量高，而且多酚氧化酶的活性高，因此鸭梨容易发生黑心病。

2. 与褐变有关的酶类

酶促褐变的另一个必要因素是多酚氧化酶（PPO），属还原酶类。很多人在不同实验中得到果蔬的酶褐变与PPO活性密切相关。它是一种含铜离子的膜蛋白酶，大多存在于细胞中，有的也存在于细胞膜和细胞壁上。PPO引起的反应常会使果肉褐变，产生异味，并造成营养成分损失等。多酚氧化酶能够催化两类不同的反应：一类是一元酚羟基化，生成相应的邻二羟基化合物；第二类是邻二酚氧化，生成邻苯醌。两类反应均是需氧反应。鸭梨果肉褐变时，褐变底物绿原酸是PPO的最适底物，荔枝果皮中PPO的存在是褐变的主要原因。

3. 氧的存在

氧气是生物生命活动的主要参加物质，也是生命活动不可缺少的。正常的果实是完整的有机体，具有天然的氧屏障系统，植物组织通过表皮、气孔、皮孔、细胞间隙等气体交换系统满足植物生命过程的氧气需要，多余的氧气被排斥在组织以外，使组织与氧隔绝，组织不褐变。氧气浓度一定时，二氧化碳浓度与果肉褐变呈正相关关系，说明高二氧化碳可以加重果肉组织的伤害。在相同二氧化碳浓度下，氧气浓度对果实褐变影响不大，这又说明植物组织具有很好的保护系统，避免高氧对组织的伤害，空气中的氧气不能直接与酚类物质在PPO的作用下发生褐变，代谢中的活性氧才是酶促褐变的主要影响因素。

另外，在果实受到机械损伤（如擦伤或撞伤等）时，果皮易褐变，这在果皮薄的园艺产品上表现尤为明显。

果实的生理褐变的研究已有60多年的历史。但是由于生理活动的复杂性，对褐变机理仍不能确切阐明，先后提出了乙醛乙醇毒害假说、氧自由基假说、维生素C保护假说、酚—酚酶区域化分布学说等理论，其中酚—酚酶区域化分布学说是目前比较被接受的解释酶促褐变的学说之一。研究发现，果实中的酚类物质与PPO存在着区域性分布。与此同时，也有国外学者提出正常的植物组织不发生褐变与细胞内酚类物质和PPO的区域化分布有关。酚类物质与PPO的区域化分布对植物的生长发育有保护作用，可减少伤害和延缓植物衰老。酚类物质对细胞组织产生伤害，主要通过三个途径：一是与蛋白质和酶发生氢键结合，破坏蛋白质的结构和功能，影响组织构建和功能，影响酶的活性，进而造成代谢失调；二是酚类物质是许多金属离子（如铜、铁、镁等二价离子）的结合剂，而这些离子在组织细胞的生命活动中具有重要作用；三是酚类物质的氧化产物不能在非酶促的条件下自我聚合，但易于与含有羟基、氨基和巯基之类的化合物发生聚合反应。因此，酚类物质与PPO的区域化分布保护了组织细胞的正常生理活动，防止了褐变的发生。

4.2.2 冷害发生的生理生化与分子机制

自1864年Sachs提出冷害的“生理干旱”假说以来，以后的学者先后提出了“生理代谢失调”和“毒物积累”等假说和看法。虽然，早期也曾对冷害进行了多方面的探讨，但是随着研究的深入，主要考虑了两个方面：一是冷胁迫诱发细胞产生伤害的最初靶子在哪里，即冷害的原初反应是什么；二是原初反应如何引发生理障碍。低温对植物的损伤一般划分为两个基本范畴：零度以上低温对植物的冷害和零度以下低温对植物造成的冻害。

1. 冷害对植物生理生化的影响

引起冷害的低温胁迫在植物整个生长发育过程中均能造成不利影响，如种子萌发、植株生长、开花结果和品质形成等过程。冷害对植物体的损伤程度除取决于低温程度外，还取决于低温维持时间的长短。低温程度较轻、时间较短，则使细胞原生质的生活力降低、植物生长停滞。如低温持续时间过长，或程度较深，则会延迟植物的生长发育。进而引起产量下降，严重时甚至导致植物死亡。冷害对植物造成的直接伤害往往表现为，叶片水渍状、叶片或果实表面出现斑点、叶片褪绿变黄、破皮流胶、脱落等。

低温冷害条件下，植物的光合作用强度一般表现为下降。这是因为低温胁迫不仅使光合机构——叶绿体的结构和功能受破坏，而且使叶绿体的合成受到抑制。此外，低温冷害条件下，由于细胞失水造成气孔阻力增加，从而使二氧化碳的吸收受阻，间接影响光合作用的速度。

低温冷害条件下，植物的呼吸代谢也表现异常。低温冷害条件下，植物的呼吸作用一般在冷害的初期有所加强，以后又下降，并在水稻和甘蔗等作物上得到证实。同时有氧呼吸减少，无氧呼吸增加，造成有毒物质如乙酸、绿原酸等的积累。

2. 植物的分子机制与其抗冷性

低温引起蛋白质谱系的变化对所研究过的生物体似乎是一个普遍的规律。对于植物，低温冷害引起细胞蛋白质变化表现在以下几个主要方面：①可溶性蛋白质的变化；②酶类的变化；③产生抗冷蛋白质。低温导致植物细胞中可溶性蛋白质量变的一般趋势是含量增加。在抗冷锻炼中，抗冷性的增加需要有蛋白质的重新合成。在多种其他植物上的实验亦同样显示出有蛋白质合成增加的现象。抗冷锻炼中可溶性蛋白质含量的增加，可能是由于合成的加强或（和）降解速率下降，或者仅仅反映了锻炼中普遍发生的细胞水分含量的下降。但也有研究指出，可溶性蛋白质含量在抗冷锻炼中并没有实质性的改变；或者可溶性蛋白质的增加与植物抗冷性的增强并不存在因果关系。

抗冻性的遗传规律，曾有很多学者进行研究。这些研究直接或间接地证明抗寒性是多基因控制的特点。1970 年 Weiser 提出植物抗寒锻炼中基因表达改变，从而合成新的蛋白质。同时，也有学者研究表明，植物激素可能是抗寒基因表达的启动因子。在番茄、马铃薯等植物抗寒锻炼过程中，游离 ABA 含量明显增加。

4.3　采后生物技术发展的趋势

4.3.1　仿生保鲜

生物技术在园艺产品保鲜中的应用目前主要是仿生保鲜，即酶法保鲜技术。此法能有效地防止氧化和微生物对园艺产品所造成的不良影响。酶法保鲜技术是一项广泛应用于园艺产品保鲜的成熟技术，将其应用在园艺产品贮藏保鲜中，能有效清除产品贮藏体系中存在的氧气，阻断其劣变等反应，以达到保鲜的目的。

世界上已知的酶制剂有 5000 多种，工业化生产酶制剂有近 200 种，常用的有 30 多种。据不完全统计，2001 年我国酶制剂产量达 32×10^4 t，占世界酶制剂销售量的 5%左右。作为一种添加剂，与传统的化学法（如酸法、碱法）相比，酶技术具有其显著的优越性。酶除具有高效性和专一性以外，还具有使用方便的优势，对相关行业在开发新品种、选用新工艺、采用新设备、提高产品收得率、降低成本、改进质量、延长货架期等方面均能起到重要的作用。因此，酶工程技术在园艺行业各个领域都得到广泛应用。下面重点介绍两种酶法保鲜。

1. 葡萄糖氧化酶保鲜法

葡萄糖氧化酶是一种理想的保鲜剂，它可有效防止氧化的发生，对于已部分氧化变质的产品也可阻止其进一步氧化。

利用葡萄糖氧化酶保鲜的产品都应置于密闭容器中，同时酶也应和葡萄糖一起放进密闭容器中。一般都是做成吸氧保鲜袋使用。各种吸氧保鲜袋的基本原理都是，把葡萄糖氧化酶与其作用底物葡萄糖混合在一起，包装于不透水而可透气的薄膜袋中，封闭后置于装有需要保鲜产品的密闭容器中，当密闭容器中的氧气透过薄膜进入袋中时，就在葡萄糖氧化酶的催化作用下与葡萄糖发生反应，从而除去罐藏产品容器中的氧，达到防止氧化和使容器中的产品保鲜的目的。此外，葡萄糖氧化酶也可直接加入到一些园艺产品中，不仅起到防止产品氧化变质的作用，还可有效防止罐装容器的氧化腐蚀。

2. 溶菌酶保鲜法

园艺产品腐败变质的主要原因是微生物的污染。因此，防止其腐败的基本方法通常是采用加热杀菌和添加化学防腐剂。但这些方法显然会对园艺产品质量或人体健康产生一定的影响。

利用溶菌酶进行园艺产品采后的防腐保鲜，一般是使用蛋清溶菌酶。我国蛋厂常以蛋壳上残留的蛋清为原料，在 pH 为 6.5 的条件下用弱酸性阳离子交换树脂 732，吸附后，用硫酸氨洗脱，经过透析，冷冻干燥而成，得率为蛋清的 0.1%左右。该酶对人体无害，可有效防止细菌对产品的污染，已广泛用于各种食品及园艺产品的防腐保鲜。

对于鲜切花而言，通过采用生物工程技术来改良切花品种的代谢特性，增强切花的耐贮性能，新型的反义 RNA 技术从基因水平上阻断花的衰老，依靠新品种来解决切花保鲜的问题。

4.3.2 基因工程技术保鲜

近年来，在将生物基因工程技术应用于园艺产品采后保鲜方面取得了显著成效。目前已克隆得到一些采后保鲜相关的重要基因，它们是编码 ACC 合成酶、ACC 氧化酶、RNA 酶、脂肪酶、过氧化氢酶等的基因。ACS 是乙烯形成的关键酶，由多基因家族编码，各个基因协同表达，每个基因都有自己的转录特性，近年来不断揭示出果实中 ACS 基因家族中的新成员。ACO 是一种与膜结合的酶，此酶具有结构上的立体专一性，其内部存在正反馈调控。ACO 和 ACS 基因协同表达影响乙烯的形成，进而控制园艺产品的成熟过程。ACCD 可将 ACC 降解为丁酮酸和氨，从而降低植物体内乙烯的合成量。ACC 是乙烯生物合成的直接前体，只要阻止 ACC 的产生，就能抑制乙烯的生物合成，从而达到园艺产品保鲜的目的。Florigene Australia 公司将 ACC 合成酶基因反义导入香石竹，这种转基因香石竹的观赏寿命比普通香石竹延长了 2 倍。

目前，园艺产品的基因工程保鲜主要通过以下四种途径来实现。

1. 乙烯抑制基因的表达

乙烯抑制基因的表达是通过转入与乙烯生物合成有关的反义基因来实现的。目前，已成功地从南瓜、番茄、拟南芥等植物中分离出乙烯合成的关键酶——ACC 合成酶的基因，将该基因反义后转入番茄，改变了果实的成熟：乙烯合成降低 99.5%，没有呼吸高峰出现，使番茄在空气中放置不能正常成熟；番茄红素的合成和叶绿素的降解受阻，使果实不能变红变软，保鲜期延长。此时，只有通过外源乙烯处理，反义抑制才会改变，果实才能正常成熟，成熟后的番茄质地、颜色、气味、耐压性均与天然番茄没有明显差异。这样既延长了园艺产品的保鲜期，又不改变其自然品质。因此，用反义 RNA 技术控制 ACS 基因表达，从而抑制乙烯合成是一条确实可行而且能快速地培育耐贮藏园艺产品的有效途径。

2. 降低 ACC 的水平

由于 ACC 是合成乙烯的直接前体，其降解将导致乙烯生物合成的抑制。转入有关酶基因，使 ACC 降解为非乙烯产物，可达到降低 ACC 水平、抑制乙烯产生的目的。ACC 脱氨酶可将 ACC 分解代谢，把 ACC 脱氨酶基因转入番茄，转基因番茄会过量表达 ACC 脱氨酶活性而导致 ACC 不足，从而使果实成熟过程中 90%～97%的乙烯受到抑制，将转基因番茄放在室温下贮藏，其果实软化过程明显减慢，4 个月仍不变软，除果实成熟特性以外的其他表型均和未经转化的番茄一样。未经转化的番茄果实只能存放 2 周。可见，此法也能使果实成熟显著延迟。

3. 降低园艺产品对乙烯的敏感性

利用遗传工程的方法，降低果实成熟过程中对乙烯的敏感性，比降低乙烯的生物合成更具优越性。试验表明，将拟南芥显性突变体 etr-1 的基因转入野生型植株中，得到的转基因植株对乙烯完全不敏感。

4. 抑制细胞壁的降解与细胞壁降解有关的酶

在园艺产品成熟过程中，果实软化和细胞壁降解密切相关。多聚半乳糖醛酸酶（PG）是引起细胞壁降解的主要酶类，该酶可将细胞壁中的多聚半乳糖苷降解，引起果实软化。马庆虎等（1999）从肥城桃成熟果实的 PG 基因中克隆到的 cDNA 长 1188 bp，包括一个由 393 个氨基酸组成的开放阅读框架。RT-PCR 分析表明，肥城桃叶片中检测不到 PG 编码的 mRNA，但在果实中其表达量却非常丰富，认为肥城桃 PG 基因的 cDNA 在果实中是特异表达的。这表明通过反义 RNA 技术改善肥城桃的采后品质是有前景的。同时，果胶甲酯酶（PE）可将细胞壁中的果胶去甲基，使细胞壁软化，并减少果实中的可溶性固形物含量。在许多植物器官和组织中，包括成熟的果实中都可检测到 PE 活性。PE 的生理意义是为 PG 作用准备底物，对果胶物质的降解起辅助作用。此外，纤维素酶（EG）的活性被认为与果实早期成熟软化的启动有关。编码番茄 EG 的两个 cDNA 已得到鉴定，一个 cDNA 与未成熟果实中丰富的 mRNA 相关，但在成熟果实中则检测不到，在完全成熟时又急剧积累；另一个 cDNA 与在完全成熟时才表达的 mRNA 相关，说明番茄在果实发育过程中 EG 的表达不同，生理功能也不同。

综上所述，应用转基因技术和反义 RNA 技术等基因工程保鲜技术延长果实保鲜期已取得了显著的成效，显示出非常广阔的应用前景。

【复习思考题】

1. 简述转基因技术的利与弊。
2. 简述 DNA 分子标记技术的优势。

3. 概括植物细胞工程的内容。
4. 与植物生长发育相关的功能基因有哪些？它们分别有什么特点？
5. 如何认识双酶解分析法？
6. 酶促褐变必须具备什么条件？
7. 冷害对植物的影响有哪些方面？
8. 阐述对仿生保鲜与基因工程保鲜的认识。

第5章 园艺产品商品化处理及运输

【内容提要】 阐述了园艺产品采收、采后处理、产品运输、冷链流通等商品化处理技术，选择合适的采后处理技术保持或改善园艺产品的商品性状，提高产品的品质和价格，为生产者和经营者提供稳固的市场和可观的效益。

【学习目标】 学习和理解园艺产品的采前准备，采收时间和采收方法；掌握园艺产品的分级、清洗、防腐灭菌、包装、催熟和脱涩、预冷和晾晒等采后处理技术；理解园艺产品的运输原则、运输方式、运输工具和运输技术；掌握冷链流通系统及其分类。

【重要概念及关键词】 分级 打蜡 催熟 催熟剂 预冷 田间热 冷链

5.1 园艺产品的采收

采收作为园艺产品生产上的最后一个环节，也是贮藏加工开始的第一个环节。在采收中最主要的是采收成熟度的确定和采收方法，它与园艺产品的产量和品质有密切关系。园艺产品的采后处理是为保持或改进园艺产品质量并使其从农产品转化为商品所采取的一系列措施的总称，包括分级、清洗、包装、预冷、贮藏、催熟等，选择合适的采后处理技术能改善园艺产品的商品性状，提高产品的价格和信誉，为生产者和经营者提供稳固的市场和可观的效益。因此，为协调解决生产和消费之间的矛盾，了解和掌握园艺产品采收成熟度的确定方法、采收方法、采后处理技术和园艺产品的运输对园艺产品的社会实现有重要的意义。下面以果蔬产品为例对园艺产品的采收工艺进行介绍。

5.1.1 采前准备

园艺产品采收工作具有很强的时间性和技术性，采收前应做好人力和物力上的安排和组织工作。采前应根据园艺产品的种类、采收方法、时间与贮运保鲜方法等，准备好足够的箱、筐、袋、刀、剪及机械等采收和贮藏保鲜、运输时需要用的物资和设备，并组织安排好劳动力；要对存放产品的容器和采摘产品的用具进行清洗或消毒，使之保持洁净；对采收与贮运保鲜人员应进行培训，使其掌握必要的采收和贮运保鲜技术等。

5.1.2 采收时间和方法

1. 采收期的确定

确定果蔬的采收期，应该考虑果蔬的采后用途、产品类型、贮藏时间的长短、运输距离的远近和销售期长短等。一般就地销售的产品可以适当晚些采收，而作为长期贮藏和远距离运输的产品，应该适当早些采收，一些有呼吸高峰的产品应在达到生理成熟和呼吸高峰前采收。果蔬采收期的确定取决于其成熟度。目前判断成熟度的方法主要有下列几种。

(1) 表面色泽的显现和变化

许多果实在成熟时都显示出它们固有的果皮颜色，在生产实践中果皮的颜色是判断果实成熟度的重要标志之一。未成熟的果实的果皮有大量的叶绿素，随着果实成熟度的提高，叶绿素逐渐分解，底色（类胡萝卜素、花青素等）逐渐显现出来。例如，甜橙果实中含有类胡萝卜素，红橘果皮中含有红橘素和黄酮素，因此成熟时它们的果皮都呈现出红色或橙色。

一些果菜类的蔬菜也常用色泽变化来判断其成熟度并确定采收期。例如，作长距离运输或贮藏的番茄，应该在绿熟阶段采收，即果顶显示奶油色时采收；而就地销售的番茄可在着色期采收，即果顶为粉红或红色时采收，红色的番茄还可作为加工原料，制作果酱或罐头；甜椒一般在绿熟时采收；茄子在表皮明亮而有光泽时采收；黄瓜在瓜皮深绿色，尚未变黄时采收；西瓜在接近地面的部分由绿色变为略黄时采收；甜瓜在色泽从深绿色变为斑绿和稍黄时采收；豌豆在暗绿色变为亮绿色时采收；菜豆在由绿色转为发白时采收；甘蓝在叶球的颜色变为淡绿色时采收；花椰菜在花球白而不发黄时采收。

果蔬色泽的变化一般由采收者用肉眼判断，现在也有用颜色卡片通过感官比色法来确定其成熟度。但由于果蔬色泽还受到其他因素的影响，所以这个指标并不完全可靠。而使用各种各样的分光光度计或色差计可以对颜色进行比较客观的测量。

(2) 硬度

果实的硬度是指果肉抗压力的强弱，抗压力越强，果实的硬度就越大，反之，果实的硬度就小。一般未成熟的果实硬度较大，达到一定成熟度才变得柔软多汁。只有掌握适当的硬度，在最佳质地时采收，产品才能耐贮运，如番茄、辣椒、苹果、梨等都要求在果实有一定的硬度时采收。辽宁的国光苹果采收时，一般硬度为 84.52 N/cm^2，烟台的青香蕉苹果一般为 169.03 N/cm^2 左右，四川的金冠苹果采收时一般为 66.72 N/cm^2 左右。此外，桃、李、杏的成熟度与硬度的关系也十分密切。在蔬菜方面，一般不测其硬度，而用坚实度来表示其发育状态。有一些蔬菜坚实度大，表示发育良好、充分成熟和达到采收的质量标准，如甘蓝叶球和花椰菜的花球部应该在充实坚硬、致密紧实时采收，此时采收的产品品质好、耐贮运。番茄、辣椒较硬实也有利于贮运。但也有一些蔬菜坚实度高表示品质下降，如莴笋、芥菜应该在叶变得坚硬之前采收，黄瓜、茄子、凉薯、豌豆、菜豆、甜玉米等都应该在幼嫩时采收。果实硬度的测定可用硬度计。

(3) 主要化学物质含量的变化

果实和蔬菜中的主要化学物质有淀粉、糖分、有机酸、总可溶性固形物和抗坏血酸等，它们含量的变化可以作为衡量产品品质和成熟度的标准。总可溶性固形物主要是糖，还包括其他可溶性物质，其含量高表示糖含量高、成熟度高。因为它可以用折射仪或手持糖量计进行简便测定，故在生产上和科学试验中，常以总可溶性固形物的高低来判断成熟度，或以总可溶性固形物与总酸（固酸比）、总糖与总酸（糖酸比）的比值来衡量品种的质量，要求固酸比（或糖酸比）达到一定比值才进行采收。例如，四川甜橙采收时要求固酸比为10：1，糖酸比为8：1；苹果和梨糖酸比为30：1时采收，风味品质好；伏令夏橙和枣在糖含量累积最高时采收为宜，而柠檬则需在含酸量最高时采收；猕猴桃在果肉可溶性固形物含量为6.5%～8.0%时采收最好。

有的果实也可以利用淀粉含量的变化来判断其成熟度。果实成熟前，淀粉含量随果实的增大逐渐增加。到果实开始成熟时，淀粉逐渐转化为糖，含量降低。测定淀粉含量的方法可以用碘化钾水溶液涂在果实的横切面上，使淀粉呈蓝色，然后在显微镜下观察淀粉的数量或感观切面颜色的深浅，蓝色越深，淀粉含量越高。不同品种苹果成熟过程中淀粉含量变化不同，可以制作不同品种苹果成熟过程中淀粉变蓝的图谱，作为判断成熟度的参考。糖和淀粉含量也常常作为判断蔬菜成熟度的指标，如青豌豆、甜玉米、菜豆都是以食用其幼嫩组织为主的蔬菜，糖含量高、淀粉含量低时采收，品质好、耐贮性好；然而马铃薯、芋头以淀粉含量高时采收品质好，耐贮藏，加工淀粉时出粉率也高。

美国Dilley等研制成Snoopy携带式乙烯检测仪，根据果实在开始成熟时乙烯含量急剧升高的原理，用测定果实中乙烯浓度的方法来确定采收期，还可根据测得的乙烯浓度来决定是长期贮藏、短期贮藏，还是用于加工。此外，有些果实（如油梨）还可通过测定其含油量来判断其成熟度。

(4) 果梗脱离的难易度

有些种类的果实（如苹果、梨），在成熟时果柄与果枝间产生离层，稍一震动就会脱落，此类果实离层形成时为品质最好的成熟度，如不及时采收就会造成大量落果。

(5) 果实形态和大小

果实必须长到一定大小、质量和充实饱满的程度才能达到成熟。不同种类、品种的水果和蔬菜都具有固定的形状及大小特点，如有几个品种的香蕉在发育和成熟过程中其横切面上的棱角逐渐钝圆，所以可根据香蕉横切面形状或果指的角度来判断其成熟度。

(6) 生长期和成熟特征

果实的生长期也是采收的重要参数之一。因为栽种在同一地区的果树，其果实从生长到成熟，大都有一定的天数。可以用计算日期的方法来确定成熟状态和采收日期，如山东元帅系列苹果的生长期为145天左右，国光苹果的生长期为160天左右，四川青苹果的生长期为110天。各地可以根据多年的经验得出适合采收的平均生长期。但由于各年气候和栽培管理以及土壤、耕作等条件不同，造成果实生长和成熟程度差别很大。因此，目前多数果园普遍采用的方法是从盛花期开始计算果实生长日期，如我国很多果产区采收红星苹果的日期，以从盛花期到采收期的时间为140～150天为适宜采收期。

不同的水果和蔬菜在成熟过程中会表现出许多不同的特征，一些瓜果可以根据其种子的变色程度来判断成熟度，种子从尖端开始由白色逐渐变褐、变黑是瓜果充分成熟的标志之一。豆类蔬菜应该在种子膨大硬化以前采收，其食用和加工品质才好，但作为种用的豆类蔬菜则应该在充分成熟时采收才好。西瓜在瓜秧卷须枯萎，冬瓜在表皮上茸毛消失并出现蜡质白粉，南瓜在表皮上产生白粉并硬化时采收。苹果、葡萄等果实成熟时表面会产生一层白色粉状的蜡质（叫果粉），这是成熟的标志之一。还有一些产品生长在地下，可以从地上部分植株的生长情况判断其成熟度，如洋葱、马铃薯、芋头、大蒜、姜等的地上部分变黄、枯萎和倒伏时为最适采收期，采后最耐贮藏。盐渍糖蒜则应在蒜瓣分开，外皮幼嫩时采收，加工后产品质量最好。

判断果蔬成熟度的方法还有很多，在探讨某品种的成熟度时，应根据品种的成熟特性，抓住其主要因素，判断其最适采收期，达到长期贮藏、加工和运销的目的。

2. 采收方法

（1）人工采收

1）常用工具

采收水果、某些蔬菜时经常使用修枝剪，使采摘人员不用拿着袋子，也不用把水果从高处扔下来。其中包括直接剪切或伸到枝茎上剪摘果蔬用的修枝剪。

2）人工采收的优缺点

优点：由于我国劳动力成本低、灵活性高、机械损伤少，可以针对不同的产品、不同的形状、不同的成熟度及时进行分类处理。只要增加采收工人就可加快采收速度，便于调节控制。

缺点：工具原始、采收粗放，有效地进行人工采收需要进行认真的管理，新上岗的人员要培训，使他们尽快达到应有的操作水平和采收速度。

3）具体方法

采收时，应用手掌托着果实，将果实整个握于手中轻轻旋转，果梗在离层处与果枝自然分离，然后轻放于采果袋（篓）内。采收双果和多果时，宜上手同时采摘，防止果实脱落。对果柄不易脱落的果实则应该注意连同果梗一块采下，以免造成果实贮藏期腐烂。对柑橘果实多用复剪法进行采收，即先将果实从树上剪下，再将果柄齐萼片剪平。葡萄、荔枝、龙眼等果实，应成穗采收，防止果粒脱落。采收香蕉时，用刀先切断假茎，使其慢慢倒下，然后小心切断果柄。

对于地下根茎菜类，如萝卜、胡萝卜、大蒜、洋葱等，要小心挖掘，以免使产品受到损伤。另外，一些蔬菜如四季豆、黄瓜等要小心采收，不要折断；桃、杏等成熟后果肉比较柔软，容易造成指痕，用手摘时，先剪齐指甲或戴手套，并小心用手掌托住果实，左右摇动使其脱落；板栗采收时，一般等树上的球果完全成熟后自动裂开，坚果落地后再拾取，也有一次打落法，即等树上有1/3球果由青转黄开始开裂时，用竹竿一次全部打落，堆放几天，让大部分球果开裂后取出栗子；核桃采收时也用竹竿顺枝打落。

（2）机械采收

1）常用机械

目前常用的机械有以下几种：

①振动采收机。用一个器械夹住树干，开动振动器将果实振落，下设有机架，将振落的果实接住，并用滚筒集中装箱。在采用振动机械采收前，常喷乙烯利，使果实加速成熟，果柄容易脱离。

②台式机械。人站在台式机械上面靠近采收，采收机械可自由移动，并配有果实转移机械。

③地面拾取机。用机械将脱落于地面的果实拾取，此机械适用于有硬果壳的核桃、山核桃等果实。

④挖掘机。地下根茎菜类多采用挖掘机采收，并配有收集器、输送带，边收边送往运输工具上，以便及时运出田间。

3）机械采收的优缺点

优点：采收效率高、节省劳动力、降低采收成本，可以改善工人的工作条件、减少因大量雇用和管理工人所带来的一系列问题。

缺点：产品的损伤严重，影响产品的质量、商品价值和耐贮性。

(3) 采收时的注意事项

①采收前，必须将所需的人力、果箱、果袋、果剪及运输工具等事先准备充足；采收人员要剪平指甲，戴手套采收，在采收过程中做到轻拿轻放，轻装轻卸。

②采收应在晴天早晨露水干后进行，避免在雨天和正午采收，如炎热的夏天，因中午温度高，田间热不易散发，会促使果实衰老及腐烂，叶菜类会迅速失水而萎蔫，因此不宜采收。采果顺序应“先下后上、先外后内”逐渐进行，否则，常会因上下树或搬动梯子而碰伤果实，降低其品质和等级。

③园艺产品采收时应尽量避免机械损伤，而且在采收的过程中，应剔除畸形、发育不良、有病虫危害以及因采收不当而造成大的机械伤口的园艺产品。受病虫危害的蔬菜应带出田间，进行深埋处理，避免相互相传染。

5.2　园艺产品的采后商品化处理

5.2.1　分级

分级是使园艺产品商品化、标准化的重要手段，是根据园艺产品的大小、质量、色泽、形状、成熟度、新鲜度和病虫害、机械损伤等商品性状，按照一定的标准进行严格挑选，除去不满意的部分并分级。植株在生长发育过程中受到很多外界因素的影响，同一母株甚至同一枝条的产品，也可能不一样，而从若干种植园收集起来的产品，必然大小不一，良莠不齐，通过分级，使园艺产品等级分明，规格一致，便于包装、贮藏、运输和销售。由于分级后的果品在外观品质上基本一致可以做到优级优级。分级后好坏不混，可按级决定其适当用途，充分发挥产品的经济价值，减少浪费。通过挑选分级，去掉病虫危害的园艺产品，可以减少贮运期间的损失，减少某些危险病虫害的传播。园艺产品的标准化，是生产、贸易和销售三者之间互相关联的纽带，不可等闲视之。

1. 分级标准

在国外，园艺产品的等级标准分为国际标准、国家标准、协会标准和企业标准。我国把园艺产品的等级标准分为 4 级：国家标准、行业标准、地方标准和企业标准。我国现有的果品质量标准约有 16 个，其中鲜苹果、鲜梨、柑橘、香蕉、鲜龙眼、核桃、板栗、红枣等都已制定了国家标准。此外，还制定了一些行业标准，如香蕉的销售标准、梨的销售标准，出口鲜甜橙、鲜宽皮柑橘、鲜柠檬标准。另外，国家还对一些蔬菜等级及鲜蔬菜的通用包装技术也制定了国家或行业标准，如大白菜、花椰菜、青椒、黄瓜、番茄、蒜薹、芹菜、菜豆和韭菜等。

(1) 水果的分级标准

我国目前的做法是，在果形、新鲜度、颜色、品质、病虫害和机械损伤等方面已符合要求的基础上，再按大小进行人工分级，即根据果实横径的最大部分直径，分为若干等级。果品大小分级多用分级板进行。四川省将出口西方一些国家的柑橘分为大、中、小 3 个等级。广东省惠阳地区出口香港、澳门的柑橘中，直径为 51～85 mm 的蕉柑，每差 5 mm 为一个等级，共分 7 等；直径为 61～95 mm 的椪柑，每差 5 mm 为一个等级，共分 7 等；直径为 51～75 mm 的甜橙，每相差 5 mm 为一个等级，共分为 5 等。葡萄分级主要以果穗为单位，同时也考虑果粒的大小，根据果穗紧实度、成熟度、有无病虫害和机械损伤、能否表现出本品种固有颜色和风味等进行分级。一般可分为 3 级：一级，果穗较典型，大小适中，穗形美观完整，果粒大小均匀，充分成熟，能呈现出该品种的固有色泽，全穗没有破损粒和小青粒，无病虫害；二级，果穗大小形状要求不严格，但要充分成熟，无破损粒和病虫害；三级，果穗即为一、二级淘汰下来的果穗，一般用作加工或就地销售，不宜贮藏。如玫瑰香、龙眼葡萄的外销标准为，果穗要充分成熟，穗形完整，穗重 0.4～0.5 kg，果粒大小均匀，没有病虫害和机械损伤，没有小青粒。芒果分级先按商品标准要求进行分等，要求成熟而不过熟，果形端正，形状和大小较一致，表皮光滑，颜色鲜明，没有病斑和害虫叮咬伤痕及其他损害，果肉无硬块或白斑，以完全没有斑痕和损伤者为一等（或优等）；没有严重损伤（仅少数果实有轻微疤痕）为二等；凡果实受蝇或吸果夜蛾及蒂腐病危害者，或炭疽病斑多的果实均不能作商品果。再按品种类型和果实大小分级，在同一箱果中品种和等级应相同。

(2) 蔬菜的分级标准

蔬菜由于食用部位不同，成熟标准不一致，所以很难有一个固定统一的分级标准，只能按照对各种蔬菜品质的要求制定个别的标准。蔬菜分级通常根据坚实度、清洁度、大小、质量、颜色、形状、鲜嫩度以及病虫感染和机械损伤等进行分级，一般分为 3 个等级，即特级、一级和二级。特级品质最好，具有本品种的典型形状和色泽，不存在影响组织和风味的内部缺点，大小一致，产品在包装内排列整齐，在数量或质量上允许有 5%的误差；一级产品与特级产品有同样的品质，允许在色泽上、形状上稍有缺点，外表稍有斑点，但不影响外观和品质，产品不需要整齐地排列在包装箱内，可允许有 10%的误差；二级产品可以呈现某些内部和外部缺点，价格低廉，采后适合于就地销售或短距离运输。

(3) 鲜切花的分级标准

一般根据整体效果和病虫害及缺损情况进行分级。抽样时同一产地、同一批量、同一品种、相同等级的产品作为一个检验批次。样本从提交的检测批中随机抽取，单位产品一般以枝计，然后对下列项目进行检测。

①鲜切花品种：根据品种特性进行目测。

②整体效果：根据花、茎、叶的完整、均衡、新鲜和成熟度以及色、形、香味等综合品质进行目测和感官评定。

③花形：根据种和品种的花形特征和分级标准进行评定。

④花色：按照色谱标准测定纯正度。根据是否有光泽，灯光下是否变色进行目测评定。

⑤花茎和花径：花茎长度和花径大小用直尺或卡尺测量，单位为 cm。对花茎粗细均匀程度和挺直程度进行目测。

⑥叶：对其完整性、新鲜度、叶片清洁度、色泽进行目测。

⑦病虫害：一般进行目测，必要时可培养检查。

⑧缺损：通过目测评定。

2. 分级方法

分级方法分为手工操作和机械操作两种。叶菜类蔬菜以及草莓、蘑菇等形状不规则和易受损伤的种类多采用手工分级，番茄、洋葱、马铃薯等形状规则的种类除可以用手工操作分级外，还可以使用机械分级。

手工分级时应熟悉和掌握分级标准，可以辅助使用分级板、比色卡等简单的工具。手工分级效率较低，误差也大，但能有效避免蔬菜产品受到机械损伤。

机械分级一般和挑选、清洗、干燥、包装等环节连成一体。由于蔬菜种类繁多，难以设计出通用的分选装置，目前很难实现全程的自动化，通常是以人工和机械相结合的方式进行分选。多年来应用较广泛的是质量和形状（大小）分选机，近年来还开发了颜色分选装置。

(1) 质量分级装置

质量分级是根据蔬菜产品的质量进行分选，用被选产品的质量与预先设定的质量进行比较分级。质量分级装置有机械秤方式和电子秤方式。机械秤方式是将产品单个放入固定在传送带上可回转的托盘内，当其移动接触到不同质量等级分口处的固定秤时，如果秤上产品的质量达到固定秤设定的质量，托盘翻转，产品落下。这种分级方式适合于球形的产品，如番茄、甜瓜、马铃薯等。其缺点是产品较易受到损伤。电子秤方式分选的精度较高，可以使装置简易化。

(2) 形状分级装置

形状分级是按照蔬菜产品的形状、大小、长度等来分级，有机械式和光电式等类型。机械式分级装置是当产品通过由小逐级变大的缝隙和筛孔时，小的先分选出来，大的后出来。光电式分级装置有好几种型式，有的利用产品通过光电系统时的遮光，测其外径和大小；有的利用摄像机拍摄，经过计算机图像处理，求出产品的面积、直径、高度等。

光电式分级装置的最大优点是不损伤产品。

(3) 颜色分级装置

部分蔬菜产品的颜色与成熟度、品质密切相关，利用彩色摄像机和计算机处理 RG (红、绿) 两色型装置可用于番茄、甜椒的分级，果实的成熟度则可根据其表面反射的红色光和绿色光的相对强度进行判断。表面损伤的判断是将图像分割成若干单位。根据分割单位反射光强弱算出损伤面积。此外，为了适应社会对蔬菜产品品质的更高要求，蔬菜产品还需要对内部品质进行分级检测。目前，国内外已开始使用非破坏性内部品质检测装置，如利用声波和 X 光技术检测西瓜的空洞果，利用气体感应技术检测甜瓜的成熟度等。

5.2.2 清洗、防腐、灭虫与打蜡

1. 清洗

清洗主要是为了洗掉蔬菜表面的泥土、杂物、农药、化肥等污物，使蔬菜更加美观、干净，便于分级和包装，但并不是所有蔬菜都能进行水洗，如菜用马铃薯就不能进行水洗，因为水洗后不耐贮藏。清洗根据清洗设施的不同分为干洗和湿洗两种。湿洗法有浸泡、冲洗、喷淋等方式，洗涤用水要达到饮用水标准，严禁用已经污染的河塘水或污水洗涤蔬菜，严禁使用洗涤剂，但可以加入适量的对人体无毒的消毒剂。干洗法是采用压缩空气或直接摩擦，达到使蔬菜清洁的目的。目前推广的蔬菜清洗设备有以下几种。

轮轴刷式清洗机：由一对上下配置，转动速度不同的轮轴组成，轮轴上装有毛刷或海绵状橡皮刷，依靠水和毛刷清洗蔬菜，而且还可以去掉根毛，适用于清洗外形不太复杂的根菜类蔬菜。

喷射清洗机：产品放置在网状传送带上，在输送过程中受到高压水的冲洗，适用于清洗形状不规则的蔬菜。

超声波清洗机：由设置在水中的高频振源产生压力，使产品表皮上的污物脱落，适用于清洗形状复杂的叶菜类蔬菜。

滚筒式清洗机：由一个可旋转的网状圆筒组成，依靠蔬菜在圆筒中的来回滚动清洗污物。

剥皮清洗机：清洗同剥皮相结合，以快速旋转的轮轴为主要部分。洋葱洗涤和剥皮时以压缩空气为工作介质，使压缩空气吹入洋葱表皮空隙，旋转时把表皮剥下；萝卜、胡萝卜、山药等根菜类清洗时则以水为介质。

2. 防腐

目前，水果和蔬菜的防腐处理在国外已经成为商品化不可缺少的一个步骤，我国许多地方也广泛使用杀菌剂来减少采后损失。下面介绍几种常用的化学防腐剂。

(1) 仲丁胺

仲丁胺 (2-氨基丁烷，简称 2-AB) 有强烈的挥发性，高效低毒，可控制多种果蔬的腐烂，对柑橘、苹果、葡萄、龙眼、番茄、蒜薹等果蔬的贮藏保鲜具有明显效果。

①克霉灵：含50%仲丁胺的熏蒸剂，适用于不宜洗涤的果蔬。使用时将克霉灵蘸在松软多孔的载体上，如棉花球、卫生纸等，与产品一起密封，让其自然挥发。用药量应根据果蔬种类、品种、贮藏量或贮藏容积来计算。熏蒸时要避免药物直接与产品接触，否则容易产生药害。

②保果灵、橘腐净：适合用于能浸泡的果蔬，如柑橘、国光苹果等。使用时将药液稀释100倍，将产品在其中浸渍片刻，晾干后入贮，可明显降低腐烂率。

（2）苯并咪唑类防腐剂

苯并咪唑类防腐剂主要包括特克多（TBZ）、苯来特、多菌灵、托布津等。它们大多属于广谱、高效、低毒防腐剂，用于采后洗果，对防止香蕉、柑橘、桃、梨、苹果、荔枝等水果的发霉腐烂都有明显的效果。使用浓度一般为0.05%～0.2%，可以有效地防止大多数果蔬由于青霉菌和绿霉菌所引起的病害。具体使用浓度：托布津为0.05%～0.1%，苯来特、多菌灵为0.025%～0.1%，特克多为0.066%～0.1%（以100%纯度计）。这些防腐剂若与2，4-D混合使用，保鲜效果更佳。

（3）山梨酸

山梨酸（2，4-己二烯酸）为一种不饱和脂肪酸，可以与微生物酶系统中的巯基结合，从而破坏许多重要酶系统的作用，达到抑制酵母菌、霉菌和好气性细菌生长的目的。它的毒性低，只有苯甲酸钠的1/4，但其防腐效果却是苯甲酸钠的5～10倍。用于采后浸洗或喷洒，一般使用浓度为2%左右。

（4）扑海因

扑海因（异菌脲，Itrodine）是一种高效、广谱、触杀型杀菌剂，成品为25%胶悬剂，可用于香蕉、柑橘等产品的采后防腐处理。

（5）联苯

联苯（Dipheny）是一种易挥发的抗真菌药剂，能强烈抑制青霉病、绿霉病、黑蒂腐病、灰霉病等多种病害，对柑橘类水果具有良好的防腐效果。生产上，一般是将联苯添加到包果纸或牛皮纸垫板中，一张大小为25.4 cm×25.4 cm的包果纸，内合联苯约50 mg，一块大小为25.4～40.6 cm的垫板，内含联苯约240 mg。但是用联苯处理的果实，须在空气中露放数日，待药物挥发后才能食用。

（6）戴挫霉

戴挫霉（Deccozil）具有广谱、高效、残留量低、无腐蚀等特点，适用于柑橘、芒果、香蕉及瓜类等果蔬的防腐，特别是对于已经对特克多、多菌灵等苯并咪唑类防腐剂产生抗药性的青、绿霉菌有特效。例如，柑橘采后用0.02%的戴挫霉溶液浸果0.5 min，防腐保鲜效果很好，若与施保克、果亮等混合使用效果更好。

（7）二溴四氯乙烷

二溴四氯乙烷也称溴氯烷，是广谱性杀灭、抑制真菌剂，对青霉菌、轮纹病原菌、炭疽病原菌均有杀伤效果。例如，红星、金冠苹果，每50 g果实熏蒸20 g溴氯烷，对青霉病原菌的杀灭效果显著。果实抗病性越弱，防治效果越明显。此外，溴氯烷为低毒性、少残留、易挥发的药物，处理后的果实在空气中放置48 h已不能检测出其含量。

(8) 氯气和漂白粉

氯气是一种剧毒、杀菌作用很强的气体，其杀菌原理是，氯气在潮湿的空气中易生成次氯酸，次氯酸不稳定，易分解生成原子氧，原子氧具有强烈的氧化作用，因而能杀死果蔬表面上的微生物。

由于氯气极易挥发或被水冲洗掉，因此处理过的果蔬氯气残留量很少，对人体无毒副作用。例如，在帐内用 0.1%～0.2%（体积比）的氯气熏蒸番茄、黄瓜等蔬菜，能取得较好的保鲜效果。但是，用氯气处理果蔬时，质量分数不宜过高，超过 0.4%就可能产生药害。此外，还应保持帐内的空气循环，以防氯气下沉造成下部果蔬中毒。

漂白粉是一种不稳定的化合物，在潮湿的空气中也能分解生成原子氧。一般用量为每 600 kg 的果蔬帐，放入漂白粉 0.4 kg，每 10 天更换一次。贮藏期间也要注意帐内的空气循环，以防下部果蔬中毒。

3. 灭虫

进出口园艺产品时，植物检疫部门经常要求对园艺产品进行灭虫处理，之后才能够放行。因此，出口国必须根据进口国的要求，出口前对园艺产品进行适当的杀虫处理。商业上常用的灭虫方法有如下几种。

熏蒸剂处理：常用的熏蒸剂有二溴乙烷和溴甲烷，可用于专门的固定熏蒸室中，也可在临时性封闭环境中使用。用 18～20 g/m^3 的二溴乙烷，熏蒸 2～4 h 可有效地消灭果实上绝大部分的果蝇。温度较低时，则适当提高熏蒸剂浓度。

低温处理：许多害虫都不能忍耐低温，故可用低温方法消灭害虫。例如，美国检疫部门对中国进口的荔枝规定的低温处理为，在 1.1℃下处理 14 天后才允许进入美国市场。

高温处理：20 世纪二三十年代开始就已大规模地使用热蒸汽作为地中海果蝇的检疫处理，并一直沿用至今。例如，芒果用 43℃热蒸汽处理 8 h，可控制墨西哥果蝇。热水处理也可用于防治水果害虫，如香蕉在 52℃热水中浸泡 20 min，可控制香蕉橘小果蝇和地中海果蝇。

辐射处理：射线辐射可减少果实害虫的危害，如用 0.25 kGy 的 γ 射线辐射芒果可杀死种子内部的害虫。

4. 打蜡

园艺产品表面有一层天然的蜡质保护层，往往在采后处理或清洗中受到破坏。打蜡即人为地在园艺产品表面涂上一层蜡质，又称为涂蜡、上蜡。产品打蜡之后，使表面变得光滑整洁，在一定程度上阻碍了果品与环境的接触。在国外，打蜡技术已有 70 多年的历史。据报道，1922 年美国福尔斯公司首先在甜橙上开始使用打蜡工艺并获得成功。之后，世界各国纷纷开展打蜡技术的研究。自 20 世纪 50 年代起，美、日、意、澳等国都相继对果实进行打蜡处理，使打蜡技术得到迅速发展。目前，该技术已成为现在园艺产品商品化处理中的必要措施之一，在国外许多国家，如以色列、美国、西班牙、德国、英国、日本、意大利等广泛应用。在国内，目前的应用还不普及，但为了促进水果产业的发展，增强竞争力，今后应作为一项重要措施执行。

（1）涂料

涂膜用的蜡液是将蜡微粒均匀地分散在水或油中形成稳定的悬浮液。果蜡的主要成分是天然蜡、合成或天然的高聚物、乳化剂、水和有机溶剂等。天然蜡如棕榈蜡、米糠蜡等；高聚物包括多聚糖、蛋白质、纤维素衍生物、聚氧乙烯、聚丁烯等；乳化剂包括 C_{16}～C_{18}脂肪酸蔗糖酯、油酸钠、吗啉脂肪酸盐等。这些原料的使用都必须以对人体无害，符合食品添加剂标准为前提。

蜡在乳化剂的作用下形成稳定的水油（O/W）体系。蜡微粒的直径通常为 0.1～10 μm，蜡在水中或溶剂中的含量一般是 3%～20%，最好是 5%～15%。

目前，商业上使用的大多数涂膜液都以石蜡和巴西棕榈蜡混合作为基础原料，石蜡可以很好地控制失水，巴西棕榈蜡则使果实产生诱人的光泽。近年来，含有聚乙烯、合成树脂物质、乳化剂和润湿剂的蜡液材料逐渐被普遍使用，常将其作为杀菌剂或防止衰老、生理失调和抑制发芽的载体。随着人们健康意识的不断增强，以无毒、无害、天然物质为原料的涂膜剂日益受到人们的青睐。例如，日本用淀粉、蛋白质等高分子溶液加上植物油制成混合涂料，喷在新鲜柑橘和苹果上，干燥后可在产品表面形成有很多直径为 0.001 mm 的小孔的薄膜，从而抑制果实的呼吸作用。OED 是日本用于蔬菜的一种新涂料。用蔬菜浸蘸 OED 液，可在菜体表面形成一层膜，防止水分散失和病原菌侵入，处理浓度为 30～60 倍液。美国用粮食作为原料，研制成一种防腐乳液，无毒、无味、无色，浸涤番茄可延长货架寿命。我国 20 世纪 70 年代起也开发研制了紫胶、果蜡等涂料，在西瓜、黄瓜、番茄等瓜果上使用效果良好。目前还在积极研究用多糖类物质，如葡甘聚糖、海藻酸钠、壳聚糖等作为涂膜剂。现在涂膜剂中还常加入中草药、抗菌肽、氨基酸等天然防腐剂，以达到更好的保鲜效果。

（2）打蜡的方法

打蜡的方法有浸涂法、刷涂法和喷涂法三种。浸涂法最简便，即将涂料配成适当浓度的溶液，将果实浸入，蘸上一层薄薄的涂料后，取出晾干即成。刷涂法即用细软毛刷蘸上涂料液，然后辗转擦刷果实，使果皮涂上一层薄薄的涂料膜。喷涂法即果实在洗果机内送出干燥后，在其上喷上一层均匀、极薄的涂料。前两种方法为手工操作，后者可在水果采后自动生产线或喷蜡机上进行。

①手工涂果。广东杨树柑橘场用木制柑橘涂果槽，木槽长 200 cm，宽 65 cm，槽壁高 20 cm，木槽倾斜度以果实能自然滚动为准，槽内垫上 2 cm 厚的泡沫塑料。每槽配 8 名工人操作，1 名倒果，1 名接果，6 名工人分别在槽的两侧用毛巾涂果。涂果前先用稀释的涂料把毛巾和泡沫塑料浸湿。每小时可涂果 7500 kg 左右。

②机械涂果。涂果机是按照南京林化所设计的图纸仿制而成的，由进果槽、涂果机、辅助干燥装置和多鼓式分组机器组成。

不论采用哪种打蜡方法，都应做到以下三点：

第一，涂膜厚度均匀、适量。过厚会引起呼吸失调，导致实品质下降；过薄效果不明显。

第二，涂料本身必须安全、无毒，无损人体健康。

第三，成本低廉，材料易得，便于推广。

(3) 打蜡的效用

美国、日本、意大利、澳大利亚等国生产的柑橘、苹果、梨等在上市之前都进行打蜡处理。我国外销的柑橘、苹果也实行打蜡，收到了良好的效果，使出口果品的面貌大为改观，深受国际市场的欢迎。

果品打蜡的效用：①增加果品的光亮度，美化外观，提高商品价值；②减少果实水分的蒸发，防止果皮皱缩，保持新鲜状态；③减少空气接触，降低呼吸强度，保持果实硬度和品质；④保护果实，防止微生物侵染，减少腐烂。

值得注意的是，涂膜处理只是产品采后一定期限内商品化处理的一种辅助措施，只能在上市前进行处理或作短期贮藏、运输，否则会给产品的品质带来不良影响。

目前，世界发达国家和地区，涂膜液生产已商品化、标准化、系列化，涂膜技术也实现了机械化和自动化，新型喷蜡机大多数由洗果、干燥、打蜡、低温干燥、分级和包装等部分联合组成鲜果包装线。我国现在也有少量涂膜液和涂膜机械的生产，但质量和性能还较差，有待于进一步提高。

5.2.3 包装

园艺产品作为特殊的商品，脆嫩多汁，易遭受机械损伤及腐烂变质，对其进行必要的包装是必不可少的。包装是使园艺产品标准化、商品化，保证安全运输和贮藏，便于销售的主要措施。

1. 包装的作用

合理的包装可减少或避免园艺产品在运输、贮藏、销售中相互摩擦、碰伤和挤压等造成的机械损伤，减少产品水分的蒸腾损失；防止尘土及微生物等的污染和产品腐烂；缓冲外界温度剧烈变化引起的产品损失；使产品新鲜饱满、延长贮藏和货架寿命。包装还可以使园艺产品在流通中保持良好的稳定性，美化产品，宣传产品，提高园艺产品的商品价值及卫生质量。因此，良好的包装对生产者、销售者和消费者都是有利的。园艺产品包装的要求是科学、经济、美观、牢固、方便、适销，有利于长途运输。

2. 包装容器

根据用途不同可将包装分为外包装和内包装。园艺产品的外包装包括筐、袋、木箱、瓦楞纸箱、塑料箱等；内包装主要有衬垫、铺垫、浅盘、包装膜、包装纸及塑料小盒等。

(1) 包装容器的要求

①保护性：要求包装容器具有一定的机械强度，防止或减轻产品在装卸、运输、堆码过程中受到的机械应力。

②通透性：包装容器应在防止产品失水的前提下，具有一定的通透性，以利于产品呼吸热的排出及氧、二氧化碳、乙烯等气体的交换。

③防潮性：包装容器吸潮会降低机械强度，同时增加了湿度，利于病原菌滋生，因此应具有防潮性。

④美观性：美观有利于吸引顾客的视线，提高其对商品的购买欲。

⑤环保安全性：包装容器的污染会造成产品出现二次污染。

⑥经济实惠性：应防止盲目投资导致资金浪费。

（2）外包装容器

外包装也叫贮运包装。其作用是保护商品，便于装卸和运输。外包装的发展历程是从散装（捆或不捆）到普通容器（箱、袋）、托盘、托盘箱，最后发展到集装箱。常用的普通容器中，筐价格低廉，但大小难以一致；木箱大小规格便于一致，抗压强度大，能长期周转使用，适于大批量运输，但较沉重，易使产品碰伤、擦伤；塑料箱轻便防潮、牢固耐用，便于清洗消毒，可长期反复使用，但造价较高；瓦楞纸箱质量轻，可折叠平放，便于运输，便于印刷各种图案，外观美观，用后易于处理，而且纸箱通过上蜡，可提高其防水防潮性能，因此瓦楞纸箱是最为理想的外包装容器。欧美、日本等地上市的园艺产品一般都在产地经商品化处理后，用纸箱包装成件，然后贮运到各地销售甚至出口。

（3）内包装容器

内包装也称零售包装，它要与消费者直接见面，所以除要求保护商品外，还要注意造型美观，应具有宣传功能，起到促进销售的作用。内包装有小袋或网袋，由纸、薄膜、棉纱和塑料丝制成；盒或浅盘，由塑料或泡沫塑料、纸板和胶合板制成；篮，有长形、圆或扁形，由木条或塑料制成；混合型，网袋加盒或浅盘；蜂窝纸，由塑料或纸制成。下面对其主要材料介绍如下：

①包果纸。包果纸的主要作用有：抑制果蔬体内水分的损失；减少霉烂和病害的传染；减少运输果蔬在容器内的振动和相互挤压碰撞；具有一定的隔热作用，有利于果蔬保持较为稳定的温度，有利于延长贮运期和货架寿命，而且漂亮的纸张可以增加商品的吸引力。包果纸要求采用质地柔软、于净、光滑、无异味和有韧性的薄纸。常用的有皮纸、毛边纸、光纸等。还可以在包果纸中加入化学药剂预防某些病害的发生。

②内包装塑料膜。塑料薄膜由于具有适宜的透湿性和透气性，内容物看得见，容易作业密封等优点，近年来普遍应用于果蔬的包装，如柑橘的单果包装，在采后保鲜和延长货架期方面取得了良好效果；草莓、樱桃、蘑菇等分装后先装入小塑料袋或塑料盒中，然后装箱运输销售的效果也很好。

③衬垫填充物。使用筐类容器包装园艺产品时，应在容器内铺设柔软清洁的衬垫填充物，以防止园艺产品直接与容器接触而造成机械损伤。另外，衬垫填充物还有防寒、保湿作用。衬垫与填充材料要求柔软、质轻、清洁卫生。常用衬垫物有蒲包、塑料薄膜、碎纸、牛皮纸等，也可就地取材，选用廉价易得、轻软适用的材料，如细刨花、稻壳、锯末、草屑等。

④抗压托盘。托盘上具有一定数量的凹坑，凹坑与凹坑之间有时还有漂亮的图案，凹坑的大小相形状以及图案的类型可以根据包装的具体果实来设计，果实的层与层之间由抗压托盘隔开，可避免贮运中损伤，并美化商品。常用于苹果、梨、芒果、葡萄柚、猕猴桃等果实的包装上。

(4) 包装容器的规格标准

包装容器的规格受多种因素影响，如包装材料、消费者的购买习惯、商品的用途、人体合理的搬运质量等均会影响包装容器的规格标准。世界各国都制定有本国果蔬包装容器规格标准。东欧国家采用的包装箱标准一般是 600 mm×400 mm 和 500 mm×300 mm，箱高以给定的容器标准而定。易伤果实的容量不超过 14 kg，仁果类不超过 20 kg。美国加利福尼亚州 Sunkisin 牌脐橙用日字形套合纸箱，容积为 440 mm×284 mm×70 mm，箱外印有彩色图案和文字说明，如商标、贮藏温度（7～9℃）、注意事项等。我国出口的鸭梨，逐个包装后装入纸箱，每箱果重 17 kg，按个数分为七级，分别为 60，76，96，124，150，180，192 个果实。根据美国的研究，标准体格的人最合适的搬起质量是 18.5 kg。

3. 包装技术

为防止产品在包装容器内的滚动和相互碰撞，并充分利用容器空间通风散热，以及增加堆码高度，可以用衬垫物对产品进行定位包装。例如，自制筐边缘锋利、内表粗糙，可用纤维板衬垫维护四周和底部；包装箱中增加纤维板分割片；包装箱四角增加三角形木质嵌块或纤维板。

为了便于贮藏、运输和销售，可以进行产品小包装。小包装应按照一定标准包装，同一包装容器中的小包装应是同一标准。

包装方法分为人工和机械包装两种，采用何种包装方式主要取决于产品类型、设备等条件。所有包装容器以及小包装上应贴标签，标签上要注明产品名称、净重、数量或体积、商标名、产地、包装或运销商名称和地址、尺寸和等级、贮藏条件、特别处置说明等内容。

4. 包装的堆码

园艺产品包装件应该充分利用空间，垛要稳定，箱体间和垛间应留有空隙，便于通风散热。堆垛方式应便于操作，垛高度应根据产品特性、包装容器的质量及堆码机械化程度确定。

5.2.4 催熟和脱涩

1. 催熟

催熟是指销售前用人工方法促使果实加速完熟的技术。不少果实成熟度不一致，有的为了长途运输的需要提前采收，为了保障这些产品在销售时达到完熟程度，确保其最佳品质，常需要采取催熟措施。催熟可使产品提早上市或使未充分成熟的果实达到销售标准和最佳食用成熟度及最佳商品外观。催熟多用于香蕉、苹果、梨、葡萄、番茄、蜜露甜瓜等，在果实接近成熟时应用。

（1）催熟的条件

首先，用来催熟的果蔬必须达到生理成熟；其次，催熟时一般要求较高的温度、湿度和充足的氧气，不同种类的产品的最佳催熟温度和湿度不同，一般以温度为 21～25℃，相对湿度为 85％～90％为宜。湿度过低，果蔬会失水萎蔫，催熟效果不佳，湿度过高产品又易染病腐烂。由于催熟环境的温度和湿度都比较高，致病微生物容易生长，因此要注意催熟室的消毒。最后，要有适量宜的催熟剂，为了充分发挥催熟剂的作用，催熟环境应该有良好的气密性，催熟剂应有一定的浓度。此外，催熟室内的气体成分对催熟效果也有影响，二氧化碳的累积会抑制催熟效果，因此催熟室要注意通风，以保证室内有足够的氧气。

（2）常用催熟剂

乙烯、丙烯、乙炔、乙醇、溴乙烷、四氯化碳等化合物对果蔬均有催熟作用，而以众所周知的乙烯及能够释放乙烯的化合物——乙烯利应用最普遍，之泛应用于各种果蔬的催熟处理。

乙烯是常用的果实催熟剂，一般使用浓度为 0.2～1 g/L，香蕉为 1 g/L，苹果、梨为 0.5～1 g/L，柑橘为 0.2～0.25 g/L，番茄和甜瓜为 100～200 mg/L。每 6～8 h 换气一次，使 CO_2 的水平低于 1％，这将不会妨碍变色。催熟时间是 24～28 h，最适宜的温度为 26℃，相对湿度为 85％～92％。湿度过高乙烯会凝结，催熟较慢，而且增加腐烂；湿度过低虽可防止腐烂，但促进萎蔫。也可用煤油不完全燃烧的烟气催熟，因其中也含有乙烯，用强制通风方式将烟气通入催熟室内。用烟气催熟可以产生较好色泽的果实。

乙烯利也是水果蔬菜产品常用的催熟剂。在酸性条件下乙烯利比较稳定，在微碱性条件下分解产生乙烯，发挥催熟作用。施用时要加 0.05％的洗衣粉，使其呈微碱性并增加附着力。使用浓度因种类和品种而不同，香蕉为 2 g/L，绿熟番茄为 1～2 g/L。据试验，番茄在果顶开始发白时采收，用 4000 mg/kg 的乙烯利浸果，浸后稍晾干装在木箱中，在室温为 20～28℃时，6 天后处理果成熟 87％，对照为 48％，8 天后相应为 100％和 69％，可见效果显著。

其他如加温处理，将番茄放在温床或温室内温度较高的地方催熟，这种方法催熟时间长，而且果实容易萎蔫。

2. 脱绿

在柑橘的商品化处理中脱绿是一个重要措施，成熟柑橘只有在低温下曝露才能形成橙红、橙黄色泽。有些品种在成熟后继续在树上挂果，果皮也会返青。可在控制条件下使用乙烯处理以加快柑橘成熟色泽的显现。具体操作规程方法是，在库温为 25～30℃及相对湿度为 90％～95％的条件下，用 10 μl/L 的乙烯连续计量输入库房，就可获得理想效果，但其色泽不如自然形成的鲜艳。试验证明，当柑橘果实底色开始泛黄时用乙烯褪绿效果最好。

3. 脱涩

脱涩主要是针对柿果而言。柿果分为甜柿和涩柿两大品种群，我国以栽培涩柿品种居多。涩柿含有较多的单宁物质，成熟后仍有强烈的涩味，采后不能立即食用，必须经过脱涩处理才能上市。涩味产生的主要原因是单宁物质与口舌上的蛋白质结合，使蛋白质凝固，味觉下降。单宁存在于果肉细胞中，食用时因细胞破裂而流出。如果是可溶性的单宁变为不溶性的，就可避免涩味的产生。当涩果进行无氧呼吸时，可形成一种能与可溶性单宁物质发生缩合的中间产物，如乙醛等，当它与可溶性的单宁物质缩合时，涩味脱除。根据上述原理，可以采取各种方法，使果实产生无氧呼吸，诱导单宁物质变性脱涩。常见的脱涩方法有以下几种。

(1) 温水脱涩

将柿子浸泡在40℃左右的温水中，利用较高的温度和缺氧条件，使果实产生无氧呼吸，20 h左右，柿子即可脱涩。温水脱涩的柿子肉质较硬，颜色美观，风味可口，是当前农村普遍使用的方法，但用此方法处理的柿子存放时间不长，容易败坏。

(2) 混果脱涩

将柿子与少量的苹果、梨、木瓜等果实或其他新鲜树叶如松、柏、榕树叶等混装在密闭的容器内，它们产生的乙烯可以起到催熟脱涩的作用，在20℃室温下，经过4~6天可脱去涩味。上述各种水果的芳香味还能改善柿子的风味。

(3) 高 CO_2 脱涩

当前大规模采用的柿子脱涩方法是用高 CO_2 处理，将柿子放入密闭塑料帐中，通入 CO_2，使其浓度达到并保持在60%以上，在温度为40℃左右时，10 h即可脱涩；当温度为25~30℃时，1~3天即可脱涩。用此法处理的柿子，质地脆硬，可存放较长时间，成本也低。但有时处理不当，脱涩后会产生 CO_2 伤害，使果心褐变或变黑。

(4) 脱氧剂密封法

把柿子密封在不透气的包装袋内，加入脱氧剂，使果实产生无氧呼吸进行脱涩。脱氧剂的种类很多，可用以连二亚硫酸盐、亚硫酸盐、硫代硫酸盐、草酸盐、铜氨络合物、维生素C、铁粉、锌粉等还原性物质为主的混合剂，其中最好选用含有连二亚硫酸、氢氧化钙以及活性碳的物质。脱氧剂一般放在透气包装材料中，待可溶性单宁除去5%以上时，可将密闭容器打开，将柿子贮藏在0~20℃条件下，果实会脱涩变甜。

(5) 乙烯及乙烯利脱涩

将柿子放入催熟室，保持温度18~21℃，相对湿度80%~85%，通入1000 μg/L的乙烯，2~3天后即可脱涩；或用250~500 mg/kg的乙烯利喷果或蘸果，4~6天后也可脱涩。果实脱涩后，质地软、风味佳、色泽鲜艳，但不宜长期贮藏和运输。

(6) 干冰脱涩

将干冰包好放入装有柿子的容器内，然后密封，24 h后将果实取出，在阴凉处放置2~3天即可脱涩。处理时不要让干冰接触果实，每千克干冰可处理50 kg果实。用此法处理的果实质地脆硬，色泽好。

(7) 石灰水脱涩

将柿子浸入7%的石灰水中，经3~5天即可脱涩，果实脱涩后，质地脆硬，不易腐烂。但果面往往有石灰痕迹，影响商品外观，最好用清水冲洗后再上市。

(8) 酒精脱涩

将质量分数 35%～75%的酒精或白酒喷洒于柿子表面上，每千克柿子用 35%的酒精 5～7 ml，然后将果实密闭于容器中，在室温下放置 4～7 天，即可脱涩。此法用于运输途中，将处理过的柿子用塑料袋密封后装箱运输，到达目的地后即可上市销售。

5.2.5　预冷

采收后的园艺产品体温较高，带有大量的田间热，若将其长时间堆积在一起，局部尤其是中心温度会不断升高，很快使产品腐烂变质。此外，贮藏或运输前，若不能将产品携带的田间热尽快散失，而是带到冷库或运输设备中，就会向贮藏室释放田间热，使贮藏室温度升高，增加贮藏成本，损坏贮藏和运输设备，同时使产品呼吸作用增强，品质发生败坏。因此，采后产品进入贮藏冷库或运输前，应采取措施散去田间热，使产品代谢保持在较低水平，这种处理就是预冷。

1. 预冷概念

(1) 田间热

田间热是指产品从田间带入贮藏室的热量。如果田间温度比贮藏室温度高，当产品进入贮藏室后，本身所带的热量就会向贮藏室释放，直到体温降低到贮藏室相同温度水平。产品释放的田间热可以用下列数学公式计算：

$$H_f = SDW$$

式中，H_f 为产品田间热，kJ；S 为产品质量热容，kJ/kg；D 为产品要降低的温度，℃；W 为产品质量，kg。

上式表明，在产品确定条件下，田间热与产品质量和下降温度呈正相关关系。因此，对于小规模生产，产品数量少，田间热很快释放至环境中，不会使产品维持在较高体温状态，可以不用采取降温措施；对于大规模生产，一次采收产品数量多，堆积在一起，田间热无法散失，再加之呼吸作用释放的热量，不仅造成产品局部温度过高，而且使贮藏室温度升高，对产品品质保持和贮藏极为不利，必须采取措施散热。

(2) 预冷

预冷是在产品贮藏运输前，迅速将产品温度降到规定温度的措施或技术。规定温度应根据产品种类、品种而异，一般以接近该产品贮藏温度为标准，多为−1～10℃，起源于热带、亚热带的鲜切花及果品预冷温度多为 8～15℃。预冷与一般冷却不同，预冷要求降温速度快，采后 24 h 内降温，而且越快越好。

预冷后，散去了田间热，产品体温得到大幅度降低，产品的生理活动以及新陈代谢水平降到很低，因此，产品品质就不易发生败坏，同时对贮藏室环境温度影响不大，可有效避免贮藏成本增加太多。预冷是大量产品贮藏运输前必须进行的一个预处理环节，在园艺产品冷链流通中占有十分重要的位置，为第一环节。预冷应在产地进行。

2. 预冷方法

预冷技术是 20 世纪 60 年代才发展起来的技术，在此之前，很多国家均采用天然冰预冷，60年代后，逐步发展了机械预冷技术，并成为冷链流通中的关键技术之一。预冷的方式比较多，概括起来可分为两大类，即自然降温预冷和人工降温预冷。

（1）自然降温预冷

自然降温预冷是一种简单经济的预冷方式，它是将采收的园艺产品放在阴凉通风的地方，自然散去产品所带的田间热。例如，我国北方和西北高原地区在使用窑洞、菜窖贮藏蔬菜前，常常利用夜间低温使库温下降，同时将采收后的蔬菜产品放在阴凉处自然冷却，然后入贮。其缺点是产品降温所需要的时间较长，而且难以达到产品实际需要的预冷温度。

采用自然降温预冷方法应注意：选择阴凉通风的场地将园艺产品散开，或用通风良好的包装容器盛放，产品堆码必须注意通风，蔬菜产品需要及时处理，放置时间不宜过长。

（2）人工降温预冷

1）冷水预冷

将冷却的水（尽可能接近0℃）喷淋在园艺产品上，或是将产品浸在流动的冷水中，以达到产品降温的目的。由于水的热容量比空气大得多，因此用水作转移介质的冷水预冷方式比通风预冷速度快，而且冷却水还可以循环使用。但是在使用过程中必须注意对冷水进行消毒，否则园艺产品很容易被微生物侵染，一般应在冷却水中加入消毒剂（如次氯酸盐），冷水机等设备在使用中也要经常清洗。

冷水预冷依据预冷园艺产品与水接触的形式可分为洒水式、喷雾式和浸水式等，各种冷水预冷方式要按照各种产品所需要的预冷时间，来确定预冷园艺产品和预冷水的接触时间。适宜用冷水预冷的蔬菜主要是根菜类和果菜类，叶菜类蔬菜不适于采用此类预冷方式。

2）接触加冰预冷

接触加冰预冷方法是其他预冷方式的补充，它是把细碎冰块或是冰盐混合物放在包装容器或汽车、火车车厢内园艺产品的顶部，这样可以降低产品的温度，还可以保证产品在运输中的新鲜度，同时也能起到预冷的作用。但是如果将蔬菜产品的温度从35℃降到2℃，所需要的加冰量应为蔬菜质量的38%左右，这将大大增加蔬菜的流通成本。这种方法目前只适用于那些与冰接触不会产生伤害的产品，如菠菜、花椰菜和萝卜等。

3）冷库预冷

冷库预冷是利用低温冷风进行预冷的方式，它只需有预冷库，不需要其他设备，预冷库内相对湿度要保持在90%～95%。将装在包装箱内的园艺产品堆放在冷库中，在垛与垛之间要留有空隙，并与冷库通风筒的出风口方向相同，以保证气流顺利通过时带走产品的热量。为了达到较好的预冷效果，库内空气流速应该为1～2 m/s，不能过大，否则会造成新鲜果蔬过分脱水。

冷库预冷需注意以下三点：一是尽可能使将要预冷的产品有较低温度，因此，最好在园艺产品温度较低的清晨采收，而且收获后要尽快预冷；二是分级和包装要到位；同一等级的蔬菜产品放在一起预冷，尽量采用透气塑料袋和竹筐等包装物，这样有利于产品的迅速降温，扎捆的蔬菜不要太大，一般在0.5 kg以下；三是堆放要合理，要使产品迅速降温，箱体间的距离最小要保持5 cm以上，包装箱堆码太密将影响库内冷风的对流。同时，先放入大件，后放入小件，或将不易预冷的放在较好位置等措施都可以获得较好的预冷效果。一般耐寒类蔬菜预冷冷风温度控制在（2±2)℃，果菜类蔬菜容易出现冻害，冷风温度控制在7～10℃。

4）压差预冷（强制通风预冷）

冷库预冷时，库内冷气只能接触到包装箱的外侧，蔬菜产品内部空隙很难进入，容易产生预冷死角，造成预冷不均匀，压差预冷正好可以弥补这一不足。压差预冷就是在装有产品的包装箱垛的两侧形成不同压力的冷气流，从而使冷空气强行穿过各个包装箱，并在产品周围通过，最终把产品的热量彻底带走。这种方法比冷库预冷的速度快4～10倍，而且克服了冷库预冷只能使产品热量从表面散发的缺点。这种预冷方式同样适用于大部分类别的蔬菜，特别是包装好的蔬菜产品。

压差预冷包装箱要有一定的通风面积，一般用开孔塑料箱或开孔纸箱。为了保证纸箱的强度和足够的通风面积，纸箱长宽之比不大于2.5：1，高宽之比既不能大于2：1，也不能小于0.25：1。为了使有限的开孔面积更有效地通风，风孔的多少、形状、大小、位置都要进行科学计算，一般横面开1～2个孔，长面开2～3个孔，横面和长面的通气孔必须要很好地对齐。

进行压差预冷时，为了使冷风均匀地进入每一个包装箱，有效将蔬菜热量带走，除去设备原因外，蔬菜的堆码也很关键。堆码要求是，除包装箱通气孔、菜间缝隙以外，其他地方都不要留有缝隙，这样可以防止跑风降低风压。压差预冷时，一般通过蔬菜箱垛的空气流量越大，蔬菜的冷却速度越快，但是冷库温度一定要合适，一般要求压差预冷的库温比冷库预冷高1～2℃。

5）真空预冷

真空预冷必须要有坚固、气密性好的真空设备，将产品置于真空设备中，关闭开口以及阀门，迅速抽出容器内的空气和水蒸气，使产品表面水分在真空负压下迅速蒸发，带走田间热，通过排气阀门将田间热排出容器。真空预冷的基本工作原理是，大气压力降低，水的沸点也相应降低，水分蒸发加快，使得热量迅速从产品体内向外扩散，降低产品温度。水在101.3 kPa下，100℃才能沸腾，当压力降到533.3 Pa时，0℃就可以沸腾，水分蒸发速度显著加快。

真空预冷具有降温速度快，预冷效果好，操作简单的优点，如莴苣、甜玉米、龙须菜、花椰菜等只需20～30 min便可以达到预冷效果。对易发生品质变化的产品如草莓、蘑菇以及有些花卉，预冷效果也不错。但是，真空预冷很容易使产品变形，仅适合于比表面积大的产品，如绿叶菜，内部真空的辣椒、苦瓜以及花茎中空的唐菖蒲、非洲菊等产品，真空预冷会将腔体或花茎中的空气抽出，使产品凹陷，外观品质低劣。除此之外，真空预冷还易使产品失水过多，引起产品萎蔫失鲜。据研究，每降低5～6℃，失水占菜体质量可达1%，从30℃降到5℃，失水达4%，在真空罐上安装喷雾装置，可以解决产品失水问题，美国已生产出这种真空喷雾预冷机。

3. 预冷的技术参数和原则

(1) 预冷的技术参数

评价预冷方式预冷效果最主要的标准是把一种特定的产品降低到要求温度所需要的时间。一般以产品初始温度与冷却介质（空气、水、冰）的温差减少到一半所需的时间，即半冷却时间（half cooling time）来表示产品降温的速度。产品和包装、产品的大小和冷却介质等不同，半冷却时间相差较大。

(2) 预冷的原则

①采收的产品要尽早进行预冷处理。应根据产品特性选择最佳的预冷方式，一次预冷的数量要适当，要合理包装和堆码，尽快使产品达到预冷要求的温度。

②掌握适当的预冷最终温度和预冷速度。一般各种产品的冷藏适宜温度就是预冷最终温度的大致标准。还可以根据销售时间的长短、产品生理生化变化的快慢以及易腐性等来适当调整最终温度，同时预冷要注意防止产品的冷害和冻害。

③产品预冷后要及时在适宜温度下贮藏。若仍在常温下进行运输贮藏，不仅达不到预冷的目的，甚至会加速腐烂变质。

④选择适当的预冷方式。一般对水果多采用强制通风预冷，根茎菜多选用水预冷，叶菜类较适宜采用真空预冷。

5.2.6 晾晒

1. 晾晒的作用

采收下来的果实，经初选和药物处理后，置于阴凉、干燥、通风良好的地方进行短期贮藏，称为晾晒，也称为预贮。晾晒对于提高如柑橘、哈密瓜、大白菜及葱蒜类蔬菜等产品的贮运质量非常重要。

柑橘在贮藏后期易出现枯水现象，特别是宽皮橘类表现得更加突出。如果将柑橘在贮前晾晒一段时间，使其失重3%～5%，就可明显减轻枯水病的发生，果实腐烂率也相应减少。国内外很多的研究和生产实践证明，贮前适当晾晒是保持柑橘品质，提高其耐贮性的重要措施之一。

大白菜是我国北方冬春两季的主要蔬菜，含水量很高，如果采后直接入贮，易出现机械损伤，贮藏过程中呼吸强度高、脱帮、腐烂严重，损失较大。生产实践证明，大白菜采后进行适当晾晒，当其外叶弯而不折，失重为5%～10%时再行入贮，可减少机械损伤和腐烂，提高贮藏品质，延长贮藏时间。但是，如果大白菜晾晒过度，不但失重增加，促进水解反应的发生，还会提高乙烯的产生量，从而促进离层产生，脱帮严重，降低耐贮性。

洋葱、大蒜采后适当晾晒，会加快外部鳞片干燥，使之成为膜质保护层，对抑制产品组织内外气体通透、减少失水、加速休眠都有积极的作用，有利于贮藏。此外，对马铃薯、甘薯进行适当晾晒，对贮藏也有好处。

2. 晾晒方法

在我国柑橘产区，一般是利用现有自然气候条件，采用因地制宜的简便方法来达到晾晒的目的。具体方法如下：

①选择凉爽、干燥、通风良好的房屋，打扫干净并用药物消毒。

②选择合适的堆码方式，一般果箱采用品字形堆码，箱间缝隙约为 0.2 m，堆高 6～10 层，各堆之间留宽约 0.7 m 的过道，以便检查和搬运。如果用箩筐装果，一搬堆 2～3 层，层间垫木板。

③晾晒期间，经常通风换气，每天要检查一两次，发现烂果及时捡出。

④晾晒后的检查，晾晒 2～3 天后，用手捏果实，手感果实稍稍变软且具有弹性时，即可结束晾晒或者测定果实质量减轻的比率，在果实总失重达 2%左右时果皮基本上略具弹性，达到了晾晒的目的。对果皮含水量高的果实，如雨后或晨雾刚散时采收的果实，晾晒的失重率还应大一些。

上述方法不用能源、不需特殊设备、操作简便、适用性强，但是，由于它完全依赖于自然气候的变化，晾晒时间长，效果不稳定，在湿度较高的南方地区如遇上连续的阴雨天，就难以达到目的，为此，有些地区在上述基础上辅以人工通风的装置，如开启电扇或在空气出口处安置抽气机，加速空气流动，从而加快果皮内水分的蒸发，缩短晾晒时间，增加晾晒效果。如果有条件进行人工降温，预冷与晾晒两者相结合，效果更好。

3. 晾晒的要求

①晾晒前要经初选和药物处理。

②果实不要装得太满，以免压伤果实，各个果箱堆上要挂牌，注明开始时间及其他有关重要事项，以后按先后顺序出库。

③晾晒期间要经常保持通风换气，但同时也要防日晒、雨淋和雾露的侵袭。

④勤检查，发现烂果及时捡出。

⑤控制失水程度，一般失重 3%～5%。

5.3　园艺产品的运输

本节以新鲜果蔬的运输为例介绍园艺产品的运输。随着经济建设的发展和人们生活水平的提高，对品质优良的新鲜水果和蔬菜的需求量越来越大，而新鲜果蔬的生产有地区性和季节性的限制，不同的年份、不同的地区收获量常有差别。为协调解决生产和消费之间的矛盾，运输起着重要的作用。新鲜果蔬运输对经济建设的意义重大在于：第一，运输是新鲜果蔬从生产地运往消费地的桥梁，通过运输满足人们的生活需要，有利于提高人民的生活水平和健康水平；第二，运输的发展也推动了新鲜果蔬的生产增长；生产和运输是密切联系的、互为发展的条件，没有充裕的、品质优良的产品就谈不上运输，没有良好的运输条件和设施，则本地剩余的产品运不出去，生产就会陷于停滞和萎缩；第三，对货畅其流、加速周转、提高流通效率，运输是一个重要环节；第四，一部分新鲜果蔬运输出口，换取外汇，换回我国经济建设所需的物资，出口商品的质量和交货期关系到我国的对外信誉和外汇收入。

5.3.1 新鲜果蔬的特性

1. 易腐性

新鲜果蔬采后虽然脱离了母体，但仍是有生命的活体，还在进行新陈代谢，不断消耗呼吸基质，继续生命活动。新鲜水果和蔬菜具有如下特点：含水量高，可达65%～96%，有些幼嫩瓜果高达98%；表面保护组织差，特别是叶菜和幼嫩的果菜，呼吸旺盛，在采收及采后处理、运输贮藏、销售过程中容易造成机械损伤，给微生物的侵染开了方便之门；水分蒸发很快，随着呼吸基质的消耗和失水，新鲜果蔬的耐贮运性和抗病性逐渐减弱，同时果蔬本身营养丰富，有利于微生物的生长繁殖，所以水果蔬菜采后很容易腐败。此外，受伤组织会产生大量的乙烯，导致呼吸增强，进一步加快成熟衰老。因此，新鲜的水果和蔬菜在运输时被称为易腐商品。

2. 种类的多样性

不同的果蔬属于植物的不同器官，其个体差异很大，即使是同一块地的蔬菜，同一植株上的果实，其成熟度、品质、大小、形状等都可能各不相同，组织结构和生理生化特性也不一样，耐贮运性和抗病性也不一样。因此，采收时期、采收方法、采后商品化处理、包装和贮运管理应与之相适应，产品采后应通过商品化处理，提高其均一性，保证运输质量。

5.3.2 新鲜果蔬运输流通的基本原则

运输流通是联系生产和消费的纽带。搞活流通，建立完善的流通体系，既可促进生产的发展又能满足消费者的需要。应该根据果蔬的流通特性，建立果蔬流通的技术体系和组织体系。

1. 快速性

果蔬的新鲜度就是生命。新鲜果蔬采收后仍是一个活体，呼吸和蒸发作用会不断消耗体内贮存的营养物质，同时散发出热量。因此，从采收至到消费者手中，经过的环节越少，速度越快，其新鲜度和品质就越好。

2. 集散性

果蔬的生产和销售是分散的。作为商品要经过一次或多次集聚和分配，才能到达消费者手中，对于需要多次集散的水果和蔬菜，应尽可能地减少中间环节，保持新鲜和减少采后损失。

3. 轻装轻卸

果蔬含水量高，一般达到80%～90%，是鲜嫩易腐商品，因此装卸时应轻装轻卸，这是运输水果和蔬菜的基本要求。若搬动装卸时如违反操作规程，使包装箱或包装袋破损，就可能造成机械损伤和严重的腐烂变质。

4. 防热、防冻及其安全性

不同的果蔬有其相应的温、湿度要求。运输过程中，温度过高会导致呼吸强度加大，促进成熟和衰老；温度过低又容易造成冷害和冻害；温度波动过大往往会造成果蔬表面结露，继而诱发微生物侵染，对保持果蔬品质极为不利。因此，果蔬在流通过程的每个环节中都要考虑到防热、防冻及食用安全。

5. 采收和商品化处理

需要运输的果蔬的采收成熟度要考虑运输距离的远近。远距离运输的水果和蔬菜应适当早采；短途运输或就地销售的产品，可在最佳品质时采收。采收后应根据产品的特性，立即进行分级、包装、预冷或愈伤处理、化学药物处理等，以减少流通过程的损失和腐烂。

5.3.3　新鲜果蔬对运输的要求

随着人们对新鲜水果和蔬菜的要求提高，我国城市蔬菜的供应从就地供应为主、外地调节为辅的消费方式，迅速地转变为较多地依靠外地供应的消费方式。水果的供应也从短距离调节变为长途运销。运输已成为果蔬流通过程各环节中不可或缺的条件。为了保持果蔬的新鲜品质，对运输技术的要求也就很高，其结果又进一步推动了运输工具和运输系统的技术改革。

运输中的环境条件、果蔬的生理生化变化和保持果蔬品质之间的关系十分密切。

运输条件虽与贮藏时的情况类似，但不同的是运输是运动状态的，而且运动状态的环境变化更快，所受振动很大，因此对品质的影响更大。在流通过程中保护产品、方便贮运、促进销售，除必须要采用适当的材料、包装容器和施加一定的技术处理外，还必须重视装卸、搬运和操作质量。野蛮装卸会造成新鲜果蔬的机械损伤，引发腐烂变质，造成巨大的经济损失。

运输的环境条件与果蔬品质的关系主要有7个方面，而运输果蔬的要求也是对这些问题提出的。

1. 防振减振

振动是水果蔬菜运输时应考虑的基本环境条件。由于振动造成果蔬的机械损伤和生理伤害，会影响果蔬的贮藏性能。因此，运输中必须避免和减少振动。

在运输过程中，由于振动和摇动，包装箱内果蔬逐渐下沉，箱内的上部产生了空间，果蔬与箱子发生二次运动及旋转运动，使所受加速度升级，箱上部受到的加速度可为下部的2～3倍，所以越是上部的果蔬，越易变软和受伤。

在同一箱内的个体之间，或卡车与箱子之间以及箱与箱之间的固有振动频率一旦相同时，就会产生共振现象。这时，车的上部就会一下子受到异常强烈的振动。箱子垛得越高，共振越严重。如垛的高度相同，则箱子越小、数目越多，上部箱子的振动就越大。对于不致发生伤害的小振动，如果反复地增加作用次数，则果蔬组织的强度也会急剧下降。以后，如果遇到稍大一些的振动冲击，也有可能使产品受到损伤。

在箱子受到一定振动加速度的情况下，箱内果蔬所受的振动加速度不一定与之相等。因为箱子、填充材料、包果纸等能吸收一部分振动力，或者一部分冲击力变动了方向，使新鲜果蔬所受的冲击力有所减弱。

在箱子内部，下部的果蔬受到上部果蔬负载的影响，且箱子越高，影响越大。堆垛时，堆的方法和箱子的强度不同，上部的荷重对下部箱子的影响也不相同。车子行驶中，由于振动，果蔬还受着运动荷重的影响，这些都会使损伤增加。

新鲜果蔬的耐运性，既与果蔬内在因素，如遗传性、栽培条件、成熟度、果实大小有关，又受运输条件的各种因素的综合影响。此外，新鲜水果蔬菜由于振动、滚动、跌落产生外伤，会使呼吸急剧上升，内含物消耗增加，风味下降。即使运输中未造成外伤的振动，也会使果蔬呼吸上升。

成熟度不同，对振动的敏感性也不一样。番茄以破色期最为敏感。在后熟过程中振动带来的影响也很明显，如后熟异常，果实完熟后风味明显变劣。因此，运输时必须尽量减少振动。

2. 温度

温度是运输过程中的重要环境条件之一。采用低温流通措施对保持果蔬的新鲜度和品质以及降低运输损耗是十分重要的。

我国目前低温运输事业的发展还远不能满足新鲜果蔬运输的需要，大部分果蔬尚须在常温下运输。下面对运输环境对货温的影响作一简要介绍。

(1) 常温运输

在常温运输中，不论何种运输工具，其货箱的温度和产品温度都受外界气温的影响，特别是在盛夏或严冬时，这种影响更为突出。

夏季用可遮阳的卡车运送果蔬，一般货垛上部温度最高，货垛上部或中部的货温与下部货温可有5℃以上的温差。雨天则货垛下部的温度最高，但各部分的温差不大。运输途中，果蔬温度一旦上升，以后即使外界气温下降了，产品温度也不容易降下来。采用铁路运输果蔬，虽然受气温的影响也很大，但由于货车的构造不同，其效果也有一定差别。冬季通风车较不通风车受气温影响大，货品温度变化也大。

比较不同运输包装的温度变化，木箱与纸箱相似。而由于纸箱堆得较密，运输途中，纸箱温度比木箱高1～2℃。

(2) 低温运输

在低温运输中，温度的控制不仅受冷藏车或冷藏箱的构造及冷却能力的影响，而且也与空气排出口的位置和空气循环状况密切相关。一般空气排出口设在上部时，货物就会从上部开始冷却。如果堆垛不当，冷气循环不好，会影响下部货物冷却的速度，在这种情况下，改善冷气循环状况，能使下部货物的冷却效果与上部货物趋于一致。

冷藏船的船舱容积一般较大，装货时间延长必然延迟货物的冷却速度和使仓内不同部位的温差增大。如以冷藏集装箱为装运单位，则可避免上述弊端。

3. 湿度

果蔬新鲜度和品质保持需要较高的湿度条件，在运输中由于果蔬本身的水分蒸腾强度、包装容器的材料种类、包装容器的大小、所用缓冲材料的种类等的差异，使果蔬所处环境的湿度不同。新鲜果蔬装入普通纸箱，在1天以内，箱内空气的相对湿度可达到95%～100%，运输中仍然会保持在这个水平。纸箱吸潮后抗压强度下降，有可能使果蔬受伤。如采用隔水纸箱（纸板上涂以石蜡和石蜡树脂为主要成分的防水剂）或在纸箱中用聚乙烯薄膜铺垫，则可有效防止纸箱吸潮。如用比较干燥的木箱包装，由于木材吸湿，会使运输环境湿度下降。对于高温运输，为防止发生霉烂及某些生理病害，如苹果褐烫病、柑橘水肿病等，应事先采取相应的预防措施。

4. 气体成分

除气调运输外，新鲜果蔬因自身呼吸、容器材料性质以及运输工具的不同容器内气体成分也会有相应的改变。

使用普通纸箱时，因气体分子可从箱面上自由扩散，箱内气体成分变化不大，CO_2的体积分数都不超过0.1%。当使用具有耐水性的塑料薄膜贴附的纸箱时，气体分子的扩散受到抑制，气体积聚，积聚的程度因塑料薄膜的种类和厚度而异。

5. 包装

包装可提高与保持果蔬的商品价值，方便运输与贮藏，减少了流通过程的损耗，有利于销售。包装所用的材料要根据果蔬种类和运输条件等选定。我国长期沿用的果蔬包装材料有木箱、铁丝筐、柳条筐、竹筐等，抗挤压的蔬菜也有采用麻布包、草包、蒲包、化纤包等包装的。近年塑料箱、纸箱包装发展较快。在国外，果蔬包装材料已逐渐被纸箱和塑料箱代替。

果蔬装箱后，经检验，各项指标（包括质量、质量、等级、个数、排列、包装等）都合格者即可封箱成件。一般木箱用铁钉封钉，并在两端距离挡板左右备用16号铁丝捆扎一道；纸箱用强力胶水纸带封箱，尼龙扁带捆扎；箩筐用铁丝封口捆扎。

6. 堆码

新鲜果蔬的装车方法正确与否，与货物的运输质量的高低有非常重要的关系。果蔬装车，必须先从保证其质量的角度来考虑，在此基础上尽量兼顾车辆载重量和容积的充分利用。新鲜园艺产品的装车方法属于留间隙的堆码方法，按其所留间隙的方式和程度不同又可分为以下几种方法：

①品字形装车法。此法适用于箱装，并在高温季节要求冷却或通风，或在寒冷季节要求加温的货物。品字形就是把奇、偶数层的货件“骑缝装载”，使呈现品字形。这种方法只能在车辆的纵向形成通风道，不便上下和横向通风，但装载牢靠。适于制冷能力强，有强制通风装置的机冷车。

②井字形装车法。这种装载方法灵活多样，各层货件纵横交错，可按车辆有效装载尺寸和包装规格，确定纵向或横向的放置件数。这种装载方法的原则是，货箱与侧板之间留空隙，端板之间靠紧，奇数层与奇数层、偶数层与偶数层的装法相同，奇数层与偶数层交叉堆放形成“井”字。此法的特点是，空气可在每个井字孔中上下流动，并可通过井字孔窜入箱间的缝隙。同时，各层纵向的直缝内空气也能畅通无阻。装载也较牢靠，装载量较大。

③“一二三、三二一”装车法。这是我国铁路在冬季运输柑橘时使用较多的一种装车方法。用这种方法装车时，空气只能在车辆的三条通风道中流通，因此空气循环情况比上述两种方法都差，但可以提高装载量。适用于运输较坚实的果蔬。

④筐口对装法。这种装车法主要用于竹筐、柳条筐等包装的水果和蔬菜，由于这些筐本身和编造上的特点，装载时在货件之间能自然形成一定的间隙，便于空气流通、故不必留出专门的通风空隙。装车时，货件不应直接堆放，也不应紧靠车壁。车底板上要有完好的隔板。如用冷藏车装载对低温敏感的园艺产品时，货件也不能紧靠冷源（冷风出口、冰箱挡板等），以免冻坏。必要时需在上述部位盖草袋，使低温空气不直接接触货件。

园艺产品的装卸应尽可能在短时间内完成。铁路部门对每种冷藏车都规定有装卸时限。装载已预冷的园艺产品时，作业不得中断，装车后应及时关门密封，减少外界热量传入。

在我国由于现有条件的限制，园艺产品运输的绝大部分是未经预冷的。通常用的补偿办法为在包装间夹冰块。夹冰运输尤其适用于绿叶蔬菜、青椒等，可加速货温的下降，减少干物质损耗，是保温车的常用措施和普通篷车运输的必要措施。

7. 装卸

新鲜果蔬流通过程中，装卸是必不可少的重要环节。新鲜果蔬鲜嫩，含水量高，如装卸搬运中操作粗放、野蛮，就会导致商品产生机械损伤、腐烂，造成巨大的经济损失。

我国果品蔬菜装卸搬运多靠人力，劳动强度大，装卸不当，往往损失惨重。近年来，随着生产水平的提高，一些大型车站、码头已逐步向搬运装卸机械化发展，尤其是外销口岸，普遍采用了传送带、叉车、电瓶车、起重吊车等设备，改善搬运装卸条件。目前国际上多采用标准货件制进行装卸，这种方法便于机械化装卸，提高装卸效率；减少装卸过程中的磕碰损伤，保证果蔬的质量，避免污染和丢失；单元货物还有定数、定量的优点，便于过目知数，有利于管理。

生产中常用的装卸设备有如下几种：

①托盘。用于码包装箱（袋）等。托盘是实现货物集装单元化和装卸机械化的重要器具。

②电动、手动托盘推车。用于装卸平台与车厢之间、平台与冷库之间的托盘水平搬运作业。具有体积小、重量轻，机动性好，购置费低的特点。可从车厢后部进入车厢内部进行搬运托盘的作业，是往返于车厢、装卸平台和冷藏库之间的主要装卸工具。

③叉车。用于地面与车厢之间的托盘搬运和码垛。其特点是体积、质量较大，可垂直升降托盘，起重量大，但其购置费较高，只能在车厢后面和侧面进行装卸。因此，叉车适用于普通卡车的装卸，而不适用于冷藏车和保温车的装卸作业。另外，叉车体积大，转弯半径大，不适合在小型冷库内作业。

④手推车。用于少量蔬菜箱的搬运。

⑤输送机。用于地面与装卸平台之间的蔬菜箱输送，有滑道式和传送式两种。

⑥直流充电机。用于为电动托盘推车或电动叉车上的蓄电池充电。

⑦渡板。放在装卸平台与车厢之间起渡桥作用。

综上所述，果蔬的运输质量涉及温湿度管理、包装、堆码、装卸技术、运输工具和道路条件等方面，是一个复杂的综合管理过程。为了减少运输损失，运输过程中应遵循以下原则：快装快运、轻装轻运、防热防冻。

5.3.4　运输方式与工具

1. 各种运输方式及其特点

依据运输路线的不同，园艺产品的运输可分为陆路运输、水路运输和空中运输。陆路运输包括公路和铁路运输。水路运输包括河运和海运。园艺产品对运输的整体要求是速度快，运量大，成本低，投资少，受季节和环境的影响小。不同运输方式的优缺点是相对的、互辅的，因此它们各有一定的地位和作用，又各有其局限性。

各种运输方式所完成的自生产地到消费地的运输过程，是一个运输系统工程。有些是由一种运输方式完成的，而更多的是通过几种运输方式联合完成的。因此，在实现运输现代化的过程中，发挥各种运输方式的优势，合理利用与综合发展各种运输方式就具有重要意义。在新鲜园艺产品的运输中，要充分发挥各种运输方式的长处，选择最经济合理的运输路线和运输工具来完成运输任务，即本着“及时、准确、安全、经济”的原则，建立产、供、销之间的合理联系。

各运输方式的合理使用范围，随着科学技术的进步而不断变化。例如，随着高速公路的发展，公路的运输份额在不断增大，很多工业发达国家的公路运输货运量已超过了铁路，如英、日、德、法等国的国内运输体系。然而铁路和水运由于运量大、运费低、耗能少，在大宗货物运输中仍占有较大比重，特别是在一些大国的国内运输中。水果、蔬菜的国际贸易主要以海运为主，而花卉的国际贸易以空运为主。

2. 运输工具

目前园艺产品短途公路运输所用的运输工具包括汽车、拖拉机和人力拖车等。汽车有普通货运卡车和厢式货运卡车、冷藏汽车、冷藏拖车和平板冷藏拖车。水路运输工具用于短途转运或销售的一般为木船、小艇、拖驳和帆船；远途运输则用大型船舶、远洋货轮等，远途运输的轮船有普通舱和冷藏舱。铁路运输工具有普通棚车、通风隔热车、加冰冷藏车和机械冷藏（保温）车。集装箱有冷藏集装箱和气调集装箱等，集装箱可在许多运输工具上作业，所以利用集装箱运输是园艺产品运输的发展方向。

（1）陆地运输

1）铁路运输

铁路运输的优点是运载量大、运价低、受季节性变化影响小、速度快、连续性强。铁路运输成本略高于水运，为汽车平均运输成本的1/20～1/15。但铁路造价高，占地多，短途运输成本高。目前铁路运输约占我国园艺产品运输的30%，最适于大量园艺产品的长途运输。我国园艺产品在铁路运输中一般采用普通棚车、加冰冷藏车和机械保温车进行运输。我国机械保温车的数量很少，不能满足园艺产品运输的要求，从而限制了园艺产品铁路运输的发展。

①普通棚车。在我国新鲜园艺产品运输中普通棚车仍为重要的运输工具。普通棚车车厢内没有温度调节控制设备，车厢内的温湿度通过通风、草帘棉毯覆盖、炉温加热、夹冰等措施进行调节，受自然气温的影响大。由于这种调节方式难以达到理想的温度，从而容易导致产品腐烂损失。

②隔热车。隔热车是一种仅具有隔热功能的车体，车内无任何制冷和加温设备。在货物运输的过程中，主要依靠隔热性能良好的车体来减少车内外的热交换，以保证货物在运输期间温度的波动不超过允许的范围。这种车辆具有投资少、造价低、耗能少和节省运营费等优点。我国采用隔热车，在运量相对集中的一、四季度和部分短途运输中是很合适的，既能缓和运力不足的矛盾，又能减少铁路运营支出，从而降低运输费用。

③冷藏车。铁路冷藏运输是运用冷藏、保温、防寒、加温、通风等方法，在铁路上快速优质地运输易腐货物。冷藏车的特点是，车体隔热，气密性好，车内有冷却装置，在炎热季节能在车内保持比外界气温低的温度。冷藏车在寒季还可以用于保温运送或加温运送，在车内保持比外界气温高的温度。目前我国的冷藏车有加冰冷藏车、机械冷藏车和冷冻板车。

加冰冷藏车（冰保车）：通过向车厢顶部的冰箱内加冰或冰盐混合物和车体隔热层的保温作用来使车厢内保持恒定的温度。各型加冰冷藏车，车内都装有冰箱、排水设备、通风循环设备以及检温设备等。我国的加冰冷藏车均为国产车，车体为钢结构，隔热材料为聚苯乙烯，顶部有若干冰箱。运输货物时在冰箱内加冰或加冰盐混合物，从而保持车内为低温条件。加冰量或冰盐混合比例，根据货物对温度的不同要求而定。在铁路沿线定点设加冰站，使冰箱内的冰或冰盐混合物能在一定时间内得到补充，维持较为稳定的低温。在严寒地区或季节，可利用加温设备升温，以防产品遭受低温伤害。加冰保温车的缺点：盐液对车体和线路腐蚀严重；每个加冰站的加冰量是否适宜很难掌握，车内温度不能灵活控制，往往偏高或偏低；速度较慢，每500～800 km就需要靠站加冰；车辆重心偏高，不适合高速运行。

机械冷藏车（机保车）：采用机械制冷和加温，配合强制通风系统，能有效控制车厢内温度。装载量比冰保车大。我国现用机保车，仅B_{19}型五节机冷车组是国产，其他多为进口车。B_{18}、B_{20}、B_{22}均从德国进口，以 B_{22}型性能最好。B_{19}型机保车每列只有 5 节车厢，即 1 节机械和乘务车厢，4 节冷藏车厢。而大型列车冷藏车厢多，制冷、供电量大，可将发电机车厢、制冷机械车厢、乘务车厢分开。机保车由于使用制冷机，可以在车内获得与冷库相同水平的低温，在更广泛的范围内调节温度，有足够的能力使热货迅速降温，并可在车内保持均匀的温度，因而能更好地保持易腐货物的质量。机保车备有电源，便于实现制冷、加温、通风、循环、融霜的自动化。由于运行途中不需要加冰，可以加速货物送达，加速车辆周转。与冰保车相比，机保车也存在着造价高、维修复杂、需要配备专业的乘务人员和维修设备等缺点。

2）公路运输

公路运输是目前园艺产品主要的运输方式。公路汽车运输虽然有成本高、运量小、耗能大、劳动生产率低等缺点，但是公路汽车运输又具有投资少、灵活方便、可迅速直达目的地等优点，特别适宜于短途运输，可减少搬运次数，缩短运输时间。公路运输还可深入目前尚无铁路的中小城镇、工矿企业、农村及偏远地区，这是其他运输方式不能代替的。目前在我国，冷藏汽车数量较少，大量园艺产品的公路运输是由普通汽车或厢式汽车承担的。但随着经济的发展，保温汽车和冷藏汽车运输的比例将逐年上升。

①普通汽车或厢式汽车运输。普通汽车或厢式汽车与冷藏汽车相比，具有费用低、装载量大的优点，但普通汽车运输的园艺产品，质量很难保障，长途运输更是如此。普通汽车运输园艺产品要注意以下几点：

第一，防超载。超载威胁行车安全，是交通管理部门明令禁止的。超载运输对园艺产品的质量也会有较大的影响，特别是下层的产品挤压及长途运输过程中的振动，虽表面无损伤，但大型瓜果内部都会出现裂伤，在常温下短贮和销售过程中就会出现内部变质现象。

第二，防冻害。冬季的北方，气温一般都在 0℃以下，产品容易发生冻害。园艺产品在低温下产生的呼吸热很少，根本不足以抵御寒冷的空气。需用棉絮、草帘在车的上下四周垫盖防寒，运输时间选在一天内气温较高的白天，运输距离不宜过长。

第三，防高温。在炎热的夏季，气温可达 30℃以上，利用货车运输，园艺产品的质量会迅速下降，应采相应措施加以防范。例如，对运输产品预冷，减少田间热；夜间运输，防止曝晒；向货车车厢顶部不断淋水，以降低温度；产品用稳固而又通风的容器盛装；确保车厢四周通风透气性良好。

第四，防雨淋。不论什么季节，雨淋对包装容器的支持力和产品的质量都有很大影响，因此要注意防止。

第五，选择道路。公路运输的道路选择十分重要，低等级的公路或正在修建的公路不但行车速度慢、容易塞车，而且车辆振动剧烈，容易引起机械损伤，从而降低产品质量。因此，在运输过程中应尽可能走高等级公路或高速公路。

第六，安全问题。公路运输的安全问题十分重要，应避免车祸发生、减少损失和防止伤亡。一般长途运输要求有三人同行，两位司机轮流驾驶，一位具保鲜运输技术的人员负责产品的质量保证工作。

②保温汽车。在一般卡车的底盘上安装隔热性能良好的车厢，不设冷源。这种车所

装载的货物必须预冷，并且不能长距离运输，以免升温过快。保温汽车的设计，一定要注意加厚顶盖和箱底的保温层。因为夏季时，顶盖外部在烈日的曝晒下温度可达 50℃以上；而下部因受公路地面热辐射的作用，温度也很高。在保温车厢的外面刷上白色的油漆，可以有效地反射辐射热，减少升温。

③冷藏汽车。根据制冷方式，冷藏汽车可以分为机械制冷、液氮或干冰制冷、蓄冷板制冷等。

机械制冷冷藏汽车：通常用于远距离运输，其蒸发器通常安装在车厢的前端，采用强制通风方式。冷风贴着车厢顶部向后流动，从两侧及车厢后部流到车厢底面，沿底面间隙返回车厢前端。这种通风方式使整个果蔬货堆都被冷空气包围，外界传入车厢的热量直接被冷风吸收，不会影响果蔬的温度，机械制冷冷藏汽车的优点是车内温度比较均匀稳定，温度可调且范围广，运输成本低。

液氮制冷冷藏汽车：主要由液氮罐、喷嘴及温控器组成。液氮制冷时，车厢内的空气被氮气置换，而氮气是一种惰性气体，长途运输果蔬时，不但可减少其呼吸作用，还可防止果蔬被氧化。液氮制冷具有降温快、能较好保持果蔬质量等优点，但成本高，液氮中途补给困难。

干冰制冷冷藏汽车：先使空气与干冰换热，然后借助通风机使冷却后的空气在车厢内循环，干冰升华吸热后产生的二氧化碳由排气管排出车外。干冰制冷具有设备简单、投资少、无噪声等优点，但降温速度慢，车厢内温度不均匀。

蓄冷板制冷冷藏汽车：蓄冷板中充注有低温共晶溶液，使蓄冷板内共晶溶液冻结的过程就是蓄冷过程。将蓄冷板安装在车厢内，外界传入车厢的热量被共晶溶液吸收，共晶溶液由固态转变成液态。常用的低温共晶溶液有已二醇、丙二醇的水溶液及氯化钙、氯化钠的水溶液。共晶点应比车厢规定的温度低 2～3℃。蓄冷的方法通常有两种：一种是蓄冷板中装有制冷剂盘管，只要把蓄冷板上的管接头与制冷系统连接起来，就可以进行蓄冷；另一种是借助于装在冷藏车内部的制冷机组，停车时借助外部电源驱动制冷机组使蓄冷板制冷。蓄冷板汽车的制冷时间一般为 8～12 h，特殊的冷藏汽车可达 2～3 天。

冷藏汽车运输，一般费用较高，所以装载较满。这就会出现车厢内温度不均衡的问题。因为目前我国生产的冷藏汽车的模式大多仿照活动冷库设计，在车头装备蒸发器，冷气从上方直吹，下部的产品要靠缓慢的传导降温，而这势必导致下层的温度偏高而上层易发生冻伤。冷藏汽车可以利用旧的制冷集装箱改装，制冷集装箱的送风是从底部的风道均匀送风，冷却效果有了很大改善。

2. 水路运输

水路运输包括产地附近的小船、机帆船、内河运输船的运输，也包括近海轮船、远洋轮船的运输。水路运输的主要工具是冷藏集装箱和冷藏船，冷藏船隔热保温性能好，温度波动不超过±0.5℃。

轮船运输的优点：①运费便宜，在大批量园艺产品的长距离运输时，与铁路运输相比更经济，在国外，海运价格只是铁路的 1/8，公路的 1/40；②振动小，水路运输过程一般保持平稳，对产品产生的机械损损伤较轻；③运载量大、成本低、耗能少、投资省、运输场所可不占或少占农田。

轮船运输的缺点：①水运的连续性差、速度慢、联运产品要中转换装，要配合其他运输方式，这不仅延缓了货物的送达速度，也增加了产品损耗；②港口装卸费不稳定，易涨价，装卸费时间；③装卸和航行易受天气影响，有时被迫中止。

随着冷藏集装箱的广泛应用，轮船运输尤其是远洋轮船运输园艺产品有了很大发展，为了克服水路运输的缺点，运输中大量使用集装箱专用船和车辆轮渡。集装箱专用船以集装箱为单位装卸，因而卸货迅速，克服了原来装卸费时的缺点。轮船航速与原来相比，也得到很大的提高，这种运输方式在国际航线均广泛使用。园艺产品利用集装箱和冷藏船运输，可漂洋过海进行国际贸易，船运速度比空运慢，一般需要 1~4 周的旅程。目前各国之间远距离的园艺产品进出口贸易主要利用轮船运输。例如，香蕉等大宗园艺产品横跨大洋的运输，使用数万吨级的专用船，装卸已机械化，极其迅速。因此，水运适于承担运量大、运距长的货物运输，它的运输成本比空运低得多，并且长途运输时，可提供良好的温度与环境条件。

3. 航空运输

航空运输的最大特点是速度快，运输中振动小，产品损伤少，但装载量小，运费昂贵。适宜于急需特供、价格高、鲜度下降快的高档水果、蔬菜和花卉的运输，如樱桃、草莓、水蜜桃、杨梅、鲜猴头、松茸、高档切花等产品。航空运输速度快，抢占市场灵活，运输是根据质量计费，所以每一批产品的数量可多至几十吨，又可少至几十公斤。由于空运是以毛重来计费的，所以空运园艺产品的包装物既要坚固又要质轻，一般用纸箱、聚苯乙烯泡沫塑料箱、钙塑箱等。空运的飞机飞行时间虽短，但上机下机的时间往往较长，如果在夏季，就要在包装内加入密封好的冰袋以控制温度。

目前航空运输的数量在我国还比较少。尽管如此，人们仍认为发展航空运输前景广阔，有些人提议搞“临空农业”，其具体内容是，在机场周围栽培适合于航空运输的高档优质易腐园艺产品，面对销量大的地区销售。

4. 集装箱运输

集装箱是当今世界发展最快的运输工具，既省力、省时，又能保证产品质量，实现“门对门”的服务，是现代运输工具的一大革新。集装箱适用于多种运输工具，可以说集装箱是一个大包装箱。采用集装箱运输园艺产品，具有安全、迅速、简便和节省人力等优点。

集装箱运输已有多年历史，发展很快，目前已初步形成一个比较完整的体系。1970 年国际标准化组织 104 技术委员会（ISO/TC 104）对集装箱下的定义是，具有足够的强度，能长期反复使用；在途中转运时，不搬动容器内的货物，可以直接换装，即从一种运输工具直接换装到另一种运输工具上，以达到快速装卸；便于货物的装满和卸完；具有 1 m^3 以上的容积，凡具备以上四项条件的运输容器，都可以称为集装箱。我国 1 t 集装箱的规格：外部为 900 mm×1260 mm×1144 mm，内容积为 1.3 m^3，箱重 186 kg，载重 814 kg，总计 1000 kg。

所谓冷藏集装箱，就是具有一定的隔热性能，能保持一定低温，为适应各类园艺产品冷藏贮运而进行特殊设计的集装箱。冷藏集装箱具有钢质轻型骨架，内、外贴有钢板或轻金属板，两板之间填充隔热材料。常用的隔热材料有玻璃棉、聚苯乙烯和发泡聚氨酯。

（1）冷藏集装箱的分类

1）按制冷方式分

按制冷方式分，冷藏集装箱主要包括以下几种。

①保温集装箱：无任何制冷装置，但箱壁具有良好的隔热性能。

②外置式保温集装箱：无任何制冷装置，隔热性能很好，箱的一端有软管连接器，可以与船上或陆上供冷站的制冷装置连接，使冷气在集装箱内循环，达到制冷效果，一般能保持−25℃的冷藏温度。该集装箱中供冷，容积利用较高，自重轻，使用时机械故障少。但它必须由设有专门制冷装置的船舶装运，使用时箱内温度不能单独调节。

③内藏式冷藏集装箱：箱内带有制冷装置，可自己供冷，制冷机组安装在箱体的一端，冷风由风机从一端送入箱内。如果箱体过长，则采用两端同时送风，以保证箱内温度均匀。

④液氮和干冰冷藏集装箱：利用液氮或干冰制冷，以维持箱体内的低温。

2）按运输方式分

按运输方式分，冷藏集装箱可以分为海运和陆运两种。其外形尺寸没有太大差别。

海运集装箱的制冷机组用电是由船上统一供给的，不需要自备发电机组，因此机组构造比较简单，体积较小，造价也较低。但海运集装箱卸船后，就得依靠码头供电才能继续制冷，如转入铁路或公路运输时，必须增设发电机组，国际上一般的做法是采用插入式发电机组。

陆运集装箱主要用于铁路、公路和内河航运船上，因此必须自备柴油或汽油发电机组，才能保证运输途中制冷机组用电。有的陆运集装箱采用制冷机组与冷藏汽车发电机组合在一起的机组，其优点是体积小，质量轻，价格低，缺点是柴油机必须始终保持运转，耗油量较大。

（2）冷藏集装箱的型号

冷藏集装箱的尺寸和性能都已标准化，见表 5-1。

表 5-1 国际集装箱规格

类型	箱型	长/mm	宽/mm	高/mm	最大总重/kg
Ⅰ	1A	12191	2438	2438	30480
	1AA	12191	2438	2591	30480
	1B	9125	2438	2438	25400
	1C	6058	2438	2438	20320
	1D	2991	2438	2438	10160
	1E	1968	2438	2438	7110
	1F	1450	2438	2438	5080
Ⅱ	2A	2920	2300	2100	7110
	2B	2400	2100	2100	7110
	2C	1450	2300	2100	7110

续表

类型	箱型	长/mm	宽/mm	高/mm	最大总重/kg
Ⅲ	3A	2650	2100	2400	5080
	3B	1325	2100	2400	5080
	3C	1325	2100	2000	2540

(3) 冷藏集装箱的特点

冷藏集装箱可广泛应用于铁路、公路、水路和空中运输，是一种经济合理的运输方式。使用集装箱运输的优点如下：

①大大减少和避免运输货损和货差。更换运输工具时，不需要重新装卸果蔬，简化理货手续，可减少和避免货损和货差。

②提高了货物质量。箱内温度可以在一定范围内调节，箱体上还设有气孔，因此适用于各种易腐果蔬的冷藏运输，而且温差还可以控制在±1℃范围内，避免了温差波动对果蔬质量的影响。

③装卸效率高，人工费用低。采用集装箱简化了装卸作业，缩短了装卸时间，降低了运输费用。

随着现代集装箱运输的发展，世界贸易中出现了国际集装箱运输，这是一种先进的现代化运输方式，与传统的杂货散运方式相比，具有运输效率高，经济效益好以及服务质量优的特点。正因如此，集装箱运输在世界范围内得到了飞速发展，已成为世界各国保证国际贸易的最优运输方式。尤其是经过几十年的发展，随着集装箱运输软硬件成套技术臻于成熟，到 20 世纪 80 年代集装箱运输已进入国际多式联运时代。

国际多式联运是一种以实现货物整体运输的最优化效益为目标的联运组织形式。它通常是以集装箱为运输单元，将不同的运输方式有机地组合在一起，构成连续的、综合性的一体化货物运输。通过一次托运、一次计费、一份单证和一次保险，由各运输区段的承运人共同完成货物的全程运输，即将货物的全程运输作为一个完整的单一运输过程来安排。然而，它与传统的单一运输方式又有很大的不同。根据 1980 年《联合国国际货物多式联运公约》以及 1997 年我国交通部和铁道部共同颁布的《国际集装箱多式联运管理规则》的定义，国际集装箱多式联运是指“按照国际集装箱多式联运合同，以至少两种不同的运输方式，由多式联运经营人将国际集装箱从一国境内接管的地点运至另一国境内指定交付的地点”。如今，提供优质的国际多式联运服务已成为集装箱运输经营人增强竞争力的重要手段。

5.3.5　低温运输技术

1. 预冷

(1) 车辆的预冷

用于园艺产品运输的冷藏车，在装车前必须进行预冷，其优点在于：可以减轻运输中的温度变动，提高运输质量；可以提高园艺产品的装载量，从而提高运输效率；可以减少运行途中继续冷却车体的热负荷。因此，如果时间允许，预冷越充分越好，这一点在炎热季节尤为重要。

我国现行《铁路鲜活货物运输规则》规定，机械冷藏车车内预冷温度：冻结货物为−3～0℃；香蕉为11～15℃；菠萝、柑橘为9～12℃；其他易腐货物为0～3℃。加冰冷藏车应装运冷却货物或未冷却货物时，车内应预冷到12℃以下。

在车体预冷时，应注意把车体温度降到规定的标准，而不是把车内的空气温度降到规定标推。车内空气温度与车体温度是不能等同的。因为，车体的比热容比空气高，降温比空气慢得多。如果只降低车内气温，则停止制冷后车内温度达不到要求，因此要求预冷时间至少在3 h以上。

(2) 园艺产品预冷

在使用具有制冷设备的保温车时，充分预冷是温热季节运输的必要前提。在使用机械冷藏车时，由于冷藏车制冷能力的设计需综合考虑造价和运输的经济性，一般情况下，运输车辆的制冷能力仅能用于维持已冷却货物的温度。如用于运输未预冷货物，则使制冷负荷大大增加，且园艺产品的冷却也极为缓慢。为了避免冷却速度过慢，往往需要减少园艺产品的装载量，这又使运输成本剧增。因此，即使使用冷藏车运输，园艺产品预冷也是一个必需的步骤。

有关园艺产品预冷的方法前面已经做了相应介绍。在我国目前的条件下，预冷是园艺产品运输事业发展的一大制约因素。因此，在各主要运输装车地尽快兴建预冷站或由地方冷库、铁路制冰厂开办预冷业务，已成为当务之急。

2. 装载

(1) 装载量的确定

园艺产品装载量确定的基本要求是，在保证运输质量的前提下，兼顾车辆质量和体积的利用。确定园艺产品的装载量，必须考虑以下因素：

①车辆的比体积及园艺产品的质量/体积。在我国，冷藏车、保温车既装冷冻货物（如冻肉、速冻蔬菜），又装冷却货物（如园艺产品、鲜蛋），为多用途车。车辆的比体积（有效装载体积与标准载重量之比）是按上述综合用途来确定的，往往比较小，如B_{18}、B_{19}、B_{20}机械冷藏车的比体积分别为2.00 m^3/t、2.08 m^3/t、2.30 m^3/t。这类车用于装载园艺产品时，因园艺产品的比体积大，加包装及按不同堆垛要求堆放后的单位质量体积大，车辆载重量往往不能得到充分利用。陈继（1979）曾报道，水果的平均单位质量装载体积为3.56 m^3/t，蔬菜为5.20 m^3/t，用标准载重量为40 t的机械冷藏车装运时，比体积相对小的水果能装18～33 t，叶菜则仅能装10～18 t。

②园艺产品的性质和热量状态。园艺产品及包装是否坚实耐压，其预冷程度、呼吸热的大小等，不仅影响装载方法，车辆热负荷，还影响装载量。例如，呼吸热小，充分预冷的产品就可以多装一些，而不致超过制冷能力。装载量只能根据车辆的制冷能力来确定，往往大大少于额定装载量。

③运输季节和车辆性能。运输车外界温度、车辆的隔热性能和制冷能力与货物的热状态一起决定运输中热负荷的大小和热平衡。如热负荷大，制冷能力不足，则只能减少

装载量，这一点在热季运输时特别明显。显然，热季运输未预冷园艺产品的装载量是最低的，因为热季高温和未预冷货物均使车辆热负荷增大，而在热季机械制冷机的工况恶化，制冷能力反而下降。

（2）装载方法

在冷藏运输时，必须使车内温度保持均匀，并使每件货物都可以接触到冷空气，以利于热交换的进行。在保温运输时，应使货堆中部与四周的温度比较适中，防止产生货堆中部积热不散而四周又可能发生冻害的现象。

新鲜果蔬装卸时，各货件之间都必须留有适当的间隙，以便车内空气能顺利地流通。在堆码时，每件货物都不应直接接触车底板和车壁板，在货件与车底板和车壁板之间需留有间隙。这样，通过车壁和底板进入车内的热量就可以被间隙中的空气吸收，而能较好地保持货物的热状态。在装载对低温敏感的果蔬时，货件不能紧靠机械冷藏车的出风口或加冰冷藏车的冰箱挡板，以免导致低温伤害。必要时，可在上述部位的货件上面盖草席或草袋，使低温空气不直接与货件接触。

在冷藏或保温运输时，车厢内一般只能调节到一个温度。如果是集中供冷的铁路冷藏车，则整列车的车厢均调在同一温度上。此外，低温运输时，通风有限，这样的环境一般不适宜园艺产品混装。

将生理特性各异的园艺产品混装在一起，有时会产生严重的后果。但是出于运输经济性的考虑，在实践中常遇到发货人或收货人要求混装的情况。这时，应按下列因素来考虑混装的相容性。

①温度。最适温度有较大差异的园艺产品不能混装。

②相对湿度。洋葱、蒜头等要求低湿度的蔬菜不能与要求高湿度的园艺产品混装。

③乙烯和其他挥发物。对乙烯敏感的产品与乙烯释放量大的产品不能混装。释放具有强烈气味的挥发物的产品不能与其他产品混装。

为了在运输中便于选择可相容的园艺产品，国际制冷学会把80多种园艺产品分成了8个可以混装的组。

①苹果、杏、浆果、樱桃、无花果（不得与苹果混装）、葡萄、桃、梨、柿、李、梅等，适宜运输温度为0～0.5℃，相对湿度为90%～95%，浆果和樱桃用10%～20%的CO_2气调包装运输。

②香蕉、番石榴、芒果、薄皮香瓜和密瓜、鲜橄榄、木瓜、菠萝、青番茄、粉红番茄、茄子、西瓜等，适宜运输温度为13～18℃，相对湿度为85%～95%。

③厚皮甜瓜类、柠檬、荔枝、橘子、橙子、红橘，适宜运输温度为2.5～5℃，相对湿度为90%～95%，甜瓜类为95%。

④蚕豆、秋葵、红辣椒、青辣椒（不得与蚕豆混装）、美洲南瓜、印度南瓜等，适宜运输温度为4.5~7.5℃，蚕豆为3.5～5.5℃，相对湿度为95%。

⑤黄瓜、茄子、姜（不得与茄子混装）、马铃薯、南瓜（印度南瓜）、西瓜，适宜运输温度为8～13℃，姜不得低于13℃，相对湿度为85%～95%。

⑥石刁柏、红甜菜、胡萝卜、菊苣、无花果、葡萄、韭菜（不可与无花果、葡萄混装）、莴苣、蘑菇、荷兰芹、防风草、豌豆、大黄、菠菜、芹菜、小白菜、甜玉米，适宜

运输温度为0～1.5℃，相对湿度为95%～100%。除无花果、葡萄、蘑菇外，组内其他货物均可与⑦组的货物混装，石刁柏、无花果、葡萄、蘑菇等任何时候均不得与冰接触。

⑦花茎甘蓝、抱子甘蓝、甘蓝、花椰菜、芹菜、洋葱、萝卜、芜菁，适宜运输温度为0～1.5℃，相对湿度为95%～100%，可与冰接触。

⑧大蒜、洋葱等，推荐运输温度为0～1.5℃，相对湿度为65%～75%。

3. 途中管理

（1）温度管理

使用机械冷藏车运输时，应在途中每隔一定时间做好温度记录。铁路规定记录温度的间隔为2 h，并每隔6 h填写一次冷藏车作业单。一般机械冷藏车的温度控制可自动进行，温度管理反而简单。

在使用加冰冷藏车时，车内的低温靠冰的消耗来维持。在运输距离较长时，往往需要中途加冰。因此，铁路加冰冷藏车必须按指定路线在有中途加冰站的线路上运行。

加冰冷藏车应在始发站根据列车的热消耗预测冰消耗量，并向前方加冰站发出加冰预报，到达加冰站后，应立即检查车内温度、残冰情况，并按需要量加足冰或冰盐，同时向下一个加冰站发出预报。

在长途运输中，往往运输沿线的外界气温有很大差别，如在10月份，由广州往满洲里运香蕉，广州的平均外温为23℃，满洲里为0℃，在这种情况下，往往要视具体情况，先用冷藏运输，在途中的适宜区段采用不制冷的保温运输或通风运输，而在严寒地段降温超过允许幅度时，则要采用加温防寒运输，以保证货温的稳定。

（2）通风

通风的目的主要有两个：一是排除园艺产品运输途中释放的过多水汽、CO_2、乙烯和其他气体，保证产品不受有害气体的伤害；二是为散失热量，帮助调节车内温度。

机械冷藏车一般有自然通风与强制通风装置，在途中或停站时通风。加冰冷藏车因无强制通风装置，在途中可开启通风口，利用车辆与空气的相对运动来通风。在停站时，只能在通风口临时装设风扇进行通风。如通风的目的是为了换气时，则冷藏车的通风在热季和温季要求进入车内的空气温度低于车内温度，热季通风应在夜间或清晨进行，否则不宜通风或需进行空气的预冷。在寒季一般不进行通风，以免冻坏产品。温、寒季为调节温度而通风时，应根据货温确定通风量，外界气温过低时，通风要缓慢，应在白天进行，否则易冻坏产品。外温低于－10℃时应停止一切通风。

4. 到达作业

到达作业主要为及时卸车，是园艺产品运输过程的终了作业。若到达作业处理不当，也可能对产品造成巨大损失。

在采用汽车运输时，因批量小，卸车及转运、入库工作较易组织。而使用铁路运输时，产品的批量很大，应特别重视卸车的组织工作。在运输中，中途应根据运行情况及时向终点站作预报。到站应根据预报及时通知收货人准备卸车。园艺产品等冷藏运输的易腐货物一般由收货人自备搬运工具，直接组织卸车。

园艺产品经长途运输后，所受的损伤和病原菌侵染较大，一般不适于继续长期贮藏。卸车后的产品应及时进行转运处理，避免长时间堆积造成腐烂损失。

5.4　冷链流通

5.4.1　冷链物流

冷链的起源要追溯至 19 世纪上半叶冷冻机的发明，随着电冰箱的出现，各种保鲜盒冷冻农产品开始进入市场，进入消费者家庭。

关于冷链的定义，各个国家有所不同。欧盟定义冷链为，从原料的供应，经过生产、加工或屠宰，直到最终消费的一系列有温度控制的过程。冷链是用来描述冷藏和冷冻食品的生产、配送、贮存和零售这一系列相互关联的操作的术语。美国食品药物管理局这样定义冷链：贯穿从农田到餐桌的连续过程中维持正确的温度，以阻止细菌的生长。根据原国家技术监督局发布的《中华人民共和国国家标准物流术语》所述，冷链是指为保持新鲜食品及冷冻食品等的品质，使其在从生产到消费的过程中，始终处于低温状态的配有专门设备的物流网络。可见，在我国冷链物流泛指冷藏冷冻类产品在生产、贮运、销售到消费前的各个环节中始终处于规定的低温环境下，以保证产品质量、减少产品损耗的一项系统工程，它是随着制冷技术的进步、物流的发展而兴起的，是以冷冻工艺学为基础、以制冷技术为手段的低温物流过程。

1. 冷链物流的特点

冷链物流重要的是产品在时间、品质、温度、湿度和环境卫生方面的特殊性，体现更大的增值潜力和能量，是一项复杂的系统工程。其主要的特点如下：第一，时效性，由于易腐生鲜产品的不易贮藏性，要求冷链物流必须具有一定的时效性；第二，复杂性，在整个冷链物流过程中，冷链所包含的制冷技术、保温技术、产品质量变化机理和温度控制及监测等技术是支撑冷链的技术基础，冷藏物品在流通过程中质量随着温度和时间的变化而变化，不同的产品都必须要有对应的温度控制和贮藏时间，这就大大提高了冷链物流的复杂性，所以说冷链物流是一个庞大的系统工程，第三，高成本性，冷链物流中的冷库建设和冷藏车的购置需要的投资比较大，是一般库房和干货车辆的 3～5 倍，冷链物流的运输成本高，因为电费和油费是维持冷链的必要投入。

2. 冷链物流应遵循的原则

冷链物流的核心即为保持低温环境，以确保生鲜品的安全和品质。与常规的物流系统相比，冷链物流有其自身的特点，在操作过程中需要遵从以下原则。

(1)“3P”原则

原料品质、处理工艺和货物包装，要求原料品质好、处理工艺质量高、包装符合货物特性。这是货物进入冷链时早期质量控制的根本。

（2）“3C” 原则

在整个加工和流通过程中，爱护产品、保持清洁卫生的条件以及低温的环境，这是保证产品“流通质量”的基本条件。

（3）“3T” 原则

“3T” 即物流的最终质量取决于冷链的贮藏温度、流通时间和产品本身的耐贮性。冷藏物品在流通过程中质量随着温度和时间的变化而变化，不同的产品都必须要有对应的温度控制和贮藏时间。

（4）“3Q” 原则

“3Q” 即冷链中设备的数量协调、设备质量标准一致和快速的作业组织。冷链设备数量和质量标准的协调能够保证货物总是处在适宜的环境之中，并能提高各设备的利用率。快速的作业组织则是指加工部门的生产过程，经营者的货源组织，运输部门的车辆准备与途中服务、换装作业的衔接等。

（5）“3M” 原则

“3M” 即保鲜工具与手段、保鲜方法和管理措施，在冷链中所用的贮运工具及保鲜方法要适合食品的特性，并能保证既经济又取得最佳的保鲜效果。

5.4.2　园艺产品冷链系统

园艺产品从生产到消费的过程中要保持高品质就必须采用冷藏链。冷链系统中任一环欠缺，都将破坏整个冷链保藏运输系统（图 5-1）的完整性和实施。值得一提的是，在经济技术发达的某些国家，如日本、美国等，在园艺产品采后贮运中已实现了冷链系统保藏运输。随着我过商品经济和冷藏技术的发展，具有中国特色的园艺产品采后冷链系统必将得到迅猛发展。

生产基地园艺产品采收⟶生产基地

↓普通车、船短途运输

分级、包装、成件、预冷等商品化处理冷库⟶生产单位

↓冷藏车船运输

收购、运送、分配、调运批发冷库⟶经营单位

↓冷藏车运送至商店

超级市场、小卖部零售陈列冷藏柜⟶销售单位

↓冷藏箱、瓶、袋

消费者、食堂、饭店、宾馆小型冷库、冰箱⟶消费者

图 5-1　低温冷链保藏运输系统示意图

冷藏运输是冷藏链中十分重要而又必不可少的一个环节，由冷藏运输设备完成。冷藏运输设备是指本身能创造并维持一定的低温环境，以运输冷藏冷冻果蔬为主的设施及装置，包括冷藏汽车、铁路冷藏车、冷藏船和冷藏集装箱等。冷藏运输包括果蔬的中、长途运输及短途送货，它应用于冷藏链中果蔬从原料产地到加工基地到商场冷藏柜之间

的低温运输，也应用于冷藏链中冷冻果蔬从生产单位到消费地之间的批量运输，以及消费区域内冷库之间和消费店之间的运输。对冷藏运输设备的要求如下：①产生并维持一定的低温环境，保持果蔬的低温；②隔热性好，尽量减少外界传入的热量；③可根据果蔬种类或环境的变化调节温度；④制冷装置在设备内所占用的空间尽可能小；⑤制冷装置质量轻，安装稳定，安全可靠，不易出事故；⑥运输成本低。

5.4.3　冷藏链的组成

1. 按园艺产品从采收加工到消费的工艺流程顺序分

按园艺产品从采收加工到消费的工艺流程顺序分，冷藏链由预冷、低温贮藏、冷藏运输和低温销售等部分组成。

(1) 预冷

主要涉及各类预冷装置，在 5.3 节中已介绍。

(2) 低温贮藏

主要涉及各类冷库、气调库以及简易贮藏等，将在第 6 章中作介绍。另外，还包括销售部门的冷藏柜、冷藏陈列柜以及消费者的家用冰箱。

(3) 冷藏运输

包括园艺产品的中、长途运输和短途送货等。主要涉及铁路冷藏车、冷藏汽车、冷藏船、冷藏集装箱等低温运输工具。

在冷藏运输过程中，温度的波动是引起产品质量下降的主要原因之一，因此，运输工具不但要保持运输产品适宜的低温，而且不能有较大的温度波动，长距离运输尤其如此。

(4) 冷藏销售

包括产品的批发和零售等，由生产部门、批发商和零售商共同完成。近年来，城市中超级市场大量涌现，它已成为冷藏产品的主要销售渠道。超市中的冷藏陈列柜，兼有冷藏和销售的功能，是园艺产品冷藏链的主要组成部分之一。

2. 按冷藏链中各环节的装置分

按园艺产品冷藏链中各环节的装置分，冷藏链由固定装置和流动装置两部分组成。

(1) 固定装置

包括气调库、冷库、冷藏柜、家用冰箱、超市冷藏陈列柜等。冷库主要完成产品的收集、加工、贮藏和分配；冷藏柜和冷藏陈列柜主要供机关团体的食堂和产品零售用；家用冰箱主要用于冷藏食品的家用供应。

(2) 流动装置

包括车载式真空冷却装置、铁路冷藏车、冷藏汽车、冷藏船和冷藏集装箱等。

5.4.4 我国园艺产品冷藏链的发展状况

由于我国道路建设没有跟上，园艺产品冷藏运输工具和专用冷库严重不足，我国的园艺产品冷藏链还很不完善，加之经营管理的各种因素，我国每年有 30 Mt 园艺产品腐烂变质，损失达十多亿元。按这个损失计算，可建 1 座容量在 12×10^4 t 以上的冷库，或购置 1000 辆机械冷藏车。

我国政府有关部门已制定出计划，将在今后的 10 年里加快建设铁路运输、公路运输、内陆水运和空运体系。特别令人鼓舞的是，我国政府非常重视对“农田、饲养场直到餐桌”的全程食品安全运输管理，这一点比西方发达国家想得更周到。我国园艺产品从生产地—零售商店—家庭的冷藏链已经形成，随着人民生活水平的提高，对园艺产品的卫生、营养、新鲜、方便性等方面的要求也日益提高，冷藏链的发展前景将非常广阔。

总之，园艺产品商品化处理及流通体系包括园艺产品采后的分级、清洗、预冷、冷藏、包装等商品化处理，以及冷藏运输、集散交易市场等流通环节。长期以来我国只重视采前栽培，而忽视采后贮运、造成园艺产品损失严重。今后应该从我国的国情出发，加强园艺产品采后流通信息网络建设，加强园艺产品采后的操作规程建设和园艺产品的标准化、商业化管理，加强采后冷藏链体系建设，建立较为完善的园艺产品商品化处理及流通体系。

【复习思考题】

1. 简述园艺产品采收的注意事项。
2. 简述园艺产品的采收方法。
3. 简述园艺产品采后的处理阶段。
4. 简述园艺产品运输流通的基本原则及其运输方式。
5. 简述低温运输技术。
6. 什么是冷链系统？简述冷链系统的分类。

第 6 章　园艺产品的贮藏技术与管理

【内容提要】　重点阐述了园艺产品采后贮藏技术；分别介绍了堆藏、沟藏等简易贮藏技术、土窑洞贮藏技术、通风库贮藏技术、机械冷藏技术、气调贮藏技术、减压贮藏技术，以及现代物理、化学、生物保藏技术；系统地阐述了各种贮藏技术的保藏原理、保藏特点、控制措施及其科学管理方法。

【学习目标】　学习和理解园艺产品的采后贮藏技术，并在实际生产中能够灵活运用；掌握各种简易贮藏方式的特点及其控制措施；了解土窑洞的结构特点及其贮藏管理技术；理解通风库的结构特点及其贮藏管理技术；掌握冷库的制冷原理、结构特点、设计建造及其使用和管理方法；掌握气调贮藏原理、条件，理解气调库的结构特点，掌握气调库的贮藏管理技术；了解减压贮藏原理和技术特点；学习和理解臭氧、辐射等物理保藏技术，涂膜、烟熏等化学保藏技术，以及现代生物防治和基因保藏技术。

【重要概念及关键词】　简易贮藏　通风库贮藏　机械冷藏　气调贮藏　减压贮藏　物理保藏　臭氧保藏　辐射保藏　电磁保藏　化学保藏　涂膜剂保藏　烟熏剂保藏　灭菌剂保藏　植物激素　抗氧化剂　生物防治　基因工程保藏

园艺产品所含营养物质丰富，保护组织较差，容易受机械损伤和微生物侵染，造成腐烂变质。因此，要想获得良好的贮藏效果，除做好必要的采后处理外，还必须采用适宜的贮藏技术及设施，根据园艺产品采后生理特性，创造合适的贮藏环境，使它们在维持正常生命活动和不发生生理失调的前提下，最大限度地降低新陈代谢速率，减少产品物质消耗，延缓成熟衰老进程，抑制微生物生长繁殖，避免腐烂变质，有效地延长贮藏寿命和货架期。选择贮藏技术和设施时，维持贮藏环境的适宜温湿度或气体成分是首先需要考虑的问题。我国南北各地气候条件不同，有许多行之有效的贮藏保鲜技术和现代化的冷藏设施，实际生产中可根据园艺产品的贮藏特性、当地气候条件和经济实力等具体情况灵活选用。

6.1　简易贮藏

简易贮藏是为调节园艺产品供应期所采用的一类较小规模的贮藏方式，它是根据外界温度的变化来调节或维持一定的贮藏温度，这类传统的贮藏方式历史悠久，大多来自民间经验的积累和总结。简易贮藏场所形式多样，其中以堆藏、沟藏、窖藏、冻藏和假植贮藏颇具代表性，一般不需特殊的建筑材料和设备，结构简单，因地制宜，可以有效地利用当地气候条件进行贮藏。简易贮藏主要依靠自然调节作用来维持贮藏条件，故在使用上受到一定程度的限制。尽管如此，它仍是我国农村普遍采用的一种贮藏方式。

6.1.1 堆藏

堆藏是在果园、田间或空地上临时设置与建造贮藏场所，属于最简单的贮藏方式之一。在我国北方地区，常用此法贮藏大白菜、甘蓝、洋葱、马铃薯等蔬菜，在南方的一些地区，也用此法贮藏柑橘类果实。

1. 堆藏方式

将园艺产品直接堆放在田间、空地或浅沟（坑）中，根据气温变化，分层加盖覆盖物，以维持适当的温度，并起到防冻、防风和防雨作用。常用的覆盖材料有苇席、草帘、作物秸秆、松针和沙土等，一般就地取材。堆的长度、宽度和高度无固定的规格和模式，一般宽 1.5～2 m，高 2 m，长度不限，视贮藏的种类及用途而定。堆放行向同当地主风向相一致。宽度过大，易造成通风散热不良，引起产品腐烂；堆码过高则易倒塌，造成大量的机械损伤。

覆盖时间和厚度依气候变化情况而定，不同地区、不同季节以及不同种类的园艺产品，应采用不同的覆盖方法。入贮初期，产品带有较多的田间热，呼吸旺盛，此时若气温较高，应在白天覆盖遮荫，防止日晒，夜间去掉覆盖物，进行通风散热。

2. 堆藏的理论依据及特点

堆藏是将园艺产品直接堆积在地上，受地温影响较小，而受气温影响较大。当气温过高时，覆盖有隔热降温的作用；气温过低时，覆盖有保温防冻的作用。覆盖能减缓气温急剧变化带来的不利影响，避免贮藏温度过度波动，还能在某种程度上保持贮藏环境的相对湿度，甚至可能积累少量 CO_2，形成一个自发气调环境，产生保鲜效应。一方面，堆藏效果的好坏在很大程度上取决于覆盖的方法、时间及厚度等因素，需要较多经验。另一方面，由于堆藏受气温影响很大，在使用上受到限制，尤其在贮藏初期，如果气温较高，堆温难以下降，所以堆藏不宜在气温较高的地区应用，而适用于比较温暖地区的晚秋、冬季及早春贮藏，在寒冷地区，一般只用作秋冬之际的短期贮藏。

6.1.2 沟藏

沟藏是将园艺产品堆放在挖好的坑沟内，堆好后在上面添加覆盖物来进行贮藏。沟藏的保温、保湿性能比堆藏好。在我国北方，多用来贮存板栗、核桃、山楂、苹果等产品。

1. 沟藏的方法

(1) 场地选择

贮藏沟应选在高燥，土质黏重，排水良好，地下水位较低的地方，沟的底部与地下水位的距离应在1 m以上。

(2) 沟形规格

关于沟的方向，在气候比较寒冷的地区，为减少冬季寒风的直接袭击，以南北走向为宜；在气候较温暖的地区，则以东西走向为宜，有利于增大迎风面，增强贮藏前期的降温效果。

沟的深度宜在冻土层以下，既可避免园艺产品受冻，又能维持较低的贮藏温度。沟的长度不限，视贮藏量而定。但沟的宽度一旦改变，气温和地温作用面积的比例发生相应改变，故对贮藏效果影响较大。加大宽度，在一定程度上会增大气温对贮藏沟的影响，从而降低贮藏沟的保温、保湿性能。一般宽度以1~1.5 m为宜，若需加大贮藏量，可适当增加沟的长度。此外，在积雪较多的地区，可沿沟长方向设置排水沟，以备积雪融化时排水之用。

(3) 设置风障与荫障

在气候比较寒冷的地区，常在贮藏沟的北侧设置风障，以阻挡寒风的吹袭，利于保温。在气候较为温暖的地区，常在沟的南侧设置荫障，以减少阳光照射，利于降温。

(4) 覆盖技术

沟藏的覆盖技术与堆藏相似，具有遮荫、防雨、防寒、保暖、保湿及自发气调等作用。覆盖物可就地取材，如芦苇、作物秸秆、沙土等。随着气温的逐渐降低，覆盖层应逐层加厚，覆盖土层要高出地面，以便于排水。

2. 沟藏的理论依据及特点

随着季节更替，气温和地温发生变化，但变化特点和规律有所不同。由秋季到冬季，气温下降快，下降幅度大；地温下降慢，变化幅度小。在冬季气温较低的情况下，地温则比较稳定，且高于气温，入土越深，温度越高，到翌年春季，气温上升快，变化大；地温则上升缓慢，变化小。因此，在冬季和春季，贮藏沟内温度稳定与变化缓慢的特性，为贮藏园艺产品提供有利条件。

园艺产品入沟覆盖后，贮藏沟内能保持较高而稳定的相对湿度，可防止新鲜产品发生萎蔫，减少水分散失，同时还能积累一定量的CO_2，形成自发气调的贮藏环境，有利于延缓产品的后熟衰老，减少微生物引起的腐烂。

与堆藏不同，沟藏主要受地温影响，故沟藏的保温、保湿性能比堆藏要好，这在冬季和春季是有利的，但在秋季，由于地温下降较气温缓慢，贮藏沟内的温度往往过高，若此时正值入贮初期，园艺产品呼吸释放的呼吸热和携带的田间热将导致沟内贮温难以迅速下降。因此，采用沟藏时，入贮前期要加强通风散热。

6.1.3 窖藏

贮藏窖主要有棚窖、井窖和窑窖三种类型，可根据当地自然环境和地理条件进行建造。贮藏窖既能利用变化缓慢而稳定的地温，又可利用简单的通风设备来调节窖内的温度和湿度。园艺产品可以随时入窖、出窖，并可及时检查贮藏情况，在我国南方和北方均有广泛应用。

1. 棚窖

棚窖是一种临时性的简易贮藏场所，根据入土深浅可分为半地下式和地下式。在气候温暖及地下水位较低的地区，多采用半地下式，即一部分窖身在地面以下，另一部分在地面以上，其上建筑土墙，再加顶棚。建造时，先挖一个长方形窖身，入土深 1～1.3 m，然后在沟的四周建高 0.6～1 m 的土墙，上面盖棚顶。在气候比较寒冷的地区多采用地下式（图 6-1），即窖身全部在地下，入土深 2.5～3 m，仅窖顶露出地面。地下式棚窖保温效果较好，可避免冻害。窖的宽度一般为 2.5～3 m，长度不限。棚顶的用料可就地取材，盖棚顶时，先用木料搭好棚架，再将成捆的秸秆铺放于木架上，最后覆土压实，棚盖的热阻率以不小于 1.31 m·K/W 为宜。

窖内温度采用通风换气来调节，建窖时需设有天窗。此外，还可在半地下式棚窖窖墙的基部及两端窖墙的上部开设窖眼，以便通风。窖门常设在窖的两端或一侧，或将天窗兼作窖门。

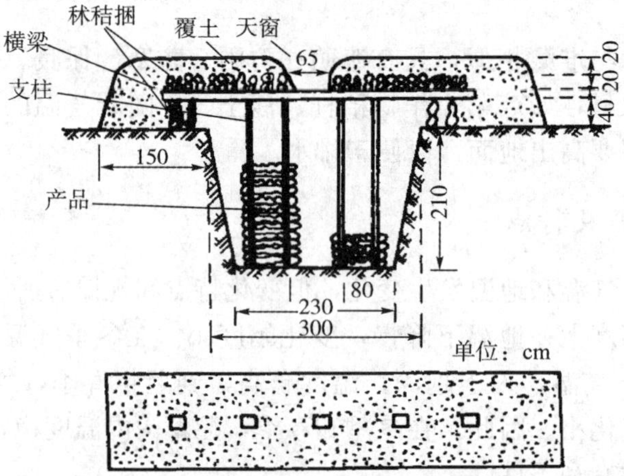

图 6-1　地下式棚窖结构示意图

2. 井窖

四川南充地区的甜橙地窖是颇具代表性的一种井窖（图 6-2）。在该地区，这种地窖被用来贮藏甜橙，可贮至翌年 3～5 月份。不足之处是窖的容量小，操作管理不便。

（1）建窖

以建在土质中性或微酸性，结构坚实，保水性强，临近产区，交通便利的地方为宜。可建筑在室内或室外，因受气温影响，两者各有利弊。

室内窖在果实贮藏初期，窖温较高，果实腐烂损失比室外窖严重。但开春后，室内窖温度上升比室外窖慢，可长期贮藏。室外窖正好相反，贮藏前期窖内温度比室内窖低，冬季腐烂较轻。但开春后，受气温影响，窖内温度上升较快，腐烂加重，难以久贮。因此，长期贮藏以室内窖为宜，短期贮藏以室外窖为好。

（2）窖形与规格

南充地窖修建在地平面以下，形状像“三角瓶”。窖形大致可分为三段，窖颈和窖身上半部都是圆台形，窖身下半部至窖底为圆柱形。窖的上口直径约为 50 cm，下口直径约为 65 cm，窖颈长约 50 cm，窖底直径一般为 260 cm，全窖深约 180 cm，窖盖用 3～5 cm 厚的石板或水泥板制成，直径约为 70 cm。

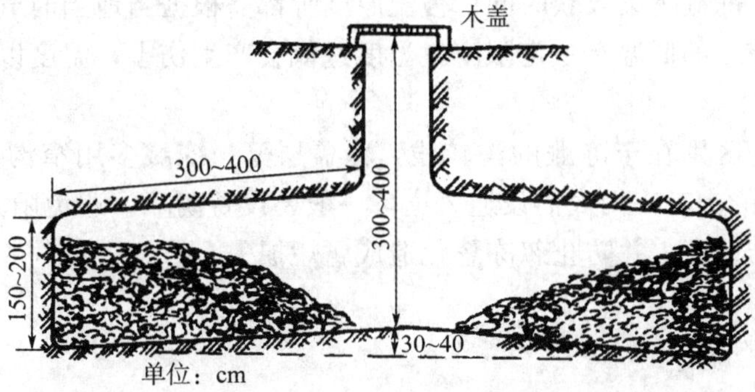

图 6-2　井窖结构示意图

3. 窑窖

窑窖通常是在土质坚硬的山坡或土丘上挖窑洞（图 6-3），一般长 6～8 m，宽 1～2 m，高 2～2.5 m，顶部为拱形，窖底和井窖类似，窑门比窖身稍小，设置挂帘。窖身朝向多是坐南朝北或坐西朝东。

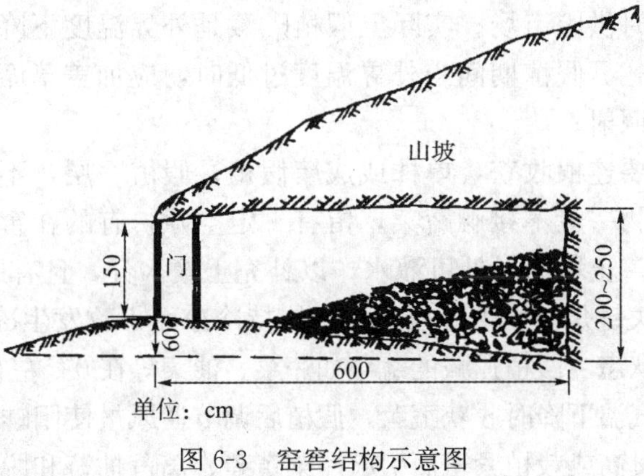

图 6-3　窑窖结构示意图

6.1.4　冻藏

冻藏是在入冬上冻时将收获的蔬菜类园艺产品放在背阴处的浅沟内，稍加覆盖，利用自然低温使入沟的蔬菜迅速冻结，并且在整个贮藏期间保持冻结状态。由于贮藏温度在 0℃以下，可以有效抑制蔬菜的新陈代谢和微生物活动，使蔬菜保持生机，食用前经过缓慢解冻，仍然能恢复新鲜状态，保持良好品质。冻藏主要应用于耐寒耐冻性较强的菠菜、芫荽、油菜、芹菜等绿叶菜，如山东潍坊的冻藏芹菜，辽宁新立屯的冻藏菠菜，北京、天津一带的冻藏芫荽。

用于冻藏的菠菜和芫荽，在冬季气温降低到接近 0℃时收获，先囤置在背阴处使之继续冷却，几天之后移入深度为 20 cm 左右的浅沟内，菠菜可捆成小捆立在沟中，芫荽可以平放，上覆盖一层薄土。随着气温下降，蔬菜自然缓慢冻结。在整个贮藏过程中，蔬菜保持冻结状态，无须特殊管理。出售前取出放在 0℃左右的环境或就地缓慢解冻，可恢复新鲜品质。冻藏蔬菜收获时间、覆土厚度等都需根据当地当时气候条件灵活掌握。菠菜和芫荽忍受冻结的低温有一定限度，温度过低会产生伤害，温度以保持在−6～−5℃为宜。

冻藏与沟藏的区别在于冻藏的沟较浅，覆盖层薄。冻藏多用窄沟，宽约 30 cm，如用 100 cm 或更宽的沟时，沟底需设通风道，一般要设置荫障，避免阳光直射，以便加快蔬菜入沟后的冻结速度，并防止忽冻忽化造成腐烂损失。

6.1.5 假植贮藏

假植贮藏是把蔬菜类园艺产品带根收获，密集假植在沟内或窖内，使蔬菜处在极其微弱的生长状态，仍能保持正常的新陈代谢的一种贮藏方法。

假植贮藏是我国北方秋冬季节贮藏蔬菜的特有方式，主要用于各种绿叶菜和幼嫩蔬菜，如辣椒、番茄、芹菜、油菜、莴笋、花椰菜和水萝卜等。这些蔬菜由于结构和生理特点，用一般方法贮藏容易失水萎蔫，代谢异常，耐贮性和抗病性降低。假植贮藏能使蔬菜从土壤中吸收少量的水分和养料，甚至进行微弱的光合作用，因而能较长期地保持蔬菜的新鲜品质，随时供应市场。实际上假植贮藏是外界温度下降后，蔬菜继续保持缓慢生长的一种贮藏方式。假植期间当外界温度过低时，应加盖草席，这样不仅可以防寒防冻，也能阻挡阳光照射。

假植贮藏的蔬菜要连根收获，单株或成簇假植，假植一层，不能堆积，株行间应留适当通风空隙，覆盖物一般不接触蔬菜，留有一定空隙，有的在窖顶作稀疏的覆盖，使一些散射光能够透入。土壤干燥处可灌水，以补充土壤水分，且有助于降温。

假植贮藏管理的关键是，在阳畦或浅沟内维持冷凉而不致发生冻害的低温环境，使蔬菜处于极缓慢的生长状态。假植贮藏的蔬菜如芹菜、油菜等在 0℃左右的温度下贮藏比较适宜。因此，应在露地气温下降时收获蔬菜，假植后调节通风量使阳畦或沟内温度逐渐降低，避免贮藏初期因气温过高或栽植紧密而引起芹菜黄萎、莴苣抽苔和脱帮。气温明显下降后，用一层或多层草席防寒，避免受冻。必要时可在阳畦北面设立风障保护。假植贮藏适用于北方冬季供应的蔬菜，随市场需要现取现销，春季气温回升后，即结束贮藏。

6.1.6 简易贮藏的温度特征与管理

简易贮藏都是通过外界环境与园艺产品内部的温度平衡来控制贮藏环境的温度范围。因此，如何利用园艺产品的热交换规律，是保证贮藏品质的重要内容。

1. 简易贮藏的温度特征

贮藏初期的秋冬季节，气温、地温都在下降，但气温变化快、辐度大，地温变化慢、较缓和。此外，气温的昼夜差别大，地温的差异却很小，且越深入土中地温下降越慢，温度越稳定。春季到贮藏后期，气温、地温均上升，但气温上升速度及辐度均大于地温。冬季地温高于气温，且随入土深度的增加而加大。上述变化规律决定了气温和地温对简易贮藏的影响及管理方法。

堆藏的产品由于全部或大部在地面上，故地温影响小而气温影响大，秋季降温容易但冬季保温难，所以堆藏一般只适用于气候温暖地区。沟藏则不同，产品堆放在地面以下，地温影响大而气温影响相对较小，故秋季降温效果差而冬季保温效果好，沟越深越显著。因此，沟藏适合于寒冷地区和要求贮温较高的产品。棚、窖、土窑洞则属另一种情况，一方面受地温的影响，另一方面又受气温（即通风）的影响，而其强度则因地下部分深度、地上部分高度、通风面积和通风效果的差异而不同。喜温产品通风口要小，要求低温时则需设置较大的通风面积，以增大气温影响，提高降温效果。

贮藏宽度对各种简易贮藏也有一定的影响。随宽度的改变，气温与地温作用的面积比例会相应改变。增大堆藏的宽度，气温作用比面减小，地温作用比面增大，使降温性能下降而保温性能增强。沟藏与窖藏则相反，加大宽度会增加气温的影响，降低保温性能。因此，各种简易贮藏都应有适宜的宽度，过宽或过窄均不利。对于较宽的沟藏或堆藏，应在底部设置通风道，以便于及时排出呼吸热。

由于简易贮藏是利用自然温度变化来调节贮藏温度，故覆盖与通风十分重要。覆盖的作用在于保温，限制气温的影响，加强地温的作用，积蓄产品的呼吸热而不使其迅速散失。通风的作用刚好相反，主要在于降温，驱散呼吸热，防止温度上升。贮藏初期，园艺产品呼吸作用强，自身温度高，要以通风降温为主，但产品仍以有适当覆盖为宜，以防温度剧烈波动和风吹雨淋造成损失。随着气温下降，温度管理将逐渐转向以保温为主，一般通过分次添加覆盖来进行。每次加覆盖后，内部温度即有一个短时的回升，然后又逐渐下降。添加覆盖越厚，贮温回升越高，降温所需时间越长，有时可能导致产品热伤害，所以堆、沟藏必须采取分次、分层覆盖的措施，不可一次盖得太厚。棚窖因有很大的通风面积，可一次覆盖完毕，温度的调节主要通过通风口进行。

2. 简易贮藏管理

简易贮藏受外界环境影响大，应根据各种贮藏方式的特点和性能，结合各地气候条件、土壤条件、园艺产品种类、贮期长短、数量质量等进行管理。

（1）场地选择

简易贮藏的地点，应选在平坦高燥，土质较黏重，地下水位低，排水良好，交通便利之处。

（2）沟、堆、窖的方向

在冬季寒冷地区，可采用南北走向，以减少迎风面，使两侧接受阳光直射一致，内部温度较均匀。在冬季温暖地区，可采用东西走向，以增大迎风面，提高入贮初期降温效果。在设置荫障或风障时，一般选择东西走向。

（3）产品挑选与入贮

简易贮藏的园艺产品，一经入贮，便不易进行检查、挑选，如果与有病虫害、机械损伤及腐烂的原料混在一起，会相互污染，加重损失。因此，入贮前必须严格挑选，凡不适合贮藏的病虫伤产品都应及时挑出，不得入贮。对于不同品种和不同成熟度的园艺产品，应分门别类，分开贮藏。

适期入贮在简易贮藏中十分重要。过早入贮，由于气温和地温均较高，园艺产品温度难以下降，容易腐烂变质；入贮过晚，园艺产品在田间易受冻害。具体入贮时间应根据各地具体情况而定，主要由气候差异及园艺产品的生物学特性来决定。

(4) 温度管理

温度管理的原则是在不受冻害的情况下，迅速达到低温状态，并在整个贮藏期间使这种状态保持稳定。实际生产中，这一目标是通过有规律的分层覆盖与通风措施来实现的。

覆盖的原材料多为土壤和农作物副产品，常用的是秫秸类。干燥的秫秸类材料可构成良好的保温层，但必须压紧，防止孔隙间空气流动，提高保温性能。用作物秸秆作覆盖物时，上面要用土压紧踩实，出现裂缝要及时填埋。

堆藏的横断面一般呈三角形，即堆边缘的厚度小，中间大，沟藏有时为增大贮藏量，也可把产品堆成圆头形。堆藏和沟藏的覆盖层应是边缘厚，中央薄，且边缘覆盖层还要外延一定距离。

通风依季节而变。贮藏初期，可将进、出气口开至最大，以利于降温。随着气温下降，可依次关闭通气口。严冬时更换新鲜空气，应在风和日丽、气温较高的白天进行。入春后与初贮时一样，利用夜间的低温通风换气。

窑、窖主要依靠通风来降温，通风量越大，降温越快。通风量的大小取决于风速与通风口的面积，因此除保证充分的通风面积外，还应考虑将进气口设在背阴的迎风面。风障与荫障在简易贮藏中也很重要。风障常设在北侧或四周，以阻挡严冬的寒风，有利于保温。荫障常设在南侧，避免阳光直射，以利于贮藏初期降温或保持已获得的低温。

对于窖、棚，可以随时进入内部测定温度，而对于沟藏和堆藏，可在入贮时埋入一支或数支测温管，管中插入普通玻棒温度计。测温管的下部应处于园艺产品的中部偏下，管子可用细竹竿打通竹节或塑料管等材料制成。

6.2 土窑洞贮藏

6.2.1 土窑洞的结构

目前，生产中推广使用的土窑洞有大平窑和母子窑两种。大平窑具有结构简单，建造容易，通风流畅，降温迅速等优点，但贮量较小，管理不便，出库运输比较困难。母子窑贮量较大，管理方便，出库先后不受限制，在翌年外界气温回升时能较好地保持窑内低温，但降温较慢，结构复杂，建造费工。

1. 大平窑

大平窑的平面和剖面结构如图 6-4 所示，主要由三部分组成。

（1）大平窑窑门

窑门高约 3 m，宽 1.2～2 m，门道长 4～6 m。门道前后分别安两道门。头道门做成实门，关闭时能阻止窑洞内外空气对流，防热防冻。二道门做成铁纱窗门，保证通风，防止鼠害。

（2）大平窑窑身

窑身是大平窑的贮藏部位。窑身不可过宽，一般为 2.5～2.8 m。窑身过宽，容易塌落。土质好的适当加宽，土质差的以窄些为好。窑身长度以 20～60 m 为宜。窑身过短，窑内温度波动较大，贮藏量小，造价相对提高；窑身过长，前后温差较大，管理不便。

窑身断面要打成尖拱形。窑身的高度是指从尖拱形的最高点到窑底的距离，一般要求为 3 m 左右，窑身两侧距地面 1.5 m 以下，窑壁要和地面保持垂直，窑上土层保留厚度要在 5 m 以上。这种造形比较坚固，可使窑内热空气向窑顶集中，便于排放，且有利于立帐和操作，在不影响贮藏量的情况下，还能减少建窑的土方。

整个窑顶的最高点在窑门外侧小气窗的上端。窑底和窑顶平行，由外向内缓慢降低。比降约为 1%，即窑身每延伸 10 m，下降约 0.1 m。这种结构有利于窑外冷空气进入窑内，加快土窑洞通风降温。适当加大比降能提高土窑洞通风降温效果。

（3）大平窑通气孔

通气孔设在窑身后部，从窑底一直通出地面，内径为 1～1.2 m，高 10～15 m，通气孔高度应不小于窑身长度的 1/3～1/2。窑身后壁通气孔最高处设通气窗一个，且在通气孔地面部分设插板或翻板，控制通气孔开关。为了便于清理通气孔内的杂物，通气孔下端可设一个较小的清洁窗。

通气孔的主要作用是促进窑内外热冷空气对流，降低窑温。在窑温高、外温低时，打开窑门和通气孔，集中在窑身顶部的热空气流向通气窗，从通气孔排放到大气里，窑外冷空气从窑门进入窑内，吸收窑内热量，然后变热上升，从通气孔排出。这种过程连续不断地进行，窑温逐渐降低。在窑身较长、贮藏量较大的情况下，应适当增大通气孔的内径和高度，增加通风量和通风速度，达到良好的通风效果。

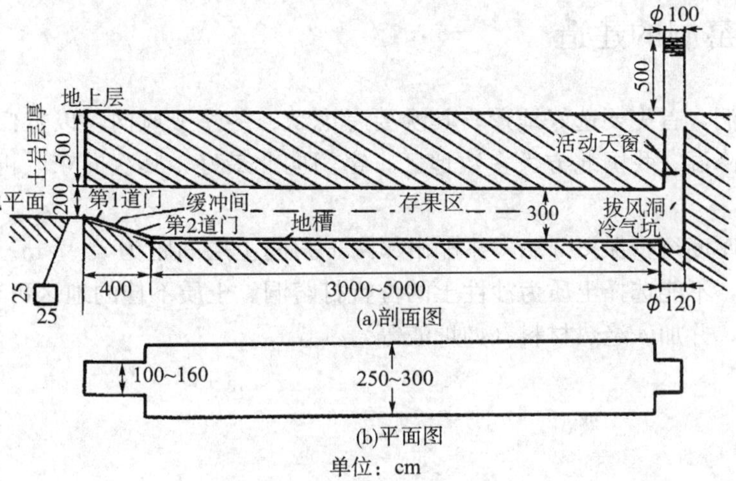

图 6-4　大平窑结构示意图

2. 母子窖

母子窖由母窖和子窖两部分组成。

(1) 母窖结构

与大平窖相似，主要用途是通风和运输通道。因为要在母窖的一侧或两侧打许多子窖，所以母窖窖身的宽度一定要严格控制，不能随意加大，否则将会影响整个窑洞的坚固性。一般母窖宽度为1.5～2 m。

(2) 母窖通气孔

子窖一般不设通气孔，只在母窖窖身后部设一个通气孔。通气孔结构和大平窖通气孔相似，由于母子窖贮量较大，其内径要加大至1.4～1.6 m，高度保持在15 m以上。子窖的通风降温主要是利用子窖和母窖的高低差以及子窖与母窖热冷空气对流来解决。

(3) 子窖窖门

宽度为0.8～1.2 m，高度约为2.6 m。窖门部分应设置门道，长度约为1.5 m，比降为1%～1.5%。子窖窖门顶点应比母窖窖身顶部低约40 cm，以利于排放子窖内的热空气。因为热空气相对密度较小，向上集中至子窖窖身顶部，从子窖窖门顶部排放到母窖后，又继续上升集中在母窖窖身顶部，然后通过母窖通气孔排出。子窖窖门一般不设置门扇，需要加固时可用砖砌。

(4) 子窖窖身

为母子窖的贮藏部位。宽度为2.4～2.6 m，高度约为2.6 m，长度一般不超过10 m。窖身断面也为尖拱形，窖底窖顶平行由外向内缓慢下降，比降约为1%。子窖窖顶最高点应在子窖窖门外侧与母窖相接之处。同侧子窖的距离（土层）要求为5～6 m，相邻子窖的窖身要保持平行，两侧子窖的窖门不能对开，这样可增加母子窖整体结构的坚固性。

土窑洞具有结构简单，投资费用低，建设速度快等特点。由于窑洞深入地下，受外界气温影响较小，温度低而平稳，相对湿度高，有利于保持园艺产品贮藏品质，降低损耗率。

6.2.2　土窑洞的建造

建造土窑洞，首先要选好地形，其次要考虑秋、冬季节风向，以窑门迎风为好，这样有利于通风降温。我国北方大多数地区，窑门向北最好，其次向东，再次向西，最好不要向南。

窑顶土层厚度至少保持5 m，并排相邻两子窖间土层间距为5～7 m。应选择土质为黏性土的位置，不能选择土质为沙性土的位置打窑洞。土质不佳的地区可建成半地下式，顶部用土加厚，并加入绝热材料（如炉渣等）。

6.2.3 土窑洞的管理

1. 入窑初期温度管理

秋季园艺产品入窑到温度降至0℃左右，为入窑初期。这一阶段的温度特点是白天外界温度高于窑内温度，夜间外界温度低于窑内温度。此时温度管理的主要任务是利用外界低温进行通风降温，迅速降低园艺产品田间热和呼吸热，使窑温和产品体温下降。降温的具体办法为，外界温度低于窑温时，打开门、通气孔，使窑内热空气迅速排走，冷空气进入窑内，这项工作一般在夜间或凌晨进行，同时注意利用早霜和寒流进行通风。当外界温度高于窑内温度时，关闭一切通道，防止窑温升高。

2. 冬季温度管理

冬季温度管理是指窑温降低到0℃左右到翌年外温回升，窑温不超过4℃期间的温度管理。这一阶段是一年中外温最低的季节，也是自然冷源最充足的季节。此时温度管理的主要任务是充分利用自然冷源，在园艺产品不受冻害的前提下，尽量通风降温，使窑温稳定地维持在0℃左右，同时不断降低窑壁土温和加大低温土层的厚度，把尽可能多的自然冷源蓄存在窑壁四周的土层中，为翌年外温回升时保持窑内有较长时间的相对低温打下良好基础。具体办法是在外温低于窑温但不低于0℃的情况下，打开窑门、通气窗，掀开棉门帘进行通气。在外温降至-10～-6℃时，关闭窑门，封严棉门帘，启开部分小气窗和通风窗进行小通风。在外温降至-10℃以下或高于窑温时，关严窑门、通气窗和小气窗，封严棉门帘，不让窑内外空气对流，达到防冻、防热的目的。温度测定办法：在窑内前部设立测温点，只要这里的温度不低于-3℃，整个窑内的产品就不会受冻害。

3. 春、夏季温度管理

春、夏季温度管理是指从翌年开春外温开始回升（窑温达4℃以上）至园艺产品处理完这段时间的温度管理。这段时间外界温度逐渐升高，外界没有多的低温可利用，窑温和窑壁土温开始回升。此时温度管理的主要任务是尽量减少外界高温对窑温的不利影响，减慢窑温和窑壁土温的回升速度，使窑温尽量维持在较低的范围内。具体管理办法是在外温高于窑温的情况下，紧闭窑门、小气窗、通气窗，封严棉门帘，防止窑内外热冷空气对流。对春寒要注意及时利用。

4. 土窑洞的湿度管理

为了保持窑洞内的湿度，减少园艺产品失水，可采取以下几种加湿措施。

①冬季降雪时，在窑洞内大量积雪。温度很低的雪在窑内不断吸热逐渐融化渗透，对增加窑壁土层的湿度和降低窑温有明显作用。

②园艺产品贮藏期间，窑内地面经常洒水。

③封窖前应根据具体情况，在窖内适量灌水和喷水。这是保证窖壁土层有足够湿度的重要措施。土层太干的窑洞，可先用喷雾器向窑顶和两壁喷水，然后进行地面灌水。灌水时要注意水不能直接流到窑壁根基部，以防塌土，应在窑壁两侧筑成小畦，依次灌水，通过水分渗透和水汽扩散逐渐增加整个窑壁土层的湿度。

除以上管理外，还要注意对土窑洞进行消毒和加固，并防治鼠害。

6.3 通风库贮藏

通风库贮藏是一种常用的保藏园艺产品的贮藏方式。通风库是在有隔热结构的建筑下，利用库内外温度差异和昼夜温度变化，以通风换气来保持库内稳定和适宜的贮藏温度的场所。其基本特点与窖窨相似，但它是一种永久性建筑，可长期使用。通风库建造时设置了完善的通风系统和隔热结构，降温效果比窖窨大大提高，操作方便。不足之处是通风库贮藏仍需依靠自然温度来调节库内温度，在使用上受到一定限制。在气温过高、过低的地区或季节，如果不加其他辅助设施，很难维持理想的贮藏温度，且湿度也不易控制。

6.3.1 通风库的类型及性能

通风库一般分为地上式、半地下式和地下式三种类型。地上式通风库的库身全部建在地面上，受气温影响最大。半地下式通风库的库身一部分在地面以上，一部分在地面以下，库温既受气温影响，又受地温影响。地下式通风库的库身全部建在地面以下，仅有库顶露出地面，受气温影响较小，受地温影响最大。在冬季酷寒地区，多采用地下式通风库，有利于防寒保温；在冬季温暖地区多采用地上式通风库，有利于通风降温。

6.3.2 库位选择和库形设计

通风库宜建筑在高燥、通风良好、交通方便的地方，为防止库内地面湿度过大，要求春季地下水位应距库底 1 m 以上。

通风库的方向要根据当地冬季最低气温和风向而定，一般而言，在我国北方地区以南北走向为宜，以减少冬季寒风的直接吹袭，避免库温过低；在我国南方地区以东西走向为宜，以减少阳光东晒和西晒的照射面，加大迎风面。

通风库通常为长方形，长度和宽度无固定规格，但库内高度应在 4 m 以上，过低则空气流通不畅，影响通风降温效果。在我国现已建筑的通风库容量多为 100～200 t。图 6-5 所示为常见的地上式通风库剖面图。

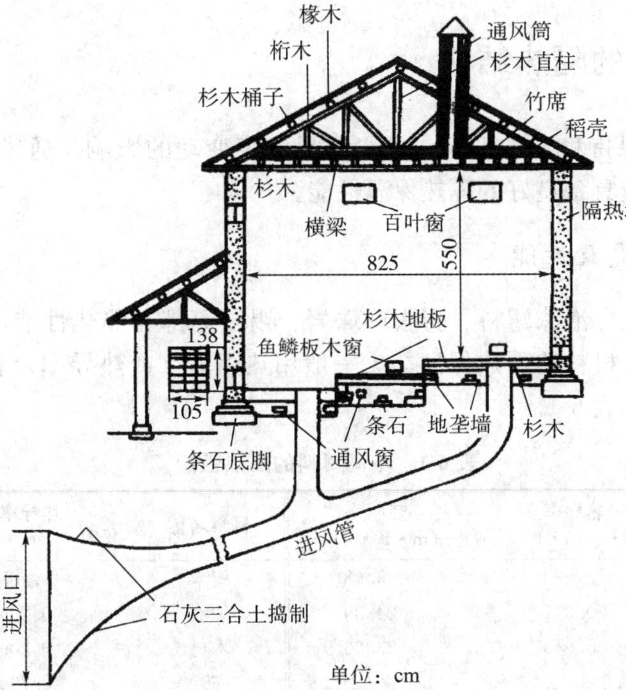

图 6-5　地上式通风库剖面图

在贮藏量大的地区，可将若干个库房组合成一个大库群。通常在库房中央设置走廊，起缓冲作用，防止冬季寒风直接吹入库内引起库温过度波动。此外，还可兼作分级、包装、贮前处理或预贮的场所。气候温暖地区的库群常不设置中央走廊，每个库房单独向外设置库门和缓冲间，充分利用库门通风，增大通风量和降温效果。

对于带有中央走廊的库群，可在走廊两侧分设库房，其方向与走廊垂直。库房的排列有两种方式：分列式和连接式。图 6-6 所示为分列式，即各库房互不相连，故可在两侧的库墙上开设通风口，有利于提高通风效果。图 6-7 所示为连接式，即相邻库房共用一道侧墙，库间不分开，这种排列方式可减少建筑材料和费用。

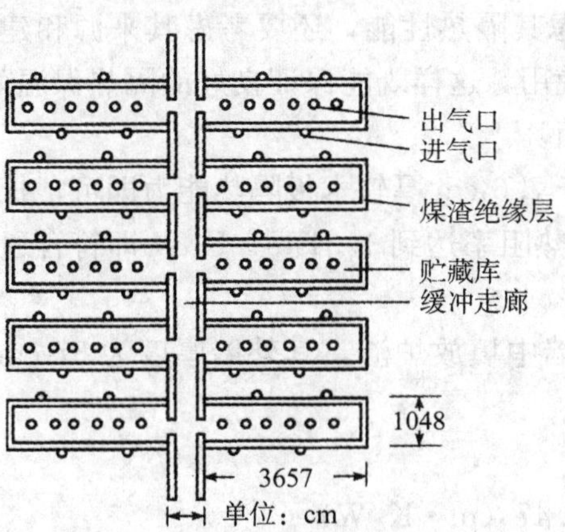

图 6-6　分列式通风库结构示意图

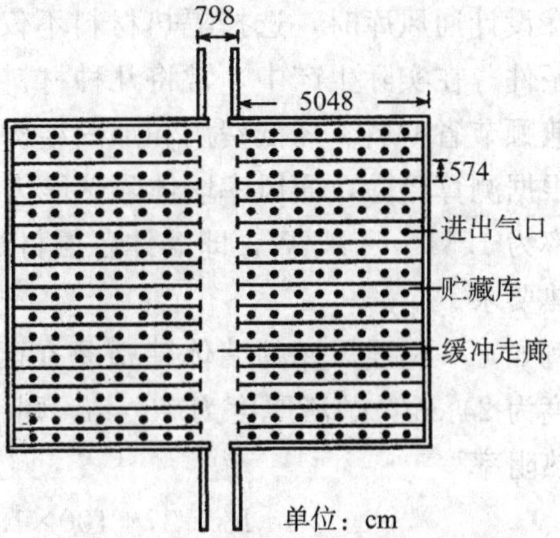

图 6-7　连接式通风库结构示意图

6.3.3 通风库的隔热结构

为使库内长期保持稳定的低温，减少外界温度变动的影响，通风库的库墙、库顶、库门及通风设备都应具备良好的隔热保温性能。

1. 隔热材料的种类及性能

砖、石、木、土、泡沫塑料、膨胀珍珠岩、锡箔等都有隔热性能，可以作为隔热材料用于建造通风库。材料的隔热保温能力一般用热阻率（或热导率）表示，各种常用材料每米厚的热阻率见表 6-1。

表 6-1 不同材料的隔热性能

材料名称	热导率/[W·(m·K)$^{-1}$]	热阻率/(m·K·W^{-1})	材料名称	热导率/[W·(m·K)$^{-1}$]	热阻率/(m·K·W^{-1})
聚氨酯泡沫塑料	0.023	43.48	锯末	0.105	9.52
聚苯乙烯泡沫塑料	0.041	24.39	炉渣	0.209	4.78
聚氯乙烯泡沫塑料	0.043	23.26	木材	0.209	4.78
膨胀珍珠岩	0.035～0.047	28.57～21.28	砖	0.790	1.27
加气混凝土	0.093～0.140	10.75～7.14	玻璃	0.790	1.27
泡沫混凝土	0.163～0.186	6.13～5.38	干土	0.291	3.44
软木板	0.058	17.24	湿土	3.489	0.29
油毛毡	0.058	17.24	干沙	0.872	1.15
芦苇	0.058	17.24	湿沙	8.723	0.11
刨花	0.058	17.24	水	0.582	1.72
铝瓦楞板	0.067	14.93	冰	2.326	0.43
秸草秆	0.070	14.29	雪	0.465	2.15

注：(1) 热阻率 R=1/导热系数 λ。

(2) 1 kcal/(m·h·℃)=1.163 W/(m·K)。

(3) 1 m·h·℃/kcal=0.859345 m·K/W。

在设计通风库时，选择隔热材料不仅要考虑其隔热性能，还要考虑其来源和建筑费用等条件。在实际生产中，常将几种材料混合使用，这样既能保证良好的隔热保温效果，又能兼顾节省材料、降低费用和加固结构等方面。

根据测算经验，通风库墙体隔热能力相当于 7.6 cm 厚软木板隔热能力即可，折合成热阻率为 1.31 m·K/W，即墙体各层材料的总热阻率达到 1.31 m·K/W 即符合通风库的隔热要求。

例如，一座通风库的墙体建造是在两层砖墙中填放炉渣，其外墙厚度为 37 cm，内墙厚度为 24 cm，炉渣厚度为 13 cm，则

外墙热阻率

$$R_1=37\div100\times1.27=0.47\ (\mathrm{m\cdot K/W})$$

内墙热阻率

$$R_2=24\div100\times1.27=0.30\ (\mathrm{m\cdot K/W})$$

炉渣热阻率

$$R_3 = 13 \div 100 \times 4.78 = 0.62\ (\mathrm{m \cdot K/W})$$

库墙总热阻率

$$\begin{aligned} R &= R_1 + R_2 + R_3 \\ &= 0.47 + 0.30 + 0.62 \\ &= 1.39\ (\mathrm{m \cdot K/W}) \end{aligned}$$

$R > 1.31\ \mathrm{m \cdot K/W}$，所以此通风库的墙体符合隔热要求。

由于库顶受阳光照射时间长，照射面积大，库内顶部温度较高，故库顶的热阻率应比库墙增加 25%，即库顶热阻率应在 1.64 m·K/W 以上，才能达到隔热要求。

2. 库墙的建造

①夹层墙，即在两层砖墙间填加稻壳、炉渣等散状材料，最好分层设置并填实，以防下沉。在外夹墙内侧和内夹墙外侧（即夹层间的两个墙面上）应进行防潮处理，如涂沥青、挂油毡等，以防夹层间的填充材料受潮后降低其隔热效能。夹层墙是目前广泛采用的库墙形式。

②在库墙内侧铺贴由各种高效隔热材料制成的板材，如软木板、聚氨酯泡沫塑料板等，建造时还应进行防潮处理。

3. 库顶的建造

（1）人字形库顶

在人字形屋架内，下设天花板吊顶，在天花板上铺放轻质、高效的保温材料，如蛭石、锯末、稻壳等。地上式或半地下式通风库多采用这种库顶。

（2）平顶

一般大型通风库多采用平顶，将隔热材料夹放在库顶夹层间。

（3）拱形顶

用砖或混凝土砌成拱形顶，然后在顶上覆土，地下式通风库常采用这种库顶。

4. 库门的建造

一般在两层木板间添加锯末、稻壳、蛭石、聚苯乙烯泡沫塑料板或软木板等，使库门同库墙一样，具有良好的隔热效能。库门的大小应根据库形结构、库房大小以及操作方便等方面综合考虑。

6.3.4　通风系统的设置

通风系统是通风库的重要组成部分。根据冷空气下降，热空气上升形成对流的原理，进行通风换气，将库内热空气通过排气窗或排气筒排出库外，新鲜冷空气通过导气窗或导气筒进入库内，从而维持一定的贮温。

1. 通风系统的设置类型及特点

通风库通风系统设置有五种类型，如图 6-8 和图 6-9 所示。

（1）屋顶排气筒通风

在库墙下部或基部设导气窗或导气筒，库顶开设天窗或排气筒，库内容易形成空气对流，通风降温效果较好。常用于地上式通风库。

（2）屋檐小窗通风

库墙上部开设小窗，兼作导气和排气窗。部分地下式通风库采用这种形式，通风效果较差。

（3）混合式通风

库墙的下部和上部均设有导气窗或导气筒，在库顶设排气筒或天窗，通风换气效果好，降温速度快。一般地上式和半地下式通风库多采用这种类型。

（4）地道式通风

库外冷空气经地道式导气筒进入库内，库墙上部设有排气窗，库顶开设天窗或排气筒。这种方式适用于地上式或半地下式通风库，通风效果好，有利于维持库内空气湿度，但修建费用较高。

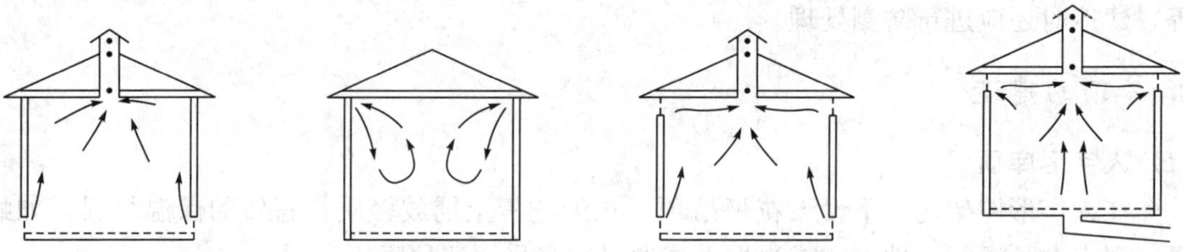

（a）屋顶排气筒通风　（b）屋檐小窗通风　（c）混合式通风　（d）地道式通风

图 6-8　常见的四种通风系统设置

（5）风罩门通风

地下式、半地下式通风库可在屋顶通风口上设置风罩，风罩四面均有可以自由开关的门，根据外界风向变化，在风罩的不同方向开门，就可区分为进气口或排气口（图 6-9）。将风罩做成活动式的，加上风向器，便可自动调节风罩方向。

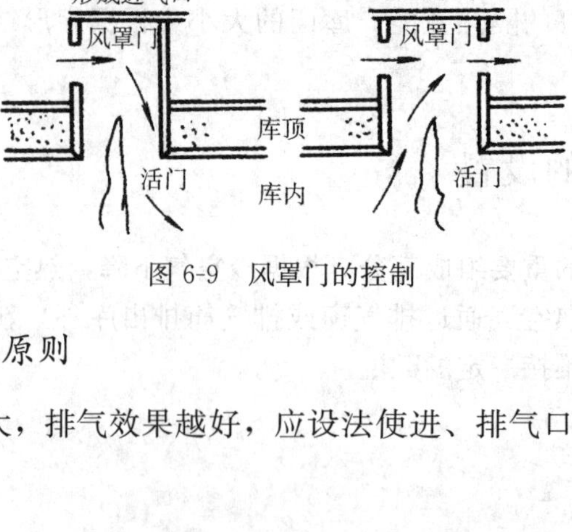

图 6-9　风罩门的控制

2. 进、排气口的设置原则

进、排气口压差越大，排气效果越好，应设法使进、排气口产生最大压差（即最大垂直距离)。进气设施一般设置在库房下部或基部，并安装在北面气流畅通的方位上。排气设施多设在库房上部或顶部，以使库内冷热空气循环畅通。

当总通风面积相等时，气口小而多的系统比气口大而少的系统具有更好的通风效果。因此，气口的面积不宜过大，一般为 25 cm×25 cm～40 cm×40 cm。气口分散设置有利于全库通风均匀。根据经验，贮藏量在 500 t 以下的贮藏库，每 50 t 产品的通风面积应不小于 0.5 m^2。当贮藏库进行自然通风时，每 1000 m^3 的库房，其通风面积（包括进、排气口）应在 6 m^2 左右。

3. 通风时间的确定

一种方法是库内外温度基本平衡时，即停止通风；另一种方法是导入同库房容积相等的新鲜空气，即基本上将库内空气更换一次。其通风时间可按下式

$$t=\frac{V}{Av}\text{计算}$$

式中，t 为通风时间，min；V 为通风贮藏库容积，m^3；A 为导气口面积，m^2；v 为通风时气流速度，m/min。

6.3.5　通风库的管理

通风库的温湿度管理与土窑洞类似，这里不再赘述。

库房消毒可用 1%～2%的福尔马林或漂白粉喷洒，或按每平方米库体 5～10 g 的用量燃烧硫黄熏蒸，也可用浓度为 40 mg/m^3 的臭氧处理，兼有消毒和除异味的作用。进行消毒时可将容器、架杆等一并放入库内，密闭 24～48 h，再通风排尽残药。库墙、库顶等用石灰浆加 1%～2%的硫酸铜刷白。用 5 ml/L 的仲丁胺熏蒸 24～48 h 后通风12 h，也有良好的灭菌效果。非一次性的菜筐、果箱等，应及时洗净，用漂白粉或 2%～5%的硫酸铜浸渍，晒干备用。

6.4　机械冷藏

机械冷藏是在具有良好隔热保温性能的库房内，通过机械制冷方式使库内温度、湿度控制在设定范围内，对园艺产品进行长期有效的贮藏。

1872 年美国和德国分别发明了以氨为制冷剂的压缩式冷冻机，从此，人工冷源代替了天然冷源，食品的冷藏技术发生了根本变化。制冷技术最早应用于意大利、澳大利亚等国远洋运输肉类和果蔬的保鲜，现在已广泛应用于农业、工业、商业、国防、医药、民生以及尖端科学等领域。

我国的机械冷藏发展较晚，新中国成立前，在引进外国技术和设备的情况下，仅在哈尔滨、上海、天津、南京等地陆续建成了一些冷库和制冰厂，冷库总容量不超过 3×10^4 t。建国初期，我国先后在大中城市和肉、蛋、果蔬基地发展了一批具有相当规模的冷库。从 1954 年起，我国开始自制制冷机器与设备，使我国食品冷藏事业进入快速发展

期，20世纪80年代以来，随着我国园艺产品产量的迅速增加，果蔬冷库大规模兴起。到21世纪初，我国绝大部分果蔬产区均已形成以冷库为主的保鲜产业，对于采后极易衰老变质的园艺产品，如新疆的葡萄、亚热带的荔枝、鲜切花等实现了冷链运输；对荔枝、鲜枣、石刁柏、嫩玉米等一些产品进行了速冻保鲜。现今，我国制冷机器设备的制造质量和技术性能已跨入国际先进行列，园艺产品冷藏业的发展在调节果蔬周年供应、农产品出口等方面起到了重要作用，对繁荣园艺产品商品流通和供应，发展园艺产业具有重要意义。目前，国际上机械冷库正向操作机械化、规范化，控制精细化、自动化方向蓬勃发展。

6.4.1 冷库的制冷系统

1. 制冷原理

现代制冷技术主要是利用液体蒸发需要相变潜热的原理来实现的。制冷剂是在制冷系统内流动的工作介质，当制冷剂由液态变为气态时，与冷却对象进行热交换，带走了冷却对象的热量而蒸发，再通过机械压缩和冷凝使制冷剂重新回到液态，这就是应用最广泛的蒸气压缩制冷技术。

图6-10所示为单机压缩制冷循环工作过程。单机压缩制冷循环是在一次制冷循环中对制冷剂进行一次压缩。从冷凝器来的高压（冷凝压力P_k）液体制冷剂，经节流阀（膨胀阀）节流降压膨胀，压力降至蒸发压力P_0，同时降温到蒸发温度T_0，变成气、液两相混合状态的制冷剂，然后进入冷风机（蒸发器），在低温下通过冷风机管壁吸取冷藏间空气的热量，而蒸发成蒸气，这些制冷剂气体被压缩机吸入，并绝热压缩为冷凝压力P_k状态下的高温过热制冷剂气体，再进入冷凝器，在冷凝器中进行热交换，被常温的冷却水或空气冷却，而凝结成压力为P_k的高压饱和液体（这时制冷剂液体的温度为T_k（冷凝温度）），从而继续进行制冷循环。

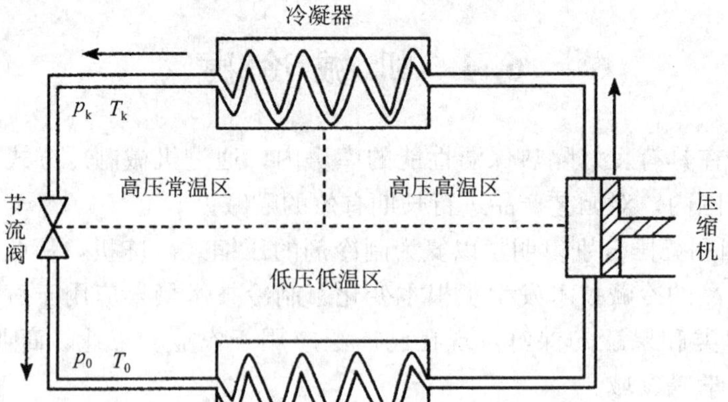

图6-10 制冷系统原理示意图

2. 冷却方式

在制冷系统中，一般多采取直接冷却方式，即利用制冷剂的蒸发直接冷却产品或冷藏间的空气。也可采取间接冷却的方式，即将被冷却的产品或冷藏间的热量，通过中间介质传递给在蒸发器中蒸发的制冷剂液体，如盐水、空气调节的冷却系统等。

（1）直接蒸发冷却

系统设备少，构造简单，总传热温差小，能量消耗小，经济性能好，冷却速度快，管理方便，应用广泛。

库房内的蒸发器通常采用冷风机型。库内空气在风机作用下，强制流过冷风机的蒸发器，并在库内循环流动，以冷却库内产品。采用强制对流冷却空气，制冷机蒸发器传热系数高，金属消耗量小，制冷剂充注量少，冷却速度快，库内温度均匀，但空气流动速度大，容易引起被冷却产品失水。因此，往往选取较大面积的蒸发器，减小传热温差，把风速限制在一定范围内，最大限度地减少干耗。

（2）载冷剂间接冷却

载冷剂多用盐水，由于盐水对金属的腐蚀性较大，与空气接触时易被稀释，加之设备系统复杂，制冷剂与被冷却物质间总传热温差较大，目前很少使用。但间接冷却方式需要的制冷剂相对较少，可降低费用，降低制冷剂泄漏的可能性。载冷剂有较大的蓄冷能力，可保持库温恒定，避免机组频繁启动。因此，在库温要求恒定或已有盐水可以利用，以及需冷场合比较分散的情况下，仍可考虑采用间接冷却方式。

3. 制冷剂

制冷剂是制冷系统中的工作流体，也称工作介质或工质。选择使用的制冷剂，应具备价廉易得、安全可靠等特点。具体来说，制冷剂应满足如下要求：①化学稳定性和热稳定性好，使用时与润滑油、制冷设备材料不发生化学反应；②具有优良的热力学性质，如制冷剂的标准沸点、饱和蒸气压力、临界温度和压力、绝热指数等，保证在特定温度范围内制冷循环特性优良，如制冷系数高，制冷量大，排气温度适中等；③气化潜热大，液体比热容小，气体比热容大；④传热性和流动性好，具有较高的导热系数和较低的黏度；⑤对大气环境无污染，不破坏臭氧层；⑥使用安全无毒，不易燃易爆或燃烧爆炸性很小；⑦价格低廉，来源广泛。

目前，完全符合上述要求的制冷剂很难寻找。实际应用中根据具体要求、设备情况、使用条件，优化选择合适的制冷剂。通常使用的制冷剂可分为三类：无机物、卤代烃（商品名为氟利昂）和碳氢化合物，其物理性质见表6-2。按标准沸点可分为高温制冷剂（标准沸点在0℃以上）、中温制冷剂（标准沸点为－60～0℃）和低温制冷剂（标准沸点在－60℃以下）。冷库用氨作制冷剂的制冷系统组成复杂，安装工作量大；卤代烃由于对臭氧层有破坏作用，应用受到越来越多的限制。目前，新型环保绿色制冷剂正在积极研发中，碳氢化合物是最有可能取代卤代烃的制冷剂。

表 6-2 部分制冷剂的物理性质

制冷剂	制冷剂代号	化学分子式	分子质量/u	标准沸点温度/℃	临界温度/℃	临界压力/kPa	凝固温度/℃
氨	R717	NH_3	17.03	−33.40	132.4	11417	−77.7
二氧化碳	R744	CO_2	44.01	−78.90	31.0	7372	−56.6
氟利昂-12	R12	CF_2Cl_2	120.92	−29.86	111.5	4113	−155.0
氟利昂-22	R22	CHF_2Cl	86.48	−40.80	96.0	4974	−160.0
四氟乙烷	R134a	CH_2CF_4	102.03	−26.16	101.1	4067	−96.6
异丁烷	R600a	C_4H_{10}	58.13	−11.73	135.0	3645	−160.0

4. 制冷设备

国内大中型冷库多采用氨系统，中小型冷库采用氟利昂系统。功能完善的制冷系统，除遵循制冷循环工作过程外，还必须最大限度地降低能耗，充分发挥各设备功能，确保系统正常安全运行，提高制冷效果。在制冷系统中，除压缩机、节流阀、冷凝器、蒸发器外，还必须增设其他相关设备。

（1）压缩机

在蒸气压缩式制冷循环中，压缩机是关键设备，制冷剂蒸气从低压提升为高压，以及制冷剂液体和蒸气在系统内的不断流动，都是借助于压缩机来完成的。

（2）油分离器

压缩机工作过程中，会将部分润滑油滴和油蒸气夹杂在被压缩的制冷剂气体中，一并进入制冷系统。一旦让其进入冷凝器，会污染传热面，影响冷凝器换热效果，因此必须在进入冷凝器之前通过油分离器将油先分离出来。

（3）冷凝器

冷凝器即是热交换器。经压缩后的气态制冷剂经过油分离器后再进入冷凝器，在冷凝器内通过管壁与冷却水进行热交换，由气态变为液态。液态制冷剂从出液口流至贮氨（液）器。容器上部还设有均压阀、放气阀、安全阀等连接管口和相应的阀件。

（4）贮氨（液）器

贮氨（液）器的功能：一是及时接收冷凝器运送的液态制冷剂，避免冷却后液体占据冷凝器传热面积，影响换热效果；二是调节制冷系统对液氨的供求和贮存。此外，还设有均压阀、放气阀、安全阀、放油阀等连接管口和相应的阀件。

（5）节流阀

节流阀主要起两个作用，一是将制冷机的高压部分同低压部分分开，防止高压蒸汽窜流到蒸发器中；二是对蒸发器的供液量进行控制，使其保持适量的液体，既要使蒸发器的全部传热面都能发挥作用，又要防止使制冷剂液体进入压缩机中引起液击。氨系统中应用浮球阀。

（6）冷风机（蒸发器）

冷风机供液管路上的电磁主阀和冷风机上的轴流风机受设在冷库内的温度控制器控制。当冷库温度到达设定温度的上限时，温度控制器接通供液电磁主阀和冷风机上的轴流风机电源，电磁主阀开启进行供液，轴流风机运转。待冷库温度降低到设定的下限时，温度控制器切断电磁主阀和轴流风机的电源，停止供液，冷风机停止运转。

6.4.2　冷库的分类与结构

1. 冷库的分

按冷库结构分，可分为工建式、组合板式和覆土式三类。

(1) 按冷库结构分类

①土建式冷库：是目前国内建造较多的一种冷库，可建成单层或多层（图 6-11）。建筑物主体一般为砖混结构或钢筋混凝土结构。冷库墙壁结构热惰性大，受外界温度波动影响小，库温容易稳定。土建式冷库建设周期较长，施工复杂，但保温效果好，一次性投资较小。

②组合板式冷库：为单层形式，库体为钢框架轻质预制隔热板装配结构，其承重构件多采用薄壁型钢材制作（图 6-12）。库板为隔热良好的组合夹心保温板，其两面为彩色镀锌钢板，芯材为发泡硬质聚氨酯板或硬质聚苯乙烯泡沫板。除地面外，所有构件和库体由专业生产厂家制作，运至工地现场组装，建设周期短，保温效果好，但造价较高。

图 6-11　土建式冷库

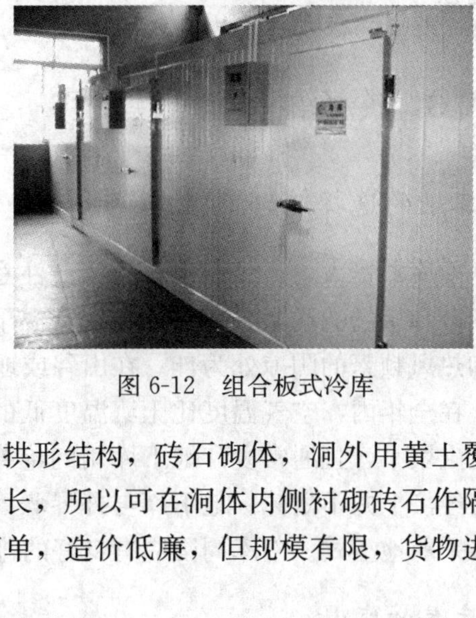

图 6-12　组合板式冷库

③覆土式冷库：又称土窑洞冷库，洞体多为拱形结构，砖石砌体，洞外用黄土覆盖作为隔热层。这种冷库由于热负荷大，降温时间长，所以可在洞体内侧衬砌砖石作隔热层处理。覆土冷库因地制宜，就地取材，结构简单，造价低廉，但规模有限，货物进出不便，运转费用高。

(2) 按冷库容量分类

冷库的容量大小有两种表示方式：一种是用容积（m^3）来表示，另一种是用贮藏量（t）来表示。目前，冷库容量划分没有统一标准，可分为大、中、小型。按贮藏量分，10000 t 及以上为大型冷库，1000～10000 t 为中型冷库，1000 t 及以下为小型冷库。

(3) 按贮藏温度分类

根据贮藏温度的不同，冷库可分为低温冷库（－15℃以下）、冰库（－10～－4℃）、高温冷库（－2℃以上）。园艺产品贮藏一般采用高温冷库。

2. 冷库的结构

冷库由主体建筑和附属建筑组成。主体建筑包括冷藏间和预冷间。附属建筑包括穿堂、装卸货物用的月台以及制冷机房、配电室、挑选包装间、循环水池、品质检验室等。冷库的构成随生产性质、建设规模、贮藏产品的种类及品种对工艺要求的不同而有所区别。

(1) 预冷间和冷藏间

①预冷间：也称为冷却间，用于散去园艺产品的田间热，时间一般为 12～24 h。

②冻结间：是将需要冻结的园艺产品由常温或冷却状态快速降至－20～－15℃，时间一般为 12～24 h。

③冷却物冷藏间：主要用于新鲜园艺产品的长期贮藏。

④冻结物冷藏间：主要用于经冻结加工后园艺产品的长期贮藏，如速冻果蔬等。

(2) 生产附属建筑

生产附属建筑是指与冷库主体建筑密切相关的生产建筑，主要包括制冷机房、配电室、电控室、水泵房、循环水池、挑选包装间、品质检验室等。

(3) 生产辅助建筑

生产辅助建筑主要有月台、穿堂、楼梯间、过磅间、工作人员办公室、休息室和更衣室等。

6.4.3 冷库的设计与建设

1. 库址的选择

冷库贮量大，产品进出频繁，要注意交通方便，利于新鲜产品的运输，同时还要考虑产区和市场的联系，减少产品在常温下不必要的贮留时间。冷库以建设在没有阳光照射和热风频繁的阴凉处为佳。在山谷或地形较低，冷凉空气流通的位置最为有利。

在全年内，空气温度比土壤温度低的时间较长，空气通过冷库屋顶和墙壁传递的热量比土壤小，且通常设计地下库用的绝缘材料厚度与地上库是一样的，所以地下库的建设在经济上并不划算。地下库与外界联系及各种操作管理均没有地上库方便，故冷库建设多采取地上式。冷库周围应有良好的排水条件，地下水位要低，库内应保持干燥。

2. 库房的容量

冷库的大小要根据贮存产品的数量和在库内堆码的形式而定。具体设计时，先确定需要贮藏的容量。容量是根据产品在库内堆码所必须占据的体积，加上行间过道，堆码墙壁之间的空间，堆与天花板之间的空间以及包装之间的空隙等来计算的。然后确定冷库的长宽与高度。假设要建造一座容量为 1080 m^3 的冷库，若采用 4.0 m 的高度，则 1080 m^3/4 m=270 m^2 即是库房所需的地平面积。一般冷库的宽度为 12 m，那么冷库的长度即为 22.5 m。如果在同一容量的基础上，增加 1 m 的高度，库房可缩短 4.5 m，同时增加了墙壁面积 24 m^2。从减少地平面积和天花板以及梁架材料等投资来考虑，增加高度比延长长度更经济，但较大的高度必须有铲车等堆垛的设备来配合。冷库设计，还要考虑必要的附属建筑和设施，如工作间、包装整理间、工具库和装卸台等。

3. 冷库的建设

设计冷库，除通风库应考虑的因素外，还应特别注意其隔热防潮性能与合理的制冷系统。隔热层是维持库内低温，减少能耗的一个必要措施。从减少制冷能耗考虑，希望隔热层尽可能地厚，然而过厚的隔热层会增加建筑成本，因此隔热层也不可过厚。目前我国东北部及东部果产区冷库，如果使用期是从秋天到来年春天，则地面、墙壁、天花板的最低热阻率分别是 1.51 m・K/W、3.03 m・K/W 及 4.55 m・K/W，终年使用的冷库，则分别上升到 2.25 m・K/W、3.79 m・K/W 及 5.24 m・K/W。美国制冷、制热及空调学会（ASHRAE）建议冷库及气调库的地面、墙壁及天花板最低热阻率应不低于 3.03 m・K/W、4.55 m・K/W 及 6.06 m・K/W。

隔热层的施工方法有三种：①现场敷设，我国各地普遍采用这种方法；②采用预制隔热嵌板，预制的方法是在两块镀锌铁（钢）板或铝合金板中间夹一层隔热材料，多为硬质聚氨酯泡沫塑料，制好的隔热板固定于墙上，板与板的接缝处一般灌注发泡聚氨酯来密封，这种方法施工简单，速度快，易于维修；③现场喷涂聚氨酯，使用移动式喷涂机，将异氰酸酯和聚醚两种材料同时喷于墙面，即起化学反应而发泡，形成所需厚度的隔热层，此法所形成的隔热层为无接缝整体，施工速度快。

无论采用什么方法，隔热层的设计和施工必须连续不间断，防止冷桥的产生。绝热材料内部一旦有水汽凝结，其绝热效能便大为降低，同时也会对建筑造成损害。冷库还必须设有隔汽层（或防潮层），常用的材料有沥青、油毡、乳化沥青、塑料薄膜、金属（铝）箔等。用沥青、油毡作隔汽层采用三油二毡法，即三层沥青刷于二层油毡的内、外侧。与绝热层一样，隔汽层应完全封闭，不能有一点缝隙。

由于热空气的含水量较冷空气高，所以热空气被冷却时有冷凝水产生，故隔汽层应设在绝热层温度较高的一面。冷库的隔热防潮层如图 6-13 所示。

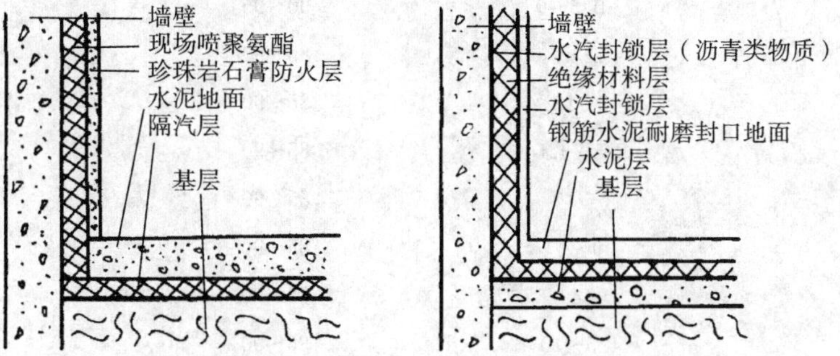

(a) 现场喷涂聚氨酯做法　　(b) 我国传统做法

图 6-13　冷藏墙壁与地面结构示意图

6.4.4 冷库的使用与管理

1. 常见园艺产品冷藏条件

园艺产品冷藏保鲜效果与采收成熟度、包装运输、预冷以及贮藏条件有密切的关系。冷藏产品要求适期采收，科学包装，尽快入库预冷（在采后 24 h 内降至贮藏温度），然后在最适温度和湿度条件下贮藏。

表 6-3 是推荐的部分园艺产品冷藏条件和贮藏寿命，仅供参考。这里需要说明的是，园艺产品品种不同、产地不同对贮藏环境的适应性有较大的差别。在生产中应根据产地、品种、成熟度等因素综合考虑。先做试验，待条件确定后再用于生产性贮藏。

表 6-3 部分园艺产品的冷藏条件和贮藏寿命

种类	冷藏温度/℃	相对湿度/%	贮藏寿命/d
苹果	−1~4	85~90	30~360
梨	0~1	85~95	7~14
杏	−0.5~0	85~90	7~21
桃	0~0.5	90~95	14~28
李	0~1	90~95	14~35
香蕉	12~14	85~95	7~28
樱桃	−0.5~0.5	85~90	14~21
葡萄	−1~0.5	90~95	7~42
猕猴桃	0~1	90~95	90~150
柠檬	10~13	85~90	30~180
龙眼	1.5~3	90~95	21~35
荔枝	3~5	90~95	21~35
芒果	10~13	85~90	14~21
油桃	−0.5~0	90~95	14~28
甜橙	3~9	85~90	21~56
菠萝	7~13	85~90	14~28
石榴	2.5~4.5	85~90	90~120
柑橘	5~10	85~90	14~28
草莓	0~1	85~90	5~7
甜瓜	0~4.5	85~90	21~35
西瓜	4.5~10	85~90	14~21
石刁柏	0~2	90~95	14~21
苦瓜	12~13	85~90	14~21
花椰菜	0~1	90~95	21~28
胡萝卜	0~3	90~95	210~270

续表

种类	冷藏温度/℃	相对湿度/%	贮藏寿命/d
芹菜	0～1	90～95	95～100
大白菜	1～7	80～90	60～90
黄瓜	11～13	90～95	10～14
茄子	12～14	90～95	7～10
大蒜	−0.5～0	65～70	180～210
蘑菇	0～2	90～95	3～4
扁豆	4～7	90～95	7～10
洋葱	0～1	65～70	30～240
番茄	10～13	90～95	4～7
菠菜	0～1	90～95	10～14
南瓜	10～13	50～70	60～90
蒜薹	−0.5～0	90～95	180～240
红薯	10～12	85～90	200～250
马铃薯	4.5～13	90～95	150～300

2. 冷库管理

冷库管理包括冷库消毒、冷藏技术参数、冷藏产品品质、冷库设施和工作人员培训等方面，其中冷藏技术参数管理的主要任务是调节控制库内温度、湿度和通风换气。

(1) 冷库消毒

冷库被有害微生物污染是引起园艺产品腐烂变质的主要原因之一，因此冷库在使用前需要进行全面消毒。常用的消毒方法有以下几种：①乳酸消毒，将浓度为 80%～90% 的乳酸和水等量混合，按每平方米库容用 1 ml 乳酸的比例，用容器盛装混合液并置于电炉上加热，待溶液蒸发完后，关闭电炉，闭门熏蒸 6～24 h，然后开库换气；②过氧乙酸消毒，将 20%的过氧乙酸按每平方米库容用 5～10 ml 的比例放于容器内，于电炉上加热促使其挥发熏蒸，或按以上比例配成 1%的水溶液全面喷雾，使用时应注意对器械、冷风机和人体的防护；③漂白粉消毒，将含有效氯 25%～30%的漂白粉配成 10%的溶液，按每平方米库容 40 ml 的用量喷雾，使用时注意防护，用后库房必须通风换气除味；④福尔马林消毒，按每平方米库容用 15 ml 福尔马林的比例，放入适量高锰酸钾或生石灰，稍加些水，待产生气体时，将库门密闭熏蒸 6～12 h，开库通风换气后方可使用；⑤硫黄熏蒸消毒，用量为每平方米库容用硫黄 5～10 g，加入适量锯末，置于陶瓷器皿中点燃，密闭熏蒸 24～48 h 后，彻底通风换气。此外，库内所有用具需用 0.5%的漂白粉溶液或 2%～5%的硫酸铜溶液浸泡刷洗，晾干后备用。

(2) 冷库温度

对冷库温度控制包括入库期间快速降温、贮藏期间维持温度稳定和库内温度场均匀。库内温度和入库后产品温度受下列因素影响：

①入库产品温度与库温之差。温差越小，越有利于将产品快速冷却到最适贮藏温度。

延迟入贮时间或贮藏库降温缓慢，会缩短贮藏寿命。生产中可以从采摘时间、运输以及散热预冷处理等方面采取措施来降低温差。

②冷冻机制冷能力与入库量。通常冷冻机的制冷能力可以保证入库期间的制冷要求，但在设计冷库时，对每天的入库量有一定限制，一般每天入库量不能超过库内容量的10%，否则降温缓慢。产品入库时，应先经预冷再进入冷藏间。如果没有预冷条件，应把当天入库的产品在库内分散堆放，经初步降温后再堆放到指定的高度。

③冷量损失。冷库隔热性能越好，冷量损失越小。外界温度越高，冷库升温越快。在冷库建设时，要严格做好隔热防潮层的处理。进入冷库时要注意开启风幕，及时关门，尽量减少库内外空气对流。

④产品堆码及空气流通。科学堆码对入库期间产品快速降温和贮藏期间库内温度均匀具有重要意义。堆码的原则是在保证库内空气循环良好，各部位温度均匀一致的前提下，最大限度地多存放产品，且方便产品进出操作。堆码的垛间要有一定的空隙，垛间距不小于10～20 cm，墙边空隙不小于20 cm，顶部空间高度不低于60 cm，堆码的长度方向与风向相同。根据需要留出操作通道，便于作业。

除少数产品（梨、桃等）之外，大部分园艺产品需要采后迅速降温。目前，冷藏的园艺产品大部分使用塑料薄膜包装，在整个贮藏过程中可保持库温稳定，还可防止因结露引起产品腐烂。

(3) 冷库湿度

为了保持新鲜状态，避免失水萎蔫，大部分园艺产品贮藏保持相对湿度在80%以上，但实际情况是有时偏低，有时过高。由于蒸发器经常凝结冰霜，又不断将冰霜融化冲走（即化霜），致使库内湿度常低于贮藏产品相对湿度的要求。因此，蒸发器应有较大的蒸发面积，使蒸发面的温度和库温差别缩小（不超过2～3℃），从而减少结霜量。在冷库中增加湿度有多种方法，最简便的是在库房地面或产品上直接喷水，但由于温度低，蒸发量远远不足，在0℃冷库中还会因地面结冰而有碍操作，且产品上积留有水，有利于微生物活动。用蒸汽或热水加湿，会增加库内热量，容易凝结成水珠，引起腐烂的发生。目前，在库内保持湿度的有效方法是塑料薄膜包装，较好的加湿办法是在库内喷雾，雾粒越小越好，喷出后很快汽化，不形成水滴而沾湿产品。

有的园艺产品贮藏不需要很高的湿度，如洋葱、大蒜，高湿度容易促进发芽和引起腐烂。造成冷库湿度高的主要原因是外界热空气大量侵入库内或加湿不均匀，应注意库房的密闭性，并可应用各种吸湿剂或除湿机来降低湿度。

(4) 通风换气

通风换气既能调节库内湿度，又能使空气保持新鲜状态。因为产品通过呼吸作用放出CO_2和其他气体（如乙烯等）。乙烯在库内累积到一定浓度后会促进产品成熟衰老，CO_2浓度过高会引起生理失调和品质劣变，故通风换气是非常必要的。冷库通风换气应选择气温较低的夜晚或早晨进行，雨天、雾天等外界湿度过大时暂缓操作，以免因通风而引起库内湿度变化过大。库内也可放置用高锰酸钾处理的活性炭或安装空气洗涤器，达到吸收挥发性物质和净化空气的目的。

6.5　气调贮藏

气调贮藏即调节气体贮藏，是当前国际上园艺产品保鲜广为应用的现代化贮藏手段。它是将园艺产品贮藏在不同于普通空气的混合气体中，其中 O_2 含量较低，CO_2 含量较高，有利于抑制园艺产品呼吸代谢，保持新鲜品质，延长贮藏寿命。气调贮藏是在冷藏的基础上进一步提高贮藏效果的措施，具有着冷藏和气调双重作用。

通常所说的气调贮藏即 CA 贮藏，也叫快速气调。它是在冷藏的基础上，改变贮藏环境中的气体成分，并将气体指标控制在很小的变化范围之内。与 CA 贮藏相近的一种气调贮藏形式叫 MA 贮藏，也叫自发气调贮藏或限气贮藏，如塑料袋密封贮藏和塑料大帐贮藏，MA 贮藏与 CA 贮藏相比，气体成分变化幅度较大。

目前，欧美发达国家园艺产品采后 50%以上采用 CA 贮藏，其中约 30%采用超低氧气调保鲜技术。在园艺产品海上长途运输中，CA 气调集装箱已经出现。MA 贮藏在发达国家园艺产品贮藏中所占比例较小，在产品长途运输保鲜中应用较多。气调贮藏适用于呼吸跃变型和对乙烯敏感的所有园艺产品的保鲜，目前主要应用于跃变型果实的保鲜，在一些蔬菜和花卉的保鲜方面也有商业应用。

6.5.1　气调贮藏的原理

正常空气中 O_2 和 CO_2 浓度分别为 21%和 0.03%，其余的为 N_2。改变环境中气体组成，即在 O_2 浓度降低或 CO_2 浓度增加时，新鲜园艺产品的呼吸作用受到抑制，降低了呼吸强度，延迟了呼吸高峰的出现，延缓了新陈代谢的速度，推迟了成熟衰老，减少了营养物质消耗，有利于园艺产品保持新鲜状态。同时，较低的 O_2 和高 CO_2 浓度能抑制乙烯的生物合成及其生理作用，有利于延长园艺产品的贮藏寿命。此外，适宜的低 O_2 和高 CO_2 可以抑制某些生理病害的发生，减少园艺产品的腐烂损失。低 O_2 和高 CO_2 的作用在低温下更为显著，因此，应用气调贮藏进行园艺产品保鲜时，通过延缓产品成熟衰老，抑制乙烯生成和作用以及防止病害发生，很好地保持产品原有的色、香、味、质地特性和营养价值，有效地延长园艺产品的贮藏寿命和货架期。

6.5.2　气调贮藏的条件

气调贮藏多用于园艺产品的长期贮藏，因此，对于产品原料而言，无论是外观状态还是内在品质都必须保证较高的质量。入贮的产品要在最佳采收期采收，有利于获得良好的贮藏效果。影响气调贮藏效果的因素有产品的种类、品种、采收期、采后处理和贮藏管理等，下面重点叙述与气调贮藏关系最密切的 O_2、CO_2 和温度参数确定的一般原则。

1. 确定气调技术参数的原则

(1) O_2、CO_2 与贮藏的关系

一般情况下，低 O_2、高 CO_2 抑制园艺产品的呼吸作用，从而延缓衰老。但新鲜产品对低 O_2、高 CO_2 的耐受有一个限度，超过临界点，产品会发生无氧呼吸，积累乙醛、乙醇而使风味劣化，失去商品价值。这一临界点称为临界 O_2 浓度和临界 CO_2 浓度。临界浓度因产品不同而有所差异，大多数产品的临界 O_2 浓度为1.5%～2.5%。有些产品，如绿熟番茄和香蕉，用极低 O_2 浓度（低于1%）作短时间处理，可以抑制后熟，转入空气中后熟仍较缓慢，但实际应用时需十分谨慎。目前，我国生产上CA贮藏应用的 O_2 浓度为3%～5%，苹果气调贮藏的 O_2 浓度在3%左右，发达国家采用超低氧气调的 O_2 浓度约为1%。同样，短时间的高 CO_2 处理也有一定的保鲜效果，对一些能忍受高 CO_2 的产品，在运输前进行高 CO_2 处理可以减少变质损耗。一般绿色产品能忍受的 CO_2 浓度较高，而果肉结构紧密的园艺产品都对高 CO_2 忍受力差，容易发生 CO_2 中毒。对大多数园艺产品来讲，CO_2 临界浓度不超过15%，CO_2 安全浓度为3%～5%。超低氧气调时，CO_2 浓度的确定必须以 O_2 浓度为依据，一般 CO_2 浓度为1%。

(2) O_2、CO_2 和温度的组合与贮藏的关系

无论哪种贮藏方式，温度都是首要的环境因素。只有在确定了贮藏温度后，才能确定气体组分。低温与 CO_2 有协同作用，CO_2 与 O_2 有拮抗作用。随着贮藏温度降低，园艺产品对低 O_2、高 CO_2 的耐受力下降，即气调环境加剧低温伤害。因此，通常气调贮藏温度要高出普通冷藏温度0.5℃，以避免由低 O_2、高 CO_2 诱导的低温伤害。在气调库中经常可以发现，靠近冷风机处的产品容易发生冷害，距冷风机越远，冷害发生率越低。同样，CO_2 伤害在低温和低 O_2 时表现更为严重，适当提高 O_2 浓度或温度，可减轻 CO_2 伤害。超低氧气调贮藏中，O_2 浓度在1%左右，园艺产品对如此低的 O_2 浓度很敏感，贮藏中的温度指标应比低氧气调还要高一些，CO_2 则相对更低。

在气调贮藏中，温度、O_2、CO_2 三个因素互为条件，互相制约，只有三者达到最佳配合，才能发挥气调贮藏的优越性。当其中一个因素发生变化时，其他因素也应随之改变，这样才能维持一个较为适宜的贮藏环境。每一种园艺产品都有其最适宜的气调贮藏条件，且这种最适条件组合并非固定不变的，而是随着产品品种、产地、成熟度以及贮藏阶段等不同而发生变化。表6-4中列出了不同产地富士苹果的气调贮藏条件，表明同一品种在不同产地所采用的气调参数是不同的。

表6-4 不同产地富士苹果的气调贮藏条件

产地	温度/℃	O_2/%	CO_2/%
澳大利亚（南方）	0	2	1
澳大利亚（维多利亚）	0	2～2.5	2
巴西	1.5～2	1.5～2	0.7～1.2
法国	0～1	2～2.5	1～2
日本	0	2	1
美国（华盛顿）	0	1～2	1～2

国外学者根据多年实践经验，总结出气调贮藏在园艺产品上的应用情况和技术参数，以供参考（见表 6-5）。

表 6-5　部分园艺产品气调贮藏的条件组合

种类	温度/℃	O_2/%	CO_2/%
红星苹果	0	1～1.5	<2
富士苹果	0	2	1
金冠苹果	0	1～1.5	<3
嘎啦苹果	3.5～4	2	<1
鳄梨	10～13	2～5	3～10
西洋梨	−1～−0.5	2	<1
香蕉	12～16	2～5	2～5
柠檬	10～15	5～10	0～10
芒果	10～15	3～5	5～10
橘子	0～5	5～10	0～5
木瓜	10～15	2～5	5～8
桃	0～5	1～2	3～5
杏	0～5	2～3	2～3
李	0～5	1～2	0～5
柿	0～5	3～5	5～8
菠萝	8～13	2～5	5～10
草莓	0～5	5～10	15～20
樱桃	0～5	3～10	10～15
猕猴桃	0	1～2	3～5
洋葱	0	3	5
番茄	10～15	3～5	3～5
莴苣	0～5	1～3	0
甘蓝	0～5	1～2	5～7
大白菜	0	3	5
甜玉米	0～5	2～4	5～10

低 O_2、高 CO_2 的气体控制模式容易发生低 O_2、高 CO_2 伤害，由此加剧腐烂，这在自发气调包装上表现尤为突出。关于气体成分的控制，近年来，高 O_2（21%～100%）贮藏成为园艺产品采后技术研究的热点。研究表明，高 O_2 处理可降低呼吸作用和乙烯合成速率，减缓组织褐变，减少乙醛、乙醇等异味物质产生，抑制某些病原菌生长，减少腐烂变质，从而提高产品的贮藏品质。高 O_2 处理在园艺产品保鲜方面具有良好的应用前景。

2. 气体指标的控制方式

(1) 双高指标控制

双高指标控制即 O_2 和 CO_2 的浓度总和约为21%。普通空气中 O_2 和 CO_2 浓度之和约为21%，园艺产品正常代谢的呼吸商约为1，所以在密闭的环境中，产品呼吸消耗的 O_2 和释放的 CO_2 体积大致相等，即环境中 O_2 和 CO_2 的浓度总和一直接近21%。当 O_2 浓度降至设定的指标时，CO_2 浓度也就上升到了设定指标，此后采用置换同等体积新鲜空气的方法，可基本维持这种气体组合。

大帐自发气调和塑料袋包装属于这种气调法，其缺点在于 O_2 浓度较高（高于10%），不能充分发挥气调贮藏的优越性。如果 O_2 浓度低于10%，有可能造成 CO_2 浓度过高（高于10%），形成生理伤害。因此，将 O_2 和 CO_2 控制在相接近的指标（二者各约10%），称为高 O_2 和高 CO_2 指标。这种组合适用于没有降氧设备的气调库，有一定的保鲜效果，但远不如双低指标效果好。

(2) 双低指标控制

双低指标控制也称为低氧气调，即 O_2 和 CO_2 的浓度总和小于10%。例如，3%的 O_2+5%的 CO_2，3%的 O_2+3%的 CO_2 等组合。这种组合能有效地延缓园艺产品的后熟衰老，是发达国家20世纪80～90年代应用最广泛的组合，我国目前应用的也是此类组合。这种方法要求采后在很短的时间内迅速降氧，将各种气体指标控制在很小的变化范围内，因而所需的设备比较复杂，需要降 O_2 和除 CO_2 设备齐全，贮藏费用相对较高。

此外，在发达国家进行超低氧气调贮藏，将 O_2 和 CO_2 的浓度总和控制在2%～3%，O_2 浓度在1%左右，配以相应的 CO_2 浓度，这种组合对库体气密性和设备要求很高。

(3) O_2 单指标控制

以上都是同时控制 O_2 和 CO_2 浓度两个指标。有时为了简化贮藏管理，或因产品对 CO_2 敏感，可采用 O_2 单指标控制，即只控制贮藏环境中 O_2 浓度，CO_2 用吸收剂全部除去。大多数情况下，采用的 O_2 浓度为2%～3%。贮藏环境中无 CO_2 存在时，影响植物呼吸的 O_2 阈值约为7%，只有低于这个水平，才能有效地抑制园艺产品的生理代谢。由于贮藏环境中的 CO_2 不能随时被彻底吸收，故将 CO_2 浓度控制在1%以下。柑橘、砂梨等都适用这种气体组合。

3. 气体调节的方式

气调库的气体成分从刚封库时的自然空气转变到所设定的气体指标，有一个降 O_2、升 CO_2 的过渡期，称之为降氧期。降氧期之后，O_2 和 CO_2 稳定在设定指标范围内的时期称为稳定期。降 O_2 方法及稳定期的气体管理与气调库类型、选配设备有关，最终表现在保鲜效果的差异上。

(1) 自然降氧

自然降氧是气调环境封闭后，靠园艺产品自身的呼吸作用使 O_2 逐渐下降，并积累 CO_2 的方法，有两种形式。一般用于MA贮藏。

①人工换气法。当 O_2 降至设定的低限或 CO_2 上升到设定的高限时，开启封闭的气

调环境，部分或全部换入新鲜空气，再重新封闭。

②调气法。在双高指标和 O_2 单指标两种气体控制方式中，降氧期用吸收剂或其他简易方法除去超标的 CO_2，待 O_2 降至设定指标后，定期或连续输入空气，使气体成分稳定在设定的指标范围内。在塑料大帐内加石灰、硅窗大帐、硅窗袋等调气方法属于此类。当降氧设备出现故障时，在气调库内也使用自然降氧法进行气调。这种方式降氧速度缓慢，气体成分变化幅度大，不能迅速有效地抑制产品衰老。

(2) 快速降氧

快速降氧即人为快速地降低贮藏环境中的 O_2 浓度，使降氧期缩短为 1 天或几个小时。快速降氧也有两种形式。

①气流法。这种方法是预先按设定的气体成分指标配置好气体，把这种混合气体输入气调环境，取代其中的空气，以后用一定的气流速度稳定贮藏环境内的气体指标。小型气调试验装置多用此法，这种方法能够很快达到设定的气体指标，且始终维持气体成分稳定。商业的气调贮藏用此法代价太大，难以推广。

②充氮法。气调库的气体成分调节一般采用充气置换，即通过制氮机制取浓度较高的 N_2（一般浓度不低于 96%），将其通过管道充入库内，同时含 O_2 较多的库内气体通过另一管道排出库外，如此连续进行。如果设定的 O_2 指标为 3%，在库内的 O_2 浓度降至 5%左右时，停止人工降氧，然后通过产品自身的呼吸作用继续降氧，提高 CO_2 浓度，达到设定的气体指标。在产品耗 O_2 和人工补 O_2 之间，建立起一个相对稳定的平衡系统，使库内气体成分稳定在一个较小的范围内。

6.5.3　气调库的构成与类型

1. 气调库的构成

气调库不仅要有机械冷库的性能，还必须有密封性能，防止漏气，确保库内气体组成稳定。

用预制隔热嵌板建库，嵌板两面是表面呈凹凸状的金属薄板（镀锌钢板或铝合金板等），中间是隔热材料聚苯乙烯泡沫塑料，采用合成的热固性黏合剂将金属薄板牢固地黏结在聚苯乙烯泡沫塑料板上。嵌板用铝制工字形的构件从内外两面连接，在构件内表面涂满可塑性的丁基玛碲酯，使接口完全、永久地密封。在墙角、墙脚以及墙和天花板等转角处，皆用直角形铝制构件拼连，并用特制的铆钉固定。这种预制隔热嵌板，既可以隔热防潮，又可以作为隔汽层。地板是在加固的钢筋水泥底板上，用一层塑料薄膜（多聚苯乙烯等）作为隔汽层（0.25 mm），一层预制隔热嵌板（地坪专用），再加一层加固的 10.0 cm 厚的钢筋混凝土为地面。为了防止地板由于承受负荷而使密封破裂，在地板和墙的交接处的地板上留一平缓的槽，在槽内灌满不会硬化的可塑酯（黏合剂）。

目前，比较先进的做法是在建成的库房内进行现场喷涂泡沫聚氨酯（聚氨基甲酸酯），采用此法可以获得性能优异的气密结构并兼有良好的保温性能，5.0～7.6 cm 厚的泡沫聚氨酯可取得相当于 10.0 cm 厚的聚苯乙烯的保温效果。喷涂泡沫聚氨酯之前，应先在墙面上涂一层沥青，然后分层喷涂，每层厚度约为 1.2 cm，直到喷涂达到所要求的总厚度。

气调库必须进行气密性试验，排除漏点后，方可投入使用。气调库在运行过程中，由于库内温度波动或者气体调节会引起压力波动。当库内外压力差达到 58.8 Pa 时，必须采取措施释放压力，否则会损坏库体结构。具体办法是安装水封装置，当库内正压超过 58.8 Pa 时，库内空气通过水封溢出；当库内负压超过 58.8 Pa 时，库外空气通过水封进入库内，自动调节库内外压力差。

气调库的主要气调设备有气体发生器和 CO_2 吸附器。气体发生器的基本装置是一个催化反应器。在反应器内，将 O_2 和燃料气体如丙烷、天然气等进行化学反应，形成 CO_2 和水蒸气。用于反应的 O_2 来自库内空气。库内空气通过反应器不断循环，致使库内 O_2 浓度不断降低而达到所要求的浓度。CO_2 吸附器的作用是除去贮藏过程中园艺产品呼吸释放的以及气体发生器在工作时所放出的 CO_2。当 CO_2 继续累积超过一定限度时，将库内空气引入 CO_2 吸附器中的喷淋水、碱液或石灰水中，或者引入堆放消石灰包的吸收室内，吸收部分 CO_2，使库内 CO_2 维持适宜的浓度。活性炭 CO_2 脱除机内的活性炭吸附 CO_2 达到饱和时，可用新鲜空气吹洗，使 CO_2 脱附。CO_2 脱除机有两个吸附罐，当一个罐吸附 CO_2 时，另一个同时进行脱附。气体发生器和 CO_2 吸附器配套使用，可以任意调节并快速达到所要求的气体成分。

由于气调库装货集中，所以要求其制冷负荷比一般冷库要大，应在短时间内将库温降低到适宜的贮藏温度。气调贮藏库还应有湿度调节系统、气体循环系统以及气体、温度和湿度分析测试记录系统等，这些都是气调贮藏库的常规设施。

2. 气调库的类型

按建筑形式分，气调库可分为砌筑式、夹套式和装配式三种。

(1) 砌筑式气调库

砌筑式气调库又被称为土建式气调库，建筑方法与冷库基本一样，用传统的建筑材料和保温材料砌筑而成，或由冷库改造而成。在库体内表面增加一层气密层，将其直接铺设在库体上。砌筑式气调库造价比装配式气调库低约 30%，气密性接近装配式气调库，比较适合我国国情，但施工周期长，难度大，且随着建筑物的沉降和变形，气密性易被破坏。砌筑式气调库在我国发展很快，主要用于贮藏苹果、梨、猕猴桃、板栗等果品，我国有 50%～60%的气调库属于这种类型。

(2) 夹套式气调库

夹套式气调库即在普通冷库内，用气密材料围成一个密闭的贮藏空间，它是在砌筑式气调库基础上发展而来的。气密材料与库内的墙体、屋面保持一定距离，气密层有一个供货物进出的可密闭的库门。在密闭空间与围护结构之间形成了一个夹层，气调处理在气密层内部进行，制冷装置仍安装在原来的位置，冷风在夹层内循环。这种形式主要用于葡萄气调贮藏，在气密层内部进行 SO_2 处理，可以避免 SO_2 腐蚀库内风机等金属设施。某些蔬菜用 ClO_2 处理进行保鲜时，也可以采用这种形式的气调库。

(3) 装配式气调库

装配式气调库是在库基上用彩镀夹心板拼接装配而成的，施工方便，气密性好，是目前国内外应用最多的气调库（图 6-14）。

图 6-14 装配式气调库内部通道实例

6.5.4 气调库的运行管理

气调库投资大，设备先进，必须在科学管理下才能实现技术潜能。气调库的运行管理包括贮藏管理、设备运行管理和安全管理等。

1. 贮藏管理

气调贮藏是高投入、高效益的产业，要求产品贮藏品质好、成熟度适中，采收后及时入库。在贮藏过程中，严格控制温度、湿度和气体成分等条件，做好产品的质量检测。

(1) 温度

入库前 7～10 天开机进行梯度降温，在新鲜产品入贮前，使库温稳定在设定的温度，为贮藏做好准备。产品在入库前应先预冷，消除田间热。产品入库时速度要快，及时装满封库。封库后 2～3 天内将库温降至最佳贮藏温度，并始终保持这一温度，避免波动。

(2) 湿度

湿度管理的重点是管理好加湿器及其监测系统。实践表明，应在库温稳定后再开启加湿器，启动过早会增加产品霉烂，启动过晚会导致产品失水。加湿时要注意使库内水汽分布均匀，避免加湿水在小范围内聚集，增加霉菌侵染，引起产品腐烂，影响贮藏效果。由于湿度传感器在低温高湿下容易失真，所以湿度的控制和调节在很大程度上仍要靠管理人员的经验。

(3) 气体成分

气体成分管理的重点是控制好库内 O_2 和 CO_2 浓度。在产品入库结束、库温稳定之后，应迅速降氧。一般低氧贮藏，库内 O_2 一次降至 5%左右，再利用产品自身的呼吸作用继续降氧，同时提高 CO_2 浓度，直至达到设定的指标，这一过程需 7～10 天。之后靠

脱除多余的 CO_2 和补充 O_2 的方法，使库内 O_2 和 CO_2 浓度稳定在适宜的范围，直到贮藏结束。

(4) 产品质量

从产品入库到出库要定期进行质量检测，内容包括产品外部感官性状和风味，保鲜程度（如失重、果肉硬度、可溶性固形物含量），以及微生物侵染病害和生理病害发生情况。气调贮藏中尤其要注意生理病害，如苹果虎皮病、CO_2 中毒、低 O_2 伤害和低温冷害等的发生，并随时对检测结果进行分析，以指导下一步的操作管理。贮藏后期应增加检测频率和次数。

2. 设备管理和库房管理

每一个贮藏季节开始前，必须对所有设备进行一次全面检修和调试，掌握设备运行状况，保证气调库正常运转。

(1) 制冷设备

制冷机、冷却塔、水泵、循环水池、出入库管道等皆应定期检查和维修；润滑系统、制冷剂、压力表、感测温元件、压力继电器、电控元件、冷却水系统等皆需经常检查，并使之处于正常状态。

(2) 气调设备

气体调节系统、气体监控系统和加湿系统的所有设备、管道、电机、阀门、过滤器、压力表等都应经常检查维修，保证各部件清洁、灵敏、完好。

(3) 管道

应对所有设备与库体间连接的管道和接头的泄漏情况、制冷管道的保温情况、阀门、阀杆、上下水管、压力平衡管等进行检查，保证其密封良好，畅通无阻，开关灵活。

(4) 试运转

在完成上述检查、检修之后，需开机进行联动运转，待确认各系统运转正常后，可将其保持在准备运行状态，以便随时开机运行。

(5) 库房管理

库房管理的重点是气密性检测和补漏。每年产品入库前，都应对气密性进行全面检测，发现泄漏及时修补。在补漏结束后再对气调库进行整体气密试验，直到确认气密性达到工艺要求。此外，库房和包装材料消毒、库房堆码方式等也是库房管理的重要工作。

3. 安全管理

安全管理包括设备安全管理、水电防火安全管理、库体安全管理和人身安全管理等方面，这里特别强调的是库体安全管理和人身安全管理。

(1) 库体安全管理

除防水、防冻、防火之外，重点是防止温变效应。在库体进行降温、试运转期间绝对不允许封库，因为过早封库，库内温度骤降，必然增大内外压差，当这种压差达到一定限度后，会导致库体崩裂，轻者破坏库体气密性，重者使库体坍塌报废。正确的做法是，当库温稳定在设定的范围内后再封库门，开始下一步操作。

(2) 人身安全管理

气调库内低 O_2、高 CO_2 的环境对人会造成伤害，操作人员进入库内一定要注意安全。具体办法如下：①入库前戴好氧气呼吸器，确认呼吸畅通后方可入库操作；②库内操作必须两人同行；③入库前必须将库门和观察窗的门锁打开，以便出现事故后急救；④库外留人观察库内操作人员的动向，以防万一。产品出库时，必须确认 O_2 浓度达到 18%以上，操作人员方可入库。

6.5.5 塑料薄膜封闭气调贮藏

20 世纪 60 年代以来，国内外对塑料薄膜封闭气调法开展了广泛的研究，使其在生产中得到广泛应用，并在园艺产品保鲜上发挥了重要作用。塑料薄膜除使用方便、成本低廉外，还具有一定的透气性。通过园艺产品的呼吸作用，会使塑料袋（帐）内维持一定的 O_2 和 CO_2 比例，加之人为的调节措施，会形成有利于产品贮藏保鲜的气体成分。薄膜封闭容器可安装在普通冷库、通风贮藏库、土窑洞、棚窖等贮藏场所内，也可在运输过程中使用。

目前，硅橡胶在园艺产品贮藏中应用已取得成功。硅橡胶是一种有机硅高分子聚合物，它是由有取代基的硅氧烷单体聚合而成的，以硅氧键相连形成柔软易曲的长链，长链之间以弱电性松散地交联在一起，这种结构使硅橡胶具有特殊的透气性。硅橡胶膜对 CO_2 的透过率是相同厚度聚乙烯膜的 200～300 倍，是聚氯乙烯膜的 20000 倍。硅橡胶膜还对气体透过具有选择性，它对 N_2、O_2 和 CO_2 的透性比为 1∶2∶12，对乙烯和一些芳香物质也有较大的透性。利用硅橡胶膜特有的性能，在用较厚的塑料薄膜（如 0.23 mm 厚聚乙烯）做成的袋（帐）上嵌入一定面积的硅橡胶，即做成一个有气窗的包装袋（或硅窗气调帐），袋内园艺产品进行呼吸作用释放出的 CO_2 通过气窗透出袋外，所消耗掉的 O_2 由大气透过气窗进入袋内得到补充。由于硅橡胶具有较大的 CO_2 与 O_2 透性比，且袋内 CO_2 进出量与其在袋内的浓度呈正相关关系，贮藏一段时间后，袋内的 CO_2 和 O_2 进出达到动态平衡，气体成分会自然调节到一定的范围以内。

硅橡胶气窗包装袋（帐）与普通塑料薄膜袋（帐）一样，都是利用薄膜本身的透性自然调节袋中的气体成分。因此，袋内的气体成分必然与气窗的特性、厚薄、大小，袋子的容量、装量，园艺产品的种类、品种、成熟度，以及贮藏温度等因素有关。实际应用时，要通过试验研究确定袋（帐）子的容量、装量和硅橡胶窗的面积。

1. 封闭方法和管理

(1) 垛封法

贮藏产品用通气的容器盛装，码成垛。垛底先铺垫底薄膜，在其上摆放垫木，将盛装产品的容器垫空。码好的垛子用塑料帐罩住，帐和垫底薄膜的四边互相重叠卷起并埋入垛四周的小沟中，或用其他重物压紧，使帐密闭。也可用活动贮藏架在装架后整架封闭。比较耐压的一些产品可以散堆到帐架内再行封帐。帐选用的塑料薄膜一般为厚 0.07～0.20 mm 的聚乙烯或聚氯乙烯。在塑料帐的两端设置袖口（用塑料薄膜制成），供充气及垛内气体循环时插入管道。可从袖口取样检查，活动硅橡胶窗也可通过袖口与帐相连接。帐设取气口，以便测定气体成分，也可从此处充入气体消毒剂，平时不用时将气口塞闭。为使器壁的凝结水不侵蚀贮藏产品，应设法使封闭帐悬空，不使之贴紧产品。帐顶部分可加衬吸水层，还可将帐顶做成屋脊形，以免凝结水滴到产品上。塑料薄膜帐的气体调节可使用气调库调气的各种方法。帐上设硅橡胶窗可以实现自动调气。

（2）袋封法

将产品装在塑料薄膜袋内，扎口封闭后放置于库房内。调节气体的方法如下：①定期调气或放风，用0.06～0.08 mm厚的聚乙烯薄膜做成袋子，将产品装满后入库，当袋内O_2减少到低限或CO_2增加到高限时，将全部袋子打开放风，换入新鲜空气后再进行封口贮藏；②自动调气；采用0.03～0.05 mm的塑料薄膜做成小包装，因为塑料膜很薄，透气性很好，在较短的时间内，可以形成并维持适当的低O_2和高CO_2气体且不致造成高CO_2伤害，该法适用于短期贮藏、远途运输或零售包装。在袋子上，依据产品的种类、品种和成熟度及用途等粘贴一定面积的硅橡胶膜，也可以实现自动调气。图6-15所示为硅窗袋气调在蒜薹贮藏保鲜上的应用。

图6-15　利用硅窗袋气调保鲜蒜薹实例

2. 温湿度管理

塑料薄膜封闭贮藏时，帐（袋）内因有产品释放呼吸热，所以温度总比库温高一些，一般有0.1～1.0℃的温差。另外，塑料帐（袋）内湿度较高，接近饱和，塑料膜处于冷热交界处，内侧常有一些凝结水珠。如果库温波动，帐（袋）内外温差会变得更大，薄膜上的凝结水珠也就更多。封闭帐（袋）内的水珠还溶有CO_2，pH约为5，这种酸性溶液如果滴到园艺产品上，不仅有利于病原菌的活动，而且会造成不同程度的伤害。封闭容器内四周温度因受库温的影响而较低，中部温度则较高，这会引起内部气体发生对流，其结果是较暖的气体流至冷处，降温至露点以下便析出部分水汽形成凝结水，这种气体再流至暖处，温度升高，饱和差增大，又会加强产品的蒸腾作用。这种温湿度的交替变动，像有一台无形的抽水机，不断地把产品中的水分抽出来变成凝结水。也有可能并不发生空气对流，而是因温度较高处的水汽分压较大，它会向低温处扩散，同样导致高温处产品失水而低温处产品凝水。因此，薄膜封闭贮藏时，一方面是帐（袋）内部湿度很高，另一方面产品仍有较明显的失水现象。解决这一问题的关键在于力求保持库温稳定，尽量减小封闭帐（袋）内外的温差。

6.5.6 超低氧气调贮藏

气调贮藏自 20 世纪 50 年代发展以来，技术不断进步，其标志是 O_2 浓度的控制指标不断下降，至 90 年代中期，超低氧气调在欧美发达国家得到了推广应用。O_2 浓度在 2% 以下的气调贮藏称为超低氧气调贮藏。目前，气调贮藏在发达国家主要是超低氧气调。大多数情况下，O_2 指标在 1%左右。美国在新红星苹果上推广应用 0.7%的 O_2 浓度，以控制虎皮病的发生。到 20 世纪末，超低氧气调的应用占到了气调贮藏的 30%以上，应用的园艺产品有苹果、西洋梨、猕猴桃、香蕉等。除欧美发达国家外，智利、韩国、以色列等国也已开始应用此项技术。

在一定的 O_2 浓度范围内，园艺产品的呼吸作用随 O_2 浓度的降低而下降，在 0℃时，苹果在 3%的 O_2+3%的 CO_2 条件下贮藏，呼吸强度约为空气中的 60%，乙烯释放量为空气中的 55%；而在 1%的 O_2+1%的 CO_2 条件下贮藏，呼吸强度仅为空气中的 25%～30%，乙烯释放量为空气中的 27%。由于超低氧大大地降低了园艺产品的呼吸强度和乙烯生成量，因此，超低氧气调贮藏在保持产品硬度、抑制叶绿素和有机酸降解等方面具有显著效果。在大幅度延长贮藏期的同时，超低氧气调贮藏几乎完全避免了衰老引起的生理病害。当然，这种贮藏技术也有不足之处，它对果实等园艺产品挥发性风味物质的形成有明显的抑制作用，长期使用超低氧气调贮藏的果实，其货架期挥发性风味物质形成的种类和数量比低氧气调的还要少。

超低氧气调贮藏不仅要求气体指标低，而且要求气体指标变化幅度应在很小的范围内。因为气体指标的波动较大，有可能造成气体伤害，所以超低氧气调对库体和设备都有很高的要求，库体气密性要求在 300 Pa 限定压力下，半压降时间不低于 30 min；N_2 浓度要求在 97%以上，最高浓度要达到 99%；对库内温度波动也要控制在很小的范围内，同时要求温度传感器有较高的准确度和精确度。

6.6 减压贮藏

减压贮藏又称低压贮藏，被国际上称为 21 世纪新型保鲜技术，由于其原理和技术上的先进性，使园艺产品保鲜效果比单纯冷藏和气调贮藏要更为优越，在易腐难贮产品保鲜方面发挥了巨大作用。

6.6.1 减压贮藏的兴起

现代果蔬贮藏保鲜技术起源于 19 世纪，到目前已经历了三次革命。

1851 年，现代制冷之父——James Harrison 在澳大利亚维多利亚州季隆市，设计并制造了世界上第一台制冷压缩机及其辅助设备，并用于园艺产品保鲜，被认为是保鲜史上的第一次革命。其意义在于，真正摆脱了利用自然冷源保鲜园艺产品而造成的季节性和地区性限制，大大提高了贮藏温度控制的精确性，扩大了低温保鲜园艺产品的地理和季节应用范围，显著改善了产品保鲜质量，延长了贮藏期限，在商业上得到大量应用。但低温贮藏保鲜的极限温度接近冰点温度或冷害的临界温度，要进一步保持园艺产品质量及延长贮藏期限，必须在控制低温的基础上导入新的技术。

1917 年，英国的 Kidd 和 West 在前人研究的基础上，进一步探讨了气体成分对园艺产品生理作用的影响。结果发现，在控制低温的基础上，降低空气中 O_2 浓度，提高 CO_2 浓度，比单纯冷藏更能降低产品的呼吸代谢，且贮藏期比冷藏条件下延长 1 倍以上。1928 年，他们应用该理论在英国建造了世界上第一座气调库，用来贮藏苹果，并在商业上取得了成功，这被认为是保鲜史上的第二次革命。此后，他们对园艺产品气调贮藏进行了更为广泛深入的研究，发现气调保鲜尽管比普通冷藏使产品质量得到了很大改善，贮藏期限明显延长，但也存在着一些局限性，具体表现在以下方面：①不易形成超低氧（0~2%）贮藏环境；②不易形成低 CO_2 或无 CO_2 贮藏环境；③不能加速产品组织内乙烯和其他挥发性有害气体向外扩散。要进一步改善园艺产品保鲜质量，延长其贮藏期限，应该导入更新的技术。

1957 年，Workman 和 Hummel 等同时发现，一些园艺产品在冷藏的基础上降低贮藏环境气压，与常规气调相比明显延长了贮藏寿命。1966 年，美国的 Burg 等人提出了完整的减压贮藏理论和技术。此后，在许多国家相继开展了大量研究，试验对象范围也从最先用的苹果迅速扩大到其他园艺产品，这被认为是保鲜史上的第三次革命。

6.6.2 减压贮藏的理论和技术特点

减压贮藏无论在理论上还是在技术上都有其独到的特点，使其成为 21 世纪的新型保鲜技术。

1. 理论特点

①可达到低 O_2 和超低 O_2 效果。将园艺产品置于密闭容器中，抽出容器内部分空气，使内部气压降低到一定程度，空气中各种气体组分的分压都相应降低，O_2 浓度也相应降低。例如，当把气压降至正常的 1/20~1/10，空气各组分的相对比例并未改变，但它们的绝对含量则降为原来的 1/20~1/10，此时 O_2 含量只相当于正常气压的 1.1%~2.1%。因此，减压贮藏能创造低 O_2 或超低 O_2 条件，起到类似气调贮藏的作用，在超低 O_2 的控制方面比气调贮藏更容易。

②可促进园艺产品组织内部挥发性有害气体向外扩散。减压贮藏可以促进园艺产品组织内挥发性有害气体向外扩散，明显优于冷藏和气调贮藏。减压处理能够加速组织内乙烯以及其他挥发性产物，如乙醛、乙醇等向外扩散，可以减少这些物质引起的衰老和生理病害。

③从根本上消除 CO_2 中毒的可能性。气调贮藏时，提高 CO_2 浓度的重要作用之一是

使它成为乙烯的竞争性抑制者，但又常会导致某些生理病害。减压条件下内源乙烯已极度减少，合成也受到抑制，不再需要维持高浓度 CO_2 来阻止乙烯生成。另外，减压贮藏容易造成一个低 CO_2 的贮藏环境，可使产品组织内部 CO_2 分压远低于正常空气中的水平，从根本上消除了 CO_2 中毒的可能性。

④抑制微生物的生长发育。由于减压贮藏可造成超低 O_2 条件，所以可抑制病原微生物的生长发育和孢子形成，减轻某些侵染性病害。此外，减压贮藏可使无残毒高效气态保鲜剂由表及里高强度渗入园艺产品组织内部，解决了高湿与腐烂这一矛盾。减压贮藏设施可排除 90%的空气，把悬浮在空气中的 90%的微生物排除到贮藏环境之外，从而大大减少了侵染性病原微生物的种群和数量。

总之，减压贮藏能够降低园艺产品呼吸强度，抑制乙烯的生物合成，推迟叶绿素的分解，抑制类胡萝卜素和番茄红素的合成，减缓淀粉的水解、糖的增加和酸的消耗等过程，从而延缓产品成熟和衰老。减压贮藏还能防止和减少各种贮藏生理病害，如酒精中毒，虎皮病等，可以保持新鲜产品的品质、硬度和色泽。减压贮藏也可用于肉类、花卉等产品的保鲜。

2. 技术特点

减压贮藏相对于普通冷藏和气调贮藏具有以下技术特点：

①贮藏期延长。减压贮藏除具有冷藏和类似气调贮藏的效果外，还有利于园艺产品组织中有害物质，如乙烯、乙醇等挥发性物质的排出，大大延长了产品的贮藏期限。几种园艺产品减压贮藏的效果见表 6-6。

表 6-6　几种园艺产品普通冷藏与减压贮藏的贮藏期比较　单位：d

种类	普通冷藏	减压贮藏
苹果	60～90	300
香蕉	10～14	90～150
草莓	5～7	21～28
菠萝	9～12	40
桃	45～60	300
番茄	14～21	60～100
莴苣	14	40～50
青葱	2～3	15
黄瓜	10～14	40

②具有“三快”的特点。减压贮藏具有快速减压降温、快速降氧、快速排除有害气体成分的特点。减压条件下，园艺产品的田间热、呼吸热等由抽真空处理而被排出，降温迅速；真空条件下，空气中各种气体组分分压相应迅速下降，氧分压也迅速降低，克服了气调贮藏中降氧缓慢的缺点；减压处理还能使产品组织内外产生压力差，以此为动力，园艺产品组织内有害气体成分向外扩散，避免了毒害，延缓了衰老。

③贮量大、可多品种混放。减压贮藏换气频繁，气体扩散速度快，产品在贮藏室内密集堆放，室内各部分仍能维持较均匀的温湿度和气体成分，所以贮藏量较大；同时减压贮藏可尽快排除产品体内的有害物质，防止产品之间相互促进衰老，在同一温度下，可将多种产品放置于同一贮藏室内。

④可随时进出库。减压贮藏操作灵活，使用方便，所要求的温度、湿度和气体浓度等条件很容易达到，产品可随时出库、入库，避免了气调贮藏产品易受出入库次数影响的不便。

⑤可延长货架期。经减压贮藏的产品，在解除低压后，后熟和衰老过程仍然缓慢，故经减压贮藏的产品有较长的货架期。

⑥节能、经济。减压贮藏除空气外不需要提供其他气体，省去了气体发生器和 CO_2 脱除机等设备。减压贮藏库的制冷降温与抽真空是不间断连续进行的，且维持压力的动态平衡，降温速度相当快，故用减压贮藏的园艺产品可不预冷，直接入库贮藏，减少预冷费用。运用于运输方面，可节约时间，加速货物流通速度。

3. 不足之处

减压贮藏虽有诸多优点，但同时它也存在如下缺点：

①建造库体费用高。减压贮藏库建筑费用比普通冷库要高得多，甚至比气调贮藏库还要高，因此到目前为止，这种方法在商业上应用较少，在实践中大量推广还有一定困难，在保证库体耐压的情况下需进一步研究如何降低建造费用。

②产品容易失水。减压贮藏库内换气频繁，产品易失水萎蔫，故应特别注意湿度的控制，最好增设加湿装置。

③产品香味散失。减压贮藏后，园艺产品芳香物质损失较大，很易失去原有的香气和风味。但有些产品在常压下放置一段时间后，风味可部分恢复。

6.6.3 减压贮藏设施、方式和技术

1. 减压贮藏设施

减压设施包括真空容器、真空泵、加湿系统、自控系统和真空连接系统，如图 6-16 所示。

①真空容器。真空容器是容纳和贮藏产品的部位，器壁除具有隔热性、气密性外，还应具有耐压性。库体常使用金属板壁材，内有科学设计的支承钢架，一般要求库体能够承受 9.8×10^4 Pa 的压强。库体设有保温耐压门。

②真空泵。由真空泵抽出真空容器内的空气，使其形成真空，从而达到降低 O_2 浓度、加速组织内有害气体向外扩散、延长贮藏期的目的。为防止潮湿对真空泵造成破坏，多采用水环式真空泵。

③加湿系统。为了防止产品失水萎蔫，经常定时或连续加湿，以保持产品鲜度。

④自动控制系统。自动控制系统用于自动控制和保持真空容器内压力，达到长期保鲜的目的，其中包括真空表、真空电磁阀及自动控制和电气保护系统。

⑤真空连接系统。真空连接系统把各系统连接到一起，形成完整的减压体系，包括

管件材料和阀门等。

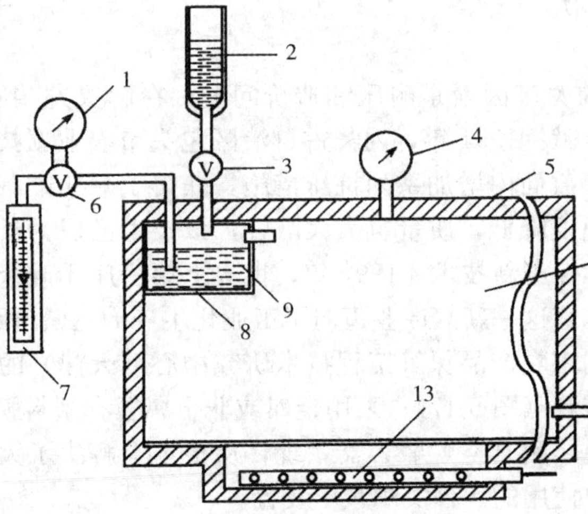

图 6-16　减压贮藏的基本设备

1. 真空表；2. 加水器；3. 阀门（平时关闭，需补偿水时开启）；4. 湿度表；5. 隔热墙；6. 真空调节器；7. 空气流量计；8. 加湿器；9. 水（可加入挥发性杀菌剂，如仲丁胺）；10. 减压贮藏室；11. 真空节流阀；12. 真空泵；13. 制冷系统的冷却管

2. 减压贮藏方式

减压贮藏在运行方式上有以下两种类型。

①定期抽气式（静止式）。这种方式是真空泵从真空容器抽气，直至真空度达到要求，以后适时补充 O_2，以维持设定的低压。这种方式虽可以促使产品组织内的乙烯等挥发性成分向外扩散，却不能使这些物质不间断地排到容器外。

②连续抽气式（气流式）。整个系统不间断地连续运转，即等量地不断抽气和输入空气，保持压力恒定，气流速度为每小时更换减压室或减压容器容量的 1～4 倍。因此，产品始终处于恒定低压、低温和湿润新鲜的气体之中。连续抽气式减压贮藏较好地解决了定期抽气式存在的问题。

3. 减压贮藏技术

除了控制好温度和湿度外，更重要的是要根据产品种类控制好绝对压力。实践证明，真空贮藏保鲜技术与现行的常规贮藏技术相比，可使收获后园艺产品的贮藏寿命延长几倍。减压贮藏先后在番茄、香蕉等果实上进行试验，保鲜效果明显，并已证明对其他许多园艺产品也有效。减压贮藏不仅可以延缓成熟，还能保持色泽，防止软化，减轻冷害和生理病害。菠菜、生菜、青豆、青葱、水萝卜、蘑菇等在减压贮藏中都有保色作用。大量的研究表明，减压贮藏技术可明显延长园艺产品保鲜期和改善品质，同时也是保鲜运输效果较好的方法。

6.6.4 减压贮藏的现状

阻碍减压贮藏技术发展的关键因素是耐压和造价问题，在解决这些问题的工作中，我国科学工作者作出了重要贡献。1991年，内蒙古自治区包头市农业新技术研究所的科技人员通过多年研究，在罐体截面内增加系列抗压措施，获得了减压贮藏罐壁生产技术突破，使罐体容器的造价大幅度降低，质量也大大减轻，该技术已成为具有国际领先优势和广阔推广前景的园艺产品保鲜新技术。1997年，世界上第一座千吨级减压贮藏保鲜库在包头市顺利建成，它标志着这一新兴产业迈向了工业化生产的运营道路。

在多年研究的基础上，国家农产品保鲜工程技术研究中心（天津）的研究人员研制出一种简易的微型减压贮藏装置（图6-17）；采用金属或非金属管和塑料膜，利用其结构力学和气密原理，研制出了减压耐真空贮藏容器系统，从根本上解决了大型减压库投资过高的问题，是适合我国农户使用的一种实用减压装置。

上海电动工具研究所也成功地研究出了真空冷却气调保鲜技术，设计出一套VAC-3型真空冷却气调保鲜装置（图6-18），并组建了生产企业。这套集真空、速冷、气调、半自动包装、贮运与机电一体化于一体的产品，实现了园艺产品真空快速冷却、气调保鲜、抑菌灭虫一次性完成。这套设备有车载式和固定式两种，使用灵活方便，可将车开到农田、果园及食品厂，直接加工后包装启运，也可建造冷库进行贮藏保鲜。

图6-17 微型减压贮藏装置

图6-18 VAC-3型真空冷却气调保鲜装置

6.6.5 减压贮藏的发展方向

减压贮藏有协调园艺产品季节性生产和周年供应、区域性生产和跨地区消费的潜在能力。减压贮藏技术的研究与减压贮藏库的开发，是涉及工业、轻工业、农业等多学科的综合性项目，需要各专业互相合作，其中又以材料、容器设计、机电、自动控制和食品等轻工行业为主，辅以园艺产品采后生理分析等农业科学和试验测试。因此，此项技术应引起轻工、农业等部门的高度重视，积极组织相关专业和科研单位进行技术研究。

1. 低造价耐压容器的研究

应进行替代钢结构的低成本、高强度复合材料容器的科学研究，进一步降低造价，使得经济价值较高的园艺产品贮藏和小型减压库的开发成为可能。

2. 控湿系统的研究

应分别进行控温系统、辅助杀菌系统、减压系统、气体充填系统以及贮存吞吐运输手段等方面的研究和设计，并对减压状态下的加湿系统作重点研究。

3. 自动控制系统的研究

应加强对温控、加湿、杀菌、调压、气体填充等监测过程中自动控制系统的研究。

4. 减压工艺技术的研究

应进一步进行园艺产品减压采后生理理论的研究和贮藏工艺的探索，进行环境气体压力与园艺产品细胞生理代谢理论模型的探索。

总之，减压贮藏具有不可替代的优越性，研究造价低、经济节能、贮藏效果好的多用复合材料，建成具有控温、控湿、控气压能力的减压贮藏库和微型减压容器及设施，这不仅适应提高我国园艺产品产量和质量的发展要求，而且有利于增强产品在国际市场上的竞争力。

6.7 物理保藏

物理保藏是利用温度、湿度、压力、气体成分、光、电、运动速度等物理技术参数对园艺产品进行作用，使之对环境反应迟缓，改变其原有的生物规律，最达到现保鲜的目的。物理保藏的基本根据是为园艺产品的采后贮藏提供适宜的可控环境，也是为园艺产品保鲜提供最佳调节方式。物理保藏不像化学保藏那样容易产生化学残留，所以在生产中较为常用，如前面几节内容已经介绍过的机械冷藏、气调贮藏和减压贮藏，都是物理保藏的典型代表。目前，除上述三种贮藏方法外，一些临近生产或处在实验阶段的物理保藏新技术还有很多，下面分别加以叙述。

6.7.1 臭氧保藏

臭氧（O_3）是氧（O_2）的同素异形体，性质极为活泼，是一种强氧化剂，其杀菌、消毒、脱色、除“臭”效果良好。臭氧保藏是目前在园艺产品冷藏中应用较多的一种物理方法。

1. 臭氧的产生

臭氧由高压放电或紫外线照射而产生。高压放电用得最多，其原理是在两个电极之间外加交流高压，在两电极间隙内放电，放电时在间隙中通过空气，使其中的氧气部分变成臭氧。

2. 臭氧的保藏特性

臭氧的保藏特性是利用它极强的氧化能力。臭氧极不稳定，易分解为初生态的氧原子和氧分子，即 $O_3 \rightarrow [O] + O_2$，[O] 被称为初生态氧原子，它的氧化能力极强。当初生态氧原子和霉菌等微生物接触时，会使微生物细胞被氧化破坏，导致微生物死亡，从而防止腐烂，延长贮藏期。

3. 臭氧的生物学特征

臭氧的生物学特征表现为它具有强烈的氧化性和良好的消毒效果，能杀死空气中的病原菌，对园艺产品表面病原微生物生长也有一定的抑制作用，但无穿透和选择特异性。有人认为臭氧能抑制酶的活性和乙烯的形成，降低乙烯的释放速率，并可使贮藏环境中的乙烯氧化失活，从而延缓园艺产品的衰老，降低腐烂率。臭氧对园艺产品采后生理的影响还有待于进一步研究。

4. 臭氧保藏的作用机理

研究表明，臭氧的保藏作用主要表现在四个方面：①消除并抑制乙烯等有害物质的产生，延缓后熟衰老；②具有良好的杀菌作用，防止霉变腐烂；③诱导表皮气孔收缩，降低水分蒸发，减少失重；④诱导抗性的产生；⑤对农药残留有一定的降解作用。

采收前，园艺产品具有较强的抵抗力，不易受微生物侵染，但随着生命活动的进行，自身抵抗力下降，容易受到微生物侵染，引起腐烂而失去商品价值。因此，可以利用臭氧的强氧化和杀菌特性，杀灭贮藏环境中的微生物，以达到延长园艺产品保藏期的目的。

臭氧除具有很强的防腐效果外，还能够氧化许多饱和、非饱和的有机物质，破除高分子链及简单烯烃类物质。在贮藏过程中，用臭氧处理可以快速分解园艺产品生理代谢所释放出的乙烯、乙醇、乙醛等有害气体，钝化相关酶的活性，降低呼吸强度，减少营养物质消耗，延缓成熟衰老。臭氧还能破坏有机物或无机物的污浊气味，具有除臭、净化空气的作用，可用于贮藏环境的消毒和维持清新优良的环境。

目前，市场上销售的园艺产品常常会出现农药残留超标，严重威胁人们的身体健康和生命安全。要解决这一问题，一方面需从源头抓起，建立无公害和绿色产品生产基地；另一方面要对园艺产品的农药残留进行降解。在众多农药残留降解方法中，臭氧处理是一种简单、安全、经济、有效的方法，它可以分解水体中的氰化物、锰、铁、硫化氢、亚硝酸盐及含氮有机物（包括腐殖质、叶绿素、氨基酸、胺类、硝基化合物、农药等），甚至能降解产品表面的有机氯、有机磷等农药残留。

5. 臭氧保藏的应用范围

（1）空库消毒

冷库的生物污染源主要是霉菌，霉菌可在低温低湿条件下存活，对一般消毒剂有较强的耐受力，试验表明，臭氧消毒对冷库灭菌效果很好，在 24 mg/m^3 浓度下，3 h 可以杀死霉菌包括抵抗力极强的未萌发孢子。经过长期研究，确定冷库消毒最适臭氧浓度为

12～20 mg/m^3，停机后封库24 h，细菌的杀灭率可达90%以上，霉菌杀灭率为80%，除异味效果理想。

(2) 入库杀菌

新鲜的园艺产品入库前往往带有大量微生物，它们是造成贮藏过程中产品腐烂的主要原因。适时地对入库的园艺产品进行杀菌消毒，能避免贮藏期间由微生物所引起的腐烂损失，延长贮藏期。对不同的园艺产品采用不同的杀菌条件，一般臭氧浓度为4～24 mg/m^3即可达到满意的消毒效果。

(3) 贮藏保鲜

园艺产品在贮藏过程中，由于新陈代谢作用产生大量的乙烯加速其后熟和衰老。经臭氧处理后，能快速分解乙烯，减缓生理代谢进程，推迟后熟和衰老。试验表明，使用臭氧保藏苹果、梨及葡萄等水果效果较好，间断应用浓度不超过4 mg/m^3，没有任何伤害，产品保鲜期可普遍延长1～2倍，且贮后产品新鲜，感官、风味、品质优良，货架期也可延长1倍以上。

6. 臭氧保藏的应用前景

利用臭氧作为杀菌保鲜剂，与常用的化学消毒剂，如过氧乙酸、高锰酸钾、二氧化硫（硫黄熏蒸）等相比，具有特殊的优越性。臭氧会自行分解成氧气而不产生残留污染，使用后不需通风换气，具有扩散性好、浓度均匀、无死角、成本费用低等特点，且在降解园艺产品表面微生物分泌的毒素及农药残留方面效果突出。臭氧也可用于仓库粮食、鸡蛋等的保鲜贮存，这一技术在发达国家早已被广泛应用。特别是近几年，随着"绿色食品"、"有机食品"的兴起，人们对无污染、无公害、优质园艺产品的需求也逐年增加，臭氧保藏技术以其独特的高效杀菌、无残留、运用简便等优点，而具有十分广阔的应用前景。

6.7.2 辐射保藏

辐射保藏主要是利用钴-60（^{60}Co）或铯-137（^{137}Cs）发生的γ射线。γ射线是穿透力极强的电离射线，当它穿过生命有机体时，会使其中的水和其他物质发生电离，生成游离基或离子，从而影响机体的新陈代谢，严重时则杀死细胞。电子流穿透力弱，但也能起到电离作用。辐射处理不仅可以干扰基础代谢过程，延缓园艺产品的成熟衰老，还能减少害虫滋生和抑制微生物引起的腐烂，从而延长贮藏寿命。

1. 辐射源、辐射剂量和辐射方式

由于钴-60的能量比铯-137大，所以使用剂量低，照射时间也短，对具有大型包装容器的食品能从外部进行照射，在生产实际中得到广泛应用。钴-60是一种穿透力很强的钴元素同位素，对人和生物体是有害的。γ量子的射程长达几十米，能穿透数十米厚的金属板。为了使操作者不受γ射线的伤害，一般将钴-60放射源安放在深井内的水中，井的四周用水泥墙围住。操作者进出的通道采用回龙式，并配备一定角度的反光镜。在水泥墙上贴有一定厚度的铅板，水的深度和铅板厚度依钴-60源的大小而定。由于钴-60的半

衰期长（5.26 年），能在较长时间内不需补充，比较安全可靠。

辐射剂量是指被照射物品所接受的照射总量，常以 R、rad、krad、Gy、kGy 等单位来表示。各单位之间换算关系如下：1 krad=1000 rad，1 Gy=100 rad，1 R≈0.84 rad，1 rad≈1.19 R。根据各种产品的保藏目的和特点，所用射线的最适辐射剂量是不同的。一般而言，50～150 Gy 是抑制发芽的辐射剂量，100～1500 Gy 是杀死害虫的辐射剂量，1～5 kGy 是抑制部分微生物的辐射剂量，3～7 kGy 是脱水蔬菜的辐射剂量，15～60 kGy 是完全杀菌的辐射剂量。

辐射方式通常有两种：一种是把被辐射的物品固定在辐射台上，人离开辐射室，用机械装置把辐射源从水井中提升出来照射，完成后把辐射源再放入水井中，然后再将被辐射物从辐射室中取出贮藏；另一种是用机械传送装置取代人工运送，由传送装置把被照射物品送入辐射室进行辐射。前者操作简单，但辐射源使用效率低，不连续，速度慢，适用于小批量物品辐射。后者可连续操作，也可间歇照射，辐射源使用效率高，速度快，适用于大批量物品辐射。

2. 辐射处理对园艺产品的效应

（1）抑制发芽

部分园艺产品经电离辐射后，由于其分生组织遭到破坏，核酸和植物激素代谢受到干扰，核蛋白发生变性，故可抑制器官发芽。试验表明，用 6～15 krad 剂量照射马铃薯、洋葱和大蒜，可使其在常温下保藏一年之久。

（2）调节呼吸和延缓衰老

呼吸跃变型园艺产品经适当剂量辐射后，一般都可以抑制后熟，推迟呼吸跃变，减缓叶绿素降解。番茄、青椒、黄瓜和一些热带水果都有这种表现。有学者指出，可以用“修复反应”来解释辐射抑制后熟的机理，即生物体受到辐射后要从辐射造成的伤害中恢复过来，这期间机体自身进行着修复作用，后熟因此被延迟。非呼吸跃变型园艺产品的反应则不同，如柑橘没有辐射后的修复反应，绿色柠檬和早熟蜜柑辐射后加速黄化。

（3）抑制微生物生长

杀菌是新鲜园艺产品进行辐射处理的重要原因之一。辐射处理能否起到防腐作用，取决于以下几个方面的影响：①辐射剂量是否足以控制主要病原菌；②这种剂量和剂量率对产品的伤害和对产品抗性的削弱程度如何；③在贮藏过程中病原菌能否重复侵染。

（4）减少虫害

辐射处理可以破坏害虫的新陈代谢作用，中断生长发育，停止生命活动，甚至导致死亡，如杀死某些干制品及热带水果中的虫卵、幼虫和成虫。

3. 辐射处理存在的问题

（1）辐射伤害和辐射味

园艺产品经辐照后会产生一定程度的生理损伤，主要表现为变色和抗性下降，甚至引起细胞死亡。但不同作物的辐射敏感性差异很大，致伤剂量和病情表现也各不相同。组织褐变是辐射伤害最明显、最早表现的症状。园艺产品经辐射后还有异味产生。辐射伤害和辐射味主要是电离和氧化效应引起的，对此可采取下列措施来防止和减轻：①尽可能降低辐射时的环境温度，辐射后采用低温贮藏；②辐射时排除辐射源产生的 O_3；③产品在辐射时用不透气的薄膜包装，抽去内部空气或充入惰性气体；④辐射过程中产品应用抗氧化剂等。

（2）安全性问题

安全性方面需要考虑的问题主要如下：食品有无放射性污染和产生感生放射性；辐射能否产生有毒、致癌、致畸、致突变等物质。多年来，具体测试和理论分析表明，辐射食品不存在放射性污染和感生放射性问题，至今还未见其产生有毒、致癌和致畸物质的报道。

我国在 1983 年 11 月 30 日正式批准了辐射大蒜、洋葱、蘑菇、马铃薯、大米和花生的卫生标准以及辐射香肠的暂行卫生标准，并已经建成多座大型的食品辐射处理站。

6.7.3　电磁保藏

目前国内外日益重视将电磁新技术应用于农业生产，如采用高频电磁波处理作物种子或用磁化水浸种、灌溉，可以提高种子的发芽率和发芽势，增强植株的抗病力和同化率，提高作物产量和质量等。近年来，一些国家提出将电磁处理应用于园艺产品贮藏，我国也有这方面的试验研究。

迄今为止，在园艺产品贮藏上做过电磁试验的大致有电磁场处理、高压静电场处理、高频电磁场处理和离子空气处理等。

1. 电磁保藏技术原理

电磁波与生物体相互作用，可被生物体内部物质吸收，且随着介入深度的增大，电磁波强度会逐渐减弱，同时生物体内部也会发生一系列生理变化。

从分子生物学的角度来看，园艺产品可视为一种生物蓄电池，在离开生长环境后发生的一系列生理生化变化，即是电荷不断积累和工作的过程。在贮藏过程中，要减少和避免有机物质的消耗，就必须减少或终止这种电荷变化。使用电磁场、高压静电场、高频电磁场和离子空气等处理，中和园艺产品自带的各种电荷，减缓和停止其生理变化，造成类似假死的现象，即可达到长期贮藏保鲜的目的。

2. 电磁保藏技术方法

（1）电磁场处理

产品在一个电磁线圈内通过，控制磁场强度和产品运动速度，使其受到一定剂量的磁力线切割作用，或者流程相反，产品静止而变换磁场方向，即达到磁场处理的目的。日本学者研究发现，水果经磁场处理后可以提高其生命力，增强抵抗病变的能力。园艺产品在磁力线中运动，生理代谢上会发生变化，这种磁化效应虽然很小，但应用电磁测量技术，可以在产品组织内测量出电磁反应的现象。Boe 和 Saunkhe 把番茄放在强度很大的永久磁铁的磁极中间，发现果实后熟加速，且靠近 S 极的果实比靠近 N 极的成熟得更快，其可能原理如下：①磁场有类似激素的特性，或具有活化激素的功能，起到催熟作用；②磁场激活或促进酶系统而加强呼吸作用：③磁场处理使果实形成自由基，加速代谢而促进后熟。

（2）高压静电场处理

高压静电场处理是将一个电极悬空，一个电极接地（或做成金属板极放在地面上），两者间形成不均匀电场，产品置于电场内，接受间歇或连续的电场处理，可能产生如下作用：①电场的直接作用；②高压放电形成离子空气的作用；③放电形成 O_3 的作用等。杨佩芳等报道，红星苹果经强度为 50～800 V/cm 的静电场处理 5～60 s，在温度为 0℃，相对湿度为 90％的条件下贮藏 4 个月，硬度比对照高 2.2％～10.1％，呼吸速度下降 0.06％～55.5％，整体保鲜效果良好。

（3）高频电磁场处理

高频磁场由电磁线圈通电后产生。将园艺产品用非金属包装材料包装后，放置到高频磁场中进行处理，磁力线会直接作用到产品上，导致产品体内的生物磁场和生物键发生改变，从而使其保鲜特性发生变化。

（4）离子空气处理

有关研究报道，对植物体的生理活动，正离子起促进作用，负离子起抑制作用，故在园艺产品贮藏中多用负离子空气处理。如果只需负离子处理而不要电场作用，可将产品置于电场外，按电晕放电使空气游离的原理制成负离子空气发生器，借助风扇将离子空气吹向产品，使产品在发生器外接受离子沐浴。

电磁处理用于园艺产品贮藏是一项新技术，相关试验研究较少，特别在作用机理方面有待于进一步探讨。

6.8 化学保藏

化学保藏是利用化学方法或化学保鲜剂进行园艺产品贮藏的方法。化学保藏技术的关键是要选择合适的化学物质，了解其保藏机理、使用方法及安全性。生产中所用的化学物质必须是无毒无污染的“绿色安全品”，常用的种类有保鲜剂、防腐剂和抗氧化剂等。

化学保藏的保鲜作用是靠化学反应所产生的气体、液体或膜状物来实现的，其特点是在贮藏环境中制造不利于微生物生长繁殖的条件，这种条件是指无论气体物质或固体物质，只能有利于园艺产品的生命延续，而不利于微生物的生长发育。此外，化学保藏还可利用自身的酸、碱、盐等特殊化学性质，对园艺产品特性加以中和、改善和保护，从而起到保鲜的作用。

6.8.1 涂膜剂保藏

涂膜剂保藏是利用大分子物质在园艺产品表面形成薄膜，通过薄膜将产品与环境分隔来阻止水分蒸发，减少对环境中氧的吸收，降低呼吸消耗，推迟呼吸高峰，维持产品品质，延长贮藏时间。在现有的多种贮藏保鲜技术中，涂膜剂保藏因其简单、方便、实用、价廉等优点，在水分含量高的园艺产品保鲜中得到了广泛应用。它还可以作为一项独立的技术，用于处理上架的园艺产品，对其进行短期保鲜，效果理想。

1. 保藏机理

园艺产品贮藏中的水分损失及气体运输是通过表皮系统进行的，表皮系统包括角质层、表皮细胞、气孔和表面毛状体等。角质层厚的园艺产品在贮藏期间水分损失较少。涂膜处理是人为地形成一种有阻隔性的薄膜，类似于园艺产品表面的角质层，可防止水分散失。同时，因园艺产品呼吸作用而使膜内 O_2 浓度下降，CO_2 浓度上升，当其吸入 O_2 和放出 CO_2 的速度与膜对二者的渗透速度相等时，膜内分压不再变化。若该混合气体符合产品贮藏的适宜气体条件，便起到自发气调作用，抑制呼吸，延缓衰老。

2. 种类与应用

园艺产品涂膜保鲜剂的种类很多，大体上可分为果蜡和可食用膜两大类。

果蜡是一种含蜡的水溶性乳液，喷涂在园艺产品表面，待干燥后蜡质固形物留在果皮表面形成薄膜。薄膜中有许多微孔，这些微孔弯弯曲曲，三维相通。果蜡能抑制园艺产品的新陈代谢，减少表面水分蒸发，推迟生理衰老。经过打蜡的产品，色泽鲜艳，光洁美观，商品价值高，货架期长，包装入库简单，已得到广泛应用。

可食用膜一般是采用天然高分子材料，园艺产品经过处理后在表面形成一层透明的薄膜，具有较好的选择透气性、阻水性、无色、无味、无毒等特点。这类可食用膜的取材范围很广，如甲壳素膜、纤维素膜、淀粉膜、魔芋精粉膜、海藻酸钠膜、蛋白质膜以及复合膜等。

目前，具有较强的阻气性和阻湿性的可食用膜被用于园艺产品贮藏保鲜的诸多方面，如控制产品内部气体交换、改善外观、改变产品表面特性、作为食品添加剂载体等。新鲜园艺产品通常采用散装或大包装，如果采用可食用膜处理可以有效地减少微生物再污染和交叉感染所引起的腐烂。另有研究表明，将涂膜剂保藏与冷藏、辐射等其他方法复合使用效果更好，贮藏期可延长 1 倍以上。可食用膜已用于柑橘、苹果、梨、猕猴桃、荔枝、龙眼、茄子、洋葱等果蔬的保藏处理，具有良好的保鲜效果。

3. 存在的问题与发展趋势

(1) 存在的问题

①膜研制中存在材料选择盲目性。不同的园艺产品存在不同的贮藏特性，不同的成膜材料也有不同的阻隔性，对某种园艺产品进行保藏时选择最佳的涂膜材料和最优组合无异于大海捞针。因此，应在认真研究不同园艺产品表皮结构和膜本身特性的基础上，以仿生学原理进行有针对性地选材。

②有时保鲜效果不理想。尽管有些膜已成功地应用于园艺产品保藏，但有时涂膜处理反而使产品品质败坏，增加腐烂。一方面，与产品本身对膜的适用性有关。由于园艺产品种类繁多，不同产品要求不同的保藏条件，只有了解了膜及园艺产品的特性，选择

合适的膜，才能取得良好的保藏效果。另一方面，可能与涂膜处理的工艺，如均匀性和厚度有关。

③多数膜的抑菌性不佳。对于可食用膜，尤其是多糖膜，贮藏后期反而成为微生物的培养基，诱导园艺产品发生严重腐烂。因此，在涂膜剂研究中应考虑加入合适的天然抑菌剂。

④涂膜剂的 pH 较大。涂膜剂的 pH 也是影响涂膜效果的因素之一，如在碱性涂膜剂中加入苯来特，抑菌效果差；加入邻苯酚钠，抑菌效果好。

园艺产品涂膜是否成功依赖于膜的选择，欲达到好的涂膜保藏效果，必须考虑以下几个方面的问题：研制多种膜以适用于各类品种；测量膜的气体渗透特性；测量目标园艺产品的果皮、果肉扩散特性；预测待贮产品内部气体组分；根据园艺产品的品质变化观察涂膜效果。

（2）发展趋势

所有的保鲜膜，尤其是可食用膜，都具有良好的阻隔性和一定程度的气调性，但抑菌性不佳。因此，如何在现有膜的基础上寻找合适的天然抑菌剂，是园艺产品涂膜保藏技术的一个重要发展方向。根据各种园艺产品的特性开发各具特色的膜前景广阔，在这方面还需进行大量的研究工作。

6.8.2 烟熏剂保藏

烟熏成分中所含的酚、醛类物质具有防腐性，因此可认为是一种保鲜剂。园艺产品采后立即使用烟熏剂处理，可预防因损伤感染而引起的腐烂；在加工前脱绿或暂存的情况下可使用烟熏剂作防腐处理，也可直接将化学保鲜剂放入包装容器中进行保鲜。

1. 烟熏剂的应用

（1）应用范围

烟熏剂主要用于园艺产品贮藏场所的消毒和产品入库或包装前的消毒。

（2）烟熏剂的要求

使用的烟熏剂必须容易挥发，具有抑菌作用，对园艺产品组织无毒或毒害作用较小。烟熏剂应含有使园艺产品吸收的成分，并利用这种成分保护产品品质。固体烟熏剂必须能释放有效物质，使其到达侵染部位，并保持有效浓度，这样才能发挥防腐作用，否则不仅造成浪费，而且还会在商品上产生残留。使用较低浓度的 SO_2 等极性烟熏剂，会在潜伏侵染部位（损伤或湿润处）发生累积，而完整的表皮、蜡质、角质层则很少吸收。溶于水中的烟熏剂会被其他水化表面或湿润材料所吸收。

烟熏剂在大贮藏室内的分布必须通过电风扇的搅动才能达到均匀，扩散到包装单位之间，穿透到潜伏侵染部位。包装箱内烟熏剂的分布主要依靠分子扩散进入。

（3）影响效果的因素

烟熏剂处理的有效性取决于有效药物浓度与处理时间，具体的浓度和时间应根据不同园艺产品来确定。烟熏剂的效果还取决于贮藏环境的温度和湿度。环境温度高，烟熏剂释放快，扩散速度也快。环境相对湿度高，会吸收极性药剂，降低药效。许多园艺产品如葡萄，只有贮藏在 0℃及高湿条件下才能保持其品质，这种情况下烟熏剂的剂量必须相应增加，以补偿在低温和高湿条件下的效果。

(4) 应用实例

①烟雾剂处理。对于少量的园艺产品贮藏操作，可用含有 TBZ（塞苯咪唑）的易燃材料，点燃后生成 TBZ 烟雾来进行烟熏处理。采用 TBZ 烟熏处理马铃薯，可预防其贮藏期间发生腐烂。TBZ 的升华温度为 310℃，混合燃烧时其有效成分不变，它能够通过贮藏室内的马铃薯堆分布扩散到块茎之间。以 TBZ 烟熏处理后的肥城桃果实，在贮藏后期腐烂率明显低于对照。但烟雾剂进入装满产品容器的穿透力没有气态熏蒸剂效果好。

②熏蒸剂处理。使用 1.0%～3.0%的甲醛溶液喷雾来给贮藏室和周转箱消毒，方便易行。甲醛是一种熏蒸剂，沸点为－19.5℃，常温下可迅速汽化。葡萄保鲜时常用 SO_2 进行熏蒸，具体方法是将葡萄采收入库后，立即燃烧硫黄产生 5000～10000 μl/L 的 SO_2，熏蒸处理 20～30 min，然后进行通风。在以后的贮藏过程中，每隔 7～10 天用 1000～2500 μl/L 的 SO_2 熏蒸处理 30 min。

③粉状剂处理。利用粉状灭菌剂在田间处理块茎或鳞茎园艺产品，可预防贮藏期间的腐烂病害。TBZ 和苯来特粉剂熏蒸马铃薯，可控制炭疽病和镰刀病，但效果较浸洗处理差。浸洗方法吸收的灭菌剂多且比较均匀，但粉剂处理使用方便，没有传播细菌性软腐病的危险。

6.8.3　灭菌剂保藏

园艺产品灭菌剂多为水溶液或悬浮液，其保藏原理是利用液态药剂来杀灭园艺产品表面的病原菌。有些保鲜消毒剂可均匀涂布在产品表面来抵抗病原菌的侵入。采后许多处理都加入灭菌剂，如洗涤柑橘果实、抗苹果虎皮病处理等。如果单独采用这些处理而不加灭菌剂可能会增加腐烂，因为产品损伤处、气孔和皮孔被水浸渍，内部潜伏的病原菌被活化，迅速生长。

1. 应用方法

使用灭菌剂溶液或悬浮液处理园艺产品的方法有浸泡、洗刷、喷雾等。浸泡的溶液可以调节温度，增加灭菌效果。特别是控制疫霉引起的褐腐病，浸洗 1.0～4.0 min 可穿透产品表面进入到潜伏侵染部位。用硼砂、碳酸钠、邻苯酚钠处理后，用水冲洗产品来降低残留，预防药害。在使用灭菌剂处理产品前，用水清洗会降低侵染部位的灭菌剂浓度，所以可增加灭菌剂浓度或灭菌剂溶液温度来抵消其不利影响。

2. 应用特点

灭菌剂溶液使用方便，使用过程中不需经常搅动，特别是对喷雾、泵抽、循环使用非常有利，但应注意乳液在使用过程中需经常搅动。

3. 影响灭菌效果的因素

灭菌剂处理园艺产品后，灭菌剂被吸收的数量及防腐效果受多种因素影响，如灭菌剂浓度、表面活性剂、温度、pH、接触时间及处理前后洗涤等，这些因素影响灭菌剂在侵染部位的累积和穿透，进而影响防腐效果。

4. 应用中常见的问题

（1）温度问题

一般情况下，温度升高，灭菌剂防腐效果增加。主要有三个原因：①温度升高后，微溶于水的灭菌剂溶解度增加，有效浓度增大；②温度升高后，溶液向植物组织细微孔道内部的渗透性增强；③温度升高后，加强了灭菌剂分子通过蜡质或角质向内扩散的能力。

（2）pH 问题

pH 可影响到园艺产品表皮组织对灭菌剂的吸收，同时也影响到灭菌剂的作用效果。pH 影响微酸性或微碱性灭菌剂呈离子或分子状态，使其毒性强弱产生变化。

（3）机械损伤问题

园艺产品组织发生机械损伤时，其微环境发生了变化，变成了亲水性，也改变了pH。病原菌容易在损伤处侵染，灭菌剂在损伤处积累也较多。损伤处局部残留与使用浓度成正比例增加，而完整表面上残留的药物较少，这种选择性残留有利于病害的控制。

6.8.4 其他化学保藏

除上面介绍的涂膜剂、烟熏剂和灭菌剂外，还有如下几种化学保藏法在生产中得到应用。

1. 乙烯脱除剂

乙烯的脱除方法有物理法和化学法。常用的物理吸附乙烯脱除剂有活性炭、氧化铝、硅藻土、活性白土等，它们都有多孔性结构，操作简便，价格低廉，但此类物质吸附量有限，受环境影响大，达到饱和后有解吸的可能。化学吸附乙烯脱除剂又可分为氧化吸附型和触媒型。氧化吸附型是将高锰酸钾等强氧化剂吸附于表面积大的多孔质物体表面，使强氧化剂与乙烯发生反应而将其除去。触媒型是用特定的有选择性的金属、金属氧化物或无机酸等催化乙烯发生氧化分解，适用于脱除低浓度的乙烯，具有用量少、反应快、效果持久等特点。

2. 乙烯抑制剂

乙烯抑制剂主要有 1-甲基环丙烯（1-MCP）。研究表明，1-MCP 能够与乙烯竞争受体，并与之紧密结合，从而阻断乙烯与受体结合，抑制乙烯的合成，延缓园艺产品成熟衰老。贮藏过程中，随着园艺产品进一步成熟，不断合成新的受体，同时 1-MCP 可从结合位点上解离出来，产品重新获得对乙烯的敏感性，因此采用 1-MCP 处理后的园艺产品可以实现正常成熟。目前，1-MCP 已被广泛应用于苹果、香蕉、猕猴桃、番茄、切花等园艺产品的贮藏保鲜中。

3. 抗氧化剂

抗氧化剂的主要作用是防止或减慢产品发生氧化，避免品质劣变。在园艺产品保藏中常用的抗氧化剂不多，主要是一些非酶自由基清除物质，如维生素 C、维生素 E、类黄酮类、糖醇类和原花青素类等。这些物质成本昂贵，生产中尚未大量应用。

4. 植物生长调节剂

植物生长调节剂即植物激素，根据其对园艺产品的作用可分为四类：生长素、生长抑制剂、细胞分裂素和赤霉素。适当地应用植物激素可抑制生根、发芽和早熟，抑制叶绿素降解，延缓细胞衰老，抑制细胞分裂，诱导种子休眠，抑制呼吸强度，推迟呼吸高峰到来，抑制离层形成，防止脱粒脱帮。例如，青鲜素（MH）可抑制洋葱、胡萝卜、马铃薯发芽；萘乙酸（NAA）能防止花椰菜、甘蓝失水和脱帮；苄氨基腺嘌呤（BA）可延缓黄瓜、青豆、叶菜类叶绿素降解和组织衰老；赤霉素（GA）能降低番茄、柿果的呼吸强度，推迟后熟。

6.9 生物保藏

利用现代生物技术对园艺产品进行保藏，是近年来新兴的具有发展前途的贮藏保鲜方法。生物保藏技术大体可以分为以下两部分内容。

6.9.1 生物防治保藏

生物防治是利用微生物之间的拮抗作用，选择对园艺产品不造成危害的微生物来抑制引起产品腐烂的病原菌。近年来，化学农药对环境和农产品的污染直接影响到人类的健康。世界各国都在积极探索能代替农药的防病新技术，而生物防治是园艺产品保藏卓有成效的新方法。生物防治不像化学防治那样会带来环境污染，也不存在农药残留及生产、使用的不安全性，同时生物防治还具有目标明确，贮藏环境小，条件易控制，处理费用低等优点，发展前景十分广阔。

1. 生物防治中拮抗菌的选用

园艺产品采后病害生物防治的工作始于 20 世纪 80 年代，经过多年研究，现已从实验室阶段走向生产化发展阶段。利用拮抗微生物来控制病害潜力巨大，目前已从植物和土壤中分离出许多具有拮抗作用的细菌、小型丝状真菌和酵母菌，这些微生物对引起园艺产品采后腐烂的多种病原菌都有明显的抑制作用。尽管其作用机理尚不完全清楚，但一般认为某些细菌是通过产生抗菌素来抑制病原菌生长，如枯草芽孢杆菌产生的伊枯草菌素，对引起核果采后腐烂的褐腐病原菌、草莓灰霉菌和柑橘青霉菌有抑制作用；而酵母菌主要是通过在伤口处快速繁殖和营养竞争来抑制病原菌生长，控制病害发生。

近年来研究发现，用不产生抗生素的酵母菌代替产生抗生素的细菌处理果实，对控制采后病害也有同样的效果，且可避免病原菌对抗生素产生抗性而降低生物防治效果。试验证明，许多具有拮抗作用的酵母菌都能抑制采后病原菌的生长，这可能与营养物质竞争、生长地争夺、直接寄生现象和诱导抗性等因素有关。

一般来说，理想的拮抗菌应具有以下特性：①能以较低的浓度在园艺产品表面生长和繁殖；②能与其他采后处理措施和化学药物相容，甚至在低温和气调环境下也有效；③能利用低成本培养基进行大规模生产；④遗传性状稳定；⑤有广谱抗菌性，不产生对人体有害的代谢产物；⑥抗杀虫剂，对寄主不致病。

2. 生物防治应用和发展方向

（1）建立有效的拮抗菌筛选方法

从分子水平上揭示采后病害生物防治机制，建立快速有效的分离方法，筛选出更为优越的拮抗菌，在实际生产中应用。

（2）利用遗传工程手段构建新拮抗菌

将胞外水解酶（几丁质酶和β-1，3-葡聚糖酶）或抗真菌蛋白基因等导入拮抗菌中，从而提高拮抗菌的活性及抑菌谱。王益明等将 *B. subtilis* B 908 与 *B. thuringiensis* 7216 原生质体融合，构建出兼有防病、杀虫和增产作用的融合子 CF103。Jone 等克隆出杀菌肽 A 的编码基因，并将其转入啤酒酵母细胞，得到的转化体能很好地阻止毛刺盘孢属霉菌孢子的萌发，有效地防止西红柿发生腐烂。

（3）添加低剂量化学杀菌剂及其他物质

在实际应用中，拮抗菌会受各种因素影响而降低其对病害的防治效果。探讨拮抗菌之间相互作用机制，拮抗菌诱导抗性和采后保鲜措施相配合，实现拮抗菌与低剂量化学农药混用，对生物防治走向商品化具有重要意义。Calventz 等在研究红酵母对苹果采后青霉菌的抑制作用时发现，在制备红酵母的培养基中添加铁离子，对霉菌的抑制效果好。田世平等研究发现，丝孢酵母菌液与 1%～2%的 $CaCl_2$ 配合使用，可显著提高丝孢酵母对苹果灰霉病和青霉病的抑制效果。

6.9.2 基因工程保藏

近年来，随着科学技术的发展，基因工程在园艺产品保藏上的应用越来越广泛，使得人为调控园艺产品采后的生理代谢变得更为有效。利用遗传基因进行保鲜是生物技术在园艺产品保鲜领域上应用的又一突破，它是通过遗传基因的操纵，由园艺产品内部控制后熟。具体做法为，用 DNA 重组技术来修饰遗传信息，或用反义 RNA 导入技术来抑制成熟基因的表达，进行基因改良，达到推迟成熟衰老，延长贮藏期的目的。

乙烯是诱导园艺产品采后成熟衰老的关键因素，通过转基因技术可以抑制采后乙烯的生物合成，延缓园艺产品成熟衰老。基因工程技术应用于改善园艺产品贮运性能的研究举例如下。

1. ACC 合成酶

ACC 合成酶催化 SAM→ACC 的转化，是乙烯生物合成的限速酶。在番茄、甜瓜、冬瓜上的研究表明，ACC 合成酶是一个多基因家族。番茄 ACC 合成酶有九个同工酶，同工酶间的同源性仅为 50%～96%，其中只有两个同工酶是在果实中表达，与果实乙烯的生物合成有关。因此，在构建反义基因时，应选择在果实中表达专一的 ACC 合成酶的反义核苷酸序列。

美国加州大学伯克利分校的 Oeller 等最早将 ACC 合成酶的反义基因转入番茄，使果实乙烯的生物合成受到抑制。与对照果相比，转基因番茄果实的叶绿素分解延迟了 10～20 天，而番茄红素的合成完全被抑制，在室温下放置 90～120 天，果实变为橘黄色，但不能软化，既无呼吸高峰的出现，也没有芳香物质的形成，只有在外源乙烯的作用下方番茄可变红、软化、成熟，其风味质地与正常果无差异，大大提高了其贮运性能。目前，转基因番茄已在美国、英国等发达国家进行商品化生产，在我国也被获准上市。除番茄外，西瓜、番木瓜等其他许多园艺产品上也有类似的研究。

2. ACC 氧化酶

ACC 氧化酶催化 ACC→C_2H_4 的转化，在大多数植物组织中，ACC 氧化酶不是乙烯生物合成的限速酶，但在果实成熟过程中和植物组织培养中，该酶是一种限速酶。抑制 ACC 氧化酶的形成，将直接抑制乙烯的生物合成。ACC 氧化酶也是一个多基因家族，在番茄、甜瓜中有三个同工酶，其中一个同工酶在果实中表达。与 ACC 合成酶不同，ACC 氧化酶的同工酶之间同源性很高，核苷酸序列间差异很小。

利用反义 RNA 技术抑制乙烯生物合成的研究始见于 1990 年，英国诺丁汉大学的 Hamliton 等将 ACC 氧化酶的反义基因转入番茄中，在转基因番茄的自交后代中，纯合子果实的乙烯合成被抑制。尽管转基因番茄果实转色的起始时间没有变化，但转色程度却大大降低，在室温下放置数周后，转基因果实的抗过熟、抗皱皮能力明显好于未转基因的果实。此后，人们将 ACC 氧化酶的反义基因转入甜瓜，得到的转基因甜瓜的乙烯合成量不及对照果实的 1.0%，乙烯的生物合成被有效抑制，贮藏性能明显提高。还有人将 ACC 氧化酶的反义基因转入康乃馨中，使康乃馨的乙烯释放高峰降低，延迟了花瓣的衰老。

3. 多聚半乳糖醛酸酶

英国的 Grierson 研究小组最早将反义 RNA 技术用于果实采后研究，他们把多聚半乳糖醛酸酶（PG）的反义基因的部分片段转入番茄，所得的转基因果实，在整个完熟阶段，PG 的 mRNA 累积及其生物活性均降低。转基因果实的自交后代中，含有两个拷贝 PG 反义基因的果实，其 PG 活性降至正常果实的 1%，即转基因果实 PG 合成被抑制，果实细胞壁的降解被阻止。但令人遗憾的是转基因果实的完熟过程，如乙烯的合成、番茄红素的累积及软化过程并未改变，由此说明，尽管 PG 是导致果胶物质降解的关键酶，但它不是引起番茄果实软化的主要因素。在果实软化过程中，细胞壁降解酶或其他一些生化过程如Ca^{2+}的重新分布等可能起着更为重要的作用。

4. 果胶甲酯酶

果胶甲酯酶（PE）是催化果胶物质脱去甲氧基的酶，至少有三个基因编码这种酶，它广泛存在于植物组织中，在植物细胞壁代谢中起着重要的作用。与PG一样，反义RNA技术可明显抑制番茄果实中PE的生物合成。Hall等通过基因工程的方法使番茄果实的PE活性降至对照的10%。在采后贮藏期间，转基因果实的软化没有被抑制，但果胶物质酯化程度却明显高于未转化的果实，从而大大提高了转基因果实的加工性能。

【复习思考题】

1. 简易贮藏技术有哪些贮藏方式？它们各有什么优缺点？
2. 在窖洞贮藏过程中，如何降低园艺产品的蒸腾失水？
3. 通风贮藏库建造时，如何科学选址？
4. 简述冷库的分类及进行科学管理的方法。
5. 简述减压贮藏技术的理论特点。
6. 什么是物理保藏？有哪些常见的物理保藏方式？
7. 什么是化学保藏？涂膜剂保藏的原理是什么？
8. 试述基因保藏中有关的酶类及其作用方式。

第7章 果品贮藏

【内容提要】 主要介绍了仁果类主要果品（如苹果、梨、山楂、柑橘、香蕉、荔枝、芒果、龙眼），浆果类主要果品（如葡萄、猕猴桃、柿、石榴、无花果、草莓、桑葚），核果类主要果品（如桃、李、杏），以及坚果类主要果品（如板栗、核桃）等的贮藏保鲜技术，对各种果品从其品种及其贮藏特性、采收及采后处理、贮藏条件、贮藏方式及贮藏病害等方面进行了全面、详尽的阐述。

【学习目标】 掌握主要果品的贮藏特性、贮藏方式及贮藏技术要点；了解主要果品品种的采后损耗原因及其防止方法；能够制订出果品贮藏运输的技术方案。

【重要概念及关键词】 简易贮藏　冷藏　气调贮藏　塑料薄膜账贮藏　硅窗气调贮藏　轮纹病　褐变　液体保藏　沙藏法

7.1 仁果类主要果品贮藏

7.1.1 苹果贮藏

苹果是我国北方栽培的重要落叶果树，栽培历史悠久，分布范围广泛，其面积和产量占我国果品生产的第一位。苹果品种多，耐贮性好，是周年供应市场的主要果品。

1. 品种及其贮藏特性

品种是决定贮藏品质的关键内在因素，不同品种的苹果，耐贮性差异很大。一般地，晚熟品种的耐贮性最好，中熟品种的耐贮性次之，早熟品种的耐贮性最差。早熟品种，如黄魁、早生旭、早金冠、伏锦、丹顶、祝光等，成熟期为6～7月份，采收期早，生育期短，果肉组织不够致密，肉质松散，味淡，一般不耐贮藏，采后随即供应市场和作短期贮藏。中熟品种，如红玉、金冠、元帅、红冠、红星、倭锦、鸡冠、新嘎啦、乔纳金、北斗等，成熟期为8～9月份，生育期适中，比较耐贮藏，但条件不当时，贮藏后果肉易发绵。晚熟品种，如国光、青香蕉、印度、醇露、可口香、富士等，成熟期为10～11月份，生育期长，组织紧实，果肉硬脆，糖分含量高，耐贮性好，可贮藏到次年6～7月份。我国选育的苹果新品种，如秦冠、向阳红、胜利、青冠、葵花、双秋、红国光、香国光、丹霞、宁冠、宁锦等都属于质优耐贮品种。

2. 苹果的采收期

苹果属于呼吸跃变型果实。适时采收，关系到果实的质量与贮藏寿命。一般以果实充分发育、表现出品种应有的商品性状时采收为宜，即在呼吸跃变高峰之前进行采收较耐贮藏。如采收过晚，贮藏中腐烂率明显增加；采收过早，其外观色泽、风味都不够好，且不耐贮藏。贮藏时间越长，对采收成熟度的要求越严格。苹果早熟品种采收期一般在盛花期后100天左右；中熟品种为100～140天；晚熟品种为140～175天。还可根据果肉硬度来确定采收期，如元帅采收适期的硬度一般为78.45 N/cm^2，国光为93.16 N/cm^2。在美国，则利用碘-碘化钾溶液的染色反应来确定红星等品种的适宜采收期。

为了保证果实品质，提高贮藏质量，苹果的采收应分批采摘。采摘最好选择晴天，一般在上午10时前或下午4时以后采摘。采摘时要防止一切机械损伤，勿使果梗脱落和折断。采收后要及时预冷，以散去果实的田间热。

3. 贮藏条件

(1) 温度

对于多数苹果品种，贮藏适温为－1～0℃。气调贮藏的适温比一般冷藏高0.5～1℃。温度越低，其贮藏寿命越长，如苹果贮藏在－1℃比0℃的贮藏寿命约延长25%，比在4～5℃约延长1倍。低温贮藏还可抑制虎皮病、红玉斑点病、苦痘病、衰老褐变病等的发展。贮藏温度过低，引起冻结，也会降低果实硬度和缩短贮藏寿命。红玉、旭在－1～0℃贮藏会引起生理失调、产生低温伤害、缩短贮藏寿命，这些品种适宜贮藏在2～4℃。

同一苹果品种在不同地区和不同年份生产的果实，对低温伤害的敏感性也不同，其贮藏适温亦有所差异。例如，秋花皮苹果在夏季凉爽和秋季冷凉的年份生长的果实，会发生严重的虎皮病，在－2℃条件下贮藏较好；而在夏季炎热和秋季温暖的年份生长的果实，易因低温而发生果肉褐变，2～4℃条件下贮藏较好。有的苹果品种会发生生理病害，这就要以当地最易发生的病害为主要依据，采用适宜的贮藏温度，如元帅苹果虎皮病发病率因贮藏温度不同而异，贮藏温度为4℃、2℃、0℃和－2℃的病果率分别为82%、74%、25%、18%，因此元帅的贮藏适温以－2～0℃为宜。有时低温伤害也可用逐渐降温的方法防治，如澳大利亚大陆生产的红玉易发生低温褐变，采收后先在2℃条件下贮藏1个月，以后再逐渐降至0℃，发病减少；意大利的金冠是先在3℃条件下贮藏至大部分果实开始变黄时，再降至1～1.5℃，贮藏寿命最长。

(2) 相对湿度

苹果贮藏的适宜相对湿度为85%～95%。在较高的湿度下，果实水分蒸发会大大降低，从而减轻自然损耗，保持新鲜饱满状态。若失水达5%～7%，果皮会皱缩并影响外观。贮藏湿度大时，还可降低褐心病的发病率。据报道，当橘苹苹果失重4.4%时，褐心病发病率为4%；失重8.8%时，褐心病发病率为20%。但湿度大又会增加低温伤害和衰老褐变，当相对湿度自87%增至93%时，会增加橘苹苹果的低温褐变病；相对湿度超过90%时，则加重红玉和橘苹苹果衰老、褐变的发展。在利用自然低温贮藏苹果时，也常发现湿度大的窖和塑料薄膜袋中发生更多的裂果。此外，湿度大可加重微生物引起的病害，增加果品腐烂损失。贮藏环境中相对湿度的控制与贮藏温度有密切关系，贮藏温度较高时，相对湿度可稍低些，否则高温高湿易造成微生物引起的腐烂；贮藏温度适宜，相对湿度可稍高。

(3) 气体成分

适当地调节贮藏环境的气体成分，可延长苹果的贮藏寿命，保持其鲜度和品质。一般认为，当贮藏温度为 0～2℃时，O_2 浓度为 2%～4%，CO_2 浓度为 3%～5%比较适宜。但必须强调的是，不同品种、不同产地和不同贮藏条件下的气调条件，必须通过试验和生产实践来确定，盲目照搬必然会给贮藏生产造成损失。

4. 贮藏方式

苹果的贮藏方式多种多样，我国各苹果产区因地制宜利用当地的自然条件，创造了各种贮藏方式，如简易贮藏、冷藏、气调贮藏等，可根据贮藏目的选用不同的贮藏方式。短期贮藏可采用沟藏、窑窖贮藏、通风库贮藏等常温贮藏方式，但入贮前必须经过预冷。对于长期贮藏尤其是外贸出口的苹果，应采用冷藏或者气调贮藏。

(1) 预贮

9～10 月份是苹果的采收期，这个时期的气温和果温都比较高，利用自然通风降温的各种简易贮藏设施的温度也较高，如果采收后的苹果直接入库，会使贮藏场所长时间保持高温，对贮藏不利。因此，贮前必须对果实实施预贮，同时加强通风换气，尽可能地降低贮藏场所的温度。预贮时，要防止日晒雨淋，多利用夜间的低温进行。各地在生产实践中创造了许多行之有效的预贮方法，如山东烟台地区沟藏苹果的预贮，其方法是在果园内选择阴凉高燥处，将地面加以平整，把经过初选的果实分层堆放起来，一般堆放 4～6 层，宽 1.3～1.7 m，四周培起土埂，以防果实滚动。白日盖席遮阳，夜间揭开降温，遇雨时覆盖遮雨。至霜降前后气温、果温和贮藏场所温度下降至贮藏适温时，将果实转至正式贮藏场所。也可将果实放在荫棚下或空房子里进行预贮以达到降温散热的目的。如果贮藏场所可以迅速降温，入库量也较少，也可以直接入库贮藏，效果会更好。

(2) 沟藏

沟藏是北方苹果产区的贮藏方式之一。因其条件所限，适于贮藏耐藏的晚熟品种，贮期可达 5 个月左右，损耗较少，保鲜效果良好。山东烟台地区的做法是在适当场地上沿东西方向挖沟，宽 1～1.5 m，深 1 m 左右，长度随贮量和地形而定，一般长 20～25 m，可贮苹果 10000 kg 左右。沟底要整平，在沟底铺 3～7 cm 厚的湿沙。果实在 10 月份下旬至 11 月份上旬入沟贮藏，经过预贮的果实温度为 10～15℃，果堆厚度为 33～67 cm，苹果入沟后的一段时间果温和气温都较高，应该白天遮盖，夜晚揭开降温。至 11 月份下旬气温明显下降时用草盖等覆盖物进行保温，随着气温的下降，逐渐加厚保温层至 33 cm。为防止雨雪落入沟里，应在覆盖物上加盖塑料薄膜，或者用席搭成屋脊形棚盖。入冬后要维持果温在－2～2℃，一般贮至翌年 3 月份左右。春季气温回升时，苹果需迅速出沟，否则很快腐烂变质。甘肃武威的沟藏苹果，与上述做法类似。不同之处是沟深为 1.3～1.7 m，沟宽为 2.0 m，苹果装筐入沟，在沟底及周围填以麦草，筐上盖草；到 12 月份中旬，沟内温度达到－2℃时，再在草上覆土。

传统沟藏法冬季主要以御寒为主，降温作用很差。近年来有些产区采用改良地沟，提高了降温效果。主要做法是，结合运用聚氯乙烯薄膜（0.05～0.07 mm 厚果品专用保鲜膜）小包装，容量为 15～25 kg。还需 10 cm 厚经过压实的草质盖帘。在入贮前 7～10 天将挖好的沟预冷，即夜间打开草帘，白天盖严，使之充分降温。入贮后至封冻前继续利用夜间自然低温，通过草帘的开启，使沟和入贮果实降温，当沟内温度低于－3℃时，果温在冰点以上，即将沟完全封严，次年白天气温高于 0℃，夜间气温低于沟内温度时，再恢复入贮初期的管理方法，直到沟内的最高温度高于 10℃时，结束贮藏。入贮后一个月内需注意气体指标和果实质量变化，及时进行调整。要选用型号、规格相宜的塑料薄膜，使其自发调气，起到自发气调保藏的作用。

（3）窑窖贮藏

窑窖贮藏苹果，是我国黄土高原地区古老的贮藏方式，结构合理的窑窖，可为苹果提供较理想的温度、湿度条件。例如，山西祁县，窑内年均温度不超过 1 0℃，最高月均温度不超过 15℃。如在结构上进一步改善，在管理水平上进一步提高，可达到窑内年均温度不超过 8℃，最高月均温度不超过 12℃。窑窖内采用简易气调贮藏，能取得更好的贮藏效果，国光、秦冠、富士等晚熟品种能贮藏到翌年 3～4 月份，果实损耗率比通风库低 3%左右。土窑洞加机械制冷贮藏技术，是近几年在山西、陕西等苹果产区大面积普及的，行之有效的贮藏方法。土窑洞贮藏法与其他简易贮藏方法一样，存在着贮藏初期温度偏高，贮藏晚期（翌年 3～4 月份）升温较快的缺点，限制了苹果的长期贮藏。机械制冷技术用在窑洞温度的调节上，克服了窑洞贮藏前、后期的高温对苹果的不利影响，使窑洞贮藏苹果的质量安全赶上了现代冷库的贮藏效果。窑洞内装备的制冷设备只是在入贮后运行两个月左右，当外界气温降到可以通风而维持窑内适宜贮温时，制冷设备即停止运行，翌年气温回升时再开动制冷设备，直至果实完全出库。窑窖贮藏管理技术，是苹果贮藏保鲜的关键。从果实入库到封冻前的贮藏初期，要充分利用夜间低温降低窖温，至 0℃为止。中期重点要防冻。为了加大窑内低温土层的厚度，要在不冻果、不升温的前提下，在窑外气温不低于－6℃的白天，继续打开门和通气孔通风，通风程度掌握在窑温不低于－2℃即可。翌年春天窑外气温回升时，要严密封闭门和通气孔，尽量避免窑外热空气进入窑内。

（4）通风库贮藏

通风库在我国的许多地方大量地应用于苹果贮藏。由于它是靠自然气温调节库内温度，所以其主要的缺点是秋季果实入库时库温偏高，初春以后也无法控制气温回升引起的库温回升，严重地制约了苹果的贮藏寿命。山东果树研究所研究设计的 10℃冷凉库，就是在通风库的基础上，增设机械制冷设备，使苹果在入库初期就处于 10℃以下的冷凉环境，有利于果实迅速散除田间热。入冬以后就可以停止制冷设备运行，只靠自然通风就可以降低并维持适宜的贮藏低温。当翌年初春气温回升时又可以启动制冷设备，维持 0～4℃的库温。10℃冷凉库的建库成本和设备投资大大低于正规冷库，它解决了通风库贮藏前、后期库温偏高的问题，是一种投资少、见效快、效果好的节能贮藏方法。库内可采用硅窗气调大帐和小包装气调贮藏技术，进一步提高果实贮藏质量，延长苹果贮藏寿命。

(5) 机械冷库贮藏

苹果冷藏的适宜温度因品种而异，大多数晚熟品种以−1～0℃为宜，空气相对湿度为 90%～95%。苹果采收后，应尽快预冷到 0℃左右，且在采收后 1～2 天内放入冷库，入库后 3～5 天内冷却到−1～0℃。

(6) 气调贮藏

苹果适于气调贮藏。对于不宜采用普通冷藏温度，要求较高贮温的品种，如红玉等，为了避免贮温高促使果实成熟和微生物活动，应用气调贮藏是一种有效的方法。我国各地采用不同形式的气调法贮藏元帅、金冠、国光、秦冠、红富士等品种，都有延长贮藏期的效果。气调贮藏的苹果颜色好、硬度大、贮藏期长，且可减轻红玉斑点病、虎皮病、衰老褐变病等病害，还可以减轻微生物引起的腐烂病害和失水萎蔫。气调贮藏的苹果移到空气中时，呼吸作用仍较低，可保持气调贮藏的后效，因而变质缓慢。常用的气调贮藏方式有塑料薄膜袋、塑料薄膜帐和气调库贮藏。

1）塑料薄膜袋贮藏

苹果采后就地预冷、分级后，在果箱或筐中衬以塑料薄膜袋，装入苹果，扎紧袋口，每袋构成一个密封的贮藏单位。目前应用的是聚乙烯或无毒聚氯乙烯薄膜，厚度多为 0.04～0.06 mm。薄膜袋包装贮藏，一般初期 CO_2 浓度较高，以后逐渐降低，这对苹果贮藏有利。冷藏条件下袋内的 CO_2 和 O_2 浓度较稳定，在贮藏初期的两周内，CO_2 即达最高浓度，以后维持在一定的水平。对多数品种而言，在贮藏中控制 O_2 的下限浓度为 2%，CO_2 的上限浓度为 7%较为安全，但富士苹果的 CO_2 浓度应不高于 2%。利用薄膜袋包装形成的气调贮藏环境，可有效地延缓苹果后熟过程。上海果品公司利用薄膜包装运输苹果，获得很好的效果。如用薄膜包装运输红星苹果，经 8 天由烟台运至上海时的硬度为 72 N/cm^2，冷藏 6 个月后硬度为 56 N/cm^2，而对照分别为 46 N/cm^2 和31 N/cm^2。

2）塑料薄膜帐贮藏

在冷藏库、土窑洞和通风库内，用塑料薄膜帐将果垛封闭起来进行贮藏。薄膜大帐一般选用 0.1～0.2 mm 厚的高压聚氯乙烯薄膜，黏合成长方形的罩子，可以贮藏数百到数千千克。帐封好后，按苹果要求的 O_2 和 CO_2 水平，采用快速降氧、自然降氧方法进行调节。近年来，国内外都在广泛应用硅橡胶薄膜扩散窗，将其按一定面积黏合在聚乙烯或聚氯乙烯塑料薄膜帐或袋上，自发调整苹果气调帐（或袋）内的气体成分，使用和管理都较方便。扩散窗的面积根据贮藏量和要求的气体比例，经过实验和计算确定。例如，贮藏 1 t 金冠苹果，为使 O_2 浓度维持在 2%～3%，CO_2 浓度在 3%～5%，在约 5℃的条件下，扩散窗的面积以 0.6 mm×0.6 mm 较为适宜。

塑料大帐内因湿度高而经常在帐壁上出现凝水现象，凝结水滴落在果实上易引起腐烂病害。凝结水产生的原因很多，其中果实罩帐前散热降温不彻底，贮藏中环境温度波动过大是主要原因。因此，减少帐内凝结水的关键是果实罩帐前要充分冷却和保持库内稳定的低温。

3）气调库贮藏

对于大多数品种而言，控制 O_2 浓度为 2%～5%，CO_2 浓度为 3%～5%比较适宜。

不同苹果品种对 CO_2 的忍耐程度不同，有的对 CO_2 很敏感，一般不超过2%～3%，大多数品种能忍耐5%的浓度，还有一些品种如金冠在浓度为8%～10%时也无伤害。富士系苹果对 CO_2 比较敏感，目前认为该品系贮藏的气体成分以 O_2 浓度为2%～3%，CO_2 浓度在2%以下为宜。苹果气调贮藏的温度可比一般冷藏温度提高0.5～1℃。对 CO_2 敏感的品种，贮温还可再高些，因为提高温度既可减轻 CO_2 伤害，又对减轻易受低温伤害品种的冷害有利。

苹果气调贮藏时，开始时用较高浓度的 CO_2 作短期预处理，如金冠用15%～18%的 CO_2 经10天预处理，再转入一般气调贮藏条件，可有效地保持果实的硬度。由中国农业科学院果树研究所、中国科学院上海植物生理研究所、山东省农业科学院果树研究所、山西省农业科学院果树研究所四个单位（1989）共同研究的苹果双向变动气调贮藏（简称双变气调 TDCA），取得了良好的效果。具体做法是，苹果贮藏150～180天，入贮时温度在10～15℃维持30天，然后在30～60天内降低到0℃，以后一直维持（0±1)℃；在最初30天高温期 CO_2 浓度为12%～15%，以后60天内随温度降低相应降至6%～8%，并一直维持到结束，O_2 浓度控制在3%±1%。这种处理获得很好的效果，优于低温贮藏，与标准气调（0℃，O_2 3%、CO_2 2%～3%）结果相近似。该方法由于在贮藏初期利用自然气温，温度较高，可克服 CO_2 的伤害作用，保留了对乙烯生成和作用的抑制，大大延缓了果实的成熟衰老，有效地保持了果实硬度，从而取得了较好的贮藏效果。苹果气调贮藏中，有乙烯积累，可以用活性炭或溴饱和的活性炭吸收除去，如小塑料袋包装贮藏红星苹果，放入果重0.05%的活性炭，即可保持果实较高的硬度。乙烯还可用 $KMnO_4$ 除去，如用洗气器喷淋 $KMnO_4$ 溶液，或用吸收饱和 $KMnO_4$ 溶液的多孔性载体物质吸收。

7.1.2 梨贮藏

梨较耐贮藏，其贮藏特性与苹果相似，是我国大批量长期贮藏的重要果品。

1. 种类、品种及其贮藏特性

我国栽培梨的种类及其品种很多，其中作为经济栽培的有白梨、秋子梨、砂梨和西洋梨四大系统，白梨、秋子梨和砂梨属于中国梨，各系统及其品种的商品性状和耐贮性有很大差异。

(1) 白梨系统

主要分布在华北和西北地区。果实多为近卵形或近球形，果柄长，多数品种的萼片脱落，果皮为黄绿色，皮上果点细密，肉质脆嫩，汁多渣少，采后即可食用。白梨系统的大部分梨品种，如库尔勒香梨、鸭梨、雪花梨、酥梨、长把梨、秋白梨等均具有果肉脆嫩多汁、商品性状好、耐贮运的特点，是当前生产中的主要贮藏品种，其中许多品种在常温库中可贮藏4～5个月，在冷库中可贮藏6～8个月。白梨系统的蜜梨、笨梨、安梨、红霄梨极耐贮藏，而且经过贮藏后采收时酸涩粗糙的品质得以改善。

（2）秋子梨系统

主要分布在东北地区。果实近球形或扁圆形，果柄粗短，果皮为黄色，果肉石细胞多，肉质硬，味酸涩，采后经过后熟方可食用。其中品质好的品种有京白梨和南果梨，其次为秋子梨、鸭广梨、香水梨、花盖梨、尖把梨等。此系统的大多数品种品质差，不耐贮，因而生产中很少进行长期贮藏。

（3）砂梨系统

主要分布在淮河流域和长江流域以南各省区。果实多为近球形或扁圆形，果柄较长，萼片脱落，果皮为浅褐、浅黄或褐色，果肉为乳白色，脆嫩多汁，石细胞较少，甜酸适口，采后即可食用。主要品种有早三花、苍溪梨、晚三吉、菊水等。此系统各品种的耐贮性较差，其耐贮性不及白梨，采后即上市销售或者只进行短期贮藏。其中晚三吉梨、今村秋梨等耐贮。

（4）西洋梨系统

西洋梨系统原产欧洲，引入我国栽培的品种很少。果实多呈葫芦形，果柄长而粗，果皮为黄色或黄绿色，果皮细密，果肉质细多汁，石细胞少，香气浓郁，采后需经后熟软化方可食用。主要品种有巴梨（香蕉梨）、康德、茄梨、日而红、三季梨、考密斯等。该系统的品种一般具有品质好、不耐贮藏的特点，因而通常采后就上市销售，购买者在后熟过程中逐渐消费，或在低温下进行短期贮藏，待果实后熟至接近食用但肉质尚硬时上市。

根据果实成熟后的肉质硬度，可将梨分为硬肉梨和软肉梨两大类，白梨和砂梨系统属硬肉梨，秋子梨和西洋梨系统属软肉梨。一般来说，硬肉梨较软肉梨耐贮藏，但对CO_2的敏感性强，气调贮藏时易发生CO_2伤害。国内外研究认为，西洋梨是典型的呼吸跃变型果实，随着呼吸跃变的启动，果实逐渐成熟软化。国内有关鸭梨、酥梨等品种采后生理特性的研究表明，白梨系统也具有呼吸跃变，但其呼吸跃变特征如乙烯发生、呼吸跃变趋势不似西洋梨、苹果、香蕉、猕猴桃那样典型，其内源乙烯产生量很少，果实后熟变化不甚明显。

2. 梨的采收期

采收期对梨的贮藏效果影响很大，采收过早或者过晚的梨均不耐贮藏。采收过早，果肉中的石细胞多，风味淡，品质差，贮藏中易失水皱缩，贮藏后期易发生果皮褐变；采收过晚，秋子梨和西洋梨系统的品种采后会很快软化，不但不宜贮藏，甚至长途运输都很困难，往往由于软化变质而造成极大损失。白梨和砂梨系统的品种采收过晚，虽然肉质不会明显软化，但果肉脆度明显下降，贮藏中、后期易出现空腔，甚至产生果心败坏，同时对CO_2的敏感性增强。

适宜采收期可根据品种特性和贮藏期长短而定。对于白梨和砂梨系统的品种，当果面呈现本品种固有色泽，肉质由硬变脆，种子变为褐色，果梗从果苔容易脱落时即可采收。果面绿色的梨，当果面绿色渐减，呈绿色或绿黄色，具固有芳香，果梗易脱离果苔，种子变为褐色，即为适度成熟的象征；当果面铜绿色或绿褐色的底色上呈现黄色和黄褐色，果梗易脱离果苔时，即显示成熟；果面呈浓黄色或半透明黄色，则为过熟的象征。

对于西洋梨和秋子梨系统的品种，由于有明显的后熟变化，故可适当早采，即已具本品种应有的形状、大小，果面绿色开始减褪，种子尚未变褐，果梗容易从果苔脱落时采收为好。采收既要做到适时，又要力求减少伤害。由于梨果皮的结构松脆，在采收及其他各个环节中，易遭受碰、压、刺等伤害，对此应予以重视。

3. 贮藏条件

(1) 温度

一般认为略高于冰点温度是果实的理想贮藏温度。梨的冰点温度是－2.1℃，但是中国梨是脆肉品种，贮藏期间不宜冻结，否则解冻后果肉脆度很快下降，导致风味、品质变劣。大多数品种贮藏的适宜温度为（0±1)℃，气调贮藏可稍高些。西洋梨系统的大多数品种适宜的贮藏温度为－1～0℃，只有在－1℃条件下才能明显地抑制后熟，延长贮藏寿命。有些品种如鸭梨等对低温比较敏感，采收后立即在0℃下贮藏易发生冷害，果实易发生黑心病，对此可采用缓慢降温或称分段降温的方法，以减轻黑心病发生。

(2) 相对湿度

冷藏条件下，贮藏梨的适宜相对湿度为90%～95%。大多数梨品种果皮薄，表面蜡质少，并且皮孔非常发达，在贮藏中易失水而造成萎蔫和失重，在较高湿度下，可以减少蒸散失水和保持新鲜品质。常温库由于温度偏高，为了减少腐烂，空气湿度可低些，保持在85%～90%为宜。大多数梨品种由于本身的组织学特性，在贮藏中易失水而造成萎蔫和失重，在较高湿度下，可以减少蒸散失水和保持新鲜品质。

(3) 气体成分

低O_2（3%～5%）几乎对所有品种都有抑制成熟衰老的作用。大量研究表明，除洋梨外，绝大多数梨品种不如苹果适于气调贮藏，大多数品种对CO_2比较敏感，只有少数品种如巴梨、秋白梨、库尔勒香梨等可在较高CO_2浓度（2%～5%）下贮藏。品种间对CO_2的适应性差异甚大，如鸭梨，当环境中CO_2浓度高于1%时，就会对果实造成伤害。因此，贮藏时应根据梨的品种特性，选择适宜的贮藏技术。

4. 贮藏方式

用于苹果贮藏的沟藏、窑窖贮藏、通风库贮藏、机械冷库贮藏等方式均适用于梨贮藏。各贮藏方式的管理也与苹果基本相同，故实践中可以参照苹果的贮藏方式与管理进行。在西北地区贮藏条件好的窑窖，晚熟梨可贮藏4～5个月。拟中、长期贮藏的梨，则应采用机械冷库贮藏，这是我国当前贮藏梨的主要方式。鉴于目前我国主产的鸭梨、酥梨、雪花梨等品种对CO_2比较敏感，所以塑料薄膜密闭贮藏和气调库贮藏在梨贮藏上的应用不多。如果生产上要采用气调贮藏方式，应该有脱除CO_2的有效手段。

需要强调指出的是，鸭梨、酥梨、京白梨等品种对低温比较敏感，采后如果立即入0℃库贮藏，果实易发生黑皮、黑心或者二者兼有的生理病变。根据目前的研究结果，采用缓慢降温法，可减轻或避免上述病害的发生，即果实入库后，从13～15℃降到10℃，每天降1℃；从10℃降到6℃，每2～3天降1℃；从6℃降到0℃，每3～4天降1℃，在0℃左右贮藏。整个降温过程需经35～40天。库内相对湿度在95%以上，可作长期贮藏。

如果采用气调贮藏，因品种间差异较大，必须通过试验和生产实践来确定适宜的气体组合。国外一些国家多在西洋梨上应用气调贮藏。

白梨系统的品种对 CO_2 比较敏感，易发生果心褐变，故气调贮藏时必须严格将 CO_2 浓度控制在 2%以下。普通冷库或常温库贮藏期间应定期通风换气，以免库内 CO_2 和其他气体积累到有害的程度。

梨的贮藏期应适当，过长不仅使果肉组织出现蜂窝状空腔，更严重的是由于表皮细胞膜透性增强，酚类物质氧化而使果皮发生褐变，这种褐变有时在库内发生，有时在上市后很快发生，对销售造成极为不利的影响。

7.1.3　山楂贮藏

山楂营养丰富，几乎含有水果的所有营养成分，特别是有机酸和维生素 C 的含量较高。山楂酸甜可口，适合生食，又适合加工成山楂食品。山楂有很高的药用价值和保健功效。山楂能健脾胃、助消化，排痰平喘，舒张血管，降血压、降血脂，对心绞痛、心肌梗死等疾病有预防作用，是人们喜爱的果品。

1. 品种及其贮藏特性

山楂作为果树栽培有几十种，我国有十六七种，通常栽培的有云南山楂、北方山楂、湖北山楂三个品系。山楂果肉颜色分为紫肉、红肉、粉肉、青白肉等。一般来说，紫肉、晚熟、果皮较厚、蜡质较多、肉质致密、多酸少甜、涩味较重、不适宜鲜食的品种较耐贮藏，如辽红、西丰红、甜水、豫北红、泽州红、滦红、燕北红、秋金星、磨盘、朱砂红、面楂、粉口等品种较耐贮藏。山楂的贮藏也与地域、气候等因素有关。一般高纬度较寒冷的北方地区所产的山楂，往往比产于低纬度较温暖的南方山楂品种（品系）耐贮藏，如辽宁、北京、山东等地产的许多品种远比云南产的山楂品种耐贮。采前灌水或多雨，单一施肥或过多施肥，病虫害相应较重，果实采后易发病、溃烂。早熟品种不耐贮藏，果肉发绵的山楂也不耐贮藏。

山楂属呼吸跃变型水果，宜在呼吸跃变出现之前及时采收，过迟采收，就会在树上出现呼吸高峰。跃变期以后，果实会迅速衰老、变绵，从而失去商品价值。

山楂果实个小，皮孔较大而密集，在自然条件下极易失水，所以贮藏山楂采取的首要措施是保湿。

2. 采收及采后处理

(1) 采收

要贮藏好山楂，必须适时采收。在山楂果实发育过程中，从果面开始着色到采收前 30～50 天的时间里，果肉迅速增厚，干物质和营养成分累积日益增多。因此，适时采收是决定山楂产量和质量的关键因素。在北方地区，一般在 9 月份下旬到 10 月份下旬相继成熟，适宜的采收期应当是果面 80%变为红色，果个长足，果点明显，果面出现果粉或蜡质，果柄出现离层，在呼吸跃变高峰出现前采收。采收过早，色、香、味等本品种固有特性不足，且在贮藏期间，果实易失水、皱缩及腐烂；采收过晚，果实采后会很快衰老、软化、腐烂。采摘以上午为宜，采用人工采摘，以保证果实质量，减少机械损伤，剔除伤、病、虫及落地果，在阴凉处放置 1～2 天，散去田间热，再进行贮藏。晚熟品种较耐藏，在河北，其成熟期一般在 10 月份上、中旬。有试验表明，在山楂成熟期，如晚采 1 天平均可增产 1.17%。

（2）预冷

将摘下的山楂放在树下或其他阴凉处，摊放厚度为 20～30 cm。白天气温高时应遮盖，防止日晒，晚上温度低时打开通风，散热预冷时间为 2～3 天。

（3）药剂防腐处理

对无病虫、无破损的山楂果使用下列方法之一进行防腐处理：①用保果灵 100 倍液浸果 1 min；②用 0.2%的涕必灵溶液浸果 2 min；③用 3%的使百克（菌百克）800 倍液浸果 2 min；④用 4%的氯化钙溶液+3%的使百克（菌百克）200 倍液浸果 1～2 min，浸洗后晾干。

3. 参考贮藏条件

温度为 0～1℃；气体成分：O_2 浓度为 2%～4%，CO_2 浓度为 3%～5%；相对湿度为 90%～95%。

4. 贮藏方式

山楂贮藏的关键是做到切实掌握低温、防热、保湿和透气四个关键因素。贮藏前需对果实进行分级，剔除畸形果、病虫果、机械损伤果后即可准备入贮。

（1）简易贮藏

1）埋藏法

在背阴处挖直径为 67 cm，深 1 m 的圆坑，坑底铺一层 15～20 cm 厚的干净河沙，将果实轻轻放在沙上。果实厚度约为 30 cm 时，上盖 3～4 cm 厚的细沙，再铺第二层果，厚度达 30 cm 左右，上盖 6～7 cm 厚的一层沙，以后随着气温的下降，逐渐加厚细沙覆盖层，最后略高于地面。所用的细沙要有一定的湿度，以手捏成团但挤不出水的程度为宜。此法贮藏期从初霜到终霜，埋后不用管理，用时挖取。也有的地方，往坑中铺 15～20 cm 厚的河沙后，直接放山楂，厚度达到 50 cm，上面再盖 15～20 cm 厚的细沙，最后覆土填平或堆成一个小包。

2）沟藏法

沟藏可分半地下沟藏和地下沟藏两种方式。选高燥阴凉处挖深 33～35 cm（半地下式）或 66～70 cm（地下式），宽 100～120 cm 的东西向贮藏沟，长度视贮果量与场地许可而定，用挖出的土建 30～35 cm 高的围墙，在其外侧开排水沟。果实入贮前，将挑选的好果在地沟旁预冷一个晚上，于次日清晨放入贮藏沟内。沟底铺一层 5～10 cm 厚的洗净湿河沙（手握不滴水），每隔 1 m 插一通气把子（以玉米秸等农作物秸秆做成）。地沟白天盖上席子，夜晚打开，以散热。待气温降至 0～2℃时，在地沟顶部用棒做支撑物，上面覆盖 10 cm 厚的作物秸秆、树叶等，然后再压 5～10 cm 厚的土做成屋顶形，以防雨雪进入。到第二年春天，气温回升时逐渐撤除覆盖物，必要时，可倒沟降温。

(2) 土窑洞贮藏

所用土窑洞可以是自然变温土窑洞或者机械制冷土窑洞。用 0.1～0.2 mm 厚的无毒聚氯乙烯压延膜制成 1.2 m×0.8 m×1 m 的塑料帐，每帐可贮 500 kg 山楂果。贮藏过程中，低而稳定的贮藏温度可有效抑制山楂的呼吸作用，延缓果实内部营养物质的消耗，有利于果实长期贮藏。适宜的低温是山楂贮藏保鲜的重要因素之一，当增大塑料帐容积（1.4 m×0.8 m×1.7 m，能贮 1000 kg 山楂）时，会使帐内温度升高，导致果实呼吸作用增强，加速各种营养物质的消耗，并使果实大量失水。在这时，应在中部安设 1 个内径为 10 cm 的带孔硬塑管，以散热通气，加速果堆内外热冷空气对流，有利于降低帐内温度。入帐初期，帐内气体组分变化较大，每天要测气 2 次，以后每天测 1 次，冬季气温稳定以后可每周测气 1 次。O_2 浓度低时要补入空气，CO_2 浓度过高要设法消除，可采用消石灰吸收 CO_2 的方法。消石灰的用量一般为每 100 kg 山楂用 0.5～1 kg 消石灰，从帐四周靠近地面处设置的袖形袋口装入帐中，当消石灰失效时再予以补充。

在自然变温土窑洞贮藏时，入库时窑温不能高于 12℃。来年春季，窑温回升后不超过 3℃。大帐内 O_2 浓度为 10%～12%，CO_2 浓度为 6%～8%，贮藏期可长达 5～6 个月。在机械制冷的土窑洞贮藏时，入库时的窑温不超过 8℃，贮藏结束时窑温不超过 2℃，气体指标与变温窑大帐堆藏的相同。用此法贮藏山楂，贮藏期可达 7～8 个月。

(3) 通风库贮藏

要求库内温度在 (0±2)℃，相对湿度在 85%～90%。湿度不足时，可采取洒水、放湿锯末、挂湿草帘等措施。此法特点是贮量大，便于管理。但要特别注意加强库的温度和湿度控制，在贮藏过程中还要定期抽样检查，及时剔除坏果。在春、秋季，库内以通风降温为主，冬季以保温为主。

(4) 塑料袋小包装贮藏

用 0.04～0.06 mm 厚的聚乙烯薄膜制成 100 cm×75 cm 的袋，衬在果筐或箱中，装入山楂 25 kg。装后不扎口，只是相互交叠，留有一定的空隙。若在距袋口 30～50 cm 处开 4～6 个（两侧共 8～12 个孔）直径为 0.3～0.35 cm 的孔，则可扎紧口袋。袋内的 O_2 较多，达 15%～19%，CO_2 达 2%～5%。在贮藏初期（入库后半个月），如库温过高，不要急于扎口，待库温降至 10℃以下时方可扎口，以免 CO_2 过多，影响贮藏效果。贮藏过程中要定期检查袋内的气体成分，若出现 O_2 浓度过低或 CO_2 浓度过高时，应敞开袋口换气。贮藏的适温为 0℃。用该法贮藏山楂，果实外观鲜艳饱满，果柄鲜绿，风味纯正，常温下贮藏 6～7 个月，好果率高于 90%。

(5) 气调贮藏

1) 简易气调贮藏

此法需要温度条件较合适的冷库（窖）。产地一般采用改良式通风库或冷凉库进行。用厚 0.08 mm 的聚乙烯薄膜制成硅窗袋，或用 0.03～0.05 mm 厚的聚乙烯袋装果。果实预冷后装袋扎口，置冷库（窖）内贮藏。贮藏期间保持果温为 −2～0℃，袋内相对湿度为 90%～95%。当袋内 O_2 浓度低于 2%，或 CO_2 浓度高于 5%时开袋换气。如在袋内按果重 1/25 的量放入乙烯吸收剂（吸有饱和 $KMnO_4$ 溶液的碎砖块、珍珠土、沸石等）和保鲜剂，贮期可进一步延长。一般情况下，此法可贮半年。

2）硅窗气调贮藏

山楂是适于气调贮藏的果实。用 0.16 mm 厚，80 cm×53 cm 的聚乙烯袋装 15 kg 的山楂，在袋高的 2/3 处用 704 胶将 GE 4－0.06 硅橡胶膜镶嵌在袋上。硅窗面积为每千克山楂 1.4 cm^2。山楂采后，剔除烂果，用 25%的使百克（菌百克）1000 倍液浸果 1 min，晾干，装袋。在温度为 7～15℃，湿度为 85%～90%的条件下，每 3～4 袋山楂码垛贮藏。大帐贮藏时，塑料薄膜厚度为 0.08 mm；常温贮藏时，每千克山楂需 3 cm^2 的硅窗面积；0.5 t 贮量的大帐需硅窗面积 0.15 m^2。扣帐后，将帐底部同底布合在一起，用土压实，贮藏 130 天，好果率为 95%。还可用 0.12 mm 厚的无毒聚氯乙烯压延膜作气调帐，0.20 mm 厚的无毒聚氯乙烯薄膜做袋。

3）山楂销地气调贮藏

山楂果在认真挑选后，用半地下库贮藏。先预冷 15 天左右（10 月份下旬入库），在库温达到 1.0℃以下时进入小帐气调贮藏。在前期 10 天左右，要求 O_2 浓度为 4%～6%，CO_2 浓度为 10%～12%；中后期 O_2 浓度为 8%～10%，CO_2 浓度为 6%～8%。

5. 贮藏病害及其防治

（1）山楂褐腐病

1）发病症状

褐腐病主要危害果实，病果褐腐不变形，腐烂部分有韧性，表面生有半球形绒状灰白色小点，失水后变为干硬僵果。

2）防治措施

①加强果园管理。及时清除树下和地面的病果、落果、病枝等，集中烧毁或深埋，以减少越冬菌源。

②采前处理。在病害盛发前喷施药剂，在 9 月份上旬和下旬喷 2 次 1∶1∶（160～180）倍的波尔多液以及 500～700 mg/kg 的苯来特或托布津或多菌灵药液。

③选择健果、控制品温。果实在入贮和运输前，一定要仔细挑选，剔除病伤果和虫果。果实品温最好保持在－1～0℃，以控制病害的发生。

（2）山楂青霉病

1）发病症状

发病山楂果实病斑呈浅褐色湿腐状，表面生青绿色霉层，常聚集成球状。

2）防治措施

①贮藏场所和容器应彻底消毒灭菌。

②剔除病伤果、避免机械损伤。在采收、包装、运输和贮藏等环节中，都应尽力防止产生机械损伤，以减少病原菌侵入，并严格剔除病伤果。

③采后用杀菌剂处理。仲丁胺用于山楂防腐保鲜有比较好的效果。如采用熏蒸法，通常每千克果实用 0.2～0.25 ml 的仲丁胺原液，也可用 300 倍仲丁胺溶液或1000 mg/kg的特克多溶液浸泡果实。

④适温贮藏。贮藏期间应保持－1～0℃的低温，以减少青霉菌的生长繁殖。

(3) 山楂轮纹病

1) 发病症状

果实发病，病斑为褐色，初为圆形，后迅速扩大为不规则形，直至整个果实，病部有特别清晰的同心轮纹，烂果脱落或不脱落。

2) 防治措施

①加强栽培管理。合理肥水，增强树势，以提高植株的抵抗力。发芽前喷布1次5波美度石硫合剂，杀死附着在树体上的病原菌。

②采前药剂处理。从6月份上旬开始至9月份，结合防治其他病虫害，喷布3~5次160~200倍波尔多液，保护树体，预防病原菌侵入。

③采后防腐和控制贮藏条件。采收后用1000~2500 mg/kg的噻苯咪唑浸果，或采用0.02%的仲丁胺洗果处理，对轮纹病有一定防治效果。

7.2 柑橘贮藏

柑橘是世界上重要的水果之一，在我国的长江流域及其以南地区普遍栽培，其产量和面积仅次于苹果。柑橘的贮藏保鲜在延长柑橘果实的供应期上占有重要地位。

7.2.1 品种及其贮藏特性

柑橘类包括柠檬、柚、橙、柑、橘五个种类，每个种类又有许多品种。由于不同种类、品种果实的理化性状、生理特性存在差异，因此其贮藏性差异很大。一般来说，柠檬最耐贮藏，其余种类的贮藏性依次为柚类、橙类、柑类和橘类。但是有的品种并不符合这一排列次序，如蕉柑就比脐橙耐贮藏。同种类不同品种的贮藏性差异也很大，如蕉柑比温州蜜柑等柑类品种耐贮藏，柑是橘类中较耐贮藏的品种。品种间的贮藏性通常可按成熟期早晚来区分，通常是晚熟品种较耐贮藏，中熟品种次之，早熟品种不耐贮藏。无核品种不如有核品种耐贮藏。一般地，晚熟、果皮致密且油胞含油丰富、囊瓣中糖和酸含量高、果心维管束小等是耐藏品种的共同特征。蕉柑、柑、甜橙、脐橙等是我国目前商业化贮藏的主要品种。在适宜贮藏条件下柠檬可贮7~8个月，甜橙为6个月，温州蜜柑为3~4个月，而桔仅可贮1~2个月。

柑橘属典型的非跃变型果实，缺乏后熟作用，在成熟中的变化比较缓慢，不软化，这与仁果类、核果类、香蕉有明显不同。柑橘类果实原产于气候温暖的地区，长期的系统发育决定了果实容易遭受低温伤害的特性。一般地，橘类和橙类较耐低温，柑类次之，柚类和柠檬则适宜在较高温度下贮藏。

7.2.2 采收与贮前处理

1. 适时无损采收

柑橘果实采收成熟度一定要适当，早采与晚采都影响果实产量、质量和耐贮性。通常在果实着色面积达 3/4，肉质具有一定弹性，糖酸比达到该品种应有的比例，表现出该品种固有风味时采摘。我国温州蜜柑适宜采收的糖酸比为（10～13）：1，早橘、本地早橘为（11～16）：1，蕉柑、柑为（12～15）：1。对短期贮藏的锦橙果实，采收指标应为色泽达 5 级（果皮色泽按统一的比色板级别分 7 级），固酸比为 9：1；若长期贮藏，则应在果面有 2/3 转黄，色泽达到 3 级，固酸比为 8：1 时采收。美国得克萨斯州的甜橙固酸比达（9～10）：1 时方可采收。除柠檬外，不宜早采，尤其不能“采青”。据报道，黄色的甜橙比半黄色的甜橙对生理病害有较高的抗性，四川红橘 11 月份下旬采收的比 11 月份中旬采收的枯水率大大降低。

采摘最好根据成熟度分期分批进行，要尽量减少损伤。采收宜在无露的早晨、阴天或傍晚进行。果实成熟度不一致时，应采黄留青，从上到下，由外向内。采果人员必须修指甲、戴手套；采收时要用专门的采果剪，采果剪必须是圆头且刀口锋利、合缝，以利剪断果柄，又不刺伤果皮。通常采用两剪法剪果，第一剪剪下果实，第二剪齐果蒂剪平，以免果蒂刺伤其他果实，并使果蒂平整，萼片完整。装果容器应加衬垫，采收后剔除病虫、畸形和伤果，并进行初步分级。雨、雾、露水未干或中午光照强烈时均不宜采收。

2. 预贮

对于在贮藏中易发生枯水病的宽皮橘类品种，贮藏前将果实在冷凉、通风的场所放置几日，使果实散失部分水分，轻度萎蔫，俗称“发汗”，对减少枯水病、控制褐斑病有一定效果，同时还有愈伤、预冷和减少果皮遭受机械损伤的作用。预贮宜在冷凉通风的室内或凉棚内进行。有的地方在果实入库后，日夜开窗通风，降温降湿，使果实达到“发汗”的标准。一般地，宽皮橘以预贮 3～5 天，失重率达 3%～5%，甜橙预贮 2～3 天，失重率为 3%～4%为宜。果实经预贮后再转入低温贮藏。

3. 防腐保鲜处理

柑橘在贮藏期间的腐烂主要是真菌为害，大部分属田间侵入的潜伏性病害。除采前杀菌外，采后进行防腐处理是柑橘贮藏前的必要措施。

目前常用的杀菌剂有噻菌灵（涕必灵）、多菌灵、硫菌灵、枯腐净（主要含仲丁胺和 2，4-D）以及克霉灵。生产上常用杀菌剂和 2，4-D（100～250 mg/L）混合液处理果实，具有护蒂、防腐、保鲜的作用。按有效成分计，杀菌剂使用含量为 0.05%～0.1%，2，4-D 含量为 0.01%～0.025%，二者混合使用。药物处理应在果实采后 3 天内进行，以当天处理效果最佳。杀菌剂还可与蜡液或其他涂膜剂混用。此外，将包果纸或纸板用联苯的石蜡或矿物油热溶液浸渍，可以防止在运输中果实腐烂。

4. 严格挑选和塑料薄膜单果包装

严格剔除机械损伤、病虫害、脱蒂、干蒂等果实后，按分级标准或不同销售对象进行分级、包装。塑料薄膜单果包装是柑橘贮藏、运输、销售过程中简便易行、行之有效的一种保鲜措施，对减少果实蒸腾失水，保持外观新鲜饱满，控制褐斑病（干疤）均有很好的效果，已在柑橘营销中广泛应用。塑料薄膜袋一般用厚度为 0.015～0.02 mm 的红色或白色塑料薄膜制做，规格大小依所装柑橘品种的大小而异。柑橘采收后，经过药剂处理，晾干果面，严格剔除伤、病果，即可一袋一果进行包装，袋口用手拧紧或者折口，折口朝下放入包装箱中，有防止果实水分蒸散和产生自发性气调贮藏的作用，薄膜袋内的 O_2 浓度为 19%～20%，CO_2 浓度为 0.2%～0.8%。近年来已采用机械塑料包封，即将柑橘果实装入热缩性塑料薄膜袋中（20～40 μm 聚乙烯膜），在 150～170℃高温下瞬间加热，然后冷却收缩而紧密地包裹在果皮上，使包装的效果更好。塑料薄膜单果包装对橙类、柚类和柑类的效果明显好于橘类，低温条件下的效果明显好于较高温度。

7.2.3　贮藏条件

1. 温度

柑橘贮藏的适宜温度，因种类、品种、栽培条件及成熟度差异很大，生产上确定柑橘的贮藏温度需综合考虑各种因素，经试验后确定。

华南农业大学等对广东主要柑橘品种甜橙、蕉柑和椪柑，采用 1～3℃、4～6℃、7～9℃、10～12℃和常温 5 种贮藏温度进行比较试验，结果表明，甜橙采用 1～3℃，蕉柑采用 7～9℃，椪柑采用 10～12℃比较适宜，贮藏 4 个月皆无生理失调现象。蕉柑贮温低于 7℃，柑低于 10℃易患水肿病。同时对广东产的伏令夏橙和化州橙进行贮藏适温试验，结果表明，这两种橙亦是适宜贮藏在 1～3℃条件下。推荐柠檬的贮藏适温为 12～14℃，如果长时期贮藏在 3～11℃条件下则易发生囊瓣褐变。另据报道，同为伏令夏橙，在美国佛罗里达州，3 月份成熟采收，采用 0～1℃贮藏温度，但在亚利桑那州，3 月份和 6 月份采收的贮藏适温分别是 9℃和 6℃。由此可见，同一品种产地或采收期不同，其贮藏适温有很大区别。因此，生产上确定柑橘的贮藏适温时，除考虑种类和品种外，还必须考虑到产地、栽培条件、成熟度、贮藏期长短等因素。

2. 相对湿度

不同种类的柑橘对贮藏环境相对湿度要求不一，大多数柑橘品种贮藏的适宜相对湿度为 80%～90%，甜橙和柚类要求较高的湿度，最适相对湿度为 90%～95%。宽皮柑类在高湿环境中易发生枯水病（浮皮），故一般应控制较低的湿度，最适相对湿度为 80%～85%。日本贮藏温州蜜柑的研究表明，在温度为 3℃，相对湿度为 85%的条件下，烂果率最低；相对湿度低于 80%或高于 90%，烂果率都增高。确定湿度时还应考虑环境温度，温度高时湿度宜低些，而温度低时湿度则可相应提高。

3. 气体成分

对柑橘的气调贮藏尚没有统一的观点，一般认为柑橘对 CO_2 很敏感，不适宜气调贮藏，也有的认为适宜的高 CO_2，可减少冷藏中的果皮凹陷病。因此，柑橘是否适于气调贮藏，必须针对各品种进行试验后再下结论。

日本推荐温州蜜柑贮藏的气体条件如下：东部地区 O_2 浓度在 10%左右（不低于 6%），CO_2 浓度为 1%～2%；西部地区 O_2 浓度在 10%左右，CO_2 浓度低于 1%，O_2 浓度降至 3%～5%时易发生低 O_2 伤害。

国内推荐几种柑橘贮藏的气体条件如下：甜橙要求 O_2 浓度为 10%～15%，CO_2 浓度低于 3%；温州蜜柑要求 O_2 浓度为 5%～10%，CO_2 浓度低于 1%，如果环境中 O_2 浓度过低或 CO_2 浓度过高，果实就会发生缺 O_2 伤害或高 CO_2 伤害，导致果实组织中的乙醇和乙醛含量增加，发生水肿病。如果环境中低 O_2 和高 CO_2 同时并存，就会加重加快果实的生理损伤。

7.2.4 贮藏方式

1. 常温贮藏

柑橘常温贮藏是热带亚热带水果长期贮藏成功的例子。其贮藏方式很多，根据各地条件与习惯，地窖、通风库、防空洞，甚至比较阴凉的普通民房都可以使用，只要采收和采后处理严格操作，都可以取得良好效果。

(1) 地窖贮藏

贮藏前将窖内整平，适当给窖内灌水，保持相对湿度为 90%～95%，灭虫，杀菌。窖底铺一层薄稻草，果实沿窖壁排成环状。贮藏初期，窖口上的板盖需留孔隙以降温排湿，当果面无水汽后，再将窖口盖住。每隔 2～3 个星期检查一次，及时剔除腐果、褐斑、霉蒂、表皮下陷等果实。注意排除窖内过多的 CO_2。此法贮藏甜橙 6 个月，腐烂率仅为 3%。

(2) 地下库贮藏

可概括为中温、高湿、动态气体成分，减少病原菌侵入途径，抑制病害发生。出库后能保持较好的品质，货架期较长。

(3) 通风库贮藏

通风库贮藏是目前我国柑橘的主要贮藏方式。将预处理后的果实进行箱贮或架贮，最高层应距天花板 1 m 以上，以利空气循环。入库前，用硫黄熏蒸消毒。果实入库后 15 天内，应昼夜打开门窗和排气扇，加强通风，降温排湿。当库内湿度过高时，应进行通风排湿或用消石灰吸潮。若库内湿度不足可洒水补湿。

常温贮藏受外界气温影响较大，因此，应注重温度管理。根据对南充甜橙地窖内温度和湿度的调查资料，整个贮藏期的平均温度为 15℃，12 月份以前为 15℃，1～2 月份最低为 12℃，3～4 月份一般在 18℃左右。因贮藏各时期的温度均高于柑橘贮藏的适温，故应定期开启窖口或通风口，让外界冷凉空气进入窖（库）内而降温，这是贮藏中一项非常重要的工作。通风库贮藏柑橘常常使湿度偏低，应在库内进行加湿处理。如安装加湿器通过喷布水雾提高湿度，或通过向地面、墙壁上洒水，或者在库内放置盛水器，通过水分蒸发增加库内的湿度。

2. 留树贮藏

留树贮藏是在果实成熟以后，继续挂在树上至第二年 2～3 月份。挂果期间，应对树体加强综合管理，喷布生长调节剂和增施有机肥。

3. 冷库贮藏

柑橘类果实不耐低温，易产生冷害，故冷库贮藏的温度应依贮藏的种类和品种而定。库内相对湿度也应适当，不可过高或过低，一般保持在 85%～90%。冷库要注意定期换气，以防 CO_2 积累对柑橘类果实产生伤害。

7.2.5 贮藏病害及防治措施

1. 生理病害

（1）褐斑病

多数研究认为褐斑病是低温生理失调病害。与贮藏环境湿度有关。

防治措施：维持适宜的贮藏温度，保持较高的相对湿度，采用塑料薄膜单果包装等方法，均利于降低褐斑病的发病率。

（2）枯水病

在宽皮柑类柑橘上发病较严重，多在贮藏后期出现。

防治措施：采收前 20 天用 10～20 mg/L 的赤霉素喷果，或采后用 50 mg/L 的赤霉素（可与其他非碱性防腐剂混用）浸果；适期采收，将采后果实置于温度为 7～8℃，相对湿度为 75%～80%的条件下，使产品失重 3%～4%，均有利于防止枯水病的发生。

（3）水肿病

贮藏温度偏低、通风不良及 CO_2 积累较多均易发生水肿病。

防治措施：根据柑橘的品种特性，保持适宜温度，加强通风，排除过多的 CO_2 和乙烯，使库内 CO_2 浓度不超过 1%。均有较好的预防作用。

2. 侵染性病害

柑橘侵染性病害造成的损失常迅速而严重，蒂腐、青绿霉、炭疽病、酸腐和黑腐病等是贮藏期间最常见的病害。

防治措施：①加强柑橘生长季节果实病害的综合防治，定期喷杀菌剂；②减少采收、分级、包装、贮运过程中产生的机械损伤；③果实采后用杀菌剂结合 2，4-D 处理，是目前控制柑橘真菌性腐烂的最经济有效的方法。

7.3 香蕉贮藏

香蕉属热带水果，世界可栽培地区仅限于南北纬 30°以内。在产区，香蕉全年都可以开花结果，供应市场。因此，香蕉保鲜问题是运销而非长期贮藏。

7.3.1 品种及其贮藏特性

我国原产的香蕉优良品种，高型蕉主要有广东的大种高把、高脚、顿地雷、齐尾，广西高型蕉，台湾、福建和海南省的台湾北蕉；中型蕉有广东的大种矮把、矮脚地雷；矮型蕉有广东高州矮香蕉、广西那龙香蕉、福建的天宝蕉、云南河口香蕉。近年引进的有澳大利亚主栽品种“威廉斯”。

香蕉是典型的呼吸跃变型果实。跃变开始后，果实呼吸强度在1～2天内突然上升3～5倍，乙烯释放量也同步上升，水分蒸发量几乎成直线增加，随着呼吸高峰的出现，占果实20%左右的淀粉不断水解，单宁物质发生转化，果实逐步从硬熟到软熟，涩味消失，释放出浓郁香味，果皮由绿逐步转成全黄，当全黄果出现褐色小斑点（俗称梅花斑）时，已属过熟阶段。香蕉呼吸高峰一旦到来，就意味着进入不可逆的衰老阶段，贮藏寿命便宣告结束。香蕉保鲜的任务就是要尽量延迟呼吸跃变的出现。降低环境温度是延迟呼吸跃变到来的有效措施。

香蕉对乙烯非常敏感，只要环境中存在微量乙烯（$1\times10^{-7}\sim1\times10^{-6}$），就足以引发呼吸高峰，启动香蕉的后熟。故抑制乙烯生成或排除环境中乙烯，延缓果实呼吸跃变到来，是香蕉保鲜的关键。

香蕉对低温十分敏感，12℃是冷害的临界温度。轻度冷害的果实果皮发暗，不能正常成熟，催熟后果皮黄中带绿，表面失去光泽，果肉失去香味。冷害严重的，果皮变黑，变脆，容易折断，难于催熟，果肉生硬而无味，极易感染病原菌，完全丧失商品价值。冷害是香蕉夏季低温运输或秋冬季北运过程不可忽视的问题。一般认为，11～13℃是广东香蕉的最适贮温。适于香蕉贮藏的相对湿度为85%～95%。许多研究结果表明，高CO_2和低O_2组合气体条件可以延迟香蕉的后熟进程，因为在此条件下，乙烯的形成和释放受到了抑制。

7.3.2 贮藏技术要点

香蕉贮运流程如下：采收→去轴落梳（果穗倒挂，不着地）→选果（减少机械损伤，去除蕉乳，残果，剔除伤果、残次果）→防腐处理（噻菌灵、苯菌灵或异菌脲，0.1%）→包装（称重，15～16 kg/箱或25 kg/箩，内衬塑料薄膜）→运输（13～15℃或常温）→催熟（熏香或乙烯、乙烯利）→销售。

1. 适时无伤采收

生产上判断香蕉成熟度的方法主要依据棱角的饱满度或断蕾后的天数。在发育初期，果实棱角明显，果面低陷，随着成熟，棱角逐渐变钝，果身渐圆而饱满。当棱角与果身相平满时为七成饱满度；果身圆满尚见棱角为八成，圆满无棱为九成以上。也可根据蕉果的生长天数判断成熟度，如5～6月份断蕾的蕉果需65～80天后采收，而7～8月份断蕾的则需 90～100 天后采收。

用于长途运输的香蕉应在七八成熟时采收。销地远时宜饱满度低，销地近宜饱满度高。饱满度低的果实后熟慢，贮藏寿命长。机械损伤是病原菌侵染的主要途径，伤口还刺激果实产生伤呼吸、伤乙烯，促进果实黄熟，更易腐败。另外，香蕉果实对摩擦十分敏感，即使是轻微的擦伤，也会因受伤组织中鞣质的氧化或其他酚类物质曝露于空气中而产生褐变，从而使果实表面伤痕累累，俗称“大花脸”，严重影响商品外观，这正是目前我国香蕉难以成为高档商品的重要原因之一。因此，香蕉在采收、落梳、去轴、包装等环节上应十分注意，避免损伤。在国际进出口市场，用纸盒包装香蕉，大大减少了贮运期间的机械损伤。

采收时需两人合作，一人托果穗，一人砍倒果轴，使果穗直接落到肩上，然后放在衬垫有柔软物的地方。

2. 采后处理

（1）去轴落梳

蕉轴占香蕉总重的 9%～12%，去轴后可节省包装。去轴落梳时，可将香蕉吊起或竖起，用半弧形落梳刀分割，刀口须平整。也可直接在水池中落梳，以减少机械损伤。

（2）防腐保鲜

国内外处理香蕉的杀菌剂有多菌灵、托布津、特克多、苯来特、戴挫霉和扑海因。将整理好的梳蕉放入药液中浸约 30 s，晾干后进行包装贮运，可有效减少果实病害。

（3）包装

通常采用瓦楞纸箱、木箱或竹箩，内衬 0.03～0.05 mm 薄膜进行包装。国外多用套盖式瓦楞纸箱（10～15 kg/箱）包装。可放一定量的乙烯吸收剂，以防蕉果后熟变黄。在袋内加蕉果重 0.8%的消石灰吸收过量 CO_2，以避免发生 CO_2 伤害，延长香蕉的绿熟期。

3. 贮运

香蕉适宜贮运温度为 11～13℃，相对湿度为 85%～95%，适当提高环境中的 CO_2 浓度（5%～7%），降低 O_2 和乙烯浓度，均有利于延长香蕉贮运寿命。香蕉气调贮藏适宜的气体比例 O_2 和 CO_2 均为 2%～5%的。

根据香蕉本身的生理特性，商业贮藏不宜采用常温贮藏方式。对未熟香蕉果实采用冷藏方式，可降低其呼吸强度，推迟呼吸高峰的出现，从而可延迟后熟过程而达到延长贮藏寿命的目的。多数情况下，选择的温度范围是 11～16℃。贮藏库中即使只有微量的乙烯，也会使贮藏香蕉在短时间内黄熟，以致败坏。因此，香蕉冷藏作业中另一个关键的措施是适当的通风换气。利用聚乙烯薄膜贮藏亦可延长香蕉的贮藏期，但塑料袋中贮藏时间过长，可能会引起高 CO_2 伤害，同时乙烯的积累也会产生催熟作用，故一般塑料袋包装都要用乙烯吸收剂和 CO_2 吸收剂。据报道，广东顺德香蕉采用聚乙烯袋包装（0.05 mm，10 kg/袋），并装入吸收饱和 $KMnO_4$ 溶液的碎砖块和消石灰，于 11～13℃下贮藏，贮藏 30 天后，袋内 O_2 浓度为 3.8%，CO_2 浓度为 10.5%，果实贮藏寿命显著延长。

7.3.3 贮运病害

1. 生理病害

香蕉贮运过程中遇低温（低于11℃）易引起冷害，故应严格控制贮运温度，尤其是冬季运往北方的蕉果，应特别注意保暖防冻。受低温伤害较轻的果实，应立即催熟、出库销售。

香蕉常温（尤其是温度达35～38℃）贮运时，呼吸作用成倍增长，导致CO_2大量产生，易引起高CO_2伤害。故香蕉采后应立即冷却散去田间热，并加强贮运环境的通风。

2. 侵染性病害

（1）蕉轴腐烂

去轴落梳，可从根本上解决蕉轴腐烂问题，也可用0.1%的多菌灵或托布津进行防腐处理。

（2）果柄腐烂

减少果柄机械损伤是防治果柄腐烂的关键。用0.1%的噻苯咪唑或苯来特处理，效果较好。

（3）蕉果炭疽病

蕉果炭疽病可分潜伏型和非潜伏型两种。贮运中，应重点防治香蕉非潜伏型炭疽病。在采后处理中，应尽量减少机械损伤的产生，采后用噻苯咪唑、多菌灵、苯来特、抑霉唑、托布津液浸洗蕉果，浓度为0.1%，也可用5×10^{-4}的扑海因和5×10^{-4}的特克多混和液处理，均可达较好防治效果。

7.4 荔枝、芒果、龙眼贮藏

荔枝、芒果和龙眼是我国广东、广西、海南、福建和台湾等省（区）果树的主栽树种，已有2000多年的栽培历史。由于受贮藏保鲜技术水平的限制，产业化经营一直得不到发展。近几年荔枝贮运保鲜技术的研究和应用取得了明显的效益，促进了生产的进一步发展。

7.4.1 荔枝贮藏

荔枝是热带、亚热带名贵水果，原产我国华南地区，是驰名中外的美味佳果。世界各地如美国、以色列、南非、澳大利亚、印度等国均已引进栽培，但仍以我国海南、广东、广西、福建、台湾等地栽培最多。其果实色泽红艳，肉质洁白晶莹，汁多味甜，营养丰富，备受消费者喜欢。但荔枝果实成熟季节正值高温、高湿的夏季，采后有“一日而色变，二日而香变，三日而味变，四五日外，色、香、味尽去矣”之说，保鲜难度较大。

1. 品种及其贮藏特性

目前生产上荔枝的品种约有 20 个，我国目前荔枝的主栽品种有约 10 个，除名贵品种挂绿外，常见的主栽品种有三月红、白蜡、白糖罂、黑叶（乌叶）、淮枝、桂味、糯米糍、兰竹等。不同的品种对贮藏条件的适应性和自身的耐贮运性有较大的差异。一般地，果皮较厚，果肉较硬，呼吸强度低的品种较耐藏；晚熟品种比早熟及中熟品种耐藏。例如，在 1～3℃下，淮枝、黑叶、桂味、白蜡、尚书槐等品种较耐贮运；妃子笑、白糖罂次之；三月红等不耐贮运。另外，品种不同，其抗病性也不同。荔枝上的霜疫霉病比较严重，天气多雨、潮湿年份，可使烂果率为 30％～50％。因此，应选择抗病品种进行贮运。

荔枝虽原产亚热带地区，但对低温不太敏感，能忍受较低温度；荔枝虽属非跃变型果实，但呼吸强度比苹果、香蕉、柑橘大 1～4 倍，采收当天，呼吸强度最高，第二天有较明显的下降，以后基本稳定，但呼吸强度仍较高。荔枝外果皮松薄，表面覆盖层多孔，内果皮是一层比较疏松的薄壁组织，极易与果肉分离，这种特殊的结构使荔枝极易失水，果皮发生褐变，甚至崩裂。荔枝果皮富含单宁物质，在 30℃下荔枝果实中的蔗糖酶和多酚氧化酶非常活跃，因此果皮极易发生褐变，导致果皮抗病力下降、色香味衰败，所以抑制失水、防止褐变和腐烂是荔枝贮运保鲜的关键。

2. 贮藏条件

低温能明显降低荔枝果实呼吸强度和乙烯释放率，降低果实褐变率，延长贮藏寿命。荔枝贮运适温为 1～7℃，相对湿度为 90％～95％，生产上采用此法贮期可达 25～35 天，商品率在 90％以上。不同品种荔枝贮藏条件有差异。华南农业大学研究认为，在 3～5℃下贮藏淮枝、糯米糍、桂味等品种，贮藏寿命可达 30 天。湿度过低易导致荔枝失水褐变，保持环境湿度是荔枝保鲜的关键。可采用塑料薄膜袋包装，每袋装果 0.5～1 kg。气调贮藏可抑制多酚氧化酶的活性，对保持荔枝色、香、味具有显著效果。据报道，荔枝适宜气调条件，温度为 4℃时，CO_2 浓度为 3％～5％，O_2 浓度为 3％～5％，当 CO_2 浓度超过 10％时，易发生生理伤害。

3. 采收及采后管理

（1）适时采收

荔枝的采收期因品种而异，一般可从 5 月份初持续到 8 月份中旬。其采收时间根据贮藏、运销的条件而定。一般地，对于低温贮藏，应在荔枝充分成熟时采收，果皮越红越鲜艳保鲜效果越好。但若低温下采用薄膜包装或成膜物质处理等，则以果面 2/3 着色、带少许青色（约八成熟）采收为好。立即销售的果实以九成熟采收为好，用于远途运输或贮藏的果实可在八成熟时采收。成熟度的确定是依据果实的表面色泽，或内果皮的颜色，以及果实的含糖量，如八成熟的果实，其果皮基本转红，龟裂纹嫩绿或稍带黄绿色，内果皮仍为白色。荔枝的采收应选择早、晚，或阴天为好，避免雨天和炎热的中午采果。

(2) 预冷

荔枝采收时正值炎热夏季，采下的荔枝果实要进行修枝选果，去掉病虫害果、裂果和伤果，并尽快预冷，散去田间热。预冷的方式有水冷和风冷，水冷即在水中加入冰块，使水温在5℃左右，将果实在冰水中浸泡10～15 min；风冷即将荔枝果实装入塑料箱内，在2～5℃冷库中预冷5～10 h，以降低果实温度。另外，荔枝果实采后入库越快其贮藏效果越好，最好能在12～24 h完成入库并且实行冷链运销，可抑制果实褐变，减少腐烂和延长销售期。

(3) 防腐处理

由于荔枝采后极易褐变发霉，因此，无论采用哪种保鲜法，都需要进行杀菌处理。杀菌后待果面干后包装贮运，一般采用0.25～0.5 kg小包装比15～25 kg的大包装好。

目前用于荔枝杀菌主要措施有如下几种：①中国科学院植物所研制的LS保鲜剂1000 mg/L或北京营养所研制的GS生物药剂100 mg/L喷果或浸果3～5 min；②乙磷铝（1000 mg/L）+特克多（1000 mg/L），在10℃冰水中浸果10 min；③德国产的施保克1000～2000倍冰水溶液（低于10℃）浸果0.5 min；④美国生产的特克多300～450倍溶液浸果1 min；⑤法国产的扑海因250倍液浸果1 min，捞取晾干后，用保鲜膜包装低温冷藏，对防治霜疫霉病非常有效；⑥苯来特50～52℃热水中浸果2 min，可有效防止荔枝贮藏病害的发生；⑦固体保鲜剂（按活性炭：氯酸钠：硫酸亚铁：氧化锌=6：2：1：1制成2～3 cm大小的颗粒），使用量为荔枝果的2%～4%，该药除具有杀菌作用以外，还能分解和吸收荔枝贮藏期间放出的有害气体。

(4) 防褐变处理

荔枝采后应立即进行护色处理，防止果色褐变。荔枝的防褐措施主要如下几种：①以中国科学院植物所研制的荔枝护色剂LS-1（使用浓度为2%）浸果5 min；②2%的亚硫酸钠+1%的柠檬酸+2%的氯化钠溶液浸果2 min。③用N-二甲胺琥珀酸（比久）100～1000 mg/L溶液浸果10 min；④用SO_2熏蒸后再用稀盐酸溶液浸果2 min；⑤用SO_2熏蒸后再用10%的柠檬酸+2%的氯化钠溶液浸果2 min；⑥将果实在沸水中热烫7 s，再用5%～10%的柠檬酸+2%的氯化钠溶液浸果2 min，可抑制果皮褐变，达到保持红色的目的。由于荔枝变色与果皮失水有关，采后将果实迅速预冷降温，实行冷链运输和低温贮藏也可阻止荔枝褐变。

4. 贮运方式及管理

(1) 常温贮藏

荔枝果实采后在室温下存放2～3天就变褐、变味。用SSC（1%的NaCl+2%的Na_2SO_2+5%的柠檬酸）药剂浸泡糯米糍果实后加乙烯吸收剂贮藏，在常温下可放7～8天；用800 mg/L的灭菌威溶液加热到60℃浸果1～2 min，捞出后浸入3%的柠檬酸液中2～3 min，再装入0.05 mm厚的聚乙烯薄膜袋内，加乙烯吸收剂可在26～30℃的室温下存放7天；用中国科学院植物所研制的荔枝复合防腐保鲜剂处理白蜡、黑叶和妃子笑等荔枝品种，果实用薄膜袋密封包装，袋内加入乙烯吸收剂，在室温下可存放8天，果实不变色，但风味要变淡。

常温下，荔枝只能短期保鲜一周，贮运程序为采收放进袋或筐→初步分选→去果梗或扎成果束经分选装入塑料箱→防腐保鲜剂处理→晾干→包装→贮运→销售。

（2）冷链贮运技术

冷链贮运技术是目前荔枝贮运采用的最有效的保鲜方法。因品种而异，一般可保鲜 25～45 天。

荔枝采后经预冷、药剂处理后，放入内衬 0.03～0.04 mm 聚乙烯或聚氯乙烯塑料袋的箱中，装量为 1～2 kg，进入冷库合理码垛，进行贮藏。冷藏适温为 1～3℃，0℃下贮藏易发生冷害；相对湿度为 95%～98%，低于 95%易发生果皮褐变和果枝变黑。

冷链贮运程序为采收放进采果袋或筐→初步分选装入塑料周转箱→约 5℃药液浸果 5～10 min→冷藏车或加冰保温车至冷库→1～3℃冷库中去果梗或扎果束及分选包装→1～3℃下贮运→冷库批发→冷柜零售→消费者冰箱存放。

（3）气调贮藏

荔枝适合于气调贮藏。气调贮藏中的 O_2 和 CO_2 浓度均为 3%～5%；过低的 O_2（2%以下）和过高的 CO_2 也容易产生伤害。

1）小袋包装法

荔枝于八成熟时采收，当天用 52℃的苯来特（0.05%）、多菌灵（0.1%）或托布津，或 0.05%～0.1%的苯来特加乙磷铝浸 20 s，沥去药液晾干后装入聚乙烯塑料小袋或盒中，袋厚 0.02～0.04 mm，每袋装 0.2～0.5 kg，并加入一定量的乙烯吸收剂（$KMnO_4$ 或活性炭）后封口，置于装载容器中贮运，在 2～4℃下可保鲜 45 天，在 25℃下可保鲜 7 天。

2）大袋包装法

按上述小袋包装法进行采收及浸果，沥液后稍晾干即选好果装入衬有塑料薄膜袋的果箱或箩筐等容器中，每箱装果 15～25 kg，并加入一定的 $KMnO_4$ 或活性炭，将薄膜袋密封，在 3～5℃下可保鲜 30 天左右。若袋内 O_2 浓度为 5%，CO_2 浓度为 3%～5%，则可以保鲜 30～40 天，色香味较好。

（4）速冻保鲜法

速冻保鲜是在－23℃下速冻，然后用薄膜袋包装后置于－18℃冷藏，可保存一年以上。但荔枝解冻后，果皮很快褐变，裂果率增加。为降低裂果率，可将果实先预冷到 0℃，用薄膜袋包装后再冻结。

为控制果皮褐变，可采用以下几种方法：①杀酶喷酸保色法，即先用 100℃水蒸气处理荔枝 20 s，再喷洒 30%的柠檬酸溶液两次，在－23℃下速冻，然后用聚乙烯薄膜包装，并在－18℃下长期保存；②热烫处理法，即将荔枝放入 100℃沸水中烫 7 s 后，捞出立即投入温度为 3～5℃的水中 40～50 s，果实冷却后再浸入 5%～10%的柠檬酸+2%的食盐混合液中 2 min，然后在－23℃下速冻，冻结后用聚乙烯薄膜袋包装，并在－18℃下冷藏；③化学处理法，即将荔枝果实经 10% 的柠檬酸+2%的 氯化钠+2%的亚硫酸氢钠混合溶液处理后，送入－23℃冷库速冻，用聚乙烯薄膜包装，并在－18℃下冷藏。另外用 F4-LC 荔枝保鲜液浸果 10 min，使果皮褪红变黄绿，风干变红后在－23℃冻结，包装后在－18℃冷藏，解冻后果皮可保持红色 4～5 天。

5. 荔枝贮藏关键技术

①选择耐贮品种，适时采收。在果实八成熟，即外果皮大部分转为鲜红色，裂片沟转黄，果肉呈白色，糖酸比约为70时采收为宜，采收时应尽量减少机械损伤。

②聚乙烯薄膜袋包装。低温贮藏荔枝，出冷库几小时后，果皮迅速变褐。用聚乙烯薄膜袋小包装贮藏，是提高荔枝耐藏性的关键措施，可使货架寿命延长36 h。

③控制贮温和气体组分。低温自发气调是目前荔枝贮运上应用最普遍且效果较好的方法。果实采收后及时预冷（采后24 h），采用防腐剂（1000 mg/kg的扑海因，2000 mg/kg的TB 2）处理，再将果实装入聚乙烯薄膜袋内，放入2℃冷库，贮藏25天后好果率达95%。

④病害防治。荔枝贮运中的主要微生物病害有霜疫霉病、酸腐病、根霉病、炭疽病等，应将田间防治与采后防腐相结合。加强果园综合管理，采前10～15天喷1～2次80%的乙酸铝300倍液，采后用0.05%的苯来特（50℃）或用0.1%的乙酸铝+0.1%的特克多或苯来特处理，均可达防腐效果。荔枝采后生理病害主要有褐变和气体伤害。褐变主要由果皮过度失水及机械损伤引起，可通过采用薄膜包装，增加湿度，减少贮运机械损伤来防治。当贮藏环境中的CO_2浓度高于10%时，易引起CO_2伤害，应特别注意包装薄膜厚度的选择。

7.4.2 芒果贮藏

芒果属漆树科植物，核果类，是热带地区的一种名贵水果，以果形美观，色美肉甜，气味芳香而闻名，有“热带果王”之美誉。因其营养丰富，肉质细腻，风味独特，深受消费者喜爱。芒果除含有蛋白质、脂肪、矿物质等营养物质之外，还含有丰富的维生素，尤其是维生素A是水果之冠，在国际市场上，是许多国家的出口创汇产品。

1. 品种及其贮藏特性

芒果共有1000多个栽培品种，其中主要品种有200多个。芒果在我国栽培有100多个品种，产区主要分布在海南、广西、广东、云南、福建、贵州和台湾等地，供应季节可从3月份下旬到8月份下旬。椰乡香芒（鸡蛋芒）、田阳香芒、吕宋芒、紫花芒、青皮芒、象牙芒、秋芒、台农一号、爱文芒等都是品质优良的主栽品种。不同芒果品种耐藏性差异较大，其中海南吕宋、云南象牙、象牙22号、黄象牙、秋芒、桂香等品种较耐贮藏，泰国芒果不耐贮藏。

芒果属于热带水果，为典型的呼吸跃变型果品，对乙烯敏感，促进呼吸强度的乙烯生成量为1.0～10 μl/（kg·h），低温贮藏时要尽量保持贮果环境中空气的新鲜，避免通风不良以及乙烯的不利影响，气调贮藏时尽可能使用乙烯吸收剂，排除乙烯对气调贮藏效果的不良作用。芒果在常温下迅速完熟、转黄、衰老腐烂，采后寿命极短。芒果对低温比较敏感，贮藏温度过低（一般在10℃左右）则会发生冷害，导致果实不能正常完熟，引起果肉组织崩溃和腐烂，而高温则加速其腐烂，密封又易变质出现异味。因此，芒果贮藏寿命极短。芒果采后损失率高的另一个重要原因是炭疽病和蒂腐病潜伏侵染，当果实采后转黄时迅速发病，使果实的品质和商品率下降，耐贮性较差。

2. 采收及采后处理

芒果一般在绿熟期采收，在常温下自然成熟或人工催熟后出售。判断果实采收成熟度的方法如下：①当果实已达原品种大小，两肩浑圆，果皮颜色变浅，果实尚硬但果肉开始由白转黄时即可采收；②一棵树上已有自然成熟果实落果或有果蝇和吸果夜蛾为害果实时，即可采收；③切开果实，种壳变硬，果肉呈微黄或浅黄色，经7～10天后熟果皮不皱缩，便可采收；④可以应用测定果实相对密度的方法确定采收期，将果实放在水中，出现半下沉或基本下沉时为适宜采收成熟度；⑤按果实发育期天数估算，如吕宋芒从谢花至成熟在菲律宾为82～88天，海南三亚为85～90天，儋州市为90～100天。

用作贮藏的果实宜在晴朗的早晨采摘八成熟果。采收宜在晴天上午9时以后进行，此时露水已干，果柄排胶少。雨天不宜采果以防感病。采收要轻拿轻放，防止有过大的震动和碰撞。采收时应用果剪逐个剪下，并留1～2 cm的果柄，采后用清水洗涤以除去果梗切口中流出的黏液，并可防止果柄伤口处流胶污染果面。凡被胶液污染的果实，应该及时用洗涤剂清洗，不然果实上有胶液流过的地方很快变黑腐烂，影响果实的外观品质和贮藏寿命。采后果实应放在有荫蔽的地方，不能堆放在泥地或水泥地板上，也不能用麻袋装果，应用筐盛果，同时筐内用软物垫筐底，以防伤果。采后的果实应及时运往包装处理场所。造成芒果冷害的临界温度为6～10℃，依品种不同而异。

果实采后用清水洗涤后，再用2，4-D、GA_3和NAA处理可不同程度地延缓芒果后熟，而乙烯利、ABA处理则可起催熟作用。GA_3能延缓酸度降低速度，对保持果实风味有益。用几丁质衍生物水溶液浸果，能有效地抑制呼吸强度的上升和果实硬度的下降，保持芒果组织结构的完整性，同时可有效地阻止维生素C减少和SOD活力下降。为防止炭疽病、蒂腐病的发生，可用1%的醋酸溶液洗果或用52℃热水浸果10 min，或用52℃、0.0005%的苯来特或特克多热溶液浸果效果更佳，对炭疽病防效率达95%以上；还也可用0.001%的苯来特或特克多浸果。浸果后捞出，摊开晾干，再选果包装贮藏。

3. 贮藏条件

适当的低温能延长芒果的贮藏寿命，但温度不能过低，贮藏青熟果如低于8℃果皮会出现皱缩，在常温下再难催熟，果味酸、无香味、品质差。最低安全温度（冷害临界温度）约为10℃；冻结温度为0～0.94℃；冷藏温度一般为10～12℃，相对湿度为85%～90%。

芒果的适宜后熟温度为21～24℃，高于或低于这个范围均难得到良好效果。温度超过这个范围会使后熟的果实风味不正常；而温度低于15.6～18.3℃，虽亦可使果实有良好的着色，但果肉有酸味，需再放到温度为21～24℃下成熟2～3天，使其甜味增加，改善品质。

4. 芒果的贮运

据报道，贮藏青熟果以9～13℃温度，85%～90%相对湿度条件较好。各品种间对低温的忍受不同，吕宋芒在 7～10℃的环境下贮藏经 15 天会受冻害；而泰国白花芒在 10℃的环境下贮藏 20 天会受冻害。常温下贮藏的果实容易失水，贮藏寿命一般为 10～17 天。

一般贮藏方法是果实在采后经清洗、防腐处理后 15 h 内入冷库用强制冷风将其品温降至 13℃（不同品种耐低温性有不同，但不能低于 10℃），并在冷藏库内保持 13℃温度，相对湿度保持 85%～90%，可以明显推迟后熟过程，保鲜 20 天左右。出库时果实在常温下放置 1～2 天以改善果实色泽和风味。

将采后处理的果实，在 13℃温度和 85%～90%相对湿度条件下，用 0.03～0.04 mm 厚的聚氯乙烯薄膜袋包装。控制 5%的 O_2 和 5%～8%的 CO_2 气体指标，进行气调冷藏，可以进一步将贮藏保鲜期推迟到 30 天左右。

芒果用 250 krad 射线照射，可抑制后熟时多酚氧化酶的活化和果胶分解酶的活性，使成熟期延迟 16 天。菲律宾和印度的芒果出口都采用辐射杀虫。芒果用 60 krad 照射，对维生素 C 和胡萝卜素没有明显的破坏，如在低温、低氧条件下进行辐射处理，可以更多地保留营养成分。芒果经过辐射处理后，在 13℃下贮藏比对照组延迟 40 天成熟，在 20℃下贮藏延迟 10 天。

芒果可在 20～22℃温度下自然催熟，也可用 100 mg/kg 的乙烯利浸果 1～2 min，进行人工催熟。

芒果运输时要注意产品的包装，果实蜡浸后用聚乙烯薄膜单果包装，置于装量不超过 10 kg 的包装箱中进行贮运，每箱装两层芒果，包装箱要坚固透气，果实之间用隔板隔开，以保护产品。芒果的运输温度为 10～13℃，上市前为了提高芒果的品质，使成熟度一致，可进行催熟，催熟温度为 22℃。果实移到常温后下后需及时去除去聚乙烯袋，防止产生过量的 CO_2，引起变味变质。对易感炭疽病的品种，贮藏前，应用 500～1000 mg/L的苯菌灵(52±2)℃热水浸果，可减少病害。

减压贮藏：芒果在 13℃温度、98%～100%相对湿度和 10～20 kPa 压力条件下贮藏 3 周可延缓果肉软化，减少腐烂且无萎缩现象。减压处理对芒果的运输和鲜售也有益处。

5. 常见病害及防治措施

（1）生理病害

芒果对低温敏感，不适当的低温极易引起冷害。受冷害的果实不能正常黄熟，果皮出现灰黑色污斑，后熟不均匀，风味不良。造成冷害的临界低温，因品种不同而异，高的可达 10℃，低至 6℃。

（2）微生物病害

对芒果生产造成威胁的病害主要是炭疽病和蒂腐病，二者均属田间侵入的潜伏性真菌病害。病原菌在采后成熟过程中发病，果皮和果蒂上出现黑色斑块，引起果实腐烂，因此必须采取洗果、防腐措施。采后 8 h 内用清水或者再加入少许洗洁精洗果，然后用清水漂洗，待干后，用 52～54℃热水浸泡 8～10 min 后，再用 0.001%的咪唑霉、苯来特等杀菌剂浸果，以控制炭疽病的发生。用 0.0001%的赤霉素溶液浸果 10 min，可通过延缓果实后熟来控制早先潜入的炭疽病原菌的发展。有试验表明，芒果经 0.0001%的赤霉素处理，可延迟成熟 12 天左右。

用54℃热水热烫10 min，然后用0.001%的扑海因和0.0001%的赤霉素溶液处理，防腐效果较好，用0.001%的特克多溶液加热到54℃浸泡10 min，也有明显效果，然后在室内摊放一昼夜，使其“发汗”，再用湿布擦净果面，分级包装。

(3) 生物性病害

芒果采后主要害虫是芒果实蝇和芒果种子象虫。可用20 ml/kg的二溴乙烯在20℃左右温度下密闭熏蒸2 h。

7.4.3 龙眼贮藏

龙眼也称桂圆，为无患子科热带亚热带水果，原产我国南部、缅甸及印度等地区，我国栽培面积及品种均为世界之冠，主要分布在广东、广西、福建及四川等地。龙眼果实成熟期在八九月份，采后代谢旺盛，鲜果易腐烂变质、不耐贮藏，使得龙眼鲜果销售受到很大限制。近年来，国内外对龙眼贮运保鲜技术进行了大量的试验研究，使贮运保鲜期可达20～50天。

1. 品种及其贮藏特性

龙眼有300多个品种，其中福眼、石硖、车壁、柴螺、扁匣蓁等品种为耐贮藏的优良品种。周云等研究（1997）表明，石硖龙眼在1～4℃贮藏，未出现冷害，30天后才开始发生褐变，贮藏中乙烯释放量一直保持低水平，未出现高峰；吕荣欣等对福建一些龙眼品种进行试验，结果表明，泉州龙眼耐贮性最强，3～4℃下可贮藏35天，好果率为100%；水涨最不耐贮，好果率仅为81.8%。一般高糖、厚壳的品种较耐贮，而低糖、薄壳品种耐藏性较差。

2. 采收及采后处理

(1) 采收

贮运龙眼宜在九成熟采收，标准是果皮由厚且粗糙转为薄而光滑，果肉由坚硬开始转为柔韧，种子充分硬化，由白色变为黑褐色。

(2) 预冷

采后龙眼果实带有大量田间热，如不迅速预冷直接入库，易加快果实腐烂。预冷的适宜温度为8～10℃。预冷方式可在防腐处理浸药时用冰水或冷却水配药，或在药物处理后进入预冷间进行选果包装，也可在冷库中先分开散热，待温度接近贮温时再码垛。

(3) 护色处理

护色可与洗果相结合。常用的方法如下：①0.5%的柠檬酸+0.03%的维生素C溶液，或1%的柠檬酸溶液浸果2 min；②2%的亚硫酸钠+1%的柠檬酸+2%的食盐水溶液浸果2 min。

(4) 防腐处理

①特克多或扑海因浸果。用特克多300～400倍液（3～6℃冰水稀释），或用扑海因250倍液浸果1 min，也可用0.1%的特克多和扑海因混合后，加入0.02%的GA_3，浸果

1 min，然后捞出晾干，用透气性包装膜包装后，装进加冰块的聚苯乙烯泡沫箱内，箱外用聚烃烯树脂特种复合包装袋包装，更利于远程运输。

②气体熏蒸。每千克龙眼用0.1 ml克霉灵与果实一起密封在塑料袋中，或每千克龙眼用 0.15 ml 仲丁胺与果实密封在 0.04～0.06 mm 厚的聚乙烯袋中 24 h，开袋放气后再冷藏贮运；也可用 SO_2 保鲜片熏蒸。

③中草药涂布保鲜纸。用保鲜纸包装龙眼再配以低温（3～6℃，70%～90%相对湿度），贮藏一个月，好果率达 95%。保鲜纸的制法如下：取百部 350 g、虎仗 300 g、高良姜 500 g、甘草 100 g，粉碎，过 60 目以上筛，得中草药粉末；另取淀粉 200 g、高锰酸钾 1.2 g、硼砂 1.5g、氢氧化钠 1 g、水 100 ml，加热到 90～95℃，持续搅拌 20～30 min 后冷却，即成氧化淀粉液。中草药粉末与氧化淀粉液以 1∶2 的比例混合，然后均匀地涂布于普通包装纸上，60～80℃烘干。

3. 贮藏条件

适宜的贮藏温度为 3～5℃，相对湿度为 90%～95%。果实入库前应将库温降到 3℃左右，品种不同其最适温度略有不同，但贮温不能高于 8℃或低于 0℃。温度过低易使果实产生冷害或冻伤，温度过高则无法控制果实的代谢，会加速果实的衰老变质。贮藏期间冷库温度应避免波动，保持温度的稳定。

气体条件为 4%的 CO_2，6%～8%的 O_2。CO_2 浓度偏高（13%）或偏低（3%）均不利于龙眼贮藏，且有副作用。龙眼可采用常温贮藏、低温贮藏、气调贮藏等方式，一般贮藏期约为 30 天，货架期为 24～48 h，应根据市场需求，灵活掌握贮藏时间，但不应超过最长的贮藏期限，在贮藏期内，要求好果率在 90%以上，自然损耗率不超过 2%，贮藏后应基本保持果实原有的色泽和风味。

4. 贮藏方法

目前龙眼商品化贮运采用低温自发气调结合药物防腐处理。潘一山等研究（1996）表明，夏季高温采收的九成熟福眼龙眼，经保鲜剂洗果，再用双层 0.025 mm 乙烯-醋酸乙烯薄膜袋包装，在 2～4℃下，贮藏 45 天，好果率达 98.8%；冷藏龙眼出库时，应采取逐渐升温（3～5℃，8 h 升至 10℃，8 h 升至室温 26℃）出库方式，常温下可保持货架寿命 32 h；熏硫处理加抗氧剂出库的果实在常温下货架寿命可达 78 h，商品率达 100%。

龙眼的贮运病害类型基本与荔枝相同，包括霜疫霉病、炭疽病、酸腐病等，可参考荔枝的防治方法进行防治。

5. 运输要求

龙眼很不耐藏，长途运输最好采用冷链运输。在运输前，应先进行预冷，降低果温，然后装箱并采用冷藏车运输，冷柜环境应维持在低温状态下，温度变化幅度越小越好。短途运输有冷藏车最好，亦可用通风良好的篷车。运输过程要快装快运、轻装轻卸。

福建省农业科学院果树研究所等研究制订出的冷链流通工艺最佳流程为鲜果收购→挑选分级→50 h 内到达冷库→沸水热烫 10 s→立即进行强制冷风吹 24 h（1～3℃）→冷

链运输（不高于 5℃）→销地冷藏（1～3℃）→销地销售（常温货架 24 h 以内，冷柜货架 5℃不超过 7 天）。采用上述流程，销地出售时，龙眼果皮呈黄褐色，与鲜果原色相近，商品外观好，内果均无褐变，不出现褐斑点，果实品质风味均佳。大中城市小批果贩、果商，宜有冰柜设施；远销国外和国内东北、西北和华北地区，仍以火车的冷藏车（维持 4～6℃）运输效果好，好果率高。火车的敞（棚）车皮也比汽车运输快、果实受振动与共振影响小，好果率高，运费也较低。

7.5　浆果类主要果品贮藏

7.5.1　葡萄贮藏

葡萄是我国六大水果之一，主要产区在长江流域以北。葡萄晶莹剔透、营养丰富，是特别受消费者喜爱的一种果品。但葡萄柔软多汁，含水量高，采后易干枝、皱皮、掉粒和腐烂。近十多年来葡萄生产发展很快，葡萄贮藏保鲜是各地果农普遍关心的问题。

1. 品种及其贮藏特性

(1) 品种

葡萄栽培品种很多，其中大部分为酿酒品种，适合鲜食与贮藏的主要品种有巨峰、黑奥林、龙眼、牛奶、黑罕、玫瑰香、保尔加尔等。近年我国从美国引种的红地球（又称晚红，商品名叫美国红提），秋红（又称圣诞玫瑰），秋黑等品种颇受消费者和种植者的关注，被认为是我国目前栽培的所有鲜食品种中经济性状、商品性状和贮藏性状最佳的品种。

用于贮藏的品种必须同时具备商品性状好和耐贮运两大特征。一般晚熟品种耐贮性强于早、中熟品种，深色品种强于浅色品种。晚熟、皮厚、果肉致密、果面富集蜡质、穗轴木质化程度高、果刷粗长、糖酸含量高等是耐贮运品种应具有的性状，如龙眼、玫瑰香、红宝石、粉红太妃、意大利、和田红葡萄、河北宣化的李子香、黑龙江的美洲红和红香水等品种耐贮性均较好。近年来引进的红地球、秋黑、秋红、拉查玫瑰等已显露出较好的耐贮性，果粒大、抗病性强的黑奥林、夕阳红、巨峰、先锋、京优等耐贮性中等，而无核白、新疆的木纳格等贮运中果皮极易擦伤褐变、果柄断裂、果粒脱落，耐贮性较差。

(2) 采后生理特性

葡萄以整穗体现商品价值，故耐贮性应由浆果、果梗和穗轴的生物学特性共同决定。通常认为整穗葡萄为非跃变型果实，采后呼吸呈下降趋势，成熟期间乙烯释放量少，但在相同温度下穗轴尤其是果梗的呼吸强度比果粒高 10 倍以上，且出现呼吸高峰，果梗及穗轴中的 IAA、GA 和 ABA 的含量水平均明显高于果粒。葡萄果梗、穗轴是采后物质消耗的主要部位，也是生理活跃部位，故葡萄贮藏保鲜的关键在于推迟果梗和穗轴的衰老，控制果梗和穗轴的失水变干及腐烂。

2. 采收及采后处理

(1) 采收

采收期应尽可能延迟。充分成熟的葡萄含糖量高，着色好，果皮厚且韧性强，果实表面蜡质充分形成，能耐久贮。果实糖分积累在迅速增长以后趋于稳定，可作为葡萄浆果充分成熟的一个判断标准。在北方葡萄主产区，许多品种的果粒含糖量达15%~19%，含酸量达0.6%~0.8%时，即进入成熟期。葡萄采收前7~10天必须停止灌溉，否则贮藏期间会造成大量腐烂。用于贮藏的葡萄，产量应限制在每亩1500~2000 kg。结果量过大，果实含糖量低，着色差，不耐贮藏。合理负载是葡萄稳产、优质及提高耐贮性的有效措施。采收前，在葡萄浆果上色始期追施硫酸钾、草木灰或根外追施磷酸二氢钾(0.1%~0.3%)，有利于提高果实品质。采收宜在天气晴朗、气温较低的清晨或傍晚进行。采摘时用果剪小心剪下果穗，剔除病粒、破粒、青粒，剪去穗尖成熟度低的果粒。采收后按质分级，分别平放于内衬有包装纸的筐或箱中，包装时果穗间空隙越小越好，然后置于阴凉处或运往冷库。

(2) 预冷

葡萄采后带有大量田间热，不经预冷就放入保鲜剂封袋，袋内将出现大量结露使袋底积水。故葡萄装入内衬有0.03~0.05 mm厚聚乙烯袋的箱内后，入库后应敞口，待果温降至0℃，放药剂封口。为实现快速预冷，制冷设备应在葡萄入贮前一周开机，使库温降至0℃。此外，葡萄入贮时应分批入库，以防库温骤然上升和降温缓慢。

3. 贮藏条件

(1) 温度

葡萄的冰点一般在-3℃左右，因果实含糖量不同而有所不同，一般含糖量越高，冰点越低。大多数葡萄品种的适宜贮温为-1~0℃。在极轻微结冰之后，葡萄仍能恢复新鲜状态。

(2) 相对湿度

保持适宜湿度是防止葡萄失水、干缩和脱粒的关键。葡萄贮藏保鲜需要较高的相对湿度，高湿度有利于葡萄保水、保绿，但却易引起霉菌滋生，导致果实腐烂。适宜的相对湿度为90%~95%，低湿可抑制霉菌，但易引起果皮皱缩、穗轴和果梗脱水干枯，致使葡萄脱粒。故采用低温、高湿（90%~98%）、结合防腐剂处理，是葡萄贮运保鲜的主要措施。贮藏欧洲种葡萄的相对湿度为92%~95%，而美洲种或欧美杂种葡萄以相对湿度为95%~98%为宜，湿度过低易引起干梗。但对马奶葡萄、新疆的无核白、木那格宜采用80%~85%相对湿度贮藏。

(3) 气体成分

降低环境中O_2浓度，提高CO_2浓度，对葡萄贮藏有积极效应。葡萄气调贮藏中降低O_2和提高CO_2含量，可使交链孢霉属、曲霉菌属和青霉菌等真菌受到明显的抑制，果实的呼吸作用及酶活性也受到抑制，贮藏期可延长两个月。目前有关葡萄贮藏的气体指标很多，尤其是CO_2的指标比较悬殊，这可能与品种、产地以及试验方法等有关。一

般认为 O_2 浓度为3%～5%，CO_2 浓度为1%～3%的组合适合于大多数葡萄品种的贮藏，但在气调贮藏实践中还应慎重行事。

4. 贮藏方式

我国民间贮藏葡萄的方式很多，但由于贮量少、贮藏期短、损失严重，已不适应现代葡萄商品化生产的需要，目前贮藏葡萄的主要方式有冷库贮藏和气调贮藏。

(1) 冷库贮藏

葡萄采收后，剔除病粒、小粒并剪除穗尖，立即预冷至5℃以下，随后在库内堆码贮藏；或者控制入库量，直接分批入库贮藏，如容量为50～100 t的冷藏间，可在3～5天内将库房装满，这样有利于葡萄散热，避免热量在堆垛中蓄积。葡萄装满后要迅速降温，力争在3天内将库温降至0℃，降温速度越快越有利于贮藏。贮藏期间库温保持−1～0℃，相对湿度为90%～95%。葡萄在冷藏过程中，结合用 SO_2 处理，贮藏效果会更好。

近年来，微型冷库在葡萄贮藏上取得了巨大成功。具体做法如下：选择优质果穗，采收后装入内衬PVC葡萄专用保鲜袋的箱中，在果穗间隙加入葡萄保鲜剂，扎紧袋口，当日运往微型冷库，在（−1±0.5)℃下敞口预冷10～12 h，扎紧袋口码垛，于−1～0℃冷库贮藏即可。

(2) 低温气调贮藏

由于葡萄是非跃变型果实，对其气调贮藏目前有两种认识，如美国的葡萄主要采用冷藏，而法国、俄罗斯气调贮藏却比较普遍。我国近年在冷库采用塑料薄膜帐或袋贮藏葡萄获得了明显的效果，这可能与各国的栽培条件、品种特性、贮藏习惯与要求等的差异有关。因此，在商业性大批量气调贮藏葡萄时，应该慎重行事。

葡萄气调贮藏时，在低温高湿环境下（−1～0℃，90%～95%相对湿度），大多数品种的气调指标是 O_2 浓度为3%～5%，CO_2 浓度为1%～3%。用塑料薄膜袋包装贮藏时，袋子最好用0.03～0.05 mm厚的聚乙烯膜制作，每袋装果5 kg左右。葡萄装入塑料袋后，最好配合使用果重0.2%的 SO_2 保鲜片剂，待库温稳定在0℃左右时再封袋口，塑料袋一般是铺设在纸箱或塑料箱中。定期检查果实质量，如发现霉变、裂果、腐烂、药害、冻害等情况，应及时处理。

采用塑料帐贮藏时，先将葡萄装箱，按帐的规格将葡萄堆码成垛，待库温稳定在0℃左右时罩帐密封。定期测定每个帐 O_2 和 CO_2 的浓度，并按贮藏要求及时进行调节，使气体指标尽可能接近贮藏要求的范围。气调贮藏时也可用 SO_2 处理，其用量为一般用量的2/3～3/4。

5. 防腐保鲜

葡萄贮藏中最易发生的问题是腐烂、干枝与脱粒。在贮藏中保持较高相对湿度的同时，采用适当的防腐措施，既可延缓果梗的失水干枯，使之较长时间维持新鲜状态，减少落粒，又可以有效地阻止真菌繁殖，减少腐烂。防腐保鲜处理是葡萄贮运保鲜的关键技术之一。目前国内外使用的葡萄保鲜方式主要有以下几种。

(1) 硫处理

SO_2 对葡萄常见的真菌病害如灰霉菌有较强的抑制作用，同时还可降低葡萄的呼吸率。SO_2 处理是目前提高葡萄贮藏效果普遍采用的方法，具体做法有如下几种。

1）SO_2 熏蒸

在冷库将筐装或箱装的葡萄堆码成垛，罩上塑料薄膜帐，以每立方米帐内容积用硫黄 2～3 g 的剂量，使之完全燃烧生成 SO_2，熏 20～30 min，然后揭帐通风。在适当密闭的葡萄冷库中，可以直接用燃烧硫黄生成的 SO_2 进行熏蒸。为了使硫黄能够充分燃烧，每 30 份硫黄可拌 22 份硝石和 8 份锯末。将药放在陶瓷或搪瓷盆中，盆底放一些炉灰或者沙土，药物放于其上。每座库内放置 3～4 个药盆，药盆在库外点燃后迅速放入库中，然后将库房密闭，待硫黄充分燃烧后，熏蒸约 30 min 即可。

2）亚硫酸盐熏蒸

亚硫酸盐如亚硫酸氢钠、亚硫酸氢钾或焦亚硫酸钠与硅胶混合，使之缓慢释放 SO_2。将亚硫酸氢盐 2～3 份、硅胶 1 份研碎混合后包成小包，每包 3～5 g，按葡萄质量的 0.3%左右放入混合物。葡萄箱、筐上面盖 2～3 层纸，将药包均匀放在纸上，然后堆码。

3）葡萄专用保鲜剂（片）

例如，大连化工研究院、天津农产品保鲜研究中心生产的葡萄专用保鲜剂（片），使用十分方便。一般在葡萄入库预冷后，按其说明用量，在药包上用大头针扎 2～3 个针眼，放入内衬塑料袋的箱中，封口包装。

进行硫处理应注意药剂用量。葡萄成熟度不同，对 SO_2 的忍耐性不同。用 SO_2 防腐保鲜剂时，需严格掌握药剂使用浓度，药剂浓度过低，起不到防腐作用；药剂浓度过高，易使葡萄果粒漂白，并对人体产生不利影响。一般以葡萄中 SO_2 的残留量为 10～20 mg/g比较安全。此外，使用熏硫法常出现袋内空气与 SO_2 混合不均匀，局部 SO_2 浓度偏高，使葡萄果皮出现褪色或产生异味。SO_2 溶于水生成 H_2SO_3，易对库内的铁、铝、锌等金属器具设备产生腐蚀，故应在每年葡萄出库后检查清洗。SO_2 对呼吸道和眼睛黏膜有强烈刺激作用，对人体危害较大，工作人员应带防护面具，注意安全。

(2) 仲丁胺处理

研究表明，仲丁胺在宣化牛奶葡萄上保鲜效果较好。每千克果用仲丁胺原液 0.1 ml，用脱脂棉或珍珠岩等作载体，将药袋装入开口小瓶或小塑料袋内，装药前需将仲丁胺稀释，否则易引起药害。仲丁胺防腐保鲜剂的缺点是释放速度快，药效期只有 2～3 个月。

6. 贮藏病害

(1) 生理性病害

葡萄在贮藏期间易发生裂果、二氧化硫伤害等生理性病害。

防治措施：禁止成熟不良或采前灌水的葡萄入库贮藏；对 SO_2 较敏感的品种，应通过增加预冷时间、降低贮藏温度及控制药剂施用量减少 SO_2 释放量。

(2) 侵染性病害

葡萄贮藏期间易发生的侵染性病害主要有灰霉病、青霉病、炭疽病、黑霉病、黑斑病等。

防治措施：加强采前田间病虫害综合管理；采后果实迅速预冷；贮藏中控制适宜贮温，并进行防腐处理，是减少病原菌侵染，降低果实腐烂的重要措施。

7.5.2 猕猴桃贮藏

猕猴桃属浆果，外表粗糙多毛，颜色青褐，但其风味独特，营养丰富，每100 g鲜果中含维生素C 100～420 mg，是其他水果的几倍至数十倍，以富含维生素C而被誉为“水果之王”或“长生果”。

1. 品种及其贮藏特性

猕猴桃种类很多，目前以中华猕猴桃（又称软毛猕猴桃）和美味猕猴桃（又称硬毛猕猴桃）在我国分布最广，经济价值最高。国内主栽的秦美和海沃德品种属美味猕猴桃。中华猕猴桃的品种有魁蜜、庐山香、武植3号等。各品种的商品性状、成熟期及耐贮性差异很大，早熟品种9月初即可采摘，中、晚熟品种的采摘期在9月份下旬至11月份上旬。从耐贮性来看，晚熟品种明显优于早、中熟品种，其中秦美、海沃德等是商品性状好、比较耐贮藏的品种，在最佳条件下能贮藏5～7个月。晚熟硬毛品种耐贮性较强，而大部分软毛品种耐贮性较差。若作为长期贮藏或远销，应选晚熟品种，如海沃德和秦美均是相当耐藏的优质鲜食品种。

猕猴桃属典型的跃变型浆果，具明显的生理后熟过程。果实采收时肉硬，酸度与淀粉含量较高，乙烯释放量极小，如不及时处理，常温下5～7天，果实内源乙烯突然骤增，硬度和糖分含量下降，果实变软，此时为最佳食用期。进而果肉发酵、腐烂，失去食用价值。温度是影响猕猴桃贮后硬度及贮藏寿命的关键因素。猕猴桃又是一种对乙烯非常敏感的特殊浆果。贮藏环境中采用低温和脱除乙烯，均利于推迟呼吸高峰，延缓后熟衰老。

2. 成熟度与采收

适时采收是猕猴桃优质高产与贮藏保鲜的关键，用于贮藏的猕猴桃必须在完熟前采收，采收适期因品种、贮藏条件及贮藏期长短而异。过早采收的果实，经贮藏、催熟后，固形物含量也不再上升，味淡软化快；而过迟采收的果实，易引起发酵变质，果皮皱缩，不耐贮藏。

确定猕猴桃的最适采收期有多项指标，如植株长相、叶片变黄程度、花后天数及果实硬度等，但目前生产上一般采用测定果实可溶性固形物含量的方法。用于长期贮藏的果实，在可溶性固形物含量为6.5%～7%时采收比较适宜；而短期贮藏或鲜销的果实可将其提高到8%以上，此时猕猴桃品质佳，风味更浓。猕猴桃浆果，表皮薄，极易被擦伤。故采果人员需配带手套，采收时应轻采轻放，尽可能减少机械损伤。采后果实经分级后装入木箱或塑料周转箱。若鲜销，也可装入塑料托盘，上盖薄膜，然后装入纸箱中。

3. 贮藏条件

猕猴桃作为一种浆果，对温度、湿度、气体成分，尤其对乙烯非常敏感。猕猴桃贮藏适宜温度为(0±0.5)℃，相对湿度为90%～95%。例如，秦美猕猴桃在0℃能贮藏3个月，而在20～30℃常温下7～10天即进入最佳食用状态，10天之后进一步变软，进而衰老腐烂。

对猕猴桃贮藏而言，控制环境中的气体成分能明显使内源乙烯的生成受到抑制，呼吸水平下降，果肉软化速度减慢，贮藏期延长。猕猴桃气调贮藏的适宜气体组合是2%～3%的O_2和3%～5%的CO_2。猕猴桃对乙烯特别敏感，0℃下乙烯作用的临界值仅为0.03 mg/kg。

4. 贮藏方式与管理

猕猴桃采收后应及时入库预冷，最好在采收当日入库，库外最长滞留时间不要超过2天，否则贮藏期将显著缩短。同一贮藏室应在3～5天内装满，封库后2～3天将库温降至贮藏适温，即同一贮藏室从开始入库到装载结束并达到降温要求，应在1周左右完成。采用塑料薄膜袋或帐贮藏时，必须在果实温度降低到或接近贮藏要求的温度时，才能将果实装入塑料袋或者罩封塑料帐。猕猴桃的贮藏方式目前以机械冷库贮藏、塑料薄膜封闭贮藏和气调库贮藏为主。

(1) 机械冷库贮藏

果实入库前库温应稳定在0℃左右。贮藏期间维持库温为(0±0.5)℃，相对湿度为90%～95%。定时通风换气，排除乙烯等有害气体。冷库内不得与苹果、梨等释放乙烯的水果混贮。果实出库时应逐渐升温，以防表面凝结水分，引起腐烂。

(2) 塑料薄膜封闭贮藏

在机械冷库内用塑料薄膜袋或帐封闭贮藏猕猴桃，是当前生产中应用最普遍的方式。晚熟品种贮藏5～6个月，果实仍然新鲜并保持较高的硬度。塑料薄膜袋用0.03～0.05 mm厚的聚乙烯袋，每袋装果5～10 kg。塑料薄膜帐用厚度为0.2 mm左右的聚乙烯或者无毒聚氯乙烯制作，每帐贮量为1 t至数吨。贮藏中应控制库温在−1～0℃，库内相对湿度在85%以上，并使塑料袋、帐中的气体达到或接近猕猴桃贮藏要求的浓度(2%～3%的O_2和3%～5%的CO_2)。贮藏中，定期测定帐内气体指标。当O_2浓度低于2%或CO_2浓度高于5%时，应及时调节帐内气体成分。

(3) 气调库贮藏

气调库贮藏猕猴桃是当前最理想的贮藏方式。将挑选、预冷后的果实装入木箱或塑料周转箱中入库码垛，尽快装满后封库。在严格控制温度(0℃左右)、相对湿度(90%～95%)、气体(2%～3%的O_2和3%～5%的CO_2)的条件下，晚熟品种的贮藏期可达到6～8个月，果实新鲜，硬度好，贮藏损耗在3%以下。如果气调库配置有乙烯脱除器，贮藏效果会更好。

5. 注意事项

①由于猕猴桃对乙烯非常敏感，故不能与乙烯产生量大的产品进行混存，以免其他产品产生的乙烯诱导猕猴桃成熟软化；气调贮藏中脱除乙烯是一项很重要的措施，可用吸附有$KMnO_4$饱和溶液的保鲜剂来脱除乙烯，有条件时可在气调库配置乙烯脱除器。

②用于贮藏的猕猴桃生产中严禁使用果实膨大剂，以免降低其固有的品质和耐贮性。

7.5.3　柿贮藏

1. 贮藏特性

我国的河北、河南、山西、陕西等地均有较大面积的柿子栽培。柿的品种很多，一般可分为涩柿和甜柿两大类。涩柿品种多，涩柿在软熟前不能脱涩，经人工脱涩或后熟才能食用。甜柿在树上软熟前即能完全脱涩。通常晚熟品种比早熟品种耐贮，如河北的大盖柿（磨盘柿）、莲花柿，山东的牛心柿、镜面柿，陕西的火罐柿、鸡心柿等都是质优且耐贮藏的品种。甜柿中的富有、次郎等品种贮藏性好。

2. 采收

贮藏的柿果，一般在 9 月份下旬至 10 月份上旬采收，即在果实成熟而果肉仍然脆硬，果面由青转淡黄色时采收。采收过早，脱涩后味寡质粗。甜柿最佳采收期是皮色变红的初期。采收时将果梗自近蒂部剪下，要保留完好的果蒂，否则果实易在蒂部腐烂。

3. 贮藏方法

（1）室内堆藏

在阴凉干燥且通风良好的室内或窑洞的地面，铺 15～20 cm 的稻草或秸秆，将选好的柿果在草上堆 3～4 层，也可装箱（筐）贮藏。室内堆藏柿果的保硬期仅为一个月左右。有研究表明，用以 GA（赤霉素）为主的保鲜剂处理火罐柿，常温下贮藏 105 天，硬果率达 66.7%，而对照已全部软化。

（2）冻藏

生产中的冻藏方法分自然冻藏和机械冷冻两种。自然冻藏即在寒冷的北方常将柿果置于 0℃以下的寒冷之处，使其自然冻结，可贮到春暖化冻时节。机械冻藏即将柿果置于－20℃冷库中 24～48 h，待柿果完全冻硬后放进－10℃冷库中贮藏，这样柿果的色泽、风味变化甚少，可以周年供应。但解冻后果实已软化流汁，必须及时食用。

（3）液体保藏

将耐藏柿果浸没在水：食盐：明矾＝50∶1∶0.25（质量比）的混合溶液中，保持在 5℃以下，此法贮至春节前后，柿果仍保持脆硬质地，但风味变淡变咸。有研究认为，向明矾液中添加 0.5%的 $CaCl_2$ 和 0.002 g/L 赤霉素，可明显改善贮后的品质。

（4）气调贮藏

柿果在 0℃冷藏条件下贮两个月，可保持良好的品质和硬度，但超过两个月则品质开始变劣。因此，柿果很少裸果冷藏，而是在冷藏条件下采用 MA 或 CA 贮藏。气体成分可控制为 3%～5%的 O_2，8%～10%的 CO_2，应根据品种不同而调整气体组合。

7.5.4 石榴贮藏

石榴树是我国南北方均有栽培的一种果树，在我国亚热带及温带地区分布广泛。石榴不仅是营养丰富的水果，也是一种极佳的观赏植物。果实中维生素C的含量比苹果、梨高1～2倍，它含有转化糖和苹果酸，甜酸爽口。石榴还可供药用，治疗肠炎、气管炎、肺炎、扁桃腺炎、口腔炎等。石榴果实奇特，其顶端有宿存的花萼，果皮内有6个子室，相互间以薄膜隔开，每个子室有许多子粒。其可食部分为肉质化的外种皮，汁多清香。

1. 采收

根据石榴成熟度、品种特性分期采收。石榴果实成熟的标志是果皮由绿变黄，有色品种充分着色，果面出现光泽；果棱显现；果肉细胞中的红色或银白色针芒充分显现，红粒品种色彩达到固有的程度。在北方产区，以秋分至寒露期间为采收适期。过早采摘，风味差，耐贮性也差。南方的石榴应先采头花果、大果，后成熟的后采。采摘时，要选择晴天进行，雨天采摘，果实萼筒内易积水，容易招致病原菌侵入而引起腐烂。病果、裂果应由专人采摘，集中处理，防止病害传染。采收时，一手扶枝，一手摘果，带1 cm左右的果柄，尽量轻摘轻放，防止石榴果实受机械损伤，尤其要防止内伤。果实受到挤压产生内伤，果皮内子粒破碎，但从外表看不出，此后在贮运过程中，破碎流出的汁液会影响其余未破碎的子粒，使之变质，失去食用价值。

2. 贮藏特性

石榴是非跃变型水果，采后无呼吸高峰。在贮藏过程中，乙烯产生量极少，而且对外源乙烯无明显反应。在0℃或低于0℃的温度条件下，会导致果实发生冷害，果皮褐化，表皮凹陷。受冷害的果实移至20℃环境下3天，冷害症状更加明显。不同品种的耐贮性不同，晚熟品种较耐贮藏。耐贮性好的品种有陕西的大红甜、净皮甜、天红蛋、三白甜石榴；山东的青皮甜、大马牙甜、钢榴甜、青皮酸、马牙酸、钢榴酸、大红皮酸、玉皇殿石榴；山西的水晶姜、青皮甜石榴；云南的青壳石榴、江驿石榴、铜壳石榴；安徽的玛瑙子石榴；南京的的红皮冰糖石榴；四川的大青皮石榴；广东的深沃石榴。不耐贮的品种有安徽的玉石子石榴、云南蒙自的甜石榴等。

3. 入贮前的处理

（1）选果和分级

果实采收后，应剔除病果、伤果和裂果。健全无伤的果，根据其单果大小分成五级：特级（350 g以上）、一级（250～350 g）、二级（150～250 g）、三级（100～150 g）和等外（单果重不到100 g）。特级、一级果可供外贸、外运。

（2）杀菌剂处理

研究表明，由山东枣庄市农业局研制生产的枣农石榴保鲜剂2号1000倍液，杀菌效果较好。也可用 45%的噻菌灵悬浮剂 800～1 000 倍液浸果 3～5 min，晾干后贮存。贮量大时，可用喷药的办法将上述药剂喷到果面上，晾干后贮存。

4. 贮藏要求与方法

（1）石榴贮藏的温湿度

石榴性喜温，0℃及以下会出现冷害，果皮褐变，表皮凹陷，果实内部褐变，组织坏死、腐烂。石榴贮藏的基本要求是适温为 4～5℃，相对湿度为 90%～98%。

（2）贮藏方式

贮藏方式应视贮量及本地条件而定，常用的方法有如下几种。

1）挂藏

用于挂藏的果实，在采收时就应留一段果梗，用细绳绑缚成串，悬挂于阴凉的房屋里。或者用报纸、塑料薄膜包果，挂在温湿度变化小的室内，可贮至春节前后。

2）缸、瓮（罐）藏

选用新的坛瓮或缸罐，在底层铺一层厚约 5 cm 的细沙或麦草。将在阴凉通风处预贮 3～4 天的石榴（预贮前石榴已用杀菌剂处理）分层放入容器中，堆满为止。坛口或缸口用塑料薄膜封口、扎紧。贮后 1 个月检查一次，如有烂果及时剔除。采用这种贮藏方法可贮至次年三四月份。

3）堆藏

在无烟尘影响的楼板或土楼上，或用大木柜堆藏石榴果实。先在地板上或柜底垫上一层青鲜马尾松松针，然后摆一层石榴，再铺一层松针，这样一层果一层松针相间堆贮，堆顶盖上松枝、稻草等覆盖物。每 15 天翻堆检查一次，剔除烂果并更换一次松针。用这种堆藏方法可贮至次年四五月份。果实堆藏前，要用清水洗净果皮，预冷。

4）干井窖贮藏

在干燥处挖内径约为 80 cm，深 2 m 的干井筒，在筒的下端挖几个拐洞堆放石榴。入贮前严格挑选果实，勿使病、伤、破果入贮，同时喷布杀菌剂。入贮时，按石榴果实大小分别堆放在不同拐洞中。盖上窖盖时要留有一个小气孔。10～15 天检查一次，剔除烂果。每次检查前要先放一盏油灯或蜡烛下窖，看 CO_2 浓度是否很高，如果灯或点燃的蜡烛熄灭，则需先通风，以保证下窖人员安全。一般在寒露后入窖，可贮至春节后。

5）聚乙烯塑料袋贮藏

将预冷并经杀菌剂处理的石榴放入 0.03 mm 厚的聚乙烯塑料薄膜袋中，扎好袋口，置于冷凉的室内贮藏。用此法贮藏 140 天，石榴果实仍新鲜如初。也可将经杀菌剂处理过的石榴果实用 0.015 mm 厚的聚乙烯薄膜袋单果包装，这种果实在温度为 3～4℃，相对湿度为 90%～95%的条件下贮存 100 天，果粒新鲜度好，虎皮病轻。塑料袋单果包装贮藏比用其他办法效果要好。

7.5.5　无花果贮藏

我国无花果栽培主要分布在新疆、山东、江苏、广西等地。无花果属浆果树种，果实皮薄无核，肉质松软，风味甘甜，可食率达 92%以上，具有很高的营养价值和药用价值。无花果最重要的药用价值表现在对癌症有显著抑制作用，它的抗癌功效得到世界各国的认可，被誉为“21 世纪人类健康的守护神”。

1. 品种及其贮藏特性

无花果按生长习性可划分为普通无花果、矮生无花果、大无花果、埃及无花果 4 种类型。常见栽培的无花果均属普通无花果。无花果的花隐藏在肥大的囊状花托里，果实实际上是个花序，花托肉质肥大，中间凹陷，仅在上部开一小口，在凹陷的周缘生有许多小花，外观只见果而不见花，故名无花果或隐花果。

无花果虽属呼吸跃变型果实，但为使其风味最佳，熟透才采收。这时果实变软，极易碰伤、开裂，为微生物侵入创造了有利条件。无花果不耐贮运，在常温条件下 1~2 天即软化、褐变、风味下降。无花果对乙烯不太敏感。无花果表面若有水渍，则不利于保存，故涂膜处理后一定要充分晾干。无花果底部不密封，汁液会从里面流出，常温下表面很容易滋生霉菌类微生物，不易贮藏。最好的贮藏方法为冷藏。无花果比较耐 CO_2，贮藏期间袋内 CO_2 浓度接近 20%为好，大于 20%则易产生异味。

2. 采收

无花果成熟期较长。在华北地区，春、夏季果实一般在 6 月份下旬到 7 月份上旬成熟，秋季果实在 8 月份上旬至 11 月份中旬成熟。同一树冠或枝条上由于开花早晚不一，成熟期也有差异，因此，必须分期采收。鲜食的无花果采收成熟度一定要具有较高的食用品质，果皮颜色与硬度是主要的成熟指标，如 Black Mission 无花果采收成熟度应该是微紫红到深紫红色并能够承受轻微的压力，Calimyrna 无花果的成熟度应该是黄白色至浅黄色，并具有一定的硬度，盛果期每天采收一次。充分成熟的无花果果顶上的小孔渐渐裂开，果皮出现明显的网纹，这时采收的果实风味最佳。完全成熟的无花果果实不耐运输，如需外运要适时早采，一般在九成熟时采收。采收时间应选在清晨露水干后、气温上升之前，此时温度低，果实硬度好，容易采摘，又耐运输。采收时，用锋利的刀具切断果柄或用手工细心折断果柄，避免损伤果实。果实要无虫害、晒斑、疤痕、皮裂、皱缩等缺陷，采收时不要捡拾落地的果实，更不要将落地果实放入新鲜果实中。

3. 贮藏保鲜技术

（1）洗果

鲜果用 200～300 mg/L 的山梨酸处理，可减少霉菌为害，用 50%的苯来特浸果 20 min，可抑制果腐。无花果浸果杀菌后一定要沥干，以免影响保鲜质量。

（2）包装、预冷

将采下的无伤病果实直接放入内衬保鲜袋的小盒中，盒中有纸托盘，每个无花果果实恰好放在一个凹槽内，果实不相互接触。

装满后扎紧保鲜薄膜袋口，将小盒装到有细瓦楞纸并预置缓冲材料的大包装箱中，一般每箱放两层。每箱装 10~15 kg。这样包装可减轻运输过程中的碰撞、摩擦，减少果品损伤。包装好的无花果应迅速送到冷库。预冷对无花果的保鲜十分重要。可在－1～0℃条件下将小盒摆开敞口预冷 8 h 左右，也可采用强风冷却至 0℃，然后进行冷藏。

(3) 贮藏

1) 库房消毒

采用国家农产品保鲜研究中心研制的 CT 库房消毒剂对库房进行消毒处理。库房清扫干净后，将熏蒸消毒剂内的两小袋药剂充分混合，点燃，熄灭明火即可冒烟。使用量为 5 g/m^3。

2) 入库

经预冷的无花果加入保鲜剂后码垛，在温度为－1～0℃，相对湿度为 85%～90%的条件下贮藏。有条件时，可在装无花果的保鲜袋内充入 15%～20%的 CO_2。定期检查无花果的质量变化，及时销售。

7.5.6 草莓贮藏

草莓色泽鲜艳，柔软多汁，甜酸适口，有特殊的香味，是一种老幼皆宜的水果。它营养丰富，钙、磷和铁的含量比苹果、葡萄多2～4 倍，维生素 C 的含量也比较高，有消暑解热、生津止渴、利尿止泻的功效。但是草莓含水高达 90%～95%，组织柔嫩，易受伤害和微生物侵染而腐烂变质。在常温下果实放置 1～3 天就开始变色、变味，贮藏保鲜较为困难。

1. 品种及其贮藏特性

草莓品种间的耐贮性差异较大，比较耐贮运的品种有鸡心、硕密、狮子头、戈雷拉、宝交早生、绿色种子、布兰登保等，上海、春香、马群等品种不耐贮运。在用速冻法贮藏保鲜时，宜选用肉质致密的宝交早生和布兰登保等品种。

草莓属非呼吸跃变型果实，但果实采后水解酶活性高，呼吸强度大。因此，尽管草莓对气体反应不敏感，但仍然要及时进入气调状态，以保持较高的酸度和叶柄、萼片的鲜绿色。

2. 贮藏条件

(1) 温度

草莓在 0℃下一般仅贮藏 7～10 天，接近冰点（－1.0℃）时可贮藏 1 个月左右。因此，草莓同其他果实一样，在不受冻害的情况下，贮藏温度越低越好。

(2) 湿度

湿度对草莓贮藏十分重要，高湿或积水对草莓贮藏极为不利。其组织柔嫩，贮运中极易产生机械损伤，高湿下易被病原菌侵染而腐烂，并产生异味。相对湿度一般以 90%～95%较适宜。

(3) 气体成分

草莓可耐高 CO_2，10%～30%的 CO_2 可降低其呼吸强度和微生物腐烂，但长时间保持30%或更高浓度的CO_2会引起不良变味。一般2%～3%的O_2和5%～6%的CO_2条件较适于草莓的贮藏。

3. 贮藏方式

(1) 冷库贮藏

草莓适宜的贮藏温度为0℃，相对湿度为90%～95%，所以草莓采收后应及时强制通风冷却，使果温迅速降至1℃，再进行冷藏，效果较好。郝利平等（1993）对宝交早生草莓进行近冰点温度（-0.5±0.2)℃贮藏，相对湿度为85%～95%，获得了较好的保鲜效果。此外，由于草莓耐高CO_2，在0℃贮藏时，附加10%的CO_2处理，可延长草莓的贮藏寿命，并有较好的防腐效果。

(2) 气调贮藏

先将采收的草莓置于0.3%的过氧乙酸与50 mg/L的赤霉素的混合冷却液中浸渍1 min，置冷风（0～1℃）下吹干后，将果实放入特制的果盘中，再用聚乙烯塑料薄膜袋套好并密封，将其置于0℃冷库中，在相对湿度为85%～95%，O_2浓度为3%，CO_2浓度为6%的条件下保存，时间可达两个月以上。或者将采收的草莓放入子母箱中，子箱用定量为0.5 kg左右的聚乙烯塑料盒或纸盒，将其置于厚度为0.06 mm的聚乙烯塑料袋中，在袋中放入适量亚硫酸钠及乙烯吸收剂，扎紧袋口，进行气调贮藏（15%～20%的CO_2+3%～5%的O_2，温度为0℃）。但需注意，袋中CO_2浓度不宜超过25%，O_2浓度不宜太低，以免果实产生酒精味。

(3) 速冻

贮藏选八成熟（果面4/5着色），大小适中，无损伤，新鲜的果实，品种以果肉致密的宝交早生、戈雷拉等耐冻品种为好，可避免冷冻时出现裂果。

工艺流程为选果→洗果→消毒→除萼→淋洗→沥水→称量→加糖→摆盘→速冻→装袋→密封→装箱→冻藏。速冻时在温度为-40～-35℃，风速为3 m/s的条件下，20 min内冻结完毕，然后在-18℃下贮藏。出库前在5～10℃下缓慢解冻80～90 min，草莓品质保持较好。加糖的草莓比不加糖的解冻速度要快。

4. 贮藏技术要点

①选择品种。一般生长发育期长、成熟期偏晚、质地致密的品种相对耐贮藏，如戈雷拉、宝交早生、鸡心、狮子头、绿色种子、布兰登保、硕丰和硕密等中、晚熟品种。

②适时采收。草莓最好分次分批采收，一般每日或隔天采收一次。一般在草莓表面3/4颜色变红时采收为宜，过早采收，果实颜色和风味都不好。草莓果皮非常薄，易受伤破损。因此，采收时应轻采轻放，及时剔除病果、虫果、过熟过生果、畸形果，并将草莓放入特制的浅果盘中，果盘大小一般为90 cm×60 cm×15 cm，也可放入20 cm×15 cm×10 cm带孔的小箱内。

③产品处理。主要包括预冷和包装。草莓宜采用子母箱，子箱用聚乙烯塑料盒或纸盒，果实整齐排列，封盖后将其装入内衬保鲜袋的母箱，母箱装量为5～10 kg。装箱时切忌翻动，避免碰破果皮。盛满草莓后，应及时预冷，最好采用真空预冷，也可用强制

通风冷却，但不适用于水冷却。也可盛在高度不超过 10 cm 的有孔箱内，预冷后用 PVC 薄膜袋包装密封，及时送冷库贮藏。

（4）贮藏管理

对于草莓的贮藏保鲜，除控制适宜的温度、湿度外，还应采取一些辅助措施以提高保鲜效果，如对贮藏场所消毒，对草莓用保鲜液膜、SO_2、脱水硫酸及植酸处理，均可抑制病原菌侵染危害。

7.5.7　桑葚贮藏

桑树开花后所结的果实称为桑葚，又名桑果。现在我国很多省（区）都有种植，以长江流域中下游栽培居多。桑葚作为一种新型水果，在一些品质上明显优于传统水果：维生素 C 含量高，每 100 g 鲜桑葚含 21 mg，而苹果、香蕉、葡萄、樱桃分别为 7 mg、11 mg、3 mg 和 15 mg。桑葚又是“天然的富硒之王”，在人类已知的 300 多种水果中，桑葚硒的含量名列第二，远远超过菠萝、沙棘、香蕉、人参果、芒果、哈密瓜、苹果和葡萄等，因而具有较高的食用价值。此外，它还有较高的药用价值，如增强免疫、促进造血、促进新陈代谢和抗衰老等功效等，因而引起多方的重视。不少地方培育出许多新的果桑品种，或引进了富有特色的果桑品种。新鲜桑葚因其色泽鲜艳，风味独特，受到消费者青睐，桑葚已列为名特水果，成为第三代水果中的新贵。目前，桑葚部分用于鲜食，其余主要用于桑棋酒和桑葚汁深加工，提取桑果红色素等系列产品。

1. 贮藏特性

桑葚是由 60～100 多个瘦果聚合而成的浆果，果肉柔软多汁，缺乏坚硬的保护性外皮，容易破碎，采摘、消毒、装袋时都必须轻放、轻洗，为保鲜奠定基础。桑葚属于呼吸跃变型果实，脱落酸和乙烯是其衰老变质的主要内因，应用赤霉素和 CO_2 可抑制其衰老。桑葚采后常温下 12～18 h 开始霉变，3 天开始腐烂，不耐贮藏。使桑葚腐烂的病原菌主要是接合菌类的毛霉和根霉，其在自然界中分布很广，土壤、空气中都有大量分生孢子存在，一旦遇到适宜的环境就会大量繁殖。因此，对贮藏环境灭菌、消毒尤为重要。在桑葚的贮藏保鲜中，关键技术在于减缓果实自身的呼吸作用，抑制微生物的繁殖，尽可能保持鲜果完整、不受损伤。−1℃环境为桑葚的冰温贮藏。在果实含水量达 90%左右时采收，不能久放，需冷冻保存。

2. 采收

同一桑园、同一树冠的果实成熟期也不一致。因此，桑葚宜分期采收，根据桑葚的用途来确定桑葚采收的成熟度。桑葚成熟的标志是果色由红色变成紫红或紫黑色，白色桑葚品种，当发现有少量桑葚果柄由绿色变为黄绿色时即为成熟，此时桑葚的甜度最高，风味最佳，是最佳采收期。贮运就近销售的鲜桑葚要求完全成熟时采收，而用于外运远销的桑葚要在八九成熟时采收。如桑葚是在室温下贮藏，则应提前到八成熟采收。一般每 1～3 天采收 1 次，不能采收过生、过熟、发霉及病虫果。采收一般都是用手工采摘。

采收方法为剪采法，即左手拿小盘或纸杯承接，右手用小剪刀剪断果柄，轻轻落入盘杯中，防止摔破。采下后装入快餐盒、大小塑料盒或小篮筐中，可防止桑葚皮破出汁。采后应及时运往包装场所，装车及运输中力求避免颠簸、振动。桑葚要在晴天采收，分期分批，随熟随摘。雨天或雨后初晴不宜采摘。

3. 浸果、包装

(1) 药液浸果

鲜桑葚采摘后，散去田间热（预冷），并尽可能作防腐处理。洗果或浸果实际上是预冷与防腐保鲜有机结合的具体措施。

①丙酸溶液浸果。在3%的丙酸溶液中浸果2～3 min，晾干，包装、贮藏。由于丙酸价格偏高，会增大保鲜成本，可改用2%～3%的丙酸钠代替，效果相当。

②二氧化氯浸果。二氧化氯（ClO_2）是目前国际上公认的最新一代安全、高效、广谱的杀菌、保鲜和除臭剂，美、欧和日本等国家和地区已广泛应用。以100 mg/L的药液浸果2 min，桑葚浸后必须晾干。

③高锰酸钾加苯甲酸钠溶液浸果。桑葚果用0.03%的高锰酸钾消毒处理后，用0.01%的苯钾酸钠溶液浸果2 min，捞出晾干。

④植酸、山梨酸和过氧乙酸配成混合溶液浸果。

7.6 核果类主要果品贮藏

桃、李、杏、樱桃等属核果类果实，它们均属呼吸跃变型果实，其果实色彩艳丽，营养丰富，深受消费者欢迎。但其皮薄、肉软、多汁，收获季节又多集中在气温较高的5～8月份，采后果实呼吸十分旺盛，很快进入完熟衰老阶段。贮运中易受机械损伤，低温贮藏时易产生褐心，高温又容易软化腐烂。因此，它们是适于短期贮藏的果实。樱桃是一种高档鲜食水果，果实色泽鲜艳、香味浓郁、品质优良。其成熟期集中在5～6月份，正是市场上的水果淡季，但果实极不耐贮。近年来，樱桃生产在全国各地均发展较快，为延长销售期和适应远途运输的需要，樱桃贮运保鲜技术逐渐被人们所重视。

7.6.1 桃贮藏

桃原产我国，在我国已有4000多年的栽培历史，分布较广。桃的果实外观艳丽，风味甜美，果肉甘甜多汁，且具有特殊的芳香，营养丰富，是我国人民喜爱的果品之一。桃果肉质软、果皮薄，保护性差，极易受到机械损伤，再加上成熟期正值高温季节，果实极易发生腐败变质，在低温条件下冷藏易发生冷害，采后2～3天，果肉软化、褐变较快。每年鲜桃上市，产销矛盾突出，产后损失较大，高达30%。

1. 品种及其贮藏特性

我国栽培的桃品种有800多个，可分成北方品种群、南方品种群、黄桃品种群、蟠桃品种群、油桃品种群等。通常，桃很少用来贮藏，但就耐贮性而言，品种间的耐贮性差异很大。一般地，晚熟品种较早熟品种耐贮藏，中熟品种次之，而且中、晚熟品种的桃较适于冷藏。水蜜桃类不耐贮藏，较耐贮藏的品种有雪桃、大久保、白凤、京玉（北京 14 号）、肥桃、安保 97、丰黄、连黄、黄露、深州蜜桃、肥城佛桃、寒露蜜桃、冻桃、冬桃、冬雪蜜儿、绿化 9 号、燕红、秋香、京艳、8 月脆、中秋、秋蜜、重阳红等；耐贮性较好的有白花桃、武昌桃、罐桃 5 号、罐桃 14 号等；耐贮性差的有冈山早生、冈山白、冈山 500、林玉、晚黄金、红蟠桃、春雷、5 月鲜、白芒蟠桃、玉露蜜桃、水蜜桃等。用于贮藏和长途运销的桃，必须选择品质优良，果子大，色、香、味俱佳的品种。

桃属呼吸跃变型果实。桃采后具双呼吸高峰和乙烯释放高峰，呼吸强度高，乙烯释放量大，组织中果胶酶、纤维素酶、淀粉酶活性很高，果实变软败坏迅速，这是桃不耐贮藏的重要生理原因。

采前进行药剂处理可提高桃的耐贮性。采前 1 个月用 100 mg/L 的赤霉素处理桃果，贮藏后果的硬度提高 1 倍。采前 1～2 天用 500 mg/L 扑海因处理大久保、京玉和燕红桃，贮藏好果率分别增加 20%左右。

2. 采收及采后处理

桃属于呼吸跃变型果实，但桃采后一般不能在后熟过程中增进其品质，其真正的品质、色泽、风味必须在树上形成，所以桃不宜过早采收。采收期根据品种成熟度及销售要求而定。

(1) 成熟期的判断

果实充分发育后，果皮开始褪绿，果肉稍硬，有色品种基本满色时为硬熟期。桃的成熟期可分成：①七分熟，此时果实底色为绿色或淡绿色，果面平，已充分发育，但茸毛厚、多；②八分熟，底色褪绿变淡，发白，果面丰满，果面茸毛减少，果肉仍稍硬，但已有些弹性，开始着色；③九分熟，绿色消褪，果皮呈乳白色、浅黄色，毛茸稀少，果肉有弹性，有芳香气味，果面着色充分，桃尖变软；④完熟，果皮无残留绿色，已完全显示其特有的皮色，毛茸稀而易脱落，果肉因桃的类型而有多种表现。肉溶质品种果肉柔软多汁，果皮可剥离，不耐运输。硬肉桃变绵，肉不溶质桃仍富有弹性。从上述成熟标准来看，用于贮运的桃应在果实充分肥大，呈现固有色泽、略具香气且肉质尚紧密，即八成熟时采收。

(2) 采收及包装

桃的采收应选晴天早上气温低时进行。采摘时要轻采轻放，不能用手重压果面试测硬度。不能强拉果实，而应用手托住果子扭转，带果柄采摘，不使果梗脱落，以减少病原菌侵染的机会。桃在树上成熟有先有后，要分期分批采收。桃果经挑选后，用浅而稍小的容器盛装，每个容器放 5～10 kg。容器内衬软而有弹性的衬垫物，如绵纸、衬纸或聚苯泡沫纸，用高档果用泡沫网套单果包装，或用浅的小果盘单层包装。用 AF-2 保鲜纸单果包装效果较好。采摘和搬运过程中，要轻拿轻放、轻装轻卸，防止碰压伤。采后装箱的桃应尽快销售，或进行贮藏处理。

(3) 防腐保鲜处理

桃果采收下树后，在挑选过程中去除病、虫、伤和畸形桃果，用防腐保鲜剂洗果，以杀灭褐腐病、软腐病和青、绿霉病病原菌，防止贮藏期间发生烂果现象。可用仲丁胺系列杀菌剂杀灭青霉菌和绿霉菌等。常用的有6.67%的克霉唑（洗果）、100～200 mg/L的苯来特和450～900 mg/L的二氯硝基苯胺混合液（浸果）。苯来特主要防褐腐病，二氯硝苯胺对软腐病有特效。洗（浸）果后待药液蒸发干后再包装。据南京农业大学食品科技学院的研究，用1 mg/ml的聚乙烯吡咯烷酮溶液浸泡白花水蜜桃7 min后冷藏，贮藏期可达35天。

(4) 预冷

桃果采收季节气温高，如不及时预冷，果实会迅速过熟软化。贮藏或远销的桃应经过预冷。预冷的方式有两种：冷气流降温或冷水降温，所用温度为1～3℃，以冷水降温为好，还可减轻失重。用0.5～1℃的冷水进行预冷，果温降至2～3℃即可。冷水冷却可防止失水，但冷却后需晾干水分才能包装。风冷需7～8 h，速度较慢，容易导致桃果实失水萎蔫，降低品质，但避免了水冷后因晾干不完全而造成贮运中的腐烂。

3. 贮藏条件

桃适宜的贮藏温度为0～1℃，相对湿度为90%～95%。桃对低温特别敏感，0℃贮藏3～4周后易发生冷害。若湿度过大，冷害症状更严重。桃采后在裸露条件下失水十分迅速，故桃贮藏应保持较高的相对湿度。桃在O_2浓度为1%～3%，CO_2浓度为4%～5%的气调条件下，贮藏期可达6～9周。

4. 贮藏方法

(1) 自发气调贮藏

1）低温气调

将经过挑选，无病虫、无破伤的桃放入衬有桃专用聚氯乙烯塑料保鲜膜的塑料箱内，再用袋包裹，同时放入CT系列气调保鲜剂，使袋内O_2浓度为8%～10%，CO_2浓度为3%～5%，在0～2℃条件下贮藏，贮藏期为两个月。

0℃下，采用1%～2%的O_2+3%～5%的CO_2，桃可贮藏4～6周。将气调或冷藏的桃贮藏2～3周后，移到18～20℃的空气中放2天，再放回原来的环境继续贮藏，能较好地保持桃的品质，减少低温伤害。

2）常温气调

用桃常温保鲜袋和CT系列保鲜剂，使袋内O_2浓度为1%，CO_2浓度为10%～15%，于常温下贮藏。在25～30℃条件下，保鲜期达8～10天。

(2) 气调贮藏

桃的贮藏寿命为2～8周，气调贮藏还可延长。适宜的气调贮藏条件为0～1℃，1%～3%的O_2+4%～5%的CO_2。硬熟期的桃，在−1～0℃条件下，相对湿度为85%时，可贮藏2～4周。在O_2浓度为5%～14%，CO_2浓度低于10%的范围内，改变气体组成，贮藏效果无显著差异。在气调贮藏条件下变温贮藏，降低冷害的作用更为明显。

(3) 冷藏

在温度为0～3℃，相对湿度为90%～95%的条件下进行桃冷藏。贮藏温度，中早熟品种可稍高（1～2℃），晚熟品种贮藏温度以0.5～1℃为宜。在桃果入库初期的1～2周内，需每隔2～3天通风一次，每次30～40 min。到后期，通风换气的次数与时间减少。冷藏的桃在销售之前，应移至较温暖的环境中后熟。在20℃时后熟期2～3天，16℃时为8～10天，10℃时为15～20天。后熟宜快不宜慢，后熟时间短的品质好，时间长的品质差。桃经长期冷藏后，风味变淡。冷藏时间加长，会引起品质劣变。冷藏中采用塑料小包装，可延长贮期，获得更好的贮藏效果。

(4) 桃长途运输的基本条件

①品种。选中晚熟品种作长途运销，桃果必须是果大，质优，色、香、味俱佳的品种。

②适宜的成熟度。以八九成熟为宜。

③温度。贮运的桃宜在1～2℃条件下贮藏运输。高温下（25～30℃）采收的桃若立即进入1～2℃的环境，仍然会有冷害发生。因此，需要在5～8℃条件下预冷2～3天，再进入1～2℃的保温冷藏车。在运输中以维持较低温度为宜，通常应在5～10℃范围内贮运，最高不超过12～13℃。

④气体组成指标。O_2 浓度为1%～5%，CO_2 浓度为2%～5%时对桃贮藏十分有利。

⑤对桃果进行防腐处理。所用的药剂有特克多药纸、仲丁胺及其1号固体熏蒸剂、CT系列防腐保鲜剂、氯化钙、安喜培、氯化锰、植酸等。

7.6.2 李贮藏

李子属核果类果实，我国大部分地区均有生产。李果饱满圆润，玲珑剔透，口味甘甜，营养丰富，是人们喜食的传统果品。它既可鲜食，又可制成罐头、果脯，是夏季的主要水果。

1. 贮藏特性

李果属呼吸跃变型果实，多高温季节（7～8月份）成熟，后熟速度快。同时，李果皮薄汁多，易受机械损伤以及遭受病原菌侵染而腐烂。常温下，李果通常只能贮放1～2周。影响李果采后贮藏保鲜的主要因素为温度、湿度及空气成分。适宜的低温可降低呼吸速率，减慢乙烯生成量，抑制李果后熟，使果实硬度保持较好。温度高，李果内部各种酶的活性增强，呼吸作用增强，乙烯释放加快，果胶质分解加速，果实很快转色、软化，极易造成腐烂。因此，低温是延长果实贮藏期的非常重要的一个措施。李果适宜的贮藏温度为0～3℃，在−1℃时会发生冷害。采用间歇升温冷藏的李果，后熟速度比低温贮藏略快，但能减轻褐变。此外，适当的高湿度有助于减少产品失水皱缩，保持产品良好的色泽。若有条件，对气体成分进行适当控制，可延长产品贮藏期。李果采后主要侵染性病害有褐腐病、根霉病、兰霉腐、孢霉腐和灰霉腐等，生理病害主要是冷害造成的果皮褐变。另外，贮藏中 CO_2 浓度过高易引起生理病害，产生褐心病，空气干燥也会引起李果失水皱缩。总之，李果皮薄、肉软、汁多，贮运易受机械损伤，低温贮藏易发生褐心病，高温贮藏又易腐烂变质。因此，必须精细贮藏，才能达到保鲜效果。

2. 采收

(1) 采前准备

采前 10～15 天不宜大量浇水，也不宜施用氮肥及喷施农药。为提高李果的耐贮性，可针对果实喷布 0.8%的氯化钙溶液。合理安排劳动力，准备好采果篮、贮果箱、包装用品及搬运工具等，对贮藏库和分级包装场所进行清理和消毒。

(2) 采收期

李果不宜过迟采收，否则风味减退，不利于贮藏。李果的成熟度是确定采收期的重要依据。确定李果成熟度的方法主要有以下几种：

①根据果实转色程度。当李果果皮由绿转为该品种特有的颜色，表面有一薄层果粉，果肉仍较硬时，为最佳采收时间。在果实充分肥大，呈现出本品种成熟时应有的色泽、风味时，采后在适宜条件下可自然完成后熟过程。红色李果着色占全果 1/3～1/2 时为硬熟期果面基本着色为半软熟期。黄色品种的果皮由绿转为绿白色时为硬熟期，果皮呈淡黄绿时为半软熟期，李果稍变成淡黄色时为成熟期。用于贮藏和远距离运输及抢占市场的果实应在硬熟期采收。脆李在硬熟期采收，水蜜李应在完熟前 3～4 天采收，分批采收。

②果皮和果肉的色泽变化。紫色品种皮浓紫，果粉呈紫褐色，果肉呈深红色；黄色品种皮黄，向阳部分呈淡紫红，果粉呈白色，果肉呈黄色；绿色品种皮黄绿色，果肉淡呈黄色。贮藏用李果的采收应在上述标志初现时进行。

③李果果柄脱落难易程度。将果实抬高或稍旋转即可脱落时，说明李果已成熟。

(3) 采收

1) 采收时间

适时、无伤采收，是延长李果贮藏寿命的关键措施。采收应在干燥的气候条件下进行，采摘时间应选择气候凉爽的晴天，露水干后，一般在上午 8～11 时，下午 3～6 时。雨天、风天、阴天、高温，以及雨后初晴时不宜采收，浓雾时不宜采收，中午温度过高时也不宜采收。如在午后采收，则应在夜晚露地摊放，以降低果温，次日销售。

2) 采收方法

李果在同一树上成熟有早有迟，为了保证商品果的质量，提高果品的商品价值，应根据成熟度分期分批采收。采摘人员要剪去指甲（或者戴上手套），采摘时用手指捏住果梗从果枝上将果实摘下，不能持握果体，以免触落果实上的蜡质层，影响外观和贮藏效果。采收时，应按照先外后内，先下后上的顺序进行。采收过程中要使用采摘筐等专用工具，所用的筐箱要用软质材料衬垫。注意保护果面的蜡粉，轻摘轻放，防止挤、压、抛、碰撞。这样，既可保持较为新鲜美观的商品外观，又有利于提高品质。将采下的果实装入周转箱，放在树荫下，及时运往分级包装场地进行分级包装。作干果用的李，采收时可用竹竿一次全部击落。

3. 预冷与包装

(1) 预冷

在李果采收后的 3 h 内，最迟在 24 h 内必须冷却到 4℃以下才能有效防止褐腐病和软腐病的发生。常用的预冷方法有以下几种。

1）风冷法

风冷法包括强制风冷和库房冷却两种方式。强制风冷就是将果箱在冷库内垛好，然后让冷风从箱子空隙通过，将热量带走。库房冷却，将果品放在冷库中，箱子间留有空隙，使果品冷却。

3）水冷法

水冷法即用冷水从果实上面淋下，或者将盛有果实的塑料周转箱放入流动的槽中，从一端向另一端徐徐移动，让水将果实的热量带走，或将果实放入 0.5～1℃的冷水中降温。

3）结合果实浸药杀菌

浸药杀菌就是在水中加入使百克、噻菌灵、施保功等杀菌剂，浓度为 1000 mg/L，这种方法可有效防止病害和腐烂。然后将果实放入 0.5～1℃的冷水中作降温处理。

4）土办法

没有专门预冷设施的果农，可选择在下午 4 时或 5 时以后采收。将果实在树荫下放置一夜，次日早晨再装箱运输或入库。也可利用空房、地窖、树荫等阴凉处存放果品，避免阳光直射。

(2) 包装

果实包装包括内包装和外包装。内包装通常包括衬垫、铺垫、浅盘及各种塑料包装膜、包装纸及塑料盒等；外包装通常是用各种材料的箱子，要求抗压、防水。现在应用最多的是瓦楞纸包装箱，常用规格为 55 cm×11 cm，箱内有分隔纸格，分 2～3 层摆放，箱两侧有通气孔。为减少机械和碰、压损伤果实，现在多采用浅盘或小塑料盒或小篓内包装，每盘或每篓装经预冷过的李果 2～3 kg，小篓再装入果箱内，每箱装 3 层，共装 6～9 kg。特级果用绵纸逐个包裹。包装箱上应注明商标、品种、级别、质量和日期，便于销售。

4. 贮藏保鲜技术

李果的贮藏以冷藏为主，其冰点温度为－2.2℃，注意不要使贮藏温度低于－1℃，贮藏适温为 0～1℃。运输温度为 0～7.2℃，视距离远近而定。低于－1℃时可能出现冻害，贮藏环境相对湿度为 85%～90%，气体指标：O_2 浓度为 3%～5%，CO_2 浓度为 5%。贮藏前需洗果防腐。李果采收后应通过清洗除去表面的污物和残留农药。清洗可结合杀菌防腐处理，可用 500～1000 倍噻菌灵、噻苯咪唑或 1000 倍的苯来特、使百克等药液浸果，对防治青、绿霉病和炭疽病效果良好。实际操作中，也可将预冷、清洗和防腐处理一起进行，即用含有防腐剂的冰水清洗果实，同时达到预冷的目的。若有条件，最好在流动的水槽中进行，防止交叉污染。条件不具备的情况下，也可在水池中进行，但应注意经常补充冰块和药剂。

(1) 冰窖贮藏

在冰窖底铺一层碎冰，将预冷过的李果连同贮藏用果箱搬入冰窖内，并码垛，在同一垛内，层与层之间充填碎冰。垛与垛之间用碎冰填充，垛好后再用碎冰覆盖果垛，其上再覆盖用来抑制冰消融的塑料薄膜，然后在薄膜上堆 70～100 cm 厚的锯末、稻草、秸秆等材料，起隔热保温作用。贮藏时必须注意封闭窖门，窖温控制在 0～1℃为好，进出冰窖时应随即关上窖门，严防外界热空气侵入。在外界气温下降到 0℃左右时，可逐渐将李果转移到通风窖中贮藏。

(2) 冷库贮藏

冷藏条件：温度为 0～1℃，相对湿度为 85%～90%，库内通风良好。冷库在李果进库前用甲醛进行空气消毒或采用仲丁胺熏蒸剂熏蒸（用仲丁胺的效果十分显著）。为避免果实出库后水汽在果面凝结而引起病原菌侵染，应在贮藏后期逐步提高贮藏温度。李果在－1℃下贮藏 45～60 天会出现低温引起的褐变，因此在该温度下只能短期贮藏。间歇短时间升温可减轻褐变的发生。间歇升温即在 0℃左右贮藏 2 周，然后升温到 18℃，经 2 天后再恢复冷藏。为避免果实出库后水汽在果面凝结而引起病原菌侵染，应在贮藏末期逐步提高贮藏温度。

(3) 气调贮藏

有些李果品种，只有气调贮藏才能获得良好的贮藏效果。适宜的气体条件是 O_2 浓度为 2%～3%，CO_2 浓度比 O_2 稍高，一般情况不超过 8%。CO_2 浓度过高易引起褐心病。

1）控制气调贮藏

用厚 0.025 mm 的聚乙烯薄膜袋封闭贮藏李果，每袋 5 kg 左右，装后扎紧口袋，在 0～1℃条件下贮藏。在 O_2 浓度为 1%～3%，CO_2 浓度为 7%～8%时可贮藏 10 周，腐烂率较低。

2）小包装气调冷藏

将适时采收的李果去梗，剔除病虫果、伤烂果后，装入聚乙烯薄膜小袋。塑料袋容量分两种：一种为 2～3 kg 包装，薄膜厚度为 0.02～0.03 mm，温度为－0.5～1℃，相对湿度在 90%左右，O_2 浓度为 11%，CO_2 浓度为 9.8%，可贮藏 60～80 天，中间不需要开袋放气；另一种为 10～12 kg 包装，薄膜厚度为 0.03～0.04 mm，温度为 0℃，相对湿度为 90%～95%，O_2 浓度为 3%～5%，CO_2 浓度为 5%，中间每隔 7～10 天开袋放气，每次放气时间为 3～16 h，随贮藏期的延长，应逐渐缩短放气周期，最后一个月每 3 天开袋 1 次，以避免 CO_2 中毒。

7.6.3 杏贮藏

杏的品种很多，有水杏类、肉杏类、面杏类等。杏又有红杏、黄杏、白杏之分。所有的鲜食杏品种都可以短期贮藏，其中果大、果肉坚实有弹性、皮厚、无绒毛、有蜡质或少量果粉、果汁中等或晚熟品种较耐贮藏，如辽宁的孤山杏梅，山东的柿子红杏、拳杏，河北的银白杏、李子杏、油光杏，巨鹿的串枝红杏、鸡蛋杏，北京的山黄杏，山西的沙金红等都是优质耐贮品种。供鲜食或加工用果实的冷藏杏主要有红玉杏、红榛杏、红金玉杏、白玉杏、华县大接杏、大偏头、骆驼黄、兰州大接杏、玉吕克、仰韶黄、沙金红、杨继、招远拳杏、荷苞杏、金妈妈、串枝红、峨山红杏等品种。而果皮薄、果汁多的山东恋核红杏、河北水晶杏等品种不耐贮藏。

1. 采收

(1) 采收期

一般地，杏果在果实达到品种固有的大小、果面由绿色转为黄绿或黄白、红色品种向阳面呈现红色、果肉较坚硬、营养物质已积累充分、略带品种风味，即八九成熟时采收，应随逐渐成熟过程分批采收入贮。远距离运输的杏，应在七八成熟时采收。

(2) 采收方法

采收应在晴朗的上午10时前露水消失后或傍晚进行，不要在阴、雨、雾天或烈日下采收果实。遇阴雨天应推迟采收时间。采前1～2周应对果实进行药物处理，如喷1000～2000倍甲基硫菌灵或2000～3000倍苯菌灵等，采前7～10天停止灌水。采收鲜食或加工用杏果前，采收人员要剪指甲、戴手套，轻轻用手握住果实，向上托扭使果实脱落，连果梗采下，要轻采轻装，避免伤损，忌强拉硬拽。供冷藏的杏果应无腐烂、伤口、疮痂、蚧、病虫害及机械损伤。采下的果实应轻轻放入带衬垫的果筐、果箱内，并及时放在阴凉处，防止日晒、雨淋。

2. 预冷、分级和包装

(1) 预冷

采用冷风冷却法对果实进行预冷，以散发田间热和果实呼吸热，降低果温。在杏果温度降到3～5℃时，结束预冷。预冷过程中应防止过冷和结露，为防止褐腐病和软腐病等微生物病害，采后用加有二氯硝基苯胺药液的温水浸果5 min。

(2) 分级

选生长良好的耐贮果，去除病虫果、开裂果、腐烂果、外伤果、未熟果，剪平过长的果梗。用作长期贮藏的杏果应按果实的大小进行分级，分级指标因品种而异。

(3) 包装

内包装可用厚度为0.03～0.05 mm的高压聚乙烯或无毒聚氯乙烯薄膜袋，袋宽应与外包装吻合，袋长应考虑装箱后掩口。投放乙烯吸收剂，剂量为20 g/10 kg。果实装箱后应掩口，不扎口。封箱后码垛。外包装可采用纸箱、木箱、塑料箱、条筐等。纸箱容量以减少货物压伤和散热为度，以装5～10 kg为宜。纸箱两侧上下应有4个通气孔，孔径为1～5 cm。木箱、塑料箱或条筐容量不宜超过15 kg，箱体内壁应衬包装纸。装箱前应消毒灭菌，条筐内壁应光滑，内衬两层包装纸，装箱前应消毒灭菌。

3. 贮藏

(1) 贮藏特性

杏属呼吸跃变型果实，有后熟过程，呼吸跃变后，果实迅速变软，衰败腐烂，属不耐贮藏的果品之一。适时采收，尽快降温，进行气调及排除乙烯是贮好杏的关键。杏成熟正值高温季节，采后呼吸旺盛，后熟过程很快，常温下仅能贮 5～7 天。低温有利于降低其呼吸强度，抑制后熟衰老和病害发生，一般能贮 20～30 天。杏贮藏适温为 0～2℃，相对湿度为 90%～95%。杏果低温贮藏的最适温度为-0.5～0.5℃，相对湿度为 90%，运输温度为 0～3℃。冷藏后的杏果需在 18～20℃室温下后熟。杏可在 0℃条件下采用 2%～3%的 O_2 和 2%～3%的 CO_2 进行气调贮藏。杏不耐 CO_2，应注意防止高 CO_2 伤害。预冷后，再在 0～1℃，90%～95%相对湿度条件下冷藏，20～30 天后再逐步升至室温，经后熟后上市销售。适时早采（约八成熟）的杏果，经预冷后装衬有 0.03～0.04 mm 厚的薄膜袋的包装箱，加乙烯吸收剂和 CO_2 吸收剂，封袋入冷库堆垛贮藏，控制在 0～1℃低温，90%～95%相对湿度，2%～3%的 O_2 和 2%～3%的 CO_2，避免 CO_2 过高（5%以上）造成伤害，一般可贮 1 个月左右。用含 0.1%的钠米氧化锌的 0.5%～0.8%的壳聚糖涂膜，常温下 10 天内杏果色泽基本不变，无腐烂现象，有较好的保水性。

（2）贮藏技术

具体的贮藏技术主要有以下 3 种。

①冰窖贮藏。北方在大寒前后人工采集天然冰块或洒水造冰。冰块厚 0.3～0.4 m，长宽各 1 m，贮于地下窖中，待杏果成熟时用于贮藏降温。将用箱或筐包装的杏果放入冰窖内，窖底及四周开出冰槽，底层留 0.3- 0.6 m 的冰垫底，箱或筐依次堆码，间距为 6～10 cm，空隙填充碎冰，码 6～7 层后上面盖 0.6～1.0 m 的冰块，表面覆以稻草，严封窖门。贮藏期需抽查，及时处理变质果。

②低温气调贮藏。贮藏杏果采后结合预冷，用 0.1%的 $KMnO_4$ 溶液浸果 10 min，取出晾干后，将杏果迅速装筐，预冷 12～24 h，待果温降到 20℃以下再转入贮藏库内堆码。堆码时筐间留 5 cm 左右间隙，码高 7～8 层，库温控制在 0℃左右，相对湿度为 85%～90%，配以 3%～5%的 CO_2，2%～3%的 O_2。这样贮藏后的杏果出售前应逐步升温回暖，在 18～24℃下进行后熟，有利于形成良好的风味，但这种贮藏条件对低温敏感的品种不宜采用。

③机械冷藏。库温为（0±0.5）℃，相对湿度为 90%～95%，CO_2 浓度为 2%～3%，超过 3%时应及时开袋放气。

7.6.4 樱桃贮藏

樱桃是我国南北方均有栽培的一种果树，其果实外观娇美，营养价值高，多汁而味甜，既是人们喜爱的鲜食水果，又是食品加工的原料。

1. 品种及其贮藏特性

我国有 4 种樱桃品种：中国樱桃、欧洲甜樱桃、欧洲酸樱桃和毛樱桃。在主要的樱桃优良品种中，耐贮运的有滨库、鸡心、早红、香蕉、大鹰紫甘等。早紫、黄玉、大紫、毛把酸等品种不耐贮运。人们日常所说的大樱桃或甜樱桃为欧洲甜樱桃，小樱桃为中国樱桃。樱桃采后，极易软化和衰老，高温和低湿度会加剧水分蒸散与果实褐变。用于贮藏的樱桃应选耐藏品种的果实，而且要求单果大，色彩鲜艳，可溶性固形物含量高，饱满，质地较硬。

2. 采收及采后处理

(1) 采收期的确定

从樱桃果实色泽来分，有黄色、红色和紫色三种。果实成熟度的判断：对黄色类型的品种来说，当底色褪绿变黄，阳面开始着有红晕时即表明进入成熟期；对红色或紫色类型品种来说，当全果面呈红色时，即表明进入成熟期。以山东烟台地区为例，一般早熟品种的采收期在 5 月份下旬至 6 月初，中熟品种在 6 月份上旬至 6 月份中旬，晚熟品种在 6 月份中旬至 7 月初。不同品种之间，成熟期一般可延续 30～40 天。气候情况（光照、降雨）对樱桃树生长发育有直接的影响，多雨、寡照，樱桃开花结果、成熟就会推迟。确定采收期时要综合考虑。此外，由于樱桃采后没有后熟过程，适当晚采对增产与保持本品种风味、品质有利。

(2) 采收方法

樱桃成熟后，应进行分批分期人工采摘。采时要轻采、轻放。鲜食樱桃采时带果柄，在充分成熟后采收。贮藏用的樱桃可选择八九成熟、果实充分着色且尚未软化的果实采收。带雨采收及采前 3～4 天下雨、果园灌水的果实不耐贮藏。采前喷布 0.5%的氯化钙可提高其耐贮性。樱桃果实柔软、皮薄，易擦伤，所以，采下的樱桃应放在浅篮中，篮内应垫有软草或碎纸屑。

(3) 采后分级

根据北京市质量技术监督局 2008 年 11 月颁布的《北京果品等级鲜樱桃》（DB 11/T605—2008）（2009 年 3 月起执行），鲜樱桃果实从外观和内在质量上可分成特级、一级和二级共三个等级。樱桃果实的成熟度为适宜成熟度，果梗新鲜，具有该品种典型色泽，果型端正，有本品种固有的风味，无裂果、病果和虫伤果，果面无瑕疵，此类果属特级；果实的成熟度为适宜成熟度，果梗新鲜、基本完整，果梗损伤率小于 5%，果型基本端正，果面瑕疵的面积不大于 2%，此类果属一级；存在过熟果，其数量低于 5%，果梗损伤率低于 10%，裂、病、虫果不高于 0.5%，果面瑕疵的面积不大于 5%，此类果属二级。

(4) 采后处理

采收后的果实也可直接在田间装入内衬樱桃保鲜袋的箱中，每箱装 4～5 kg，同时均匀放入 CT-2 号保鲜剂（国家农产品保鲜研究中心研制），用量为 1 包/kg，每包用大头针扎两个透眼。装箱前要剔出病、烂、成熟过度的果实。装箱后应马上入 0℃库并敞开袋口预冷。预冷时间约为 10 h，果温达到 0℃时加入黑药 4 包，注意药包不要直接接触果实，用卫生纸包一下，然后扎紧袋口。

将采后果实浸没在 0.25%～0.5%的脱氧乙酸中 35 s，取出晾干。还可以用 0.1%～0.15%的植酸、0.05%～0.1%的山梨酸和 0.1%的过氧乙酸配成的混合液处理，常温下可保鲜一周，低温下可保鲜 15 天。

樱桃贮藏前可进行热激处理，即冷藏前，将樱桃放在 50℃的热水中浸 3 min，用苯来特等杀菌剂防腐。用热水浸果是形成一种对果实暂时不利的环境条件，促使果实内部在生理上形成抵抗外界不良环境的能力。

3. 贮藏条件

贮藏的适宜温度为0～1℃，相对湿度为90%～95%。气体指标：O_2 浓度为3%～5%，CO_2 浓度为20%～25%。樱桃对高 CO_2 不敏感。

4. 贮藏方式

(1) 机械冷藏

入库前对库房进行消毒处理，在果实入库前将库温降至3～4℃。在贮藏过程中，库温保持在－1～1℃，相对湿度应保持在90%～95%。需要排除库内较多的 CO_2 和其他气体时，可在夜间或清晨气温较低时进行通风换气，防止库内温度和湿度有较大波动。

(2) 塑料袋小包装自发气调冷藏

选无碰伤、擦伤的樱桃，分级后装入甜樱桃保鲜袋内，封口，然后整齐摆放到塑料周转箱内，在冷风库内码垛。甜樱桃自发气调贮藏温度一般为－1～0℃，相对湿度为90%～95%。自发气调冷藏推荐气体指标：O_2 浓度为3%～10%，CO_2 浓度不高于8%。如能在装袋前用100～500 mg/L的苯来特溶液洗果，沥干水后装袋，贮藏效果更好。贮藏期间要勤检查袋内 CO_2 浓度。鲜绿的果梗是樱桃新鲜度的重要标志，在贮运过程中，为防果梗脱落，可在采下后用1%～8%的氯化钙浸果5～60 min，所用浓度高，浸果时间短，浓度低，浸果时间可较长。

(3) 中草药涂膜常温贮藏

称取大黄、高良姜各50 g，在500 ml清水浸泡1 h后加热至沸腾后煎熬20 min，滤出汁液。残渣中加500 ml清水煮沸20 min，滤出汁液，合并前后两次的滤液，并定容为1000 ml备用。加入5%的可溶性淀粉溶液1000 ml，冷却后制得涂膜液。用该涂膜液处理采后的甜樱桃，可明显降低其呼吸强度，抑制果实腐烂。在常温（22±3)℃下贮藏期达3周，比对照延长7天。

7.7 坚果类主要果品贮藏

板栗、核桃、榛子、扁桃、阿月浑子（也叫开心果）、松子等均属于坚果类，其中板栗和核桃是我国的特产坚果。坚果类果实营养丰富，富含蛋白质、钙、叶酸、镁、钾、维生素E和纤维，坚果所含饱和脂肪低，不含胆固醇。研究表明，多吃坚果既能降低胆固醇，又能预防心血管疾病。

7.7.1 板栗贮藏

板栗在我国栽培范围较广，北京、河北、河南等省均有大量栽培。板栗营养丰富，种仁肥厚甘美，是我国特产干果和传统的出口创汇果品，在国际市场上有“中国甘栗”

的美称。我国板栗年产量约占世界总产量的1/10，但仍满足不了市场的需求。板栗采收季节气温较高，呼吸作用旺盛，导致果实内淀粉糖化，品质下降，大量板栗因生虫、发霉、变质而损失掉。因此，做好板栗贮藏保鲜十分必要。

1. 品种及其贮藏特性

板栗品种对其贮藏性影响很大。一般嫁接板栗的耐贮性优于实生板栗，北方品种优于南方品种，中、晚熟品种又较早熟品种耐贮；板栗果表面带毛的比光滑的耐贮，大果比小果耐贮，如山东薄壳、山东红栗、陕西镇安大板栗、明拣栗、湖南虎爪栗、河南油栗等品种耐贮性好。在同一地区，干旱年份的板栗较多雨年份耐贮。充分成熟的板栗有利于贮藏。

板栗属于呼吸跃变型果实，贮藏前呼吸十分旺盛，很容易因堆积产生呼吸热，使胚芽坏死或子叶变质，引起腐烂。板栗刚采收时含水量较高，一般为47%～56%。在通风良好的环境中，24 h内失水率可达2%～3.2%，贮1个月，失水率达到50%，以后随着栗实进入休眠期，失水渐慢，趋于平缓。但栗实干硬失去香甜风味，不宜食用。失水越多，种子内的淀粉酶和呼吸酶类活性越高，不仅加速了淀粉分解和呼吸增强，而且使其抗病性、耐贮性下降，易感霉菌，致腐而失去商品价值。因此，必须保持一定的水分，种子含水量不能低于35%。板栗贮藏忌干、忌湿、忌热、忌冻。板栗贮期亦不可造成厌氧环境，如在密封塑料袋内贮藏易诱发无氧呼吸，产生乙醇、乙醛等不完全氧化产物，积累过多时造成细胞毒害，并产生异味。虫害和病原菌侵染也是导致板栗采后腐烂的主要因素。危害板栗果实的害虫主要是栗实象鼻虫、栗实蛾和桃蛀螟。成虫于6～9月份发生，产卵于未成熟的栗苞内，贮运期间孵化。幼虫蛀食果肉，在果实内钻孔打道，使其失去商品价值，引起被咬食部位果肉及周围大量发黑、变质，进而腐烂。青霉、绿霉、黑曲霉、黄曲霉、毛霉属、根霉属等腐生菌均可侵染板栗。从感病开始经7～10天，可使整个栗实腐烂发黑而失去食用价值。

2. 采收及采后处理

(1) 采收

适时采收是保证贮藏效果的关键。栗果成熟的标准应该是栗苞呈黄色，苞口开始开裂，坚果呈棕褐色。板栗采收的适宜时期是全树1/3以上的栗苞开裂期。过早采收时，未成熟的板栗，因水分含量高，代谢旺盛，易失水和衰老，加上采收时温度较高，而不利于贮藏。采收时间可选择在连续几个晴天后进行，下雨、雨后初晴或晨露未干时不宜采收，否则易烂果。可采用拾栗子法或用竹竿一次打落，堆放在凉爽、通风的场所，以利通风、降温；7～10天后，将坚果从栗苞中取出，剔除病虫果以及其他不合格果，再在室内摊晾5～7天即可入贮。

(2) 栗苞堆放脱粒

采收时未开裂的栗苞含水量大，温度高，呼吸旺盛，必须降低其温度，方可堆积，以促进栗实后熟和着色，并易于脱粒。具体做法如下：选择阴凉通风的场地，把栗苞摊开，厚度以40～60 cm为宜，但忌堆积紧实。在温湿度适宜的情况下，1周左右便可脱粒。

(3) 散热预贮

板栗采收季节气温较高，从栗苞中脱粒出来的栗实温度高，水分多，呼吸强度相对较高，需摊开风晾，使栗实冷却散热，散热可在室内或荫棚下进行，四周应通风，摊晾3～5天后便可入贮。

(4) 防虫处理

板栗采收后，应集中熏蒸杀虫。将栗果在密闭的容器或库房中，按每立方米栗果用0.25 kg 6%的SO_2或0.51 kg的溴甲烷或0.18 g 52%的磷化铝熏蒸24 h。生产上常用硫黄（3～4 g/m^3）与少量木屑混匀，点燃密封24 h，杀虫效果良好。

(5) 防腐处理

板栗贮藏中常见的病害有黑腐病、炭疽病和种仁斑点病等，它们主要发生在采后1个月内，且在高温、高湿下发病明显。克服病害发生的办法主要是化学药剂处理。采用高效低毒杀菌剂，如用1000 mg/L的特克多浸泡果实，或用0.05%的2，4-D与0.2%的托布津混合液，或用0.1%～0.2%的多菌灵，或用0.1%的$KMnO_4$等浸果3 min，进行果实表面消毒和环境消毒，减少病源，均能有效抑制霉烂。

(6) 防止发芽

栗果采后50～60天用25.2 Gy（吸收剂量）射线照射；或用药剂浸果可抑制发芽。适用的药剂有青鲜素（1000 μg/ml）、萘乙酸（1000 μg/ml）等。

3. 贮藏条件与贮藏方法

板栗贮藏的适宜条件如下：温度为－2～0℃，相对湿度为90%～95%，O_2浓度为3%～5%、CO_2浓度为1%～4%，在这样的贮藏条件下一般可贮藏8～12个月。目前以简易贮藏和机械冷藏为主。而最常用的简易贮藏方法是沙藏法。

(1) 沙藏法

选择适当场所，用湿沙（含水量以用手捏沙能成团，落到地上能散开为合适）将板栗分层堆埋起来。湿沙的用量为板栗的2～3倍。具体做法是在阴凉室内的地面或沙坑底部先铺一层秸秆或稻草，再铺一层7～10 cm厚的湿沙，其上加一层板栗，然后一层沙一层板栗（每层3～7 cm厚）相间堆高，总高度达60～70 cm时为止，然后再覆一层沙，最上层覆沙厚7～10 cm；用稻草覆盖，高度约为1 cm。每隔20～30天翻动检查一次。为防止堆中的热不能及时散出来和加强通风，可扎草把插入板栗和沙中。管理上注意表面干燥时要洒水，底部不能有积水。当外界温度低于0℃时要增加覆盖物的厚度。为了提高沙藏的效果，可在沙中加入少量松针以利通气，同时松针能散发出抑菌物质而起防腐作用。由于蛭石、锯木屑等保湿性较好，实际生产中以它们取代沙子可提高板栗的贮藏效果。

(2) 机械冷藏

板栗以装箱、装袋方式存放较多。贮藏期间库温应保持在－2℃左右，相对湿度为85%～90%。板栗包装时在容器内衬一层薄膜或打孔薄膜袋，对于减少失重效果较好。贮藏期间要定期检查果实质量变化情况。

(3) 气调贮藏

气调贮藏也有良好的效果。气调贮藏时 O_2 浓度为 3%～5%，CO_2 浓度不超过 5%，温度为－1～0℃，可贮藏 4 个月。有报道用 1%的 O_2 不加 CO_2 也取得了成功。方法多是用 0.06 mm 以上的塑料薄膜包装板栗，结合机械冷藏进行简易气调。

(4) 薄膜帐或袋贮藏

采用正常成熟度的栗果，经发汗与散热 1 个月后，即可采用薄膜帐或打孔薄膜袋贮藏。装袋前最好经过洗果，再用 500 倍的托布津溶液浸果 10 min，晾干后装袋。薄膜袋的容量不超过 25 kg，薄膜厚度为 0.05 mm，袋两侧各打上直径为 2 mm 的小孔，孔距为 5 cm，在－2～0℃下贮藏。用此法贮藏，腐烂、发芽、失重比率都有所降低。

7.7.2 核桃贮藏

核桃种壳厚硬、含水量低，易于贮运。但目前在采收、贮藏中常因管理不当，使坚果种发芽、生虫、霉变等，导致品质下降，这是影响核桃外贸出口的主要原因。

1. 贮藏特性

干燥核仁含水量很低，所以呼吸水平很微弱。核桃脂肪含量高，占核仁的 60%～70%，因而容易发生腐败。在核桃贮藏期间，脂肪降解产生异味，在高温或日光下可加速此反应。坚果在 21℃下贮藏 4 个月就会出现腐败，而在 1℃下贮藏 2 年才开始显现。将充分干燥的核仁贮于低 O_2 环境中可以部分解决腐败问题。核仁种皮含有一些类似抗氧化剂的化合物，这些化合物首先与空气中的 O_2 发生氧化反应，从而保护核仁内的脂肪酸不被氧化，但种皮抗氧化保护核仁的能力是有限的，脱壳核仁在贮藏过程中转为深色是种皮氧化作用的结果。

2. 采收与干燥

(1) 采收时期及方法

生产上核桃果实成熟的标志是青皮由深绿变为淡黄，部分外皮裂口，个别果实脱落。我国主要采用人工敲击的传统方式采收核桃，费力费工，适合一家一户的分散栽培。美国加州采用机械振荡法振落采收。在 80%的果柄形成离层，即 95%的青果皮与坚果分离时进行。残留的少数果在 1 周后进行第二次采收。喷施乙烯利，可一次采收全部坚果，并可比正常采收期提前 5～10 天，保证坚果品质优良。

采收后的果实约 50%容易自然脱出，可不用堆积。外皮尚未开裂的核桃则需堆起，并随时翻动以免果皮污染内壳，经 5～7 天，青皮脱落后，用水洗净凉干后即可贮藏。

(2) 干燥

坚果干燥是使核壳和核仁的多余水分蒸发掉，其含水量均应低于 8%，高于这个标准时，核仁易生长霉菌。生产上以内隔膜易于折断为粗略标准。美国的研究认为，核桃干燥时的气温不宜超过 43.3℃，温度过高会使核仁内含的脂肪腐败，并破坏核仁种皮的天然化合物。我国核桃干燥，北方以日晒为主，先阴晾半天，再摊晒 5～7 天可干；南方由于采收多在阴雨天气，故采用烘房干燥，烘房温度先低后高，至坚果互相碰撞有脆响声时，即达到水分要求。美国普遍采用固定箱式、吊箱式或拖车式干燥机，送加热至43.3℃的热风，以0.5 m/s左右的速度吹过核桃堆，干燥效率高，速度快。

3. 贮藏方式

（1）常温贮藏

将晒干的核桃装入布袋或麻袋吊在室内，或装入筐（篓）内堆放在冷凉、干燥、通风、背光的地方，可贮藏至翌年夏季之前。

（2）冷藏

核桃适宜的冷藏温度为1～2℃，相对湿度为70%～80%，贮藏寿命在2年以上。核桃贮藏中易发生鼠害或虫害，一般采用溴甲烷（40～50 g/m^3）熏蒸库房3.5～10 h，有显著防治效果。

（3）塑料薄膜大帐贮藏

该法是将核桃密封在帐内，抽出帐内部分空气，使CO_2浓度为20%～50%，O_2浓度为2%，可防止由脂肪氧化而引起的腐败以及虫害；或通入50%的CO_2或N_2，可抑制呼吸，减少损耗，抑制霉菌活动，还可防止油脂氧化，贮藏效果更佳。如果空气潮湿，则帐内必须加吸湿剂，并尽量降低贮藏室内的温度。

【复习思考题】

1. 叙述做好苹果和梨贮藏保鲜的综合技术。
2. 论述核果类果实长期贮藏的技术关键。
3. 如何做好浆果类果实的贮藏？
4. 做好葡萄贮藏保鲜应从哪些方面入手？
5. 柑橘贮藏期间容易出现的侵染性病害有哪些？如何防治？
6. 柑橘最常用的贮藏方式是什么？简述该方式贮藏柑橘的具体工艺流程和主要参数。
7. 香蕉的贮藏特性有哪些？
8. 如何做好香蕉的贮藏运输？
9. 简述荔枝、龙眼的贮藏特性。如何做好荔枝、龙眼的贮运？
10. 如何确定芒果的采收成熟度？
11. 如何做好桃、李、杏的贮藏？
12. 简述坚果类含水量对其贮藏性的影响。

第8章 蔬菜贮藏

【内容提要】 主要介绍了叶菜类及花菜类主要蔬菜（如大白菜、甘蓝、菠菜、芹菜、花椰菜）、果菜类主要蔬菜（如番茄、辣椒、茄子、菜豆、黄瓜），茎菜类主要蔬菜（如蒜薹、洋葱、大蒜）、根菜类主要蔬菜（如萝卜、胡萝卜、生姜、马铃薯、莲藕、食用菌）等的贮藏保鲜技术，对各种蔬菜从其品种及其贮藏特性、采收及采后处理、贮藏条件、贮藏方式及贮藏病害等方面进行了详细阐述。

【学习目标】 掌握主要蔬菜的贮藏特性、贮藏方式及贮藏技术要点；了解主要蔬菜品种的采后损耗原因及其防止方法；能够根据实际生产需要，制订出蔬菜贮藏运输的技术方案。

【重要概念及关键词】 细菌性软腐病 霜叶病 脱帮 埋藏法 黑腐病 暖藏法 微冻贮藏 简易气调贮藏法 干腐病 炭疽病 水藏法

8.1 叶菜类及花菜类蔬菜贮藏

叶菜类（leaf vegetable）蔬菜包括大白菜、甘蓝、菠菜、芹菜等。叶菜类蔬菜的食用器官主要是叶片，而叶片不是贮藏器官，是制造营养的器官。叶菜类蔬菜除大白菜、甘蓝外，极易腐烂失水，品质下降快，不耐贮运。花菜类蔬菜主要包括花椰菜、绿花椰菜、蒜薹等，它们分别以花蕾变态的花茎作为食用器官。此类蔬菜营养丰富，经济价值高，因此叶菜类及花菜类蔬菜的贮运保鲜就显得尤为重要。

耐贮藏的叶菜类蔬菜主要是结球类的大白菜和甘蓝以及绿叶菜类的菠菜和芹菜。花菜类蔬菜贮藏较多的是花椰菜。

8.1.1 大白菜贮藏

大白菜又名结球白菜、黄芽白、包心白和胶菜，为十字花科芸苔属的两年生植物。原产我国山东、河北一带，是我国特有的蔬菜，具有很高的营养价值。其栽培历史悠久，是我国南北方秋、冬、春季大量栽培和供应的蔬菜，也是我国北方栽培面积最大、贮藏量最多的蔬菜。收获后除一部分立即供应市场和加工外，绝大多数都需贮藏均衡供应，做好大白菜贮藏对满足冬春季市场的需要、稳定蔬菜市场供应具有重要意义。

我国的大白菜种类有上百种，不同品种的大白菜的耐贮性和抗病性之间有一定的差异，按照叶球形状，可将其分为抱头型、圆筒型和花心型三种。抱头型大白菜，叶球粗大，叶球高度为直径的1～2倍，叶球坚实，单株产量高，耐贮藏，品种有北京大青口、胶县大白菜、济南大根白菜等；圆筒型大白菜，叶球细长呈圆筒型，其高度为直径的2倍以上，耐贮藏，如天津青麻叶，其外叶为浓绿色，心叶为淡绿色，品质优良；花心型大白菜，顶部心叶向外翻卷，不封顶，呈花心状，外部叶片为绿色，这类白菜抗病性差，不耐贮藏。

栽培时在氮肥足够但不过量的基础上增施磷、钾肥能增进抗性，有利于贮藏。采收前要停止灌水，否则组织脆嫩、含水代谢旺盛，易造成机械损伤。

1. 贮藏特性

大白菜属耐寒蔬菜，食用叶球是在冷凉湿润条件下发育形成的，呼吸速率和乙烯释放量均比较低。叶片含较多的营养物质，属营养贮藏器官，也是生长延续器官。叶片内含有较多的营养物质和大量的水分，新鲜大白菜含水量达90%～95%，以致组织脆弱、娇嫩、缺乏外层保护结构、易受伤、易受微生物侵袭、易于蒸腾失水而萎蔫。大白菜在−0.6℃以下时，外叶即会结冰，环境温度降至−1.2℃时，心叶也会结冰，导致生理病害使贮藏损耗增加。收获后的大白菜具有生命活动，呼吸作用使养料消耗，衰老过程中叶柄离层使大白菜脱帮。腐烂、失重和脱帮损耗一般达10%～40%，是大白菜贮藏损耗大的重要原因。因此，控制适当的贮藏环境温度和湿度，是大白菜保鲜的一个重要条件。大白菜的贮藏温度应控制在0℃左右，上下浮动幅度以不超过0.5℃为宜；相对湿度为95%～98%。

2. 采收及处理

(1) 采收

①采收前。采收前10日内应停止灌水，否则组织脆嫩、含水量高、机械损伤严重、代谢旺盛，耐贮性和抗病性都降低。

②适时采收。适时采收是大白菜贮藏中的一个重要因素。采收过早，影响产量，同时因气温和窖温都较高，对贮藏不利。采收过晚，易在田间受冻。大白菜的采收期应根据各地的具体情况而定。东北、内蒙古地区约在霜降前后采收，华北地区约在立冬到小雪期间采收，江淮地区则更晚采收，长江以南地区一般气候条件下的中晚熟品种，可以留在田间，根据市场需要分期分批采收供应。但早熟品种成熟期早，成熟时外界气温高，成熟后继续留在田间会加剧抽苔、脱帮及腐烂现象的发生。

③采收。采收应选择晴朗的天气，菜地干燥时进行，以七八成熟、包心不太坚实为宜，以减少或防止春后抽苔、叶球爆裂的现象发生。假植贮藏的大白菜，要求带根收获，其他方法贮藏的大白菜，可留3 cm的根砍倒，也可沿叶球底部砍倒或连根收获。

(2) 处理

①晾晒。收获后的大白菜应放在田间晾晒数天，使外叶失水变软，达到菜棵直立而不垂的程度，晒菜失重为毛菜的15%～20%，这样既可减少机械损伤，增加细胞液浓度，提高抗寒能力，又能缩小体积，提高库容量。但晾晒也不宜过度，否则组织萎蔫会破坏

正常的代谢机能，加强水解作用，从而降低大白菜的耐贮藏性、抗病性，并促进离层活动而脱帮。

②整理与预贮。经晾晒的大白菜运至菜窖旁，摘除黄帮烂叶，但不要清理过重，不黄不烂的叶片要尽量保留以保护叶球，同时进行分级挑选以便管理。经整理后如气温尚高，可在窖旁码成长形或圆形垛进行预贮。预贮期间既要防热又要防冻。

③药剂处理。针对大白菜在贮藏中易脱帮腐烂的问题，可辅以药剂处理。在收菜前 2～7 天用 25～50 mg/L 的 2，4-D 溶液进行田间喷洒，或在收后于窖外、窖内喷洒或浸根，有明显抑制脱帮的效果。用 200～500 mg/L 的 NAA 溶液处理也有类似的作用。

3. 采后病害及防治

(1) 微生物病害

①细菌性软腐病。病部呈半透明水渍状，随后病部迅速扩大，表皮略陷，组织逐渐变软腐烂，黏滑，色泽为淡灰至浅褐，腐烂部位有腥臭味。发病时或叶缘枯黄，或从叶柄基部向上扩展引起腐烂，或心叶腐烂以及枯干呈薄纸状。该病原菌一般从伤口侵入。这种病原菌在 2～5℃低温下也能生长发育，是大白菜低温贮藏期间常见的病害，但该病原菌在干燥环境下会受到抑制。因此，在采收、贮运过程中尽量减少机械损伤，采后适度晾晒，贮藏期间注意通风，控制环境中的湿度等是控制大白菜软腐病的关键所在。

②大白菜霜霉病。霜霉病又称霜叶病，染病后，一般由外层叶向内层叶扩展，初期只在叶片正面呈现出淡黄绿色至淡黄褐色斑点，潮湿时病斑背面出现白霜霉，严重时霉层布满整个叶片，最后干枯死亡。该病在高湿环境下易严重发生，因此，适度的晾晒和通风以保持环境低湿可抑制该病的发生。

(2) 生理性病害

①脱帮。脱帮主要发生在贮藏初期，指叶帮基部形成离层而脱落的现象。贮藏温度较高时，离层形成快，空气湿度过高或晾晒过度也会促进脱帮。采前 2～7 天用 25～50 mg/L的 2，4-D 溶液进行田间喷洒或采后浸根，可明显抑制脱帮。

②失水。失水是引起大白菜贮藏过程中损耗的重要原因，主要是由于贮藏温度过高或湿度太低造成的。因此，保持适当的低温和高湿可降低大白菜贮藏过程中的总损耗。

4. 贮藏条件及方法

(1) 贮藏条件

①温度。大白菜性喜冷凉湿润，作为营养器官的叶球，是在冷凉湿润的条件下形成的，所以大白菜要求低温贮藏条件，温度范围为 (0±1)℃。

②湿度。大白菜贮藏过程中易失水萎蔫，因此要求较高的湿度，空气相对湿度以 85%～90%为宜。

③气体成分。大白菜气调贮藏的报道较少。据美国报道，大白菜在 0℃、相对湿度为 85%～90%、O_2 浓度为 1%的条件下贮藏 5 个月，叶片组织内维生素 C 损失较少，总糖量高，且无低 O_2 伤害症状。但当 CO_2 浓度高于 20%时，会引起生理病害甚至腐烂而失去食用价值。

(2) 贮藏方法

大白菜的贮藏适温为0℃，采用机械冷藏可以取得良好的贮藏效果。但考虑到大白菜栽培和贮藏地主要在北方，而北方在秋、冬、春季气温较低，在常温贮藏场所，利用自然低温可达到大白菜贮藏要求的低温，所以大白菜贮藏中，简易贮藏是主要的手段。简易贮藏主要有假植贮藏法、埋藏、窖藏、通风贮藏库贮藏等。近年来，也有在大型库房内采用机械冷藏的。

①假植贮藏法。将菜连根拔起，假植在沟内。中原地区沟深以高出菜200 mm为宜；东北地区沟深要高出菜500 mm。贮藏前将沟内一次浇足水，等水渗下后，将白菜立放于沟内，气温下降时再覆盖一层草帘。

②埋藏法。埋藏法又称沟藏法，沟藏法首先要选择地势平坦、干燥、地下水位低、排水良好、交通方便的地点，沿东西向挖沟，沟深依当地冻土层厚度及贮藏时间长短而定，覆土厚度在大连为0.5 m左右。入沟时间，大连地区是以2～3片叶稍稍受冻时为宜，即小雪前后，而沈阳是立冬前后。北京地区一般沿南北向挖沟，沟宽1.5 m，深0.25 m，长度根据地形和贮藏量而定。挖出的土在沟四周做成土埂，埂厚约0.7 m（以最冷时期不冻透为原则）。沟深与土埂高度相加等于白菜的高度，入沟前先在沟底铺一层稻草或菜叶。然后，将晾晒过的白菜根朝下，一棵棵紧密地挤码在沟内，菜上面覆盖一层稻草或菜叶，再盖0.5～0.7 m厚的土。

③窖藏法。用地窖贮藏大白菜有悠久的历史，方法简单，贮藏量大，贮藏时间也较长。窖藏要求选择地势高、地下水位低的地块，以免窖内积水造成腐烂。

白菜采收后经1～2天晾晒，使外叶水分蒸发，然后送到菜窖附近码在背风向阳处预贮，码垛时菜根向下，一棵挨一棵排放在一起，四周用草或秸秆覆盖，以防低温受冻。这样预贮可以忍受短时间－10℃的低温，预贮可增强抗寒能力，一般预贮20天左右。在此期间要防冻和热，立冬前后入窖。

菜窖的形式有多种，在南方，气温较高，菜窖多为地上式；在北方，气温较低，菜窖多采用地下式；而中原地区，多采用半地下式。窖藏多采用架贮或筐贮。架贮是将已晾晒过的大白菜放置在贮藏架上，架高170 cm，宽130 cm，层高100 cm左右。贮藏架之间间隔130 cm左右，以方便检查和倒菜。大白菜摆放7～8层，贮菜距离上面的夹板应有20 cm的间隙。也有堆贮，将大白菜码成数列高2 m的长条形垛，垛间留适当宽的通风道，垛长各地不等，一般为2 m。每两棵菜叶相对，根朝外排列，逐层向上摆。上层菜在下层菜的缝隙处，菜垛的两头靠支柱处每隔一层把菜横过来摆，以防倒垛。码菜时要求码得平，垛得齐，勾好心，压好缝。每平方米可贮菜350～5000 kg。白菜贮藏温度为0℃，相对温度为95%～98%。

入窖初期，外界气温和窖温都高，大白菜易腐烂和脱帮，如采用地面堆码贮藏，必须加强倒菜，以利通风散热。如白天外界气温高，要将门窗通气孔关闭，防止高温侵入库内。夜间打开通风设施引进冷凉空气，降低库温。

入窖中期，此时外界气温急剧下降，严寒的冬季来到，必须注意防冻，要关闭窖的门窗和通气孔，中午可适当通风。架式贮藏应在春节前倒菜1～2次，垛藏要倒菜2～3次。所谓倒菜，是指将下部的菜倒至上部，同时撕去烂叶，并除去不适宜再贮藏的菜。

入窖后期（立春以后），此时气温和地温均升高，造成窖温和菜温升高，这时要延缓窖温的上升。因此，白天将窖封严，防止热空气侵入，晚上打开通风系统，尽量利用夜间低温来降低窖温。

④机械冷藏法。大白菜先经过预处理，再装箱后堆码在冷库中，库温保持在（0±0.50）℃，相对湿度控制在 85%～90%，贮藏期间应定期检查。机械冷藏的优点是温湿度可精确控制，故保藏期长，贮藏质量高，但设备投资大，成本高。

8.1.2　甘蓝贮藏

甘蓝又名卷心菜、洋白菜、莲花白等，属于十字花科芸苔属植物，食用部分为叶球，营养丰富。甘蓝原产于地中海沿岸，现我国南北各地均普遍栽培，是北方群众春、夏、秋季的主要蔬菜之一。甘蓝比较耐寒、抗病，有较强的适应性，耐贮藏。通过贮藏调剂可达到周年供应。

1. 贮藏特性

甘蓝以肥嫩的叶球为产品，和大白菜均为结球叶菜，与各种散叶蔬菜相比耐贮藏性较强，适宜的贮藏温度为 0～1℃。甘蓝叶球抗冻性比白菜稍强，长时间处在－1℃的低温环境下不会发生冻害。

甘蓝虽属叶菜类蔬菜，但它有一个比较明显的休眠期，并为强迫休眠类型，这是其耐贮藏的一个先天条件。但它在贮藏过程中呼吸作用比较强，如果贮藏条件不适宜，这个休眠期将大大缩短，因此，在贮藏中要创造条件，抑制呼吸作用，延长休眠期。故在贮藏前应将叶球外层叶片晾晒，使其呼吸代谢降至最低程度。

贮藏甘蓝一般选择晚熟、结球紧实、外叶粗糙并附有蜡粉的品种。贮藏环境空气干燥产品失水损耗大，湿度偏高会促进呼吸作用，而且会导致发芽抽苔，营养物质损失；同时，呼吸加强会造成热量积累，引起病害，大量腐烂、脱帮。甘蓝贮藏的适宜温度为（0±0.5）℃，相对湿度为 90%～95%，O_2 浓度为 3%～5%，CO_2 浓度为 5%～6%，能贮藏 5～6 个月。

2. 采收及处理

甘蓝采收应在天气晴朗、土地干燥、叶球未受霜冻时进行。由于甘蓝比大白菜耐低温，而且冻后容易缓过来，因此待贮菜的收获期可比大白菜晚 5～7 天。收获时要求做到带根、带外叶。选叶球坚实，棵略大（2.5 kg/棵），无虫害、病叶、烂根的叶球，每棵须留根 3～5 cm，并留 1～2 层外叶，以保护叶球免受机械损伤及病原菌侵入。甘蓝的贮期损耗与其品种及其采收期早晚有关。例如，中晚熟品种庆丰以晚收为好，可提高商品率，晚收的要比早收的贮期损耗低 10%，而京丰品种以中期采收的贮期损耗低。

采收后将甘蓝以 2～3 层堆放在通风冷凉的屋内，预贮 2～3 天，这样可使其外叶水分部分蒸发，略发软，以达到预冷和愈伤的目的。预贮后继续剔除病叶、黄叶及根部腐烂的叶球，然后进行药物处理。例如，要防止感染软腐病，应在茎基部刀口处涂一层石灰膏；为了防止脱叶，可在室内预贮时，以 100 kg 水中加 3～6 g 2，4-D 配制的溶液浸沾茎基部（注意不可用农用除草剂 2，4-D）。若同时采用以上两项措施，应先沾 2，4-D 溶液，待水分干后再涂石灰膏。

3. 采后病害及防治

甘蓝晚熟品种的采后病害主要有黑腐病和软腐病。

（1）甘蓝黑腐病

成株期发病引起叶斑或黄脉，叶斑从叶缘向内发展，形成“V”字形黄褐色枯斑。叶脉变黑，根茎发病，皮层腐烂，维管束变黑干腐。防治方法：种子消毒，播前用 50℃水浸种 20 min 或 55℃水浸种 10 min，或用 55％的美双福按种子量的 0.4％拌种。

（2）甘蓝软腐病

结球期常在外叶或叶球基部出现水渍状斑，外叶中午萎蔫，早晚恢复，进而叶球基部腐烂，呈白色污泥状，有恶臭味。防治方法与大白菜软腐病相同。

4. 贮藏方法

从贮藏角度要求，应选择叶球发育成熟，结球紧实，无病虫害的甘蓝。适于贮藏的甘蓝品种有黑叶小平头、斑大古、继承等。甘蓝按其贮藏方式可分为埋藏、窖藏、温室贮藏和冷库贮藏四种方式。

（1）埋藏法

埋藏沟址要选择地势较高、地下水位较低、排水好的地块。沟的深度依贮藏期的长短和当地冻土层的深浅而定，一般要求深 1.2～1.5 m，沟内可堆放 2～4 层甘蓝。沟宽要以覆盖物的宽窄和贮藏量的多少来确定，沟的方向南北延长为好。甘蓝入沟时间是埋藏能否成功的关键。入沟过早，埋藏后温度高，往往会发生严重腐烂，一般在气温稳定在 0℃以下后，才是甘蓝埋藏的有利时机。甘蓝入沟时可摆两层，下层甘蓝根朝下，上层甘蓝根朝上，叶球相对，都不直接与土壤接触，每个叶球带 3～4 片外叶。

入沟初期，根据当时气温变化情况，覆盖草帘。随着气温的逐渐下降可加土覆盖防寒。如果贮藏期较长，春季还须逐步撤土，防止因沟内温度升高而引起烂窖。

埋藏的甘蓝一般都是一次性出窖，因此贮藏沟不宜过大，以每沟贮 200～300 kg 为宜。甘蓝出窖后，摘除外叶，去掉根，如叶球受冻，可放在 5℃左右的空房子内缓慢解冻，然后上市，这样可提高商品菜的质量。

（2）窖藏法

甘蓝贮藏要求的适温为－1～1℃，相对湿度为 90％，采用永久性菜窖或土窖均可。甘蓝窖藏分两步进行。

第一步，预藏。预藏就是在甘蓝收获后，先放在荫凉处，根朝下，叶球朝上摆一层，然后再叶球朝下，根朝上，摆第二层，摆好后用草帘覆盖，白天要防日晒，晚上要防冻害。预藏一般可以贮藏到 11 月份中旬。随着外界气温下降，从 11 月份下旬起，甘蓝就要移入窖内，开始窖藏。

第二步，入窖贮藏。甘蓝入窖前要摘除老叶、黄叶、病虫叶，砍下根，这样既便于贮藏，又不多占用贮藏面积。如采用永久性菜窖贮藏甘蓝，叶球可直接在地面上码成长方形或塔形圆垛，也可用架藏。甘蓝窖藏期的管理与大白菜相同，只不过要求温度低一些，倒菜次数少一些。

(3) 甘蓝的温室贮藏

利用温室贮藏甘蓝与窖藏一样，应先进行预藏，然后再移入温室内进行延后贮藏。

①甘蓝垛藏。11 月份中旬后，甘蓝经过预藏，移入温室内垛藏。一般是两个畦子码一垛，垛间留一空畦子，一是倒垛方便，二是便于通风换气。垛为长方形，摆 4～5 层。摆好后，盖上草帘，防止阳光照射，引起温度升高。室温高时，可打开通风口降温；温度过低时，可用覆盖物直接盖在菜垛上或生火加温。贮藏的甘蓝留有外叶，加之较耐低温，因此整个贮藏期只需倒垛 1～2 次。

②甘蓝假植贮藏。叶球充实的甘蓝可用垛藏法，对包球不紧的甘蓝，可根朝下，叶球朝上，一个挨一个地摆栽在畦子内，栽后浇水。对于假植贮藏的甘蓝，白天可以打开草帘，晚上再盖上。天冷时，除加强覆盖防寒外，还需生火加温，使甘蓝进行补充生长，增大叶球。此法可贮藏到来年 1～2 月份。

(4) 甘蓝的冷库贮藏

甘蓝适宜冷藏，尤其是春甘蓝若贮藏必须冷藏。将收获后经过散热预冷并经修整的甘蓝，装筐或装箱，在库内堆码，堆码时注意留有空隙，以利通风散热。贮期控制库温在−1～0℃，相对湿度为 90%～95%即可。在冷库内甘蓝也可以利用菜架摆放几层，上面覆盖塑料薄膜保湿，避免干耗。在装筐（箱）贮藏时，可以在充分预冷的基础上用约 0.02 mm 厚的薄膜包菜，或单棵菜装薄膜袋，这样可以减少干耗。

8.1.3　菠菜贮藏

菠菜属于藜科菠菜属二年生草本植物，菠菜又叫菠棱、赤根菜、波斯菜、鹦鹉菜、角菜等，原产亚洲西南部，是我国栽培面积较大的一种绿叶菜。菠菜比较耐寒，适应性强，容易栽培，生长期短（一般播种后 60～70 天可以收获），茎和叶均可食用，含有钙及维生素 A、维生素 C 等多种营养物质。

菠菜分为有刺种和无刺种两大类。有刺种叶尖形、叶色深，有较强的抗寒能力，适于冬播和贮藏，如山东大叶、唐山尖大叶、北京红头菠菜等都是各地的耐藏品种；无刺种叶呈圆形、较薄，耐寒力差，一般不作贮藏用，适于春播；有刺种与无刺种杂交的一种菠菜叫“串菠菜”，这种菠菜兼有二者的优点，既耐寒耐藏，又有较高的产量。北方用来冬季贮藏的菠菜，以有刺种和杂交种为主。

1. 贮藏特性

菠菜耐寒力强，能露地过冬。据试验，菠菜能忍受−7℃左右的低温，解冻后仍可恢复新鲜状态；在−40℃下不损幼苗根系。因此，菠菜在我国北部寒冷地区可露地越冬。菠菜冻藏就是要求将温度降到菠菜冰点以下，使细胞中的游离水结冰，当外界温度逐渐升高时，细胞的生活机能能恢复，即要在不致丧失蔬菜组织细胞生活机能的前提下被冻结，同时在这样的低温下，抑制酶的活力和病原菌的活动，从而达到采用简易冻藏的方法能够长期贮藏菠菜的目的。但由于菠菜极易腐烂，必须严格控制其接近冰点贮藏。菠菜采后，常温下呼吸作用比较旺盛，产生大量的呼吸热，极易脱水萎蔫，促进黄化和腐烂，质量损失极大，食用品质下降。菠菜的最适宜贮藏温度为（0±0.5）℃，相对湿度为90%～95%。菠菜适于采用塑料薄膜包装或气调贮藏，在温度为0～1℃，相对湿度为90%～95%的条件下，O_2 浓度为11%～12%，CO_2 浓度为5%～6%时，可以取得较好的贮藏效果。

适时播种对菠菜的安全贮藏关系极大。一般来说，准备贮藏的菠菜播种应晚一些。如果播种过早，植株生长期过长，贮藏期间叶片容易变黄，不耐贮藏；播种过晚，则生长期短且生长速度慢，影响产量。东北、西北、华北地区，一般播种期为处暑至白露。

2. 采收与处理

（1）采收

适时采收是菠菜成功冷藏和冻藏的关键。收获过早，外界气温尚高，入贮菠菜易发热，叶子变黄，造成腐烂损耗；采收过晚，菠菜冻在田间不易采收，所以菠菜最好在地面刚冻结又未冻实时进行采收。菠菜要连根收起，地面上冻时，要在中午开化后收菜，收获时用刀从主根1～2 cm深处铲收，抖去泥土。为降低植株含水量并提高其耐寒能力，收获前1周停止灌水，减少植株水分含量，提高耐寒力，同时可防止菠菜徒长，徒长的菠菜不能用于贮藏。

（2）处理

收获后的菠菜，要摘除黄枯烂叶，就地捆把。如果收菜时叶片上仍带水珠，应就地微晾去水，然后放到阴凉处预贮，稍加覆盖，以免蒸发失水。可以在地面单层码放预贮，也可以单层斜码在深约1 cm的浅沟中预贮，但均需稍加覆盖，切忌忽冻忽化。高纬度地区，可以不经预贮，直接贮藏。

3. 贮藏条件及贮藏方法

（1）贮藏条件

①温度。菠菜贮藏适宜的温度为－6～0℃，在冻结状态下可以长期贮藏，解冻后仍能恢复原来的新鲜状态。

②湿度。菠菜贮藏适宜的相对湿度为90%～95%，若湿度过低，菠菜中的水分便会大量散失，茎叶萎蔫变黄，质地变粗，失重率高，品质下降。

（2）贮藏方法

菠菜贮藏有冻藏和暖藏之分。冻藏是菠菜贮藏的传统方法，要求迅速冻结并始终保持冻结状态，冻藏过程中避免忽冻忽化、长期不冻或冻结过度；暖藏并非在“温暖”状态下贮藏，而是与冻藏相对而言的，是维持在冰点附近的低温条件下，不使菠菜明显冻结的一种贮藏方式。

1）冻藏法

菠菜最适合采用冻藏法，冻藏方式多种多样，各地都有自己的传统方法，其具体操作方法略有不同。常见的有普通冻藏法、通风沟冻藏法和阳畦冻藏法。其中，通风沟冻藏法能在贮藏中进行温度调节，贮存效果较好。具体做法如下：挖宽0.7～1 m，深30～60 cm的沟，顺沟底挖深3.3～10 cm，宽20～25 cm的通风道，并使其两头相通。沟上横铺一层秸秆，将菜把或菜直立散放在沟内，叶面撒一层湿润土覆盖，厚度以不露叶子为宜，随着气温下降可分2～3次覆上，覆土总厚度为20～25 cm。入贮初期气温较高，利用通风道交换外界冷空气，随着气温逐渐降低逐步堵塞风道。开春后，地温上升，外温升高，在夜间温度降低后重新开启通风道。这种贮藏方法简单方便，适于大量贮存。

冻藏菠菜应在上市前3～5天从沟内起出，放置在0～2℃的冷室或棚窖内自然化冻（也可以在冻藏沟中一直贮藏到气温转暖自然解冻后取出），使其恢复新鲜状态，然后摘去黄枯烂叶，整理出售。切不可在高温下急速解冻，否则冰晶融解后，汁液不能被细胞吸收而流失，菠菜不能恢复新鲜状态，而使腐烂加重，甚至不堪食用。

2）埋藏法

在大雪前将不抽苔的菠菜连根收起，捆成0.5～1 kg一把。在背阴不积水处，挖深0.3 m，宽0.7～1 m的窄沟，将菠菜平放沟中，每捆之间不要靠得太紧，土壤封冻前覆土15 cm。在寒冷时使菠菜覆土冻结，而菠菜则处于土壤冻结与不冻结之间。春节前将菠菜挖出解冻，菠菜仍鲜嫩如初。

3）暖藏法

暖藏方式与冻藏基本相同，只是贮藏沟可以稍宽、稍深，覆盖物可以稍厚，使沟内温度保持在0～2℃范围，以保持菜捆为似冻非冻状态。这种方法能更好地保持菠菜的生物机能和耐贮性，降低贮藏损耗，上市前也无须解冻，但管理要十分谨慎，切不可冻化相间，否则会造成损失。东北地区的暖贮沟宽70 cm，深50～70 cm，覆土厚度比冻藏要厚10 cm。入贮后要注意检查，使沟内保持稳定的−2～0℃的低温。在入贮初期和后期都要做好通风降温工作，否则沟内温度过高，容易造成腐烂。

4）薄膜袋包装气调冷藏法

将菠菜带根采收后，经过挑选、整理，捆成0.5 kg一把。用0.08 mm厚的聚乙烯塑料薄膜制成100 cm×75 cm的袋子，每袋装7.5 kg，扎紧袋口，分层摆放在冷库的菜架上。自然降氧，库温为−1～0℃。当O_2浓度降到11%～12%，CO_2浓度升到5%～6%时，即开袋给氧，给氧时间为2～3 h，当袋内O_2浓度升到18%以上时，重新扎口封闭。循环往复至结束。同时，也可采取松扎袋口（松度直径为3 cm，袋内CO_2浓度为5%～6%，O_2浓度为11%～12%）的做法，也可取得良好的贮藏效果。可贮藏2～3个月，商品率保持在80%以上，其中加工损耗为12%，自然损耗为5%，一等品得率为80%。

8.1.4 芹菜贮藏

芹菜属伞形花科二年生浅根性植物，原产地中海沿岸沼泽地带。芹菜种植成本低，产量高，并且含有丰富的矿物质、维生素等营养物质，其叶和根可用于提炼香料。芹菜有降低血压、健脑和清肠、利便的作用。

芹菜可分为实心品种和空心品种两类，每一类又有青芹和白芹之分。一般实心青芹的耐寒力强，最适宜贮藏，经过贮藏后仍能较好地保持脆嫩品质。空心类型品种贮藏后叶柄变糠，纤维增多，质地粗糙，故不适宜贮藏。实心类型的品种有天津的白庙芹菜、陕西的实秆绿芹和北京的棒儿芹菜等，都是耐贮藏的优良品种。

1. 贮藏特性

芹菜性喜冷凉湿润，耐寒性次于菠菜，叶片可耐−3℃的低温，可在−2～−1℃条件下微冻贮藏，低于−2℃时菜叶和根部易受冻，叶冻成暗绿色，根部受冻后，解冻也不能恢复新鲜状态。芹菜属叶菜类蔬菜，呼吸旺盛，水分蒸发快，极易脱水萎蔫，所以在贮藏期间要保持适宜的相对湿度；气调贮藏可以降低腐烂和延缓褪绿。一般认为适宜的气调条件是，温度为0～1℃，相对湿度为90%～95%，O_2 浓度为2%～3%，CO_2 浓度为4%～5%。

2. 采收及处理

(1) 采收

由于芹菜的耐寒力不如菠菜，为避免冻害，采收期应适当提前，因此贮藏的芹菜应早些播种。东北地区多在夏至到小暑间播种，而在霜降前后采收；华北、西北地区多在小暑到大暑间播种，在小雪前后采收。贮藏用的芹菜最忌霜冻，遭霜冻后芹菜叶子变黑，耐贮性大大降低，所以要在霜冻之前收获芹菜。

(2) 处理

采收前要浇水，当芹菜地干湿适宜时，将芹菜连根铲下，除假植贮藏连根带土外，其他贮藏方法带根宜短并清除泥土，挑选生长健壮、叶柄较嫩的单株，摘除黄叶，整理好并根据贮藏要求打成定量小捆。将整理成捆的芹菜置于阴凉处预贮散热，并用草席等物稍加覆盖以防日晒；夜间温度过低时，要增加覆盖物，以防冻害，也可直接入沟冻藏。

3. 贮藏条件及方法

(1) 贮藏条件

①温度。芹菜贮藏适宜的温度为−2～0℃，叶片可以忍耐−3℃的低温，但叶柄在此温度下宜受冻害，且受冻后很难复原。

②湿度。芹菜贮藏适宜的相对湿度为90%～95%，当湿度过低时，芹菜中的水分便会大量散失，茎叶萎蔫变黄，质地变粗，失重率高，品质下降。

③气体成分。芹菜的适宜气体成分：O_2 浓度为5%，CO_2 浓度为15%。

(2) 贮藏方法

1) 微冻贮藏

芹菜的微冻贮藏各地做法不同。山东潍坊地区对芹菜的贮藏经验丰富，贮藏效果较好。主要做法是在风障北侧修建地上冻藏窖，窖的四壁是用夹板填土打实而成的土墙，厚0.5～0.7 m，高1 m。打墙时先在南墙的中心每隔0.7～1 m立1根直径约为10 cm的木杆，墙打成后拔出木杆，使南墙中央形成一排垂直的通风筒，然后在每个通风筒的底部通过窖底挖深、宽各约30 cm的通风沟，穿过北墙在地面开口。这样使每个通风筒、通风沟、进风口联成一个通风系统。通风沟上铺两层秸秆和一层细土。将芹菜捆成捆，根向下斜放在窖内，装满后于芹菜上面盖一层细上，菜叶呈似露非露状态。入沟初期，白天盖上草帘，夜晚取下放到北墙外“接霜”，次晨再盖。依气温变化，加盖覆土，总覆土厚度不超过 20 cm。气温在−10℃以上时，可开放全部通风系统，−10℃以下时要堵死墙外的进风口，使沟温处于−2～−1℃，以芹菜叶间呈现白霜，叶柄及根部不冻为宜。

冻藏芹菜上市前 3～5 天从冻沟内取出，将芹菜从冻菜沟取出放在 0～2℃的条件下缓慢解冻，使之恢复新鲜状态。也可以在出窖前 5～6 天拔去南侧的风障改设为北风障，再在窖面上扣上塑料薄膜，将覆土化冻层铲去，留最后一薄层土，使窖内芹菜缓慢解冻。解冻后摘除黄枯烂叶，重新整理捆把，准备出售。此法损耗小，贮藏效果好。

2）假植贮藏

冬季不很寒冷的地区多采用深沟假植法，入贮的芹菜要选用实秆类型，如天津的白庙芹菜。芹菜的假植贮藏方法各地不尽相同，一般先挖东西向假植沟，沟宽 0.7～1.5 m，深 0.7～1.3 m，长度不限。将芹菜带土铲下，以单株、双株或成簇假植于沟内，然后灌水淹没根部，以后根据土壤干湿程度可再灌水 1～2 次，这样既可降温，又便于通风散热。捆间留有一定空隙，以利通风，或在沟帮两侧按一定距离挖直立通风道。沟顶应覆盖草帘，当天气变冷时，加盖草帘并覆土，同时堵塞通风道。贮藏期间要维持沟温在 0℃左右，勿使芹菜受热或受凉。此法贮藏量大，前期温度高，应加强通风以降温，后期主要是防冻，随温度下降夜间应逐渐盖严，白天适当通风，寒冷季节要加强防寒，以防芹菜受冻。

3）窖藏法

在地势高、背风向阳处挖宽 1.3 m，长 3.3 m，深度高于芹菜 150 mm 的东西向菜窖。窖四周用秸秆围住，使芹菜不直接接触窖壁。下霜前将芹菜入窖，采收前一天浇足水，采收时带根挖起，立即栽入窖内，空隙处加土填实，装满后浇足水，盖上草帘，其上再盖一层塑料薄膜。刚入窖时，因气温较高，早晨可揭开草毡，夜间盖上。贮藏期间要经常揭开覆盖物通风散热，防止芹菜变黄。

4）简易气调贮藏法

将叶根鲜嫩、生长健壮、无病虫害的实心或半实心芹菜，带 3 cm 左右长的短根，经挑选整理后，捆成 1～1.5 kg 的把，在冷库−2～2℃温度下预冷 1～2 天，然后采用根里叶外的装袋方法（塑料袋用 0.08 cm 的聚乙烯塑料薄膜，制成 75 cm×100 cm 的袋）装袋，每袋装 12.5 kg，扎紧袋口，分层摆在冷库的菜架上。贮藏期间采用定期测定气体成分，定期放风法进行管理，当 CO_2 浓度达到 7%～8%时打开袋口通风换气，然后封闭。保持库温在 0～2℃，袋内 CO_2 浓度不低于 2%，CO_2 浓度不高于 5%。发现烂叶应及时剔除，贮藏到春节，保鲜率在 85%以上。

5）冷库贮藏法

冷库贮藏芹菜，库温应控制在 0℃左右，相对湿度控制在 98%～100%。芹菜可装入有带孔聚乙烯膜衬垫的板条箱或纸箱内，也可以装入开口的塑料袋内。这些包装既可保持高湿而减少失水，又没有 CO_2 积累伤害或缺 O_2 伤害。

6）植物激素处理贮藏

赤霉素、苄氨基腺嘌呤能延迟或抑制叶绿素降解，延缓叶片衰老，在国内外均已有采用。沈阳农业大学用30～50 mg/L的赤霉素于采前1～2天对大棚芹菜（11月份上旬采收）进行田间喷株或采后当天至次日在室内喷株，晾干表面水滴并同时预冷至菜温达0℃，装入薄膜袋中，松扎袋口，在−2～0℃下贮藏3个月，商品率达95%左右，而对照组仅为80%左右。

8.1.5 花椰菜贮藏

花椰菜又名菜花、花菜、球花甘蓝，是十字花科芸苔属甘蓝类蔬菜，是甘蓝的一个变种，原产地中海东部海岸，在我国已引种多年，为我国南部地区秋冬季主栽蔬菜之一。花椰菜的供食器官是花球，花球质地嫩脆，营养价值高，味道鲜美，而且食用部分粗纤维少，深受消费者的喜爱。花球有白、绿两种，绿色的叫西兰花、绿花菜。白花菜和绿花菜的营养、作用基本相同，绿花菜比白花菜的胡萝卜素含量要高些。

1. 贮藏特性

花椰菜与甘蓝同属十字花科蔬菜，但食用器官不同。花椰菜喜凉爽湿润的环境，忌炎热，不耐霜冻，不耐干旱，对水分要求严格。花椰菜的花球由肥大的花苔、花枝和花蕾短缩聚合而成，花球外部没有保护组织，含水较多，产品柔嫩，所以花椰菜在采收和贮运过程中极易失水萎蔫，易受机械损伤，并易受病原菌侵染引起腐烂。适宜的贮藏温度为0～2℃，在0℃以下花球易发生冻害，表现为花球呈暗青色，或出现水浸斑，品质下降，甚至不堪食用；高于8℃花球易变黄、变暗，出现褐斑，甚至腐烂。适宜的贮藏相对湿度为90%～95%，湿度过低或通风过快均会造成花球失水萎蔫。

花椰菜贮藏中易松球、褐变使质量降低，花椰菜松球是发育不完全的小花分开生长，而不密集在一起，松球是衰老的象征。采收期延迟或采后不适当的贮藏环境条件，如高温、低湿等，都可能引起松球；引起花球褐变的原因还很多，如花球在采收前或采收后较长时间曝露在阳光下，花球遭受低温冻害，以及失水和受病原菌侵染等都能使花椰菜变褐，严重时花球表面还会出现灰黑色的污点，甚至腐烂失去食用价值。

低O_2条件对抑制花椰菜产品呼吸和延缓衰老进程有显著效果，同时花球对CO_2有较强的忍受能力，适宜的贮藏条件是O_2浓度为2%～5%，CO_2浓度为5%左右。如果O_2浓度低于2%，或CO_2浓度高于8%，轻则导致花球失去鲜香风味，重则造成气体伤害，腐烂变质。国内外有关于花椰菜对低O_2和高CO_2敏感程度不同的报告，可能与当地栽培条件有关。

在贮藏期间，外叶中积贮的养分向花球转移而使之继续长大充实，因此，可将尚未长成的花椰菜连根带叶收获进行假植贮藏，或贮于普通窖内，在贮藏的同时，又有提高质量增进品质的效果。

不同品种及不同产地的花椰菜耐贮性之间有较大的差异，耐贮抗病品种的选择是提高贮藏效果的主要环节。花球大而充实、收获期较晚的品种适于贮藏；花球小而松散、收获期较早的品种，收获后气温较高，不利于贮藏。生产上春季多栽培瑞士雪球，秋季以荷兰雪球为主，这两个品种的品质好，耐贮藏。采收时宜保留 3~4 片叶片，以保护花球。

2. 采收及处理

(1) 采收成熟度的确定

收获过早花球小，产量低；收获过晚，花枝伸长，花球衰老松散，品质差，不耐贮藏。从出现花球到采收的天数，因品种、气候而异。早熟品种在气温较高时，花球形成快，20 天左右即可采收；而中晚熟品种，在秋、冬季需 1 个月左右。采收的标准为花球硕大，花枝紧凑，花蕾致密，表面圆正，边缘尚未散开。一般应在花球充分长大，色泽发白，表面平整，结构紧密时采收。

(2) 采收

用于假植的花椰菜，常连根带叶采收。采用其他方法贮藏的花椰菜，要选择花球直径为 15 cm 左右的中等花，表面圆整光洁，边缘尚未散开，没有病虫害的植株，保留距离花球最近的 3~4 片叶子，连同花球割下，以减少在运输过程中产生机械损伤，将菜头朝下，放入筐中。因为花椰花椰菜球的形成在植株个体间很不一致，所以应分批采收。

冷藏用的花椰菜，应在其花球充分长大，表面圆整，边缘尚未散开时收获。采收时花球外边留 3~4 片保护叶，并在存留的末一片包叶外基部切齐总花茎。选择无病虫害的花椰菜，在晴天的早晨采收。采收前的 3~7 天停止灌水，采收时轻拿轻放，避免机械损伤。要求外观新鲜，清洁，色泽正常，花球紧实完整，表面无绒毛，不脱水，不散花，无病虫害、冻害和机械伤害。

(3) 处理

花椰菜收获后应进行严格挑选，剔除老化松散，色泽转暗变黄，病虫为害，机械损伤等不宜贮藏的花球。然后在通风阴凉处摊凉预贮 1~2 天，严防风吹、日晒和雨淋。待叶片失水变软时，将叶片拢至花球，用草绳或塑料条带稍加捆扎即可。花球较小的花椰菜，宜连根带叶单独收获，用于假植贮藏。另据报导，适期收获的花椰菜用 2，4-D 和 6—苄氨基腺嘌呤结合处理，对花球保鲜和防止外叶黄化脱落有一定效果。用苯来特、多菌灵或托不津处理，也有一定的防腐作用。

3. 采后病害及防治

花椰菜贮藏过程中易受病源菌侵染，引起腐烂。主要是黑斑病，染病初期花球变色，随后变褐，花球上出现许多褐斑而影响其感官品质。此外，还有霜霉病和菌核病，病原菌主要通过伤口侵入。防治上述病害要注意尽量减少机械损伤，避免贮温波动过大而出汗，另外，入贮前喷洒 3000 mg/L 的苯来特或托布津药液，晾干后入贮，可有效抑制发病，减轻腐烂。

4. 贮藏条件及方法

(1) 贮藏条件

①温度。花椰菜适宜的贮藏温度为 0~1℃，温度高于 8℃时花球易变暗、变黄、出

现褐斑，甚至腐烂，而温度低于0℃时则易发生冷害。

②湿度。贮藏适宜的相对湿度为90%～95%。

③气体成分。低O_2和高CO_2对抑制花椰菜的呼吸作用及延缓衰老有显著的作用。花球对CO_2有较强的耐受力。据报道，花椰菜贮藏的适宜成分是2%～5%的O_2，5%左右的CO_2。另外，贮藏库内放置乙烯吸收剂来吸收乙烯，可延缓花球衰老变色。

（2）贮藏方法

花椰菜可以采用假植贮藏、窖藏、冷藏或冷库气调贮藏等方法贮藏。

1）假植贮藏

山西省太原等地采用假植贮藏幼小花椰菜的方法，该方法是在大暑至立秋定植，立秋后气温冷凉，花球形成慢，到立冬前后只长成一定大小，用稻草等物捆绑包住花球，小雪前将具有幼小花球的植株紧挨着假植在沟内，用湿土埋住根部，适量灌水即可。沟宽1 m，深0.7～1 m，贮藏初期要防止温度太高，因此，白天盖上草席防止日晒，晚上揭开草席利用夜间低温来降温，使温度维持在2～3℃。后期注意防冻，根据气温的变化适当覆盖。

2）窖藏

经摊晾预贮并捆扎的花椰菜送至棚窖内，散堆、装筐码垛或摆于菜架上均可。散堆时可稍加铺垫，产品不宜接触地面，菜堆叶不宜过高过大，以便通风散热。可以用塑料薄膜帐覆盖，但不必封闭，每天轮揭开一侧薄膜通风，以利于保鲜。前期气温较高，要充分利用夜间冷空气通风散热，以防高温高湿造成腐烂，平时多检查，及时倒菜，后期注意保温防寒。

3）冷库贮藏法

机械冷库是目前贮藏花椰菜较好的场所，它能调控适宜的贮藏温度，可贮藏2个月左右。生产上常采用以下两种形式。

①筐贮法。将挑选好的花椰菜根部朝下码在筐中，最上层花椰菜低于筐沿。也有认为花球朝下较好，以免凝聚水洒落在花球上引起霉烂。将筐堆码于库中，要求稳定而适宜的温度和湿度，并每隔20～30天倒筐一次，将脱落及腐败的叶片摘除，并将不宜久放的花球挑出上市销售。

②单花球套袋贮藏。用聚乙烯塑料薄膜（0.015～0.04 mm厚）制成（30～35）cm×（35～40）cm大小的袋（规格可视花球大小而定），将预冷后的花球装入袋内，折口后装入筐（箱），将容器码垛或直接放在菜架上，贮藏期可达2～3个月。

将预冷后的花椰菜按等级、规格、产地、批次分别码入冷库内，距蒸发器至少1 m。一般冷藏时，花椰菜装筐时，花球应朝上；筐码放时，以不伤害下层花椰菜的花球为宜；单花球套袋冷藏时，应将单个花球装入0.015～0.04 mm厚聚乙烯塑料袋中，扎口放入箱（筐）内，码放时要求花球朝下，以免袋内产生的凝结水滴在花球上造成霉烂。冷藏温度应保持在（0±0.5）℃，库内相对湿度为90%～95%，冷藏期间应定时检测库内温湿度。在上述条件下，根据花椰菜品种和产地不同，一般冷藏方法冷藏期限为3～5周；单花球套袋冷藏方法冷藏期限为6～8周。

4）冷库气调贮藏

冷藏花椰菜带叶宜少，可以摊晾预贮后入库，利用预冷间预冷后入冷藏间，贮藏效果更好。最好事先对菜筐或菜架消毒，花椰菜装筐码垛或上架摆放均可，然后用塑料薄膜帐封闭，快速降氧，控制 O_2 浓度为 2%～5%，CO_2 浓度为 5%左右，调整好温度后即可进行贮藏。花椰菜贮藏中释放乙烯较多，可在帐内用适量高锰酸钾载体吸收。帐内湿度较大，要防止内壁水珠滴落在花球上，以免产品变色、染病和腐烂。其他管理可参照番茄气调贮藏进行。

8.2　果菜类蔬菜贮藏

果菜类蔬菜主要包括番茄、辣椒、茄子和菜豆等，它们以果实为食用器官，是人们非常喜爱的一类蔬菜。其新陈代谢旺盛，含水量高，表面保护组织还不完备，并且多数果菜原产于热带，在高温季节生长，不适应接近 0℃的低温，所以历来认为果菜难贮。随着食品保藏技术的发展，冷库贮藏、简易气调贮藏、小包装贮藏保鲜及涂膜保鲜等技术给果菜类及其他蔬菜贮藏提供了有利条件，大大地延长了果菜类蔬菜的贮藏期。

8.2.1　番茄贮藏

番茄又称西红柿、洋柿子，属茄科一年生草本植物，食用器官为浆果。原产南美洲的秘鲁、厄瓜多尔、玻利维亚，在我国栽培已经有近 100 年的历史。番茄是一种营养丰富、色泽艳丽的果菜兼用的蔬菜，它既可生食，又可熟食，深受消费者喜爱。番茄果实皮薄多汁，属浆果类蔬菜，不易贮藏，可将晚秋露地栽培及塑料大棚的产品，进行贮藏，可起到初冬调节蔬花椰菜色品种的作用。研究番茄的贮藏保鲜方法，可减少腐烂，延长其贮藏期及保持其品质，以旺补淡，满足市场需求。

1. 贮藏特性

番茄贮藏时要注意选择耐贮品种，番茄有不同的种类，品种各异，贮藏前必须了解不同品种的耐贮性，选择耐贮的品种。贮藏时应选择种子腔小、皮厚、子室小、种子数量小、果皮和肉质紧密、干物质含量和含糖量高、含酸量高的较耐贮品种。一般来说，黄色品种最耐贮，红色品种次之，粉红色品种最不耐贮。此外，早熟的番茄不耐贮，中晚熟的番茄较耐贮。

番茄果实成熟度不同，适宜的贮藏条件和贮藏期有所不同。番茄可分成五个成熟阶段：绿熟期、微熟期（转色期至顶红期）、半熟期（黄熟期）、坚熟期（红而硬）和软熟期（红而软）。鲜食的番茄多为半熟期至坚熟期，此期呈现出果实成熟时应有的色泽、香气和味道，品质较佳。但此时果实已逐渐转向生理衰老，难以较长期贮藏。用于贮藏的番茄应在绿熟期至黄熟期，此时果实已充分长成，糖、酸等干物质的积累已基本完成，生理上处于呼吸的跃变初期，果实健壮，具有一定的耐贮性和抗病性，在贮藏中能够完成后熟转红过程，接近在植株上成熟时的色泽和品质。

番茄原产拉丁美洲热带地区，性喜温暖，不耐0℃以下的低温，红熟果实可贮藏在温度为0～2℃，相对湿度为90%～95%的条件下，但成熟度较低的绿熟番茄和顶红果，适宜贮藏温度为10～13℃，如果低于8℃，且时间较长，就易遭遇冷害，表现为果实发生水渍状斑点，软烂或蒂部开裂，或不能正常后熟，或组织坏死，易染病腐烂。用于鲜销和短期贮藏的红熟果，其适宜的贮藏条件是温度为0～2℃，相对湿度为85%～90%，O_2 和 CO_2 浓度均为2%～5%。作为长期贮藏的番茄应在绿熟期采收，其适宜贮藏条件是温度为10～13℃，相对湿度为80%～85%。在适宜的温湿度条件下，采用气调方法贮藏，绿熟果可贮藏60～80天，顶红果可贮藏40～60天。

番茄是典型的呼吸跃变型果实，果实开始进入呼吸高峰或已经处于呼吸跃变后期的生理衰老阶段后，即使在0℃低温下，也难以长期贮存。同时，半熟期的番茄对外源乙烯敏感，可用外源乙烯催熟果实。

2. 采收及处理

(1) 采收

采收前7～10天可喷一次杀菌剂，对预防采后病害效果较好。杀菌剂有40%乙膦铝可湿性粉剂250倍液+菌灵湿性粉剂500倍液或25%代森锰锌胶悬剂300倍液。另外，作为贮藏用的番茄，在采收前3～5天不应浇水，遇雨不宜立即采收，否则容易腐烂、不耐贮藏。

番茄为浆果，果皮较薄，采收时应十分小心。番茄的成熟为分批成熟，所以国内外一般采用手工采摘。番茄成熟时产生离层，采摘时用手托着果实底部，轻轻扭转即可采摘。人工采摘的番茄适宜贮运鲜销。发达国家用于加工的番茄多用机械采收，但果实受伤严重，不适于长期贮藏。

(2) 处理

果实采收后应先放在冷凉处及时预冷，散发田间热。用强制通风预冷效果最好，番茄预冷温度最低为12.5℃，然后再选果入贮。

3. 采后病害及防治

(1) 侵染性病害

番茄贮藏中主要的侵染性病害有以下几种。

①番茄早疫病（又名夏疫病或轮纹病)。此病多在夏季高温季节发病，尤以绿色果或成熟果为多。发病时产生同心轮纹的病斑，病斑下陷，呈褐色或黑色，上有绒状黑色的分生孢子梗丝。病原菌为一种真菌，其生长发育温度范围很宽，1～45℃均可生长，最适温度为26～28℃。该病既侵害叶、茎，也危害果实，大部分发生在近蒂处或果实上的裂缝部位，是番茄贮藏期的主要病害之一。

②番茄晚疫病（又名疫病)。此病主要发生在蕃茄绿熟期，在贮藏和后熟时期引起的损失较大。发病部位一般在近果蒂处，病斑不规则，界限不明显，先呈灰绿褐色，而后呈深色的硬斑，最后侵入到果实内部深处，使果实呈水渍状腐败。病原菌的发病条件为低温、高湿。温度低于10℃或高于30℃即停止生长发育。

③番茄软腐病。一般由果实的伤口、裂缝处侵入果实内部。发病时，果实表面出现水渍状病斑。软腐处外皮变薄，半透明，果肉腐败，病斑迅速扩大以致整个果实全部腐烂，果皮破裂，呈暗黑色病斑，有臭味。这种病蔓延很快，危害较大。该病原菌发病条件为高温、高湿，在24～30℃下很易感染此病。

④番茄炭疽病。该病主要危害成熟果实，发病初期在果实表面呈现水渍状透明小斑点，渐渐扩大成黑色的凹陷。大的病斑表面出现轮纹，有红色黏质物侵入果肉内部。由于此病产生，又能引起其他病原菌的侵入，导致果实腐败，损失较大。该菌的生长发育温度范围很宽，最低为6～7℃，最高为34℃，最适温度在25℃左右。

⑤番茄根霉腐烂病。该病引起番茄软腐，一般不变色，但因内部组织溃烂果皮起皱缩，其上长出污白色至黑色小球状孢子囊，严重时整个果实软烂呈水状。该病害用药防治，药适量在田间几乎不发病，仅在收获后引起果实腐烂。病原菌多从裂口处或伤口处侵入，患病果与无病果接触可很快传染。

⑥番茄交链孢果腐病。该病多发生在成熟果实裂口处或日灼处，也可发生在其他部位。受害部位首先变褐，呈水浸状圆形斑，后发展变黑并凹陷，有清晰的边缘。病斑上生有短绒毛状黄褐色至黑色霉层，在番茄遭受冷害的情况下，尤其容易感病，病原菌一般是从冷害引起的凹陷部位侵染，引起腐烂。

⑦番茄灰霉病。多发生在果实肩部，病部果皮变为水浸状并皱缩，上生大量土灰色霉层，在果实遭受冷害的情况下更易大量发生。

⑧番茄绵腐病。被害果表现为较大的水浸状斑，有时果皮破裂，表面产生纤细而茂密的白霉，造成腐烂。

⑨黑枯病。此病害与早疫病有些相似，多发生在果实的蒂端和顶部，生成赤褐色凹陷斑，很像黑斑病。发病部位常有浓稠的黑霉，有时可看到轮纹，并凹陷裂开。在长期气调贮藏中易患此病。

针对以上病害，除选耐贮、抗病性强的品种外，还应注意加强菜园管理，采收时及采后操作中避免机械损伤，贮藏用材料事先要消毒。

(2) 生理性病害

①缺氧伤害。这是一种低氧引起无氧呼吸而造成的生理病害，表现为果实表皮有不规则的褐色病斑，有的稍有下陷，病果有强烈的酒精气味。

②高二氧化碳伤害。这是由于二氧化碳浓度过高而引起的生理病害。中毒的番茄果实表面会产生小圆形凹斑，明显下陷。

4. 贮藏条件及方法

(1) 贮藏条件

①温度。红熟的番茄贮藏适宜的温度为0～2℃，绿熟番茄为10～12℃，低于8℃会造成低温伤害，冷害果不能转红或着色不均匀，果面出现凹陷、腐烂。

②湿度。番茄贮藏适宜的相对湿度为85%～95%。湿度过高，易受病原菌侵染造成腐烂；湿度过低，水分易蒸发，同时还会加重低温伤害。

③气体成分。在10～13℃条件下，绿熟番茄气调指标是O_2和CO_2浓度均为2%～

5%，可抑制后熟，延长贮藏期。O_2 浓度过低或 CO_2 浓度过高均会产生生理伤害。

（2）贮藏方法

1）常温贮藏

在夏秋季节利用土窖、防空洞、地下室、通风贮藏室等阴凉场所贮藏，可保持较低的温度。许多地方还采用架藏，即将番茄置于架上，一般用木料或竹子搭架，层高 40 cm，宽 70～80 cm，每层架上可码 4～5 层番茄。架藏的优点是，在贮藏过程中，后熟变化及腐烂情况容易观察，便于及时处理，损耗较少，但成本较高。此法可作为调剂市场短缺的短期贮藏措施。

2）冷藏

贮藏前番茄的包装容器必须清洁、干燥、牢固、透气、美观、无异味，纸箱无受潮、离层现象。包装容器的高度不要超过 25 cm，单位包装质量以 15～20 kg 为宜。同等级、同批次、同一成熟度的果实须放在一起预冷，一般预冷与挑选同时进行。将番茄挑选后放入适宜的容器内预冷，待温度与库温相同时进行贮藏。冷藏最适贮藏温度取决于番茄的成熟度及预计的贮藏天数。一般来讲，成熟果实能承受较低的贮藏温度，因此可根据番茄果实的成熟度来确定贮藏温度。绿熟期或变色期的番茄的贮藏温度为 12～13℃，红熟前期及中期为 9～11℃，红熟后期为 0～2℃。空气相对湿度保持在 85%～90%，为了保持稳定的贮藏温度和相对湿度，需安装通风装置，使贮藏库内的空气流通，适时更换新鲜空气。在贮藏期间必须进行定期检查，出库之前应根据其成熟度和商品类型进行分类和划分等级。

3）气调贮藏

在蔬菜中，番茄最早用于研究气调效应，是迄今为止积累气调资料最多的一种果蔬。一般认为，绿熟番茄在温度为 10～13℃，相对湿度为 85%～90%，O_2 和 CO_2 浓度均为 2%～5%的条件下，可以贮藏 100 天以上；转色期果实在此条件下可贮藏 45～60 天。气调贮藏的具体方法有以下几种。

①适温快速降氧贮藏。利用制氮机或工业氮气调节气体，制冷机调节温度，将贮藏环境控制在温度为 10～13℃，相对湿度为 85%～90%，O_2 和 CO_2 浓度均为 2%～5%的条件下，可以得到较理想的贮藏效果。

②常温快速降氧法。只控制贮藏条环境的 O_2 浓度为 2%～4%，CO_2 浓度在 5%以下，一般可贮藏 25～30 天。这种方法贮藏效果不及快速降氧贮藏法，但可在无机械降温的条件下进行。

③自然降氧法。番茄进帐密封后，待帐内的 O_2 由果实自行吸收到 3%～6%或 2%～4%时，再采用人工调节控制，不使氧含量继续下降而稳定在这一范围，温度力求维持在贮藏适宜的范围内。

④硅窗气调法。国内多使用甲基乙烯橡胶薄膜。在一定范围内，硅窗的渗透性随着帐内 CO_2 浓度升高或降低而增大或减小，这样就能迅速排除帐内过高的 CO_2，并有限地补入 O_2，从而使 O_2 和 CO_2 保持适当的比例。硅橡胶薄膜还能使番茄代谢产生的乙烯很快逸出帐外。对比试验表明，使用 0.08 mm 厚的硅窗，帐内 O_2 浓度维持在 6%左右，CO_2 浓度在 4%以下，效果较好。

⑤自发气调贮藏法。果实采收并用药剂处理后，便可以装保鲜袋贮藏，保鲜袋规格为 25 cm（宽）×35 cm（长），容量为 1.5 kg，因番茄易被挤压受伤，而且成熟后逐渐变软，因此不能用大袋包装贮藏。用塑料绳扎紧袋口，平摆在架子上或放入菜筐中即可。此法可以贮藏 15～25 天。

8.2.2　辣椒贮藏

辣椒又名番椒、辣茄、海椒等，属茄科多年生或一年生草本植物。原产中南美洲热带地区，在明朝末年传入我国。由于它适合我国的自然条件，因此，我国南北都有栽培。辣椒含有丰富的维生素 C、辣椒素及维生素 A 等多种营养物质，且有促进食欲、帮助消化等效用，深受广大消费者的欢迎。

1. 贮藏特性

辣椒、茄子和番茄都属于茄科，因此其对贮藏湿度条件的要求和青果番茄基本相同。辣椒多以鲜嫩的青色辣椒为贮藏对象，青椒含水量高，且保水性不如番茄，易失水萎蔫。在成熟过程中有乙烯产生，营养物质有一定量的消耗损失，还有明显的色素变化，即随着成熟度的提高，叶绿素含量迅速下降。在红色品种中，在叶绿素下降的同时，茄红素增加。因此，在贮藏时除要防止萎蔫和腐烂外，还要防止后熟变红。因此，贮藏中要创造适宜的条件，防止青椒失水、腐烂和转红。

青椒适宜的贮藏温度为 7～9℃，低于 6℃易受冷害，表现为果面水浸状软烂或出现脱色圆形水烂斑点，高温将加快后熟和腐烂。适宜的相对湿度为 85%～90%，同时需要良好的通风条件。

2. 品种、采收及处理

（1）品种

根据辣椒辣味大小可以将其分为樱桃椒类、簇生椒类、长角椒类、圆锥椒类和甜柿椒类五类。一般辣味椒的贮藏是将果实脱水至含水量在 5%以下，制成干辣椒防止腐烂，而甜味辣椒和微辣型的辣椒只宜在青熟时采收，并选择耐藏品种进行贮藏保鲜。青椒品种间耐贮性差异很大，用于贮藏的青椒品种适宜选皮厚、肉多，表皮光亮、褶皱少、色泽深绿、含水量少、干物质含量较高的晚熟品种，如茄门甜椒、灯笼椒、麻辣三道筋油椒、世界冠军、牟农 1 号等。

（2）采收

青椒收获期影响其贮藏性。收获过早果实本身发育不充实，且外界气温较高，不耐贮；霜后椒易腐烂，也不耐贮，因此采收期应在霜前。利用塑料大棚或其他保护栽培设施的，采收期延至立冬至小雪，可贮藏至春节供应市场。果实转红时，已处于生理衰老阶段，耐贮性差，不宜用半红果及红果贮藏。

带伤果实呼吸作用较强，且易染病腐烂，不耐贮。采收时应捏住果梗摘下，防止果肉和胎座受伤，为了减少贮藏期间果梗的腐烂，可用剪刀将青椒从果梗处剪下，这样伤口小且光滑，不易受微生物侵染。装运要轻拿轻放，防止机械损伤。

（3）处理

为防止采后青椒水分大量蒸发，应将采收的青椒置于阴凉处短期预贮，或直接进行冷藏或气调贮藏。在 7 月份、8 月份采收的青椒，以机械冷藏为宜，因气温太高，其他场所不宜创造适宜的低温。在秋季采收的青椒，因气温降低，可采用沟藏或窖藏。青椒采收后先在 12～13℃下预冷 24～48 h，然后按质量要求挑选果实入贮。

3. 采后病害及防治

（1）微生物病害

青椒贮藏病害有细菌性软腐病、真菌性炭疽病和菌核病等。

（2）生理性病害

辣椒原产美洲，喜温暖湿润，在低温下易受冷害。遭受冷害的青椒表面呈水渍状软烂或出现圆形水烂斑点。

4. 贮藏条件及方法

（1）贮藏条件

①温度。青椒贮藏适宜的温度一般认为是 7～9℃，温度过低会遭受冷害，导致萼片和种子褐变，果面呈现凹陷斑点，重者皮色变成深绿色，似水煮状，表皮易剥离，进而腐烂。有时果实在低温下无症状或症状较轻，转入室温环境后就表现出冷害症状，随之很快溃烂败坏。温度高时，果实很快后熟变红、变软。

②湿度。青椒内部是空腔，极易失水皱缩、变软，因此，保持果实水分也是非常重要的，适宜的相对湿度为 85%～95%，贮运过程中需采用包装保湿，不可长期裸露。

③气体成分。适当的低 O_2 和 CO_2 可以抑制青椒中乙烯的产生，从而抑制青椒的后熟作用，推迟青椒后熟变软。对青椒贮藏最适宜的气体成分，研究结果不尽相同。这可能同品种、栽培和采收时间有关。一般以 O_2 浓度为 3%～6%，CO_2 浓度为 1%～2%适宜。某些品种的青椒对 CO_2 十分敏感，浓度过高时会发生伤害，导致腐烂。

（2）贮藏方法

①沟藏法。沟藏法是各地均有的简易贮藏法，尤其在我国北方地区广泛采用。沟藏是露地挖深 1 m，宽 1 m 的沟，长度视贮藏量而定，在沟底铺沙，青椒散堆（厚 50～66 cm）或装筐后贮于沟中，上面盖上草席或湿沙。

采收后也可不经预贮直接入沟，如果散装，在沟底铺上 10 cm 左右的沙子或高粱秆，上面铺上 33～47 cm 厚的青椒，青椒上面撒一层湿沙。如装筐，筐内需垫有湿蒲包等物，每筐装 20～25 kg 青椒，盖上筐盖或覆一层湿蒲包。

②窖藏。窖藏即将青椒贮于窖内，具体方式有堆贮、筐贮和架贮。通常用半地下窖或菜窖贮藏青椒。堆贮时，贮藏前先将窖消毒，在窖内地面上铺一层 3 cm 厚的湿沙，将青椒码放在沙上，一般码 4～5 层，并在青椒的四周和顶层围上草席以保持湿度。筐贮时，用蒲包垫筐贮藏青椒，先用水浸湿蒲包，再用漂白粉消毒，沥去滴水，装入青椒，堆码成垛。每隔 7～10 天检查一次，同时更换蒲包，贮藏效果更好。

青椒入窖后应尽快使温度保持在 5～10℃，湿度保持在 80％～90％。同时，要注意防止青椒过度失水，前期采取夜间通风降温，达到适温后则要注意保温防寒。

③气调贮藏。我国普遍采用自发气调贮藏法，青椒在夏季常温库内用薄膜封闭贮藏，因温度较高，损耗较大。但秋后窖温在 10℃左右，薄膜封闭贮藏效果较好。选择耐贮品种，贮前用 1％的漂白粉和 2，4-D 溶液浸果，晾干后装入纸箱（纸箱先用 1％的甲醛消毒），再套上 0.10 mm 的聚乙烯塑料袋，扎紧袋口。也可采用快速降氧法，即人工抽出袋内部分的氧气，补充氮气使袋内保持 O_2 浓度为 5％～7％，CO_2 浓度控制为 5％以下。用此法贮藏青椒，好果率为 94.3％。

8.2.3 黄瓜贮藏

黄瓜又名胡瓜，青瓜，为葫芦科甜瓜属一年生植物，原产于中印半岛及南洋一带，性喜温暖，在我国已有 2000 多年的栽培历史。以幼嫩果实供食，幼嫩黄瓜质脆肉细，清香可口，营养丰富，深受人们的喜爱。

1. 贮藏特性

黄瓜属于非跃变型果实，但成熟时有乙烯产生。黄瓜产品鲜嫩多汁，含水量高达 95％以上，代谢活动旺盛，收获后的黄瓜在后熟过程中易脱水变糠；采后黄瓜受精胚继续生长，并从果肉组织中吸收水分和养分，造成瓜条变形、果梗端萎缩变糠、蒂端因种子发育而变粗，整个瓜形呈棒槌状；果皮失绿黄化、酸度增加、果实绵软、品质下降。刺黄瓜类品种，瓜刺易被碰脱造成伤口流出汁液，易受病原菌侵染，黄瓜采收时节气温较高，表皮无保护层，果肉脆嫩，易受机械损伤，所以黄瓜是较难贮藏的一种果菜，黄瓜贮藏中的主要问题是后熟变质和腐烂。

黄瓜原产于热带地区，是一种冷敏性较强的果实，适宜的贮藏温度为 10～13℃，低于 10℃可能出现冷害，冷害初期瓜面上出现凹陷斑和深绿色水浸斑，细胞液外渗。黄瓜的头部尖端最为敏感，随后整个瓜条上凹陷斑变大，瓜条脱水萎缩、变软，很快受微生物侵染而腐烂。黄瓜的冷害症状一般在低温下表现不出来，而在常温销售过程中，黄瓜升温后瓜条迅速长霉腐烂。黄瓜的低温冷害与贮藏温度、湿度密切相关（表 8-1），相对湿度越低凹陷斑越严重。秋黄瓜的贮藏温度可低于 10℃，有的可耐 8℃低温，甚至在 2～3℃低温下，仍可收到较好的贮藏效果，如北方秋、冬季的大白菜里面包黄瓜贮藏等。黄瓜在高于 13℃的环境下，代谢旺盛，后熟加快，迅速转黄老化，品质变劣，甚至腐烂。黄瓜含水量高，保护组织差，采后极易失水萎蔫，要求相对湿度为 90％～95％。低于 85％时会出现失水萎蔫、变形、发糠等现象。

黄瓜对乙烯极为敏感，贮藏环境中乙烯浓度达到 1 mg/L 时，对黄瓜即有较强的催老、黄化作用。因此，贮藏、运输中，香瓜、番茄、苹果、梨等易释放乙烯的果蔬不能与黄瓜放在一起。据报道，气调贮藏中的低 O_2 和高 CO_2 促使冷害加重，适宜的 O_2 和 CO_2 浓度均为 2％～5％。CO_2 浓度高于 10％时，会引起产品气体伤害，表现为瓜皮出现不规则的褐斑。气调贮藏时温度比普通冷藏提高 0.5～1℃，即贮藏湿度可以稍高于 13℃。

表 8-1 黄瓜低温冷害与贮藏温度、湿度的关系

温度/℃	相对湿度/%	萎蔫/%	凹斑程度	温度/℃	相对湿度/%	萎蔫/%	凹斑程度
3.9～5.5	50～60	7.69	严重	9.4～10.0	50～55	9.4	轻微
	79～88	3.75	轻微		81～90	3.29	无
	95～100	0.85	无		90～100	1.05	无

注：贮藏期为 7 天。

2. 采收与处理

（1）选择品种

表皮较厚、果肉丰满、固形物含量高的品种较耐藏；晚熟品种比早熟品种耐藏；由于黄瓜表皮刺多时，刺易于被碰伤或碰掉，伤口易造成感染，因此，刺少的品种较耐藏。研究表明，较为耐藏的品种主要有津研 1、2、4、7 号，白涛冬黄瓜，漳州早黄瓜。北京小刺瓜细小，皮薄，刺多，不宜贮藏。除耐贮性外，贮藏时选择品种还应兼顾质量、风味和维生素含量，如津研 2 号比 1 号耐贮，维生素 C 含量也高几倍，质量好，产量高。

（2）采收

同一品种，幼嫩瓜贮藏效果好，成熟度高则易衰老变黄。贮藏用的瓜应比立即上市的稍嫩些，但过嫩时，含水多，固形物少，也不耐贮，易腐烂。选丰满壮实、中等成熟的绿色瓜条较为适宜。秋季用作贮藏的黄瓜，播种期应比一般秋黄瓜晚些，这样，采收时气温较低，便于利用自然气温进行贮藏，如天津地区在寒露以后、早霜以前择时采收；大连地区适合在 10 月份下旬霜降前收获贮藏。

采摘要求顶花带刺，瓜身碧绿。贮藏的黄瓜应采植株中部生长的“腰瓜”，它们大多条直、壮实；下部接近地面的瓜，因与泥土接触，瓜身易带病原菌而腐烂，不能用于贮藏；而瓜秧顶部的黄瓜则一般形状不规则，内含物少，也不宜贮藏。采摘黄瓜最好于清晨进行，一手掐住果柄，一手用剪刀剪下，注意不要碰伤瓜刺。剔除发育不良的黄瓜如尖头瓜、大肚瓜以及过老、过嫩、病虫和机械损伤的黄瓜。挑选的黄瓜要整齐地排放在浅条箱中，并留出 10 cm 顶隙，防止挤压碰伤。

（3）处理

采摘的瓜运到荫棚或库房内预冷，以除去田间热，同时人工挑选，淘汰不符合贮藏要求的过熟、过嫩、有病虫害和机械损伤的瓜。黄瓜的表皮缺乏角质层，为了增加黄瓜的光泽，防止脱水萎蔫和腐败菌的感染，在入库前需用 0.2%的托布津与虫胶的 4 倍液等量混合的溶液进行处理，使瓜身上均匀地附着一层混合液，涂好的瓜要在荫棚中晾干，装筐后准备入库。

3. 采后病害及防治

（1）微生物病害

黄瓜贮藏期病害主要是炭疽病。染病后，瓜体表面出现淡绿色水渍状斑点，后变黑褐色，并逐步扩大、凹陷，在湿度较高的条件下，病斑常出现许多黑色小粒，即分生孢

子盘。病果弯曲变形，病斑可深入果肉使风味品质明显下降，甚至变苦，不堪食用。该病原菌发病适宜条件为 24℃，4℃以下分生孢子不发芽，10℃以下病原菌停止生长。对此病，主要搞好田间管理，剔除病虫果，采后用 1000～2000 mg/L 的苯来特、托布津处理。

（2）生理性病害

黄瓜原产中印半岛及南洋一带，性喜温暖，不耐低温。在温度低于 10℃的条件下，易遭受冷害，发生冷害的黄瓜表面出现不规则凹陷及褐色斑点，果实呈水渍状，受害部位易感病。

4. 贮藏条件及方法

（1）贮藏条件

①温度。一般认为黄瓜的贮藏适宜的温度为 10～13℃，低于 10℃贮藏可能出现冷害；高于 13℃贮藏代谢旺盛，加快后熟，品质变劣，甚至腐烂。

②湿度。黄瓜含水量高，蒸发量大，因此，黄瓜需高湿贮藏，相对湿度应高于 90%，低于 85%会出现失水萎蔫、变形、变糠等问题。

③气体成分。黄瓜对气体成分较为敏感，黄瓜的适宜 O_2 浓度和 CO_2 浓度均为 2%～5%，当 CO_2 的浓度高于 10%时，会引起高 CO_2 伤害，瓜皮出现不规则的褐斑。乙烯的存在会加速黄瓜的后熟和衰老，贮藏过程中要及时消除，如贮藏库里放置浸有饱和高锰酸钾的蛭石或碎砖头。

（2）贮藏方法

①缸藏法。黄瓜缸藏法在我国北方如天津、大连等地区应用较多。贮藏的品种主要为晚秋品种，如大黑刺瓜、津研 1 号和北京大刺等。用于贮藏的黄瓜播种期比一般秋黄瓜要晚些，这样，黄瓜收获时，气温已呈明显的下降趋势。北方广大地区用来贮藏的黄瓜，一般于 8 月份下旬直接播种于露地，于 10 月份黄瓜未受霜冻前收获贮藏。贮藏黄瓜最好在清晨趁凉采收入缸。采收时要特别小心，一手捏着果柄，一手用剪刀剪下，尤其注意不要碰伤瓜刺。要挑选瓜条整齐，成熟适中，无病虫害和机械损伤的黄瓜，直接入缸并一次装满。黄瓜缸藏的具体做法是，将缸刷洗干净，盛入 10～20 cm 深的清水，在离水面 7～10 cm 处，放上一个十字或井字形的木板架及一个用秫秸编成的圆形箅子，或直接用带孔的薄木板，然后将黄瓜摆入缸中。黄瓜入缸有几种不同的摆法：第一种摆法是将黄瓜沿着缸壁转圈平放，果柄朝外，头向里，如此一直向上摆叠，摆至距缸口 10～13 cm 处。这样，缸的中间就形成一个空洞，可使缸中温度分布均匀；第二种摆法是将黄瓜纵横交错逐层排列，直到接近缸口；第三种摆法是将黄瓜每摆若干层后，另加隔板，可以减轻黄瓜各层的压力。黄瓜摆完后，立即用牛皮纸盖住缸口。缸要放在阴凉处，待天气转凉后，为避免缸内的水结冰，应将缸埋入地下一半；天气再冷，可用草袋围上或埋土。这种方法可使黄瓜贮藏到 12 月份下旬，贮藏期达两个月以上。

②窖藏。窖藏分为土窖和水窖贮藏。水窖贮藏一般选择地下水位高的地方，挖一东西方向的坑，长 6～10 m，宽 0.5 m，深 2 m。黄瓜入窖时，先在贮藏架上铺一层草席，四周再围上草席，以免黄瓜和窖壁接触碰伤。在黄瓜入窖后的初期，白天窖门与天窗要

紧闭，夜间进行适当的通风，以降低窖温。天冷后，可拆除遮阳风障，在白天通风。窖温控制在 5～10℃。黄瓜在贮藏期间不必倒动，但要经常检查，如发现瓜尖变黄发蔫，应及时挑出以免变质腐烂。

③气调贮藏。黄瓜采下后，装在规格为 40 cm×50 cm 的塑料袋中，袋的厚度为 0.08 cm，每袋装 2.5～3 kg，然后将袋装入筐中，堆垛起来。如贮藏温度为 3℃，则 O_2 浓度为 3%～5%，CO_2 浓度为 8%～10%。北京一些单位采用气调贮藏法，贮藏温度为 10～13℃，相对湿度在 85%以上，通过快速降氧，使 O_2 和 CO_2 浓度为 2%～5%。最好用 1∶5 的虫胶水溶液加 2000～4000 mg/L 的苯来特、托布津涂被，封闭垛内放入瓜重的 1/20～1/40 的浸有饱和高锰酸钾溶液的碎砖头，用以吸收乙烯，延缓后熟过程，还可充氯气消毒，每 2～3 天处理一次。采用以上综合措施，黄瓜可贮藏 45～60 天，好瓜率达 85%左右。

8.2.4 茄子贮藏

茄子又名落苏，为茄科茄属的一年生草本植物，在热带为多年生植物，原产于印度，在我国已有 1000 多年栽培历史。茄子适应性强，在我国南北各地都普遍栽培，为夏、秋季主要蔬菜品种之一。

1. 贮藏特性

茄子有圆茄、长茄和矮茄三个品种。一般果实大而圆的品种多属晚熟型，果实小且植株矮小的品种多属早熟型，品种之间的耐贮性有较大差异。贮藏时要选择晚熟耐贮藏的品种。贮藏用茄子的种植应适当晚育苗、晚定植，避免重茬和重施氮肥，及时防治病害，应在霜冻前采摘。

茄子采后营养损失的研究较少。据报道，茄子采后酶活性迅速升高，如多酚氧化酶、过氧化氢酶、乙醇脱氢酶、过氧化物酶等酶活性在采后迅速成倍增加，引起果实品质劣变。茄子在贮藏中存在的主要问题有：①果梗连同萼片湿腐或干腐，蔓延至果实或与果实分离；②果面出现各种病斑，不断扩大，甚至全果腐烂，主要是褐纹病、绵疫病等。③5～7℃以下出现冷害，果面出现水浸或脱色的凹陷斑块，内部种子和胎座薄壁组织褐变，也有报道茄子在 10℃即出现冷害症状，可能与品种成熟度、大小、收获季节有关。采用低 O_2、低 CO_2 气调贮藏，可防果梗脱落；用 50～100 mg/kg 的 2，4-D 浸果梗可防梗萼脱落。

2. 采收及处理

（1）采收

茄子以嫩果供食用，早熟品种定植后 40～50 天可开始采收；中熟品种需 50～60 天；晚熟品种需 60～70 天。按茄子在植株上的生长部位及先后次序，第一层果称为“门茄”，第二层果称为“对茄”，第三层果称为“四母斗”，第四层果称为“八面风”，再往上称为“满天星”。贮藏用果多选用生长在植物中部的中等大小果实，如“四母斗”、“八面风”。

晚熟品种呈深紫色，圆果形，果肉细嫩，种子少，含水量低者也常用做贮藏用果。

茄子的采收宜在早、晚气温较低时进行。待果实充分长大并且果皮光亮平滑时即可采收。也可通过萼片上的带状环判断，若茄萼片与果实相连接地方有明显白色或淡绿色环状带，则表明果实正快速生长、组织柔嫩、不宜采收；若这条环状带已趋于不明显或正在消失则果实已停止生长应及时采收。茄子采收时宜保留完整的萼片和一小段柄把。

(2) 处理

采后宜置于阴凉通风处，散去田间热。

3. 采后病害及防治

采后病害主要有真菌、霉菌侵染所致绵疫病、褐纹病、灰霉病等，冷害茄子放回常温状态极易受交链孢菌的侵染而腐烂变质。

①绵疫病。绵疫病为绵疫病原菌感染所致，此病原微生物属于真菌类，最适生长温度为 28～30℃；最适相对湿度为 90%。茄子患此病后，果实上出现 1～2 cm 大的水渍状圆形病斑，无光泽；逐渐可扩大到 3～4 cm，中央暗褐，边缘淡白，表面平陷，出现绵丝状白色菌丝，果肉变黑腐烂。若气温较高，4～5 天后病害可蔓延至整个果实。防治方法主要是选用优良抗病品种，加强田间管理，雨季不收获，贮藏期间采取通风、降温、排湿措施。另外，还可采用药剂防治，常用药液有 1∶1∶160～1∶1∶200 的波尔多液及 5%的克菌丹可湿性粉剂 500 倍液等。

②褐纹病。褐纹病是茄子褐纹病原菌感染所致。发病时果实出现圆形或椭圆形病斑，呈淡褐色，与健康部分界明显，后期病斑上生出许多黑点，排列成轮纹状，果肉呈海绵状。褐纹病原菌属于霉菌类，最适生长温度为 21～33℃，高温、高湿可诱发此病害。因此，要注意降温、排湿，同时可用多种药剂交替使用进行防治，常用药品有 30%的甲基托布津、百菌清、波尔多液等，每隔 7～10 天喷洒一次。

4. 贮藏条件及方法

(1) 贮藏条件

①温度。茄子性喜温暖，不耐霜冻，最适贮藏温度为 10～13℃。它对低温的敏感性与品种、成熟度、收获季节等有关。一般来说，秋天采收、生长温度较低的茄子，敏感性小于仲夏采收的茄子。据报道，秋天采收的茄子在 8℃的条件下能贮藏 10 天，而仲夏采收的茄子在 12℃以下只能贮藏 7 天。

②湿度。茄果含水量高，因此应放于高湿环境中贮藏，贮藏最适宜的相对湿度为 90%～95%。湿度过高会导致各种病原菌对果实的侵染。在贮藏管理时要严格控制湿度，使其处于较理想的范围内。用收缩膜包装茄子有良好的保湿效果。

③气体成分。在气调贮藏中，一般 O_2 浓度为 2%～5%，CO_2 浓度为 0～5%，具有较好的效果。茄子对乙烯敏感，乙烯处理可加速其腐烂变质。

(2) 贮藏方法

①简易贮藏。民间常用的传统方法有窖藏、沟藏和煤末贮藏法等，都取得了一定的贮藏效果。贮藏时应注意严格选果，严密观察温度，以防冷害的发生；定期察看果实，

及时剔除病果、烂果。采取上述几种措施后一般贮藏期可达40～50天。

②冷库贮藏。贮前应进行预冷，茄子预冷不能采用水冷法，此法易导致病原菌的传播，一般用空气预冷法。在12～13℃的温度和90%～95%的相对湿度条件下可贮藏20天左右，冷藏时应注意防止发生冷害。

③气调贮藏。在低O_2、高CO_2的条件下，茄子组织产乙烯的能力下降，同时还能阻止空气中的乙烯对茄子果实的影响，具有较好的防腐保鲜效果。有试验表明，将茄子在库房堆码成垛，用塑料薄膜帐密封，在温度为20～25℃，帐内O_2浓度为2%～5%，CO_2浓度为5%的条件下，贮藏30天，能很好地保持茄果的商品价值。

④涂膜保鲜法。据日本专利报道，下列两种试剂涂于茄子果柄部，可防止脱把现象，有良好的保鲜效果：①蜜蜡10份，酪朊2份，蔗糖脂肪酸1份（按质量比），将这几种组分充分混合成乳状保鲜剂；②蜜蜡70份，阿拉伯胶20份，蔗糖脂肪酸酯1份（按质量比）加热至40℃充分混合成糊状保鲜剂。

8.3 茎菜类蔬菜贮藏

8.3.1 蒜薹贮藏

蒜薹又称蒜毫，是从抽苔大蒜中抽出的花茎，蒜薹味道鲜美，质地脆嫩，含有丰富的蛋白质、糖分和维生素，还含有杀菌力极强的蒜氨酸（大蒜素）。蒜薹在我国分布广泛，南北各地均有种植，是我国目前果蔬贮藏保鲜业中贮量最大、贮藏供应期最长、经济效益颇佳且极受消费者欢迎的一种蔬菜，全国总贮量已超过2×10^8 kg。我国山东、安徽、江苏、四川、河北、陕西、甘肃等省均盛产蒜薹。目前，随着贮藏技术的发展，蒜薹已可以做到季产年销。

1. 贮藏特性

大蒜可分为抽苔和不抽苔两种。蒜薹是抽苔大蒜经春化后在鳞茎中央形成的花苔和花序，花茎一般长60～70 cm，收获期一般为4～7月份。蒜薹采后新陈代谢旺盛，表面缺少保护层，加之采收期为高温季节，所以在常温下极易失水、老化和腐烂。蒜薹只要在25℃以上放置15天，苔苞便会明显增大，总苞也会开裂变黄、形成小蒜，苔梗自下而上脱绿、变黄、发糠，蒜味消失，失去商品价值和食用价值。

蒜薹比较耐寒，对湿度要求较高，湿度过低，易失水变糠。另外，蒜薹对低O_2和高CO_2也有较强的忍耐力，短期条件下，可忍耐1%的O_2和13%的CO_2。对于长期贮藏的蒜薹来说，温度为-1～0℃，相对湿度为90%～95%，O_2浓度为2%～3%，CO_2浓度为5%～7%是适宜的贮藏条件，在上述条件下，蒜薹可贮藏8～9个月。

2. 采收及处理

（1）采收

适时采收是确保贮藏蒜薹质量的重要因素。蒜薹的产地不同，采收期也不尽相同，我国南方蒜薹采收期一般在4～5月份，北方一般在5～6月份，但在每个产区的最佳采收期往往只有3～5天。一般来说，在适合采收的3天内收的蒜薹质量好，稍晚1～2天采收的蒜薹苔苞偏大，质地偏老，入贮后效果不好。

贮藏用的蒜薹应质地脆嫩、色泽鲜绿、成熟适度、无病虫害、无机械损伤、无杂质、无畸形、苔茎粗细均匀、长度大于30 cm。一般来说，生长健壮、无病害、皮厚、干物质含量高，表面蜡质较厚，苔梗色绿，基部黄白色短的蒜薹较耐贮藏。蒜薹的收获期可以总苞下部变白，蒜薹顶部开始弯曲为标志。蒜薹收获期应在晴天，采收前7～10天停止灌水，雨天和雨后采收的蒜薹不宜贮藏。采收的方法有两种：第一种方法是用长约20 cm的勾刀，在离地面10～13 cm处剖开假茎，抽出蒜薹；第二种方法是待蒜薹抽出叶鞘3～6 cm时，直接抽枝。第二种方法造成的机械损伤少，但产量低。按第一种方法采收，产量高，但划苔形成的机械损伤容易引起霉菌侵染，不耐贮藏。无论采用哪一种方法都必须缩短采摘、运输时间，才能取得理想的效果。采收后应及时迅速地运到阴凉通风的场所，散去田间热。

（2）处理

①预处理。蒜薹收获后，要随即在荫棚内挑选分级，剔除过小过嫩、老熟硬化、断头损伤者，剪去苔条基部老化变色、干缩部分，剪口要整齐，不要剪成斜面。将苔苞一头拧扎成小把并运至贮藏场所。在此期间，要避免风吹日晒，大量失水；或堆积发热，造成腐烂。

②防腐。蒜薹入库后灭菌防腐处理是近年来采用的一项新技术。用防腐保鲜剂处理的方法是，在蒜薹预冷期间，用液体保鲜剂喷洒苔梢，再用防霉烟剂进行熏蒸，烟剂使用量为每克处理库容4～5 m^3，当烟剂完全燃烧后，恢复降温，待蒜薹温度降至0℃时装袋封口，再进行贮藏管理。

3. 采后病害及防治

（1）微生物病害

蒜薹中含有大蒜素，具有较强的抗菌力。但贮藏条件不适宜时也会发生病变。主要是霉菌病变，主要是白霉菌和黑霉菌两种病原菌，当感染病原菌后，在蒜薹的根蒂部和顶端花球梢处出现白色绒毛斑（白霉菌）和黑色斑（黑霉菌），继而引起腐烂。特别是高温高湿条件下，更加速腐烂。因此，要防止腐烂，首先应减少伤口，同时促进伤口愈合。另外，还要严格控制贮藏室内的温度、湿度和CO_2浓度，做好消毒工作。

（2）生理性病害

当贮藏环境中CO_2浓度过高时，会产生高CO_2伤害，其症状为在蒜薹的顶端和梗柄上出现大小不等的黄色的小干斑。病变会造成蒜薹呼吸窒息，组织坏死，最终导致腐烂。

4. 贮藏条件及方法

(1) 贮藏条件

①温度。蒜薹的冰点为−1.0～−0.8℃，因此贮藏温度控制在−1～0℃为宜。温度是贮藏的重要条件，温度过高，蒜薹的呼吸强度增大，使贮藏期缩短；温度太低，蒜薹会出现冻害；贮藏温度要保持稳定，温度波动过大，会严重影响贮藏效果。

②湿度。蒜薹贮藏适宜的相对湿度为85%～95%。较高的湿度对蒜薹保鲜也很重要。一般来说，只有保持贮藏蒜薹适当的含水量，才能保持其正常的呼吸作用和鲜嫩度，当气调贮藏时，由于环境湿度较大，一般失水较少，但要注意温度不能波动过大，否则会造成结露现象，容易引起腐烂。

③气体成分。适当降低贮藏环境中的 O_2 浓度和提高 CO_2 的浓度，可明显抑制其呼吸作用和延缓衰老。蒜薹对低 O_2 有很强的耐受能力，尤其是当 CO_2 浓度很低时，蒜薹长期处于低 O_2（1%以下）环境下，仍能保持呼吸正常。但蒜薹对高 CO_2 的忍受能力较差，当 CO_2 浓度高于10%，贮藏期超过3～4个月时，就会发生高 CO_2 伤害。但当 CO_2 浓度在5%以下时，蒜薹比处在高 CO_2 下含有更多的叶绿素，表现为鲜嫩青绿。实践证明，蒜薹在贮藏期间，O_2 浓度控制在2%～4%，CO_2 浓度控制在6%～8%较适宜。在贮藏中还发现，在一定范围内，O_2 浓度越低，CO_2 和 O_2 的比值越大，抑制衰老的效果越好。因此，采用充 CO_2 的方法对抑制蒜薹的后熟也有一定的作用。贮藏后期应适当提高 O_2 浓度，降低 CO_2 浓度。

不同产地的蒜薹和不同年份的蒜薹贮藏条件会有差异。目前普遍采用冷库气调贮藏方法，保鲜效果良好，贮藏期可达7～10个月。

(2) 贮藏方法

准备贮藏的蒜薹应选择较嫩的产品。一般在组织未硬化前及顶端花球未充分膨大时采收，蒜薹以23～40 cm长为佳。当蒜薹梢部向上弯、色泽为绿色无斑点时，为适宜贮藏蒜薹。如蒜薹过老，易失水，下部最易变黄枯干；过嫩时，含水量大，易腐烂，不宜长期保存。根据蒜薹喜凉怕热的特点，现在多用冷库气调贮藏，而传统的贮藏方法多是利用冰窖，其他方法只能短期保鲜。

1）冰窖贮藏法

冰窖贮藏是采用冰来降低和维持低温、高湿的一种方式。蒜薹收获后，经分级整理，包装好，先在窖底及四周放两层冰块，再一层蒜薹一层冰块交替码至3～5层蒜薹，上面再压两层冰块，各层空隙用碎冰块填实。贮藏期间应保持冰块缓慢地融化，窖内温度应为0～1℃，相对湿度接近100%。冰窖贮藏蒜薹在我国华北、东北等地已有数百年历史，贮藏至第二年，损耗约为20%。但冰窖贮藏时不易发现蒜薹的质量变化，所以蒜薹入窖后应每3个月检查一次，如个别位置下陷，必须及时补冰。如发现异味，则要及时处理。用冰窖贮藏蒜薹的优点是，环境温度较为稳定，相对湿度接近饱和湿度，蒜薹不易失水，色泽较好；缺点是窖容量小，工作量大，贮藏中途不易处理，一旦发生病害，损失较大。

2）气调贮藏法

①塑料薄膜袋贮藏法。采用自然降氧并结合人工调控袋内气体成分进行贮藏。用

0.06～0.08 mm 的聚乙烯薄膜做成长 100～110 cm，宽 70～80 cm 的袋子，将蒜薹装入袋中，每袋装 18～20 kg，待蒜薹温度稳定在 0℃后扎紧袋口，每隔 1～2 天，随机检测袋内 O_2 和 CO_2 的浓度，当 O_2 浓度降至 1%～3%，CO_2 浓度升至 8%～13%时，松开袋口，每次放风换气 2～3 h，使袋内 O_2 浓度升至 18%，CO_2 浓度降至 2%左右。如袋内有冷凝水要用干毛巾擦干，然后再扎紧袋口。贮藏前期可 15 天左右放风一次，贮藏中后期，随着蒜薹对 CO_2 的耐受能力减弱，放风周期逐渐缩短，中期约 10 天一次，后期 7 天一次。贮藏后期，要经常检查质量，观察蒜薹质量变化情况，以便采取适当的对策。

②塑料薄膜大帐贮藏。先将捆成小捆的蒜薹苔苞朝外均匀地码在架上预冷，每层厚度为 30～35 cm，待蒜薹温度降至 0℃时，即可罩帐密封贮藏。塑料大帐可分为帐底和帐身两部分。具体做法如下：先在地面上铺 5～6 m 长，1.5～2.0 m 宽，0.23 mm 厚的聚乙烯薄膜。将处理好的蒜薹放在箱中或架上，箱或架成并列两排放置；在帐底放人消石灰，每 10 kg 蒜薹放约 0.5 kg 的消石灰，每帐可贮藏 2500～4000 kg 蒜薹，大帐比贮藏架高 40 cm，以便帐身与帐底卷合密封。另外，在大帐两面设取气孔，两端设循环孔，以便抽气检测 O_2 和 CO_2 的浓度，帐身和帐底薄膜四边互相重叠卷起再用沙子埋紧密封。大帐密封后，降氧的方法有两种：一种是利用蒜薹自身呼吸使帐内 O_2 浓度降低；另一种是快速充氮降氧。先将帐内的空气抽出一部分，再充入氮气，反复几次，使帐内的 O_2 浓度下降至 4%左右。有条件的可采用气调机快速降氧。降氧后，由于蒜薹的呼吸作用，帐内的 O_2 浓度进一步下降，当降至 2%左右时，再补充新鲜空气，使 O_2 浓度回升至 4%左右。如此反复，使帐内的 O_2 浓度控制在 2%～4%，CO_2 也会在帐内逐步积累，当 CO_2 浓度高于 8%时可被消石灰吸收或气调机脱除。用此法贮藏比较省工，贮藏时间长达 8～9 个月，质量良好，商品率可达 90%，且苔苞不膨大，苔梗不老化，贮藏量大。缺点是帐内的相对湿度较高，包装材料易感染病原菌而引起蒜薹腐烂，所以应注意采取措施控制霉菌（表 8-2）。

表 8-2　蒜薹气调贮藏时常出现的损害及防治措施

损害的现象	产生的原因	采取的措施
蒜薹的包装袋内酒精味较重	O_2 浓度过低或 CO_2 过高	调节气体成分
蒜薹僵硬，呈墨绿色，严重时组织表面起泡	温度过低，长时间低于冰点所致	缓慢解冻，解冻后不能继续贮藏。若轻微冻结，缓慢解冻后仍可贮藏
蒜薹发黄，苔茎发黄发糠，并有霉变发生	温度偏高、不稳定，或 O_2 浓度过高	加强温度控制，调节气体成分，查补漏气处
苔茎膨大，苔苞出现腐烂	温度过高，或长期高 O_2 促进呼吸作用，后期由于湿度大，露水多	调节贮温，控制气体成分，并及时检查包装
霉菌感染，引起蒜薹腐烂	库房、包装等灭菌不彻底或蒜薹田间带菌	去掉霉变部分，加强温湿度管理
死苔苞，苔茎出现凹陷，病斑，断条	成熟度偏低，长期缺 O_2 和高 CO_2	调节气体成分，及时处理销售

③硅窗袋贮藏。将一定大小的硅橡胶膜镶嵌在聚乙烯塑料袋或帐上，利用硅橡胶对 O_2 和 CO_2 的渗透系数比聚乙烯薄膜大的特点，使帐内蒜薹释放的 CO_2 透出，而大帐外的 O_2 又可透入，使 O_2 和 CO_2 浓度维持在一定的范围。可不必每天测定袋内的气体成

分。采用硅橡胶袋或大帐贮藏时，最主要的是计算好硅橡胶的面积，因不同品种、不同产地的蒜薹呼吸强度不同，硅橡胶的规格也有差别。FC-8 硅橡胶气调保鲜膜，按每吨蒜薹 0.38～0.45 m^2 硅橡胶面积的比例，制成不同大小规格的硅橡胶袋或硅橡胶帐，在 0℃条件下，可使袋内或帐内的 O_2 浓度为 5%～6%，CO_2 浓度为 3%～7%。蒜薹贮藏前应经过预冷，装入袋中，扎紧袋口，放置在 0℃的架上，贮藏一般可达 10 个月，商品率可达 90%左右。

3）冷藏法

将选择好的蒜薹经充分预冷（12～14 h）后，装入箱中，或直接码在架上。库温控制在 0～1℃。采用这种方法，贮藏时间较长，但容易脱水及失绿老化。

8.3.2 洋葱贮藏

洋葱又名圆葱、玉葱、球葱、团葱等，属百合科葱属两年生蔬菜，食用部分是其鳞茎。

1. 贮藏特性

洋葱具有明显的休眠期，食用部分为其肥大的鳞茎。洋葱收获后，外层鳞片干缩成薄膜皮，能阻止水分进入内部，具有耐热耐干的特性。洋葱在夏季收获后，即进入休眠期，呼吸减弱，即使条件适宜，鳞茎也不萌芽。洋葱的休眠期一般为 1.5～2.5 个月，品种之间存在差异。洋葱按颜色一般可分为黄皮种、红皮种和白皮种三类。黄皮种一般为中熟或晚熟品种，鳞茎中等大小，外皮为黄色，肉质细嫩柔软，味甜而稍带辣味，水分较少，品质佳，耐贮藏。这类洋葱按其鳞茎的形状又可分为扁平种和球形种。红皮种多为晚熟品种，产量较高，耐贮藏。白皮种多为早熟品种，肉质柔嫩，但产量低，容易抽苔，不耐贮藏。

2. 采收及处理

（1）采收成熟度的确定

用于贮藏的洋葱，应充分成熟，组织紧密。一般在第一、第二片叶枯黄，第三、第四片叶变黄，地上部分开始倒伏，外部鳞片变干时收获。收获过早的洋葱，产量低，组织松软，含水量高，贮藏期间容易腐烂萌芽。采收过迟，地上假茎容易脱落，还易裂球，不利于编挂贮藏，同时，可能遇到梅雨，不易晾干，容易腐烂。

（2）采收方法

采收应选择晴天进行，采收时将洋葱连根拔起，选择干燥不易积水和向阳的地方，将洋葱摊开晾晒，不宜曝晒。为了提高洋葱的耐贮性，除选择较好的耐贮品种外，还应注意洋葱生长期间的管理工作，一般要求在叶片迅速生长阶段和鳞茎肥大阶段及时追肥、浇水，并适当增施磷、钾肥。要求采收前 10 天停止浇水，否则鳞茎中含水量高，不耐贮藏。

(3) 处理

采收后的洋葱，经过严格挑选，去除掉头、抽苔、过大过小以及受机械损伤和雨淋的洋葱。挑选出用于贮藏的洋葱，摊放晾晒。具体方法如下：在高燥向阳的地方，把洋葱整齐地排放在地上，后一排的叶子正好盖在前一排的鳞茎上，不让葱头裸露曝晒。每隔 2～3 天翻动一次，一般晾晒 6～7 天，当叶子发黄变软，能编辫子时停止晾晒。用晒软了的茎叶编成长辫子，每挂约有葱头 60 个，晾晒 5～6 天，直至葱叶全部退绿，鳞茎表皮充分干燥时。晾晒过程中，要防止雨淋，否则易造成腐烂。

3. 采后病害及防治

洋葱采后的微生物病害主要有细菌性软腐病、灰霉病。细菌性软腐病是由欧氏杆菌属细菌通过机械损伤侵染传播的，在高温、高湿及通风不良的条件下危害加重。灰霉病原菌也是从伤口或自然孔道侵入的，在湿度高时发病快且严重。

4. 贮藏条件及方法

(1) 贮藏条件

①温度。洋葱刚采收时，需要高温、低湿处理，使洋葱组织内水分蒸发，使鳞茎干燥，避免温湿度过高造成病变和腐烂。洋葱的贮藏适温为 0～3℃，这样可延长其休眠期，降低呼吸作用，抑制发芽和病害的发生。但如温度低于－3℃时，则会产生冻害。有资料介绍适当的高温（35～40℃），会抑制洋葱的萌芽。

②湿度。洋葱原产伊朗、阿富汗等西亚地区，适应冷凉干燥的环境。相对湿度过高会造成大量腐烂，一般要求相对湿度以 65%～70%为宜。

③气体成分。适当的低 O_2 和高 CO_2 环境，可延长洋葱的休眠期及抑制发芽。据报道，采用 3%～6%的 O_2＋8%～12%的 CO_2，对抑芽有明显的效果。

(2) 贮藏方法

①简易贮藏。洋葱简易贮藏方法有多种，如挂藏、垛藏、窖藏等。将晾晒挑选过的洋葱编成辫，每辫 40～60 头，约 1 m 长，将葱辫挂在阴凉、干燥、通风的房屋或荫棚下，此法抑芽效果较差，休眠期后便陆续萌芽，但通风好时腐烂少。垛藏选择地势高、土质干燥、排水好的场地，先铺枕木，上铺秸秆，秆上放葱辫，码成垛，垛长 5～6 m，宽 1.5 m，高 1.5 m，每垛 5000 kg 左右。采用该法，要严密封垛，防止日晒雨淋，保持干燥。封垛初期可视天气情况，倒垛 1～2 次，排除堆内湿热空气。每逢雨后要仔细检查，如有漏水要及时晾晒。当气温下降后要加盖草帘保温，以防受冻。

②冷藏。将经过充分晾晒、严格挑选的洋葱装筐后贮藏在冷库中，控制库内温度为 0～3℃。相对湿度低于 80%。这种方法可长期贮藏，但湿度过高时，鳞茎会长出少量不定根，并出现一定腐烂。因此，需注意湿度的控制。

③气调贮藏。洋葱的贮藏方法很多，可采用简易自发气调贮藏，也可采用气调冷藏。如采用塑料薄膜大帐贮藏时，每垛可贮藏 1000～10000 kg，一般在洋葱生理休眠结束前封闭，采用自然降氧，维持 O_2 浓度为 3%～6%，CO_2 浓度为 8%～12%，贮藏期间尽可能不开帐检查，或在重新封闭后充氮降氧，否则会破坏低氧环境而使洋葱迅速发芽。

8.3.3 大蒜贮藏

大蒜属石蒜科多年生宿根草本植物，原产中亚细亚，以肥大的鳞片供食。

1. 贮藏特性

大蒜在我国栽培历史悠久，栽培品种繁多，依蒜头皮色可分为白皮蒜和紫皮蒜；根据蒜瓣的大小可分为大瓣蒜和小瓣蒜两大类。大蒜与洋葱同属石蒜科植物，生长环境和生活习性及生物学特性都很相似。相对而言，大蒜的休眠期比洋葱更长一些，为100天左右。成熟时，外部鳞片逐渐干枯成膜，能防止内部水分蒸发、隔绝水分渗入和病原菌侵入，有利于贮藏。

2. 采收及处理

大蒜一般不能等地上部分叶子全部枯黄后才采收，而是在蒜薹收获后20～30天采收。采收过迟，蒜头容易干裂而炸瓣，小芽容易萌动，不利贮藏，同时叶鞘干枯不宜编辫。采收后宜曝晒，促使蒜头迅速干燥而进入休眠期。也可采用30℃高温和50%以下的低湿条件进行人工干燥。

3. 采后病害及防治

（1）微生物病害

大蒜贮藏期病害以青霉病最为普遍，开始在鳞茎上出现小病斑，并不断扩大，导致小鳞茎软化，呈海绵状腐烂，上有青霉粉状孢子。大蒜贮藏期病害防治可采取的措施包括：田间喷波尔多液，减少带菌量；采收时尽量避免机械损伤；采后及时干燥；贮藏期间保持在0℃左右，贮藏库内保持低湿。

（2）生理性病害

大蒜贮藏期间的生理病害主要为低温伤害，当温度低于−7℃时，大蒜易受冻。避免贮藏温度过低是防止低温伤害的关键。

4. 贮藏条件及方法

（1）贮藏条件

①温度。大蒜适宜的贮藏温度为−3～−1℃，高于5℃时易发芽，高于10℃时易腐烂，低于−7℃时则易受冻。种用大蒜则要求高温贮藏，贮藏温度在15℃以上时，有利于提高大蒜的种性。

②湿度。贮藏时，食用大蒜相对湿度应低于85%，种用大蒜应低于70%。

③气体成分。在温度为3℃，相对湿度为75%的条件下，控制O_2浓度为3%，CO_2浓度为5%，可贮藏180～240天。

④其他。大蒜采收前2周，用0.25%的MH喷洒叶面，可使大蒜贮藏到翌年3～4月份不会发芽。另外，采用126～168 Gy的剂量辐射处理大蒜，可抑制发芽，好蒜率达

70%～80%。

（2）贮藏方法

多在编辫后悬挂于通风库或屋檐下，采用该法，鳞茎不易腐烂，质量好，且简便易行。

8.4　根菜类蔬菜贮藏

8.4.1　萝卜、胡萝卜贮藏

萝卜、胡萝均属根菜类蔬菜。萝卜又名莱菔、卢菔，为十字花科萝卜属植物；胡萝卜又名红萝卜、黄萝卜、金笋、甘笋等，是伞形科胡萝卜属植物。萝卜、胡萝卜富含维生素、碳水化合物、矿物质；萝卜在医学上有通气的功能，胡萝卜含有大量的胡萝卜素。萝卜、胡萝卜在我国各地都有栽培，也是重要的秋贮蔬菜。尤其在北方，萝卜、胡萝卜的贮藏量大，供应时间长，对调剂冬春蔬菜供应有重要的作用。

1. 贮藏特性

萝卜原产我国，胡萝卜原产中亚细亚和非洲北部，性喜冷凉多湿的环境条件。萝卜和胡萝卜均以肥大的肉质根供食，萝卜的肉质根主要由根的次生木质部薄壁细胞组成；胡萝卜除次生木质部外还包括次生韧皮部薄壁组织，这些薄壁组织富含水分、糖分和其他营养成分。

萝卜和胡萝卜没有生理上的休眠期，在贮藏期遇有适宜条件便萌芽抽苔，这样就使薄壁中的水分和营养向生长点转移，从而造成糠心。糠心是由根的下部和根的外皮层向根的上部和内皮层发展的。贮藏时空气干燥，促使蒸腾作用加强，也是造成薄壁组织脱水变糠的因素。温度过高及遭受机械损伤都会促使呼吸作用加强，水解作用旺盛，使养分消耗增加，也能造成糠心。萌芽与糠心既导致肉质根失重，糖分减少，又使组织绵软，风味变淡，降低食用品质，所以防止萌芽和糠心是贮藏好萝卜和胡萝卜的关键。

2. 采收及处理

（1）采收时间

贮藏的萝卜以秋播的皮厚、质脆、含糖和水分多的晚熟种为主，地上部分比地下部分长的品种以及各地选育的一代杂种耐藏性较高，如北京的心里美、青皮脆，天津的卫青，济南的青圆脆，沈阳的翘头青等。另外，青皮种比红皮种和白皮种耐贮。胡萝卜中以皮色鲜艳，根细长，根茎小，心柱细的品种耐藏，如鞭杆红、小顶金红等耐藏性较好。

适时采收对根菜类的贮藏很重要。收获过早因气温高不能及时下窖贮藏，或下窖后不能使菜堆内温度快速下降，都易促进萌芽和变质。收获过晚则直根生育期过长，贮藏中也容易糠心，还会使直根在田间受冻，而贮藏中受冻的直根会大量腐烂，也易糠心。为能适时收获并使产品达到适宜的成熟度，就要掌握播种时期。在华北地区，萝卜大致在立秋前后播种，霜降前后收获；胡萝卜生长期较长，一般播种稍早而收获稍晚。

（2）处理

采收萝卜、胡萝卜时，用来贮藏的，整株拔起后，随即去掉缨叶，防止贮期发芽空心。但要注意如伤口过大，容易造成病原菌侵染和水分蒸发，同时，会刺激呼吸作用上升而加快养分的消耗，容易造成糠心。

3. 采后病害及防治

（1）微生物病害

萝卜常发生的病害是黑心病（又称黑腐病）。肉质根患此病，外部症状不明显，但切开后可见维管束坏死变黑，严重时，内部组织干腐而空心。胡萝卜的贮藏病害主要是黑腐病、黑霉病。这些病害在高温、高湿下易发生，病原菌多从伤口侵入使肉质根软腐。另外，冷藏时，根霉菌可使胡萝卜腐烂。软腐菌核盘霉（*Sclerotinia sclerotirum*）可引起胡萝卜贮藏后期白腐病（菌核病）。

（2）生理性病害

萝卜、胡萝卜易发生低温伤害，产品受害后表面发亮或出现小泡。受害的原因是采收过迟，田间受冻或因贮藏温度过低而受冻。

4. 贮藏条件及方法

（1）贮藏条件

①温度。萝卜贮藏的适宜温度为1～3℃，当温度高于5℃时，会在较短时间内发芽、变糠；而当温度在0℃以下时很容易遭受冻害。胡萝卜贮藏的适宜温度为0～1℃。

②湿度。萝卜、胡萝卜含水量高，皮层缺少蜡质层、角质层等保护组织，在干燥的条件下，容易蒸腾失水，造成组织萎蔫、内部糠心，加大自然损耗。因此，萝卜、胡萝卜贮藏要求较高的相对湿度，一般为90%～95%。

③气体成分。低O_2、高CO_2能抑制萝卜、胡萝卜的呼吸作用，使之强迫休眠，抑制发芽。适宜的O_2浓度为1%～2%，CO_2浓度为2%～4%。根据萝卜、胡萝卜细胞和细胞间隙都很大，具有高度的通气性，并能忍受高浓度的CO_2（据报道，可忍受8%的CO_2），这与肉质根长期生长在土壤中形成的适应性有关。

（2）贮藏方法

①沟藏。选择地势高、地下水位低、土质黏重、保水力强的地方，取东西方向挖沟，沟的宽度为1～1.5 m。过宽则增大气温的影响，减少土壤的保温作用，难以维持沟内的稳定低温。沟的深度应比当地冬季的冻土层再深一些，如北京地区在1 m深的土层处，在1～3月份温度在0～3℃，大致接近萝卜、胡萝卜的贮藏适温。

萝卜、胡萝卜可以散堆在沟内，最好利用湿沙层积，以利于保持湿润并提高直根周围的CO_2浓度。直根在沟内堆积的厚度一般不超过0.5 m，以免底层受热，下窖时在贮藏产品的面上覆一层薄土，随气温的逐步下降分次添加，覆土总厚度一般为0.7～1 m，湿度偏低时可浇清水，使土壤含水量达18%～20%为宜，但沟内不能积水。埋藏的根菜多为一次出沟上市。

②窖藏和通风贮藏库贮藏。窖藏和通风贮藏库贮藏根菜是北方常用的方法。窖藏贮藏量大，管理方便。根菜经过预冷，待气温降到1～3℃，再将根菜移入窖内，散堆或码垛均可。萝卜堆高1.2～1.5 m，胡萝卜堆高0.8～1 m，堆不宜过高，否则堆中心温度不宜散发，造成腐烂加剧。为促进堆内热量散发和便于翻倒检查，堆与堆之间要留有空隙，堆中每隔1.5 m左右可设一通风塔。贮藏前期一般不倒动，立春后，可视贮藏状况进行全面检查和倒堆，剔除腐烂的根菜。

贮藏过程中，注意调节窖内温度，前期窖内温度过高时，可打开通气孔散热；中期要将通气孔全部关闭，以利于保温；贮藏后期，天气逐渐转暖，要加强夜间通风，以维持窖内低温。在窖内如用湿沙与产品层积效果更好，便于保湿并积累CO_2。

通风贮藏库贮藏方法与窖藏相似，其特点是通风散热比较方便，贮藏前期和后期不宜过热。但由于通风量大，萝卜容易失水糠心；中期严寒时外界气温低，萝卜容易受冻。因此，保湿和保温是通风贮藏库贮藏根菜的两个主要问题。为搞好通风库贮藏，最好采用库内层积法，检查、倒垛管理同窖藏。

③薄膜帐封闭贮藏。沈阳等地近年利用气调贮藏原理，在库内用薄膜半封闭的方法贮藏根菜，以抑制失水和萌芽，效果较好。具体方法是，先在库内将根菜堆成宽1～1.2 m，高1.2～1.5 m，长4～5 m的长方形堆，至初春萌芽前用薄膜帐扣上，堆底不铺薄膜。这种方法能适当降低O_2浓度，累积CO_2，保持高湿，从而延长贮藏期。通常在贮藏期间要进行通风换气，必要时还进行检查挑选，除去染病的，余下的继续贮藏。

8.4.2　生姜贮藏

生姜为多年生宿根草本植物，在我国栽培历史悠久，栽培面积大。姜营养丰富，除含有大量的维生素和矿物质之外，还含有一些特殊的营养物质，如姜酮、姜烯等。这些物质具有特殊的芳香气味，所以常被作为一种调味品而广泛应用。姜能使人增强食欲、帮助消化、去寒，在烹调中还具有除腥解毒的功效。目前，市场上生姜的加工制品，如姜糖、姜片、姜粉等，深受广大消费者的欢迎。

1. 贮藏特性

生姜起源于中印半岛和南洋，性喜温暖、多湿，不耐低、高温，当贮藏环境温度低于10℃时，姜易遭受冷害。受冷害的姜块在温度回升时易腐烂。如温度过高，因姜皮薄、肉嫩，水分易蒸发而引起萎缩，使耐贮性和抗病性减弱，容易被微生物侵染，发生各种病害，造成腐烂。一般说来，姜的贮藏温度应控制在15℃左右为宜。另外，贮藏环境的空气相对湿度对生姜的贮藏也有较大影响，空气相对湿度在90％以下，则会因严重失水而萎缩干瘪。通风也不宜过多、过大，如被冷风直吹，会引起“伤风”。姜适宜的贮藏空气相对湿度为95％～100％。

2. 采收及处理

根据不同的目的，生姜可以在不同时期采收，供鲜食的生姜一般在其幼嫩时采收，这时采收的生姜水分含量高，不耐贮运；用于贮藏的生姜要求在霜降至立冬间收获，不能在地里受霜冻，收获时带土太湿可稍晾晒，但不可日晒过度，一般是收获后立即下窖贮藏。

3. 贮藏方法

（1）地窖贮藏

窖藏是生姜贮藏一种较为理想的方法，该法简单易行，所需费用少，经贮藏的生姜可保持95%左右的完好率。选择健康、无机械损伤、无病虫害的生姜用于贮藏。先将生姜除去泥，置阳光下曝晒1～2天，以晒干表皮水分，有利贮藏。然后在窖内离地30 cm高处用木条架设姜床，姜床上铺放稻草，再在稻草上放上待贮的生姜，姜的上面盖15 cm厚的河沙或沙质土，贮量因不同窖型而定。坑窖贮藏一般贮量较大，为5000 kg左右。土窖则因高出地面，易受气温影响，一般要求贮量较大，否则冬季难以保持正常温度。姜块散堆坑内，每500 kg姜中应插入一个用细竹竿等捆成的直径约为10 cm的通风束，姜块一直堆到窖口，呈馒头形，上面覆盖姜叶并加覆一圈土，另外还要搭建防雨棚，四周挖排水沟。

贮藏期间的管理：窖内温度应控制在10～15℃，相对湿度为95%左右，当日平均气温降到5℃以下时，要密封洞口，防止冷空气进入，以免冻伤生姜。另外，还要定期检查，剔除腐烂姜，一般间隔时间为15天。

（2）堆藏

对生姜进行严格挑选，剔除病变、受伤、雨淋以及受风寒的姜块，留下质量较好的散堆于仓库中，用草包或草帘遮盖好，以防受冻。然后在朝南方向垒砌砖墙，严防冷风吹入，并立即用泥或草包封闭。一般贮藏量为10 t，姜堆高2 m左右，堆内均匀地放入若干用芦苇扎成的通风筒以利通风。堆藏时，墙四周不要留空隙，中间可以略松些。窖温控制在18～20℃，相对湿度控制在95%左右。若气温过高，可以减少覆盖物以散热降温，气温过低，可增加覆盖物保温。此外，将经过挑选的生姜装入竹筐，进行堆码贮藏，堆高以3只筐高即可。贮藏中经过高温季节，姜块容易出芽，一般可分批剥芽，陆续供应市场。

（3）冷库贮藏

可将10月份下旬至11月份上旬收获的姜先在田间挖沟埋藏预贮一段时间，然后入库贮藏。具体做法是，挖宽50～80 cm，深50～60 cm的沟，在沟内一层姜一层土码4层，上部盖20～30 cm厚的土，如此放置15～20天。为了防止低温伤害，这种预贮可在塑料大棚内进行，预贮可以增强生姜的耐贮性。入库后要用沙土和姜一起层积保藏。层积高不超过1 m。贮藏库的温度应控制在15℃左右。冬季温度太低时加温，夏季温度过高时制冷。库内需保持高湿，可在库内地面洒水，以提高湿度，如果层积的沙土较干燥，也可在土上洒水，利用土的保水性保持姜周围的高湿度。

8.4.3 马铃薯贮藏

马铃薯又名土豆、洋芋、山药蛋等，属茄科一年生植物，食用部分为其肥大的块茎。

马铃薯在我国各地都有栽培，是调节市场余缺的大宗蔬菜之一。它既可作为粮、菜直接食用，也是食品加工的重要原料，贮藏的马铃薯既可作食用，也可作为种薯用。

1. 贮藏特性

马铃薯含淀粉量很高。我国现有品种的淀粉含量为 12%～20%。淀粉和糖在酶的作用下互相转化，温度较低，薯块内单糖积累，温度升高，单糖又可转化成淀粉。马铃薯表皮薄，肉皮嫩，含水量大，不耐碰撞，易受病原菌感染和腐烂，造成大量损失。

马铃薯收获后有明显的休眠期，其休眠期一般为 2～4 个月，品种之间有差异。刚采收的马铃薯呼吸强度大，失水严重，同时，采收时产生较多的伤口，容易感染病原菌，随着伤口处形成愈伤组织，阻止病原菌侵入。当进入生理休眠阶段，呼吸强度降低，这时，即使条件适宜也不会发芽。生理休眠期后，如环境条件适宜，就会发芽生长。马铃薯的休眠期长短同品种、成熟度、播种条件、贮藏环境有关。一般早熟品种比晚熟品种休眠期长，未充分成熟的比充分成熟的长，秋播的比春播的长，贮藏期间低温、低湿和高 CO_2 会延长休眠。薯块贮藏在漫射光下，会发芽且会在薯块皮层产生叶绿素，发芽变绿的薯块其茄碱苷会急剧增高，当超过正常含量时，便会引起不同程度的中毒。

2. 采收及处理

(1) 采收成熟度的确定

马铃薯的采收一般在地上部分枯黄后开始，此时薯块发硬，周皮坚韧，淀粉含量高，采收后容易干燥，这种马铃薯的耐贮性好。

(2) 采收方法及处理

用于贮藏的马铃薯宜选沙壤土栽培，增强有机肥，控制氮肥用量，收获前 10～15 天控制浇水。采收时如遇高温和大雨，薯块易腐烂，应选择晴天，土壤较干燥时采收。

马铃薯的表皮薄，易受伤害。受伤后容易感染细菌、霉菌、真菌，导致腐烂，不利于贮藏。因此，马铃薯采收时应注意深挖，不能伤及薯块，注意轻拿轻放，防止机械损伤。采收后的马铃薯应放在阴凉通风处晾晒几天，至表皮干燥即可进行贮藏。

3. 采后病害及防治

(1) 微生物病害

①马铃薯晚疫病，又叫马铃薯瘟，是马铃薯、番茄等的全株性病害，产品在田间及贮藏期发病。染病初期，薯块表面呈现褐色凹陷小斑，逐渐蔓延扩大并向薯块内部延伸乃至整薯腐烂，有恶臭。干燥时，病部干硬。该病发病适温为 20℃左右。该病原菌可通过伤口、皮孔、芽眼等侵入，潜伏期为 1 个月。

②镰刀菌病，又名干腐病，块茎染病后，会出现白色、粉红色、灰青色的棕色斑点，外皮感染的地方生成许多皱纹，有时斑点遍布整个块茎，组织发黑并变成多孔状，内部变成空洞。镰刀菌逐渐繁殖而使整个块茎肉质枯干。马铃薯感染软腐病后，块茎组织变成淡色，产生气味难闻的黏液，逐渐使整个果实软腐，该病在久雨潮湿的情况下尤多，如不采取措施，容易造成大量腐烂。

③环腐病，是薯块在田间由棒状杆菌马铃薯环腐细菌侵染引起的，在贮藏期间发病蔓延，该病害多由伤口侵入，不能从自然孔道侵染。

④脱疫病，又称马铃薯疫病，它是全株性病害，主要从田间带菌，在贮藏期间发病。

⑤炭疽病，为侵染性真菌病害，在5℃干燥条件下腐烂率最高，在贮藏期间可用仲丁胺熏蒸抑制。

（2）生理性病害

当呼吸作用不正常和组织内代谢紊乱时，会引起生理性病害，发病时，块茎肉质部分慢慢变黑，最后整个块茎上产生黑色斑点。造成这种生理性病害的原因，有可能是通风不良，造成低 O_2 或高 CO_2 的环境引起无氧呼吸，也可能是由于块茎中酪氨酸在酪氨酸酶的作用下变成黑色素。

4. 贮藏条件及方法

（1）贮藏条件

①温度。由于马铃薯富含淀粉和糖，且在贮藏中，淀粉和糖能相互转化，当温度降到0℃时，由于淀粉水解酶活性增强，薯块内单糖积累；如贮藏温度过高，淀粉水解成糖也会增多，所以马铃薯的贮藏适温为3～5℃。

②湿度。适宜的相对湿度为80%～85%。

③气体成分。据报道，马铃薯在温度为6～8℃，相对湿度为90%～95%，O_2 浓度为2%～3%，CO_2 浓度低于1%的条件下，可贮藏240天。

（2）贮藏方法

马铃薯贮藏的形式多种多样，南方多采用室内堆藏，北方多采用沟藏、窖藏。

①室内堆藏。一般将薯块装筐后码在室内，这种方法简单易行，但抑芽效果差。

②沟藏。东北地区在7月份中、下旬收获马铃薯，采收后先预贮，直到10月份下沟贮藏。沟深1～1.2 m，宽1～1.5 m，长度按贮藏量而定。薯块堆至距地面0.2 m处，上覆土保温，覆土总厚度为0.8 m左右，要随气温下降分次覆盖。沟内堆薯不能过高，否则会使沟底及中部温度偏高。

③窖藏。西北地区土质黏重坚实，多采用井窖或窑窖贮藏，贮藏量可达3000～3500 kg，由于利用窖口通风调节温度，所以保温效果较好，但入贮初期不易降温。因此，产品不能装得太多。窖藏的马铃薯容易在薯堆表面出汗，为此可在严寒季节于薯堆表面铺放草席，以转移汗层，防止萌芽与腐烂。

④通风贮藏库。一般在通风贮藏库内堆藏，堆高不超过2 m，堆内放置通风塔，也可码成垛进行贮藏。不管采用何种方法，薯堆周围要注意留有一定的空隙以利通风散热。以通风库的体积计算，空隙不得少于1/3，最好有1/2空隙。

⑤其他方法。马铃薯贮藏中很多地方采用药物处理，以防止马铃薯腐烂和抑制发芽。防止马铃薯腐烂过去多用硫酸铜、多菌灵等杀菌剂混溶于清洗、护色液中进行处理，现在多用苯诺米尔、噻苯咪唑（TBZ）、氨基丁烷熏蒸剂进行防腐，仲丁胺（50%）按每千克薯块60 mg或60 g/m^3 用量使用，熏蒸时间为12 s。抑制发芽常采用青鲜素，美国FDA和EPA允许马铃薯块茎残留青鲜素含量为50 mg/L，国外一些公司在我国马铃薯

产区推广的抑芽剂，主要成分就是青鲜素，使用浓度为 2500 mg/L，在收获前 4～6 周喷施马铃薯植株。异丙基 N-（3-氯苯）氨基甲酸酯（CIPC）是目前世界上应用最广泛的马铃薯抑芽剂。在美国 40%的马铃薯用 CIPC 处理后贮藏，在荷兰 CIPC 是唯一允许用于马铃薯的抑芽剂。使用方法有熏蒸、粉施、喷雾和洗薯 4 种，以熏蒸效果最好，效用可长达 9 个月。熏蒸的适宜浓度为 0.5%～1%，一次熏蒸时间在 48 h 左右，洗薯块的适宜浓度为 1%，FDA 和 EPA 1996 年公布 CIPC 在薯块中允许残留的限量为 30 mg/L。

8.4.4 莲藕贮藏

莲藕又名藕、荷等，多年生的水生根茎类蔬菜。原产于我国和印度，在我国已有 5000 多年的栽培历史，是我国大面积栽培的水生蔬菜，其营养丰富，富含糖、蛋白质、淀粉和维生素，肉质脆嫩、清香甘甜，具有健脾开胃、益血生津等保健功效。然而，莲藕在贮运过程中易发生褐变，影响销售和出口。因此，对莲藕进行贮藏保鲜，具有重要经济意义。

1. 贮藏特性

莲藕具有喜阴凉，对湿度适应范围较广的特点，适宜的贮藏温度为 10～15℃，相对湿度为 95%左右。莲藕成熟采收后，就处于长期休眠状态。贮藏环境湿度不同，贮藏效果也不同。如果贮藏环境较干燥，藕易失水，但带伤和发生病害时，腐败比较缓慢；如果贮藏环境较湿，藕不易失水，质地鲜嫩，但稍带伤和病害，或折断漏气，就容易引起腐烂霉变。莲藕果皮较薄，保护能力差，果胶分解快，如在空气中曝露时间过长，表皮易变为紫色，进一步转为铁锈色，品质显著下降，影响其感官品质。故用来贮藏的莲藕，必须稍带泥土，可以减少藕的水分散失和外界空气的影响。

莲藕中含有多种酚类化合物，其损伤部位，或用于加工的藕片如曝露在空气中极易发生褐变，影响外观品质，所以一般要进行护色处理，常用的方法是用抗坏血酸、柠檬酸、亚硫酸钠进行联合护色。

2. 采收及处理

藕从嫩到老都可食用，收获时期因地区、品种、栽培目的等不同而不同。植株的多数叶片为青绿色时，便可采收嫩藕上市。供贮藏的藕要求老熟，藕节完整，藕身带泥无损。当荷田长出终止叶，且其叶背微呈红色时，即表明藕已成熟，即可挖取。

采收时不可将藕折断，否则易使淤泥淤塞藕身，降低品质，影响贮存。

3. 采后病害及防治

莲藕贮藏过程中，失水干缩、表皮褐变和腐烂是其主要问题，贮藏莲藕，必须仔细采收，防治各种伤害，并尽量减少与外界空气的接触。

4. 贮藏条件及方法

（1）贮藏条件

在贮藏温度为10～15℃，相对湿度为95%～100%的条件下，贮藏期可达30～60天。

（2）贮藏方法

1）泥土埋藏法

泥土埋藏分为露地埋藏和室内埋藏两种。露地埋藏应挑选耐藏品种，剔除有机械损伤、对节漏气和细瘦的藕。要选择地势高而背阴避光的地方，将泥、藕相间，层层堆成斜坡形或宝塔形，用泥全部覆盖，在周围挖好排水沟，防止积水。如遇雨天，应及时遮盖，以免泥土被冲散，莲藕浸水，造成腐烂。

室内埋藏先用砖砌或板条箱或木箱等封围而成埋藏坑，然后一层莲藕一层泥堆5～6层后，再覆盖约10 cm厚的细泥。贮藏用泥一般应细软带潮，手捏不成团，并除去石块等杂质，以防根茎损伤和微生物的侵入。对品质好、根茎完整、粗壮的莲藕，用湿度大的泥土埋藏更好。用过的泥土，隔年再用时，需先消毒。埋藏时，莲藕再按顺序一排排放好，以免折断，并有利于倒动检查。在有水泥地坪的库房内埋藏时，坑底需先用木板或竹架垫起10 cm，形成一个隔底。底部用药物消毒，以防止霉菌的滋生。然后在底上铺一层厚约10 cm的细泥土，再按上法层层堆起和覆盖细泥。这样做既有利于抑制莲藕呼吸，又可防止外界微生物侵入。贮藏室可每隔两周消毒一次。泥土埋藏莲藕时，要定期翻桩，一般每隔20～30天进行一次。翻桩时轻挖轻放，以防折断。可随食随用，随即盖严。

2）水藏法

把莲藕带的泥土洗净，放入水缸内，用清水浸没，5～6天换水一次，可贮藏两个月，莲藕洁白脆嫩。此法适合家庭贮藏。

3）塑料薄膜大帐贮藏法

塑料薄膜贮藏帐不需要密封。由于根茎的呼吸，会使帐内的湿度和气体成分发生一定的变化，因此，要定时透帐，使湿度和气体成分保持在一定范围。透帐一般每隔一天进行一次。根据试验，此法用于莲藕大量上市的短期贮藏较为适宜。实践证明，贮藏50天后，莲藕完好，自然损耗仅为2.5%，到76天，少部分荷花头（约占10%）出现腐烂，藕块表皮较干，自然损耗为3.8%，次藕为6.2%，好藕为80%；76天后脱帐继续贮藏，到113天时，大部分根茎表面上起白花，脱水现象严重，外形干瘪，有的莲藕内部也被霉菌侵染，引起组织腐烂变质，发霉发黑，损耗达80%，好藕只有20%。由此可见，采用塑料薄膜法短期贮藏莲藕是行之有效的。

8.4.5 食用菌贮藏

食用菌风味独特、营养丰富、肉质细嫩，同时不少食用菌还含有提高人体免疫功能的成分，受到广大消费者的欢迎。由于食用菌自身的特点，采后贮运期间质量下降很快，造成极大的采后损失，所以研究食用菌的贮藏有着重要的现实意义。

1. 贮藏特性

食用菌由于含水量高，组织细嫩，代谢旺盛，营养物质消耗快，采后极易变质，常温下菌体几天就变色变质。食用菌的菌盖上面没有明显的表面保护结构，且采后呼吸旺盛，蒸腾剧烈，是生理上最容易变质老化的蔬菜之一。同时，食用菌组织结构的特点又使其易遭受病原菌、害虫侵染和机械损伤，由此引起腐烂变质，所以食用菌也是最易腐烂的蔬菜之一。食用菌贮藏保鲜中常以失重率、腐烂率、开伞率、褐变指数、自溶、出水状况、异味等指标来衡量贮藏效果。

2. 采收及处理

（1）蘑菇

蘑菇是在菌盖充分长大但未开伞之前采收。采收过早，菌盖未充分长大，产量低；采收过迟，易开伞，菌褶褐变、品质下降。采收时，手捏菇柄轻轻旋转，连根取下；也可用小刀轻轻割下大菇，注意不要伤及小菇。

（2）平菇

平菇在菌盖基本展开、颜色由深灰色变为淡灰色或灰白色、菌盖边缘变薄、孢子即将弹射之时采收最为合适。此时菇体肥厚、味道鲜美。如采收过迟，则菌盖卷曲，边缘干燥，质量减轻，品质下降。采收时，或手采，亦可用刀成簇割下。

（3）金针菇

宜在菌盖内卷未展开，柄长为 13～15 cm，柄色呈白色或奶黄色时即可采收。采收时，一手压住瓶或袋，一手握住菇丛，成丛拔下，清除根部的培养料。

（4）草菇

草菇在菌蕾变为卵形、包被未被突破之前或刚破时采收最好。采收时，一手按住菇体生长部位的培养料，一手抓住菇体基部，轻轻地成簇取下。单生草菇，采大留小，注意不要伤及未熟的幼蕾。也可用刀从菇体基部割下。

（5）香菇

在菌盖充分长大、菌褶伸直、边缘稍内卷时采收。采收时注意采大留小。

（6）猴头菇

猴头菇一般在九成熟，即将开始散孢子时及时采收。采收时用小刀从瓶口内切下菇柄，瓶内留菇柄 1～2 cm 长为宜，过短会影响再生能力，过长则会引起杂菌滋生。

3. 采后病害及防治

引起病害的微生物有细菌、霉菌和酵母菌。要减少微生物引起的腐烂，一方面减少机械损伤；另一方面要注意贮藏器具及场所的消毒工作，还可使用适当的防腐剂，如 20 mg/L的亚硫酸钠、5～10 mg/L 的 TBZ。

4. 贮藏条件及方法

(1) 贮藏条件

①温度。温度对食用菌贮藏质量尤为重要。蘑菇、香菇等大多数食用菌贮藏温度为0~5℃，而草菇的贮藏适温为15~20℃。

②湿度。不同的食用菌对湿度的要求不同，蘑菇的适宜相对湿度为85%~95%，低于85%时，蘑菇就易开伞和变褐，降低保鲜效果。香菇贮藏最适宜的相对湿度为80%~90%，若湿度过低，鲜菇水分过度散失，会导致菇体收缩而降低保鲜效果。

③气体成分。研究结果表明，一定程度的低O_2和高CO_2对蘑菇生长有刺激作用。

④其他。一些植物激素可以抑制食用菌的呼吸作用、延缓衰老、延长贮藏期，有些激素还可抑制食用菌的开伞。

(2) 贮藏方法

①低温贮藏。将蘑菇采收后迅速进行预冷，预冷后及时入库贮藏。贮藏温度为0~3℃，相对湿度以85%~95%较适宜。在贮藏过程中，应保持贮藏温度稳定。

②气调贮藏。采用塑料袋包装是常用的简便方法。如用厚0.08 mm的聚乙烯塑料做成40 cm×50 cm的袋子，每袋装1 kg蘑菇，封口后，利用自发气调。48 h以后，袋内O_2浓度可下降至0.5%左右，CO_2浓度可增至10%~15%，在16~18℃下可保鲜4天，不开伞、不变质。

【复习思考题】

1. 简述叶菜及花菜类蔬菜的采后病害及其防治方法。
2. 简述番茄贮藏的关键技术。
3. 如何对茄子进行合理贮藏？
4. 简述适宜蒜薹的贮藏方法及其技术关键。
5. 萝卜、胡萝卜贮藏期间容易出现哪些病害？如何防治？
6. 生姜的贮藏方法有哪些？如何选择？
7. 马铃薯有哪些微生物病害？
8. 莲藕的贮藏方法有几种？简述不同贮藏方法的优缺点。
9. 常见食用菌有哪些？如何进行采后收和处理？

第 9 章　切花保鲜与贮藏

【内容提要】　通过分析影响鲜切花贮藏保鲜品质的内外因，介绍了三种常用的花卉贮藏保鲜技术，还引入了切花保鲜剂这一概念，并结合实例阐述各种切花的保鲜方法。

【学习目标】　学习鲜切花的物理、化学保鲜贮藏技术，对鲜切花的保鲜从感性认识上升到理性认识。

【重要概念及关键词】　脱落酸　细胞分裂素　赤霉素　生长素　冷藏　气调贮藏　减压贮藏　预处理液　催化液　瓶插液

9.1　影响切花贮藏保鲜的主要因素

9.1.1　植物生理因素

1. 切花种类与采后品质

切花采后品质因切花种类或品种不同，这主要体现在耐贮性和耐插性方面。

（1）耐贮性

耐贮性即对贮运期间干燥和低温条件的抗性。红色月季品种、香石竹等切花在贮藏期中花瓣常变蓝或变黑；百合、满天星型菊花、微型唐菖蒲等贮运中易发生叶片变黄的问题；金鱼草、香豌豆、飞燕草等在贮运中易发生切花花芽脱落等问题。不同切花种类和品种由于遗传和生理基础不同，其耐贮性不同，如唐菖蒲、百合、郁金香和月季等切花贮藏后瓶插于水中，开花发育良好；香石竹、菊花、金鱼草等切花贮藏后直接插于水中发育和开放不佳。

（2）耐插性

耐插性即切花水养瓶插的持久性。通常情况下大丽花、虞美人和姜花等只能水养 1～2 天；紫罗兰、石竹、金鱼草则可保持 1 周左右；菊花与兰科植物可达 2～3 周之久。一般认为，花瓣质地厚、花型小的月季品种耐插性强，花瓣较薄的月季品种耐插性稍差。

2. 切花花材的质量

用于贮藏的切花和插条必须健康、无病虫害感染、没有受过机械损伤。切花应在最适宜的花蕾发育期采切。一些切花，如火鹤花、大丽花、非洲菊、兰花和某些月季品种，在花蕾发育的较早期采切，以后即使放在花蕾开放液中催花，也不会正常发育开放或开花缓慢，只适宜在大花蕾阶段或花朵充分开放后贮藏。

3. 切花采后生理基础

（1）水分

水分是植物体内一切生理生化代谢活动的介质，是维持正常生命活动不可缺少的基本物质。大多数切花的含水量在70%～80%，较高的含水量对于保持切花品质是必需的。切花离体后，无法再由根部供水，而蒸腾作用的失水仍继续进行，即使插于水中或保鲜液中，但花茎传导水分能力逐渐降低，难以补偿蒸腾作用的失水。其主要原因如下：切口端的受伤细胞释放出单宁和过氧化物酶，其氧化产物的钙、镁盐黏滞物积累在切面的维管束周围；酶作用引起果胶分解产物堵塞输导组织；切口处大量的微生物繁殖的菌丝体侵入导管，或其代谢产物引起木质部导管堵塞；被气泡堵塞。只有保持切花的持久的水分含量，增加空气湿度，合理控制空气流动，以减轻切花失水，才可能维持其长久的瓶插寿命。因此，水分亏缺是切花失鲜的主要原因。

（2）营养与结构物质变化

切花从母体切离后，主要依靠花茎中贮藏的养分进行新陈代谢。Vittorio等认为，糖作为能源物质，可以延缓切花衰老症状的出现，保护细胞线粒体和细胞膜的完整性。这是因为糖既是维持切花生命活动的养源和能源，又是一种重要的呼吸基质，也是合成多种有机酸的基质。外部供给糖，作为组织中蛋白质合成的基质，可推迟蛋白质分解，维持酰胺的合成及生物膜的完整性。切花采收后，花瓣内部的蛋白质、核酸、磷脂等大分子生命物质和结构性物质被逐渐降解而逐渐失去原有的功能；细胞内质膜流动性降低，通透性增加，最后导致细胞解体死亡，外观上表现为花瓣枯萎或脱落。同时，切花在瓶插期间，细胞膜透性随着时间的推移而增大。花瓣衰老过程中细胞结构逐渐分解，溶质外渗量增大。膜透性高低反映细胞膜受伤情况，细胞膜系统损伤严重时会导致植物细胞死亡。细胞结构的破坏和细胞膜脂过氧化过程息息相关，切花采后失水等逆境会加剧这种过氧化过程，促进细胞亚显微结构的解体，细胞膜的透性增加，营养和能量代谢失常，从而加速切花的衰老。

（3）植物激素

乙烯和ABA（脱落酸）促进花瓣衰老，CTK（细胞分裂素）和GA（赤霉素）延迟花瓣衰老，而IAA（生长素）具有促进或延迟花瓣衰老的双重作用。其中，乙烯是植物代谢的天然产物，切花的衰老与乙烯的大量生成有关。一般花卉品种采后如遭遇机械损伤、病毒侵染、温度升高、冷水、缺水等情况时，自身乙烯产生速度会增加3～10倍。反之，如放置于温度较低的贮藏环境中，乙烯产生的速度就会下降；当切花周围O_2浓度降低、CO_2浓度升高时，也可以降低乙烯的产生速度。用乙烯抑制剂或拮抗剂来抑制乙烯产生或干扰其作用，则可延缓切花衰老。康乃馨、兰花、小苍兰、仙客来、百合、金鱼草和石蒜属等属乙烯敏感型切花；菊花、郁金香、唐菖蒲和蔷薇类等花卉属非乙烯敏感型切花。其他激素如CTK和GA，具有抑制切花呼吸，调节体内水分平衡，清除体内自由基的作用，因而可起到抑制花瓣衰老的作用。比如，CTK可以延缓香石竹、月季、鸢尾、郁金香、花烛、非洲菊和菊花等切花的衰老。各种切花衰老时，ABA 均增生很高水平，高水平的 CTK 能抑制 ABA 而达到保鲜的目的。GA 能延迟离体香石竹花瓣衰老，并延长百合花的瓶插寿命。IAA 对切花衰老的作用对不同花卉有不一致的表现。IAA 既可延迟一品红的衰老，又可促进香石竹的衰老。

（4）钙与钙调素

Ca^{2+} 对切花衰老有双重调节功能。Ca^{2+} 对切花小花开放和延长瓶插寿命有很好的效果，当 Ca^{2+} 浓度迅速增加，又加速衰老。

（5）生物自由基

当切花衰老时，过剩的自由基会对构成组织细胞的生物大分子化学结构造成破坏，组织器官的机能逐步发生紊乱和阻碍，其结果是膜结构破坏，膜渗漏而启动了衰老，切花逐渐趋于衰败。切花保鲜剂中常加入苯甲酸钠、水杨酸等自由基清除剂，以维持切花体内保护酶系统如 SOD、CAT 等的平衡，从而延缓切花衰老。

（6）其他物质的变化

①脂类物质。部分切花叶片表面的蜡质层具有减少水分蒸发的作用。

②有机酸。有试验证明，含酸量低的切花瓶插寿命往往最长。

③挥发性物质。减缓贮藏或瓶插过程中香味的散失，是采后生理研究中的热点和难点之一。

④色素物质。色素物质的含量及其采后含量的变化对于切花的品质有重要影响。

例如，菊花随着成熟与开放，类胡萝卜素和花青苷增加而显色，衰老时这些物质含量下降。一些切花花瓣衰老时变褐、变黑是由于黄酮类色素与酚类的氧化作用以及单宁的积聚所致；月季、飞燕草、香豌豆、天竺葵等红色花瓣随切花组织细胞内液泡 pH 增加而泛蓝衰老。

⑤矿质元素和维生素。就矿质元素而言，其含量对于切花的品质有直接或间接的影响。切花叶片中维生素 B 的含量与其叶片绿色程度显著相关，而维生素 C 本身对于延缓切花衰老具有一定作用。

9.1.2　环境因素

1. 温度

温度是影响切花采摘后寿命长短的重要环境因素。环境温度过高会加快切花的衰老过程，大大缩短其瓶插寿命。因为温度升高将加快切花的呼吸作用，促进组织内碳水化合物的消耗，刺激内源乙烯的生成，有利于病害的扩散。许多起源于热带气候的切花要求 7～15℃的贮藏温度。大部分温带气候起源的切花可贮在稍高于植物组织冻结点的温度下，且贮藏期较长，温度降至 0℃以下很容易引起水分在组织内结冰，造成切花的损失。切花最适宜的贮藏温度还因花的发育阶段和贮藏方法而异，如紧实花蕾阶段的香石竹在 0℃下贮存良好，但展开的花朵在此温度下就易遭受低温伤害；已开放的香石竹在 3～4℃下于水中或花卉保鲜剂中可良好地贮藏 3～4 周。

切花的瓶插寿命受用花季节和场所的影响差异较大。夏天气温较高，切花的瓶插寿命较短，反之，冬季较长。采收时尽量避免正午剪切或过长时间曝露在高温强光下，室外也尽量避免使用切花装饰品，而以盆栽花卉代之。降温可降低切花的呼吸消耗，抑制乙烯的生成，延缓切花衰老。

2. 空气湿度

草本切花含有大量水分，如被置于干燥环境下，水分极易丧失。当切花丢失其鲜重10%～15%的水分时，通常表现为萎蔫，组织发生皱缩和卷曲。提高贮存切花环境的大气相对湿度，可以减缓切花的水分蒸腾作用。切花在贮藏过程中，宜维持90%～95%的相对湿度，任何微小的湿度变化（5%～10%）都将会降低切花的品质。冷藏室中的空气湿度每天至少测定一次。

3. 光照

光照对大多数切花的贮藏质量或贮藏期无明显的影响，许多切花种类可成功地贮藏在黑暗的环境中，但带有较多叶片的一些切花，如六出花、百合和菊花等，长期在黑暗的环境中贮存会引起叶片黄化。对鲜切花预先使用含糖的保鲜剂处理，可以减缓贮运时低光照的负面影响。

4. 乙烯

乙烯对很多花卉均有毒害作用。例如，当大气环境中乙烯浓度达到15 ml/L时，经过3天左右，绿萝的叶子就开始脱落。通常可以通过低温、气调贮藏抑制乙烯产生。因为，在低温条件下，切花自身产生的乙烯较少。但在冷库中贮存大批量切花，应该注意监测贮藏库中乙烯的浓度。

5. 水质

pH影响切花水分平衡，pH为4或小于4时，可以抑制细胞繁殖，降低酶的活性，减轻微生物及其分泌物对导管的堵塞，起到延长切花寿命的作用。把切花插入30～40℃的温水中，可以疏通切花导管中的气泡，使切花体内水分运输通畅，有利于延长切花寿命。含盐量相对较低的水质可以延长切花的寿命。

6. 切花采后病害

细菌、真菌引起的腐败是切花衰败的常见原因之一。微生物造成茎秆堵塞会直接破坏花枝的水分平衡，导致细胞膨压降低，花瓣和叶片过早失水萎蔫，茎秆弯折。微生物造成的堵塞有两种：一种是微生物细胞本身积存在花茎基部，造成物理性堵塞；另一种是花茎末端木质部导管结构受细菌和真菌分泌物破坏，影响维管束系统，干扰水分的吸收。

7. 气体组分

切花进行呼吸代谢的必需气体为氧气，而对呼吸代谢起抑制作用的气体为二氧化碳。

二氧化碳还能抑制乙烯的促衰老作用。降低切花周围 O_2 浓度，适当提高 CO_2 浓度，可以减缓切花生理化学反应速度，延缓衰老过程。气体贮藏就是利用了这一原理。

9.2　切花贮藏保鲜技术

所谓切花保鲜技术，就是采取物理、化学或生物工程等措施，最大限度地维持其观赏部位的新鲜状态。广义上的切花保鲜概念，包含从切花采收后的预处理、贮藏、运输、上货架销售环境以及消费者购买后观赏期间等整个切花采后的延缓衰老过程。下面重点介绍三类贮藏保鲜技术。

9.2.1　低温贮藏

低温贮藏是目前应用较成熟的技术。切花在低温条件下贮藏，生命活动减弱、呼吸减慢、能量消耗少、乙烯的产生受到抑制，从而延缓了衰老的过程，同时可以避免切花的色变、形变以及微生物的滋生。花卉的品种不同，其适宜的贮藏温度也有所不同，一般来说，起源于温带的花卉，其适宜的贮藏温度为 0～1℃；起源于热带和亚热带的花卉，其适宜的贮藏温度分别为 7～15℃和 4～7℃，适宜的相对湿度为 90%～95%。在低温贮藏切花时，应采取快速冷却的方法，以降低切花体内能量的消耗。常规低温贮藏还分为湿藏和干藏两种方式：

1. 湿藏

湿藏即把切花置于盛有水或保鲜剂溶液的容器中贮藏，通常用于切花的短期（1～4 周）贮藏。此类贮藏适合于满天星、非洲菊等花卉的贮藏。其优点是不需要包装，切花组织可保持高紧张度，缺点是需占据冷库较大空间。

切花采切后立即放入盛有温水或温暖保鲜液（38～43℃）的容器中，再放在冷库（3～4℃）中。对易感病的切花，湿藏前先喷布杀菌剂，花梗下部的叶片也应去除，防止在水中或溶液中腐烂。湿藏时注意水质清洁，可用次氯酸钠或紫外线消毒。

2. 干藏

干藏即将切花包装于纸箱、聚乙烯薄膜袋或用铝箔包裹表面的圆筒中，以防止水分蒸发，其贮藏过程中不提供任何补水措施，通常用于切花的长期贮藏。此类贮藏适合香石竹、月季、百合等的贮藏。

其优点是温度比湿藏温度略低，营养消耗较慢，花蕾发育和老化也慢，且能节省贮库空间；缺点是切花质量要求和包装要求高，需花费较多劳力和包装材料。

9.2.2　气调贮藏

切花的生理活动以及衰老过程受贮藏环境中气体组分的影响，因此也可通过气调贮藏，采用一定的措施改变切花贮藏环境中的气体组分，以达到降低鲜切花呼吸频率和养分消耗的目的。与果蔬产品气调贮藏一样，气调有人工气调和自发气调两种，用塑料薄膜包装和硅橡胶窗气调是两种常见的自发调节方法。常用的气调方法有分子筛制 N_2 降氧、膜分离制 N_2 降氧、消石灰吸收法去 CO_2、活性炭吸附法去 CO_2。

CO_2 是乙烯的拮抗剂，因此提高 CO_2 的浓度，可以抑制乙烯的产生。通常情况下是通过提高 CO_2 并降低 O_2 的含量，或者提高 N_2 并降低 O_2 的浓度这两种方法来调节切花周围的气体成分，以达到降低切花的呼吸代谢水平、减少养分的消耗、抑制乙烯的产生和作用的目的，从而延长切花的保鲜寿命。但是由于鲜切花处于鲜活生命活动中，其气调环境条件需要准确控制在安全阈值范围内，以免造成气体伤害。CO_2 浓度一般控制在 0.35%～10%，O_2 浓度控制在 0.5%～1.0%，可达到良好的保鲜效果。

气调贮藏要注意的关键技术如下：①低 O_2 的控制必须以不激发无氧呼吸为前提；②高 CO_2 调节或贮藏过程中，CO_2 积累要以不引起生理毒害为基础。气调贮藏是一个比常规冷藏成本更高的方法，不同种类和品种的切花对气体成分含量的最适要求，以及湿度和温度的最适范围往往不同，限制了该技术在花卉业中的广泛推广与应用。气调结合低温贮藏，保鲜的效果更佳。

9.2.3 减压贮藏

减压贮藏保鲜又称低压贮藏保鲜或降压贮藏保鲜，是用降低大气压力的方法来保鲜水果、蔬菜、花卉、肉类、水产和一切易腐产品。它是气调贮藏技术的又一新发展。

根据在低压条件下，植物组织中 O_2 浓度降低，乙烯释放速度及其浓度也低，从而可以延缓贮藏室内切花的衰老过程的这一原理，将切花放在低压密闭容器中，用真空泵抽出容器内的气体和切花产生的 CO_2 及乙烯，同时交替补充一定量的新鲜空气，使内部气压保持恒定的低压状态，降低切花凋萎速度和损耗，延长贮藏寿命。减压贮藏能够减轻代谢有害气体造成的伤害，对于提高鲜切花代谢能力，保持新鲜活力有着重要作用。减压贮藏通常要求贮藏环境的空气减压到 1/10 个大气压，同时输入要用水蒸气饱和的新鲜空气并保持较高的空气湿度，一般为 85%～100%。有关试验表明，唐菖蒲在常压 0℃时可以贮存 7～8 天，而在 8000 Pa、−2～1.7℃时，可贮存 30 天；月季在夏天常温常压下只能贮存 4 天，在 5332 Pa、0℃时可贮存 42 天；香石竹在常压 0℃时可贮存 3 周，而在低压下可贮存 8 周，其鲜度可保持不变。

但降压贮藏会造成切花一定程度的脱水，安装低压贮藏系统成本较高，管理也有一定困难，因此较少在花卉业投入商业性应用。此外，在切花贮藏前后还应注意病虫害和空气质量的控制。

9.3　切花保鲜剂及其应用

9.3.1　切花保鲜剂

切花采收后隔断了花枝和母体植株之间的联系，花瓣内部便发生一系列生理生化变化，如蛋白质等营养成分的缺失，同时，溶液及花茎中微生物及其代谢产物会堵塞花茎输导组织，影响水分吸收，加速切花的凋萎。此外，鲜花采收后水分代谢遭到破坏，花枝水分蒸腾量大于吸水量，导致花朵萎蔫。而由于切花的观赏性是它本身存在的价值，其必须具备在贮运中品质的保持能力（耐贮性）和水养瓶插的持久性（耐插性）两个特征。因此，切花保鲜具有重要的意义。其原则就是采用物理、化学或生物措施，最大可能地延缓植物观赏部位切离母体后的衰老过程，以保持切花的新鲜状态，包括切花采收后的预处理、应时催开、延长其货架寿命及瓶插寿命。在商业上运用最成功的是将硫代硫酸银的预处理与商品保鲜剂相结合，可使香石竹的瓶插寿命延长 4 倍，它的应用是切花保鲜发展史上的重大进展。国外市场上供应的保鲜剂有粉剂、水剂、片剂等。

1. 切花保鲜剂的机能

化学保鲜是现代保鲜技术中普遍采用的技术，因此有越来越多的切花保鲜剂问世。而作为切花保鲜剂应具备以下机能：

①提供能量，常以蔗糖作为能源物质。

②防止花茎导管堵塞，疏通导管，即起到杀菌及抑制微生物繁衍等的作用。

③抑制乙烯的产生，乙烯能加速切花的凋零。

④降低切花的呼吸强度，减弱切花的生理活动。

⑤减弱切花的蒸腾作用，降低水分的散失。

2. 切花保鲜剂的种类

根据使用方法、时期和作用目的不同，可将切花保鲜剂分为以下 3 种。

(1) 预处理液

预处理液是指在切花采切分级以后，贮藏运输或瓶插以前进行预处理所用的保鲜液。其主要作用是促进吸水、提供营养、灭菌以及降低乙烯对切花的伤害等。

方法：切花经采收、分级，常会造成过度失水，为了使之重新吸足水分，可先在室温下将花茎浸渍于热水中排除花茎中的气泡，再于冷室中吸水过夜。这种溶液用去离子水加杀菌剂、酸或湿润剂（如吐温 20）等即可。运输前用通常用高浓度蔗糖和杀菌剂溶液（又叫脉冲液）短时间脉冲处理数小时或 2 天，光照强度为 1000 lx，温度为 20～27℃。这是给花枝提供能源物质的常用方法，此项措施对于运输期保鲜及促进花朵开放、保持花瓣的色彩、延长瓶插寿命都有良好的效果。不同种类甚至不同品种的切花所需糖的最适浓度不同。处理时还必须保持一定的温度、湿度、光照和持续时间。此外在运输或瓶插前也可用一定浓度的硝酸银溶液或硫代硫酸银对一些乙烯敏感性切花进行脉冲处理，如浸渍花茎 5～10 min，也可以延长很多切花的寿命。

（2）开花液

开花液又称催花液，是促使蕾期采收的切花开放所用的保鲜液。所谓蕾期采收，是指在正常的商业采收期之前采收切花。这项措施可以缩短切花生长期，便于贮藏运输，降低生产成本，所以近年来人们对蕾期采收很重视。催花液的成分和放置的环境条件和预处液相似，但由于催花所需的时间较长（一般需数天），故一般选用的蔗糖浓度要低些，为 1.5%～2.0%，杀菌剂（如硝酸银）浓度为 200 mg/L，有机酸浓度 7～100 mg/L。适宜浓度的开花液既可促进开花，又能促使花蕾膨大。

（3）瓶插液

瓶插液又称保持液，是切花在瓶插观赏期所用的保鲜液。瓶插液的成分、浓度、种类繁多复杂，随切花种类而异，主要有糖、有机酸和杀菌剂。不少国家已由工厂生产成品销售。这种溶液一般含有低浓度的糖。

瓶插液除提供糖和防止导管堵塞的杀菌剂外，还可起到酸化溶液、抑制细菌滋生，防止切花萎蔫的作用。

9.3.2 切花保鲜剂的作用及机理

1. 切花保鲜的原理

应用化学药剂抑制切花衰老的生理变化，调节酸碱度，保持水分平衡，提供必要的营养以及对花茎断面的消毒等，从而延长鲜切花的瓶插寿命，提高其观赏品质。苯甲酸钠、硼酸能起到杀菌作用，可抑制葡萄球菌、枯草杆菌、霉菌的生长，有效地防止由鲜花切口腐烂而引起毛细导管堵塞，从而阻碍水分及养料的吸收。柠檬酸是 pH 调节剂，它能使切花充分吸收营养物质，并调节切花保鲜液的 pH 为 5.5～6.0，从而有利于无机盐的溶解和保持细胞膜的渗透性，保证切花得到足够的营养物质。乙烯是催熟剂，甲醛、硝酸银能抑制切花乙烯的生成或迅速氧化切花正常代谢释放出来的乙烯，从而有效地防止花叶的凋落。水、蔗糖、葡萄糖等是营养成份，保证切花代谢平衡，延长花、茎、叶的衰老，起到维持切花生命活动的作用。

2. 切花保鲜剂的主要成分

大部分商业性保鲜剂都是由水、碳水化合物、杀菌剂、乙烯抑制剂和拮抗剂、无机盐、有机酸、植物生长调节物质等组成的，实际应用中可根据切花种类和实际条件选择配方或自行配制。

（1）水

水无疑是保鲜剂中必不可少的成分。水质对切花寿命影响很大。一般来说，使用蒸馏水或去离子水可以延长切花的采后寿命。微孔滤膜过滤水在月季切花上的应用较多，远远超过离子水。微孔滤膜的主要作用在于过滤本身，在减压状态下清除气泡，从而减轻导管中空气堵塞。一般来说，自来水对切花有不利影响，不同地区的自来水内含有的成分变化很大。碱性太强的自来水需要进行软化处理，冷却后把沉淀物过滤掉。

不同种类的切花对水质的敏感程度和要求也不一样，香石竹、月季、菊花比较敏感，而郁金香不敏感。影响水质的因素如下：①酸度，一般要求 pH 为 3~4，目的是减少微生物的繁殖，增强茎的吸水力，提高保鲜剂在花茎中的流速，因此，大多数保鲜剂配方中都含有一种酸化剂（常用柠檬酸），用以降低 pH；②特殊离子，水中 Na^+、Ca^{2+}、Mg^{2+}、F^- 等离子对一些种类的切花有毒害作用，软水对香石竹和月季的毒害作用比硬水大，盐水中 $NaHCO_3$ 和 NaCl 对月季有害，F^- 对唐菖蒲、非洲菊、菊花、月季、一品红和小苍兰等都有害；③可溶性物质浓度，不同花材对水中可溶性物质浓度的要求差异很大，如相同可溶性物质浓度对菊花切花的影响比对月季切花的影响大，可溶性物质浓度为 200 mg/L 时，香石竹、月季和菊花的瓶插寿命缩短，唐菖蒲在可溶性物质浓度超过700 mg/L时才有不良反应。

（2）碳水化合物

目前使用的绝大多数保鲜剂中均含有糖。保鲜剂可作为切花所需的营养来源，调节水分平衡和渗透势，保持花色鲜艳。糖被花枝吸收后先积累于叶片中，然后再转运到花部，参与代谢。糖对切花有多种效应，它能提供呼吸基质、提高呼吸速率，保护线粒体的结构，维持其功能，阻止蛋白质的分解，维持酸胺的合成，以及维持生物膜的完整性。另外，还有人发现糖能抑制香石竹花瓣中乙烯形成酶的活性。

一般保鲜剂配方中都含有蔗糖或其他的代谢糖，如果糖、葡萄糖等，但乳糖和麦芽糖则只在低浓度时才起作用，非代谢糖如甘露糖醇和甘露糖不起作用。糖的适宜浓度因处理目的和切花种类而异，一般短时间浸泡处理所用的预处液糖浓度相对较高，长时间连续处理所用的瓶插液浓度相对较低，催花液介于二者之间，即不同保鲜剂种类糖浓度大小顺序为预处液＞催花液＞瓶插液。蔗糖是切花保鲜剂中使用最广泛的碳水化合物之一，常用浓度为 5%~30%。

（3）杀菌剂

为了降低微生物对花枝水分平衡的破坏作用，降低微生物对切花的危害，各种切花保鲜剂配方中一般至少含有一种杀菌剂，如 8-羟基喹啉及其盐类、银盐和硫代硫酸银、硫酸铝、缓释氯化合物等，它们对真菌和细菌都有强烈的杀伤作用，能减少花茎导管的堵塞，有利于吸水，具有增强细胞分裂素的活性以及抑制乙烯生物合成的作用。

在这些杀菌剂中，8-羟基喹啉是一种广谱型杀菌剂，具有易与金属结合的特性，可夺走细菌内的铁和铜离子，因而有抗菌作用。该物质可以使从茎基切口处溶解到瓶插液中的单宁类物质失落，抑制细菌的增殖，防止导管堵塞。同时，还可以降低水的 pH（即提高水的酸度），促进花枝吸水，降低蒸腾的目的。此外，还有抑制乙烯生成的作用。常用的有 8-羟基喹啉硫酸盐和 8-羟基喹啉柠檬酸，应用浓度为 200~600 mg/L。有些缓释氯化合物常用作游泳池的消毒剂，在保鲜剂配方中也有应用，应用浓度为 50~400 mg/L。经常应用的化合物有二氯异氰酸钠。噻苯咪唑是一种广谱型杀真菌剂，应用浓度为 300 mg/L。噻苯咪唑在水中溶解度很低，可用乙醇等先进行溶解。噻苯咪唑还表现出类似细胞激动素的作用，可以延缓乙烯释放，降低切花对乙烯的敏感性。季胺化合物作为杀菌剂被广泛应用，尤其在自来水或硬水中使用更为有利，一般对花材不产生毒害作用，比8-羟基喹啉更稳定、持久。这类化合物有正烷基二甲苄基氯化铵、月桂基二甲苄基氯化铵等。特克多（TBZ）为一种广谱性杀真菌剂，常与细菌杀菌剂一起使用，应用浓度为300 mg/L左右。另外，TBZ还能抑制乙烯的释放，降低香石竹切花对乙烯的敏感性。其他杀菌剂还有卤素有机化合物、四价氨化合物。此外，重金属盐类也是较好的杀菌剂。

（4）无机盐类

使用较多的无机盐有钾盐、钙盐、铵盐、铝盐、银盐，还有镍、锌、铜盐等。作用：增加溶液的渗透压和切花花瓣细胞的膨压，有利于保持切花的水分平衡，延缓切花的衰老过程。不同种盐类保鲜剂对不同切花的效果会有差别。0.1%的$Ca(NO_3)_2$可延长球根切花的寿命。钙盐和钾盐混用可阻止香石竹切花花茎变软及弯头现象的发生。$Al_2(SO_4)_3$常用于月季、唐菖蒲等切花的保鲜液中。铝盐对切花的作用是多方面的，它能降低溶液的pH，抑制微生物生长，还能促使气孔关闭，降低蒸腾作用，促进水分平衡。

（5）有机酸

常用于切花保鲜液中的有机酸及其盐主要有柠檬酸及其盐、苯酚、山梨酸、水杨酸、阿斯匹林、苯甲酸、异抗坏血酸、酒石酸及其钠盐、一些长链脂肪酸（如硬脂酸）和植酸等。作用：形成低pH溶液可以抑制微生物滋生，防止花茎导管堵塞，促进花枝吸水。

柠檬酸是应用最广的有机酸，它对月季、菊花、香石竹、羽扇豆、唐菖蒲、鹤望兰等都有良好的效果。500 mg/L的苯甲酸能延长花烛的寿命。150～300 mg/L的苯甲酸钠可延迟香石竹和黄水仙的衰老，但对鸢尾、菊花、月季没有效果。据报道，苯甲酸钠是一种抗氧剂和自由基清除剂，它还能降低乙烯的产生。100 mg/L的异抗坏血酸和异抗坏血酸钠能延长月季、香石竹、金鱼草等的瓶插寿命。

（6）乙烯抑制剂和拮抗剂

切花衰老时，乙烯生成量显著增加，能加速切花衰老，缩短贮藏期和瓶插寿命。普遍使用的乙烯抑制剂和拮抗剂有硝酸银、硫代硫酸银（STS）、氨基乙烯基甘氨酸（AVG）、氨氧乙酸（AOA）、乙醇、二硝基苯酚（DNP）等，它们可抑制乙烯的产生和干扰乙烯发生作用，延缓切花衰老的进程。

使用最普遍的是$AgNO_3$和STS，它们能和乙烯的受体结合，竞争性地抑制乙烯的作用。但由于$AgNO_3$容易被光氧化成黑色沉淀物质，又能和自来水中的Cl^-形成AgCl沉淀，堵塞花茎输导组织，不易运送至花部。另外，由于$AgNO_3$有毒性，Ag^+对组织上带负电荷的部分有高度结合力，致使Ag^+的抗乙烯效应可能被遮盖。因此，现在人们更多地利用银的阴离子复合物STS，因为STS低毒，移动性强，可以运送至花部。AVG、AOA为ACC合成酶的抑制剂，故能抑制乙烯的合成。

（7）植物生长调节物质

虽然乙烯在切花衰老过程中起着非常重要的作用，但它不是控制切花衰老的唯一激素。切花的衰老像其他生命过程一样，是通过激素平衡控制的。总的来说，乙烯、ABA促进花瓣衰老，CTK（细胞分裂素）、GA（赤霉素）延迟花瓣衰老。而生长素类具有延迟和促进花瓣衰老的双重作用。

目前，在切花保鲜上应用较广的生长调节物质主要有细胞分裂素类、赤霉素类、生长素类、B9 和矮壮素、青鲜素及多胺、油菜素内酯、三十烷醇等物质。它们能延缓香石竹、月季、鸢尾、郁金香、花烛、非洲菊、菊花等很多切花的衰老。研究表明，CTK 能促进切花吸收水分，维持花瓣紧张度，抑制乙烯的生长，降低切花对乙烯的敏感性。

9.3.3　切花贮藏保鲜实例

1. 菊花

切花菊从花蕾开苞到满开分为 10 个等级，不同采收季节或者不同品种对于采花时的开度要求不同，但都是在花蕾期采收。由于出口切花菊的运输距离较长，要求采收时的花蕾开度大多在 1～5 度。一般在傍晚或者清晨采收，尽量避免在高温和强光照下采收。采收时尽可能让花茎足够长，但剪切部位也不能太低，否则茎基部因木质化程度过高，导致吸水能力下降，缩短切花瓶插寿命。应选择无病健壮、叶片浓绿的切花母枝，当花开一半时剪切，剪留 50 cm 花枝，去掉基部 1/3 左右的叶片，每 20 支为一束，用柔软的塑料包裹后贮藏。

贮藏适宜温度为 0～4℃，相对湿度为 85%～90%，在－5℃下可干贮 6～8 周，然后切去茎基部 1 cm，在 4～8℃下将花枝浸入 38℃水中让其恢复生机，在 2～3℃下可再贮存 3 周。在蕾期采收的菊花切花，在开花液中插入 5～10 cm，1～3℃下可贮存 2 周。在所有切花中，菊花的抗凋萎性最强，采后 10 h 再插入水中，仍能恢复到较好的新鲜状态，所以短途运输不必特意进行保鲜。菊花切花作长途运输（3～5 天）时，应将温度保持在 2～4℃。对于运输后轻微萎蔫的切花，可将其浸入热水中恢复。菊花的茎髓部具有海绵组织，吸水能力相对较强，所以与其他花卉相比，菊花的保鲜能力较强。但是，菊花的吸水能力与栽培过程中的环境条件以及采花之后的保存条件也有密切关系。

菊花切花开花液可用 2%～5% 的糖＋200 mg/L 的 8－羟基喹啉柠檬酸盐或25 mg/L的硝酸银＋75 mg/L 的柠檬酸配制而成。催花时可维持温度为 18～20℃，空气的相对湿度为 60%～80%，光照强度为 1000 lx。

2. 月季

月季花容秀美、千姿百色、芳香馥郁，深受人们喜欢。目前月季栽培品种已超过 10000 个，位列世界四大切花（月季、菊花、香石竹、唐菖蒲）之首，被称为“花中皇后”。我国大规模切花月季生产始于从 20 世纪 80 年代，现生产规模正不断扩大。目前我国已经成为世界上月季切花栽培面积和产量最大的国家之一。但是从近年切花出口统计数据来看，我国月季切花出口量很小。究其原因，除栽培品种、栽培技术外，切花保鲜技术欠缺也是影响切花出口的限制因素之一。我国对月季切花采后衰老生理及贮藏保鲜技术的研究相对国外较晚。据统计，我国月季切花在采后贮藏、运输等流通中的损耗每年在 40%以上。因此，研究月季采后生理及贮藏保鲜技术对鲜切花生产具有重要意义。

月季切花的贮藏可采用在清水中湿藏或在 0.35 mm 厚的塑料膜中保湿干藏的方法。

前者用于1周以内短期贮藏，如需贮藏10天以上，则需采用保湿干藏的方式贮藏。其最适贮藏温度为1～3℃，相对湿度为90%～95%，最好是插入水中或保鲜液中进行湿藏。若远途运输，需经包裹后装箱或用专门容器装运。干贮月季切花在运输前，应切除花枝基部1 cm左右，并插入含有糖的杀菌液中处理4～6 h。值得注意的是，月季切花贮藏后，切花本身的质量会受到一定程度的影响，如不能及时提供良好的环境条件，可能会造成花朵不能完全开放或花朵弯头等现象，所以在出货前一天可将贮藏的花卉插入瓶插液中并加光处理，可促进花朵的开放，提高切花质量。与此同时，月季切花需贮藏在高湿度的环境中，因此湿度的控制将直接影响到花材贮藏后的质量，即使在湿藏时同样需要在花材上用塑料膜覆盖，以保持贮藏微环境的空气湿度。若采用保湿干藏的方式贮藏，则需要注意塑料袋中气体成分的变化，防止过高浓度的CO_2和过低浓度的O_2对月季切花造成伤害。因此切花月季在贮藏期间通常每隔5天打开袋换气一次。此外，贮藏袋中冷凝水控制的好坏直接影响到切花的保湿干藏能否取得成功。

蕾期采切的花蕾可于采切后置于500 mg/L的柠檬酸溶液中，在0～1℃冷藏条件下过夜。然后把花蕾置于催花液中，在温度为23～25℃，相对湿度为80%，光照强度1000～3000 lx的条件下，连续光照处理6～7天。瓶插月季的保鲜液常用康乃尔配方液(5%的蔗糖+200 mg/L的8-羟基喹啉硫酸盐+50 mg/L的醋酸银)。

3. 康乃馨

康乃馨采切后，除去花茎下部2～3对叶，每20支捆成1束，更新切口，立即插入保鲜剂中进行采后处理，然后置于1～2℃冷室预冷，用薄膜包裹贮藏，在贮藏温度为0℃，相对湿度为90%～95%的条件下，一般可贮藏3～4周。

为确保切花质量，最好在蕾期采切，选择大花蕾期、直径为2～2.5 cm时剪切，去掉基部2～3对叶片，于0℃低温下贮藏，然后作催花处理。

催花液常用70 g/L的蔗糖+200 mg/L的8-羟基喹啉柠檬酸盐+25 mg/L的硝酸银或5%的蔗糖+200 mg/L的8-羟基喹啉柠檬酸盐+20～50 mg/L的6-苄氨基腺嘌呤。在温度为22～25℃，空气相对湿度为40%～70%，光照强度为1000～4000 lx的条件下，连续光照处理16～24 h。

4. 唐菖蒲

在实际生产中，切花采收后需经过运输和贮藏，所以唐菖蒲切花在花序第1朵花显色的蕾期进行采收。唐菖蒲切花采切后可先让其吸透水后，按一定数目扎成束，再吸去切花表面的水分，每束花最好都用聚乙烯薄膜包裹以防压伤或失水，然后置于3～5℃的冷库中冷藏。

唐菖蒲切花在适当的低温下可以有效地抑制贮藏切花的生长发育，延迟花朵开放，延长贮存期。但是唐菖蒲切花在冷藏后也会出现小花开放数目降低、苞片发黄、瓶插寿命缩短等现象，主要是在贮藏过程中，唐菖蒲花序基部小花吸收其他部分小花的营养，保证自身的生长发育，瓶插后能迅速开放，而影响最大的就是顶部的小花，其不能完全开放，严重地影响其观赏品质和商品价值。因此，设法降低冷藏过程中的呼吸作用，减少可溶性糖的消耗，是提高冷藏唐菖蒲切花品质的关键。唐菖蒲切花的向地性很强，应使其保持直立状态来运输或立放在有杀菌剂的容器中。此外，有研究认为，即使在基部第 1 朵小花开放期采收的唐菖蒲切花，其自身贮备的糖也不能满足花序上部小花继续生长发育的需要，故唐菖蒲切花采后需供应外源糖，通常采用蔗糖。用蔗糖处理唐菖蒲切花可促进小花发育，促使花序上较多的花蕾开放。

除在贮藏前进行蔗糖处理外，唐菖蒲切花出售前也常进行蔗糖预处理，处理时间一般为 18～24 h。影响唐菖蒲切花吸糖量的环境条件主要是温度，适宜的温度（20～25℃）能够有效地提高观赏品质，延长瓶插寿命。

瓶插唐菖蒲切花的保鲜可用 1000 mg/L 的硝酸银预处理 10 min 后再瓶插，也可直接插入 4％的蔗糖＋300 mg/L 的 8-羟基喹啉柠檬酸盐、4％的蔗糖＋150 mg/L 的硼酸＋100 mg/L 的氯化钴或 5％的蔗糖＋50 mg/L 的硝酸银＋300 mg/L 的 8-羟基喹啉硫酸盐＋适量酸化剂等瓶插液中。

5. 非洲菊

非洲菊为菊科大丁草属多年生宿根草本花卉，原产南非。因其花色艳丽、花形优美、品种繁多，近年来越来越受到人们的喜爱，已成为世界第五大切花。但因其花枝空心、易碎易断、运输成本高、保鲜难度大，增加了销售难度。非洲菊切花木质化程度低，采后贮运和瓶插过程中易出现花头下垂、花茎弯曲现象，这对非洲菊切花的观赏价值有很大影响。同时，非洲菊切花无叶片保留，瓶插过程中本身不能进行光合作用，因此，提供适宜的营养物质、维持疏导组织的畅通、保持水分的供应成为非洲菊切花采后生理的研究重点。

非洲菊切花因水养期长，在水养过程中，其肉质花梗常因久插水中而发生折梗的现象，缩短了其寿命，降低了观赏价值。非洲菊切花贮藏条件要求严格，夏季运输时，非洲菊要插在水中运输或在 4～5℃下包装于保湿箱中干运。非洲菊切花湿贮于水中，4℃下可保存 4～7 天。而在 50 mg/L 的硝酸银＋200 mg/L 的 8-羟基喹啉柠檬酸盐＋30 g/L的蔗糖混合液中可贮藏 2 周左右。贮前，切花应喷布或浸沾杀菌剂，防止灰霉病的发生。贮后，切花应再剪截，置于新配制的保鲜液中。值得一提的是，非洲菊对蔗糖较敏感，蔗糖浓度过高、过低对非洲菊的保鲜都不利。对于非洲菊这类切花材料来说，在配制保鲜剂时，应选用杀菌力较温和的药剂，否则会对花梗本身造成影响。8-HQC 是切花保鲜上常用的杀菌剂，对真菌和细菌都有强烈的杀伤和抑制作用。因此，在非洲菊切花保鲜上不能使用浓度太高的 8-HQC。

6-BA 和 B9 是植物生长调节剂，曾有学者发现将含 B9 或 6-BA 的保鲜剂加入瓶插液均能不同程度地增加非洲菊切花鲜重，增大花径，改善切花体内的水分状况，降低 POD 活性，延缓蛋白质降解，延长瓶插寿命，并且 B9 比 6-BA 效果更佳。加入 6-BA 的保鲜液还能明显延缓非洲菊切花中花青素的降解速度，维持蛋白质含量水平并延缓其降解速度，使非洲菊切花的寿命延长、花径增大，从而提高其观赏品质。

非洲菊切花瓶插前可用 1000 mg/L 的硝酸银或 60 mg/L 的次氯酸钠预处理 10 min，也可用 7％的蔗糖＋200 mg/L 的 8-羟基喹啉柠檬酸盐＋25 mg/L 的硝酸银溶液作预处液。

若将非洲菊切花插入 20 mg/L 的硝酸银+150 mg/L 的柠檬酸+50 mg/L 的磷酸二氢钾等瓶插液中，可进一步延长瓶插寿命。

6. 百合

百合正成为鲜切花领域中备受青睐的高档花卉。百合采收时要尽量避开高温和高强度光照，一般以上午和傍晚为宜。棚内温度最好不要超过 25℃。采收时一定要用锋利的剪刀，避免压破茎部，否则会引起微生物感染而阻塞导管。百合在第一朵花蕾出现花色或花蕾膨胀而呈乳白色时即可采切。剪切面应为一斜面，以增加花茎的吸水面积。采收花茎的部位要尽可能地靠近基部，以增加花茎的长度，但要避免剪到基部木质化程度过高的部位，否则会导致鲜切花吸水能力下降。鲜切花剪下后要立即放入清水或保鲜液中。在田间采收时，应配备具有遮阴棚的小推车，防止鲜切花在阳光下长时间暴晒，采收后应尽快放入包装间。

采用冷库预冷。直接把鲜切花放入冷库中，不进行包装，预冷结合保鲜液处理同时进行，使其温度降至 2℃。该方法要求冷库有足够的制冷量，即冷空气以 60～120 m/min的流速循环。完成预冷后鲜切花应在冷库中包装起来，以防鲜切花温度回升。

不同的百合品种使用的预处液不同，亚洲系杂种对乙烯特别敏感，首先要使用 STS 进行处理，而东方型百合对 STS 不敏感，预处理时要避免使用 STS。百合可干藏也可湿藏。干藏时将花材密封于塑料袋中，在 0～1℃温度下可贮藏 4～6 周。贮运前用含 0.65 g/L 的硫代硫酸银溶液和 1 g/L 的赤霉素（赤霉酸）的保鲜液中浸渍，也可0.2 mmol/L 的硫代硫酸银溶液+10%的蔗糖液脉冲处理 24 h，切花的瓶插寿命将大大延长。另外，若采用湿藏，鲜切花要在花蕾未显色前采收，先进行水合处理（同干藏），然后放入盛水的容器中，在 0～1℃下可贮藏 4 周。也可直接将切花插于 30 g/L 的蔗糖+200 mg/L的 8-羟基喹啉柠檬酸盐等保鲜液中。销售前 10 天将百合花枝基部剪去 20 cm 放入 30 g/L 的蔗糖+20 mg/L 的 8-HQC 催花液中，室内温度为 25℃，相对湿度为 60%，光照充足条件下 7 天左右可开花出售。冷库贮藏时要求库内的温度变化不超过 1℃，并在任何的位置上随时间的变化不宜超过 0.5℃，这对于干贮特别重要，因温度波动会使水蒸气凝结在植物材料和包装纸或膜上，增加鲜切花感染病害的危险性，尤其是灰霉病的感染。贮藏时冷库内包装箱的排列行向要与气流方向一致，以使冷空气能均衡地通过各包装箱。各行包装箱之间距离为 5～10 cm；包装箱与墙壁的距离为 10～20 cm，与天花板的距离为 50 cm，与地板的距离为 5～10 cm；冷气出口要高置于包装箱之上，保持2 m左右的距离。

值得一提的是，百合花粉具有很强的黏着力，落在皮肤或衣物上很难去掉，所以应在开花后花蕊开裂前去除花蕊，杜绝花粉污染衣物和花瓣。

7. 满天星

满天星切花是鲜切花生产中的大宗商品。常规采收（小花近 50%开放）后的切花，花朵繁茂，花丛蓬松而轻盈，不易包装贮藏，在自然条件下失水迅速，造成商品流通中损失巨大，商品货架期短。

满天星一般在花开 6～7 成时采切。采切的切花湿贮于水中或保鲜液中，在 4℃下可贮存 1～3 周。保鲜液可采用 200 mg/L 的 8-羟基喹啉柠檬酸盐+20g/L 的蔗糖混合液。切花若是蕾期采切的，可用 10%的蔗糖+200 mg/L 的硫代硫酸银溶液处理以促花开放。

瓶插满天星切花的保鲜可用 5%～10%的蔗糖+25 mg/L 的硝酸银预处理后瓶插或直接插于 2%的蔗糖+200 mg/L 的 8-羟基喹啉柠檬酸盐瓶插液中。

8. 芍药

芍药是我国的传统名花，具有悠久的栽培历史，深受国内外人民的喜爱，广泛应用于园林、药用栽培等。芍药作为鲜切花生产的比例较小，而对其切花采后生理和贮藏保鲜技术的研究则更少。但芍药优良的观赏特性和切花品质逐渐被世界各地越来越多的人们认识，在研究中发现芍药切花较耐贮藏，其作为切花的潜在市场相当可观，而花卉采后生理研究成为当前世界花卉研究的热点之一。

芍药的花期一般为四五月份，正值高温季节，采切后切花叶片易枯萎，花蕾易萎蔫，瓶插寿命短。瓶插寿命因品种不同有很大差异，短的只有 2 天，长的可达 7 天。低温贮藏 60 天的芍药花枝仍可保持较强的吸水能力和开花能力。

芍药切花应在蕾期采收，但蕾期若择时不适，则花蕾可能根本不绽放或绽放过早或延迟。切花芍药采收的最佳时期，根据采后用途和品种而异，用于贮藏的切花在花蕾紧实显色时采收，时间以上午露水晾干后即可进行，若即切即售，则应与萼片开始松散、花瓣露出时采收。另外，重瓣花比单瓣花、红色品种比白色品种采切时间要晚。采收后必须立即置入冷库，并复水，或用聚乙烯薄膜包装或装入内衬聚乙烯薄膜的纸箱内保存。每 10 支作为 1 捆，装入纸箱，预冷后在 10℃以下的低温下运输。

芍药贮藏前需进行预冷，预冷终温为 5～8℃，0～1.7℃下可贮藏 4～6 周。采后贮藏前进行预处理所采用的预处液为 STS（$AgNO_3$ 0.2 mmol/L + $Na_2S_2O_3 \cdot 5H_2O$ 0.8 mmol/L）、杀菌剂（1000 mg/L 的 1-甲基托布津）、百菌清等；瓶插液有 200 mg/L 的 8-羟基喹啉柠檬酸盐+20g/L 的蔗糖+50 mg/L 的 $AgNO_3$ 等。

【复习思考题】

1. 影响切花贮藏保鲜品质的内因是什么？
2. 阐述切花冷藏保鲜技术的原理。
3. 切花气调贮藏技术的优劣势分别是什么？
4. 鲜切花减压贮藏的特点是什么？
5. 简述切花保鲜剂的机能。
6. 简述切花保鲜剂的种类及功能。
7. 切花保鲜的原理是什么？
8. 水质对切花保鲜有什么影响？
9. 简述月季贮藏保鲜的条件。

第 10 章　园艺产品营销

【内容提要】　以园艺产品为营销对象，系统地阐述了园艺产品营销的相关概念及其原理，介绍了营销策略和选择，市场分析和管理，阐述了我国有机食品和绿色营销策略。

【学习目标】　掌握园艺产品营销原理；学习和理解园艺产品营销策略，包括产品策略、竞争和价格策略以及促销策略；学习和理解市场营销分析和组织管理以及如何实施市场营销管理；了解绿色营销的内涵、特点和理论基础，理解我国有机食品的绿色营销策略。

【重要概念及关键词】　市场营销　营销管理　营销观念　产品策略　市场定位　缺损度　定价目标　园艺产品市场营销分析　SWOT 分析　绿色营销　生态经济学　环境经济学

10.1　园艺产品营销原理

10.1.1　市场营销概述

1. 市场营销的基本概念

菲利普·科勒特认为：营销就是通过创造和交换产品和价值，从而使个人或群体满足欲望和需要的社会和管理过程。要透彻了解这个定义，首先需要解释一些基本概念，即需要、欲望和需求，产品、价值、交易、交换以及市场。

(1) 需要、欲望和需求

需要（needs）：营销的基石是人类所具有的需要。所谓需要，是指人们的一种状态，即对某种东西感到缺乏。这些需要并不是营销人员所创造的，而是人类所固有的。当某种需要还无法得到满足时，人们有两种选择：一是法削弱这种需要，二是设法寻找目标来满足它。在不发达社会中，人们会倾向于前者，而在发达的工业社会中，人们则越来越倾向于后者。

欲望（wants）：是从需要派生出来的一种形式，它受社会文化和人们个性的限制。例如，在现代社会里，一个饥饿的人可能想要一顿美味的餐食，而在非洲狩猎部落，他可能想要一块烤肉和一瓢河水。社会成员的欲望会伴随着社会的进步而不断增加，生产者则是努力提供更丰富的产品和服务来满足人们的欲望。园艺产品在现代社会可以成为一种商品也正是因为如此。

需求（demands）：西方的经济学者们认为，人们的欲望几乎是无限的，但支付能力却是有限的，因而人们总是根据其支付能力来选择最有价值或最能满足其欲望的产品或服务。当考虑到支付能力时，欲望就将转换为需求。

（2）产品

产品（product）：指能够提供给市场来满足人们需要和欲望的任何事物。人们购买实物产品的主要原因不是拥有它们，而是因为它们能够带给人们某种利益，如食物帮人们消除饥饿。产品的概念并不局限于实物，也包括能够满足需要和欲望的任何无形的东西。营销者经常用商品和服务这两种表述来区别有形产品和无形产品。例如，园艺产品可以满足人们对营养和风味方面的需求，甚至随着其质量的不断提升以及现代社会人类消费心理的变化，增加了礼品等附属价值。

（3）交换和交易

交换（exchange）：所谓交换，是指从他人那里取得想要的物品，同时以某种物品作为回报的行为。当人们开始通过交换来满足欲望和需求时就出现了营销，交换是营销的核心概念。虽然交换只是人们满足欲望的方式之一，但相对于其他方式，交换有诸多优点：人们不必依赖他人的施舍，不必具有每种必需品的生产技术，能够专心生产他们最擅长生产的物品，然后用其换回所需物品。因此，交换的作用不仅止于为人们提供了更多的消费机会，而在于其能使整个社会能够生产更多的东西，有利于社会总价值的积累。

交易（transaction）：是营销的度量单位。所谓交易，是指双方价值的交换。交易营销（transaction marketing）是范围更宽的关系营销（relationship marketing）思想的一部分。营销者除需要创造短期的交易外，还需要与消费者、分销商、零售商及供货商建立长期的关系。营销者必须保证以公平的价格提供优质的产品和服务，由此建立强有力的经济和社会联系。从趋势上看，营销正在从每一次交易利润最大化向与消费者和其他方面共同获得最大利益的方向转变。实际上，建立良好的关系就会出现获利的交易。

（4）市场

市场（market）：所谓市场，是指某种产品的实际购买者和潜在购买者（或称为消费群体）的集合。这些购买者都具有某种欲望或需要，并且能够通过交换得到满足。因而，市场规模取决于具有这种欲望或需要以及支付能力，并且愿意进行交换的人的数量。世界经济，乃至任何一国的经济都是由各种交互作用的市场所构成的，这些市场又通过交换过程有机地联系起来。

（5）营销

当市场的概念被建立起来之后，关于营销概念的整个循环便完成了。营销的本质就是要管理市场，促成满足人们欲望和需要的交换。因此，营销是通过创造和交换产品与价值，从而使个人或群体满足欲望和需要的过程。

交换过程涉及多项活动。卖者必须寻找买者，确认其欲望，为其设计适当的产品或服务，确定价格、促销、储存和运输。营销的核心内容包括产品的研究与开发、沟通、分销、定价以及服务等。尽管人们通常都认为营销活动是由卖者进行的，但实际上买者也进行营销活动。例如，消费者寻找所需产品，这就是进行营销活动。同样，当采购代理商寻找卖者并与卖者讨价还价时，也是在进行营销活动。

2. 营销管理和营销管理观念

(1) 营销管理

所谓营销管理（marketing management），是指为了实现组织目标而设计的各种分析、计划、实施和控制活动，以便建立和维持与目标消费者的互惠交换关系。因此，营销管理涉及对需求的管理和对消费者关系的管理。

许多人认为营销管理就是要为公司当前的产品找出足够数量的消费者。这种观点有很大的局限性，因为任何组织对于其产品都有一种适当的需求水平。在不同的时点上需求水平是不同的，有时可能没有需求，有时可能有适当的需求，有时可能有被动的需求或过量的需求。营销管理必须找出适当的方式来处理各种不同的需求状态，因而它不仅仅涉及寻找和增加需求的问题，也涉及改变需求甚至减少需求的问题。

需求管理实际上也是消费者管理。一个公司的需求无非来自两个群体：新消费者群体和重复采购的老消费者群体。传统的营销理论把注意力放在新消费者群体方面。然而目前的形势已经发生了变化，需求管理除要制定出吸引新消费者并与之达成交换的策略外，还要尽一切努力维持原有的消费者并与之建立长期的互惠关系。

但是到目前为止，吸引新消费者仍然是营销管理的主要任务之一。这里所要强调的是，营销管理的焦点正在向维持老消费者并与之建立长期的互惠关系转变。其中的关键就是要向消费者提供超价值的和高满意度的产品或服务。也正因为如此，许多营销行为的重点都在强调使消费者满意。

(2) 营销管理观念

营销管理观念是营销主体用来平衡组织、消费者和社会的利益冲突（在现代商品社会里这三者的利益往往具有一定程度的冲突）的指导思想。较为经典的营销管理观念可以分为五种：生产观念、产品观念、销售观念、营销观念和社会营销观念。

生产观念（production concept）的基本视角是，顾客会接受任何他能买到并且买得起的产品，因此管理的主要任务就是提高生产和分销的效率。这种观念是最原始的营销哲学，远远不足以指导现代营销。但生产观念在两种情况下仍然是适用的：其一，当供给小于需求时，管理部门应该采取各种方式增加生产；其二，当生产成本太高，且提高生产率可降低成本时。

产品观念（product concept）是由生产观念发展而来的。它的基本假设是，顾客喜欢质量最好、操作性最强、创新功能最多的产品，因此公司应该集中力量改进产品。一些制造商确信，最好的产品吸引最多的顾客。但是在现实的商品社会中事实往往并非如此，因为消费者满足某一需求的方式并不是单一的，所以产品观念还会导致营销近视症。例如，将产品等同于消费者的需求，从而忽略了营销行为的本质是要满足消费者的需求。

销售观念（selling concept）的基本出发点是，如果组织不进行大规模的促销和推销，顾客就不会购买足够多的产品。这种观念在“非寻求类商品”（unsought goods）的生产厂商中尤为盛行。所谓非寻求类商品，是指在正常情况下顾客不想购买的商品，如百科全书或保险。大多数营销组织在生产能力过剩时都遵循销售观念，他们的目标是要销售出制造的东西而非市场需要的东西。由于这种观念强调产业销售的交易而非与顾客建立长期的互惠关系，所以营销活动具有很大的风险。这种观念基于一种一厢情愿的错误假设：被诱导的顾客喜欢这种产品，即使顾客不喜欢这种产品他们也会很快忘记，并且还会重复购买这种产品。许多研究表明，不满意的顾客不会重复购买，并且更糟的是，一个满意的顾客会把他的经验平均告诉 3 个人，而一个不满意的顾客会把他的经验平均告诉 10 个人。

营销观念（marketing concept）是很多成功的大公司奉行的营销管理哲学。这种观念认为：实现组织目标的关键在于正确地确定目标市场的欲望和需要，并比竞争者更有效地满足顾客的欲望和需要。换句话说，营销观念就是要尽全力使顾客的钱具有价值、质量和满意。营销观念容易与销售观念混淆，但二者是有本质区别的。销售观念是从内向外进行的，它起始于工厂，强调公司当前的产品，要求营销人员努力推销和促销，以便获利。销售观念的着眼点是征服顾客，追求短期利益，因而忽视了谁是购买者及为什么购买的问题。与此相对照，营销观念是从外向内进行的，它起始于明确地定义市场，强调顾客的需要，协调影响顾客的所有营销活动，按照顾客的价值和满意状况建立与顾客长期的互惠关系，并由此获利。需要强调的是，营销观念的着眼点是生产顾客所需要的产品，通过满足顾客的需要来获得利润，而并非最大限度地满足消费者的需求。最短的营销定义就是满足可以获利的需要。营销的目的就是要在一定利润水平下创造顾客价值，如果顾客价值不见了，公司同顾客的关系也就结束了。然而公司在为顾客创造价值的同时，不要放弃自己的家。这需要精心地平衡。

社会营销观念认为：组织应该确定目标市场的欲望、需要和利益，然后向顾客提供超价值的产品和服务，以便改进顾客的和社会的福利。社会营销观念是五种营销管理哲学中最新的一种观念。

10.1.2　营销研究的过程

市场营销研究的过程由四部分组成：确认问题和研究目标，制订研究计划，执行研究计划，以及解释和报告研究结果。

1. 确认问题和研究目标

确认问题和研究目标时常是市场研究过程中最困难的步骤，需要市场营销的管理者和研究人员通力合作。

确认问题时，管理者所面临的困难往往是必须在不了解具体起因的情况下弄清楚问题是什么。这要求管理者必须对市场研究有足够的了解，能够帮助制订研究计划和解释研究的结果。不怎么懂市场研究的管理者很可能接受错误的信息并得出错误的结论。管理者需要认清存在的问题，而研究人员则需要明确研究的内容并知晓到何处去获得信息。有经验的市场研究人员明白管理者面对的问题，他们能够帮助管理者确认问题并提出好的研究方法，帮助管理者作出决策。

当问题被仔细地确认后管理者和研究人员将开始着手制定研究的目标。市场研究项目的目标可能有三种：开拓性研究（exploratory research），即收集一些初步的信息，这些信息能够帮助管理者确认问题和提出假设；描述性研究（descriptive research），即描述一些情况，如产品的潜在市场，人口情况，或消费者对某种产品的态度等；因果研究（casual research），即测试对因果关系的假设，如一产品的价格下降10%，那么增加的销售量的销售额能抵消降价格下调的损失吗？管理者一般从开拓性研究开始，然后依次去做比较性研究和因果研究。

2. 制订研究计划

市场研究过程中的第二步是确定哪些信息是必要的，然后制订一个计划去收集这些信息，报研究管理机构批准。

计划获取的信息必须是详细的，否则不具有参考性，因为研究目标必须用准确的信息来解释。例如，要用一种全新的包装代替旧包装，新包装的成本高，但更为先进也更为方便，那么研究就需要下列的信息：目前产品使用者的人数、经济状况、生活方式、消费者对产品本身的需求类型、零售商对新包装的态度、消费者对新包装的态度以及对新旧包装产品销售的预测，最终预测新包装是否会有助于盈利。

获取信息的手段有直接的方式也有间接的方式，正确的态度是二者兼顾。间接数据表示的信息是已经发生的，这些信息已经被人收集，收集时是为了其他目的。直接数据表示的是为特别目的所收集的信息。通常是从间接数据的获取开始，分析间接数据的结果指导哪一部分信息需要更为直接的数据。直接数据的获取方法有观察法、调查法和访问法等，经常需要问卷和仪器的辅助。

在制订计划阶段，市场营销研究人员应该提出书面研究提案。当研究计划又大又复杂或是要借助于其他机构去实施时，书面提案就更为重要。提案中应包括管理中的问题、研究目标、所需信息、间接信息来源、直接信息的收集方法以及研究结果对管理决策的作用。此外，还要写明研究费用。一个书面的研究计划或提案能够保证销售经理和研究人员全面考虑问题，从而对为什么研究和如何进行这项研究有一致的意见。

3. 执行研究计划

研究计划制订好之后，就需要研究人员去实施。这项工作主要包括收集、处理和分析信息。一般说来，数据收集阶段在研究过程中所花经费最多，也最易出错。这项工作可由其他组织机构承担，请专业公司承担有助于提高效率降低成本，但由公司自已的研究人员进行对收集数据的过程及数据质量控制得更好。

执行计划时，研究人员必须加强监督以保证计划正确执行，避免访问中的问题，诸如被访问者拒绝合作或提供有偏差的信息、访问人员出错或图省事。

调查结束后，研究人员要检查问卷中数据是否准确和完整，然后转成可用计算机分析的形式，分析所收集的数据，并从中提炼出有价值的内容。这项内容的最后是研究人员要把结果做成表格并计算出平均值等统计数值。

4. 解释和报告研究成果

调查和数据分析之后，研究人员需要解释自己的发现，提出结论，并向管理部门报告。但报告中切忌用数值和复杂的统计方法难倒管理人员，尽管研究人员可能是调研和统计方面的专家，但是调查的结果仅有研究人员看得懂是不够的，因为调查的目的是帮助管理部门作出决定，因此研究人员应将有用的研究结果摆出来，帮助管理部门决策。因为管理人员是最后决定研究结果的使用问题的人，销售经理可能了解更多的问题并做出决策。

研究结果往往是可通过多种途径来解释的，研究人员和管理人员一起讨论会使问题更清楚。管理人员也有必要了解研究计划执行得是否正确，是否做了必要的分析。管理人员可能还会就调查的结果提出其他一些或许需要重新筛选数据才能找到答案的问题。有时研究人员甚至可以将数据直接给市场部门经理，后者自行分析和检验这些数据的关系。

解释研究结果是市场营销过程中重要的一步。如果研究人员的解释是错误的却被管理人员听信，那么结果将是灾难性的。当然管理人员也会作出有偏差的解释，因为他们期待和自己想法一致的研究结果，潜意识里拒绝与他们的期望不一致的研究结果，所以管理人员和研究人员必须一起研讨研究结果，才能保证这些解释是客观并反映真实状况的，双方要对研究过程和相应的决策负责。

此外，市场营销研究中必须注意公共政策和伦理问题。一个好的市场研究会使公司和消费者双方都受益，市场营销研究帮助公司更好地决策，反过来，公司的产品和服务水平的提高可以更好地满足消费者的需要。但是，如果做得不好，市场营销研究也会激怒消费者，事与愿违。

10.1.3 消费心理及购买行为研究

消费者购买行为是指最终消费者的购买行为。所谓最终消费者，是指以消费为目的购买商品或服务的个人或家庭，他们构成了消费者市场。世界各地消费者的年龄、收入、教育水平和偏好等方面都是不尽相同的，他们购买的产品和服务也颇有区别。而消费者最终决定购买怎样的产品是受很多因素影响的。

1. 影响消费者行为的因素

消费者的购买行为会受文化、社会、个人、心理特征的强烈影响，尽管营销人员往往不能控制这些因素，但却必须予以考虑。

(1) 文化因素

文化因素对消费者行为产生的影响是深刻而广泛的，因此营销人员需要了解购买者的文化、亚文化和社会阶层在其消费行为中所起的作用。

文化是影响一个人的需要和行为的最基本的因素。人类的行为多数是学来的，一个人成长的文化环境决定着他对各种事物所持的观点和面临问题时的抉择取向，因而也必然影响其购买行为。不同的群体拥有不同的文化特征，不适应这些差别可能导致营销活动的低效或失误。市场营销人员需要经常捕捉文化变迁，以便发现人们可能需要的新产品。例如，人们越来越关心健康，因此低脂低糖的天然食品更加受到欢迎，而这使得园艺产品的商品价值获得认可和提升。

每种文化都包含较小的亚文化群体，许多亚文化能形成重要的子市场，营销人员也经常按照他们的需要设计产品并制订营销计划。

社会阶层（social classes）是社会中相对稳定和有序的一些部分，是由职业、收入、教育和财产等综合因素决定的。不同社会阶层的人，其价值观、兴趣和行为特征是有差别的，但在同一社会阶层中这些又往往比较相似。

（2）社会因素

一个消费者的行为也要受其所处的群体、家庭、社会角色与地位等的影响，这些统称为社会因素。

群体：一个人的行为要受多种小群体（group）的影响，如家庭、朋友、邻居和同事等，群体中的观念决策人（opinion leader）在技能、知识、个性或其他方面有明显特点会影响到其他人。营销人员总是试图为所有产品找出观念决策人，以便制定出正确的营销策略。

家庭：是社会中最重要的消费者购买群体，家庭成员对购买行为影响极大。扮演不同角色的家庭成员在购买不同商品时的决策能力是不同的。例如，在很多家庭中，妻子在购买日常用品时处于主导地位，但在购买贵重物品时丈夫的意见往往更具有影响力。

社会角色与地位：一个人可以同时属于多种组织，如家庭、公司以及各种社会团体。人在不同的组织中的作用或地位是不同的，这些也会影响到他在特定环境下的消费心理。

（3）个人因素

个人特点也会影响购买者的行为，如不同年龄、生活周期、职业、经济情况、生活方式、个性以及自我概念的消费者，其消费取向是不一样的。

（4）心理因素

一个人的购买选择还要受消费的动机、对产品和消费行为的感受、消费经验以及对产品所持的态度四个主要心理因素影响。

综上所述，消费者的选择是从文化、社会、个人和心理因素的交汇作用中形成的，尽管许多因素营销人员无法控制，但它们能被用来判断购买者是否有兴趣，也能用于设计产品并使产品更符合消费者需要。

2. 消费者的购买角色

了解了主要的购买参与人和他们各自的作用能够帮助营销人员调整营销策略。人们可能在购买决定中扮演如下角色：

启动者——首先建议或想到要购买某产品或服务的人。

影响者——观点或建议对购买决策有影响的人。

决策者——最后决定或部分决定购买的人，如买什么、怎么买或在哪买等。

购买者——实际购买产品的人。

使用者——消费或使用产品或服务的人。

3. 购买决策行为的种类

根据消费者购买商品时的谨慎程度，在购买过程中愿意为选择商品付出的时间和精力（往往用于收集有关产品的信息），参与购买过程的人数，以及商品的差异，主要会产生四种消费行为，即四种类型的消费者。

（1）复杂型购买行为

消费者在进行重要的购买（如所购之物比较贵重、购买有风险又不常购买）或是发现品牌有很大差别时，会产生复杂型购买行为。有些产品属于表现自我的产品，此时消费者也会觉得购买活动很重要。购买者需要经过一个学习的过程，先是建立对产品的信任，然后确定态度，最后作出经过考虑的购买决策。参与这类产品营销人的员，必须了解人们收集信息的方法以及参与人的评估行为，帮助购买者了解产品性能等级和产品的重要部分，在顾客选择品牌时施加影响。

（2）消除差异型购买行为

消除差异型购买行为发生在消费者购买贵重的、不常买的或是存在风险的物品时，不过这些产品从品牌上讲并没有什么差别。这时他们就会比较诸如购买是否方便这一类因素，并很快实施购买行动。

（3）习惯型购买行为

习惯型购买行为发生在产品价格比较低，消耗性比较强，需要经常反复购买的商品上面。消费者在购买这类产品时只是去商店找一个品牌。如果老是购买这个品牌，就形成了习惯，而不是出于对品牌的崇信。在这种情况下，营销人员常用价格和营业推广方法刺激产品的销售，如显眼的标志和图像，时间短暂但重复次数多的电视广告，或者加强产品的某个特殊属性。

（4）广泛挑选型购买行为

在反复购买价格较低或是经常重复购买的产品时，消费者的行为一般处在“弱参与”范围里。在这种状态下，消费者也会产生广泛挑选购买行为，但此时他们对品牌的差别很注意，因此常变换品牌。例如，买饮料时，一个消费者可能出于某种信任选了一种品牌的饮料而不进行评估，但饮用时开始衡量品牌。第二次由于厌烦或想试试其他的，选了另一种饮料。品牌变换是因种类繁多而产生的，而不是因为不满意。在这类产品中处于不同竞争地位的公司的营销策略是有区别的。占主导地位的公司通过多占店中货架并保持货位饱满来促成习惯型购买；其他公司则鼓励广泛挑选，或通过低价、特别促销、代金券、免费样品促成购买，或在广告中提出尝试新产品的理由。

4. 购买者的决策过程

购买者的决策过程示意图如图 10-1 所示。一个完整的消费过程需要经过五个阶段：确认需要、信息搜索、评估选择、购买决定和购后行为。不过在日常购买中消费者经常跳过或倒着经过一些阶段，如在购买一些反复使用的消耗品时会直接进入购买过程而不必搜索信息和评估。

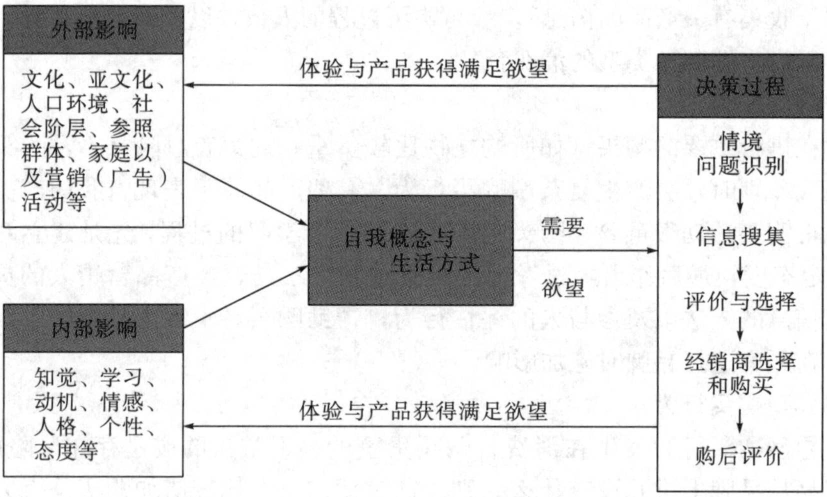

图 10-1　购买者的决策过程示意图

（1）确认需要

购买过程从确认需要开始，当购买者发现现实情况和理想状态的差距时需要就产生了。这种需要可能是由内部刺激引起的，也可能由是外部刺激引起的。因此，营销人员应研究消费者有怎样的需要，该需要是如何产生的，需要什么样的产品去满足。通过收集这样的信息，营销人员可以确认引起人们对产品感兴趣的因素，并设计与这些因素有关的营销计划。

（2）搜索信息

消费者获取产品信息的主要来源有：

个人来源——如家庭、朋友、邻居和熟人。

商业来源——如广告、销售人员、商店、包装和展示。

公共来源——如大众传媒和消费者协会。

试验来源——如搬运、检查和使用产品。

这些信息来源相互间的影响要视产品和购买者的具体情况而定。一般消费者得到的多数产品信息来自商业来源，但最有效的来源却是个人来源。

公司要仔细地把消费者信息来源加以分类，并明确各种来源的重要程度，要问消费者第一次是如何听到公司的品牌的，收到的是什么样的信息，怎样看其他来源的重要性，等等。

（3）评估选择

消费者如何评估方案要看每个消费者和特定的购买环境。有时仔细计算、思考，有时却依靠直觉和冲动去购买；有时自己作决定；有时从朋友、导购员或销售人员那里获得购买建议。营销人员应该找出人们实际评估方案的方法，了解评估过程是如何进行的，就可以采取措施去影响消费者的选择。

（4）购买决定

一般来说，评估阶段所确定的购买范围将会是消费者的最终目标，消费者的购买决定将会是去买他们最喜欢的品牌。不过有两个因素会导致最初决定的变更：一是其他某个对消费者本人的决策具有影响力的人对该产品的态度；二是未预料到的形势变化。因此，偏好，甚至购买打算不一定能够导致实际购买。

（5）购后行为

购买这一行为并没有随着消费者按照自身的决定购买到商品而就此结束，因此产品售出后，市场营销人员的工作也没有结束。购买产品后消费者会根据自己的满意程度产生评估营销者的购后行为。决定消费者买东西后满意程度的因素主是消费者的期望与产品所表现的性能二者之间的关系。消费者会感到失望、满意或惊喜。消费者的期望来自他们购买前获得的信息，如果销售者夸大了产品的性能很容易招致不满，这说明销售者应该如实地介绍产品才会使消费者满意。利用产品性能去促使消费者感到满意也是一种方法。使消费者感到满意是很重要的，这是因为公司的销售来自两个基本群体——新顾客和老顾客。通常吸引新顾客要比保住老顾客的花销大，所以最好的方式是留住现有顾客，使他们满意。一项统计表明，一个满意的顾客平均告诉 3 个人关于好产品的情况，而一个不满意的顾客会告诉 10 个甚至更多的人他的不幸。一个公司不应等到顾客不满意时自动出来抱怨，因为大约 96％不愉快的顾客从不向公司讲他们遇上的问题。因此，公司有必要建立一个鼓励顾客提意见的系统以此了解自己做得怎样和如何改进。

10.2　园艺产品营销策略及市场选择

10.2.1　园艺产品的产品策略

产品策略是企业市场营销活动的支柱和基石，是价格策略、分销策略和促销策略的基础。所谓产品策略，是指企业制定经营战略时，首先要明确企业能提供什么样的产品和服务去满足消费者的需求，这就是产品策略要解决的问题。从一定意义上讲，企业成功与发展的关键在于，产品满足消费者的需求的程度以及产品策略正确与否。产品策略的内容一般包括产品的定位、市场周期、产品组合、包装、品牌策划以及新产品开发，对于某些特殊的产品来说还包括服务策略。

1. 园艺产品的市场细分

（1）园艺产品市场细分的含义与作用

市场细分指根据消费者需求的差异性，把市场划分为具有类似需求的不同消费者集合，对每一不同集合采取不同的营销组合，其中每个消费者集合称为一个细分市场，或者称子市场。

市场细分有利于企业开辟新的目标市场，由于消费者的需求是不断变化的，因此可以通过市场细分仔细研究消费者的需求变化，根据新出现的需求来开发新的目标市场，从而不断提高市场占有率，扩大市场份额。消费者需求的多样性使得企业不可能满足消费者的全部需求，正确的策略是根据自身的条件和能力，集中优势力量，正确的选择目标市场、确定经营范围和方向，市场细分有助于企业发挥自身的优势，明确市场导向。

对市场进行细分后，可以确立小而具体，规模、特点突出，消费者需求清晰的子市场，这样的子市场既有利于企业抓住需求，对不同产品制定不同营销策略，又便于企业根据消费者的需求变化及时调整营销策略，因为子市场的信息反馈更快，具有针对性的策略也更为灵活。这种子市场还可以帮助企业更快地进行分析，发掘潜在的市场需求。因此，市场细分对企业制订正确的营销计划，实施完善的营销策略，顺利实现既定的营销目标具有非常重要的作用。

园艺产品的市场细分就是根据园艺产品总体市场中不同的消费者在需求特点、购买行为和购买习惯等方面的差异性，把园艺产品总体市场划分为若干个不同类型的消费者群的过程。

(2) 园艺产品市场细分的原则与标准

市场细分必须把握一定的原则和标准才能形成合理的子市场划分格局，否则便失去了细分的意义。

1）市场细分的原则

市场细分的原则主要是必须使细分后的各个子市场具备明显的差异性，具有可进入性，具有较大量的需求，同时具有一定的相对的稳定性。

差异性是指能明确反映和说明细分市场上消费者对商品需求的差异性，能定量说明细分后的市场范围、容量、潜力等，如可根据收入水平不同，分高档市场和普通市场。划分出具有差异性的子市场后，便可进一步考虑是否可以进入，这对于创业初期的企业非常重要。子市场划分还要考虑是否具有合理的范围，并选择相对稳定的市场制定进入的方式。市场细分不能太粗略，否则消费者需求不明确，也不能太细致，否则会使消费者需求规模降低。同时，还要考虑客观要求，保证子市场具有一定规模的潜在购买力。

2）市场细分的标准

园艺产品市场细分的作用能否得到充分发挥，取决于采取什么样的标准去划分市场，标准是否合理有效决定企业是否能够抓住目标子市场。

市场细分一般是按照地理、人口、心理、行为、用途等标准进行的。例如，南方市场还是北方市场，城镇还是乡村；何种年龄、教育程度、社会阶层、性别、家庭规模，甚至民族的消费人群；普通消费还是节日送礼。

(3) 园艺产品市场细分的步骤与方法

1）市场细分的步骤

市场细分是一个动态的过程，整个过程可以分成以下几个阶段（图 10-2）：

①正确选择市场范围。企业应根据自身的经营条件和经营能力确定进入市场的范围，特别是该市场所涉及的行业、产品特色和服务特征。

②列出市场范围内所有潜在顾客的需求情况。包括根据细分标准全面地列出潜在顾客的基本需求，作为以后深入研究的基本资料和依据。

③分析潜在顾客的不同需求，初步划分市场。企业将所列出的各种需求通过抽样调查进一步搜集有关市场信息与顾客背景资料，然后初步划分出一些差异最大的细分市场，一般至少从中选出三个细分市场。

④筛选。根据有效市场细分的条件，对所有细分市场进行分析研究，剔除不合要求、

无用的细分市场。

⑤为细分市场定名。为便于操作，可结合各细分市场上顾客的特点，用形象化、直观化的方法为细分市场定名，如某旅游市场分为商人型、舒适型、好奇型、冒险型、享受型和经常外出型等。

⑥复核。进一步对细分后选择的子市场进行调查研究，充分认识各细分市场的特点，本企业所开发的细分市场的规模、潜在需求，还需要对哪些特点进行进一步的分析研究等。

⑦决定细分市场规模，选定目标市场。企业在各子市场中选择与本企业经营优势和特色相一致的子市场作为目标市场。没有这一步，就投有达到细分市场的目的。

经过以上七个步骤，企业便完成了市场细分的工作，就要可以根据自身的实际情况确定目标市场并采取相应的目标市场策略。

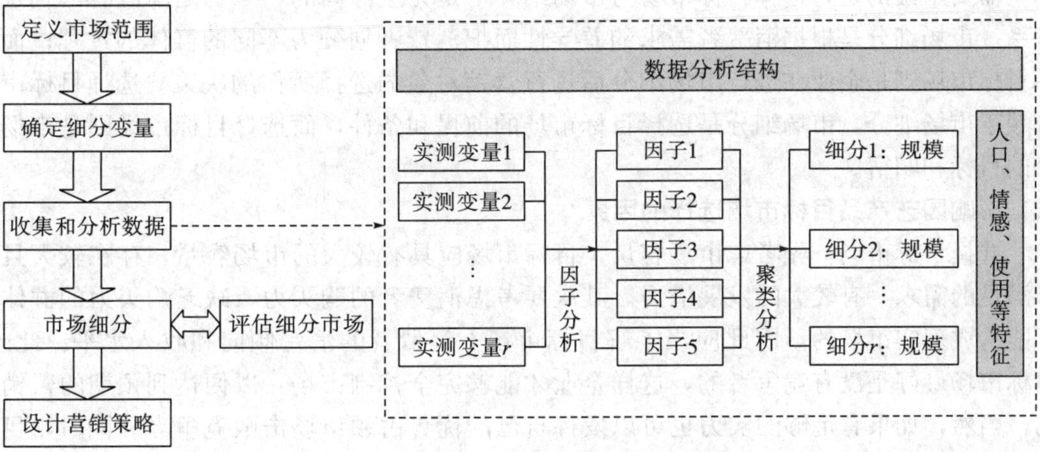

图 10-2　市场细分模式图

2）市场细分的方法

虽然产品在设计研发时就进行了市场的细分，但是这种细分往往相对是粗线条的，因此在具体实施销售时有必要进行更为明确的目标市场细分，根据产品推广的不同阶段，针对更加明确的目标客户，使用合适的营销策略和方式。

企业寻找目标客户群最常用的方法是进行市场细分。企业可以按照不同的特征来进行市场的细分工作，如追求相似利益的人群、具有相同爱好的人群、相同年龄层次的人群、相同收入水平的人群、相同职业特征的人群等，亦可以将这些因素结合起来进行多因素的市场细分。

2. 园艺产品目标市场与市场定位

(1) 园艺产品目标市场的选择

①综合企业优势、消费者需要与经济效益。市场细分的目的在于有效地选择并进入目标市场。目标市场就是企业在细分市场的基础上根据自己的优势条件相应选择一个或几个细分市场作为营销目标。在选择目标市场时，企业优势是基础，消费者需要是关键，

经济效益是目的，既能满足消费者需要，又是企业擅长的产品，并且效益较高的市场，才是一个真正理想的目标市场。

②有一定的市场容量。目标市场必须有一定的规模，拥有相当的消费者或用户和购买力，因为规模太小没有潜力的市场不具备开发价值。

③本企业具备可以占领该市场的能力。目标市场应该是企业可以利用现有的人力、物力、财力和营销因素的组合能够进入并占领的市场，或者是企业经过调整和改造可以进入的市场，并且该市场上的消费者可以通过一定渠道了解和购买到本企业的产品。

④具有持续、稳定、长远发展的特性。目标市场规模要能满足企业不断扩大发展的要求，保证企业能够长期生存和发展。因此，目标市场要有一定程度的稳定性，企业可以在相对较长的时间内开展营销活动，制定较长时期的营销策略和战略，避免市场变化带来的风险。

需要指出的是，选择目标市场与市场细分不是完全等同的，二者之间既有区别也有联系。市场细分是根据消费者需求的差异性而把消费者划分为不同的群体的过程；而选择目标市场则是企业在进行市场细分后进行营销对象的选择所作的决策。选择目标市场依赖于市场细分，市场细分是选择目标市场的前提和条件，而选择目标市场则是市场细分的目标和归宿。

(2) 影响园艺产品目标市场选择的因素

选择目标市场首先考虑市场容量，目标市场应具有较大的市场容量，存在较大且尚未满足的需求，有较大的发展潜力。其次要考虑消费者的购买力，缺乏购买力的群体是不能构成现实市场的，因此应当了解目标市场上消费者的消费倾向和收入水平。此外，目标市场最好是没有竞争者的，这样企业才能够完全控制市场，以便达到预期的营销目的，当然，如果有足够的实力也可以发挥自己的优势占领市场击败竞争者。同时，目标市场应与企业的发展具有一致性，符合企业未来发展的战略规划。

(3) 园艺产品目标市场定位的方法

市场定位是指企业为了实现特定的经营目标，根据消费者的需求及自身的情况，分析自己与竞争对手在目标市场占有的地位，为本企业及其产品在目标市场确定一定的市场位置，或者说为企业及其产品创造某种特色，在目标用户心目中树立起某些形象，以适应用户的需求和对付竞争对手。

市场定位实际上是在已有基础上进行更深层次的市场细分和目标市场的选择，即从产品的特征出发对目标市场进行更进一步的细分，进而在消费者需求确定的目标市场内再选择确定企业产品的目标市场。

市场定位一般如下有几种方法：

①根据使用者的类型定位。这种定位方法是在市场细分的基础上，根据消费者或用户的不同需求，生产出不同用途或性能的产品，使之定位于不同的消费者群体。

②根据产品的特色定位。这种定位方法是企业利用其产品的特点，如功能、质量、价格等，用各种营销手段使该产品在消费者心中占据一席之地。

③根据产品为消费者提供的利益定位。这种定位方法是企业根据消费者的要求，针对企业产品的不足进行改进，赋予原有产品的一些新的特色，使产品顺其自然地在消费

者心目中定位。

④根据竞争者局势定位。一般有市场领先战略（适合行业龙头）、市场挑战战略（适合行业二、三位企业）、市场追随战略（适合相对处于弱势的企业）、拾遗补缺者定位（适合小型企业）几种情况。

⑤特殊场合定位。这种定位方法是当企业面临一个饱和的市场无计可施时，把企业及产品的某种特点同人们熟悉的某种东西联系起来，让人们接受自己的产品，达到市场定位的目的。

市场定位需要多方面的营销策略，甚至整个营销组合策略来完成。具体实施市场定位要注意研究消费者对某种产品属性的重视程度，在了解消费者的需求和竞争对手情况的基础上进行分析和研究，确定本企业产品的特色形象，实现最佳的市场定位。

3. 园艺产品的生命周期

产品从投入市场到最终退出市场的全过程称为产品的生命周期，典型的产品周期应经历导入期、成长期、成熟期和衰退期四个阶段。产品在生命周期的不同阶段，其市场占有率、销售额、利润额是不一样的。导入期的特征是产品销售量增长较慢，利润额多为负数，当销售量迅速增长，利润由负变正并迅速上升时，产品便进入了成长期。经过快速增长的销售量逐渐趋于稳定，利润增长处于停滞，说明产品成熟期来临，在成熟期的后一阶段，产品销售量缓慢下降利润开始下滑，当销售量加速递减，利润也较快下降时，产品便步入了衰退期。当产品进入成熟期时企业就应当考虑新产品的研发。

产品生命周期形态可分为典型和非典型两种。典型的产品生命周期呈 S 型曲线。非典型形态有“循环—再循环”型、“扇型”、“非循环型”等。研究产品生命周期对企业营销活动具有十分重要的启发意义。

4. 园艺产品的产品组合

产品组合包括产品项目及产品线等概念。产品项目，即产品大类中各种不同品种、规格、质量的特定产品，企业产品目录中列出的每一个具体的品种就是一个产品项目；产品线，是许多产品项目的集合，这些产品项目之所以组成一条产品线，是因为这些产品项目具有功能相似、用户相同、分销渠道同一、消费上相连带等特点。

企业进行产品组合的基本方法是产品组合的四个维度，即增减产品线的宽度、长度、深度或产品线的关联度。而要使企业产品组合达到最佳状态，即各种产品项目之间质的组合和量的比例既能适应市场需要，又能使企业盈利最大，需采用一定的评价方法进行选择。评价和选择最佳产品组合并非易事，评价的标准有许多。从市场营销的角度出发，可按产品销售增长率、利润率、市场占有率等几个主要指标进行分析。

5. 新产品的开发

消费市场要求产品经过一定周期之后必须更新换代，因此在旧产品鼎盛时期就应当着手新产品的开发。目前我国果品蔬菜供求的结构性矛盾很突出，主要是传统品种、初级品种过剩，而优质、特色、精深加工、高档次、高科技含量产品不足。而随着人们环保意识、健康意识的不断提高，食用无公害、绿色、有机的果品必将成为新的潮流；外观独特且具有食用价值的新果品品种，如蛇瓜、樱桃番茄、袖珍西瓜等受到市场欢迎。

（1）独立研发

独立研发是指园艺企业依靠自己的科研、技术力量研究开发新产品或新品种。这是大企业会采用的方法，因为规模大的企业一般都具有独立研发的能力。大企业也较为重视这种方法，因为该方法可以结合企业的优势和特点，开发出具有特色的产品，但是投入高，风险大，特别是新品种的培育需经历几代多年，需要不间断的技术和资金支持，因此这种方法应当注意多借鉴他家经验，缩短研发周期，降低风险。目前我国具备此种能力的园艺产品企业不多。

（2）外部引进

外部引进是指依托从本企业之外的技术平台，引进先进技术、购买专利来开发新品种。外部引进有两种形式：一是引进样品进行仿制；二是在他人成果的基础上发展改进。这样做的好处是可缩短开发时间，节约研制费用，风险小，在市场竞争中处于跟随地位的中等企业通常采用这种方法。因为中小企业往往只具备简单的研发团队，技术力量较为薄弱，也无力给予研发行动大规模的资金投入。这种方法的优点是可以加快开发速度，尽快上市获取利润，缺点是产品没有特色，与市场上的其他产品趋同，难以真正确立品牌优势。

（3）新产品开发战略与程序

新产品开发战略的类型是根据新产品战略的维度组合而成的，产品的竞争领域、新产品开发的目标及实现目标的措施构成了新产品战略。对各维度及维度的诸要素组合便形成各种新产品开发战略。几种典型的新产品开发战略是冒险或创业战略、进取战略、紧跟战略、保持地位和防御战略。一个完整的新产品开发过程要经历八个阶段：构思产生、构思筛选、概念发展和测试、营销规划、商业分析、产品实体开发、试销、商品化。

6. 园艺产品的品牌策略

（1）品牌的含义和功能

品牌是一个集合概念，包含品牌名称、品牌标志、商标等概念在内。它代表生产者或销售者的产品或服务，与其他竞争者区别开来。品牌是产品的重要组成部分。品牌的外在内容体现在以下几个方面：品牌的名称、品牌标志以及商标。

品牌可以起到增加产品的价值、提升产品竞争力、彰显企业特征、吸引消费者、巩固市场的作用。园艺企业要通过创立好的品牌、培育好的品牌、扩张品牌和保护已有品牌来奠定本企业产品的品牌优势，塑造驰名品牌，累积品牌资产，达到提升企业实力，扩大市场份额的目的。

品牌也是企业的一种资产，其构成要素包括营销企业品牌知名度、消费者对品牌的认知度、品牌忠诚度与品牌联想及其他资产。要衡量企业经营水平和产业发展水平的一个重要指标便是看该公司乃至该行业的品牌建设程度。园艺产业化的过程实际上就是一个依靠品牌，逐步建立园艺产业规模优势，最终使之得到进一步发展和完善的过程。目前我国很多园艺产品属于无品牌经营，小有成就的也只是产地品牌，因此品牌建设是我国园艺产品未来发展的方向。

(2) 品牌的策略

有关的品牌策略包括品牌的保护策略、使用策略以及管理策略等。

品牌保护策略是防止他人盗用本企业品牌商标的侵权行为以及避免企业的声誉受损所采取的措施，主要有及时注册商标、关联注册、使用防伪标识等。

品牌使用策略包括多品牌策略、单一品牌策略、无品牌策略、生产者品牌、借用他人品牌等。每种品牌策略都有其自身的优势和缺点，如单一品牌操作简单，对消费者易形成聚焦点，但无法同时满足所有目标市场的消费群体；多品牌能有效做好消费群划分和市场定位，但管理困难，资金投入大；借用他人品牌要有较好的服务和一定的销售规模，但往往受到他人牵制。因此，采用哪一种品牌策略要根据企业自身的实际情况来选择。

由于品牌是企业的无形资产，因此提高品牌质量，注重品牌保护是与创立品牌同样重要的工作。企业应加强品牌推广和宣传，树立品牌形象，提高品牌知名度和品牌认知度；及时对品牌进行商标注册；加强内部管理，提高产品信誉，提高产品质量，珍惜和维护品牌信誉。企业在宣传推广品牌的过程中要注重品牌与企业形象的一致性，树立品牌的独特性，形成强势品牌。

7. 园艺产品品质及其对营销的影响

随着市场竞争由过去的价格竞争为主转向以质量竞争为主。21 世纪的园艺产品营销应当着眼于提高产品质量，向用户提供可信赖的优质产品。这已经成为园艺产品生产、流通企业提高市场竞争力最重要的因素。

(1) 品质

不同种类的园艺产品品质衡量标准不尽相同，但本质上均体现的是消费者的需求。从用途上来说，园艺产品一般被分为果品蔬菜类和花卉类。

果品蔬菜的品质一般包括以下内容：

①感观品质，如视觉、嗅觉、触觉和味觉综合评价的品质特征；外部感观，如颜色、大小、形状等；新鲜程度、整齐度、风味、质地等。

②营养品质，如维生素、矿物质、蛋白质、氨基酸、碳水化合物等的含量高低及营养成分比例。

③缺损度，指外观损伤、畸形程度，如机械损伤、病虫害、遗传、异常环境、外来化学物质作用引起的缺陷。

花卉的品质一般包括外观品质、贮运质量、货架寿命、观赏价值、观赏寿命、观赏及装饰时的安全性品质。

(2) 对营销的影响

园艺产品品质是满足消费需求、取得商业利益的前提。园艺产品的消费需求具有普遍性、大量性和连续性特点，所以产品品质是营销影响的最重要因素。特别是对于以新鲜状态出手的园艺产品而言，追求品质的新鲜与易腐易失鲜方面是存在矛盾的，越新鲜的产品就越容易失鲜，所以生产者在生产、包装、运输、储存、销售全过程各环节都要把提高产品品质作为重要指标，全面做好保鲜工作。

此外，在提倡绿色技术标准、绿色环境标志、绿色包装制度、绿色卫生检疫制度的今天，产品质量、质量管理制度、产品安全风险和安全性管理是当今国际贸易竞争，特别是农产品贸易竞争中的主要壁垒，因此高品质的产品也是我国园艺产品参与国际贸易竞争的基础。这要求生产者必须提高园艺产品的品质和环保水平以适应国际市场的竞争。

10.2.2 园艺产品市场竞争与定价策略

狭义地看，价格是对一种产品和服务的标价；广义地看，价格是消费者在交换中所获得和使用的产品或服务的价值的表现。价格是影响消费者购买的主要因素，在市场营销组合策略中，是唯一直接产生收入的因素，其他因素都代表成本。价格也是市场营销组合策略中最富有弹性的因素，因为它可以被迅速地加以调整。同时，价格也是许多公司主管面对的首要问题。不过，许多公司却不能处理好价格问题，几个最普通的问题就是，定价时太看重成本；不能经常调整价格，以适应不断变化的市场；定价时不考虑其他市场营销组合策略；不同产品、不同子市场、不同购买机会的产品价格差别不大。

1. 市场竞争定价目标的选择

定价目标是企业每一个产品的价格在实现以后应达到的目的，它是为实现企业的战略目标服务的。企业的定价策略就是巧妙结合产品定价、市场竞争等企业市场营销组合因素制定出最有利于本企业的产品价格，以实现企业的目标。产品的价格应既能使消费者接受，又能使企业获得长期的最大效益、取得竞争优势。

（1）取得最大利润目标

取得最大利润目标就是期望通过制定合理价格获得最大利润。企业是如何通过定价获利的呢？应当同时具备两个条件：第一，某产品的市场需求大于供应；第二，该企业的个别成本低于行业平均水平，此时可获得高于按平均利润率计算的价格，以实现最大利润目标。

最大利润目标有两种体现形式：追求长期利润的最大化和追求当前利润最大化。对于前者一般采取低价策略以吸引消费者，对于后者则一般采取高价策略。事实上在实际案例中企业往往需要两者兼顾，立足于短期目标，着眼于长期目标，不断提高经营水平，开发和引进新品种，改善经营管理，增强市场竞争力。

（2）维持和提高市场占有率目标

企业的市场占有率反应其经营状况和竞争能力，也关系到企业的发展前景，而从长期来看，园艺企业的盈利状况与其市场占有率是正相关的。因此，合理的定价会帮助企业维持并提高市场占有率。在这种目标之下的定价策略一般会采取低价策略，但是此时要注意一些定价之外的问题：第一，通过低价来提高市场占有率必须和大批量的生产经营能力结合起来，因为降价后市场需求量往往会增加，如果供应跟不上，竞争者趁虚而入反而会损害自己的利益；第二，禁止低价倾销。

（3）应付和防止竞争定价目标

善于使用价格策略还可以对应和抑制竞争者。以对某产品市场价格有决定影响的竞争者的定价为基础去制定本企业的园艺产品价格，或一致，或稍有变化，以求生存和发展。这种定价方式要注意及时收集资料，把握竞争对手的定价情况、市场占有率，以便及时调整本企业的价格。一般龙头企业有能力采取高于竞争者的定价以树立声望；而处于追随地位的企业定价则要低于竞争者，以求薄利多销。

(4) 稳定市场价格目标

这种定价方式是园艺企业在市场竞争和供求关系比较正常的情况下，为了回避不必要的价格竞争，以便更牢固地占有市场，从稳定的价格中取得合理的利润而制定的园艺产品价格。它的市场是需求即使发生剧变，价格也不会发生大的波动，有利于大企业稳固地占领目标市场。

2. 园艺产品定价策略

(1) 常规价格策略

①高价策略：适用于园艺产品供应紧张，或是新、奇特品种。

②低价策略：适用于追求市场占有率，希望用低价占领市场的情况。需求弹性大的产品往往是此种情况，价低售多，价高售少。此外，购买力低的市场或者存在竞争者的高档市场可以采取这种策略。

③温和定价策略：参照竞争对手价格和充分考虑购买情况来定价，价格适宜，既能获得利润，又能被购买者接受。普通园艺产品可以采用这种策略。

(2) 折扣折让价格策略

折扣折让价格策略即打折处理或者购买一定数量后附赠一定量。对于园艺产品来说，这种策略经常被采用，如货架期时，新鲜度变得不那么好的果品蔬菜的销售。

(3) 心理定价策略

心理定价策略是一种针对消费者的不同消费心理，制定相应的价格，以满足不同消费者的需求的策略。主要包括：

①尾数定价，又称奇数定价，或者零头定价，是利用消费者在数字认识上的某种心理制定尾数价格，使消费者产生商品价格较廉、商家定价认真以及售价接近成本等信任感，如19.9、298、1991这类的价格。园艺产品是很适合采取这种定价策略的。

②整数定价，与尾数定价相反，即按整数而非尾数定价，是指企业把原本应该定价为零数的商品价格改定为高于这个零数价格的整数，一般以“0”作为尾数。这种舍零凑整的策略实质上是利用了消费者按质论价的心理、自尊心理与炫耀心理。一般来说，整数定价策略适用于那些名牌优质商品。

③声望定价，故意把价格定成整数或高价，称为声望定价或整数定价。质量不易鉴别的商品最适合采用此法，因为消费者有崇尚名牌的心理，往往以价格来判断质量。其高昂的价格能使顾客产生“一分钱一分货”的感觉，从而在购买过程中得到精神的享受，达到良好效果。

④招徕定价，又称特价商品定价，是一种有意将少数商品降价以招徕吸引顾客的定价方式。商品的价格定得低于市价，一般都能引起消费者的注意，这是适合消费者“求廉”心理的。

⑤最小单位定价，把同种商品按不同的数量包装，以最小包装单位量制定基数价格，销售时，参考最小包装单位的基数价格与所购数量收取款项。一般情况下，包装越小，实际的单位数量商品的价格越高，包装越大，实际的单位数量商品的价格越低。这种定价策略的优点比较明显：一是能满足消费者在不同场合下的不同需要，如便于携带的小包装食品、小包装饮料等；二是利用了消费者的心理错觉，因为小包装的价格容易使消费者误以为廉，而实际生活中消费者很难也不愿意换算出实际质量单位或数量单位商品的价格。

（4）随行就市价格策略

随行就市价格策略即根据生产季节、货源供应情况、供求关系及产品质量等随行就市定价，如旺季低价，淡季高价；上午价高，下午价低。

3. 影响园艺产品定价的因素

一个公司的定价决策会受公司内部因素和外部环境因素的影响。影响定价的内部因素包括公司的市场营销目标、市场营销组合策略、成本和组织情况等；外部因素有市场与需求状况、消费者心理因素、国家有关政策法规因素、需求价格弹性等。园艺产品定价还受到产销时空差异、本国货币价值和货币流通量、国际市场竞争和国际市场价格变动等因素的影响。必须综合地、充分地研究影响价格的多种因素，以求定出最合理的园艺产品价格。

4. 园艺产品的定价程序和定价方法

（1）定价程序

所谓定价程序，是指根据企业的营销目标，确定适当的定价目标，综合考虑各种定价因素，选择适当的定价方法，具体确定园艺产品价格的过程。一般包括选择定价目标、估算成本、进行目标市场调研、测定产品的需求弹性、选择定价方法和定价策略、确定产品最后价格六个程序。

（2）园艺产品的定价方法

企业确定的价格一般是在没有盈利的价格水平和没有需求量的价格水平之间。价格的最低限度不应低于产品的成本，最高限度不应超过消费者对产品价值的看法，但这是一个较模糊的界限。企业必须在考虑竞争者价格和内外部因素的基础上在上述两个极端中间找到最适合的价格。

1）成本导向定价法

这是最简单的定价法，以产品成本为基础，先考虑收回成本，再考虑一定的利润。

①成本加成定价法：单位产品价格=单位产品总成本×（1+加成率）。

②售价加成定价法：单位商品售价=单位商品总成本÷（1−加成率）。

2）目标收益定价法

实质上这是另一个基于成本的定价方法，企业首先确定一个预期收益目标，在收益目标的基础上制定价格。这种定价方法适用于市场占有率高的企业，价格会偏高。

①收支平衡定价法：根据企业的生产数量，在保证一定利润的前提下制定价格，不

同预期的销售量，对应不同的收支平衡价格。

②投资收益率定价法：按照企业的投资总额确定一个资金利润率，再根据该率计算目标利润额，最后根据总成本和计划销售量及目标利润算出产品价格。

不难看出，目标收益定价法实际上也是基于成本定价的，但这种方法与成本导向定价法的区别在于：前者是根据预计的销售量倒推成本的，而后者不管销售量如何，先确定成本；前者的收益率是企业按照需要和可能自行制定的，而后者是按照行业的习惯标准制定的。

3）需求导向定价法

这是以市场为导向，以消费者对园艺产品价值的理解和认识程度为依据进行定价的方法。

①理解定价法：根据消费者对园艺产品的心理价值尺度来确定价格。这是一种先估计和测定产品在顾客心中的价值水平，再进行定价的方法。

②区别需求定价法：在特定条件下，如顾客群差异、等级差异、地域差异、时间差异、购买数量差异等，按照不同的价格销售。

4）竞争导向定价法

竞争导向定价法是指以竞争者的价格为基础，根据竞争双方的力量等情况制定比竞争者或高或低或一致的价格，从而达到增加利润、扩大销售或提高市场占有率的目的定价方法。具体有随行就市、追随领导企业、边际贡献等形式。

5）拍卖定价法

拍卖行受出售者委托在特定场所公开叫卖，引导买方报价，利用买方竞争求购的心理，从中选择最高价格的一种定价方法。这是特殊情况下进行定价采用的方式。

10.2.3 园艺产品促销策略

1. 促销与促销组合

促销对园艺生产的发展具有重要意义。目前我国各地水果、蔬菜和花卉的栽培面积都在逐年扩大，由于园艺产品具有鲜活性、时效性等特点，及时销售尤为重要，但生产者的观念却仍停留在坐等中间商或消费者上门购买上，致使产品错过最佳销售期，或降价或损失，导致增产不增收的局面，因此园艺产品的促销必须引起足够的重视。

促销是企业通过人员和非人员的方式把企业的产品及所能提供的服务信息传递给顾客，激发顾客的购买欲望，影响和促成顾客购买行为的全部活动的总称。企业在特定时期根据促销的需要，对广告、人员推销、营业推广等各种促销方式进行适当选择和综合运用，这些结合在一起共同促进某一产品销售的方法就构成了该产品的促销组合。

促销的本质是信息沟通过程，园艺产品的生产具有明显的地域特征，往往因沟通不畅，生产者找不到销路，而中间商和消费者却找不到供应商。而促销则可以帮助三者沟通信息，消除生产经营者和消费者之间的时空矛盾。促销还能刺激需求，开拓市场，扩大销售。有效的促销活动不仅可以诱导激发需求，而且在一定条件下可以创造需求。促销还有助于突出园艺产品生产经营者的特色和产品特色，稳定顾客。有效的促销活动可以帮助企业树立良好的形象，突出自身的经营特点和园艺产品特点，让中间商和消费者感到购买本企业产品可以带来的特殊利益，从而使消费者对本企业及本企业产品产生青睐，坚定重复购买本企业产品的信心。

促销要采用恰当的方式，实事求是，避免过分夸大或不实的宣传，力求把商品和服务信息准确传递给顾客，切忌通过贬低竞争对手来提升自己。营销人员应意识到促销是一个渐进的过程，不可能立竿见影，只有获得了消费者的信赖，才可能有好的销售业绩。

2. 促销方式

促销的主要目的是研究如何增大市场需求和改进买卖双方的关系，作为一种信息传递活动，促销包括主体、载体和对象三部分。其中，卖方是主体，也是整个促销行为的决定因素；各种媒体、人际联络、标签、包装等则为载体，将产品的信息有效地传递输出到消费者面前并为之所接受；促销的对象和接受者是买方。由此可见，按照促销主体的控制程度，促销手段分为直接促销手段（即营销者客户直接控制的手段）和间接促销手段（即营销者不能任意左右的手段）。直接促销手段有广告、推销员推销、营业推广以及公共关系；间接促销手段典型的有社会舆论、宣传媒体和政府经济调控工具。间接促销常常是“无成本”的，但是否起作用是不以企业的意志为转移的，企业也基本无法控制。

（1）广告促销

商品经营者或者服务提供者，通过一定的媒介直接或间接介绍自己的商品或服务或观念，属非人员促销方式。广告促销具有信息量大、说服力强、传播的群体广泛和效果显著等特点。采用广告促销时应兼顾真实、效益和艺术。

（2）人员销售

人员销售是为了达成交易，通过用口头介绍的方式，向一个或多个潜在顾客进行面对面的营销通报。其优势是灵活、针对性强、感召顾客、说服力强、过程完整、竞争力强等特点。

（3）营业推广

营业推广是为了刺激中间商或消费者购买园艺产品而利用某些活动或采用特殊手段进行的非营业性的经营活动。这种方式能够快速地刺激购买，但推广范围相对狭窄，具有局限性。营业推广的形式主要有折价、差价销售，追加附赠品销售等形式。

（4）公共关系促销

公共关系促销是通过大众媒体，以新闻报道的形式来发布所要推广的园艺产品的信息，或以参加公益活动的形式来间接展示企业及企业产品的促销方式，是一种非人员促销。这种方式具有公众影响力广、连带性强等特点。一般的形式就是开展公益性活动或组织专题公关活动。

3. 促销组合策略

在实际的营销活动中，促销的方式不是单一的，营销者往往需要将各种促销方式按照一定的原则和目的加以组合，以便更好地达成推广产品的愿望。企业在制定促销策略时，应综合考虑不同园艺商品的特点、营销目标、企业内部条件、外部市场环境、消费者需求等因素进行选择和组合。常见的促销组合策略有推式策略、拉式策略和推拉结合式策略。推式策略，即利用人员推销活动，采取主动、直接的方式，由企业推销人员通过一定的渠道，将商品推荐给购买者；拉式策略，即通过宣传把产品信息介绍给目标市场的中间商或消费者，使之对本企业的园艺商品产生购买欲望的一种促销策略，如广告和营业推广。

产品的性质、产品市场生命周期和市场性质影响着企业对促销组合策略的选择。推式和拉式两种策略以及前面所介绍的四种主动促销形式各具特点、各有作用，企业应有计划地将各种促销方式有机地结合起来，适当选择和运用，使之相互配合。人员推销必须借助广告宣传介绍，才能引导更多的潜在消费者；广告宣传最终也要通过人的推销活动，才能实现销售产品的目的。促销组合实质上是综合运用四种促销方式，使之成为一个有机整体，发挥其整体功能。

10.3 园艺产品市场营销分析和组织管理

10.3.1 园艺产品市场营销分析

园艺产品市场营销分析是对当前我国园艺产品的市场供求状况、产品状况、分销状况以及经营和销售的风险与机会进行分析，以便园艺产品的生产经营者以此为基础实现恰当的营销管理，从而获得经营效益的最大化和较高的市场占有率。

1. 园艺产品当前营销状况分析

营销状况分析主要是针对市场、产品、竞争、分销及宏观环境状况等背景资料进行的分析。随着我国经济的不断发展，国内市场上水果、蔬菜、花卉的需求与供应都呈现稳步上升趋势，但供求矛盾仍然比较突出。

(1) 市场与竞争状况

不同种类的园艺产品在我国目前的市场与竞争状况不尽相同，以下分别加以简单介绍。

1）我国国内果品市场现状

在商品质量等级方面，果内果品市场现状的特点主要是高质量精品水果偏少，很大程度上依赖于进口；中高档水果是大中城市消费的主要类型，随着我国大中型城市消费水平的上升，中高档水果呈现出品种少、供应不足的趋势；中低档水果是广大农村地区消费的主要类型，目前处于品种多、产量大、供过于求的竞争激烈之中。在水果产品种类方面，我国水果长年以来都处于供鲜食的水果较多，而适宜加工的专用品种偏少；小规模供应的中低档品种较多，成批供应的优质品种数量少的状态。

2）我国国际果品市场现状

我国水果总产量居世界首位，但高品质产品不多，竞争力较差，占国际市场的份额较小。除少数传统特色水果在数量、品种和价格上具有明显优势，竞争力较强之外，主要鲜食和加工用水果基本难以同国际市场上的优质水果抗衡，其主要原因是国内果品采后处理、产业化、组织化发展水平不高。国际市场的高标准使我国果品企业在生产经营和营销上面临挑战。

3）我国水果生产现状

我国的水果生产大部分由农户分散经营，产品质量标准不统一，集约化、规模化的大企业非常少。分散的农户无法承担高额的反季节生产市场风险，也无法引入高投入的保鲜设备，使得产品的销售受很大程度上受季节和区域的影响，同时质量无法提高。反观国外的水果生产，有统一的标准、较大的资金投入、完备的采后保鲜技术链和先进的加工企业支撑，有能力抵御市场风险。

4）我国水果国内市场营销现状

我国水果销售的效益、途径、方式、流向和流量等缺乏专门统计，这导致市场交易活动的低效率，并使得优果难以优价。虽然近年来相关部门也意识到产业结构调整的重要性，但是各地产业结构调整多少存在盲目、跟风等现象，使得我国水果产品等级、质量与市场需求差距较大，产业结构也不甚合理，季节性和地区性过剩并存；部分地区季节性水果积压滞销，价格变动幅度较大。

（2）产品状况

我国水果生产能力强、数量大，但存在品种多而杂，产业结构不合理，质量参差不齐、等级低、采后处理落后等问题。

我国水果面积和产量均居世界首位。2010 年果园面积为 1154.39 万公顷，产量为 128.652 Mt。苹果、柑橘、梨是我国最主要的三大水果，产量占全国水果总产量的 58%。桃、香蕉、葡萄的年产量均超过 8 Mt。我国水果种类丰富，作为商品栽培的有三十多种。以苹果、柑橘、梨、桃、香蕉、葡萄为主，其他水果如菠萝、荔枝、龙眼、芒果、番木瓜、枇杷、杨梅、猕猴桃、杏、李、樱桃、山楂、梅、枣、柿、核桃、板栗等果品也有一定的生产数量。苹果形成环渤海湾和黄土高原两个产业带，以陕西、山东、河南、河北、山西、辽宁、甘肃七省为主。柑橘主要分布在我国长江以南 18 个省（市），以湖南、广东、广西、湖北、四川、福建、江西、浙江、重庆九省（市）为主。梨的分布比较广，大陆 31 个省（市）都有种植，以河北、辽宁、山东、新疆为主。香蕉、菠萝、荔枝、龙眼、芒果主要分布在华南地区，以广东、广西、海南、云南为主。2010 年我国果品出口量为 5.3208 Mt，同此下降 3.75%，出口额为 52.91 亿美元，同此增长 14.57%；进口量为 2.9075 Mt，同此增长 13.98%，进口额为 24.95 亿美元，同比增长 25.57%。

主要出口产品：鲜苹果，112.1×10^4 t；鲜柑橘，93.2×10^4 t；鲜梨，43.8×10^4 t；葡萄，8.9×10^4 t；鲜桃，2.8×10^4 t；苹果汁，78.9×10^4 t；柑橘罐头，33.6×10^4 t。

主要进口产品：香蕉，66.5×10^4 t；鲜柑橘，10.5×10^4 t；鲜龙眼，29.1×10^4 t；葡萄，8.2×10^4 t；鲜火龙果，21.8×10^4 t；柑橘汁，7.1×10^4 t；鲜榴莲，17.2×10^4 t；龙

眼干、肉，6.2×10^4 t；鲜荔，3.1×10^4 t。

贸易区域：我国水果出口市场前五位的国家是美国、越南、俄罗斯、印度尼西亚和日本，对上述市场出口量合计 260.5×10^4 t，占出口总量的 51.3%；出口额合计 21.9 亿美元，占出口总额的 50.2%。

(3) 分销状况

目前，我国水果销售形式是以农贸市场、摊商等传统形式为主，连锁经营专卖店、超市、小规模配动等现代经销形式逐渐兴起。大量水果主要有由农产品经纪人和部分水果商进行采购、批发和摊商零售，果农直接面对消费者的情况比较少。随着经济发展，零售业态的变化和国内治理农贸市场步伐的加快，国内的专门水果超市数量将会继续增加，一些综合超市和连锁店的配送中心也开始设立水果的专门柜台进行经营。在超市或连锁店销售水果已成为水果销售未来的发展趋势。

2. 园艺产品营销的风险与机会分析

风险与机会分析（SWOT 分析）方法是一种企业战略分析方法，即根据企业自身的既定内在条件进行分析，找出企业的优势、劣势及核心竞争力之所在。SWOT 是英文单词 Strength（优势）、Weakness（弱势）、Opportunity（机会）和 Threat（威胁）首字母的缩写，其中 S 和 W 是内部因素，O 和 T 是外部因素。按照企业竞争战略的完整概念，战略应是一个企业“能够做的”（即组织的强项和弱项）和“可能做的”（即环境的机会和威胁）之间的有机组合。

(1) 以我国果品进入国际市场为例进行优势和劣势（SW）分析

我国果品进入国际市场的优势：我国的特色水果，如荔枝、龙眼、红枣、柿子等，在数量、品种、品质和价格上都具有明显优势，竞争力强。

我国果品进入国际市场的劣势：保鲜加工技术水平低、加工程度浅；产品质量与标准化存在差距；市场准入规则和政府支持存在差异和不平等；政府对农产品的补贴仍相对低、扶持力度不够。

因此，我国水果产品出口机会较多的是一些土特名优产品，出口风险主要来自于技术和绿色壁垒，即国际市场制定的严格的产品质量安全标准、检疫标准、包装、保鲜等方面的标准。

(2) 以我国果品国内市场为例进行机会与风险（OT）分析

机会：国内水果产品营销机会主要是随着经济发展，人们对水果产品的消费量大幅度上升，尤其对中高档水果产品、无公害产品、绿色产品及其加工品的需求量越来越大，给果品生产经营者带来越来越多的机会。

风险：低档产品、有害物质残留量大的产品随着我国市场准入制度的建立，其经营风险越来越大；同时一些地方农业产业结构调整的盲目跟风，也将给经营者带来较大的风险。

3. 园艺产品营销的管理目标

园艺产品营销管理的目标是营销计划的主要内容，企业应在分析营销活动的现状、机会与风险、优势与劣势、未来市场预测的基础上，将产品以最合理的价格及时供应市场，实现以盈利为主的财务目标和扩大经营实力为主的营销目标。

（1）财务目标

财务目标是营销管理的最终目标，也是园艺产品生产经营者追求的目标。财务目标一般包括利润额、投资收益率、销售利润率以及关于营销活动有关的支出及收益的计划报告（包括销售收入预算、销售费用预算、利润预算等）。通常采用报表的形式，表明营销活动的可行性，也为加强营销活动的管理提供依据。

（2）营销目标

营销目标是营销管理中的最基本目标，一般包括销售量、销售额、市场占有率、市场增长率和发展目标等。营销目标重点考虑的应是市场占有率和发展目标。发展目标指企业自身实力的增强，包括人、财、物数量的增加，人员素质的提高，生产能力的扩大，技术与管理水平的提高，专业化协作和经济联合体的发展等。

10.3.2 园艺产品市场营销组织管理

营销活动要通过生产经营企业设置的营销机构或组织进行。目前园艺产品营销组织的主要类型有产品经纪人、职能型营销组织及政府主导型的营销组织。依据生产规模、产品状况、产品类型、企业类型及营销理念等设置相应的营销组织并开展营销活动。

1. 园艺产品市场营销的组织形式

市场营销的组织形式指园艺生产基地或园艺公司在其内部设置的、进行营销活动所需要的职务、职能部门以及责权利的划分等。组织设置有两种模式，即传统营销模式和现代营销模式。

传统营销模式是指在传统的营销观念指导下，以企业的产品为中心，以市场为终点，以推销产品为目的。在这种模式下，生产基地或企业种植某品种后，在收获季节直接进行推销。

现代模式是指以顾客需求为中心，把顾客放在整个过程的起点和终点。在这种模式下，生产基地或企业从顾客或市场上搜集信息，决策种植品种、种植时间，然后进行销售，这种模式使产品更符合市场需要。

市场营销组织形式受市场环境、国家经济体制、园艺产品生产方式、营销理念、产品特点以及园艺产品生产和发展阶段等因素影响，主要分以下三种。

（1）产品经纪人

产品经纪人是从事园艺产品的收购、储运、加工、销售和销售代理、信息传递和服务中介等活动的人，他们利用自己手中掌握的市场信息、资金、场地等资源和园艺产品知识、销售技能，在园艺产品成熟上市季节进行收购、异地销售并从中获利。我国的园艺产品生产者大多是分散的农户，生产规模小，这与目前需求品种多、数量大的市场相矛盾，产品经纪人可以在农户和市场之间充当桥梁的角色，他们将分散农户生产的园艺产品集中起来运输到消费地进行销售。基于我国的国情，产品经纪人在园艺产品销售中发挥了巨大作用，有助于引导园艺产品产业结构的不断调整升级，促使生产由分散向规模化、专业化和区域化发展，逐步形成具有区域特色的主导产品。

（2）职能型营销组织

按照职能设置企业的营销组织就是职能型营销组织，如在公司内部根据生产经营的工作职能设置营销部、生产中心、财务部、人事部、研发部及办公室等。该种组织形式优点是结构简单、管理方便、层次少、分工明确，适用于园艺产品种类不多，公司规模较小，对产品的专门知识要求不高，或地区经营差别不大的企业。

（3）政府主导型营销组织

政府主导型组织是指由政府牵头出面成立以一种或几种区域特色产品管理为主的办公室和专业市场，负责本区域内某种园艺产品的销售联系等业务，通过联系组织外来客商到本地市场集中收购、异地销售园艺产品的形式。在我国，这种形式于21世纪初伴随着农业产业结构调整出现，已经形成了一批围绕某一园艺产品生产的大型基地，有效地解决了农民销售产品难的问题。

2. 影响园艺产品市场营销组织设置的因素

市场营销组织的规划与设计，要根据园艺产品生产基地、企业的内外部条件，在正确理念的指导下，在总结以往经验的基础上进行，形成和生产基地、企业相适应的组织形式，以实现经营战略目标。园艺产品市场营销组织的选择和设置形式受诸多具体因素的影响。比较主要的影响因素如下：

园艺产品生产基地或公司的规模。规模越大、产业化程度越高，产品种类越多，市场营销组织就复杂，体现为经纪人和营销专职人员较多；反之，营销人员的数量少，而且没有明确的分工。

市场状况。市场的地理位置是确定营销人员分工和划分责任区域的依据。每一个较大的细分市场都需要一名市场经理；对于地理位置分散的市场需按区域设置经理；市场规模越大、范围越广，营销组织就越庞大，人员越多；反之，规模越小，人员越少。

产品的特点。产品的类型及种类会影响到营销组织的设置。园艺产品作为加工企业的原料，在销售中往往是通过人员直接推销，广告部门很少甚至没有人员；当园艺产品直接面对消费者时，由经纪人进行销售或政府主导型营销组织进行销售效果更好。

园艺企业的类型和产品类型。园艺产品生产者为分散农户组成的水果生产基地，需要大量的经纪人进行销售；产品生产者要成为企业或形成产业链进行水果生产、加工，就需要有营销机构和专职营销人员。

企业的经营理念和思想。真正树立以市场为导向的营销企业或园艺生产专业户，高素质的营销人员或经纪人就多，企业或生产基地内部的协调性就好；反之，情况相反。

10.3.3　市场营销实施的管理

1. 园艺产品营销的准备工作

园艺产品营销的准备工作主要包括签订购销合同、产品的商品化处理、条码处理、产品质量认证与获得市场准入等环节。只有充分做好营销前的准备工作，才能实现产品的顺畅销售。由于食品安全问题越来越受到人们的关注，国家对食品安全的规定越来越严格和详细，而经营者在准备营销之前也要尽可能地降低经营风险，因此生产经营者在园艺产品进入市场销售前必须做好营销前的准备工作。

2. 市场营销的实施过程

市场营销的实施是指企业为实现其经营目标而致力于将营销战略和计划变为具体的营销方案和行动的过程。一般包括制订行动方案、建立组织结构、制定政策和报酬制度、开发人力资源、建设企业文化、创新管理风格和有效的控制等环节。

10.4 有机食品和绿色营销

20 世纪 90 年代以来，生态环境日趋恶化并影响到人类生存和生活质量的提高，人们的环境保护意识日益增强。可持续发展战略思想已成为全人类的共识，各种形式的绿色运动也在世界各地纷纷兴起。随着可持续发展战略和环保意识向经济、社会和文化的全方位渗透，绿色营销理念应运而生，并迅速成为许多企业的一种营销战略选择。对于绿色营销来说，产品是关键，市场是根本，消费者是基础，供应链是保证。

10.4.1 绿色营销的内涵及特点

1. 绿色营销的概念

绿色营销是以绿色消费需求为导向，在经营中将企业经济利益、消费者需求和环境利益相结合，满足市场的绿色需求并产生绿色效益的一种整体经营过程。它是指在营销全过程中充分体现环境保护意识和社会责任意识，采用安全、卫生、无公害的生产和销售方式，向消费者提供节约资源且有利于资源的可持续利用的无污染或少污染商品和服务，引导并满足消费者的有利于环境保护和身心健康的需求。绿色营销的主要目标是在营销过程中实现资源的可持续利用，保护和改善生态环境与企业经营绩效的统一。其宗旨是尽可能地开发和使用可再生性资源，尽可能减少对非再生性资源的耗费，防止环境污染，维护生态平衡，确保消费者使用产品的安全、卫生、方便，并引导绿色消费和培养环境保护意识。绿色营销是在市场营销的基础上发展起来的一种新的营销观念，它使企业营销步入了集企业责任与社会责任为一体的理性化发展阶段。

2. 绿色营销的特点和内容

绿色营销是传统营销的延伸及发展，就营销过程而言，二者并无差异，都包括市场营销调研、目标市场选择、制订企业战略计划及营销计划、制订市场营销组合策略等。二者在研究的焦点、输入的营销信息、目标顾客的需求，以及市场营销策略等方面具有不同的特征。

传统营销的研究焦点是如何通过协调企业、顾客和竞争者三者间的关系来获取利润的，所以，作为企业外在的自然环境，只有在影响企业赢利时方受到关注。而绿色营销的研究焦点则是考虑企业营销活动同自然环境的关系，即研究自然环境对企业营销活动产生何种影响，而企业营销活动又对自然环境产生何种冲击，是对传统营销研究内容的拓展。绿色营销不仅同传统的营销研究焦点有差异，同传统的社会营销亦有区别。传统的社会营销虽然重视将企业利益同消费者及社会长远利益结合起来研究，但它并未重视社会可持续发展。而绿色营销则重视企业经营活动同环境的关系，并突破了国家和地区的界限，关注全球的环境。因而，绿色营销的着眼点比传统社会营销更长远，也更具时代性。

绿色营销中所涉及的产品，即绿色产品，具有不同于传统产品的特点。所谓绿色产品，是指对社会或环境的改善有所贡献的产品，或指较少损害社会和环境的产品，或指对社会或环境的改善优于传统产品的产品。绿色产品除具备传统商品的所有特征之外，还有其特有的绿色表现，企业在选择产品和技术时必须同时考虑维护产品的安全性和尽量减少对环境的不利影响，如降低原材料消耗，减少包装对环境的不利影响，售后服务要注重节约及保护环境等。

分销渠道虽然尚不能成为绿色营销的重点，但绿色分销如今也日益成为企业关注的问题。例如，提出及使用绿色通道，采用无铅燃料，使用装有控制污染装置的交通工具和节省燃料的交通工具；降低分销过程中的浪费，即对产品处理及贮存方面的技术进行革新；在分销环节上，简化供应环节，以节省资源消耗，等等。

绿色促销具有与传统促销不同的特点。绿色促销是通过绿色媒体，传递绿色产品及绿色企业的信息，从而引起消费者对绿色产品的需求及购买行为。在绿色促销中，广告、公关等行为要具有绿色理念，并且会在促销中发挥重要的作用。

绿色营销方式的产品价格被称为绿色价格，绿色价格的制定除要考虑传统的定价因素外，更为主要的是要反映环境成本，即绿色产品通常包括与保护环境及改善环境有关的成本支出。因此，一个企业及产品的绿化程度将影响其产品的成本构成。虽然从长远来看，绿色价格趋于下降，但在短期内，绿色营销会增加企业成本，并且往往以较高的价格将增加的成本转嫁给消费者。

由此可见，就营销原理和营销过程而言，绿色营销与传统营销并无实质差异，从其他角度剖析，绿色营销的特点主要体现在：研究对象范围扩大；以绿色消费需求为前提；强调资源可持续利用；营销策略绿色化；营销过程中矛盾更复杂。因此，绿色营销的主要实质性内容可以概括为如下方面：树立绿色营销观念；研发绿色产品；生产绿色产品；制定绿色产品价格；实施绿色促销；开辟绿色渠道；引导绿色消费；实行绿色管理。

10.4.2　绿色营销的理论基础

绿色营销作为一种新的营销理念，为何会在20世纪末兴起并逐渐为企业、政府和公众所接受？绿色营销又将对全球经济的未来发挥怎样的作用？绿色营销是否会成为21世纪营销的必然选择？回答这些问题需要对绿色营销的理论基础有一定的了解。事实上绿色营销是基于多元理论诞生的一种营销理念。

1. 生态经济学

生态经济学认为，社会经济增长必须建立在改善环境质量的基础上，同保护环境与合理使用资源相结合。因此，21世纪企业制定的营销模式有责任去适应社会发展与自然环境相适应的经济增长战略，全力维护生态潜力，推行自然资源有偿使用观念，从而实现企业效益、经济效益和生态效益（社会效益）的统一。然而这一目的的达成仅仅依靠企业是不可能的，因为从消费者角度来看，当消费者的社会理性意识不够强，缺少环保概念和环保知识时，更趋向于追求自身满足或利益最大化，传统的消费模式和个体消费行为往往难以兼顾当前的最大满足与长期的可持续满足，难以实现个人消费与生态环境的协调。于是政府和企业必须开展绿色营销活动，加强对消费者的教育，依靠生态经济学和可持续消费理论，引导消费者的绿色需求，为绿色营销奠定可靠的市场基础。

2. 环境经济学

环境经济学认为，环境对经济活动的承载能力是有限的，一定条件下环境能为经济发展提供的自然资源和容纳的污染物也是有限的。忽略环境的承受能力无限制地发展经济会使企业再生产与资源再生产之间发生冲突，这样不仅企业发展受到限制，社会可持续发展也将陷入困境。而绿色营销模式正是致力于解决上述矛盾，作为一种新的营销模式，绿化企业的行为会为环境资源再生产提供余地和帮助，资源与能源被更经济地使用，污染物排放也会得到合理而有效的治理，这都将使企业生产所需的原材料供应得以延续，从而使企业生产走上可持续发展的道路。

3. 西方经济学与可持续发展理论

西方经济学的主要研究内容之一是稀缺性资源最佳配置的问题，其许多理论进展对绿色营销都具有重要的影响和指导作用。该理论认为："绿色营销初期，由于各个企业面临的环境状况（包括政府的经济政策和消费者的绿色需求层次）的差异性，企业绿色营销的决策需要借助博弈论，才能实施真正的绿色营销，才能从根本上维护企业自身的利益。当绿色营销发展到一定程度时，企业营销活动的'经济外部性'问题日益突出，并将危及社会经济的可持续发展。因此，政府采取什么措施将企业活动'经济外部性'问题内部化，是政府经济发展战略转移、政策和法规调整的基本目标。"今天，越来越多的理论研究者运用可持续发展的理论，吸取西方经济学经济增长理论的观念，沿用了西方经济学的分析方法对绿色营销模式进行分析，博弈论、经济外部性理论等被广泛地运用在绿色营销模式的理论分析中。

这种理论认为，社会是一个开放系统，与生态环境不断交替作用，相互影响。绿色营销不仅仅是迫于各种外在压力或盈利目的而进行的营销模式选择，也是人类出于"做正确的事情"的道义和责任感。

此外，公共经济学、环境伦理学和环境政治学也被人们用于绿色营销的研究，从而使绿色营销的理论基础呈现出多元化的特征。

由此可以看到，绿色营销有利于社会、经济的可持续发展，能促进资源合理配置，有利于国内“绿色政策”的推行和国际“绿色政治”的发展，有助于推动新兴绿色文化发展；企业的绿色营销实践将直接作用于生态环境的改善和减缓生态环境的恶化，有利于企业获得合理经济效益，而消费者和公众无疑是绿色营销活动的直接和最终受益者。因此，绿色营销的理念必将是 21 世纪营销理论和实践的必然发展方向。

10.4.3　企业绿色营销战略

企业在绿色产品市场上的份额影响着企业的发展态势，绿色产品在市场上的份额也影响着绿色产品企业的生存。为此，应理性地对绿色产品的营销加以研究分析，发挥企业自身的优势，进行绿色营销战略决策。

1. 营销调研

传统的市场营销是从消费者的需求出发，展开营销活动的，只要有消费者的需求，企业就要利用，从而获得企业利润。绿色营销与传统营销的区别在于：前者不仅仅要考虑市场的需求（这是传统营销主要考虑的问题），而且要保证这种需求是安全、卫生、无公害的，只有如此才能与消费者的整体利益、企业的长远利益、整个人类的可持续发展达成协调。因此，进行有效的绿色营销调研就要在传统营销调研的基础上增加一些绿色营销调研的特别内容。

第一，文化特性。研究发现，“绿色消费者倾向于具有较高的社会责任感。”这种消费者往往受教育程度较高，较为理性，热衷于各种社区和社会活动，对可持续发展、环保等理念已经具有一定程度的认可。

第二，个性心理特性。一个认为能通过自身的努力来改善环境质量，带动身边的人来共同改善环境的消费者，或一个与所在社区的文化能相融的，希望通过自己的努力来帮助美好环境建设的消费者更易于接受购买绿色产品。

第三，居住地特性。一般来说，大城市和居住地附近生态环境好且有较舒畅的娱乐场所的消费者，出于对生活品质的追求和自身经济实力的原因，绿色消费倾向较大。

2. 绿色设计

产品的绿色设计又称为产品的生态设计或者环境设计，它是决定绿色制造工程成败的关键。与传统设计只作为产品周转中的某一环节存在，仅仅考虑产品的功能、质量、成本、美观度等不同，绿色设计要求时刻考虑预防环境污染，其与环境友好的理念从产品设计阶段便已经开始。因此，环境标准则被列为优先考虑的因素。绿色设计一般应遵循 4R 原则：节约（reduce）、回用（reuse）、回收（recovery）、循环（recycle）。

3. 绿色生产

绿色生产是指以节能、降耗、减污为目标，以管理和技术为手段，实施工业生产全过程污染控制，使污染物的产生量最小化的一种综合生产方式。它具体包括清洁的生产过程和清洁的产品两层含义。从绿色生产过程来看，其当前主要发展方向有净成型制造技术、快速原型制造技术、虚拟制造技术及工艺模拟技术。

4. 绿色销售

绿色销售是绿色产品由企业手中到消费者手中的衔接环节，在整个绿色营销系统中具有举足轻重的作用，关系到绿色营销最终能否成功，是将绿色产品理念以及生产过程转化为经济以及社会价值的最后也是最重要的一步。由于在我国大部分消费者尚未形成绿色消费意识，加之绿色产品价格较高，导致消费者缺乏绿色消费的动机，因而绿色销售必须将培育绿色消费意识作为最重要的考虑因素。

（1）产品策略

德国作为发展绿色产品最早的国家，将绿色产品分为七个基本类型：可回收利用型、低毒低害型、低排放型、低噪声型、节水型、节能型和可生物降解型。绿色产品研发要求尽量采用可再生资源，节省原料和能源，产品易回收，低污染或少污染，产品使用安全；生产过程应减少整个生产过程对环境和公众的危害，减缓资源的耗竭。

产品设计在有形和无形构成元素方面都要体现资源节约、环境保护和使用安全的特点。在产品及包装设计上应考虑尽可能使用“短小轻薄省”的材料；材料无毒无害并可分解；产品生产过程中减少废弃物并可回收再利用；产品与包装可回收再利用；产品结构简化。

（2）价格策略

对于绿色产品价格往往高于普通产品的原因前面已经进行了阐述，那么考虑到这种现实，绿色产品的定价一般有两种类型：一种是“利己型”，绿色产品采用的“撇脂定价”策略，即以高价入市以求在产品市场生命周期的开始阶段取得较大利润，尽快收回成本；另一种是“公益型”，绿色产品采用的“渗透型”定价策略，即以低价入市打开销路以争取较大的市场占有率。价格宣传方面应弱化消费者对绿色价格的敏感度，增强消费者对价格的信任度，提升绿色标志的可信度，但是不论怎样，制定价格时要防止过分高于产品价值的欺骗性或掠夺性定价。

（3）分销渠道策略

传统市场营销的分销渠道策略追求的是经济高效地将产品送到消费者手中，达到降低成本、提高利润、赢得市场的目的，但这些高效的手段往往伴随着资源和能源的浪费。而绿色营销进行产品分销时必须在尽量避免上述问题的同时兼顾销售的效率。因此，一般来说绿色产品的分销往往采取直销形式以减少流通成本，并建立产品逆向渠道抓好废旧物品的回收。如有中间商，则必须考虑中间商的绿色信誉与绿色形象。也可以设立绿色专柜或绿色商品购销公司以其绿色标志招揽顾客。

（4）促销策略

绿色营销在促销中不仅要努力传达环保、健康的绿色观念，还要在信息传递过程中使用绿色媒体，极力避免声、光、味等方面的污染，努力节约资源和降低费用，否则便与绿色理念背道而驰，与企业形象不符。绿色促销策略的创新应是将侧重点转移到传播绿色知识上，而非仅仅推广自己的产品，从而建立良好的形象，培养潜在的消费市场。

除此之外，树立企业的绿色形象是绿色产品营销的基础，但宣传时应注意避免过分夸大。

10.4.4　我国有机食品的绿色营销

有机食品作为一种新兴的产业，近年来在国内呈现一种稳步增长的势头，研究并掌握有机食品的营销必将有助于该产业在我国的进一步发展。有机食品是指按照这种方式生产和加工的，产品符合国际或国家有机食品要求和标准，并通过国家有机食品认证机构认证的一切农副产品及其加工品，包括粮食、蔬菜、水果、奶制品、禽畜产品、蜂蜜、水产品、调料等。在欧美国家，有机食品除概念和产品之外更是一种理念和消费文化。上述这些特征决定了有机食品具备进行绿色营销的基础，并且与绿色营销所倡导的理念和内涵相吻合，因此有机食品的绿色营销必然是有机食品营销的主要手段。

1. 有机食品的消费者

有机食品的特征决定了其生产在短期内不可能大规模扩张，同时对原料的生长、采集、初步加工等环节都会有更高的要求，因此从现实的角度来看，有机食品是种类稀缺的高档食品。而稀缺资源和产品的消费人群普遍存在享受性、炫耀性消费的特征。因此，目前我国有机食品的市场必然锁定在具备这类特征的人群身上。当然，作为普通的消费者也有消费部分有机食品的潜力，如有机蔬菜，其附加值并没有高到普通消费者望而却步的程度。

2. 有机食品产品策略

市场调查表明，单纯有机食品的概念无法支持产品的价值和属性，也无法激发消费者的购买欲望，有机食品的产品策划从健康、营养的原点寻找卖点的同时还必须配合自身产品的产地、属性、特征、文化、种植方式、食用方式等进行挖掘，形成概念，要具有生动化、具体化、直接化的特点，以利于消费者的认识。

我国目前市场上的有机食品在形象上存在着陈旧，没有特点，文字说明简单，包装粗糙等情况，这与有机食品的产品属性并不匹配，更无法体现有机食品的价值，因此包装的改进对于有机食品被消费者接受也尤为重要。但有机食品的包装必须注意与绿色包装的理念相匹配，否则将违背绿色营销的理念，影响企业和产品的形象。

产品种类单一是我国有机食品市场存在的又一个问题，所以分清楚产品的主次，完善产品的结构在有机食品的产品策划中也是十分必要的。

3. 有机食品的推销策略

有机食品目前还处于一种市场的启蒙期，消费人群并不稳定，但随着进入企业的增加，该行业正在加快发展的速度，未来的成长期中选择恰当的分销策略是营销成败的关键。

分众传播和大众传播各有特点，企业要根据自身的实力和产品特点来进行取舍。分众的特点是目标精准、针对性强，在消费者目标锁定准确的前提下效率更高，适合于有机食品的推销，但前提是企业要选择与自身目标吻合的群体。大众传播则覆盖面广，可以提高产品在大众中的知名度，若普通的有机食品，如蔬菜、水果等，在一定区域内有消费者可以接受的价格，则可以考虑大众传播。

此外，在恰当的推销方式确定的同时，广告策划和企业形象的树立也是非常有助于有机食品推销的，是必不可少的。

4. 有机食品的销售策略

销售策略包括价格策略、分销策略和促销策略等。有机食品的价格策略符合绿色食品的定价原则，此处不再赘述。以下重点介绍目前我国有机食品的分销和促销。

目前世界有机农业各种销售渠道的销售额构成如下：超级市场占25%～50%，有机农产品专卖店占25%～40%，直销占10%～40%。国内有机产品的主要销售渠道如下。

（1）KA（key account）卖场

尽管中国零售市场上的一些主要的国际零售集团资本支持有机产品的销售，但这些超市更多地追求低价格和大销量，这与一般有机食品的定价特点有相悖之处，加之产品门槛较高，我国本土生产的有机食品很难进入大型连锁超市进行销售。这些场所出售的有机食品偏重于集团资本本国的产品。

（2）有机零售专卖店

2005年，上海出现了第一个有机食品专卖店，但因价格等原因并不非常成功，目前仅在北京、上海等城市拥有不多的连锁店。这些连锁店往往在销售有机食品的同时，也销售天然和绿色产品，以补足有机食品供应上的不足，除销售生鲜的食品原料外也推出拥有企业自身品牌成品食品。

（3）传统高档食品超市

高档食品超市目前是进口有机食品的主要销售渠道，这里所说的高档食品超市包括两类：一类是以进口食品为主的针对在华外国人的连锁超市；另一类是大型高档购物场所配套的高档食品超市。这些高档食品超市营销有机食品的主要形式是在世界各地发展代理商或分公司，帮助其寻找最新最流行的产品，其并不和生产商直接发生联系。因此，在城市超市中，有专设的有机食品柜台，可以看到很多各国最新的有机食品。并且专门经营有机食品的进口商和代理商在我国也已经出现。

（4）网上销售及目录销售

网上销售在中国所占比例虽然还很小，但发展速度惊人。虽然食品并不是网上销售的主要产品类别，并受制于食品快递中的保质问题，但结合了家庭配送系统的网上有机食品销售近年来逐渐繁荣。同时，各类超市，包括有机食品连锁超市也都积极建立线上销售系统；很多有机供应商也建立了自己的网上销售和目录销售体系。

（5）餐饮服务

有机餐饮行业是销售推广有机食品的重要形式，但在我国还没有真正地开始，有待于进一步发展。

（6）礼品团购市场

礼品团购市场是有机销售的重要渠道之一，因为其明显减少了销售成本，很多有机食品生产企业的产品甚至不进入流通领域销售，而是完全依靠其所在地的团购市场。礼品包装是该类途径产品的重要形式，如有机蔬菜礼盒、有机杂粮礼盒、有机月饼礼盒、有机蜂蜜礼盒等。

（7）农场直营和生态旅游市场

有机农场是整个有机食品行业的核心，农场除生产外，可以衍生出各种不同的市场活动。有机农场提供的各种服务能很好地加强有机食品企业的消费者黏度。大城市周边的有机农场，既可以做为大型超市的供应商，又可以做为有机连锁超市的配套农场。这些农场大都开展了生态旅游和农场配送/团购，同时有些还进入了餐饮市场。一些民间组织和私人农庄开展的城市居民家庭包地种植的项目也可以归为此类。

【复习思考题】

1. 什么是市场营销？简述市场营销的研究过程。
2. 简述影响消费者购买行为的因素。
3. 简述购买决策行为的种类。
4. 如何对园艺产品进行市场细分？
5. 如何对园艺产品目标市场进行选择？影响目标市场选择的因素有哪些？
6. 如何选择市场竞争定价目标？
7. 简述园艺产品的定价策略。
8. 如何理解园艺产品的促销策略？
9. 什么是SWOT分析方法？园艺产品营销的管理目标是什么？
10. 简述影响园艺产品市场营销组织设置的因素。
11. 什么是绿色营销？如何进行绿色营销战略决策？
12. 简述我国有机食品的绿色营销策略。

第11章 园艺产品市场与贸易

【内容提要】 以园艺产品为对象，主要介绍园艺产品的质量要求、质量评价及标准、园艺产品可追溯制度、国内外园艺产品市场特征、园艺产品的贸易环节及贸易方式，并讨论了我国可追溯制度建设现状及相关建议、我国园艺产品出口贸易壁垒原因及对策等。

【学习目标】 掌握园艺产品质量要求、评价、标准及控制措施；了解园艺产品市场现状及特征；学习园艺产品贸易环节与方式。

【重要概念及关键词】 园艺产品质量 园艺产品可追溯制度 国际贸易 协定贸易 结汇贸易

11.1 园艺产品质量安全及质量评价

11.1.1 园艺产品质量的概念

园艺产品质量（quality）也称产品的品质，是用来区分园艺产品性质、等级、优劣程度以及衡量园艺产品商品价值特性的总称。欧洲品质监督组织（EOQC 1976）将其定义为“产品满足人们需要的各种特征和特性的总和”。

园艺产品的质量是由产品外观和众多的内在因素构成的复合形状，常常涉及销售质量、食用质量、运输质量，生食质量、营养质量及食品外观等。例如，切花的质量通常包括观赏寿命、花姿、花朵大小、鲜重、新鲜度、颜色、茎和花梗的支撑力、叶色和质地等。

园艺产品质量可以概括为三个方面，即性状因子、性能因子和嗜好因子。性状因子是指产品的外观和质地。例如，产品的大小、色泽、形状和群体的整齐度、病斑、虫口等是外观特性；而产品的软硬度、脆度、嫩度、黏稠度、颗粒性、致密性、韧性、弹性、纤维感、渣感、粉质感、油腻感、耐咀嚼性、胶质性和汁液多少等是质地特性。性能因子是指与食用或观赏目的有关的特性，包括产品风味、营养价值、芳香气味等。例如，果蔬产品中含有的各种维生素、矿物质以及碳水化合物、蛋白质、氨基酸等。嗜好因子则是指人们的偏好因素，它因消费团体乃至个人偏好而有所差异。例如，南斯拉夫、俄罗斯等地的人们喜欢吃酸味较浓的水果，而亚洲人则偏好较甜的水果；我国广州、上海等南方城市居民消费苗类蔬菜、水生蔬菜、多年生蔬菜、野生蔬菜、稀少蔬菜等时令菜、优质高档菜比北方居民多，而北方居民消费大白菜及果菜较多，且人均购买鲜菜量比南方居民多；就同一类菜而言，南方人喜欢吃甘蓝的较多，而北方人消费大白菜的居多。

另外，花卉作为一种特殊的园艺产品，其使用价值不同于水果和蔬菜，受社会风俗习惯和其他人文因素的影响较大，不同的花卉有着不同的寓义，见表 11-1。

表 11-1　不同花卉的寓意

花卉名称	寓意
玫瑰	纯洁的爱、美丽的爱情、美好常在。红：热情、热恋、热爱着你；粉：初恋、求爱、爱心与特别的关怀；黄：高贵、美丽或道歉；白：天真、纯洁；橙：富有青春气息，初恋的心情
百合	纯洁、富贵、婚礼的祝福。白：纯洁、庄严、心心相印；粉：清纯、高雅；黄：财富、高贵
郁金香	爱的告白，真挚的情感。红：求爱；紫：永不磨灭的爱情、最爱；白：纯洁的友谊；黄：高贵、珍重、道歉；粉：美丽、热爱
马蹄莲	雄壮之美、希望、清秀、挺拔、气质高雅、真诚、爱心、圣洁虔诚
康乃馨	伟大、神圣、慈祥、温馨的母爱，热情、真情。红：热情、相信你的爱；白：永远的爱；粉：女性的爱、热爱
月季	爱情、爱与美、容光焕发
非洲菊	神秘、靓丽、热情可嘉、温馨、有毅力
勿忘我	浓情厚意、永恒的友谊、喜悦、花中情种
唐菖蒲	用心、福禄、富贵、节节高
海芋	希望、雄壮之美。彩色：爱情、高贵、真情

此外，不同的国家和地区对花卉类产品有着不同的喜好和禁忌。例如，我国的一些传统节日、喜庆的日子及走亲访友时，购买的花篮或花束，色彩要鲜艳、热烈，以符合喜庆气氛、表达美好的祝福，可选用红色、黄色、粉色、橙色等暖色调的花，切忌送整束白色系列的花束。在广东、香港等地，由于方言的关系，送花时应尽量避免用以下的花：剑兰（见难）、茉莉（没利）。日本人忌送荷花。在法国，菊花代表哀悼，仅在葬礼上才会用到；在意大利和西班牙，菊花也被认为是不祥之花而不受喜爱；但在德国和荷兰，人们对菊花却十分偏爱。在德国，一般不能将白色玫瑰花送给朋友的太太，也避免用郁金香。巴西人忌讳黄色和紫色的花，认为紫色是悲伤的色调，黄色则被视为凶丧的色调。中东地区阿拉伯人则喜爱黑色的园艺产品。

作为商品而言，并不是质量最好的园艺产品销量最大、盈利最多，购销双方都要根据自身情况考虑质量和价格的比值（Q∶P），以确定最佳销售点或购买点。为此将园艺产品分为最佳质量（best quality）和经济质量（economic quality）。此外，商业中还有硬质量（hardness quality）和软质量（softness quality）之分，前者主要指营养和贮藏性，后者只如何满足购买者的心理需求。

11.1.2　园艺产品的基本质量要求

园艺产品是一类特殊的商品，主要包括果品、蔬菜和花卉产品。果品和蔬菜以食用为主，但也兼顾观赏，花卉产品以观赏为主，但部分花卉也可以食用。这里为了叙述方便，将园艺商品分为食用和观赏两类。根据它们的用途和使用情况不同，其质量要求也不同，下面分别进行介绍。

1. 食用类园艺产品的质量要求

（1）安全、卫生质量

食用类园艺产品的安全、卫生质量是食用类园艺产品中不应含有或不能含有超过许可限量的有毒有害物质和微生物等。食用类园艺产品的安全、卫生质量关系到人民身体健康和生命安全，甚至影响到子孙后代，所以食用类园艺产品的安全、卫生质量是衡量食用类园艺产品质量的首要条件。

衡量食用类园艺产品卫生质量从两方面进行：

1）食用类园艺产品本身是否含有有毒成分

有些天然食用类园艺产品中，本身就存在各种有害（有毒）成分。例如，发了芽的马铃薯的芽眼周围就存在着龙葵碱毒素；鲜黄花菜中含有秋水仙碱毒素；菜豆（又叫四季豆）中含有植物血球凝聚素；银杏果实中含有氢氰酸；杏仁中含有苦杏仁甙；毒蘑菇中含有肠胃毒素、神经毒素、血液毒素、原浆毒素以及其他未知毒素等。每年各地都有因不了解这些植物中的天然有毒物质，加工不当或误食而引起的中毒事件发生。

2）食用类园艺产品受外界有害因素影响而被污染的程度

食用类园艺产品从种植、栽培到收获，从生产、加工、储存、运输、销售、烹调直到食用的各个环节，都有可能受某些有害因素影响而受到污染，降低其卫生质量。例如，由微生物、寄生虫卵和昆虫造成的放射性污染；食用类园艺产品加工过程中造成的污染及滥用食品添加剂造成的污染等。

（2）营养质量

营养质量是指食用类园艺产品中含人体所需要的各种营养素的总和。不同品种的食用类园艺产品组织中含有不同种类和数量的营养要素，但概括起来都包括碳水化合物、脂类、蛋白质、维生素、矿物质、微量元素等几大类。因为这些物质在人体中具有维持人体生命活动、劳动能量和保证身体健康的作用。蛋白质是一切生命的基础，碳水化合物是人体热量的主要来源，而维生素则具有调节和维持人体正常生理代谢的功能等。

现代营养学家认为，衡量食品的营养价值高低不仅只看食品中营养素含量的多少，还应看它在人体中的消化率、吸收率与有效性。消化率、吸收率是指食品在人体中被消化、吸收的程度；有效性是指食品中的营养素经人体吸收后，在人体内所产生的有效作用的大小。

（3）感官质量

感官质量是指通过人体的感觉器官能够感受到的品质指标的总和。它主要包括产品的外观、质地、风味等。例如，大小、形状、颜色、光泽、汁液、硬度（脆度）、缺陷、新鲜度等，是评定食用类园艺产品感官质量好坏的重要指标。因为它们不仅可直接描述与度量有关质量特征，如食品的新鲜度、加工精度、成熟度、品种特点及变质情况等，同时还直接影响到人体对食物的消化和吸收。根据巴甫洛夫的条件反射原理，只要食品具有赏心悦目的颜色、诱人的香气和可口的滋味，那么只要人见到或闻到这种食品，甚至只是想到它们，就会产生强烈的食用欲望，这时人体消化器官就能分泌出较多的消化液，从而提高人体对食品的消化和吸收。

2. 观赏类园艺产品的质量要求

（1）观赏性

广义的花卉的定义认为，凡是具有一定观赏价值，达到观花、观叶、观茎、观果的目的，并能美化环境，丰富人们文化生活的草本、木本、藤本植物统称为花卉。其他用作观赏的园艺产品，既然用来观赏，也必须具有一定观赏价值，所以观赏类园艺产品的观赏性是评定观赏类园艺产品质量的关键指标，包括形状、色泽、颜色、整齐度等各项内容。此处提到的观赏性是对园艺产品的一种整体审美，主要包括外在美和内在美。外在美是指观赏类园艺产品所呈现的形状、色泽等外观；内在美是指观赏类园艺产品所蕴含的文化内涵，如盆景和插花作品所体现的主题。

（2）安全性、卫生性

安全性、卫生性是指产品在使用时，有关保护人身安全和人体健康所需要的各种性质。对于安全性和卫生性，从现代观念来考虑，除要保证产品在使用过程中不造成人体伤害外，还应要求不污染环境、不会造成公害等。例如，花卉在使用和装饰时的安全性，包括是否挥发有毒气体、有无毒素的残留、花粉的污染问题、花粉的过敏问题等。

（3）寿命

这里所说的寿命一般主要是指观赏寿命。观赏寿命是指观赏类园艺产品可供观赏的时间。例如，切花百合的观赏期比较长，一般能达半个月；昙花的观赏周期比较短，只有3～4 h。观赏寿命可通过一些技术手段进行延长，如在溶液中加入适量的糖等保鲜剂，可大大延长其观赏寿命。

应该指出，产品质量的各项基本要求，并不是孤立的、静止的、绝对的，而是相对变化的。当对某一种商品提出具体的质量要求时，不仅需要根据不同的用途对其所属的各种自然属性进行分析，而且还必须与社会生产力的发展水平、国民经济的发展水平以及人们的消费水平、不同的消费习惯等相适应。

11.1.3 园艺产品的质量评价及标准

1. 园艺产品的质量评价

园艺产品的质量评价因其种类和销售地区的不同而有不同的评价内容和评价方法。有的将质量评价分为两大部分：食用品质（主要包括新鲜度、成熟度、色泽、芳香性、质地和营养价值等指标）和商品品质（包括食用价值、商品化处理水平、抗病性、贮藏性以及货架期等）。而美国对所有商品品质都要求从适应性、耐用性、通用性、式样、吸引力、惬意感、表现身份和价格八个方面进行评价。而我国园艺产品质量的评价主要包括营养价值、功能、方便性及安全性等方面，而花卉产品的评价侧重于观赏价值和耐久

性。质量评价最终表现为商品的价值（value），其关系式可表述为

$$V=\frac{F+U}{P}$$

其中，V 是价值（value）；F 是功能（function）；U 是适用性（use）；P 是价格（price）。任何评价内容都可以量化，邀请有关人员（如专家、消费者、中间商）单独或会议评价。

园艺产品的质量最终取决于消费者的认识，因此对产品质量的要求往往因人而异。例如，栽培者不仅关心外观品质，而且注重丰产性、抗病性等；园艺产品零售商、批发商等最关心的则是外观品质、贮藏性等；而消费者则更关心外观、口感、风味、食用性、营养价值及安全性等。尽管如此，作为商品标准化的一部分，园艺产品也需要有统一的质量规格标准，并在标准的指导下进行收购、检验、交换验收、包装贮运、销售服务等商品化过程。

2. 园艺产品的质量标准

1947 年国际标准化组织（International Organization for Standardization）诞生。1963 年由联合国粮农组织（FAO）、世界卫生组织（WHO）和欧共体共同制定了食品国际规格（International Standard for food）。而在我国，直到 1998 年 12 月 29 日，第七届全国代表大会常务委员会第五次会议才正式通过了《中华人民共和国标准法》，明确标准化工作的任务是制定标准、组织实施和对标准的实施进行监督。

园艺产品质量标准（quality standard）是对园艺产品质量及其相关因子所提出的准则，通过园艺产品标准的制定和执行，就能够保证质量达到当前应有的水平，能够刺激生产者改进栽培措施，促进质量和商品率的提高。它可以给生产者、收购者和流通渠道中各环节提供贸易语言，是生产和流通中评定园艺产品质量的技术准则和客观依据，有助于生产者和经营管理者在园艺产品上市前做好准备工作和标价。等级标准还可以为优质优价提供依据，能够以同一标准对不同市场上的销售产品进行比较，便于市场信息的交流。当园艺产品质量发生争议时，可依据标准作出裁决，为园艺产品的期货贸易奠定基础。

（1）标准分类

园艺产品的标准种类很多，仅我国现有的果品质量标准就有近 30 个。根据商品的内销、外贸的要求，可将标准分为国内标准和输入、输出标准；根据商品标准的制定手续、适用范围及其内容的完善程度，可将标准分为国际、国家、专业（部级）、协会和企业五级。国际标准一般标龄长、要求高，但属非强制性标准；国家标准是指对全国经济、技术发展有重大意义的、必须在全国范围内统一的、内容比较完善的商业标准；专业标准主要是指全国性的各专业范围内统一批准的，由主管部门组织制定、发布，或由有关部门联合制定、发布，并报送国家标准总局备案的商品标准；企业和协会标准则是根据企业或协会的需要而制定的商业标准。一般来讲，除国际标准外，其他标准往往是强制性的。

标准化管理部门为了方便使用、保管、检索标准，对所发布的标准规定了相应的代

号和编号。我国现行的标准代号由两个汉字的拼音的第一个字母组成（表 11-2），如 SB 是商业部标准的代号，WB 是卫生部标准的代号，ISO（International Standard Organization）为国际标准的代号，ZB 是指专业标准代号。编号则由顺序号和年代号组成，如 GB 10650—1989，GB 为国家标准，10650 为顺序号，1989 表示 1989 年发布的。

标准修订时，标准顺序一般不变，仅把年份改为新修订的年份，如制定的标准等同采用国际标准时，在封面和书面上要分上下两行，用双重标准编号，表示方法如下：

GB ×××—××××　　ISO ×××—××××

表 11-2　与园艺产品行业有关的标准代号

类型	国际标准	国家标准	农业部标准	专业标准	林业标准	医药标准	商标标准
代号	ISO	GB	NY	ZB	LY	YY	SB
类型	轻工标准	商业标准	外经贸标准	包装标准	海关标准	卫生部标准	邮政标准
代号	QB	SB	WM	BB	HS	WB	YZ

注：××/T 表示推荐性标准代号，如 GB/T 表示推荐性国家标准代号。

园艺产品种类繁多，且用途各异，因此没有一个固定的统一规格标准。例如，蔬菜由于供食用的部分不同，成熟标准不一致，只能按照各种蔬菜品质的要求制定个别的标准。目前我国已为大白菜、花椰菜、芹菜、辣椒、黄瓜、番茄、雪里蕻等 20 余种新鲜蔬菜制定了标准。蔬菜通常根据大小、质量、颜色、形状、成熟度、坚实度、清洁度、新鲜度，以及病虫感染和机械损伤等指标进行分级。通常分级的级别有三种，即特级、一级和二级。特级品质最好，具有本品种典型的形状和色泽，没有外表及内部的缺点，大小一致，并且包装排列整齐，容许 5%的误差（数目或质量）。一级产品与特级有同样的品质，允许色泽、形状稍有缺点，外表稍有斑点，但这些缺点一般不影响外贸和保存品质。产品在包装中不严格需要排列整齐，允许误差为 10%。二级产品允许有某些外部和内部缺点，最好还是新鲜销售，价格低廉且品质不差。这一分级标准我国已参照应用。

(2) 质量标准的内容

适用范围：在标准中首先要说明应用于什么园艺产品，以及分类、分级等内容。

技术部分和补充说明：必须规定园艺产品的质量指标及各级商品的具体要求，同时还要规定取样和检验的方法，园艺产品的包装、标志以及保管、运输、交接验收的条件。

标准的内容要简练，语言要准确，最好具有数量概念。不同级别的标准对园艺产品的质量要求是不同的。下面列出苹果等级规格的农业行业标准，供学习参考：

1. 适用范围。本标准规定了苹果的等级、规格要求、试验方法、检验规则、包装和标签。本标准适用于鲜苹果的分等分级。

2. 规范性引用文件。GB/T 8855 新鲜水果和蔬菜的取样方法；GB/T 10651 鲜苹果。

3. 术语和定义。GB/T 10651 确定的术语和定义适用于本标准。

4. 要求。包括等级和规格两方面。

4.1　等级。

4.1.1　基本要求：完好；洁净；无害虫、虫伤、病疤；无异常外部水分；无异味；充分发育，达到市场和运输贮藏所要求的成熟度。

4.1.2 等级划分。在符合基本要求的前提下，苹果分为特级、一级和二级，等级划分应符合表 11-3 的规定。

4.1.3 容许度。按质量计：

a）特级可有不超过 5%的苹果不满足本级要求，但满足一级要求。

b）一级可有不超过 10%的苹果不满足本级要求，但满足二级要求。

c）二级可有不超过 10%的苹果既不满足本级要求，也不满足基本要求，但腐烂或变质致使不适于食用的苹果除外。

4.2 规格。

4.2.1 规格划分。以苹果的最大横截面直径作为规格划分的指标。规格划分应符合表 11-4 的规定。

4.2.2 容许度。按质量计，可有不超过 10%的苹果不满足大小要求，但不包括比所要求的最小果径小 5 mm 以上的果实。

5. 试验方法（略）。

6. 检验规则（略）。

7. 包装。

7.1 以苹果受到适当保护的方式包装。包装内无异物。

7.2 每个包装内的苹果均应产地、品种、等级、大小和成熟度相同，对于特级苹果，还应色泽一致。

7.3 包装内容物的可看见部分应代表整个包装的情况。

7.4 所用包装材料应新鲜、洁净且不会对产品造成外部的或内在的损伤。包装材料尤其是商品说明书或标志，其印刷和粘贴应使用无毒的墨水或胶水。

8. 标志。应在各包装的同一侧的外面，标明产品名称、品种、产品执行标准编号、等级、规格、生产单位和详细地址、产地及采收、包装日期等，要求字迹清晰、完整、准确。

表 11-3 苹果等级

项目		特级	一级	二级
果形		具有本品种的固有特征	允许轻微缺陷	有缺陷，但仍保持本品种的基本特征
色泽	鲜红或浓红品种	果面至少 3/4 着红色	果面至少 1/2 着红色	果面至少 1/4 着红色
	淡红或条红品种	果面至少 1/2 着红色	果面至少 1/3 着红色	果面至少 1/5 着红色
果锈[a]	褐色片锈	不粗糙，不超出梗洼	不粗糙，可轻微超出梗洼和萼洼	轻微粗糙，可超出梗洼和萼洼
	网状薄层[b]	轻微而分离的果锈痕迹，未改变果实的整体外观	不超过果面的 1/5	不超过果面的 1/3
	重锈斑	无	不超过果面的 1/10	不超过果面的 1/3
缺陷		允许有不影响果实总体外观、品质、耐贮性和在包装中摆放的非常轻微的表面缺陷	允许有不影响果实总体外观、品质、耐贮性和在包装中摆放的下列轻微的表面缺陷	允许有不改变果实品质、耐贮性和摆放方面基本特性的下列缺陷

续表

项目	特级	一级	二级
轻微碰压伤	无	未变色，总面积不超过 1 cm^2	轻微变色，总面积不超过 1.5 cm^2
果皮缺陷	无	总长度不超过 2 cm；疤疤总面积不超过 0.25 cm^2，其他缺陷总面积不超过 1 cm^2	总长度不超过 4 cm；疤疤总面积不超过 1 cm^2，其他缺陷总面积不超过 2.5 cm^2

注：a 金锈、桔苹等果锈为其果皮特征的品种除外；b 与果实整体色泽对比不明显。

表 11-4　苹果规格　单位：mm

规格	小（S）	中（M）	大（L）
大型果品种	＜65	65～70	＞70
其他品种	＜55	55～60	＞60

注：包装容器内苹果果径差异，层装苹果不超过 5 mm，散装苹果不超过 10 mm。

11.1.4　园艺产品质量保证体系

园艺产品质量管理在我国一直是一个薄弱环节，既影响了园艺产品质量的提高，又制约了出口。园艺产品的出口状况与当前我国农业、种植业的蓬勃发展不相符合，建立园艺产品质量保证体系，全面提高园艺产品质量是我国园艺产业融入世界经济的必然选择。因此，在园艺产品生产与出口管理方面建立和使用质量保证体系有十分重要的意义。

质量保证体系（quality assurance system，QAS）是指企业以提高和保证产品质量为目标，运用系统方法，依靠必要的组织结构，将各部门、各环节的质量管理活动严密组织起来，控制产品研制、设计制造、销售服务和情报反馈的整个过程中影响产品质量的一切因素而形成的一个有明确任务、职责、权限，相互协调、相互促进的质量管理的有机整体，是为执行质量管理而设置的一个包括机构、责任、程序、过程和资源的组织。

园艺产业中的 QAS 是园艺产业生产体系的保障控制、评价和自我检查，是与质量有关的组织。QAS 的基本要素是明确目标、计划行动、控制可变因素。其首要作用是使实施管理者和最终消费者增强信心。它应该既能保护公司的利益和状态，又能满足消费者的需要和期望。结构好的 QAS，在最优化和与危害、费用、利益相关联的质量方面是有价值的管理资源。设计园艺产业的 QAS，一般包括具有远见的组织结构，以及一系列质量评价工具。

1. 建立园艺产品质量保证体系的必要性

一是现代社会人们对园艺产品质量的期望值呈逐年上升的趋势。随着人们生活水平的提高，人们对园艺产品质量的期望值在许多国家都呈逐年上升的趋势。收入的增加，生活水平的提高，家庭理财的任意性，使消费者更加关心商品价值，更喜欢高质量的产品。

二是高质量的产品是增加市场份额的必然要求。高质量的产品使生产者在获得市场份额方面更有优势。在欧洲销售的亚洲发展中国家生产的热带水果，如荔枝和桂圆都有较好的口感和较高的营养价值，但是由于其外观如颜色、大小等常常不尽如人意，进口商在选购这些商品时常常犹豫不决，导致这类商品在国际市场上的竞争力降低，市场受阻。

三是影响园艺产品质量的环节很多，有加强质量管理的必要。质量保证体系在很大程度上是围绕质量管理而建立的，关键在于如何采用适当的加工和操作手段，根据目前经验，园艺产品的腐败往往源于田间收获就开始的落后的处理方法和加工过程。采后处理不当，温度的非严格控制，长时间的运输，不适当的包装等，使商品所处的环境恶化，加剧了鲜活园艺产品的腐败。在发展中国家的园艺业实行 QAS 可促进新鲜园艺产品出口质量的提高。

四是提高经济效益的需要。

2. 建立园艺产品质量保证体系的可能性

园艺产品生产中的大多数易变因子都是可控的。随着生产技术水平的提高，环境条件的可控能力进一步提高，许多易变因子都变成可控因子，增强了生产的控制性。一些不可控因子也是可预测预防的。由于目前整个园艺产业 QAS 水平较低，因而引入 QAS 可以收到明显的效果。此外，在 QAS 建立过程中也可以借鉴其他行业的经验。

11.2 园艺产品可追溯制度

11.2.1 产品可追溯系统的概念及建立意义

农产品质量安全关系国计民生、社会稳定，是世界各国普遍关注的重大战略性问题。从 20 世纪 80 年代末开始，随着全球性农产品质量安全事件的不断发生，产品追溯系统被应用于农产品质量安全控制体系当中。尤其是发达国家（美国、欧盟成员国等），从政府机构到消费者群体，都越来越重视“从农田到餐桌”沿农产品供应链的全过程监控，实施农产品质量安全追溯制度。欧盟委员会于 2002 年 7 月颁布了 178 /2002 号法令，要求从 2004 年起在欧盟范围内销售的所有食品都能够进行跟踪与追溯。美国于 2004 年 5 月公布要求所有涉及食品运输、配送和进口的企业要建立并保全相关食品流通的全过程记录。中国各地区、各部门在农产品安全追溯制度及其系统建设方面已经开展试点示范工作并取得了一定成绩。建立园艺产品质量的安全可追溯体系，对提高园艺产品质量安全管理水平具有重要意义。

产品可追溯系统（traceability system）是指在产品供应的整个过程中对产品的各种相关信息进行记录存储的质量保障系统，其目的是在出现产品质量问题时，能够快速有效地查询到出问题的原料或加工环节，必要时进行产品召回，实施有针对性的惩罚措施，由此来提高产品质量水平。园艺产品可追溯制度是追踪园艺产品从生产、加工到进入市场各个阶段（从生产到流通的全过程）的系统，有助于质量控制和在必要时召回产品。

建立产品质量安全可追溯体系可以改善生产经营者和消费者信息不对称的现象，给予消费者知情权。消费者根据自己掌握的相关产品质量安全知识、偏好和园艺产品生产经营者通过可追溯体系提供的园艺产品投入品、原产地、生产过程以及加工流通过程等信息自行决定购买与否。通过园艺产品质量安全可追溯体系，不仅大大增强了园艺产品加工企业的责任心和园艺产品生产加工销售过程的透明度，而且还可以增加消费者对园艺产品质量安全的信心。建立园艺产品质量安全可追溯体系，一方面可以确保任何有质量安全隐患的被指定目标退出市场，便于对有害园艺产品实行“召回制度”；另一方面可以给消费者及相关机构提供信息，及时避免混乱扩大。信息的可追溯体系可以实现预测危害的原因与风险的程度，从而通过管理在生产过程中将风险控制到最低水平。有利于收集对健康产生长期影响的传染学上的数据，从而促进风险管理方法的发展。

11.2.2　产品可追溯制度的内容

产品可追溯制度的内容包括记录管理、查询管理、标志管理、责任管理和信用管理五个部分。园艺产品可追溯制度主要有三个基本功能：降低外部成本、明确划分责任和传递质量信号。建立产品追溯制度有利于园艺产品市场监管，降低监管成本，提高监管效率；通过追溯制度对产品质量问题可以很方便、快速、明确地划分责任，降低生产者和经营者的机会主义倾向；可以克服市场中的信息不对称问题，把质量信号有效地传达给消费者，进而达到控制产品质量的目的；使消费者能够比较充分地了解生产、加工、物流等信息，可以增加消费者的支付意愿，实现园艺产品的优质优价，促进园艺产品市场的健康可持续发展。因而，建立园艺产品可追溯制度是建立园艺产品质量管理长效机制的基础，也是园艺产品市场健康发展的基础。

根据园艺产品质量安全可追溯制度建设的目的，可追溯体系至少应该包括三个子系统：企业端条码管理系统、终端查询系统和追溯服务信息平台。全球统一标志系统（EAMUCC 系统）为企业端条码管理系统的实施提供了解决方案。追溯服务信息平台应该有支撑体系、核心内容和公共服务平台三部分组成。

以美国农产品可追溯制度为例，可以将其分为三类，即农业生产环节可追溯制度、包装加工环节可追溯制度和运输销售可追溯制度。美国农产品可追溯制度是一个完整的链条，在任何一个生产环节出了问题，可追溯到上一个环节。

农业生产环节可追溯制度，如 BOSKVICH 企业，该企业在种植生产过程中，大面积采用地膜覆盖种植技术。采用地膜覆盖技术的原因：一是当地干旱缺雨，采用地膜覆盖技术可以保墒；二是可以控制杂草，减少除草剂的用量，有利环境保护；三是采用膜下滴灌技术，可以节约用水，同时肥料随同灌溉一起施用到植物根部，有利于植物吸收，降低生产成本。同时，在农药的使用上采取严格的控制措施。一般使用农药要请专业的农药服务公司执行作业，并将农药用量控制在合理浓度与适用范围内。使用毒性较高的农药时，必须事先在县农业局备案。在使用过程中，县农业局派人到现场监督并指导农药使用。在距收获期 7 天之内禁止使用任何农药。在采摘过程中，工人必须穿工作服，戴手套，必要时还要洗手。生产基地必须是清洁的，远离污染源，所有废弃物必须经过处理，不能随意丢弃。所有生产过程，从种子处理、土壤消毒、栽培方式、灌溉、施肥、使用农药到收获采摘都要记录。能够追溯到哪个生产基地、品种、生产时间。即使是跨国生产基地，如在墨西哥生产的马铃薯也必须执行良好农业操作规范（good agricultural practice，GAP）管理体系。

对于包装加工环节，美国法律要求所有产品供应商（非运输企业）必须建立产品可追溯制度，分为前追溯制度（identify the immediate previous source，IPS）和后追溯制度（identify the immediate subsequent recipient，ISR）。IPS 主要记录内容包括：企业的名称及其所拥有的信息（国内或国外的）；产品名称、产品出产日期；产品商标、产品类型、产品品质特性、产品等级等；产品生产者、主要生产过程、产品包装者；生产区域信息；单位包装数量或质量。ISR 主要记录内容包括：产品接受者企业名称所拥有的信息（国内或国外的）；描述产品交割的类型，包括产品商标名称、产品品质特性等；产品交割日期；生产者、生产工艺、包装者以及产品识别条码信息等；产品单位包装数量（质量）；外包装损坏程度；产品的保存期；产品的保质期，指失去价值或风味发生变化的时间；产品运输企业名称以及与运输企业相关的产品后追溯信息。

在产品加工生产过程中实行的可追溯形式有两种，即良好生产操作规范（good manipulate practice，GMP）管理体系和危害分析及关键点控制（hazard analysis and critical control point，HACCP）食品安全认证体系。实行 GMP 和 HACCP 都是以第三方认证形式建立的产品质量可追溯制度，美国政府虽然不强调产品认证，但要求产品生产的每个环节必须是可控、安全和可追溯的，由此许多企业在生产过程中都选择了 GMP 和 HACCP 管理体系。例如，美国的一家蔬菜加工厂，菠菜进厂后就进行负压清洗，然后是金属探视，消毒、人工去掉黄叶、速冻、包装，对每个关键点都进行质量控制，每个环节都有生产操作规程。同时，对洗涤剂和大肠杆菌进行严格控制，因为洗涤剂是化学品，含有对人体有害的氯离子，而大肠杆菌是相关法律不允许超标的，企业生产的产品每天都要送到独立化验室检测，合格的产品才被允许贴上标志及条形码，送入冷藏保鲜库。

在运输、销售过程中则主要实行食品供应链可追溯制度和 HACCP 认证制度。运输企业主要承接供应商给出的信息并转给批发、零售商的产品主要信息。批发商除将产品供应商提供的信息输入计算机外，还要对产品进行分类标志，建立本企业的条形码信息。该条形码信息主要记录：本企业信息；对入库产品进行货柜编号；标出每一货柜的产品信息，包括产地信息；进口产品需请美国农业部检疫局进行产品检验，合格产品盖有标志章；经过 HACCP 认证的产品，贴有 HACCP 认证机构的标志，通过有机认证产品，贴有有机产品认证标志；产品的接受者企业名称所拥有的信息（国内或国外的）。零售商同样需要了解以上信息，同时建立零售企业条形码。该条形码记录的主要内容包括：产品的产地、属性；产品集装箱号码；产品包装类型、包装容器；产品种类、产品形式、产品品种、产品质量；是否有有机认证、HACCP 认证等。与此同时实行召回制度，如果在消费环节出了问题，企业有责任将产品召回。

11.2.3 我国园艺产品可追溯制度现状及建议

我国的园艺产品可追溯制度建设还处于起步阶段，在推进过程中还存在一些问题：

一是产品生产与流通管理的工业化规则建设在农业及商业中基础薄弱；二是产品生产、经销、批发的参与主体组织化程度低，难以实行严格的行业管理；三是信息化在农村与初级园艺产品批发经销方面发展水平低，实现农产品质量安全追溯的技术基础薄弱；四是法律法规体系尚未完善，严重制约着园艺产品安全可追溯制度的建立和完善。

可追溯系统涉及多个行为主体，包括农业投入品供应商、产品生产商、产品经销商、消费者、质量认证机构和政府监管部门等。各个主体在系统中起到不同的作用。当前我国建立的产品质量追溯制度是政府主导型。由于有关可追溯制度法规的不完善、政府宣传不到位以及政府监督力量薄弱，导致农户参与园艺产品生产可追溯制度建立的意愿不高。由于农户参与度不够，直接导致整个追溯系统基础不牢，从而影响其他行为主体的积极性，阻碍整个产品质量安全可追溯体系的建立。除此之外，我国园艺产品质量可追溯制度实施的深度和广度远远不够，相应的产品质量安全可追溯制度建设的管理经费和可追溯系统设计的各个行为主体自觉维护产品质量安全需增加的成本费用的投入也远远不够，致使我国园艺产品质量安全可追溯制度的建设推进速度缓慢。

农产品生产规模小、流通性大，建立质量安全可追溯制度，需要政府、企业、社会共同参与，特别是农业部门要把农产品质量安全可追溯制度建设作为现阶段农产品质量安全管理的一项重点工作，主动协调相关部门，在各自职责范围内，实现农产品“从田间到市场”的全程监管。

针对目前我国的产品质量可追溯制度建设现状，我国需要从以下几个方面着手，加强对园艺产品质量的安全管理，缩短与发达国家的差距。

1. 尽快建立与国外接轨的农产品质量标志系统和产品质量可追溯体系

加入世界贸易组织后，我国园艺产品出口增长较快，但同时也面临发达国家十分强劲的贸易壁垒和贸易保护主义。EAN-UCC 系统是由国际物品编码协会（EAN International）和美国统一代码委员会（UCC）共同开发、管理和维护的全球统一标志系统和通用商业语言，为贸易项目、物流单元、资产、位置及服务等提供唯一标志。EAN-UCC 系统目前广泛应用于各行业、各领域，大大提高了商品供应链的有效管理。目前，欧盟和一些国家已经采用 EAN-UCC 系统成功地对牛肉、鱼、蔬菜等开展了食品跟踪研究。中国尽快引进 EAN-UCC 系统，在农业生产中推行 GAP 管理体系，在园艺产品加工中推行 GMP 和 HACCP 管理系统，通过消化吸收，建立起与国外接轨的全国统一的园艺产品质量标志系统。既可以通过对园艺产品进行有效的标志，实现园艺产品“从农田到市场”供应链的全过程跟踪与追溯，又可以积极推进中国园艺产品质量安全管理工作逐步与国际接轨，提高我国园艺产品质量及出口竞争能力，破解发达国家日益强劲的贸易壁垒和贸易保护主义。

2. 建立追溯的有效平台

创建提供园艺产品生产档案、产品条形码信息的质量安全信息录入与查询系统，建立园艺产品从“农田到市场”质量安全信息快速、高效追溯体系，结合电子商务平台，形成互联互通、产销一体化的园艺产品质量安全追溯信息平台。

3. 培育壮大质量可追溯主体

农民千家万户搞生产，千家万户进市场，不仅无法保障质量安全，一旦发生质量问题，更加无法开展质量追溯。因此，建立完善园艺产品质量追溯体系，要大力培育壮大园艺产品生产企业、农民专业合作经济组织（协会）、园艺产品批发市场和现代营销体系等园艺产品市场竞争主体，提高园艺产品生产和经营的组织化程度。积极推进“市场+基地+协会（组织）+ 农户”的园艺产品质量安全组织模式。促进园艺产品质量建设各行为主体的发展壮大，引导其在生产、加工、流通、销售等各环节中提高园艺产品质量安全水平，实现园艺产品质量安全全程控制。通过不断提高园艺产品生产和经营的组织化程度，建立生产者和经营者的利益联结机制和约束机制，推动园艺产品质量的标准化生产、产业化经营和规范化管理，为质量追溯培育载体。

4. 加快园艺产品质量安全管理体系的建立

在国家管理体制没有大的变革之前，农业行政主管部门要围绕明晰监管主体，明确监管责任，避免重复监管，堵塞监管漏洞，提高监管效率，整合内部资源，成立专门的园艺产品质量安全监管机构，综合协调和依法管理农业标准化、包装和标志、检测机构考核认定、园艺产品质量安全监测、园艺产品市场准入和监督检查等工作，实现“从农田到市场”全程无缝监管和质量可追溯。

5. 增加投入，改善投入结构

园艺产品质量安全追溯体系的建立是农产品质量安全管理的一项重要工作。要加快追溯体系建设，当务之急需要加大政府扶持力度，整合各方面资源和力量，建立健全标准体系、监测体系、产品认证管理体系和执法体系，完善园艺产品质量安全的管理和控制。一是要加大园艺产品质量安全追溯平台建设的投入。国家要设立专项资金，加强全国统一的平台建设。二是优化农业补贴结构。要将保障园艺产品质量安全纳入农业补贴的重要内容，以销售园艺产品数量为基础，增加对园艺产品生产企业和农民经济合作组织（专业协会）生产的优质园艺产品（目前主要为无公害农产品、绿色食品、有机农产品）的补贴，鼓励优质优价，引导发展农产品生产企业和农民经济合作组织（专业协会），培育实施农业标准化载体，从根本上解决分散农户无法记录，无法标志，从而无法控制质量安全的问题。三是广泛吸引社会资金。制定优惠政策，广泛吸引社会资金（外资）参与产品质量安全追溯体系建设，鼓励大型园艺产品生产企业和基地，通过质量承诺，实现产销对接，凭产品标志直接进入市场销售，带动园艺产品质量安全整体水平的快速提高。

6. 加快相关法律的立法进程

园艺产品质量是关系到人们身体健康、保障大众食用安全的一件大事，长期没有法规依据，对促进此项工作的开展不利。

11.3　园艺产品市场特征

11.3.1　国内外园艺产品市场特征

1. 我国园艺产品市场与特点

随着农业科技的进步和市场经济的发展，我国果品业、蔬菜业和花卉业逐步从自给自足的小农经济发展到大面积栽培与集约化管理（intensive manage）阶段。生产基地的建设，集约化的栽培管理以及产、供、销一体化的经营方式，能合理地利用环境资源和生产企业内部的人力、物力资源，获得良好的经济效益。园艺产品的日益丰富，自然也出现了市场的类型多样与空前活跃。我国园艺产品市场层次丰富，规模多样，了解其交易特点和性质，是加强和健全市场管理的基本前提。

(1) 园艺产品市场分类

园艺产品市场的类型不同，其经济运行的特点也不同。

1）按交易场所性质划分

按交易场所性质划分，有集市、交易所、货栈、店铺、商场和超级市场等。

集市（ountry fair）作为生产者出售自己产品的场所，已有几千年的历史，是多种经济成分并存时的补充流通渠道，不是市场的主体。在我国，现阶段主要有农村集市和城市农贸市场两种。农村集市里的果蔬商品多为就近销售，也有少量从城市流入。农村集市能适应分散需求的特点，是农村果蔬商品消费市场的主要形式。城市农贸市场是果农、菜农、贩运专业户和个体果蔬经营者直接向果蔬商品消费者销售的形式。其特点是经营灵活、品种多样、商品质地鲜嫩。因此，集市是目前零售市场的一种主要形式。花卉产品目前在集市销售的情况还不多见，仅在部分规模较大的城市农贸市场销售。

交易所（exchange）是具有批发性质的特殊交易市场。其业务基本分为两类：实物交易和期货交易。期货交易是现今交易的发展方向。在一些大型果蔬产地，果蔬商品的交易常集中在一个交易所内，因此，交易所对大范围市场的果蔬商品价格有重要的影响。其成交价格受到人为因素的影响而经常发生波动。适合于现货交易的果蔬商品往往不易腐败或者商品化处理程度高，否则很难进入交易所。期货交易是以远期商品进行交易，交换中没有商品实体的移动，而只是体现果蔬商品所有权的转手。期货交易的时间差常可用于组织运输、销售准备工作，可使流通时间减少，节省流通费用，并保证在某一期间在某一市场有定量的果蔬商品上市。

贸易货栈（trade warehouse）是园艺产品流通领域的一种居间性市场形式，主要从事商务活动，组织横向联系型的商品流通。货栈具有形式上的居间性、交易上的服务性、业务上的横向性和经营上的灵活性等特点。其主要经济活动是，为买卖双方进行联系、撮合；开展代购、代销、代贮、代运业务；将不同性质、形式的市场以货栈形式联系起来；既可批发，又可零售，还可同其他单位联营。现在果蔬商品贸易货栈在我国得到较大的发展，在协调果蔬商品的产销、调剂余缺、保证市场有效供给等方面起到了重要作用。

店铺、商场（shop）是专营零售的市场形式，有时也兼营批发。它是国家、集体果蔬商品零售的主要场所，个体经济或联营性店铺、商场占较小比重。这些店铺、商场中，有的是专营果品的或专营蔬菜商品，有些则是专营包括果蔬商品的副食品或日用消费品的。

超级市场（supermarket）是一种自助式的零售性商业形式。其特点是营业场所不设售货员，商品开架陈列在货架上，方便顾客自由挑选，在出口处结算付款，因此超级市场有的也称自选商场。我国超级市场的果蔬商品销售起步较晚，但在短短几年内发展较快。目前在各大超市都设有果、蔬销售专柜。少数商场和超市设有花卉产品（鲜切花、干花或盆栽植物）销售专柜。

2）按交易地区划分

按交易地区划分，有城市市场和农村市场。

城市市场（urban market）是指园艺产品交换相对集中并以城市为中心组织流通的市场形式。城市市场是园艺产品重要的集散地和物流中心，处于交通运输的枢纽地，在不同范围内连接着周围的乡镇和农村。城市市场是大而集中的消费市场，是城市“菜篮子”建设和城市环境建设中的重要内容，其经济活动较复杂而且频繁。城市市场把城乡的蔬菜、果品和花卉产销结合起来，逐步形成以城市为依托的各种类型、各种规模组成的市场体系，可改变园艺产品商品流通中的部门分割、地区封锁等问题，易于促进横向经济联系，促进专业户协作的发展和内外贸易的结合。

农村市场（rural market）包括园艺产品的产地市场和农村消费市场，是园艺产品尤其是果蔬产品进入流通的起点和日用消费品的终端市场。农村市场不同于城市市场，它是城市市场网络中各节点中的支路端点，因此，流通渠道长、购销相对分散。农村市场是农村园艺产品销售的最初级市场，体现着国家、集体和农民个人之见的经济关系。因农村市场受农业生产季节和气候灾害影响较大，常常使市场结构发生较大变化。

3）按交易环节划分

按交易环节划分，有批发市场和零售市场。

批发市场（wholesale market）是园艺产品在流通过程中以转手为性质、成批进行贸易的市场。批发市场在商品流通上主要进行以下经济活动：组织货源，把各家各户零散的产品集聚到一处；合理贮藏园艺产品，使待售产品质量不致急速降低；组织调运，向其他批发企业或零售企业、加工企业或个人销售成批的园艺产品。因此，批发市场在商品的流通中从数量和空间上起到了集散作用。批发市场又可分为产地批发市场和消费地批发市场等形式，因此其经济活动的分工就更为明确细致。从业务的性质上，批发市场又兼有自营和代营两种经营方式。在发达的商品流通网络中，每一流通渠道都是各类市场组成的集合，在这个集合中，批发市场充当着极为重要的角色，其他各类市场都是围绕批发市场与之相互衔接、协调来完成园艺商品的流通的。

零售市场（retail market）是以园艺产品直接供应消费者作为基本业务的市场。处于园艺产品流通的终点，把园艺产品直接转移到消费领域而结束流通过程。与批发市场相比，零售市场进行的经济活动具有以下特点：一是交易对象是最终消费者，交换活动由营业人员与分散的、单一的消费者逐个展开；二是产品一旦售出，其价值便完全得到实现，使用价值的实现伴随着园艺产品的消费而进行；三是经营规模小，数量零星，销售次数频繁；四是一般不具有园艺产品贮藏和调剂职能。零售市场的形式多种多样，最主要的有农贸市场、菜点（铺）、水果店（铺）、花店、商场和超级市场等。

（2）我国园艺产品市场的作用与特点

园艺产品市场是指果品、蔬菜和花卉商品交换的场所和领域。它包括园艺产品实物形态交换的场所以及整个流通过程。在园艺产品商品流通过程中，其市场的作用主要表现在：①可以通过园艺产品的交换，沟通果品、蔬菜和花卉的产、供、销渠道，联结社会各生产部门、企业，促进商品经济持续稳定协调发展；②可以通过园艺产品的有效供给，满足人民日益增长的物质消费和精神消费需要；③可以实现园艺产品流通中价值的实现和使用价值的转换；④可以促进社会分工和技术进步。

园艺产品的市场供求关系是指市场对园艺产品的可供量与市场上园艺产品购买力之间的联系。它包括全社会或某一地区园艺产品供求总额、主要种类间的供求额等比例关系。有效的市场供应为市场供求关系处于一种动态平衡的状况。因此，在园艺产品的市场供应上，常通过市场供求关系的分析，找出其影响因素，以谋求实现园艺产品的周年均衡供应。园艺产品市场在供应与需求之间是对立统一的关系，它们既相互联系、相互依赖，又互相制约、彼此都要求对方与之相适应。但是由于形成园艺产品市场商品供求双方的各种因素不同，而且这些因素经常变化，因此，其供求关系上必然存在着平衡和不平衡（供大于求或供小于求）两种状态。当园艺产品市场供给量小于需求量，消费者在购买上发生竞争，而出现园艺产品市场价格由卖方起支配作用的现象，称为卖方市场（seller's market）。反之，市场供给量超过需求量，卖方之间竞争激烈，而出现园艺产品市场价格由买方起支配作用的现象，这时的市场则称为买方市场（buyer's market）。

买方市场和卖方市场的出现均是园艺产品市场供求关系不平衡的表现。供求不平衡不仅表现在园艺产品的总量上，而且表现在其供应品种的结构和时空分布上，所以园艺产品市场供求关系是一个不断变化的动态过程，市场管理者要运用市场机制对产销矛盾进行有效调节，协调好生产者、经营者和消费者之间的利益关系。

园艺产品市场体系包括园艺产品在流通与交换过程中的各种关系和总和。其各种经济活动依照各种固有经济规律有序地运行。我国园艺产品市场经过多年的发展，形成的市场与其他市场相比具有如下特点：

①我国园艺产品市场层次丰富，规模多样。随着园艺产品生产的扩大，配套设施、生产资料也得到相应的发展。我国园艺产品市场已形成一定规模，形成了高、中、低档市场相结合，产地市场与销地市场相结合，批发市场与零售店（花店）相结合的立体园艺产品市场体系，中高档园艺产品市场迅速增长、大型中心市场初步形成。经过多年的发展，全国初步形成一批大型的果蔬和花卉批发市场。例如，四川成都三圣乡花市，上海曹安花市、精文花市，广州岭南花市，湖北武汉花市，北京亮马桥花市等。这些花卉批发市场规模大、档次高、设施设备好，大多有交易厅、冷库、运输设备以及后勤服务设施，并成为当地很有影响的园艺产品市场。

②我国的园艺产品市场流通体系逐渐完善，市场网络发达。经过多年的市场建设和

运作，我国园艺产品市场基本形成了初级批发市场为主，农贸市场、集市、花店、个体商贩（花摊）和租摆（花卉）等多种销售形式相结合的流通体系，基本实现了便于园艺产品集散、便于消费者购买、管而不死、活而不乱的运行机制，较好地解决了产销脱节、难买难卖的矛盾。总体而言，产前的批发市场以生产基地为依托，档次低、设施简陋，类似农村集贸市场的水平。销区市场设在人口集中的大中城市，以众多中小型果蔬市场和大小花店为依托，档次相对较高，设施较为齐全。全国的园艺产品在流通与交换过程中处于一种动态供给平衡状态。

③我国的园艺产品市场在国民经济中发挥着重要的作用，通过园艺产品交换，沟通果蔬和花卉产、供、销渠道，联络社会各生产部门、企业，促进商品经济持续稳定协调发展，能够实现流通中园艺产品商品价值和使用价值的转换，促进园艺经济的社会分工和技术进步。

但是，我国园艺产品在繁荣和发展的同时，也出现了一些不足。一是城市的初级园艺产品交易市场建设过热、过多，布局欠规划、定位欠合理，在花卉市场建设方面表现尤为突出；二是设施不够完善，交易方式单一；三是市场功能和管理薄弱，商品的集散功能、市场信息引导功能和调节余缺与价格功能弱，管理欠科学；四是市场交易行为规范化程度低，流通渠道和环节混乱，几经倒手，流通环节和流通渠道大为膨胀，造成消费者负担加重。因此我们必须运用各种现代化的管理手段，以科技和生产基地为依托，建立全国统一有序的园艺产品交易大市场，加强园艺产品市场的宏观调控及政策引导，进行合理的规划布局与管理。

2. 国际园艺产品市场与特点

（1）国际园艺产品市场营销的必要性与意义

国际园艺产品市场的形成是企业通过满足本国以外的市场的需要，以实现自己的战略目标而进行的多国性市场营销活动的结果，即企业超越国界的市场营销场所。园艺产品市场的国际化是各国自然、经济、技术和社会等各种因素综合影响的产物。通过开展国际市场营销，对提高资源配置效率，满足世界各国的市场需求，提高园艺产品的生产水平和园艺产品的质量以及促进经济的发展均具有重要意义。具体表现在：

①有利于提高资源配置效率。根据比较利益原理，一个商品经济发达的国家往往在本国有市场的条件下，也会把产品出口到经济效益更高的国家；反之，即使本国有资源，也会为争取廉价的原材料、技术水平更高的设备，以降低成本提高效益而进行国际间的贸易活动。因此，对外贸易不仅仅是为剩余产品寻找市场或为过多的需求寻找来源，而更应参与国际分工，在世界范围内进行资源的重新分配，从而建立园艺产品资源差异上的国际分工，这有利于我们充分利用自然资源从事适宜的园艺产品生产，提高资源配置效率。

②是社会高度分工的需要。世界各商品经济国家，尤其是发达国家，在发展商品经济中会由于自然、经济、技术和社会的种种原因而在生产上实行专业化并提高专业化程度，因而客观上存在国际的社会分工。这种社会分工使商品生产国之间存在着相互依赖的经济关系，彼此以对方为市场，互相提供商品需求和商品供应。正是这种关系，使国

际之间需要有对外贸易往来，可以起到满足多方消费需求的作用。因为没有任何一个国家能够仅依靠国内生产，满足国内消费者对园艺产品的多方需求。只有通过国际贸易往来，才能实现各国园艺产品市场的品种多样性。

③可促进园艺产品的生产水平和产品质量的提高。要进行国际贸易，使园艺产品生产成为创汇农业，就必须按照国际要求和标准进行生产。创汇农业要求所出口的园艺产品数量大、质量高、品种和规格特殊，且出口供应稳定，所以生产就要求高度专业化、规模化经营，并大量采用高新技术。同时，还将促进园艺产品生产按照商品经济的客观规律和市场机制的要求，改善经营管理，因此，可带动园艺产品整体生产水平和质量的全面提高。

④可以促进经济的发展。园艺产品和其他初级产品的出口，是发展中国家经济发展的“引擎”。这些产品的出口，是发展中国家引进外资、技术的外汇保证；是许多发展中国家在具有竞争力的工业体系未建立以前，依靠农产品，尤其是园艺产品出口作为经济增长的动力，这对于发挥其资源的优势而提高其国民收入水平有着重要意义。

（2）国际园艺产品市场营销特点

自20世纪80年代开始，国际园艺产品市场和其他农产品市场一样，最明显的特点是随着各国市场竞争激烈，各国园艺产品出口的政策性补贴增加，进口的非关税壁垒加重，如进口税制、数量限制、许可证制，苛刻的卫生健康等质量标准、双边贸易协定、优惠协定等。例如，1999年1月1日起欧共体实行统一的香蕉进口政策，即对拉美的香蕉实行额配制和统一征收20%的关税，这一政策将影响拉美向欧洲的香蕉出口，进而引起拉美和欧洲之间的争端。与此同时，各国对园艺产品（其他农产品也一样）纷纷采取限制进口的非关税壁垒措施，形式多样，包括：具体的贸易措施，如进口的数量、限价、商品卫生规定、进口许可证和禁运等；商品标准的规定，如商品质量、包装和标志等；关卡的规定，包括对农产品的分类、样品规定、估价和办理进口的手续等；进口差额税、特别税；政府对园艺产品进口的干预，如政府采购、贸易转向援助等。因此，国际园艺产品市场的营销特点如下：

①经营的国际性。国际市场营销的活动范围是在本国以外的国家，产品要跨越国境，故其市场、产品和销售等都具有国际性。跨国经营往往要受到双方国家海关的管理和两个经济贸易政策制约，园艺产品的国际营销环境往往要比国内营销环境复杂得多。

②交易场所的异国性。这主要是因为各个国家、地区的消费者需求的差异，政治、经济体制的不同，在进行园艺产品国际市场营销时，必须细分目标市场，找出它们与国内目标市场的不同之处，进而采取相应的国际市场营销策略。

③竞争的多国性。国际市场常常有多个国家和地区参与竞争。因此，在园艺产品国际市场营销时，不仅要研究目标市场的特殊要求，还要研究竞争对手的优、缺点，使自己与在竞争中获得生产与发展。另外，还要避免本国各出口口岸之间的内部竞争。

④市场的高风险性。国际市场营销的目标市场在国外，使其运输方式和渠道更为复杂，支付手段和结算方式也与国内截然不同。因此，国际市场营销比国内市场营销具有更大的风险性。

11.3.2 国内外园艺产品生产与市场现状

1. 国内园艺产品市场概述

（1）水果生产与市场

改革开放以来，我国水果生产发展很快，总产值超过1000亿元，仅次于粮食和蔬菜，居第三位。30多年来，水果生产发展的特点可概括为以下三点：

①水果产量由平稳增长转为高速增长。据统计，2007年全国水果总产量为181.363 Mt，比2005年增长12.5%，苹果为27.860 Mt，柑橘为20.585 Mt，梨为12.895 Mt，香蕉为7.797 Mt，葡萄为6.697 Mt。目前，我国是世界第一大水果生产国，苹果和梨的产量居世界首位，柑橘产量居世界第三位。

②水果市场已由卖方市场转为买方市场。随着水果产量的逐年增加，供求关系发生了根本性的变化，市场对水果生产的约束力日益明显。随着国民经济的不断发展和人民生活水平的日益提高，水果消费市场将向水果这一“后继性商品”提出更高的商品属性要求。

③果园面积由高速扩大转为稳中趋降。据统计，2007年全国果园面积已达10471万公顷，比2000年的8932万公顷增长了17.2%。

（2）蔬菜市场

随着蔬菜购销体制的改革，市场机制、竞争意识、价值规律在蔬菜产销中的作用更加明显，资源和要素在蔬菜产业中的配置也逐渐趋向合理，这样极大地调动了广大农民的生产积极性，全国蔬采市场得到了迅速发展。

①形成了与生产相适应的区域布局。新中国成立以来，我国蔬菜的区域布局大体经历了三个阶段。第一阶段（1984年以前）：蔬菜生产主要分布在大中城市郊区，农村地区只有少量的自食菜地和季节性菜地，基本上属于半封闭状态的自给自足生产形式；第二阶段（20世纪80年代中期到20世纪90年代初）：随着蔬菜产销体制的改革，逐渐形成了五大片商品菜生产基地（南菜北运基地，黄淮早春菜基地，西菜东调基地，冀、鲁、豫秋菜基地和晋北夏秋淡季菜基地），这些蔬菜基地每年向全国提供超过20 Mt的商品蔬菜，占城市消费量的30%左右；第三阶段（20世纪90年代以来）：由于城市建设征地需要和近郊劳动力成本上升，以及广大农业种植结构的调整，全国蔬菜供应格局从以农区为辅变为农区为主，农区蔬菜的播种面积约占全国的80%，全国蔬菜产区更加集中。全国蔬菜生产的区域布局进一步优化，农民正在摆脱家庭小菜园式的生产方式，走规模化、专业化、区域化生产的路子。蔬菜大生产、大市场、大流通的格局已基本形成，南菜北运、西菜东调、北菜南销，各地都在最大限度地发挥自己的区位优势、交通优势和技术优势，积极发展本地蔬菜生产，扩大市场份额。

②播种面积和总产量保持持续稳定的增长。我国蔬菜播种面积在20世纪80年代年均增长近10%，90年代年均增长14.5%，21世纪前5年平均增长3%，到2007年达到0. 17亿公顷，总产量达565 Mt。设施蔬菜发展更快，1980年设施蔬菜不足0.667万公

顷，到 2007 年超过 333.5 万公顷，增长 490 多倍。另据国际粮农组织（FAO）统计，我国蔬菜播种面积和产量分别占世界的 43%、49%，均居世界首位。

据我国海关统计，2007 年我国累计出口蔬菜 8.1759 Mt，与 2000 年相比增加4.9729 Mt，增长了 1.55 倍；出口额为 62.14 亿美元，与 2000 年相比增加 41.33 亿美元，增长了 1.99 倍；贸易顺差为 61.06 亿美元，与 2000 年相比增加 40.97 亿美元，增长了 2.04 倍。

蔬菜生产的设施化水平不断提高。为了适应消费者对品种多样化的需求，十多年来共选育、审定和推广了大批名、特、优、稀品种，全国主要蔬菜的栽培品种是限量 2～3 次更新，良种覆盖率达到 80%以上。蔬菜已成为增加农民收入的支柱产业。2007 年全国蔬菜播种面积（含西甜瓜）占农作物总播种面积的 12.8%，总产值达 7200 多亿元，占种植业总产值比例高达 29%，在种植业中仅次于粮食。蔬菜生产对全国农民人均纯收入的贡献额达 650 多亿元。

③市场供应形势明显改观。全国城乡蔬菜市场供应充足，价格稳定，花色品种不断增多，商品质量明显改善，均衡供应水平不断提高。基本做到淡季不淡，蔬菜季节性差价进一步缩小。许多大城市蔬菜日上市种类在 50 个以上。消费者对蔬菜种类、品种有了较大的选择余地。2007 全国人均蔬菜占有量已达 420 kg，显著超过世界人均占有 102 kg 的水平。

(3) 花卉市场

我国有着悠久的花卉栽培历史，但花卉业的突飞猛进，还是在改革开放后的近 20 多年。从中国花卉协会 1978～2007 年的统计资料可以看出，我国花卉的种植面积和花卉生产总值有了明显提高。2007 年我国花卉生产总面积为 75 万公顷，比 2006 年的 72.2 万公顷略有增加，较 1998 年增长 8.8 倍；花卉销售额为 613.7 亿元人民币，比 1998 年增长 5.8 倍；出口额为 3.3 亿美元，比 1998 年增长 17 倍。花卉栽培面积连续几年占到了世界花卉栽培总面积的 40%，年生产总值早已突破 61 亿美元，花卉销售总额达 613.7 亿元，年出口额达 2.6 亿美元。其中，观赏苗木占了我国花卉生产的半壁江山。2007 年全面鲜切花（含切花、切叶、切枝）种植面积为 43325.4 公顷，比 2006 年增加了 4.1%。其中，切花种植面积为 33777.5 公顷，切叶为 5834.5 公顷，切枝为 3713.4 公顷。销售额为 697806.4 万元，比 2006 年增长了 15.3%。出口总额达 16093.1 万美元。全国有 15 个省（区、市）出口鲜切花。盆栽花卉（含盆栽植物、盆景和花坛植物）种植面积为 77253.6 公顷，比 2006 年增加了 6.1%。其中，盆栽植物种植面积为 40567.2 公顷，盆景为 19630.7 公顷，花坛植物为 17055.7 公顷。盆栽花卉出口额为 8264 万美元，其中盆栽植物为 4920 万美元，盆景为 2184.9 万美元，花坛植物为 1158.5 万美元。

花卉业在我国的发展很不平衡，从综合实力来看，广州、上海和浙江为前三名，广东以显著优势居于全国首位。前十强的省（市）除这三省外，还有四川、福建、江苏、河南、云南、山东和河北。从各地的优势产业来看，也各具规模，如云南的鲜切花产业、浙江的切叶生产综合经营、广东的盆栽观叶植物等。

2. 国际园艺产品市场概述

(1) 主要水果市场

①欧共体水果市场。欧共体成员国经济实力雄厚，是世界水果贸易的最大市场，主要进口热带、亚热带水果和名特优及深加工产品。欧共体国家中，以德国、英国、法国等进口较多。出口国主要是新西兰、澳大利亚和南非等国。欧共体实行共同农业政策，对内实行共同价格，对外实行共同关税，通过进口限价及数量和质量管理等限制非成员国进口，所以，欧共体市场具有强烈的贸易保护主义特色。1992年欧洲大市场成立，给非成员国造成森严的贸易屏障，只有竞争力很强的水果产品才能打入这个市场。

②北美水果市场。北美水果市场主要指美国和加拿大。美国的水果进口量远大于出口量（170∶100），主要进口香蕉。加拿大水果进口量是出口量的12倍，主要进口香蕉、苹果、蜜柑、杂柑、柚类、梨及其他干果。北美市场主要是从南美进口热带水果，欧共体成员国、新西兰和澳大利亚也向北美市场出口。该市场即向世界市场大量进口，也大量出口，市场竞争激烈。

③日本水果市场。日本经济发达，消费水平高，人均年消费水果40～50 kg。其中25%靠进口。主要进口水果有香蕉、菠萝、葡萄、板栗、白果、核桃、柚、猕猴桃、甜橙等名特优产品。日本利用《防疫法》、《食品卫生法》控制进口水果、蔬菜等。因此，我国的水果还不能顺利出口日本。

④东欧及前苏联水果市场。该地区多寒冷，主要进口温带水果，其进口量比西欧、北美和日本少。对水果的质量和包装要求均不像其他市场那样严格。以前我国一直以政府协定记账贸易的方式对该市场出口大量水果，每年出口柑橘类、苹果各（3～4）$\times 10^4$ t，还有梨及其他水果罐头等。苏联解体后，由于俄罗斯币值不稳定，国际结算不安全，就终止了协定贸易。而我国的一些民贸企业和非专业公司以边贸的形式一直向俄罗斯出口水果，支付方式也呈多样化。

⑤香港和东南亚水果市场。香港人均年消费水果40 kg，其果品主要来自中国大陆、美国、泰国、澳大利亚和新西兰等。从美国进口的有橙、柠檬、葡萄、浆果、梨、桃；从大陆进口的有苹果、梨、核桃、板栗、杂柑类、西瓜、哈密瓜；从泰国进口的有柚、梨、核果等；从澳大利亚进口的有柠檬、梨等；从新西兰进口的有猕猴桃、浆果、核果。新加坡的水果主要靠进口，是典型的水果进口国，每年销售水果达17.5×10^4 t，其中柑橘占22%，香蕉占14%，梨占13%，苹果占12%，其他水果占39%。主要由美国供给浆果类、葡萄、杏、樱桃、柑橘和鳄梨等，贸易额达6亿美元；新西兰供给苹果、浆果和其他核果，总额不足1亿美元；中国供给苹果、梨和杂柑，总额约3.7亿美元；澳大利亚供给桃、李、杏、橘、柠檬、苹果、梨和樱桃，总额约2.6亿美元；马来西亚主要供给甜瓜和西瓜，约340万美元。泰国是“瓜果天堂”，各种水果基本上均有生产，年产水果约7 Mt。泰国是主要输出果品的国家之一，其果品主要销往德国和香港，其中在香港的销量约占50%。此外，还销往马来西亚、新加坡、法国、美国、德国、加拿大和澳大利亚等国。

⑥中东果品市场。该地区受自然条件限制，果品种类很少，其进口总值只有3亿美

元左右，其中沙特阿拉伯占 57%，科威特、阿拉伯和也门占 32%，主要进口苹果、柑橘(橙)、香蕉、葡萄、核果等。

(2) 我国蔬菜的主要出口国

我国蔬菜的出口地区主要是日本和东南亚，其次是我国的相关特别行政区。从品种来看，萝卜主销国是日本和东南亚地区，在该地区的主销品种还有山药、辣椒、蒜、土豆等。对日本出口的还有菜豆、菜玉米、莲藕、蚕豆、山野菜、食用菌等。生姜主销欧美，在该地区还销售一定量的蒜、菜豆和蚕豆等。在泰国和韩国还分别销售少量的辣椒。东南亚还销售榨菜和深加工番茄。

(3) 国际花卉市场

①花卉产业与消费现状。二次世界大战结束以后，全球范围内的和平与发展为花卉业的兴起创造了条件。花卉业也因此发展成为世界上最具活力的产业之一。据不完全统计，迄今为止，全世界花卉栽培面积已经达到 22.3 万公顷。其中，亚太地区花卉栽培面积最大，达 13.5 万公顷；其次是欧洲，达 4.5 万公顷；美洲地区的栽培面积为 4 万公顷。从出口和消费来看，1994 年全世界的出口总额达 42.3 亿美元，以鲜切花、切叶和盆花为主。其中，欧洲地区的出口量最大，占世界贸易总量的 67%；美洲地区占 19%；亚太地区占 5%。欧共体、美国和日本形成全球花卉消费的三大中心，这三个花卉消费中心进口的花卉占世界花卉贸易总量的 99%。其中，欧共体占主导地位，达 80%，美国占 13%，日本占 6%。世界的花卉生产和消费基本形成区域化布局。例如，荷兰的花卉 93%出口到欧共体，哥伦比亚 75%的花卉出口到美国，泰国 78%的盆花销往日本。可见，自然资源丰富、劳动力便宜、交通运输发达的国家和地区逐渐成为生产区域；而经济发达、有着良好花卉消费习惯的国家和地区逐渐成为消费区域。

②花卉产业发展趋势。随着世界花卉自由贸易化发展，全球花卉业有如下发展趋势：

一是花卉产区向发展中国家转移。花卉业既是技术密集型产业，也是劳动密集型产业。现在，世界花卉发展已进入较稳定时期，发达国家如欧洲最近几年花卉产量基本呈现平稳或有下降趋势，甚至自我保护最好的日本也在减少花卉自产份额，增加进口。同时，发展中国家，如亚洲的中国、泰国、马来西亚，非洲的肯尼亚、摩洛哥、厄瓜多尔和美洲的哥伦比亚等发展迅速，这些国家每年出口创汇的增加额均在 20%左右。

二是花卉贸易日趋自由化。随着国际贸易日趋自由化，花卉业也自然转入国际自由竞争，国际花卉市场的开放程度将越来越高。20 世纪 80 年代美国 80%以上的康乃馨由西海岸旧金山海湾地区提供，但这段历史已因哥伦比亚花卉的冲击而改写。日本是世界上三大花卉消费中心之一，每年花卉消费额达 130 亿美元，占世界销售规模的 1/10 左右。由于国内注意地区利益保护，进口花卉占国内消费量一直在 5%～7%，主要为国内无法生产或生产成本较高的花卉品种，如月季、菊花、康乃馨等温带切花产品和红掌、凤梨、兰花等热带花卉。

三是温带花卉发展日趋成熟，热带花卉潜力巨大。荷兰、美国、日本均地处温带，是世界上花卉业最发达的一些国家，月季、菊花、唐菖蒲和康乃馨温带四大鲜切花已被它们发展成世界销量最大的花卉种类。热带花卉以其色彩鲜艳和寿命长、容易管理等优点日益受到世人青睐，如红掌、兰花、凤梨、帝王花等有着巨大的市场潜力。许多热带地区加大热带花卉开发力度，打入国际市场，如泰国的兰花实现了工厂化生产，每年有1亿多株销往日本，占领了日本80%的兰花市场。

四是国际花卉分工特色明显。没有特色就没有市场，几乎全球所有花卉业者都意识到了这一点。荷兰花卉栽培历史悠久，逐渐在球根、种苗、鲜切花和自动化生产方面占据绝对优势，尤以郁金香为代表；美国崇尚环境绿化，草花和花坛植物育种与工厂化生产走在世界前列；日本在花卉栽培基质、销售等方面实行标准化管理，品质与价格一致成为日本市场的最大亮点；丹麦在盆花自动化生产和运输方面在世界处于领先地位；以色列、肯尼亚、哥伦比亚则在温带鲜切花生产方面实现了专业化与规模化。

五是国际合作日益加强。随着花卉商品国际化程度的提高，小农经济或家庭经营的时代已经过去，相互联合、优势互补、共同谋求更大利益的合作方式多种多样，如联合、并购、契约等。荷兰与印尼合作进行鲜切花育种；日本麒麟啤酒公司并购荷兰的一家菊花公司，成为有影响的国际花卉企业；美国与哥伦比亚、荷兰与意大利的花卉企业契约都是非常成功的例子。

3. 影响园艺产品市场的因素

园艺产品市场有其自身的特点，如何建设和管理好适合我国国情的果蔬市场和花卉市场，使其在市场经济中发挥积极作用，是每个生产者、经营者和消费者都极其关注的问题。在市场经济条件下，影响园艺产品市场发展的因素主要有以下几个方面：

一是园艺产品市场容量。了解园艺产品市场的供求首先要考虑市场容量。在某一地区人口数量和人均收入水平基本不变时，消费者购买欲望的变化直接影响市场容量的变化，且呈正相关关系。这些因素是我们进行果蔬市场和花卉市场定位分析及市场交易分析的重要依据。

二是园艺产品销售的季节性。园艺产品是现货产品，生产上市的季节性强。一般来说，春秋为产出旺季，价格比较低。果菜和花卉市场需求的季节性则主要集中在下半年，尤其是冬春年销花卉，要求产品的反季节性上市率高，因为成本高、价格高、要求的交易设施好。从人们对园艺产品的消费习惯来看，市场也有周期性波动，如双休、节假日需求大，逢“8”的日子对花卉需求大，同时，也伴随着果蔬需求量增大。从花卉产品的性质来看，花卉不同于普通的果蔬或粮食产品，它是人们精神享受的一部分，是社会经济发展到一定阶段的产物，需求随人们的收入水平的波动而波动，花卉的销售量也随之呈现波动的趋势。

三是消费者购买渠道和行为。园艺产品市场环节的多样化，使之进入消费者手中有不同的渠道，如可直接从生产者手中购买，也可通过零售商、代理商、批发商等多级渠道获得。不同的消费渠道，消费者的购买行为也是不同的，这些都影响这园艺产品市场的发展。例如，花卉作为特殊的精神消费，了解消费者购花行为、用花习惯也是供应商不可忽视的研究因素。台湾花卉发展协会曾对20世纪90年代台湾花卉消费者的消费习惯进行了调查与分析，发现消费者有大量采购潇洒型、临时起意不定型等多种购花类型。

四是不同的消费层面及其比例对园艺产品的需求是不同的。在了解消费者对大众菜（果）或花、特种菜（果）或花的需求特点和具体的种类要求的基础上，精心组织货源。

对于各地传统节日的膳食习惯和用花习惯也要有所研究。在花卉消费方面，目前我国花卉消费的对象多元化。不仅包括以前的各国驻华使馆、高级宾馆饭店、企事业单位开业或庆典、各级政府机关的需求等，随着人们生活水平的提高，许多居民对鲜花消费也呈上升趋势，像探亲访友、日常交际、朋友聚会等都需要大量的鲜花消费。而且在大型节日，如春节、元旦，或作为礼品购买，如婚、丧、生日庆典、探病、乔迁恭贺等，需求量更大。

五是市场的外围环境如周边生产状况、竞争对手状况等因素。

11.3.3　我国园艺产品出口存在的问题与开拓国际市场的策略

1. 我国园艺产品出口存在的问题

一是质量差。我国出口园艺产品的数量较多，但色、香、味差，卫生程度也不够。同样的产品在加拿大和香港市场价格比美国产品低 1/2。例如，水果，我国的沙田柚被泰国柚取代，鸭梨被日本梨取代，橙子被美国新奇士脐橙取代。无论是水果，还是蔬菜和花卉大多为低档价格消费。根据实际情况，建立质量标准体系是我国园艺产品出口的头等大事。

二是商品化处理程度不够。我国虽有果品、蔬菜和花卉的出口产品在洗果、分级、涂蜡、预冷、包装、贮藏等方面的技术和设备，但离国际贸易标准差距甚远，特别是冷链系统和恒温贮藏的条件差，设备不完备，工艺加工也较落后，难以对高质量的园艺产品进行商品化处理。

三是周年供给体系不稳定。由于对园艺产品市场研究不够，造成出口产品品种单一、季节性集中；贮藏保鲜的水平和设施跟不上，质量较差。这样经营者就形成了有多少、够多少、销多少的局面。收购交货环节失控，更会造成贸易损失。

四是出口竞争无序。由于近些年来新开的外贸企业、三资企业、民营企业盲目追求出口数量规模，对出口的同一国家或地区，不研究其市场总容量，超量倾销、竞相杀价，导致同一商品在一个区域市场泛滥成灾、恶性竞争，造成出口商和国外的进口商等经营的各道环节几败俱伤。这与我国出口管理体制的不够科学合理也有关系。例如，大蒜是我国出口的传统园艺产品，市场非常敏感，属我国外经贸部出口配额加许可证管理商品，正常情况每年出口配额总量控制在 10×10^4 t之内，国际市场就比较坚挺。在 1992 年我国盲目超额发证，出口量达 20×10^4 t，致使平均单价还不足正常年的一半，20×10^4 t 出口的总收汇低于 10×10^4 t 的总收汇。更有甚者，还遭到他国以反倾销法诉讼，制裁我国。

2. 开拓国际园艺产品市场的策略

第一，发挥我国特有园艺产品的优势，提高我国传统出口产品质量。有稳定的外销市场和经营渠道的园艺产品，应采取积极、稳定的经营方式，不断地提高品质、改进包装、调整品种结构、选择合理运输方式，以保住市场为主。在稳定的基础上积极拓展市场，提高市场占有率。同时，密切关注市场的动态变化和商品生命周期，园艺产品国际市场的生命周期通常有两种类型：一种是一个地区消费习惯的改变或更廉价的替代产品的出现，某种商品自然被市场淘汰；另一种是园艺产品国际市场的起伏变化周期，一般规律为供不应求→供求平衡→供过于求→极端过剩，周而复始的市场演化。我国的园艺产品多属后一种类型。例如，我国的出口大蒜，属传统的出口园艺产品，市场很单一，主要是日本市场（东南亚市场甚少）作为调味品习惯消费。按照我们以往多年的市场经验，该商品20世纪80年代为4年一个周期，到20世纪90年代演化为2～3年一个周期。这就要求我们出口经营者把握市场周期，理性决策，做到“逢俏不赶、逢滞不掉”，同时应把自己的经营方案提前传递给广大农户和生产者，避免生产过剩或生产不足，造成社会资源或市场份额的浪费。

第二，开发新市场、新产品。除拓展传统商品市场外，还应有敏感的市场触觉，长远的战略思维，不断地开发新市场、新产品。开发国际园艺产品市场，根据不同情况，一般有以下几种做法：

开发自产优势产品。若目标市场本身有某种园艺产品的消费习惯，只是被其他的出口国全部或大部分控制了市场，而我国又有该产品的大规模生产，甚至对别的国家或地区还有出口历史时，这就要对目标市场的总容量进行调研，对原已控制市场的出口国和我国的社会生产成本、各个流通环节、到岸品质、品牌、出口商的实力、商誉等进行综合分析与评估，开发自己的优势产品。如果我们有优势就比较好打入目标市场，如加拿大历来有蜜柑作为圣诞节礼品的消费习惯，属“题材”消费，市场总容量为（1.5～1.8）$\times10^4$ t。1986年以前该市场基本被日本所控制（占90%以上），而我国也是柑橘生产大国，此前主要是对苏联出口。我国的生产成本与日本相比有绝对优势，只是采后的商品化处理不如日本。但我们在这方面做了坚持不懈的努力，用了7～8年的时间，使我国对加拿大出口柑橘外观、质量略次于日本，而卖价只取日本的一半以上还有利可图。这样迫使日本蜜柑逐步退出加拿大市场，中国蜜柑基本占有了加拿大市场。

引进外来名优产品。若目标市场有某种园艺产品的消费习惯，但我国暂无适销对路的品种时，这就需要从国外引种。引种开发国际市场必须具备三个前提：一是我国的气候、土壤及生态条件必须适合该品种的生产种植；二是我国的生产成本必须低于该产品的主要出口国；三是该产品在我国也有内销市场，以备产品的市场分流。例如，我国从日本引进大王姜、大萝卜、小黄瓜、青刀豆等，在日本、东南亚市场销售比较成功。这种开发国际市场的方式比第一种难度较大，不一定都能成功。例如，早些年我国引进的海沃德猕猴桃，纽荷尔、朋娜脐橙，由于我国的生产体制等因素至今基本上还没有打入国际市场，但内销市场很好。

开拓特色产品市场。我国有生产规模或有特色的园艺产品，但某一目标市场暂无或有很少消费习惯，这就要求出口商用各种方式客观地宣传、推介、引导该地区的消费者，循序渐进地做市场培育、渗透工作。这种开发国际市场的方式难度最大，需要的时间也很长，前面很多年都不赚钱，甚至赔本，并且成功和失败的可能性都有。例如，我国出口的大蒜，早些年有些国家或地区不习惯消费，因为食用大蒜后口里有异味不便于社交，后经过宣传和引导，让当地人认识到大蒜有杀菌、预防多种疾病的作用。随着社会的发展，大多数人都意识到健康比社交更重要，自然就形成了消费习惯，我国的出口大蒜便逐步渗入这些国家或地区。

11.4　园艺产品的贸易环节

11.4.1　国际园艺产品的贸易环节

贸易是在一个市场里自愿的货品或服务交换。贸易出现的原因众多，由于劳动力的专门化，个体只会从事一个小范畴的工作，所以他们必须以贸易来获取生活的日用品。最原始的贸易形式是以物易物，即直接交换货品或服务。现代的贸易则普遍以一种媒介作讨价还价，如金钱。金钱及非实体金钱大大简化和促进了贸易。两个贸易者之间的贸易称为双边贸易，多于两个贸易者的则称为多边贸易。两个地区之间的贸易往往是因为一地在生产某产品上有相对优势，如有较佳的技术、较易获取的原材料等。国际贸易（international trade）是指不同国家（和/或地区）之间的商品和劳务的交换活动，有时也叫世界贸易。国际贸易由进口贸易（import trade）和出口贸易（export trade）两部分组成，故有时也称为进出口贸易。

在进行园艺产品国际贸易时，其程序比国内市场销售复杂得多，包括的业务环节也很多。因此，必须严格按照国际市场惯例，遵循交易程序，履行交易合同。出口商和进口商在国际贸易市场的营销操作程序上是不同的。对出口商而言，如果产品以到岸价格（CIF）与买方成交，其工作程序则由以下环节组成：向买方报价→与买方订立合约→接收信用证→出口签证→准备货物→接受商品的检验→租船→运货到码头→购买保险→报关装船→通知买方已装船→出口押汇→结汇→办理出口退税。而对于进口商来说，若以离岸价格（FOB）成交，其工作程序明显有别于出口商：向卖方询价→接受报价（或立合约）→进口签证→准备外汇→申请开信用证→洽谈船位并通知卖方船名及船期→买保险→收到货运单据→货物进港→对进口货物进行检验→进口报关→缴纳关税→提货→销售。在国际贸易市场中，其贸易程度并不是固定不变的，我国园艺产品从事国际市场营销时，可按以下步骤进行。

1. 出口交易准备

出口交易准备包括落实货源和做好备货工作；加强对国外市场与客户的调查研究，选择适销的目标市场和资信好的客户；制订出口商品经营方案或价格方案，以便在对外洽商交易时胸有成竹；制订营销计划和营销策略，开展多种形式的广告宣传和促销活动等。

2. 出口交易磋商

出口交易磋商是指与外商就商品的品质、规格、数量、包装、价格、支付、运输、交货、保险、索赔等交易进行洽商，最后达成协议的整个过程。一般要经过询盘、报盘、还盘和接受四个环节。

询盘就是由买方向卖方请求报价。但报价表不仅是单纯的价格，它还附有其他条件，一般包括价格、规格、品质、数量、包装、装船、付款方式、样品、目录等要点。

报盘就是卖方向买方报告商品的价格和附带条件。根据发盘人的不同，可将报盘分为买方报盘和卖方报盘，一般惯例是卖方报盘，买方报盘实际称为递盘或递价。根据法律约束力大小，又可将报盘分为实盘和虚盘。实盘是报盘人肯定的意思表达，只要对方在报盘有效期内接受报盘，合同就成立；虚盘则最后还需经报盘人的确定，否则合同不成立。

还盘是指受盘人将报盘人报盘的条件部分或全部加以更改或加以扩张或限制后接受的过程。

3. 签订合同

合同是进、出口双方就交易条件达到一致而成立的书面文件。其形式目前主要有两种：销售合同和销售确认书。它们都是按照固定的格式印制出来，一旦把确定条件填入空白处，并经双方确认，合同便生效。其中销售确认书内容较为简单，仅适合于交易额不大或往来关系较为密切的进、出口贸易。

4. 履行出口合同

出口合同一旦签订，就开始执行。其履行程序一般包括认真备货，按时、按质、按量交付约定的货物；落实信用证，做好催证、审证、改证工作；及时租船订舱，安排运输、保险，并办理出口报关手续；缮制、备妥有关单据，及时向银行交单结汇，收取货款。

园艺产品的自然属性和社会属性与其他产品（纺织、机械产品等）决然不同，故出口园艺产品的营销人员必须具备丰富的园艺专业知识，全面掌握国际贸易理论和实际应用，学习其他社会知识，提高综合素质和应变能力，在出口园艺产品工作实践中，不断积累经验。

11.4.2 我国园艺产品出口贸易壁垒原因及对策

为了限制我国园艺产品的出口贸易，一些发达国家对我国园艺产品的出口设置了一系列技术壁垒。日本是我国主要的蔬菜出口市场，但是近年来日方出于保护本国产业的目的，采用歧视性标准，增加检测项目，阻止中国蔬菜的进口。比如，日本每年进口（4～5）$\times10^4$ t菠菜，而其中的99%来自于中国。为了控制中国蔬菜进口，日本政府在农药残留方面对中国蔬菜实施歧视性标准，并且在2002年7月和2003年5月先后两次以农药残留超标为由，控制进口中国菠菜，导致我国对日菠菜出口基本停止。1998年4月，美国食品与药物管理局（FDA）公布《最大限度减少新鲜水果蔬菜细菌污染危险的食品安全卫生指南》（试行），要求：在水果、蔬菜汁生产过程中强制推行HACCP；推行果汁、蔬菜汁标签计划。FDA对浓缩果汁检验达26项（不含农残），使我国果汁、罐装蔬菜和蔬菜汁出口受到严重影响。欧盟把进口花生及其制品中黄曲霉素限量由20 ng/ml和10 ng/ml统一降至4 ng/ml；同时指定为4～7 t，并采取“自动报警制度”，即任一欧盟成员发现进口花生中黄曲霉素超标，其他成员自动对相应出口方关闭花生市场，使我国花生出口受到极大影响。

据统计，2008 年 1~6 月，中国干（坚）果类产品出口美国、日本及欧盟受阻的主要原因是不符合卫生要求。中国保鲜蔬菜类产品出口受阻的主要原因有两个：一是限量超标；二是不符合卫生要求。保鲜水果类产品出口受阻的主要原因，依次为限量超标、不符合卫生要求、含有杂质异物、不符合进口法律规定；蔬菜制品类产品出口受阻的主要原因依次为不符合卫生要求、含有有毒有害物质、限量超标、不符合进口法律规定、缺少证书材料和未经注册批准；水果制品类产品出口受阻的主要原因依次为含有有毒有害物质、限量超标和未经注册批准。

由此可见，中国园艺产品出口美国、日本和欧盟受阻的主要原因应归结于食品安全及植物检验检疫因素，与卫生及检验检疫密切相关的 SPS 措施成为影响中国园艺产品出口的最大因素。究其深层次原因，我国园艺产品出口贸易遭受技术性壁垒主要由以下三方面造成：全球农产品贸易自由化步伐放慢；低附加值出口产品容易受阻；国内种植及加工处理技术落后。针对这些问题，我国需尝试从以下几方面入手，解除进口国对我国园艺产品出口贸易施加的技术性壁垒。

1. 加快签订双边及复边检验检疫协定和自由贸易协定

虽然农产品多边贸易环境恶化，多哈回合农业谈判陷入困局，但与园艺产品相关的双边检验检疫协定迅速发展起来。例如，根据联合国粮农组织（FAO）的不完全数据显示，目前全球已有十几个国家达成 6 个柑橘产品的双边检验检疫协定，在这样的协定下，指定的柑橘出口商可享受免检待遇。由此可见，解决我国园艺产品出口遭遇技术性贸易壁垒的一个重要办法就是由政府出面，与进口方签署双边及复边的检验检疫协定。中国目前已有的一些双边检验检疫协定多针对园艺产品生产国，对于推动本国园艺产业发展的意义不大。因此，中国应加大与主要园艺产品进口国的谈判力度。

2. 逐步提升我国企业在园艺产品全球价值链中的地位

我国作为园艺产品的出口方，可能成为园艺产品价值链的主导者吗？答案是肯定的。国际上的柑橘产业巨头新奇士集团，就是从美国南加州水果与农产品合作社起步，一步步成为柑橘产品全球价值链的主导者。因此我国政府及相关企业必须具备战略眼光。一方面，中央及地方政府应在资金、税收、补贴及人才方面给予更多的优惠政策，激励园艺产品龙头企业向更高层次的国际化阶段发展；另一方面，企业应认清自身在园艺产品全球价值链中的地位，有效利用国内、国外两个市场及相关资源，努力提高自身的非价格竞争力，打造基于产品深加工及知名品牌的核心竞争力。

3. 加快推进园艺产品标准化生产体系建设

我国应与时俱进推进园艺产品标准化生产体系建设。应尽快制定苗木繁育规程、农药残留量检测方法标准等，并优化质量监督检测体系，加强生产流通领域的卫生和植物检疫。通过建设园艺产品标准化生产基地和标准化示范园区，使基地和园区生产从一开始就纳入标准化轨道，使生产过程变为标准化流程，根据标准组织生产，让标准规范园艺产品质量，达到国际市场准入的要求，进一步提高园艺产品的出口竞争力。

11.5 园艺产品的贸易方式

贸易方式是指国际贸易中普遍采用的各种具有不同特点的交易，如协定贸易、易货贸易、结汇贸易和补偿贸易等。在大多数情况下，商品买卖双方只是一种单纯的买卖合同关系。在合同规定的有效期内，双方都要承担合同规定的权利、责任和义务。当合同执行后，双方则不再存在特定的关系，这是一种比较干净利落的贸易方式。但在具体的经济交往过程中，国际贸易一般要受国家关系、商品关系和商品市场的影响，商品的买卖或进出口双方总是希望建立一种比较稳定的、能长期维持双方商业联系的方式，以利于商品的销售、销售市场的巩固和开拓。因此，除单纯的商品买卖合同外，还存在其他多种贸易形式。

1. 协定贸易

协定贸易是根据国家政府之间的关系、总的政治原则或根据两国贸易集团之间的商业目的、利益要求而签订的原则协议，是缔约国调整彼此贸易关系的国际法律文件。

协定贸易是缔约国之间在贸易协定范围内进行的交易。通常认为通商条约、通商航海条约等都是贸易条约，常涉及关税、海关手续、船舶航行、双方公民和企业在对方国家所享受的待遇、专利、商标、出版等特种所有权，以及进口商品的国内税、铁路运输、转口等问题。协定项下的贸易按规定的内容划分，有双方政府签订的政府间贸易协定和由两国的民间组织或经济团体签订的具有一定约束力的民间贸易协定两种。有时，两国政府间已签有正式的贸易协定，双方的民间贸易组织或团体仍然可以根据政府协定所规定的精神，并在各自政府的支持下，签订民间贸易协定。我国以往对苏联和其他社会主义国家出口的柑橘、苹果等就是以这种贸易方式交易的。

2. 易货贸易

易货贸易也叫直接贸易，就是以货换货，不用外汇支付。进行易货的双方先商妥易货的清算单位，以便进行计价和结算。广泛进行的易货可以不用外汇支付，只要求交换的货物要对等，以硬货对硬货、以软货对软货。采用这种办法可以用某一种出口货物去交换另一种进口货物，单价并不相等，只要求以数量达到逐笔平衡；也可以用几种出口货物去交换几种进口货物，软硬商品搭配，组成一笔交易，并保持对等平衡。

直接以货换货的直接易货是一种狭义的易货。直接易货时，买卖双方各以一种对方所需要的或者能够接受的等值货物进行交换，同时成交，同时交货，不使用实际货币支付。有时，为计算金额，也用货币来表示清算单位，作为商品的价值尺度和账面上的结算符号，如 1997 年湖北外贸用柑橘与外商换洋酒，就是采用这种易货方式。而比较常用的广义的易货方式，就是双方交换的货物，通过货款支付清算，双方都承担购买对方等值商品的义务。双方商品的交换作为一笔交易，体现在一个合同中。

3. 结汇贸易

结汇贸易是非协定项下的贸易。结汇有时也成为单边结汇，就是进口与出口分别成交，都用外汇进行支付，不涉及一笔出口与另一笔进口的平衡问题，也不要求对等，而且都是直接成交，一般不使用包销商或代理商。我们在对外成交园艺产品中多数是使用结汇贸易。这类贸易的特点是由买卖双方根据各自的需要自由商定商品的品种、规格、数量、价格、交货付款方式，并签订商品的买卖合同。我国园艺产品出口有时也根据商品性能、市场特点或外商的需要，利用包销和代理关系。

在园艺产品具体业务实践中，一般是采用一次订明的“一口价”合同，即价格签订后，不论市场发生什么样的变化，价格都不再变动。但在特殊情况下，如价格变动剧烈、前景捉摸不定或对特殊的地区一次计价有困难时，也采用一些变通的做法，或在成交时不定价，或只定参考价，把实际执行价格留到以后双方约定的时期决定，如交货月份开始的前一个月，由双方按约定时期的国际市场价格水平协商定价。这种作价方式叫“活价”。在港澳地区经销园艺产品，还实行一种“分期作价或分月作价”的方式。在签订暂定价格后再由当地代理商根据当地市场的具体情况重新调整价格，使之适应当地的销售水平。

4. 补偿贸易

补偿贸易方式是 20 世纪 60 年代后期出现或开始采用的一种对等贸易方式，即买方以贷款形式购进机器设备、技术知识或专利等，进行建厂或上生产线，等生产项目投产后，再以其产品或双方商定的其他商品来清偿贷款。补偿贸易所构成的双方当事人之间的关系是买卖关系，买方购进卖方先期提供的机器设备、技术知识或专利，买方用买卖的形式向卖方供应产品抵付贷款。买方对开发的项目及产品拥有所有权和经营权。

从 20 世纪 80 年代后期开始，我国湖北省外贸公司就陆续以补偿贸易的方式，从日本先后进口了 6 台柑橘水洗、打蜡、分级机，并在当年就用出口柑橘进行了一次性补偿。用这种贸易方式不仅大大提高了柑橘商品化处理能力和水平，而且引进工作也很方便，还全免了进口关税，降低了投资成本。

5. 加工贸易

加工贸易是一种比较后期的贸易方式。这种方式是先进口原料或辅料、饲料、元件、零件等，经加工后再出口，园艺产品比较常见的加工贸易有如下两种：

一是进料加工。就是先动用自己的外汇进口原料，经过加工制成成品后再出口，如进口果蜡。进料加工方式属于“以进养出”的一种方式。在正常情况下，原料的价格一定低于制成品的价格，如果进口原料维持并扩大了生产，保证了出口需要，并赚取了加工差额，将劳动力物化为外汇收入，这无疑对国家是有利的。

二是来料加工。这也是“以进养出”的一种方式，就是一方接受另一方提供的全部或部分原料、辅料、元件或零件，按照另一方要求的质量、规格、款式和商标进行加工、装配成制成品，再交回给另一方。承受加工这一方向另一方收取一定金额的加工费，或者将原料和制成品分别计算，原料价款在成品价格中扣除，产品交由加工委托方包销。

我国有十分丰富的劳动力资源，有一定的工业基础，来料加工是增加外汇收入的一个重要途径，而且是有盈无亏的收入，不受国际市场变化的影响。例如，出口柑橘的纸箱，出口蔬菜、花卉的保鲜剂、营养剂、包装物料等，都以“来料”或“进料”的方式“先进后出、以进养出”。

6. 合资经营

合资经营企业是国际经济技术合作的一种比较固定的高级形式，在工业化发达国家早已存在。我国自改革开放以来，在合资经营方面有了很大的发展，并取得了很大的成就。合资经营有利于学习外国企业的科学经营管理方法，培养优秀的管理人才，引进资金和新技术、新设备，提高产品质量，增强国际市场的竞争力，扩大出口创汇，增加国内劳动就业机会，同时拉动内需，提高国际经济增长点。

以往我国的园艺产业与外商合资经营主要以采后的加工处理为主，如水果、蔬菜的罐头生产线，鲜食的真空包装等。近几年来，又兴起了生态园艺、观光园艺的合资经营，已向产业化的纵深度发展。

7. 技术贸易

技术贸易是一种特殊的贸易方式，是把某种专利技术或诀窍的使用权作为一种商品进行买卖。政府间以援助方式进行的贸易叫技术转让，通过政府或私人按商业条件进行贸易的叫技术贸易。

技术转让是指技术供应方通过各种方式把生产技术、管理技术、销售技术以及有关的权利转让给技术承受方的行为。技术转让包括受有关国家工业产权保护的专利、商标、外形设计等工业产权技术和非属工业产权的技术诀窍，如图纸、设计方案、技术说明书、技术示范、具体指导等。技术诀窍必须保密，不得泄露，专利人往往要首先同对方签订保密协议，然后再介绍技术，而不像专利那样将内容公布于众。技术诀窍没有固定的保护期限，一旦公开，任何人都可取而用之。

在技术贸易中，专利技术和技术诀窍的买卖是最多的。一种新的生产方式或产品创造的发明人，为了垄断这种新技术，就向政府申请专利。政府对其实用性、新颖性、先进性等进行审查，并将其“专利说明书”公布，只要在规定的时间内无异议，便批准为专利，加上专利编号，便成为专利登记人的私有财产。专利说明书中不公开的秘密技术，以及实践中积累的窍门和经验，统称为技术诀窍。专利技术和技术诀窍都具有财产权。

【复习思考题】

1. 园艺产品的质量要求有哪些？各有何含义？
2. 质量检验内容主要包括哪些方面？园艺产品质量保证体系有哪些？
3. 简述园艺产品可追溯制度的内容及我国的建设现状和建议。
4. 我国园艺产品出口存在的问题与开拓国际市场的策略有哪些？
5. 简述我国园艺产品出口贸易壁垒原因及对策。
6. 园艺产品的贸易方式有哪些？

主要参考文献

崔伏香，等．2002. 蔬菜贮藏保鲜新技术．郑州：中原农民出版社．

崔坤．园艺产品营销．2006. 北京：中国农业出版社．

邓伯勋．园艺产品贮藏运销学．北京：中国农业出版社．

杜玉宽，等．2002. 水果、蔬菜、花卉气调贮藏及采后技术．北京：中国农业大学出版社．

冯双庆．1997. 水果蔬菜保鲜实用技术．北京：化学工业出版社．

冯双庆．2008. 果蔬贮运学（第 2 版）．北京：化学工业出版社．

傅荣昭，等．1994. 植物遗传转化技术手册．北京：中国科学技术出版社．

高海生，等．2008. 果蔬产地保鲜与病害防治 530 问．北京：化学工业出版社．

龚富生，等．1995. 植物生理学实验．北京：气象出版社．

郭衍银，王相友．2004. 园艺产品保鲜与包装．北京：中国环境科学出版社．

郝建军，等．2007. 植物生理学实验技术．北京：化学工业出版社．

郝利平．2008. 园艺产品贮藏加工学．北京：中国农业出版社．

何若韫．1995. 植物低温逆境生理．北京：中国农业出版社．

胡清运，等．1988. 蔬菜保鲜与加工．北京：农村读物出版社．

华景清．2009. 园艺产品贮藏与加工．苏州：苏州大学出版社．

黄绵佳．2007. 热带园艺产品采后生理与技术．北京：中国林业出版社．

贾梯．2004. 现代花卉实用技术全书．北京：中国农业出版社．

李丁仁，等．2006. 无公害蔬菜栽培与采后处理技术．银川：宁夏人民出版社．

李富军，等．2004. 果蔬采后生理与衰老控制．北京：中国环境科学出版社．

李合生．2002. 现代植物生理学．北京：高等教育出版社．

李效静，等．1990. 果品蔬菜贮藏运销学．重庆：重庆出版社．

梁峥．1984. 蔬菜贮藏保鲜技术．郑州：河南科学技术出版社．

林学颜．1999. 现代细胞与分子生物学．北京：科学出版社．

刘敏，等．1993. 水果蔬菜贮藏加工技术方法大全．北京：地震出版社．

刘兴华，等．2008. 果品蔬菜贮藏运销学．北京：中国农业出版社．

陆定志，等，宋松泉．1997. 植物衰老及调控．北京：中国农业出版社．

罗云波，等．2010. 园艺产品贮藏加工学（贮藏篇）（第 2 版）．北京：中国农业大学出版社．

农业部农民科技教育培训中心．2007. 果蔬产品贮藏保鲜技术．北京：中国农业出版社．

潘静娴．2007. 园艺产品贮藏加工学．北京：中国农业大学出版社．

祁春节，等．2009. 中国园艺产品出口贸易壁垒及其博弈对策研究．北京：科学出版社．

饶景萍．2009. 园艺产品贮运学．北京：科学出版社．

生吉萍，申琳．2010. 果蔬安全保鲜新技术．北京：化学工业出版社．

孙伯勋．2002. 园艺产品贮藏运销学．北京：中国农业科技出版社．

唐蓉．2009. 园艺产品商品化技术．苏州：苏州大学出版社．

万君康．2006. 绿色营销（第 2 版）．北京：高等教育出版社．

王颉，等．2009. 果品蔬菜贮藏加工原理与技术．北京：化学工业出版社．

王进涛，等．2004. 园艺商品学．北京：中国农业科学技术出版社．
王丽琼．2008. 果蔬贮藏与加工．北京：中国农业大学出版社．
王文辉，许步前．2003. 果品采后处理及贮运保鲜．北京：金盾出版社．
王忠．2000. 植物生理学．北京：中国农业出版社．
吴平，等．2000. 植物分子生理学进展．杭州：浙江大学出版社．
张世德．2002. 蔬菜贮藏．济南：山东科学技术出版社．
张新民．2011. 中国有机农产品市场发展研究．北京：中国农业出版社．
张秀玲．2011. 果蔬采后生理与贮运学．北京：化学工业出版社．
张有林．2000. 蔬菜贮藏保鲜技术．北京：中国轻工业出版社．
张有林，等．2000. 果品贮藏保鲜技术．北京：中国轻工业出版社．
张子德，等．2006. 果品蔬菜贮藏运输学．北京：中国农业科学技术出版社．
赵晨霞．2008. 园艺产品贮藏与加工．北京：中国农业出版社．
赵丽芹，等．2009. 园艺产品贮藏加工学（第 2 版）．北京：中国轻工业出版社．
郑永华．2006. 食品贮藏保鲜．北京：中国计量出版社．
中国物流技术学会．2010. 中国冷链物流发展报告 2010. 北京：中国物资出版社．
周山涛．1998. 果蔬贮运学．北京：化学工业出版社．
科特勒，等．1999. 市场营销原理（第 7 版）．赵平，戴贤远，曹俊喜 译．北京：清华大学出版社．
英国皇家学会．2004. 公众理解科学．北京：北京理工大学出版社．